行銷策略

Marketing Planning & Strategy

Subhash C. Jain ◎ 著

李茂興 ◎ 譯

序

在這個競爭全球化、科技日新月異、消費需求不斷翻新、人口狀況快速變化的時代裡，企業如果要生存、乃至持續茁壯，策略性行銷技巧的發展已屬不可或缺。由於獨特的策略性行銷手法通常難以被競爭對手識破，模仿起來也是曠日廢時且困難重重，因此注重行銷策略通常可以創造對手難以匹敵的優勢。

行銷計畫與策略是策略性行銷的入門階梯，本書主旨在做爲行銷課程的入門教科書。檢視策略性行銷的現況，同時注重研究與概念。另與本書搭配的《行銷策略個案研究》則內容豐富且包羅萬象，涵蓋策略環境中的各種行銷課題。

今日，許多公司都同樣面臨了必須確認與瞭解周遭未開發市場的挑戰。而成功的關鍵，則在於是否有能力察覺並瞭解這些市場的微妙性與變動性——亦即其複雜性。本書希望能夠盡力呈現這些複雜性，以便學生能夠確切地瞭解這些現實的複雜面貌。

本書對於行銷策略的形成提供了一些新的概念、新的洞察、以及可靠的觀點。這些重點包括：

◇判斷何種行銷策略可以眞正爲企業達成目標。
◇判斷企業何時需要重新研擬行銷策略。
◇區辨行銷策略與行銷管理。
◇確認發展行銷策略時應考慮的基本因素。
◇分析組織與評估優劣勢。
◇檢視引導世人重視行銷策略的美國社會與企業環境的基本變化。
◇發展可以促進行銷努力的任務聲明。
◇設定實際的行銷目標。
◇判斷事業單位中不同產品的角色。
◇在策略決策與資源配置中運用組合技術。

◇成功的策略執行方式。

◇蒐集資訊、進行策略分析、以及形成策略的最新技術。

近年來，為了描述行銷在策略發展中的角色，出現了一個新的名詞——策略性行銷。面對行銷，我們可以有三種角度：行銷管理、行銷策略或策略性行銷、以及組織行銷。行銷管理處理策略的執行，通常處於產品與市場或品牌的層次。策略性行銷的焦點在於策略的形成，而組織行銷的重點則在於組織的整體策略。

策略一般被定位在事業單位的層次。事業單位之策略的重心在於行銷策略，而這也是事業單位其他功能的策略基礎。而所有功能策略的整合，就是事業單位策略。本書由事業單位的角度出發，將焦點放在行銷研究。書中所探討的原則與概念適用於各式各樣的組織：生產業與服務業、營利與非營利事業、本土與外國企業、中小企業與大型企業、低技術性與高科技、消費性與工業性產業。本書在方法上屬於分析性，在取向上則屬於管理性。

本書對各項主題的探討十分豐富與周延。這個領域的發展，可以從大量行銷為主題的期刊論文、報告、和書籍中獲得證實。這些發展和作者本身的思考延伸，使作者得以提供本學門的現況。

本書的撰述原則，係根據下列目標：

◇提供有關策略性行銷的新觀點。

◇增加與全球性市場策略有關的材料。

◇介紹對於發展行銷策略的國際性關注。

◇從產品品質與服務的角度檢視這個新課題。

◇加強對於策略執行的討論。

◇加進新案例以反映各種策略性行銷情境。

◇更新概念、例證、以及統計數據。

上述目標的達成，造就了本書的多項特色。

本書係根據目前的概念性與研究性文獻編著而成。本書循著一個基本模型來解釋行銷策略的形成。此模型的焦點在於公司、競爭、顧客、環境、優勢與劣勢、目標與標的、策略發展、以及策略執行。本書具有下列多項重要改進：

◇以行銷策略之形成的既有架構為基礎發展出新思維與新概念。

◇全書引進全球性觀點。
◇問題討論以及達成成功行銷策略之執行的解答。
◇詳細修訂有關市場、產品、定價、配銷、促銷策略、策略性行銷、競爭性分析、環境掃描、顧客分析、以及策略執行等議題的章節內容。
◇強調與行銷策略之形成有關的技術重要性。
◇強調道德與社會議題的重要性。

S C J

Storrs, Connecticut

目錄

Part Ⅱ 策略分析 49

Part I

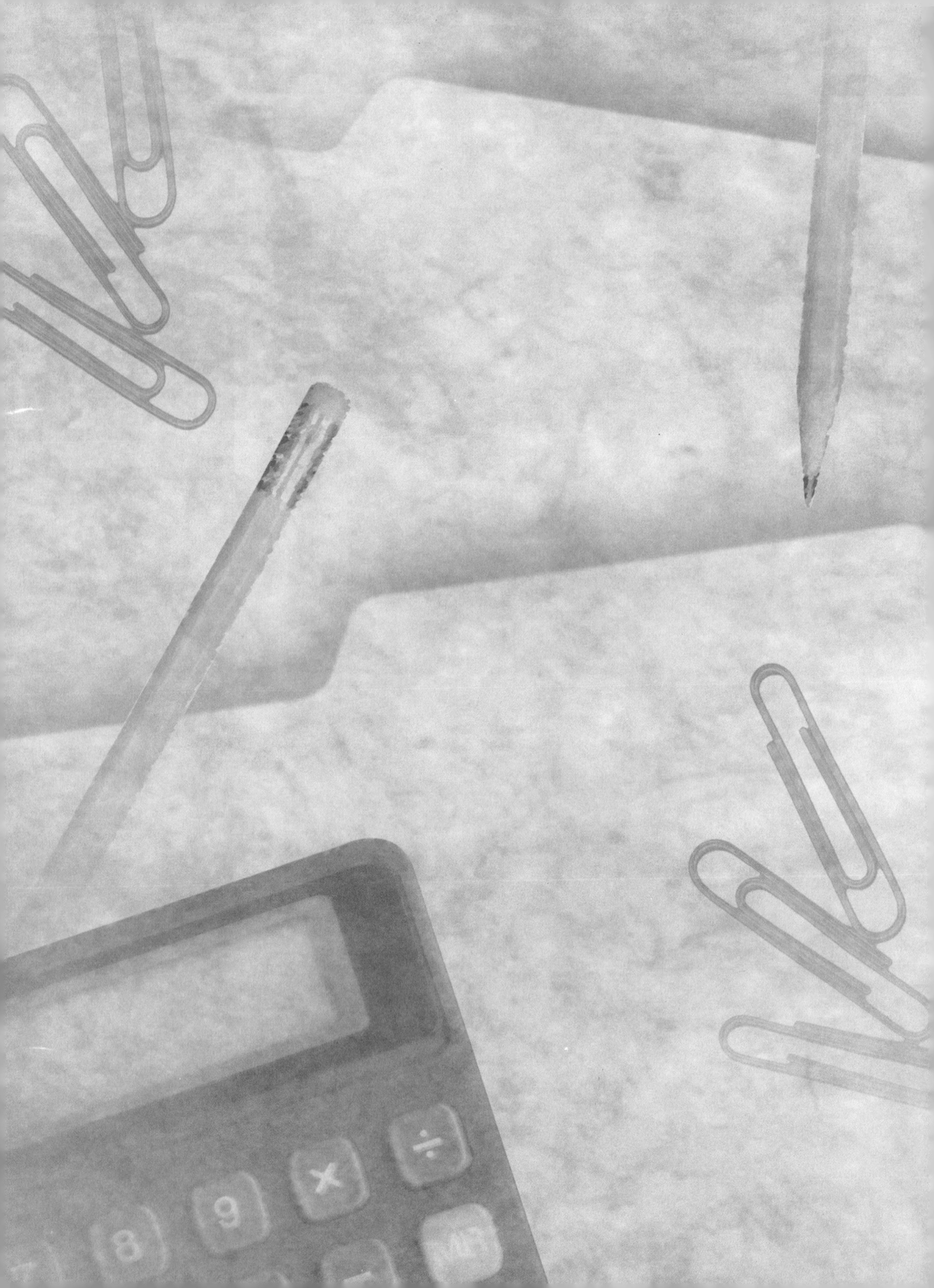

行銷、規劃與策略

第1章

規劃的概念
規劃的定義
成功規劃的前提
開始規劃工作
規劃的哲學

策略的概念

策略規劃的概念
策略規劃案例
策略規劃：新觀點

策略事業單位（SBUs）
SBU的認定
建立SBU所面臨的問題

摘要

問題與討論

多年來，有關行銷決策的各種哲學取向有如過江之鯽。其中一種被稱爲行銷概念取向（marketing concept approach），此概念取向引導行銷人員發展產品的提供與整體行銷規劃，以符合顧客的需要。此取向的關鍵要素之一在於由市場到行銷人員之間的資訊流動。另一種取向稱爲系統取向（systems approach）。此取向使得行銷人員在看待產品時不是站在個人的觀點，而是著眼於顧客的整體需求滿足系統（need-satisfaction system）。第三種取向稱爲環境取向（environmental approach），該取向將決策者置於各種環境之中的焦點位置，企業在這些環境中運作，而這些運作則影響了公司行銷規劃的成敗。該觀點所謂的環境包含了法律、政治、經濟、競爭、消費者、市場結構、社會、科技以及國際環境。

事實上，相較於策略規劃歷程而言，有關行銷決策的這麼多種取向，都只不過是種描述性架構，只是強調的重點不同而已。無論公司所遵循的取向爲何，在決策中都必須有個參考點，這個參考點來自公司的策略，以及決策設計所涉及的規劃歷程。因此，無論公司所採信的取向爲何，策略規劃歷程都是隱藏在決策之後的那一股引導力量。策略規劃歷程與行銷決策取向之間的關係如圖1-1所示。

圖1-1 策略規劃歷程與行銷決策取向之關係

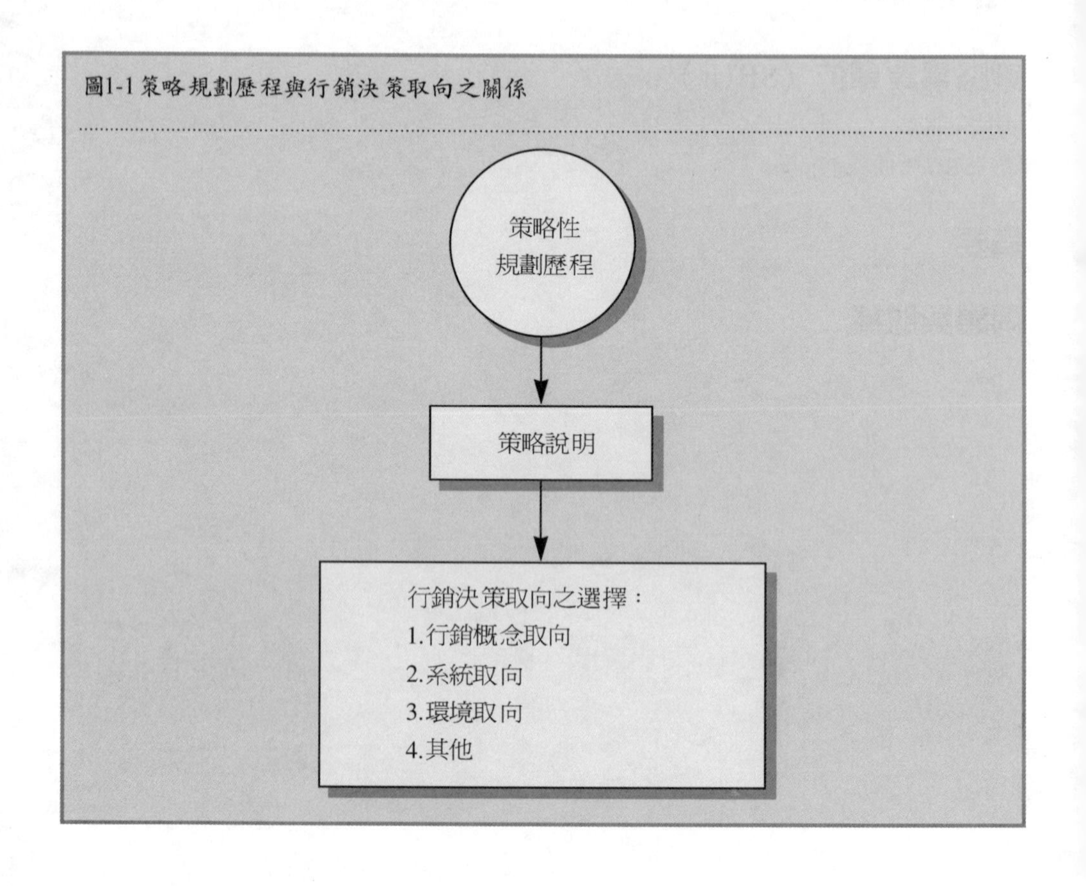

規劃觀點應組織內部或外部的需求而發展，在1950及1690年代，經濟環境的最大特徵在於成長，而同一時期所發展出來的規劃歷程，其特色則在於開發企業契機。分散性規劃是當時的主流。高層管理的重點在於審視重大投資規劃，並核定年度預算。組織長期規劃有時候會被併案，但基本上是屬於外推法，而且很少用在策略性決策。

規劃觀點在1970年代產生了改變。由於能源成本漲幅高達四倍、新的競爭對手出現，以及接踵而至的資金危機，使得許多公司發現自己正被許多新的需求所包圍著。面對這些新的管理需求，集中的資源控制方式，迅速成爲規劃的努力方向。區分輸贏、設定優先順序、以及鞏固資金，變成了這場遊戲的代名詞。策略規劃的新時代，成了美國企業組織的曙光。

有效的策略規劃之價值，在今日的商業界並不會受到質疑。舉例而言，在美國的前一千大企業中，絕大多數都有資深的幹部在負責具有前瞻性的策略規劃。

在策略規劃中，必須依據變化劇烈的環境選擇可行的生意，有效地管理公司資產（資源），以獲得最大的財務回收。策略規劃有一項非常重要的元素，就是建立特定生意的產品與市場領域。在這個領域中，策略規劃對於行銷人員才具有意義。因此，當企業逐漸調適並增加其策略規劃的能力時，行銷的新策略角色便誕生了。在這個策略性角色中，行銷的焦點在於行銷的市場、所面臨的競爭障礙、以及進出市場的時機。

規劃的概念

在整個人類歷史中，人類不斷地企圖達成某些目的，而某些形式的規劃在這些努力的過程中，都具有特定的地位。在現代史中，前蘇聯是第一個採取計畫經濟的國家。在第二次世界大戰之後，國家經濟規劃成爲普遍性的活動，特別是開發中國家，經常在具有系統性及組織性的行動的目標引導之下，於特定的期間內達成目標。在市場經濟方面，法國的經濟事務規劃可說是領先群倫。在商業世界裡，法國企業家Henri Fayol因爲首先成功地進行正式規劃而聲譽卓著。

規劃的功效可歸納如下：

1.規劃可以使組織佔有較佳的立足點。

2.規劃可協助組織依循管理階層認爲最佳的路徑。

3.規劃可協助經理人思考、決策、以及有效地行動，並在所冀望的方向上得以發展。

4.規劃使組織具有彈性。

5.規劃可激發人員以合作性、整合性、以及熱忱性的方法解決組織難題。

6.規劃可引導管理階層評估以及檢核在計畫目標上的進程。

7.規劃可引發對社會和經濟有所助益的結果。

組織中的規劃在1960年代成爲重要的活動。在當時所進行的許多研究顯示，許多公司對規劃極爲重視。舉例而言，一項對420家公司所進行的調查結果發現，其中85％的公司有正式的組織規劃活動。而Coopers & Lybrand、Yankelovich、Skelly與White在1983年所進行的調查，再度證實規劃功能以及負責大多數企業營運的規劃者在其中所扮演的重要角色。雖然各界認知到規劃的重要性已頗有時日，一項在1983年訪問許多主管的研究卻指出，規劃的重要性依然與日俱增，而且受到更多的注意。McDonald在1991年所進行的研究注意到，實施行銷規劃的，普遍包含各種規模的組織，而且一般咸信，這類規劃有助於獲利。

有些使用正式規劃的公司相信，這種方法有助於公司的獲利與成長，並且發現在設定明確目標與結果監控上特別有用。當然，眼前的商業氣息使得主管們普遍處於一種新的情境，那就是有80％的人認定規劃歷程是執行總經理所選擇的策略的關鍵所在。目前大多數的公司都堅持以某種形式的規劃來因應快速變遷的環境。但是對許多公司而言，其規劃工作仍舊缺乏創造性。

成長是公司所的期望目標之一，然而成長無法自行產生。成長必須經過細心的規劃：其中必須回答的的問題包括：成長的量、時間、領域、方向，以及何人負責何項任務。非計畫性的成長只是偶發的，而且可能無法獲得預期的利益。因此，公司若想要實現有秩序的成長、維持高度的營運效率、並完全達成目標，就必須有系統地爲將來預作規劃。公司必須很有智慧地評估並選擇產品市場、設施、人員、以及經濟資源。

現在的企業環境遠比過去的任何時代更爲複雜。除了面對國內外劇烈的競爭之外，其他各方面的考慮，包括：環境保護、員工福利、消費者意識、以及反托拉斯法案在在衝擊著企業的腳步。因此，公司在採取冒險行動時必須更加小心，而這也再度顯示規劃的重要性。

許多公司以內部的研究與發展來追求成長。這種方式不但耗時費日，而且必須在高度冒險之下投注大量資源。這種情況下必須細心的規劃來選擇所冒的風險。

第二次大戰以來，科技對於市場和行銷者都有重要的影響。我們可以預期，速度愈來愈快的技術革新，在未來仍將是主要的趨勢。技術創新的影響在任何企業或任何公司裡都可以感受得到。因此，我們必須儘可能地預期長遠的科技變化以使企業能夠有效地利用新契機，並避免因無法預測未來而受到傷害。規劃工作在此再度顯現出其重要性。

最後一點，在許多具有相同吸引力的投資機會中進行選擇，也必須用到規劃。沒有任何公司能夠對每一個好機會都進行投資。因此，規劃在作出正確的抉擇上是非常重要的。

為未來行動進行規劃的活動，被冠以許多名稱：諸如長期規劃（long-range planning）、公司規劃（corporate planning）、大型規劃（comprehensive planning）、正式規劃（formal planning）等。無論名稱為何，重點都是在未來。

規劃的定義

Warren將規劃定義如下：

> 基本上是一種考慮明日的今日決策歷程，以及一種準備未來決策以便盡可能快速地、經濟地運作，並避免障礙的方法。

雖然眾多作者對於規劃的定義有不同的見解，不過Warren所強調的「未來」，卻是所有規劃理論所共有的特徵。在實務上，規劃具有多種不同的意義。通常人們會清楚地區分預算（budget，年度的營運計畫）和長期計畫。有些人甚至認為規劃是專家的工作，而預算則是直線經理人的範疇。

公司必須清楚地了解所要採取的規劃方式的性質與範圍。在此情況下，規劃的定義即在於組織所要採取的規劃為何。並不是所有的公司都必須採取大型的規劃。所有的規劃基礎都在於設計行動路線以追求陳述明確的目標，進而掌握機會並迴避風險，不過實際的規劃形式必須是量身訂製的（例如，根據組織的決策需求）。

營運管理所強調的是組織現有的計畫，規劃所重視的則是未來；但是這兩種活動之間的關係非常密切。營運管理與預定計畫應該是規劃之後的結果。舉例而言，在一項五年計畫的綱領之中，第二到第五年可以用概括性的用語加以陳述，但是第一年的活動則應編列預算，並附上詳細的作業計畫。

此外，規劃與預測之間也有所不同。預測所考慮的是企業重要領域中的未來變化，並試圖評估這些變化對公司營運的影響；而規劃則是根據預測來設定目的與目標，並發展策略。

簡言之，無論企業規模大小，都不能不做規劃工作。雖然規劃對組織而言並不是什麼新鮮事，但是目前對於規劃的重視的確異於從前。規劃已經不單是組織的數項重要功能之一，其新角色亟需連結組織的各個部分成爲一個整合的系統。規劃對於企業的重要性已經不再是組織的向度之一，而是作爲所有努力與決策的基礎及建立整體組織以達成預定目標的基石。

規劃的重要性無庸置疑。在評斷策略、將目標具體化、設定優先順序、以及控制上，規劃部門扮演了關鍵性的角色；但是規劃工作必須小心翼翼才能獲得效用。爲規劃而規劃，可能反而造成傷害；而心不在焉的規劃所造成的問題，更可能遠多於其所解決的問題。然而在實務上，許多企業主管對於規劃工作僅止於口頭說說，其部分原因可能在於難以將規劃工作納入決策歷程之中，另外的原因則可能是不知如何善用規劃。

成功規劃的前提

如果規劃工作想要成功，就必須在營運作業中適當地安排規劃工作。波士頓顧問集團（Boston Consulting Group）對於有效規劃提出了下列建議：

1. 對於未來的展望，決定了功能性、專業性的觀點以及組織需求對於規劃工作的影響。
2. 關於管理階層的重要問題在於投入程度。何人應該參加？投入的程度應該有多高？
3. 我們必須決定，規劃工作中的哪一部分必須藉由共同的努力來達成，以及規劃過程中的所有成員應該如何有效地合作。
4. 我們必須提供誘因，使得規劃能夠成爲受到重視以及酬償的管理工作。
5. 如何協調相關人員以進行規劃工作，是個重要的問題。其重點在於如何在組織中有效運用規劃單位。
6. 總經理在規劃過程中所扮演的角色極爲重要。他應該扮演怎樣的角色呢？

規劃是一件知易行難的事情。成功的規劃需要多方面的配合，包括：行為、知能、結構、哲學，以及管理等各方面。如同波士頓顧問集團所建議的，要達成全面性的配合，必須進行高難度的決策。規劃雖然真的很複雜，但即使各企業的詳細作業方式各有不同，成功的規劃系統卻具有共同的基本特徵。第一，總經理的全面支持是非常重要的。第二，規劃必須儘量簡單、與管理風格一致、不受到數字問題的阻礙。第三，規劃是一項共同分擔的責任，不應該假設規劃小組的領導者、專業人員、或者直線管理人員能夠單獨應付規劃的工作。第四，管理誘因系統必須認清一項事實，那就是長期決策的觀點並不一定適用於短期規劃。第五，我們必須在了解並接受規劃歷程，而非造成更多挫折以及工作負荷的情況下達成規劃目標。第六，組織必須具有高度的彈性，才能夠適應瞬息萬變千的環境。

開始規劃工作

在組織中開始進行規劃工作，並沒有所謂的最佳時機；但是在發展正式的規劃系統之前，組織必須著手建立紮實的規劃基礎。總經理應該是核心成員，引導規劃工作。規劃架構的發展必須契合組織的觀點，並且為一般主管所接受。我們必須為規劃者備妥完成規劃工作所需的工作手冊，其內容包含：工作流程、資訊連結、各種文件格式、以及進度表。一旦這些基礎工作完成了，公司便可以在任何時候開始進入規劃歷程。

規劃工作不應該拖延到狀況變得很糟糕的時候才開始；因為規劃不光是用來解決績效不彰的工具。雖然規劃可能是避免不良情況的最佳工具，但如果等到作業績效不良（例如，收益很低或沒有收益）的時候才開始進行規劃工作，事情只會變得更糟糕，因為規劃工作會因為挑戰傳統決策模式而引發巨變。面臨生存危機的公司，應該專心地解決眼前的危機。

規劃工作應該是漸進的。在樂觀的情況下，規劃工作的建立可能耗時數週或數月。初步的規劃可以正式地建立在一個或數個功能領域中；待累積足夠的經驗之後，便可以設計公司整體的規劃系統。以IBM這個正式規劃的先驅而言，就是遵循這個模式。首先，他們在第二次世界大戰之後開始試圖進行財務及產品規劃。之後，IBM耗時數年漸進地將規劃工作加以正式化。在1960年代後半段期間，規劃的內容受到更多的注意，此時也開始建立了規劃資料系統的相容網路。至於公司的整體規劃工作則始於1970年代，這項工作形成了目前IBM全球規劃工作的骨幹。自

1986年起，IBM數度修正其規劃觀點，以反映因績效不彰所導致的各種變數。在1990年代，IBM的規劃工作趨向集中化，以其有效控制並協調各種資源的利用。

規劃的哲學

在針對規劃哲學所進行的分析中，Ackoff整理出了三種不同的規劃哲學：滿意模式（satisfying）、極致模式（optimizing）、調適模式（adaptivizing）。以滿意模式爲基礎的規劃，重點在於可以輕鬆達成的目標，並據以設定規劃工作。這種規劃方式所設定的目標是「夠高就好」，而非「愈高愈好」。因此，滿意型的規劃者以可行且可接受的方式達成目標，而這些方式不一定是最佳的可能方式。而計畫中因衝突所導致的對立或質疑，則可以透過政治運作、祕密行動、以及視績效下滑爲不可避免之現象等方式予以處理。

極致型規劃的哲學基礎來自營運作業上的研究。極致型規劃者塑造組織的各種不同面相，並將之定義爲目標功能。後續的努力方向則是將目標功能加以最大化（或最小化），方向的調整依據則是管理階層所設定的限制或是環境的因素。舉例而言，公司的目標可能是獲取最大的市場佔有率；這時規劃工作必須找出影響市場佔有率的變數：價格彈性、工廠產能、競爭行爲、產品在生命周期中的位置等等。工作人員必須設法將這些變數對市場佔有率的限制降至最低。後續的分析則必須計算出可能的最大市場佔有率以作爲目標。

和滿意型規劃者不同的是，極致型規劃者利用數學模型以尋求最佳方式達成目標。極致型規劃的成敗，端視所採用的數學模型是否能夠正確而完整地描繪出相關的情境，以及規劃者是否能從所用的數學模型中找出問題的解決方法。

Ackoff認爲調適型規劃是一種創新，但在實務中尚未能普及的一種取向。爲了解這種規劃的性質，讓我們先和極致型規劃進行比較。在極致模式中，重要變數及其影響被視爲理所當然。在此前提下，組織必須努力將結果極致化。另一方面，使用極致模式，規劃的進行可能會造成本身潛藏關係的改變，並因而造成符合期待的未來。所謂的潛藏關係，意指組織的內在環境與外在環境，以及在此環境中的人員的價值觀（亦即價值與需求及需求滿足間的關係、需求的改變如何造成價值的改變、需求的改變是如何發生的）。

策略的概念

公司中的策略（strategy）是指：

主要目標或目的的型式，以及為達成這些目標而產生的基本政策或計畫，藉以定義公司目前或未來所在的行業，以及公司目前或未來的類型。

在下列情況下，任何組織都需要策略：

1.資源有限。
2.對競爭優勢或競爭行爲抱有不確定性。
3.資源的投入是不可逆的。
4.決策的協調跨越較大的時空。
5.對優先或主動的控制懷有不確定性。

對策略加以明確的陳述，是在變遷的企業環境中成功的關鍵。策略可以提供組織中的所有成員統一的方向感。如果策略缺乏明確的概念，決策所依據的無非是主觀或直覺的評估，而且對其他決策欠缺考慮。在變化快速的情況下，這樣的決策會愈來愈不可靠。缺乏策略，組織就像一艘沒有舵的船隻，只會在原地打轉。

策略與潛能的佈署，以及發展創造力以因應環境變遷之間，有著密切的關係。很自然地，我們會發現策略也具有階層性：企業策略（corporate strategy）與事業策略（business strategy）。在企業策略的層次上，策略的重點在於定義形成公司整體輪廓的企業組群。企業策略尋求統合公司的所有企業線並賦予一個整體的目標。在事業的層次上，策略的重點是在一特定的企業或產品／市場區隔中界定競爭的型態。事業策略通常是針對單一產品或一組彼此相關的產品訂定計畫。以目前而言，大多數的策略行動是發生在事業單位的層次，在這個層次上可以使用複雜的工具與技術對事業進行分析；所預測的變數包括：市場成長、定價、以及政府法規的影響；而計畫的建立，則可以避免環境中的競爭者、經濟循環、社會、政治，以及消費者的改變等因素所造成的不利影響。

企業的每個功能領域（例如，行銷），對於各個層次的策略形成，都有獨特的貢獻。在許多公司，行銷功能代表著與外在環境的最大接觸面，而環境是公司所最無法控制的變數。在這樣的公司裡，行銷在策略的發展上扮演著舉足輕重的角色。

在行銷的策略角色中，必須將公司與環境予以適當的配合。在問題解決上，則必須決定：（1）公司目前與未來所介入的是哪一個行業，（2）選擇了特定的行業後，在產品、價位、促銷及配銷等層面上，要如何才能夠服務目標市場，以期在競爭的環境中求取成功。在策略形成方面，行銷可分爲二個向度：目前與未來。在目前方面，重點在於公司與環境之間的既有關係。在未來方面，重點則在於未來的關係（其形式爲一組目標）以及達成這些目標所必須的行動計畫。我們將以下列的例子說明這一點。

McDonald's這個漢堡連鎖店，其組織目標之一是提昇營運單位的產量。由於固定設施在成本上佔了很高的百分比，McDonald's決定提昇在離峰時段的設施使用率，特別是在上午的時段。爲了達成此一目標，該公司首先提出了Egg McMuffin特惠專案，所提供的早餐菜單與該公司對一般菜單的有限產品策略一致。在此案例中，提高生產量的組織目標所引導出對早餐的行銷觀點（所欲求的關係），是建立在人們對該公司的正向態度之上（既有的關係）。同樣的，McDonald'Pizza（所欲求的關係）的新行銷策略則是建立在該公司能夠快速提供食物的能力上（既有關係）。

一般而言，我們都可以看出組織的既有策略性觀點，但是對於未來擁有明確策略的組織則不多。沒有明確的策略，通常是因爲缺乏上層管理者的投入與承諾，而這卻是在既有的組織活動中發展前瞻性觀點所不可或缺的。

行銷是公司與其環境未來關係的核心元素，可以提供界定目標時所需的資料，並有助於形成策略以達成目標。

策略規劃的概念

策略可以確定方向。其目的在於影響競爭者的行爲，並藉由策略制定者的優勢改變市場發展。策略所尋求的是改變競爭的環境。因此，策略的陳述包含了對新的競爭平衡情勢的描述、導致此平衡的因果關係、以及支持此一行動的邏輯觀點。規劃連結了執行策略的方法。策略性計畫界定了改變競爭關係所需的步驟與時機。

策略與策略性計畫是非常不同的二件事。策略很可能是在內容及邏輯上都深具智慧，但卻是個在步驟及時機上都不恰當的計畫。而計畫也可能是非常成功地執行

表1-2策略規劃計分卡

1. 我們的規劃是否眞的是策略性的？
   我們是否試圖預測改變或者只是反映過去？
2. 我們的計畫是否保有探索其他可能之策略性選擇的空間？
   或者這些計畫只是將我們侷限在傳統性思考？
3. 我們是否眞有充分的時間與誘因去研究眞正重要的事？
   或者我們只是在瑣事上耗費過多的規劃時間？
4. 我們是否曾經認眞的評估一個用在舊市場上的新方法？
   或者我們被鎖死在現況之中？
5. 我們的計畫是否嚴格地陳述或檢視策略性假設？
   或者我們並不眞正明瞭這些計畫的啓示？
6. 我們是否總是努力地試著檢視顧客、競爭者、及配銷者對於我們計畫的反應？
   或者我們只是假設任何改變都將不會影響我們過去所看到的關係？

Source：Thomas P. Justad and Ted J. Mitchell, "Creative Market Planning in a Partisan Environment," *Business Horizon* (March-April 1982): 64, copyright 1982 by the Foundation for the School of Business at Indiana University. Reprinted by permission.

一項毫無價值的策略。綜合而言，策略規劃所關心的是組織與環境的關係，在概念上，組織持續的監視著環境，並將環境變化所造成的影響納入組織決策的考慮之中，進而形成新的策略。表1-2所呈現一種用來評估公司策略規劃之可行性的計分卡。

策略規劃工作傑出的公司，會明確地界定其目標，並發展合理的計畫加以執行。此外，策略規劃若要有效，應該遵循下列步驟：

1. 將公司塑造成合乎邏輯的事業單位，以便能夠確認市場、顧客、競爭者、以及外在威脅。這些事業單位由了解事業單位在組織計畫中被設定之角色的主管以半自主的方式加以管理，而這些主管則是在組織財務綱領之下作業。
2. 在組織的層次上，顯現出下列行動的意願：對直線經理人的長期成就加以酬償，而不只是年度的考核；支持可以爲組織帶來長期競爭優勢的研究計畫；提供事業單位規劃支持，並提供關鍵問題所需的資料以鼓勵及教導複雜的規劃技術。

3. 爲了組織的資金，根據風險及回收的高低，在組織的層次上發展事業單位所需的評估及平衡競爭情勢的能力。

4. 將事業單位的短期目標與公司在未來15至20年的長期發展加以契合。除了總經理的功能外，這種契合行動的成功與否，可以由董事會加以檢定。

策略規劃案例

或許我們可以用Mead Corporation的例子來說明策略規劃對於公司的重要性。Mead Corporation所從事的，基本上是樹木的相關產品。其營收的75%來自樹木，包括：紙漿、紙張、紙杯的製造、以及校園用紙的供應。除此之外，該公司同時也投入其他行業，並且爲了未來而發展新技術和新的生意；基本上是屬於電子資料的儲存、提取與再生。簡而言之，該公司是在既有的行業中繼續成長，並且擴張至符合其能力與管理風格的新領域。

雖然Mead Corporation創立於1846年，但是迅速成長的階段是在1955年左右，並且在1960年代末期達到十億美金的銷售額。可惜的是，該公司的競爭型式跟不上擴張的速度。在1972年，該公司在15個木製產品公司中位居第12名。很明顯的，如果該公司想要居於領先位置，則該公司的理念、管理風格與焦點、以及緊迫感——也就是整體組織文化——都必須改變。而這種改變所需要的管道，就是公司的策略規劃歷程。

當高階管理者開始討論如何改善Mead時，很快就找到了問題的關鍵所在，Mead應該表現成爲怎樣的公司？他們認爲Mead應該位居其經常比較之對手中的前25%。這樣明確且簡單扼要的目標，使得各階層的管理者都具有方向感，以進行和檢測決策所需的參考架構。這個大目標隨後被轉化爲數個明確的長期財務目標。

在1972年，Mead進行了一項嚴謹的企業診斷，而診斷結果很難令人高興：許多小單位的競爭地位非常薄弱。這些小單位耗用了Mead的大量現金，而這些錢本來是可以用在其他可以創造大幅成長機會的行業上。於是董事會決定，在1977年以前要放棄其中的某些行業，即使其中有些耗用大量現金的單位仍有利可圖。

設定目標並診斷企業組合，只是第一步。如果要改變組織文化，一定要讓策略規劃成爲一種生活的方式。因此，他們設定了五個主要的改變方向。第一，組織目標必須一而再，再而三地連結起整個公司。

第二，管理系統必須重整。不過重整工作說起來比做容易。在Mead的紙漿與紙張製造部門，其既有文化是希望公司的高層管理者能夠高度地投入重要設施的每日營運與重大的建設計畫；以單純的紙張生產者而言，這種風格在過去的確相當有效。但是在1970年代初期以前，以這種親力而爲的方式而言，Mead實在是太大又太複雜了。在紙業之外的其他生意，則有各式各樣的管理風格，必須加以整合而成爲一個較爲平衡的管理系統。因此，高層管理者必須抽離日常的運作問題。這樣的決定可以讓部門經理更爲強勢，並且對營運作業產生較高的個人責任感。高階管理者從重大建設計畫中抽身而出，使得讓現場經理在預算之下完成任務，並且公司歷來最大且最複雜的計畫中的超前進度。

第三，在管理系統重整的同時，公司以各種課程來教導策略規劃的概念與技術。這些偶爾長達一週的課程，通常以每次5到20人的團體進行。最後，總計有公司最高層的300位主管完成了公司策略規劃的訓練。

第四，Mead所轄的12家公司達成共識，並發展出明確而且非常不同的目標。雖然公司過去的文化是儘可能地參與日常運作以達成成長，但現在各個事業單位都必須在本身的行業中取得領先的地位，或至少能夠賺取現金。

最後一點，董事會現在的作法是支持獲得共識的策略，而不是像過去一樣可能受到情緒影響地去審核計畫。

改變的第一階段是最容易達成的。在1973年與1976年之間，Mead首先捨棄了11個既沒有成長、又不賺錢的事業單位。Mead從中獲取了一億美金以上，並且將這些資金重新投入Mead較爲強勢的生意裡。結果，Mead的企業組合在1977年之前獲致了重大的改善。事實上，其進度超前了目標一年。

以其他的生意而言，發展較佳的策略並達成較佳的營運績效是比較困難的。總之，在相對的基礎上，公司表現良好。在1973至1993年間，除了1975、1984、1989、以及1992年，績效年年創新記錄。Mead公司策略規劃系統的演進，以及此系統所造成的績效改善，是眾所週知的事實。畢竟財務數字是會説話的。扣除了拋售11個事業單位所損失的5億美金銷售額，Mead從1973年到1993年的銷售成長爲9%，成長額度高達48億美金。此外，在1993年底之前，Mead的總資產報酬率（return on total capital, ROTC）爲11.2%。更重要的是，在經常比較的15個木製產品公司中，該公司的排名從1972年的12名上升到1983的第二名，並且維持到1994年。而這一切都是採用策略規劃系統來改進財務績效的結果。

在1988到1993年間，該公司又加上了其他方法來加強光面紙與紙板部門，以及較不需要集中大量資金的重點部門（紙品轉製與配銷，相關供應服務以及電子出版業）。如今，Mead是個管理良好、高度集中、積極進取的公司。在1990年代，甚至更遠的未來，都將居於極其有利的競爭形勢。

策略規劃：新觀點

許多因素影響策略規劃在1970年代與1980年代早期的發展方式。這些因素包括：世界性的緩慢成長、全球性的激烈競爭、自動化的發展、因技術改變所造成的退化、資訊的爆炸、原料價格的迅速變化、混沌的資金市場、以及總體經濟與社會政治系統的重大改變。所造成的結果，是全球企業的不穩定與流動性。

現在，各型各類的企業都有許多策略方案可供選擇。公司不斷有新方法來製造產品，並將產品推入市場。企業在後工業時代的有利位置（例如，銀行業、電訊事業、航空公司、汽車業）正在消失，而進入產業的障礙也難以維持。市場是開放的，而新的競爭者也不斷地自無法預知的方向湧入。

爲了在這樣的環境中穩定地繁榮，公司需要新的策略規劃觀點。首先，高階主管在策略規劃中必須扮演更明確的角色，花費更多的時間決定事務的走向，而不光是聽取事務的現狀分析。其次，策略規劃必須是創造性的活動而非僅止於預測性。再者，在策略規劃歷程與工具的觀點上，必須由原先將未來視爲與過去相同的看法，轉變成正視改變並將其轉變爲競爭優勢的思維。另外，規劃者的角色必須由原來汲汲營利的商賈轉變爲行動的改革者。最後，策略規劃必須成爲直線經理階層的核心責任。

上述的這些觀點，可以根據五個以行動爲導向的向度加以描述：管理企業以追求競爭優勢、視改變爲契機、以人管理事業、打造策略性管理之組織、焦點式與彈性管理。考慮這些向度，將使策略規劃更務實、更有效果。

競爭優勢管理：在市場經濟中的組織，所關心的是以最能夠獲取利潤的方式提供服務或產品。獲利能力的關鍵在基於比競爭者更優異的績效而維持競爭優勢。而優異績效的達成有三個重點。第一，公司必須明確地設定產品／市場，所根據的則是市場的實際狀況以及對本身優缺點的深刻了解。第二，公司必須設計獲勝的企業系統或架構，以確保公司在製造或提供產品或服務等方面的績效優於對手。第三，管理階層對於整體企業系統的管理工作必須做得更好，不只是公司內部的關係，尚包括與供應商、顧客、以及競爭者之間的外在關係。

視改變爲契機：組織中必須創造出新的文化，如此一來，管理者才會視改變爲契機，並因應不斷出現的新狀況調適企業系統。換言之，改變不應被視爲問題，而是一種機會的來源，是可以提供創造與創新的潛能的。

以人管理：管理階層的首要任務是創造組織的遠景，包括（1）根據對於組織優缺點的明確檢視，指出組織的方向；（2）組織應該投入競爭的市場爲何；（3）組織將如何進行競爭活動；（4）所需的主要行動計畫。接下來的任務則是實現組織遠景：發展組織的能力、加速改變並去除障礙、環境塑造。而對於組織遠景的創造，與實現一樣重要的是人力資源的有效招募、發展、與聘雇。「最後，對於管理階層的評量，在於其用以管理與發展人力的技術與敏感度，因爲只有透過高品質的人力，組織才能有效的改變」。

打造策略性管理之組織：管理階層的努力方向應該是發展創新、自我革新的組織，以符合未來的需要。影響組織變革的因素包括結構、策略、系統、風格、技術、人員、以及共享的價值。採取外在焦點以及前瞻性角度來設計這些因素的組織，相較於內在焦點及歷史取向的組織，而有更好的機會自我革新。

焦點式與彈性管理：如今，大家對策略規劃的看法應該不同於以往。一項每年更新的五年計畫，應該被對於組織走向的持續關懷所取代。對於這種關懷，許多學者的定義，是組織該怎麼做才能夠變得聰明、敏捷、而且有目標、才能夠在這樣一個以改變爲常態的世代裡茁壯；也就是所謂的策略性思考。這其中的關鍵詞是焦點（focus）與彈性（flexibility）。

所謂的焦點，是思考並建立在組織所能夠表現得最好的地方。這涉及了確認顧客不斷演變的需求，然後發展出關鍵技術（一般稱爲核心競爭力，core competencies），並確定公司裡的每個人都了解這些。所謂的彈性，則是對於未來畫出概括的藍圖（例如，各種可能性），並且準備好迎接機會的出現。

策略事業單位（SBUs）

本章經常引用所謂的事業單位，在這種單位中，通常包含共同擁有同一市場的一種或多種產品基礎，而其經理人對於在策略中整合所有功能以對抗競爭者，肩負著完全的責任。通常被稱爲策略事業單位（strategic business unit, SBU）的事業單位，也經常被稱爲策略中心、策略規劃單位、或者獨立事業單位。對於SBU的哲學概念，則有多種說法：

多角化公司應該被當作事業組合（portfolio）來管理，而每個單位都必須以明確界定的策略來服務明確界定的市場區隔。
組合中的每個事業單位，都必須根據其特有的能力與競爭需求來發展策略，並兼顧組織的整體能力與需求。
整個企業組合的管理，應該考慮組織的整體利益來分配資金與管理資源，以期在可接受且可掌握的風險程度下達成銷售、營收、以及資產的均衡成長。
基本上，企業組合的設計與管理必須能夠達成組織的整體策略。

SBU的認定

自從正式的策略規劃在1970年代開始對組織產生衝擊以來，在確認組織的機會以及加速策略發展歷程等二方面，各種新的概念陸續地發展出來。這些較爲新穎的概念激發了組織內部的問題。在動態的經濟體系中，組織的所有功能（例如，研究發展、財務、以及行銷）彼此息息相關。在追求卓越的組織績效上，過度強調某種功能而忽略整體是非常不當的。這樣的組織觀點，會使得總經理成爲唯一對組織進行整體考慮的人。許多大型組織都已經嘗試各種結構設計來擴大總經理的視野，以處理各種極度複雜的事務。其中一種設計稱爲利潤中心（profit center）概念。可惜的是，利潤中心的概念所強調的是短期的結果；而這種對於將利潤中心極致化的重視，以同時忽略了對組織整體考量的思維。

SBU概念的發展，是爲了克服利潤中心型組織的困境。因此，整合產品／市場策略的第一個步驟是確認公司的SBU。其要旨在於確認組織所涉入的行業。SBU並不一定與既有的部門或利潤中心一致。一個SBU的組成，無論是在競爭、價位、產品替代性、風格與品質、或是產品退出市場所造的衝擊等各方面，包含了有別於其他的產品或產品路線。企業策略的設計，應該基於產品的這些相關變數。在今日的組織中，這種策略可能涵蓋許多部門的產品。同樣的，許多管理者也會發現自己所管理的事業單位不只一個。然而這並不一定意味著部門之間的界限必須重新界定；SBU通常可以是跨部門的，而一個部門也可以包含數個SBU。

SBU的產生，可能是利用一組標準，包括：價位、競爭者、消費者團體、以及共享的經驗。因爲某個產品價格的改變而促使對於其他產品定價政策的檢視，很可能意味著這些產品之間具有某種當然的關係。如果某家公司的數個產品／市場，所遭遇的是相同的競爭對手，那麼這些產品／市場很可能會因爲策略規劃的目的而被整合成一個SBU。同樣的，擁有相同顧客群的產品／市場也屬於同一個族群。最後一點，公司中擁有相同研發、製造、以及行銷的單位的不同產品／市場，也可以納入同一個SBU。爲了方便說明，請想像一家多角化的大型公司，其中一個部門所生產的是汽車音響。在這樣的公司，下列的可能性都是存在的：汽車音響部門就可以代表著一個SBU；或者生產自動選台高級音響的是一個SBU，而生產標準型汽車音響的另成一個SBU；又或者公司的其他部門，例如，電視生產部門，可以和汽車音響部門的部分或者全部，整合成一個SBU。

整體而言，一個SBU的建立層次可以是：

1.擁有相同目標的所有消費族群的關鍵性區隔。
2.組織的所有關鍵性功能，以便組織能夠開展讓爲了消費者耳目一新所需的任何專業性。
3.競爭中的所有關鍵性向度，以便公司在機會出現時能夠掌握優勢，或者開發競爭者所始料未及的優勢來源，讓競爭者追趕不上。

在認定SBU時，有一個重要的概念性問題：整合的程度應該有多高？高度的整合產生的數量較少且較容易管理的SBU。除此之外，現有的管理資訊系統（management information system）可能不需要加以修正，因爲較高層次的整合所產生的SBU，其規模與範圍都和現有的部門或產品族群一致。不過，在SBU層次上的高層次整合，所產生的策略只是一般性的，可能和作業性層次的促銷行動無法聯結。舉例而言，一個醫護領域的SBU，規模也許太大了。所涵蓋的範圍可能包括：設備、服務、醫院、教育、自律、甚至社會福利。

就另一方面而言，較低層次的SBU，很可能等同於產品／市場區隔，而缺乏策略自主性（strategic autonomy）。一個生產農地牽引機引擎的SBU將會是缺乏效用的，因爲這在組織中的層次太低了，以致於（1）無法考慮產品的應用以及農人以外的消費族群，（2）當擁有不同限制條件（boundary conditions）之產品組合的競爭者在任何時刻進入農地牽引機市場時，將無法有效的應付。此外，在這樣低的組織層次上，某個SBU很可能會和另一個SBU產生競爭，這時還是需要一個較高的管理層次才能夠處理哪一個單位應該發展哪一種策略的策略性問題。

整合的最佳層次，既不太寬又不太窄，應該由先前討論的標準來決定，之後再利用管理性的判斷加以修正。簡單的說，一個SBU應該看起來、做起來都像是一個獨立自主的事業，同時滿足下列條件：

1.具有獨特的企業任務，獨立於其他的SBU。
2.競爭者明確而可辨認。
3.有能力獨立於其他SBU而執行整合性規劃。
4.有能力管理其他領域的資源。
5.規模大到可以引起高級管理階層的住意，卻又小到可以清楚而有效地進行資源分配。

SBU的界定，必然具有可能引發爭論的灰色地帶。因此，若能在策略發展過程之中提出下列問題以檢視SBU的產生，必定大有助益：

1.企業是否明確界定並了解顧客的欲求，以及是否進行市場區隔以便對不同的欲求提供不同的服務或產品？
2.事業單位足以有效地反應已界定之區隔中的顧客的基本需求與需要？
3.競爭者是否擁有不同的營運作業條件，而使他們具有不公平的競爭優勢？

如果上述問題的答案有充分的理由質疑SBU在市場中的競爭能力，最好能根據顧客的需求和競爭者的威脅，以增加策略自由度的方式重新界定策略性事業單位。

SBU的概念可以用寶鹼（Procter & Gamble）的案例加以說明。超過半個世紀以來，該公司的各種品牌一直處於彼此爭鬥的局面。Camay香皂的經理和Ivory香皂的經理簡直視如寇仇，就像是彼此來自不同公司。而幾乎所有生產消費性產品的企業，都使用這樣的品牌管理系統。

在1987年秋季，寶鹼根據SBU的概念（該公司稱之爲依循類別路線）進行重組的工作。這個重組動作並沒有罷黜品牌經理，而是讓他們擔任新團隊的小小總經理（mini-general manager），意即負責整個品線：例如，洗衣精。促成品牌經理之間的內部競爭，讓傳統的品牌管理系統可以提供高績效的誘因。但這同時也造成了衝突以及效率低落，因爲從廣告費用到工廠產能，品牌經理都會耗費公司大量的資源。這樣的系統通常意味著，在品牌之間如何相互合作的問題上，欠缺周詳的考慮。儘管如此，在市場成長而且資金充裕的時候，品牌管理者仍有不錯的表現。但是現在，大多數的包裝產品事業成長緩慢（如果有任何成長的話），品牌愈來愈多，零售業的雜物愈積愈多，而消費者市場則不斷分裂。於是寶鹼開始重整SBU，以因應這蜂擁而至的壓力。

在寶鹼的SBU架構下，全美國的39種產品類別（category），從尿片到香皀禮盒，都有一名類別經理直接負責營運責任。廣告、銷售、製造、研究、工程以及其他部門，都必須向類別經理報告。這個想法是以產品類別的角度，將各種品牌整合在一起，以設計行銷策略，而不是造成品牌之間的競爭，甚至彼此瓜分資源。以下我們將討論寶鹼的重整對於各種營運功能的影響。

廣告：寶鹼在廣告中宣稱Tide是最強力的去污劑，但是當Cheer的品牌經理也開始打算做同樣說詞的廣告時，卻因爲Tide小組的抗議而被往後延。現在，產品類別可以決定Tide和Cheer的定位，以避免衝突。

預算：原本Puritan和Crisco的品牌經理必須爭食同一塊廣告預算大餅，但現在，類別經理可以決定何時加強Puritan的廣告，何時加強Crisco的廣告。

包裝：不同品牌的經理經常會在同一個時間提出包裝需求。但是這樣彼此衝突的要求，使得所有的經理都在抱怨專案進度落後，而且大家的績效都下滑。
如今，類別經理可以決定哪一個品牌可以優先獲得新包裝。

製造：在舊的系統下，小牌子的去污劑，例如，Dreft，所需要的生產資源可能和大品牌（例如，Tide）一樣，即使這個大品牌正值強力促銷期間，需要更多的生產支援。現在，則有一位生產部門的人員負責向類別經理報告生產協調工作。

建立SBU所面臨的問題

隱藏在SBU概念背後的意義，是公司在某個市場中的活動，應該以策略性的角度予以了解並加以區隔，以便資源的分配可以獲致競爭優勢。換言之，公司應該有能力回答三個問題：我所投入的是哪一種行業？我的競爭對手是誰？我和競爭對手之間的相對位置爲何？想要正確地回答第一個問題並不容易（回答另二個問題則顯得比較簡單）。此外，在共享資源（例如，研發或銷售資源）的組織中認定SBU，更是極度的困難。

區隔SBU，並沒有一個簡單而絕對的方法。雖然指定SBU的標準很明確，但是其應用卻亟需判斷力，而且問題重重。舉例而言，在某種情況下，眞正的優勢在於共享研發、製造、以及配銷資源。但如果所強調的是自主性與責任界定，那麼這樣的優勢便可能被忽視，甚至被無謂的犧牲。

摘要

本章的重點在於規劃與策略的概念。規劃是一種進行中的管理歷程，其任務包括：選擇在特定時間內所欲達成的目標、設定行動計畫、持續對結果進行監視並定期評估、必要時修正目標及行動計畫。本章同時提及成功規劃的條件。包括：開始規劃活動的時間和時機問題、幾種規劃的哲學（例如，滿意模式、極致模式、調適模式）。所謂的策略，是在幾個可行的方案中選擇一個最佳方法來達成目標，而策略應該與目前的政策一致，並且以所預期的競爭行動角度加以檢視。

策略規劃的概念也是本章的重點之一。在過去的10到15年之間，多數的大型公司在增進策略規劃能力上都已經有了明顯的進步。我們同時討論了策略規劃的二個層次：組織層次和事業單位層次。組織層次的策略規劃，重點在於事業組合的管理，以及對於全公司的影響，例如，資源分配、資金流動管理、政府法規、以及資金市場的往來。事業層次的策略重點則比較狹窄，主要在於SBU的層次，其任務涉對影響各個事業單位績效表現的內外在因素所進行的分析，並據以設計行動方案。SBU的定義，是組織中獨立的事業體，而該組織在特定市場裡面具有可確認的競爭對手。

策略規劃若要有效且具有關聯性，則總經理必須扮演核心角色，不單是作爲多層次規劃工作中的頂點，並且是策略性的思考者以及組織文化的領導者。

問題與討論

1. 規劃爲什麼重要？
2. 策略規劃的概念只和營利組織有關嗎？非營利組織或政府也應該擁抱規劃嗎？

3.規劃一直被認爲是組織的重要功能。那麼策略規劃和傳統規劃有何不同？

4.何謂SBU？應該依據何種標準將各種事業歸納進SBU？

5.成功的策略規劃的條件爲何？

6.請區分滿意模式、極致模式、調適模式等三種規劃哲學。

策略行銷的概念

策略行銷的面貌

策略行銷的重要性

策略行銷的特徵

策略行銷的起源

策略行銷的未來

策略行銷與行銷管理

策略行銷歷程：案例

企業策略

事業單位任務

行銷策略

策略行銷的執行

策略行銷的失敗原因

策略行銷的問題

本書的規劃

摘要

問題與討論

在行銷的策略性角色中，其重點在於事業在市場中的意圖，以及實現此意圖的方法和時機。行銷的策略性角色和行銷管理之間有著很大的差異，其所涉及的領域包括：發展、執行、以及引導達成此策略所需的計畫。爲了明確區分行銷管理與其新角色之間的差異，一般以策略行銷（strategic marketing）來代表後者。本章將討論策略行銷各個不同的部分，並檢視其與行銷管理之間的差異。同時，我們將會探討強調策略行銷之重要性的趨勢。最後，我們將會說明本書後續章節的編寫方式。

策略行銷的概念

表2-1所呈現的，是策略行銷的功能在組織中不同層次上的角色。在組織的層次上，行銷輸入（marketing input，例如，競爭分析、市場動態、環境變遷），在形成組織策略計畫時，是非常重要的。行銷代表著市場與公司的界線，而在任何策略規劃的運作中，了解市場中既有的與正在發生的事件，是極其重要的。就另一方面而言，行銷管理所處理的是行銷計畫的形成與執行，以支持某產品／市場之行銷策略的策略行銷觀點。行銷策略的發展在於事業單位的層次。

表2-1行銷工作在組織中的角色

組織層次	行銷角色*	正式名稱
組織	未組織策略規劃提供顧客與競爭者的觀點	組織行銷
事業單位	在事業單位的策略性觀點發展上提供協助以引導其未來方向	策略行銷
產品／市場	形成並執行行銷計畫	行銷管理

*和行銷一樣，組織的其他功能（財務、研發、生產、會計、以及人事）也會在組織的各個層次上規劃其獨特的角色。而事業單位策略就是從行銷和其他功能之間的互動中的發展出來的。

在特定的環境中，行銷策略所處理的是一般稱爲策略三C（strategic three Cs）的三個因素：顧客（customer）、競爭（competition）、以及組織（corporation）。行銷策略的焦點，在於如何掌握本身的優勢以提供顧客更具價值的產品或服務，進而有效地區分組織本身與其競爭對手。好的行銷策略應該具有下列特徵：

1.明確的市場界定。
2.組織優勢與市場需求契合。
3.在關鍵的成功因素上有比競爭對手更高的績效。

合起來，策略三C形成了行銷策略鐵三角（見圖2-2）。而顧客、競爭、與組織這三個因素是動態的，是有生命的，而且有各自的目標需要達成。如果顧客的需要和組織的需求無法契合，則長此以往，組織的未來將瀕臨危機。顧客和組織在需求與目標上的契合是彼此良好關係得以持續的重要因素。但是這樣的契合是相對性的，而且如果競爭對手具有更強的契合能力，那麼組織終將會陷入劣勢。換言之，顧客和組織在需求上的契合不僅必須是正向而積極的，還必須比對手和顧客之間的契合更好、更紮實。如果組織處理客戶的方式和競爭對手相同，那麼這些客戶將無法區分兩者之間的差異。其結果可能是一場價格大戰，受惠的是消費者而非銷售者。行銷策略（marketing strategy），若從這三個關鍵元素的角度來看，必須界定爲「在一個特定的環境下，組織充分利用本身相對優勢以使顧客的需求更能夠得到滿足，進而使本身和競爭者之間有明確的分野」。

以策略三C爲基礎，行銷策略的形成必須包含下列三個決策：

1.在何處競爭（where to compete）：也就是市場的界定「舉例而言，在整體市場上競爭，或是在其中一個或數個市場區隔中競爭」。
2.如何競爭（how to compete）：也就是競爭的方法「舉例而言，介紹新產品以滿足顧客需求，或爲既有的產品建立一個新形象」。
3.何時競爭（when to compete）：也就是進入市場（market entry）的時機「舉例而言，作爲一個最先進入市場的組織，或是等到基本條件完備」。

有關策略行銷的概念，可以用General Mills 所建立的義大利連鎖餐廳Olive Garden來說明。在1980年，由於某個餐廳部門（主要是Red Lobster連鎖）的績效不穩定，於是General Mills開始尋找新的機會。這時，某個義大利連鎖餐廳看來頗具

圖2-2行銷策略形成之關鍵元素

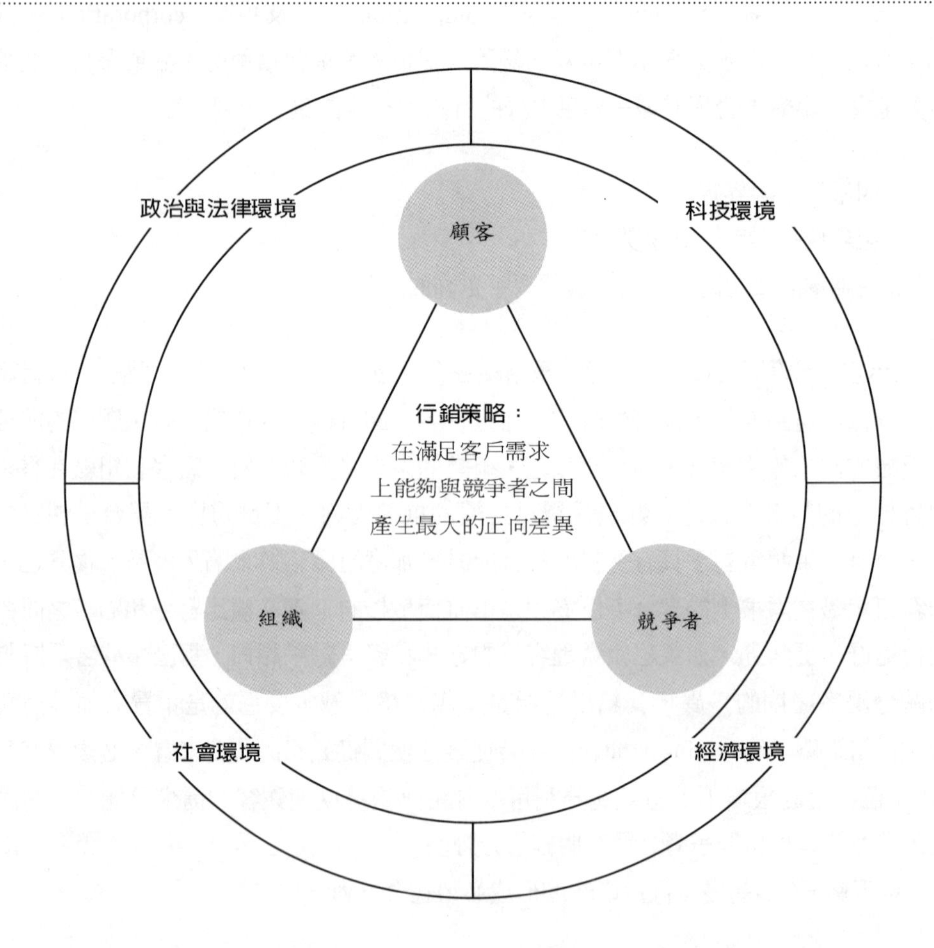

吸引力。因爲長期以來外食的趨勢持續上升，餐廳在整個飲食市場上的佔有率逐漸提昇，從1955年每10元美金中的2.5元美金，上升到1980年的4元美金。此外，該公司研究發現，義大利菜是消費者最喜歡的外國食品，而且可以快速供應。在1980年，和17,000個東方餐廳以及14,000個墨西哥餐廳相比，在美國只有11,800家義大利餐廳。

於是General Mills發展了以下的行銷策略：

1. 市場（market，在何處競爭）：在未來五年之中，每年在渡假勝地開設10到12家餐廳。
2. 方法（means，如何競爭）：以美國式的義大利菜供應廣大的市場，連餐帶酒每份10元美金。

3.時機（timing，何時競爭）：因為開設餐廳的風險很高，所以必須格外小心。

根據美國全國餐飲協會（National Restaurant Association）的資料，約有50％的餐廳在第一年就關門大吉，而65％的餐廳會在2年之內倒閉。General Mills早年在經營Betty Crocker Treehouse連鎖店時便有過失敗的經驗，當時是根據錄音帶上的鳥叫聲以升降桌供應各式各樣的派。後來General Mills為了烹調技術走訪一千家以上的餐廳，訪問五千名消費者，調製80種以上的義大利麵醬，經過三年的測試才決定最後的配方。

根據其包含五千次以上之訪問的消費者研究決定行銷策略。這些訪問顯示，大多數的消費者對於義大利只有籠統的印象。舉例而言，男性消費者經常提到的不外乎競技者、噴泉、以及蘇菲亞羅蘭，而女性所知道的則是在山腳下野餐以及藤蔓花園。人們對義大利菜的看法則是美味而健康，但是香料和洋蔥放得太多；巧克力慕斯（一種法國式點心）則是消費者最喜歡的義大利點心。根據這些資料，正統義大利菜很明顯地無法滿足美國人的胃口。因此，該公司對於所謂民族特色的選擇，並不是要顧客來一次美食大冒險。General Mills投注了大量的時間與金錢創造了一種特殊的義大利風格：人們會覺得自己正在吃義大利菜，但實際上，食物的口味卻是美國式的。

General Mills的策略來自於完整的策略三C考量。第一，進入市場是因為顧客對餐廳需求成長。第二，進入市場的決定是依據對於競爭者的全盤了解，包括民族風味和非民族風味的餐廳。General Mills深知全國性的連鎖餐廳很難有任何改革性。能夠使得Olive Garden擁有重大優勢且讓對手無法迅速仿效的，是在義大利式的氣氛中供應義大利食物。第三，該公司的主要優勢在於其餐飲業的經驗使得他們成為強力的套餐行銷者，而且強大的財務能力（一開始便可以投資一億美金）使得它們得以進入一個新的領域。最後一點，大環境提供了很好的機會（在本案例中，是外食趨勢的上升以及消費者對義大利食物的偏好）。

這個策略對General Mills而言，看來似乎很有效。在1993年，每一家Olive Garden的稅前營收大約是三百二十萬美元營業額，並可獲利四十一萬五千美元。在326家Olive Garden餐廳之中，大多數都能在開業後六個月之內開始獲利。

策略行銷的面貌

策略性思考代表著行銷領域中的一個新觀點。在這一節，我們將討論策略行銷的重要性、特徵、起源、以及未來。

策略行銷的重要性

行銷在公司的策略性管理中扮演著一個活躍的角色。公司若將經驗轉移到策略規劃中，則可以顯示出行銷失敗對於達成公司策略計畫目標所形成的障礙。在此所要討論的案例是，一個發展策略規劃系統（一般稱爲OST系統）的先驅者。由於行銷上的疏失，迫使德州儀器（Texas Instruments）退出電子錶的市場。當外在環境穩定的時候，公司可以穩居科技領先、生產效率、以及財務靈活的寶座。當環境產生變化時，缺乏行銷觀點卻會使得規劃完善的策略危機四伏。由於手錶市場的競爭激烈以及喪失電子錶的獨特性，德州儀器逐漸敗退。其失敗經驗可摘要如下：

> 缺乏行銷觀點當然是手錶事業失敗的主要原因⋯。德州儀器未曾試著了解消費者，也未曾傾聽市場的心聲。它們所抱持的態度是工程師型的。

相對的，在Miller啤酒上的成功，則顯示了在行銷上的策略提昇，有助於產生比對手更好的績效表現。如果Philip Morris接受啤酒市場的傳統行銷概念，將策略建築在大型釀造場的效率和具有競爭力的價位基礎上，那麼Miller啤酒這個子企業在市場上的排名可能仍然是在第七位，甚至更後面。相反的，Miller啤酒在市場上的排名大幅躍進，僅次於Anheuser-Busch，而這樣的成績必須歸功於強調市場與顧客的區隔，以及大手筆的廣告與促銷預算。這是個絕佳的策略行銷案例，以行銷功能作爲整體組織策略的核心。Philip Morris仗著本身的組織優勢，並利用對手的缺點，在啤酒業佔據著領先的地位。

事實上，行銷策略是任何規模的組織所面臨的最大挑戰。正如同Cooper等人在研究中所說的：「美國的企業組織正開始回應策略行銷的召喚，許多公司正在修正本身的企業規劃優先順序，強調策略行銷與及行銷規劃的功能」。

策略行銷的特徵

策略行銷的觀點和行銷管理並不相同。以下將探討策略行銷的特徵。

對於長期啓示的強調：策略行銷的決策通常具有長期的啓示。以行銷策略家的說法，策略行銷是一種承諾（commitment）而非行動（act）。舉例而言，一個策略行銷的決策，將不會是爲一個較受歡迎的客戶提供立即的快遞服務，而是爲所有的客戶提供二十四小時的快遞服務。

在1980年，固特異輪胎公司（Goodyear Tire Company）做了一項策略性的決策，決定繼續對於輪胎生意的重視。當業界的其他同行逐漸減少對於輪胎生意的重視，固特異卻選擇了相反的路徑。這項決定在數年後仍對公司有著重大的影響。現在回顧起來，固特異的這項策略的確有效。在1990年代，該公司在全球的輪胎業仍是具有舉足輕重的影響力。

策略行銷的長期方向，有賴於對環境的更多關注。長期的環境改變可能性大於短期的環境改變。換言之，就短期而言，我們可以假設環境會保持穩定，但是這樣的假設就長期而言卻是不太可能成立的。

要適當地監視環境必須投入策略性的智慧。策略智慧與傳統行銷研究的差異在於需要更深入的探索。舉例而言，光知道對手具有價格上的優勢並不足夠。以策略的角度而言，我們必須知道對手在降價的空間上是否還有任何彈性。

組織投注（Corporate Input）：策略行銷決策需要組織在三個向度上的投注：組織文化（corporate culture）、組織大眾（corporate publics）、以及組織資源（corporate resources）。組織文化是指高級管理階層的風格、念頭、幻想、特質、禁忌、習慣以及儀式經過時間的洗禮之後成爲組織的內在特質。組織大眾是指在此組織中有利益關係的人員或單位等等；例如，顧客、員工、供應商、政府、以及社會等。組織資源則包括：人員、財務、實體、科技等公司的資產及經驗。組織投注設定了行銷策略者在決定進入哪個市場、退出哪門生意、投資哪個事業等的自由度。在行銷策略上使用組織層次的投注概念，有助於組織整體利益的極大化。

不同產品／市場的不同角色（Varying Roles for Different Products/Markets）：傳統觀念認爲，所有的產品都應該努力擴大獲利能力。但是策略行銷觀點卻認爲，不同的產品在公司中應該扮演不同的角色。舉例而言，在產品生命週期（product life cycle）中，某些產品應可能處於成長階段，某些產品處於成熟階段，而某些產品則處於導入階段。位在生命週期中不同位置的產品，需要不同的策略，並肩負著不同的期望。在成長階段的產品需要更多的投資；在成熟階段的產品則應該創造更多的現金收益。雖然多年來這種「不同產品具有不同目的」的概念已經廣為企業界所了解，但是在眞實世界裡的實際應用，卻只是近年來的事情。波士頓顧問集團是這種想法的先驅，該組織發展了一種組合矩陣，該矩陣以市場佔有率和成長率的高低，作爲產品的定位座標。

這個矩陣有二個基本特質：（1）根據統一的標準將不同事業加以排序；（2）該座標將各個事業區分爲資源的提供者與使用者，以作爲公司資源的平衡工具。

以策略行銷的實行而言，首先必須檢視各個產品／市場才能夠賦予其角色。此外，不同的產品／市場之間有整合性效應的關係，以擴大整體行銷工作的成效。最後，每個產品／市場都配有一名經理人，該經理人具有合適的背景與經驗以發揮指導的功能。

組織層次（Organizational Level）：策略行銷基本上是由組織中的事業單位層次執行。以奇異電器爲例，主要的設備都是以事業單位作爲區分的依據，而每個事業單位則各自形成策略。在Gillette Company，感應刀的策略發展層次在於刮鬍刀的事業單位。

與財務之關係（Relationship to Finance）：策略行銷的決策與財務功能有密切的關係。事實上，維持行銷與財務以及其他企業功能之間的密切關係，一直爲各界所重視。但近年來所發展的架構，則是在進行策略性決策時，讓行銷與財務之間能夠立即地產生關聯。

策略行銷的起源

策略行銷的產生，一開始並不是很有系統的。如前所述，1970年代早期的艱困環境迫使經理人必須發展策略性計畫，對資源進行集中控制。而早期的這些努力，焦點在於財務。當然，對於行銷的投注也受到認同，但只限於必要的時候。舉例而言，大多數的策略規劃方式所強調的是現金流通以及投資的報酬，而這些都必須以市場佔有率作爲評估成效的依據。但是這樣將行銷視同於市場佔有率的觀點，或多或少都來自於事後推論。結果就是行銷投注變成了後果而非原因：也就是必須提高市場佔有率以符合現金流通的目標。策略規劃系統中的財務偏差，使得行銷在組織的長期觀點中所扮演的是一種必要但卻不重要的角色。

在短短的數年當中，隨著策略規劃更加完備，企業組織開始了解到在規劃歷程中所漏失的環節。若無法將策略規劃的努力與行銷進行適當的連結，整個策略規劃流程將陷入靜止狀態。企業所處的環境是動態的，只有透過行銷投注，才能將變動中的社會、經濟、政治、科技等因素納入整體的策略規劃歷程之中。

簡而言之，一開始的策略規劃雖然忽視了行銷，但是現在對於行銷的角色已經有了更適切的了解，並且搖身一變而成爲策略行銷。

策略行銷的未來

許多因素顯示，策略行銷在未來所扮演角色的重要性將愈來愈高。第一，由於企業成長率下降，市場佔有率的戰況愈來愈激烈。面對成長衰退，公司除了絞盡腦汁提昇佔有率之外別無他法。而策略行銷正有助於提昇市場佔有率。

第二，法令的鬆綁提高策略行銷的必要性。以航空、貨運、銀行、電訊等行業爲例。在過去，由於市場受到保護以及法令對於定價的規定，上述行業對於策略行銷的需求並不高。但是一旦法令鬆綁，情況就完全不一樣了。直到八年前，若有人以Sears、Roebuck以及美林證券（Merrill Lynch）爲直接競爭對手，都會被看成是一種笑話。但是對於這些公司而言，策略行銷已經不再是一種可行的選擇，而變成提昇績效的必要手段。

第三，許多生產套裝產品的公司正在購併非行銷導向的企業夥伴，希望藉由策略行銷擴大市場佔有率。舉例而言，除了少數例外，成衣製造商長久以來都是以優秀的產品品質來獲取競爭優勢。但是當行銷取向的消費性產品企業購買了成衣製造商，情況就不一樣了。例如，General Mills就藉由策略行銷將Izod（鱷魚衫）轉變爲非常成功的企業。Chesebrough-Pond's也是利用相同的手法將Health-Tex拱上兒童服裝的龍頭地位。1982年，可口可樂購併了哥倫比亞影業（Columbia Pictures），並且成功地證明了可以像賣可樂一樣地賣電影。利用可口可樂的行銷專長與創新的財務包裝，哥倫比亞影業在電影業具有舉足輕重的地位。在1982到1987年之間，哥倫比亞影業的市場佔有率倍增，而且獲利率每年提高20％。雖然過去幾年Izod、Health-Tex、哥倫比亞影業再度被出售，但是都賣了很好的價錢，而將這公司改頭換面的母公司也可謂獲利了結了。

第四，許多企業因爲管道結構的變化而發生了問題。傳統的配銷管道陷入混戰，許多製造商發現本身正在混合使用大盤商、零售商、連鎖店等各種管道。在某些案例中，配銷商本身與製造商的業務代表的角色愈來愈重要。而在其他的案例中，重要的則是連鎖店、合作夥伴等其他管道。由於這些團體會增加購買歷程的複雜性，特別是在資訊流通如此發達的時代，簡化購買歷程是個重要的趨勢。

第五，來自國外的廠商，無論是否在美國本土作業，都使得競爭加劇。許多國家對於全球市場的競爭力都大幅提昇了。來自已開發與開發中國家的商人都注意到全球市場的趨勢，並且對於開發新市場信心滿滿。爲了改善經濟環境並提高生活水準，這些人有高度意願去學習、調適、以及創新。在三十年前，大多數的美國公司都有信心擊敗任何外國競爭對手。它們認爲自己擁有最先進的科技、最好的管理技巧、以及聞名全球的美式「無所不能」（American「can do」）態度。但是今天，有無數的競爭對手來自歐洲、日本、以及全球各地。爲了應付這些競爭對手，行銷策略重新獲得重視。

第六，因爲收入增加以及消費者複雜度提高所導致的市場區隔，也使得策略行銷的重要性獲得注意。以美國爲例，從1978到1985年，汽車市場的區隔由18個增加到24個，增加了三分之一。其中有許多是因爲汽車製造商針對特定的需求開發了新車種而產生的。業者需要有足夠的策略行銷能力來確認尚未被標籤的市場區隔，並開發、引進符合該市場區隔所需要的產品。

第七，由於基礎科技的取得容易以及產品生命週期的縮短，迅速進入市場變成成功的前提。較早進入市場者，不僅能夠取得優惠的價格，同時在採購、製造、以及行銷上都能比追隨者較早獲得突破，並進而佔有市場。舉例而言，在歐洲市場，第一家行銷汽車音響的公司通常比一年後進入市場的公司多佔有20%的市場。在規劃及早進入市場方面，策略行銷貢獻卓著。

第八，企業倚賴成本與品質的優勢來佔領現有市場的時代已經成爲過去式了。從今以後，企業必須想像並創造新的、尚未大量開發的競爭市場。組織想像（corporate imagination）與加速政策（expeditionary polices），是打開新市場的關鍵。組織想像必須超乎既有的市場；換言之，所必須思考的是需求與功能，而非傳統的消費者與產品的關係限制、必須扭轉傳統的價格與績效關係的假設、必須引導消費者而非追隨消費者。創造新市場具有相當高的風險；但是在加速政策之下，公司降低風險的方式不是扮演一個快速的追隨者，而是藉由降低成本以及步伐快速的市場突襲來進入目標市場。爲了成功地發展組織想像與加速政策，公司需要策略行銷。以汽車工業爲例，在美國，組裝一輛Ford Taurus，需要20個工時（worker-hour），而其零售價大約是一萬八千美元。以每小時42美元的人工成本而言，直接的組裝費用大約是840美元，也就是價格的5%。相較之下，行銷與配銷費用就高達了價格的30%。這些成本包含了廣告、促銷（例如，現金折扣與租賃優惠等專案）、承銷佣金以及抵押款（mortgage payment）和存貨融資（inventory financing）。對於行銷成本的控制，早在進行汽車設計的時候就已經開始了。若能確保產品的設計能夠符合顧客的需求（包括：大小、特色、性能等），製造商就可以提高售價，以迴避耗費不訾的折扣以及其他促銷伎倆。

最後一點，美國社會的人口變化產生了新的消費環境，使得策略行銷成爲不可或缺的工作。在過去，典型的美國家庭組成包括了：一個工作賺錢的父親、一個持家的母親、以及二個小孩。但是在1990年代，九千三百三十萬個家庭之中只有26%符合這樣的描述。其中孩子的年齡低於18歲的家庭，有63%的母親有全職或兼職的工作。這樣的家庭組合在1985年只有51%，在1980年則爲42%。全美超過55%的家庭是由一個或二個人所構成的。更令人訝異且爲人忽略的事實是九百七十萬個單親家庭。這種快速成長（比過去高出60%）的市場區隔，肇因於獨居男性人口的增加。此外，美國的老年（65歲以上）人口已高達八分之一。據估計，到了2030年，老年人口將高達總人口的五分之一。屆時，國民壽命也將大幅提昇。這些統計數字具有重要的策略意義。大眾市場（mass market）已然分裂，公司不能再用過去的方法來銷售產品。最大的家庭族群將是雙薪家庭，但是家庭成員的工作可能是指甲美容師，也可能是華爾街的證券交易商。生活方式與收入上的差異，使得這個族群無法成爲統一的大眾市場。我們將會看到每個市場分裂爲數個愈來愈小的市場，而每個小市場各有獨特的產品需求。

策略行銷與行銷管理

策略行銷的焦點在於：在正確的時機爲正確的成長市場選擇正確的產品。關於這些決策與那些強調行銷管理的決策是否有所差異，或許有些爭議。但不可諱言的，兩者在處理決策問題的角度上的確有所不同。舉例而言，在行銷管理方面，市場區隔的界定是依據行銷矩陣的變項將消費者分組。就策略行銷取向而言，則是根據特定的族群是否能爲公司在競爭中帶來足夠的經濟優勢。爲了澄清這個問題，Henderson將後者的區隔方式稱爲策略區段（strategic sector）：

> 策略區段是一個你可以從中獲取競爭優勢並加以開發、利用的地方，策略區段是策略的關鍵，因為每個區段的參考架構都是競爭。在某個行業中的最大競爭者可能是無法獲利的，只因為在該行業中個別的策略區段都是由較小的競爭者所掌握。

策略行銷與行銷管理的另一個差異在於行銷管理取向在發展行銷矩陣時，將公司的資源與目標視爲不可控制的變項。但是在策略行銷取向中，在詳細檢視所有必要的投注之後，各層次的目標被有系統地加以界定。資源的配置在於將組織的整體績效極大化，最終策略的形成則具有包容性的眼光。如同Abell與Hammond所說的：

> 策略性市場計畫並不等同於行銷計畫；策略性市場計畫涵蓋了組織在市場中的策略的所有層面。相反的，行銷計畫所處理的則是描繪市場區隔與產品、溝通、通路、訂價政策等，以取得並服務這些市場區隔，也就是所謂的行銷組合（marketing mix）。

行銷管理所涉及的是發展行銷組合以服務目標市場。但是在發展行銷組合之前必須先界定市場。但是傳統上，市場的界定是相當模糊的。在擴張的環境中，即使是一個邊際性的營運也可能獲利；因此，市場的界定不能夠精簡，特別是在界定上有所困難的時候。此外，若組織文化所強調的是短線，所隱含的意義就是能夠打勝仗的行銷組合重於對市場的正確界定。

爲了說明市場界定的問題有多麼麻煩，讓我們來討論一下Wisk的洗衣產品。我們可以從許多不同的角度來界定Wisk的市場：去污劑市場、洗衣精市場、或是洗衣前處理劑市場。在每一個市場中，其產品都可能有不同的市場佔有率，並且面臨著不同的競爭對手。就長期的績效表現而言，怎樣的市場界定是最可行的，是策略行銷所必須處理的問題。

> 我們可以從許多不同的角度來檢視市場，也可以用不同的方式來使用產品。每當市場與產品之間的配對產生變化時，其相對競爭力也會產生變化。許多商人無法認知到策略的關鍵之一在於選定一個你所想要挑戰的競爭對手，以及行銷區隔和產品特色。

表2-3策略行銷與行銷管理的主要差異*

差異	策略行銷	行銷管理
時間架構	長期的；決策具有長期的意義	日常的；決策通常是與財務年度有關
方向性	演繹與直覺的	歸納與分析的
決策歷程	基本上是由下往上	主要是由上往下
與環境的關係	視環境爲會改變而動態的	環境被視爲偶爾有些波動的常數
機會敏感度	不斷主動尋求新的機會	事後追尋新的機會
組織行爲	在組織的不同部門之間（包括水平與垂直）尋求整合效應	尋求各單位本身的利益
工作性質	需要高度創造力與原創性	需要成熟、經驗、與方向的控制
領導風格	需要前瞻性觀點	需要反應性觀點
任務	決定所要強調的事業	處理目前已經很清楚的生意

*這些差異是相對性的，而非同一向度上的二個端點

表2-3整理了策略行銷與行銷管理的差異。策略行銷在許多方面都和行銷管理有所不同：方向、哲學、方法、與環境及組織中其他部分的關係、以及所需要的管理風格。舉例而言，策略行銷要求經理人爲了長期的結果而犧牲短期利益。策略行銷所處理的是未來將要進入的生意，而行銷管理所著重的則是目前已經很清楚的生意。

對一名行銷管理者而言，問題在於：考量了眾多影響我生意的環境因素、過去的以及由企業和市場所投射出來的績效表現、以及自己現在的位置，我在做這門生意時有哪些投資是正確的？但是就策略行銷而言，問題則是：我有哪些選擇可以提昇市場並以自己喜歡的方式加以重新建立？行銷管理將市場投射與競爭位置視爲既有變項，並且在這些限制之下尋求最大表現。相反的，策略行銷在可能的情況之下，會儘量拋開這些限制。行銷管理屬於決定論（deterministic）；而策略行銷則屬於機會主義（opportunistic）。行銷管理屬於歸納性、分析性，策略行銷則是演繹性、直覺性。

策略行銷歷程：案例

有關策略行銷規劃的歷程，也許可以用圖2-4的New England Products Company（NEPC，假名）的SBU（健康產品）爲案例來以加以說明。總部位於Connecticut州Hartford市的NEPC，是個世界性的製造與行銷商，其產品包括各種食品與非食品，如咖啡、柳橙汁、蛋糕、牙膏、尿片、去污劑、以及其他與健康有關的產品。該公司的生意遍及100個以上的國家，員工超過五萬六千人，工廠超過147座，並且有三所主要的研究中心。在1993年，該公司的全球銷售量高達三百一十二億美元。

企業策略

在1986年，該公司的策略計畫訂定了下列目標：

1. 顯著地加強公司的核心事業（牙膏、尿片、去污劑）。
2. 將健康照護產品視爲公司成長的主要動力。
3. 在未來十年將健康相關產品的利潤提高20％到30％。
4. 放棄那些未達到公司獲利與成長標準的事業，以提供達成其他目標所需要的資源。
5. 總投資資金回收18％。
6. 財務成長儘可能倚賴投資的獲利。

上述策略的基礎在於圖2-4中企業策略的五項因素：

1. 價值體系（value system）：在行銷上永遠必須強勢而有影響力，藉由爲特定族群發展並取得產品而獲得成長。
2. 組織大眾（corporate publics）：NEPC的股東願意爲了長期的成長與獲利能力而犧牲短期利潤與分紅。
3. 組織資源（corporate resources）：堅強的財務實力、高度的品牌認同、強勢的行銷。
4. 事業單位績效（business unit performance）：以健康相關產品爲例，即使經濟衰退也能提高全球性的業績。

圖2-4 策略行銷歷程

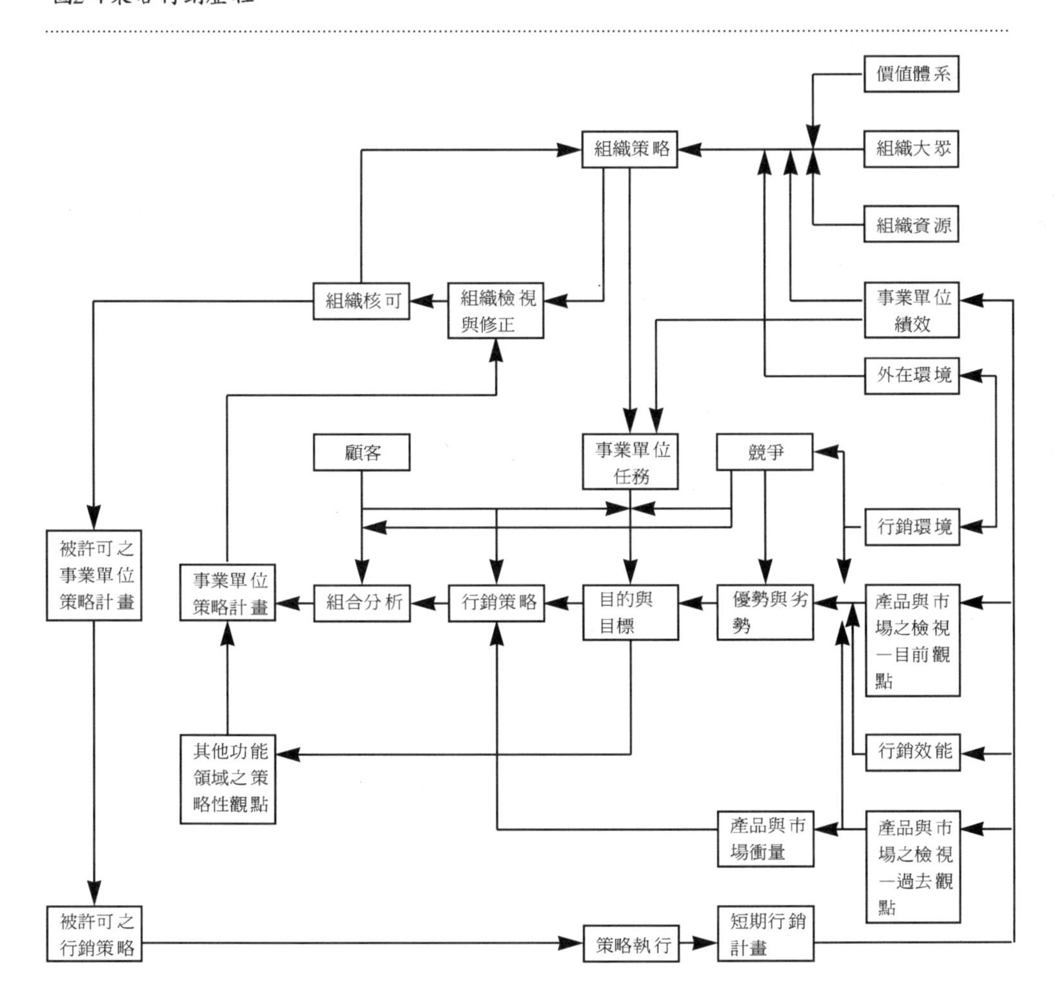

5.外在環境（external environment）：消費者對於健康的關注提高。

事業單位任務

如圖2-4所示，在NEPC的36個健康相關產品的事業單位中，有一個單位的任務來自於對組織策略、競爭環境、消費者觀點、事業單位過去的績效、行銷環境等各方面的同時檢視。健康相關產品之事業單位的任務如下：

1.藉由結合近來的收穫與新開發的產品以及補救舊有的產品來鞏固企業營運。
2.藉由適當的產品定位提昇事業。
3.擴大產品路線以涵蓋人體的各個部位。

事業單位的任務可轉譯為下列的目的與目標：

1.在1998年之前加強投資以達成一百一十一億美元的銷售額，相對於1993年的五十三億美元，等於成長了110％。
2.在美國取得領導地位。
3.儘早自海外引進新產品以取得競爭優勢。

不同產品與市場的行銷目標，源自於事業單位的整體目標。舉例而言，某種處理消化不良的產品的行銷目標可以認定如下：

1.促進研究以為產品找尋新的使用方法。
2.改良產品。

行銷策略

行銷目標、顧客與競爭性觀點、產品與市場的衡量（過去績效對未來的額外助力）是行銷策略的基礎。在NEPC的案例中，健康相關產品的行銷策略所強調的，是藉由廣告來定位，以及新產品的發展。因此公司在進行規劃的期間，決定大力對廣告的支持，並擴張研究發展的工作。

以下是NEPC策略所根據的邏輯。消費者對於健康產品的忠誠度極高，這可以從Johnson & Johnson's Tylenol在兩次中毒事件後仍然有消費者願意購買其產品看出。這表示我們很難拉走顧客，卻也很容易保有顧客，所以行銷工作仍大有可為。在促進消化的產品方面，公司有能力擴張市場，而這是個專家認為已經成熟的市場。NEPC的電視廣告把產品包裝成飲食過度的療方，其結果則是在1983到1993年之間增加了30％的生意。

當MEPC進一步推展健康產品的生意時，其大量研究與技術資源將會是一個重要的資產。NEPC每一年的研究費用大約是七億五千萬美元，產品的改良一直是公司行銷力量的一個重要關鍵。

健康相關產品事業單位的整體策略決定於企業的成熟度以及競爭位置。當企業位於強而有力的競爭位置時，將會有所成長。

隨著保險業者與政府戮力於降低健康照護的成本，在成藥或偏方上的花費會愈來愈多。從穀類早餐到口香糖，廣告商的訴求都是健康。當健身的狂熱大肆氾濫的時候，大眾對於健康的興趣達到前所未有的高峰，而隨著群眾年齡的增長，這種趨勢會愈加明顯：人們年紀大了，卻不希望覺得自己變老。因此，健康產品事業有顯著的成長潛力。NEPC是最大的非處方健康產品行銷者。如同以下所列，該公司對於各種不同的輕微疾病都有不同的產品。該公司在行銷與研究上的組合力量，使得公司在市場上擁有令人欽羡的位置。

1.皮膚：NEPC是臉部保濕用品的生產先驅。NEPC同時在青少年的青春痘治療用品市場上領先群倫。目前該公司正致力於防止衰老的產品。
2.口腔：在投入這個市場28年之後，NEPC的口腔清潔產品是市場上的領導者。NEPC的另一項產品——需處方的口腔防斑清潔劑——也許即將上市，而此項產品也可能是NEPC口腔衛生產品的另一個主力。
3.頭部：這是NEPC的心頭之痛，它的阿斯匹靈在止痛劑市場上的佔有率並不高。該公司也許會投入另一種不含咖啡因的止痛劑的競爭市場。
4.胸部：NEPC是這類產品中的老牌，產品包括：咳嗽糖漿、止咳劑、夜間用感冒藥、鼻腔噴劑等。目前正要推出新產品並擴張產品路線，不過步調相當緩慢。
5.腹部：過去三年裡，NEPC在消化性藥物的市場佔有率上升了22%。這些產品過去以旅行用止瀉劑的形象銷售，現在也可以用防止潰瘍的形象銷售。NEPC同時掌控了通便成藥的市場。新近的臨床研究顯示，這種藥劑可以有效地降低血液中的膽固醇含量。
6.骨骼：NEPC佔有10%的柳橙汁市場。含鈣柳橙汁目前正風靡全美，並且可以同時兼具低卡路里的特性。

簡言之，這些投入和事業單位的目標是一致的，接踵而至的事業單位策略則是：企圖改善組織競爭位置並擴大市場佔有率。

組合分析：每個產品／市場的行銷策略都經由組合技術（portfolio technique）

加以分析（詳見第十章）。將不同的產品／市場放進一個多因子組合矩陣（multi-factor portfolio matrix）中（事業優勢與產業吸引力各分爲高中低三個層次），從滿足事業單位任務與目標的角度，每個產品／市場的策略都被詳加檢視並許可。在組合分析之後，通過許可的行銷策略成爲事業單位策略規劃中的一部分，而這些策略規劃在經由高級管理階層許可後，即可進入執行階段。作爲執行工作中的一部分，年度行銷計畫必須形成，並成爲作業經理（operations managers）追求目標時的基礎。

策略計畫的執行：從1993到1995年之間健康相關產品事業單位的活動內容，可以看出策略計畫的執行。

1.採取某些步驟將通便劑當作降膽固醇劑來銷售。
2.NEPC取得FDA的許可，向醫師推介其助消化的藥物，以作爲預防旅行腹瀉的處方。
3.NEPC的研究顯示、其消化藥物有助於治療潰瘍。雖然有些研究者反駁這種說法，但是這塊價值數十億美金的潰瘍藥品市場的確是大有可爲的。
4.公司向市場介紹其含鈣的柳橙汁。公司尋求並獲得美國女性醫療協會（American Medical Women's Association）對該產品的許可，並將該許可標示在產品包裝上。

策略行銷的執行

策略行銷的演進，是一種嘗試錯誤（trial and error）的過程。在1980年代，許多公司發展了獨特的策略行銷程序、系統、模式。然而經驗顯示，大多數公司的行銷策略卻充滿了不適當的複雜性。這些策略都陷入了引發對競爭的相同反應的泥淖之中。爲了在行銷策略中增加速度與新鮮感，改變是必須的。

策略行銷的失敗原因

以下是行銷策略在形成與執行中所經常遭遇的共同問題。

1.過於強調在何處（where）競爭而忽略了如何（how）競爭。經驗顯示、許多公司花在確認投入何種競爭市場上的精神、遠超過花在競爭方法上的精神。有關在何種市場中競爭的資訊是很容易取得的，但是對於競爭優勢的取得卻很少有所助益。何況競爭對手通常也很容易取得有關在何種市場中競爭的資訊。相反的，有關如何競爭的資訊則是對手難以抄襲的。這類訊息涉及了事業部門與公司的基本運作。舉例而言，McDonald的座右銘QCS & V，就是一個如何競爭的策略─也就是食品的品質（quality）、快速而親切（friendly）的服務、餐廳的清潔（cleanliness），以及有價值（value）的菜單。對於競爭對手而言，抄襲McDonald的「如何競爭」策略遠較抄襲「何處競爭」的策略要困難多了。

在下一世紀的行銷策略中，公司是必要以全新的角度處理「如何競爭」的問題。在此，創造力將扮演一個非常關鍵的角色。舉例而言，一家大型保險公司透過改善其承保、理賠手續、客戶服務等以促進生意，而這種「如何競爭」的策略是競爭對手所難以仿效的。

2.對於策略的獨特性與適應性著墨不夠。大多數的行銷策略缺乏獨特性。舉例而言，許多專賣店的陳設與商品看來都漸漸相同。在1970年代，市場訊息相當匱乏，許多公司會採取新穎且不同的方法。但是如今訊息取得容易，許多公司都採取了相同的策略，而這是有百害而無一利的。

有關獨特性與適應性的想法、可能來自未知的來源。因此，公司對於所有可能性都應該有高度的敏感性並加以開發。Arm and Hammer鼓勵人門將蘇打粉放在冰箱以去除臭味的廣告或許可以說明這種想法。這個主意是一位消費者投書建議的。在一九七〇年代早期，這種獨特的產品應用手法使得Arm and Hammer的產品在2年內的銷售量倍增。

3.競爭的時機（when）不當。由於過度強調何處競爭以及如何競爭，許多行銷策略對於競爭時機不夠注意。在競爭市場中的每個行動步驟都應該注意時機的適當性。所謂的最佳時機必須能夠將競爭對手的力量壓至最低、甚至完全消滅，並且對市場產生有利的影響；換言之，最佳時機可以讓公司較容易達成自身的目標。時機在策略的執行上也深具重要性。這可以幫助公司中不同的經理人組織其活動、以滿足時機的需要。

以下是有關時機的決策指南：

◇市場知識（market knowledge）。如果你有充足的資訊，便可以放手開始進行行銷工作；否則最好等到取得了其他的訊息之後再開始行動。

◇競爭（competition）。公司或許會決定及早進入市場以打擊較小的競爭對手。如果你面對著強大而重要的競爭對手，必要時可以延遲進入市場的時機；例如，尋求更多的資訊。

◇準備程度（company readiness）。基於各種原因，公司也許尚未準備好開始競爭。這些原因包括缺乏財務資源、勞力問題、無法滿足現有的契約等。

策略行銷的問題

即使有能力做好該做的事情，也無法保證規劃中的目標能夠順利實現。任何障礙都可能使得原先的最佳策略顯得問題重重。爲了克服這些困難，我們必須注意下列問題：

1.發展可行的目標與目的。
2.納入關鍵性運作人員。
3.避免被目前的問題絆住而忽略了策略行銷，而降低了他人的信心。
4.不要將行銷策略獨立於其他管理歷程之外。
5.在行銷策略形成的歷程中儘量避免正式性或形式性所造成的干擾，以免降低彈性或扼殺創造力。
6.避免形成阻礙策略行銷的氣氛。
7.不要天眞的以爲可以將行銷策略的發展交付在單一規劃者的手上。
8.不要在行銷的形成機制中涉入太多直覺的、相互衝突的決策。

本書的規劃

現在的事業與行銷經理所面臨的是一連串接踵而至的決策，每一項決策都有某種程度的冒險性、不確定性、以及回報。這些決策基本上可以分爲二大類：作業性（operatiing）與策略性（strategic）。就行銷問題而言，作業性決策是行銷管理的範疇。而策略性決策則是屬於策略行銷的領域。

作業性決策（operatiing decision）所處理的是與事業單位目前的營運作業有關的問題。在事業單位中，這種決策的典型目標是利潤的極大化。如同在1990年代初期所經驗到的，當事業陷入停滯或倒退時，所謂的利潤極大化必須透過成本極小化的手段來達成。在這種情況下，經理人被迫採取較短的時間區段觀點。這時，決策時的考慮經常是定價、折扣、促銷費用、行銷研究資訊的蒐集、存貨水準、遞送時間表等，幾乎很少考慮到決策的長期影響。想當然爾，短期內的最佳決策，就長期而言或許不是最理想的。

決策的第二種類型是策略性決策（strategic decision），所處理的是策略的決定（determination of strategy）：正確地選擇市場以及最符合該市場需求的產品。雖然策略性決策只是眾多管理決策中的一小部分而已，但卻是最重要的一種，因為這界定了事業以及公司和環境之間的一般關係。雖然如此重要，但是對於進行策略性決策的需求，通常不若對於成功地完成作業性決策的需求那樣的明顯。

策略性決策的特徵如下：

1. 影響所至可能造成與既有產品市場矩陣的重大分離（這種分離可能是技術上的分歧或其他形式的創新）。
2. 可能會進行前所未有的高冒險性計畫（例如，使用未經試驗的資源或在難以預測的情況下進入不確定的市場及競爭情境中）。
3. 可能包含許多種可能的選擇以解決重大的競爭問題，這種大範圍的選擇性，使得結果以及所需的資源都有更大的差異性。
4. 可能涉及重要的時機選擇，包括發展工作的開始時機，以及決定何時眞正地投入市場。
5. 很可能必須在競爭平衡中產生重大的改變，創造出新的作業或顧客接受模式。
6. 可能會根據成本與創新及時機上的冒險性之間的平衡點，決定在特定的市場中採取領先或追隨的競爭位置（根據本身較佳的行銷力量，預期在未來能夠追趕上、甚至超前競爭對手）。

本書的重點在於行銷的策略決策。第一章的重點在於規劃與策略的概念，本章則在於解釋策略行銷的各個向度。第三章到第六章所談的是與公司、競爭者、消費者、以及外在環境有關的策略資訊分析。第七章的焦點在於策略能力的評量，第八章則是透過目的與目標所進行的策略性引導。

第九章與第十章是策略的形成。而策略執行與控制的組織問題則在第十一章裡介紹。十二章討論的是策略技術與模式。接下來的五章則要探討市場、產品、價格、配銷、促銷等策略。最後在第十八章，我們將檢視全球性的市場策略。

摘要

本章介紹了策略行銷的概念，並與行銷管理加以區隔。策略行銷的重點在於行銷策略，而行銷策略的形成則決定於確認市場、處理競爭情勢、以及進出市場的時機。行銷管理所處理的是發展行銷矩陣以服務一個既定的市場。

本章同時說明了形成行銷策略所需的複雜歷程。行銷策略的發展層次在於策略事業單位（SBU），基本上是特定環境中三股力量互動下的結果：顧客、競爭者、組織。

在形成行銷策略時，需要許多種內在與外在的資訊。內在資訊可以是從高級管理階層由上而下（例如，組織策略），也可以是從作業管理階層的由下而上（例如，過去在產品與市場上的表現）。外在資訊包括：社會、經濟、政治、技術等趨勢，以及產品與市場的環境。公司在行銷觀點上的有效性，是影響策略形成的另一個重要因素。公司必須進行資訊分析以確認SBU的優勢與劣勢，再加上有關競爭者與顧客的資料，便可用以決定SBU的目標。SBU的目標引導了行銷目標與策略的形成。另外，我們以一個健康產品的案例說明了行銷策略發展的歷程。

最後，本章說明了本書的規劃。就作業性與策略性決策而言，本書將側重於行銷的策略決策。

問題與討論

1.請定義策略行銷。並請區分其與行銷管理之間的差異。

2.策略行銷的特徵爲何？

3.是何種趨勢使得策略行銷一直扮演著非常重要的角色？

4.請區分作業性與策略性決策。請以食品公司的觀點各舉三個例子說明此二類策略。
5.財務功能如何影響行銷策略？請解釋之。
6.請將圖2-4的行銷策略形成歷程套用在一小型企業。
7.請界定形成行銷策略時所需要的公司投注。

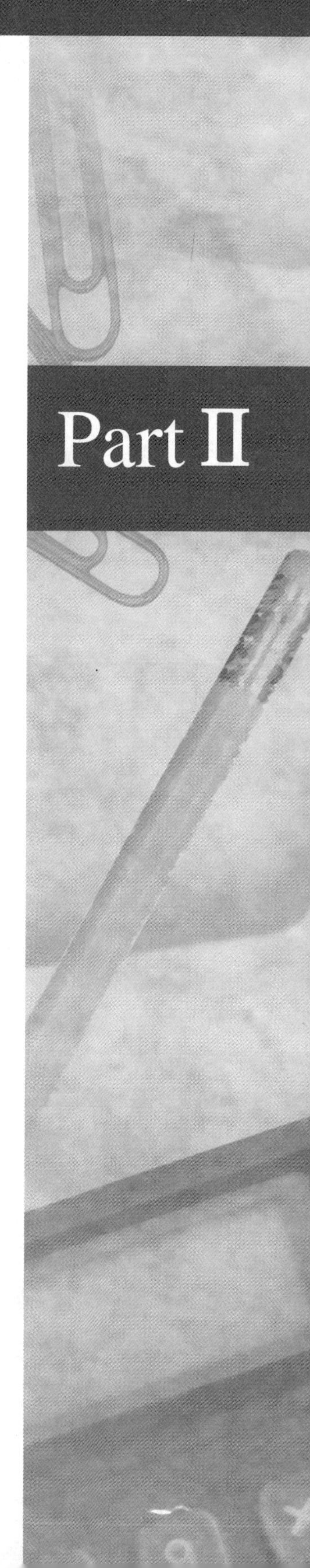
Part II

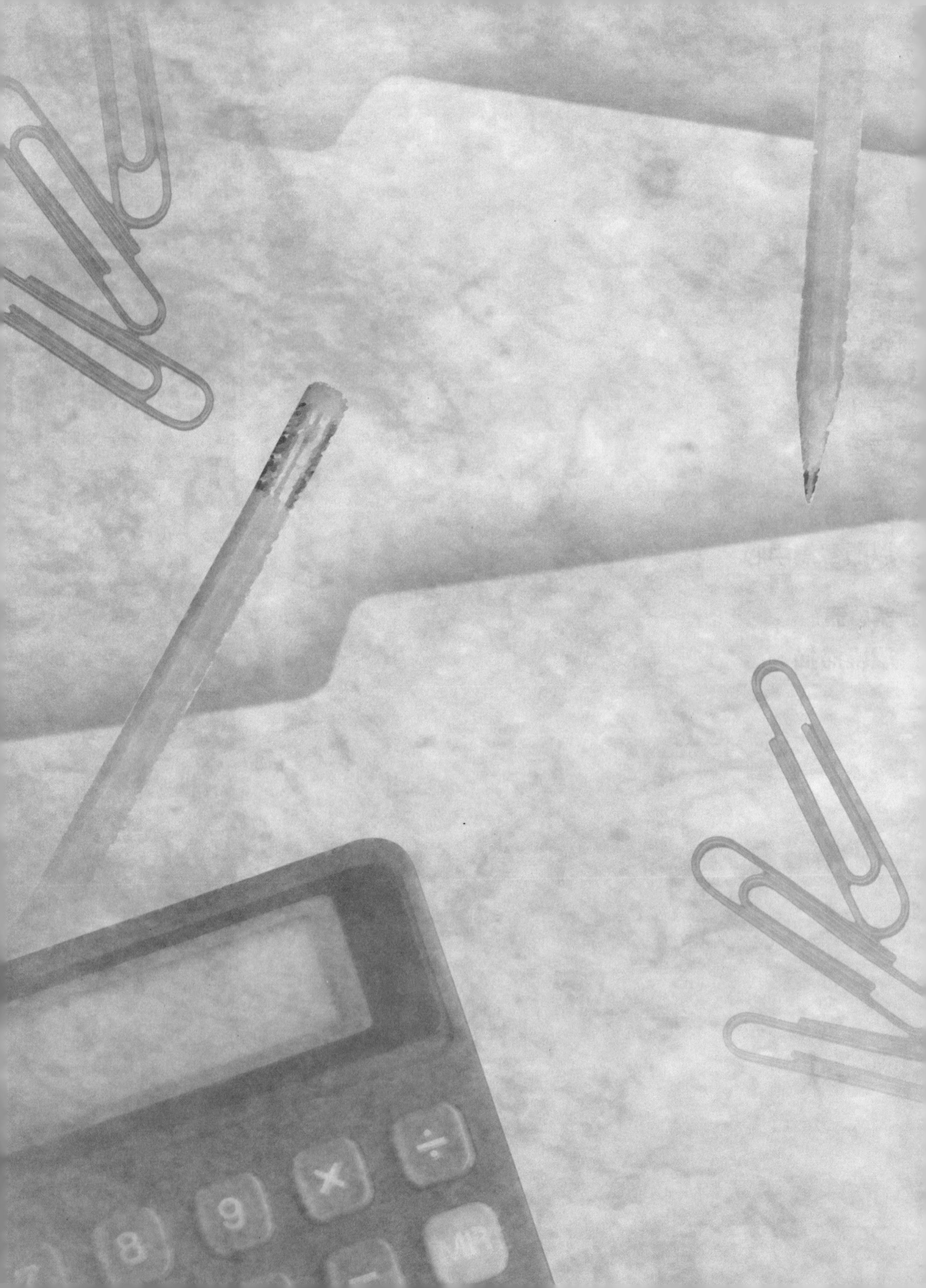
9
8
MR

第3章 企業評估

企業評估的意義

評量的因素：企業公衆群體

企業公眾團體的意義

組織對不同族群的反應

企業公眾團體：期望分析

企業公眾團體與組織策略

評量的因素：高階管理者的價值取向

價值取向在組織環境中的重要性

高階管理階層的價值觀與組織文化

價值觀的測量

價值取向與企業策略

評量的因素：組織資源

資源與行銷策略

資源的測量

事業單位的過去績效

摘要

問題與討論

形成行銷策略的一個重要原因。在於使公司能夠準備充分以與所處的變動環境互動。在此所隱含的重要意義，是預測未來環境的模樣。然後才能夠由公司現在位置的觀點決定未來所要採取的行動。有關環境的研究，將保留到以後的章節。本章的重點在於企業評估（corporate appraisal）。

首先，我們以一個生涯諮商師（career counselor）的工作來說明企業評估的概念。爲一個年輕人列出一份可行的工作清單是很容易的，而爲一個公司列出可行的投資機會清單也不困難。就一個生涯諮商師而言，他必須先檢視案主的條件、性格、氣質；判斷在特定領域中所需要的進一步發展或訓練；然後將案主本身以及各個工作的特質逐一比對。我們可以利用現有的各種技術蒐集有關案主的各種必要資料。而深入了解公司的精神也一樣重要，但卻複雜許多。就公司的層面而言，因爲評量錯誤而阻礙了公司進一步的發展，就像社會新鮮人入錯行一樣。

策略分析師應該如何評量組織的各個向度呢？他們必須發掘哪些資料呢？本章將就這類問題進行探討。

企業評估的意義

廣義而言，企業評估是從各個不同的角度來檢視整個組織。這是對於組織與外在環境互動的文化準備狀態之測量。行銷策略師所考慮的，是組織中直接影響組織整體策略的各個向度，因爲這是界定事業任務以及行銷策略形成層次的依據。如同圖3-1所顯示的，影響組織策略的因素包括高階主管的價值取向、企業公眾群體、組織資源、事業單位過去績效、以及外在環境。當然，本章所探討的是前四個因素。

策略行銷的二個主要特徵是考慮的重點在於對整個組織的長遠影響，以及將改變視爲重要元素。此二大特徵使得行銷策略的形成便得更加困難，並因而更加需要將創造力（creativity）與適應力（adaptability）當作組織的重要成份。然而創造力並不是所有組織都具備的。同樣的，具有對於變遷環境的適應力也非易事。有人說過：

> 過去的成功經驗，經常使得當時的政策與態度到現在仍被過分強調…隨著時間的過去，這些態度深植在信念、傳統、禁忌、習慣、風俗系統之中，而此一系統則構成了公司的特殊文化。這樣的文化就像各個國家之間有不同的文化，也

圖3-1 企業評估的範圍

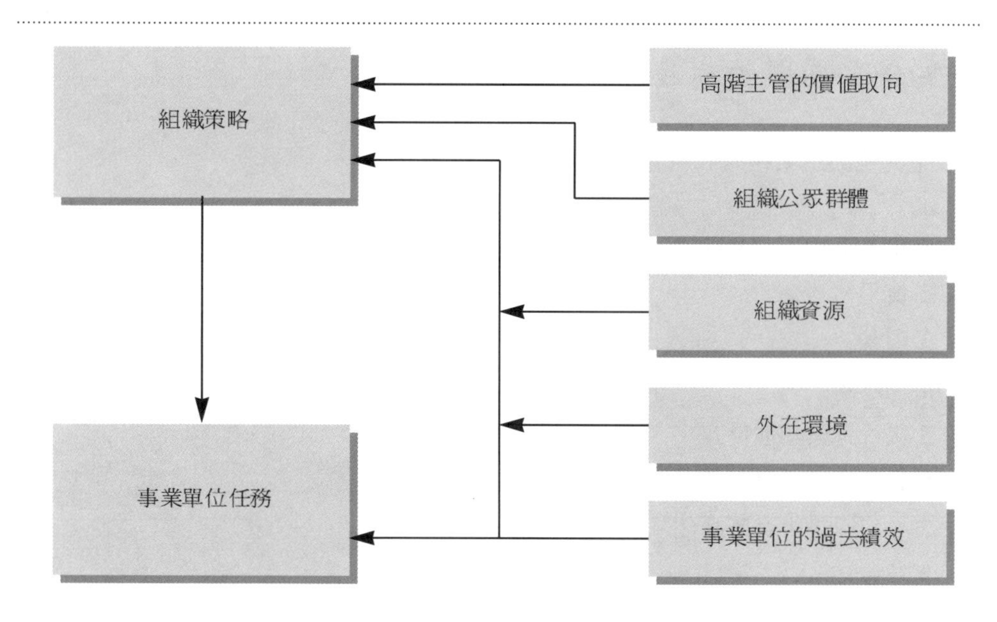

正如同每個人之間有著不同的性格，都不容易隨著變遷而調整。

在人類歷史中，不乏因為無法隨著時間調整而遭到淘汰的族群或文化。在企業界，為什麼像全錄（Xerox）、R. J. Reynolds、惠普（Hewlett-Packard）以及微軟（Microsoft）這樣新生代的組織能夠在大型組織環伺的情況下頭角崢嶸？為什麼像United States Rubber、American Tobacco以及Sears等歷史悠久的公司反而瞠目其後？為什麼奇異電器（General Electric）、迪士尼（Walt Disney）、花旗銀行（Citicorp）、杜邦（Du Pont）以及3M總是被列名為成功的公司？事實上這些公司成敗與否的關鍵因素都在於「改變」。如果公司能夠隨著需要而進行改變，所得到的結果就是成功。

很明顯的，行銷策略師在形成未來策略之前必須詳細檢視組織的各個向度。而策略若要成功的加以執行，策略本身就必須和組織的內部文化產生密切的關係。

評量的因素：企業公眾群體

企業存在目的是人類。因此，策略歷程的首要考慮是確認與企業的命運有利害關係的個人或團體，以及這些個人或團體對於此企業的期望高低和性質。

企業公眾團體的意義

下列是與企業組織利益有關的組成團體：

1.企業主。
2.員工。
3.顧客。
4.供應商。
5.銀行界與其他貸方。
6.政府。
7.公司經營生意所處的社區。
8.社會。

爲了組織的健全成長，所有這八個團體都必須獲得適當的對待。就這八大團體而言，企業界在過去很少注意到本身經營事業時所處的社區；但如今，對社區及社會提供服務的重要性已經廣爲企業所認同。社區或許會強迫企業停止對環境有害的活動。舉例而言，Boise Cascade Company曾經因爲未經規劃的土地開發，而被認爲是急躁、吝嗇、低社會敏感度、以及缺乏最高道德標準的公司。最後由於社區利益的獲勝，迫使該公司不得不放棄土地開發案，或者提出對於廢棄物的妥善處理方案以及其他的環境保護措施。同樣的，社會的關注也可能會防止企業從事某些類型的生意。一個順從社區標準的出版商，或許會拒絕發行色情出版品。

嬌生公司（Johnson & Johnson）爲了七個因爲誤食受到感染的Tylenol膠囊而致死的民眾而作出的反應，是個典型的案例。在短短數天之內，該公司宣布全面回收稅後價值高達五千萬美元的產品，即使該問題並非因爲公司的疏忽所導致的。後來，該公司主動發展出更好的包裝方式以預防未來再次發生類似的事件。當類似的事件再次發生時，該公司對於社會責任的承諾，因爲完全停止生產膠囊產品而再次受到肯定。在解決這個問題時，嬌生公司將消費者的福祉置於公司利潤之上。簡言之，現今社會的要求與期望是策略發展的一個重要成份：

> 雖然利潤與效率仍是文化中的核心價值，但是不應該超越那些對於用以達成企

業目標的活動產生影響的其他價值，以及那些具有重要道德及社會責任意義的價值。若在行銷規劃過程的一開始以及整個執行歷程中不能整體考量道德及社會價值，那麼組織文化便無法在具有道德感及社會責任感的行銷計畫過程中提供任何檢核與平衡。

組織對不同族群的反應

長久以來，當一個企業組織的唯一目的在於經濟利益時，只有在法律要求、或符合自身利益、或是基於慈善的理由時，才會考慮到社會中的其他面相。所謂的慈善，只不過是企業與外人共同慶祝自身的好運，或是對於運氣欠佳者的憐憫罷了。即使如此，公司也會因此而獲得好名聲，而這同樣具有公關功能。在蕭條的時期，公司會縮減各方面的活動，除了刪減內部預算之外，也會降低對股東之外的企業公眾團體的承諾。這種觀點直到1960年代中期都相當有效；但是當經濟成長幾乎是必然的時候，不同的利害關係人便會開始對公司提出更對等的待遇要求。

以組織對於環境污染的關心爲例，於公於私都是重要的議題。同樣的，顧客希望產品能夠有益健康；員工希望能夠有進修的機會；社區則希望公司能夠關心類似少數族群失業等問題。至於社會則希望企業組織能夠協助解決社會問題。簡言之，企業組織已經由純粹爲股東的經濟利益負責的角色，轉變爲爲所有與該企業生存有關的團體或個人負責。作爲社會中最進步的機構，企業組織被賦予促進各界平衡繁榮的責任。在二個世代之前，「企業與社會有約」的概念可能會被大多數的生意人嗤之以鼻。即使在十年前，這種想法也比較像是企業總裁在股東大會中的演講稿，而非政策的基本面。從企業的基本政策中包含了社會責任與否，可以看出現在生意人的態度。這種新見解提昇了企業的任務，不再侷限於對企業主的承諾。

在今天的環境中，組織策略的發展不能只是促進財務方面的績效表現，同時也要顧及其他方面的績效表現，並爲股東或公司大眾獲取最大利益。公司同時要對不斷改變的時局加以反應。如同雅芳（Avon Products）的前任總裁Waldron所說：「我們有五萬名員工與一百三十萬名業務代表…他們對於公司的重要性遠高於股東。」

利益關係人概念（concept of stakeholders）事實上是行銷觀念中核心教義的延伸。

行銷觀念與分享者概念緊密地與一個共同的根基或核心連結著。很清楚的，其共同點之一在於利害關係人概念承認消費者是企業公眾團體的一部分，而且是組織關注的焦點之一。或許我們可以進一步地說，這個核心表現了組織與消費者之間合作性交換的重要性。事實上，我們可以由相互合作或相互矛盾的觀點來看待所有的企業公眾團體。對勞工或行銷管道中的各成員等採取合作的策略，其結果可能是成為最終、但非相互的生命共同體（symbiosis）。舉例而言，如果製造商與大盤商合作，那麼大盤商則可能更願意和零售商合作。同樣地，零售商則會對顧客提供更好的服務。其結果，則是顧客對特定品牌更加忠誠，並進而促使製造商繼續與既有的行銷體系合作。這種最終、但不必然相互的生命共同體，將會提昇事業體系的穩定性以及發展潛力。

康寧（Corning）是一家能夠持續有系統地檢視並滿足股東利益的公司。該公司與勞工合作，鼓勵多樣性，並走出公司去改善社區。舉例而言，公司與玻璃工會的夥伴關係有效地促進了共同決策的行爲。工人團體決定工作時間表，甚至整個工廠的設計。所有美國的工人都可以根據個人的績效而獲得分紅。所有經理人與受薪工人都參加建立敏感度的課程，並支持女性與非洲裔同事。另外還有一個顧問網路協助弱勢族群（例如，非裔、亞裔、西裔以及女性）進行生涯規劃。康寧取得並整建商業區，然後以市價招攬承租戶（其中部分是少數族群）到此做生意。這的確吸引了許多新生意到此營業，並且對當地的基本設施進行投資，像是蓋希爾頓飯店、博物館、圖書館等。

康寧在扮演恩人、房東、以及社會工程師方面，在在都比當地的第一大雇主傑出。該公司是一座田徑場的半個主人，同時贊助一項職業高爾夫巡迴賽。其貢獻尚且包括了一般人可負擔的房租、日間照護、新生意的發展等。康寧比美國一般的大型公司更直接參與社區…當1972年遭到十尺高的洪水淹沒時，該公司付錢僱請當地青少年重建受創的房舍與設施，並花費數百萬美元建設新的圖書館和溜冰場。不過康寧近來的行動努力更有重點了：他們企圖將此原始小鎮轉變為一個能夠吸引康寧所想要的專業人員的樂園，一個能夠為單身青年提供社交選擇、為新家庭提供支持、並為弱勢族群提供多元文化的樂園。

這種策略非常接近社會主義。康寧買下了經營不善的酒吧（該公司的一位主管表示這並不符合公司的目標），作為一整條市場街道的一部分，而這是這個小鎮的主要商業區。

更重要的是，康寧正在建立的是一個比較不需要依賴總公司及十五個工廠的區域…為了支持這個衰退中的區域經濟，康寧買下了Watkins Glen賽車場，一個正瀕臨破產的企業。該公司重建賽車場的設施，引進了一個管理夥伴，而在去年夏天，該賽車場湧進了20萬名觀眾。類似的行動還包括引進一家連鎖超市以建立一個新的巨型商店。康寧同時說服United Parcel Service在附近設立一家服務中心。

整體而言，康寧希望其身為該社區投資先鋒的企業體系能夠為Chemung River valley每年帶來200個新的工作機會，同時每年促使觀光客人數成長2％，並吸引四個新的企業到當地投資。經由房地產的租金收入，該公司大量資助其企業行動。

企業公眾團體：期望分析

雖然不同團體的期望各不相同，但是社會的成長與進步卻是各界共同的期望。不過就企業內部而言，這種觀點卻不盡然適用。為了規劃的目的，我們必須明確地定義各個團體的希望。

表3-2整理了據以衡量各團體不同期望的因素。在此圖表中，我們儘量將類別進一步細分。舉例而言，在一個青少年素行不良問題嚴重的社區，青少年計畫成為企業的關懷重點。但我們必須注意，避免對不同團體的期望作出不切實際或是錯誤的假設。以企業主為例，稅後盈餘中的50％必須再投資以維持正常的成長，但是企業主對於報酬的期望卻可能造成財務成長上的困難。因此，收支平衡便成為重要的問題了。一家化學公司年薪100萬美元的副總裁曾經對作者說過：

我們雖然知道保留更多資金的重要性，但是我們也同時必須顧及股東的期望。而他們卻正好是靠股利過活的。因此，我們必須放棄長期成長的一部分以維持他們對於分紅的短期需要。

很明顯的，該公司「成長是股東的唯一目標」的想法並不正確。因此，這使得行銷策略人員認眞思考不同族群的企業公眾團體對於公司的要求。

表3-2企業公眾團體與其關注重點

大眾	關注重點
企業主	薪資給付 公平 股價 非金錢欲求
顧客	企業可信度 產品可信度 產品改良 產品價格 產品服務 持續性 行銷效率
各級員工	金錢酬償 受到肯定 尊嚴與驕傲 環境 挑戰 持續性 進步與成長
供應商	價格 穩定性 持續性 成長
銀行界與其他貸方	低風險 利息收入本錢的回收
政府（聯邦、州、地方）	稅 安全與法律執行 管理專家 民主政府 資金體系 計畫的執行
社區	經濟成長與效率 教育 聘雇與訓練
社會	公民權利 都市更新與發展 降低汙染休閒娛樂 文化與藝術 醫療照護

誰該負責研究利益關係者的期望呢？這項工作本身足以形成一個專案，並由公司內部人員（例如，策略規劃人員、總裁特助、公共事務部門主管、或是行銷研究人員）或外聘的顧問負責。第一次進行這類分析時，在確認股東、界定其關注領域、以及使其需求外顯等方面，都會遭遇相當的困難。一旦完成初次的研究工作，日後的年度資料更新就只是例行的工作了。

在不同行業中，企業組織的利益關係者組成成份大致相似。這些利益關係者通常都包括了：企業主、員工、顧客、供應商、銀行界與其他貸方、政府、社區以及社會。對於不同族群的關注重點與期望，我們必須加以調查。和其他調查一樣，這類調查的目的在於從每個族群中取出適當的樣本，以取得所需要的資料。結構性問卷很適合用來蒐集客觀的答案。但是在進行抽樣調查之前，最好能夠事先對每個族群中的少數人員進行訪談。經由訪談所得到的資料，對於問卷的編製非常有幫助。雖然整體的關注領域可能不會因爲時間而改變，但是期望卻很可能有所不同。舉例而言，在企業衰退的期間，股東對於分紅的要求可能會高於其他時期。此外，在特定的時期中，企業公眾團體可能不會連結起所有的關注領域。以通貨膨脹的時期爲例，顧客的要求可能只是物價的穩定度而已，至於產品改良與行銷效率，則是經濟繁榮時期的關注重點。

企業公眾團體與組織策略

不同族群的期望可提供組織努力達成目標的焦點。但是基於二項理由，公司可能無法滿足所有族群的期望：有限的資源以及族群間期望的衝突。舉例而言，顧客可能會希望降低產品價格同時又要求產品改良。同樣的，若要滿足社區的期望，公司可能就必須減少分紅的支出。因此，在各界的期望與公司滿足各界的期望之間，必須取得平衡點。

對於分享者的期望，公司以目標及目的的形式作爲反應，而目標與目的則決定了組織策略。雖然我們在第八章才會詳加討論目標與目的的問題，在此，我們仍將提出一些與顧客有關的組織目標範例。

假設以下所列的是某食品業的顧客期望：

1. 公司應該提供健康產品。
2. 公司應該以文字明確標示不同產品的成份，而此標示必須是一般大眾所能夠了解的。

3.公司應該進全力降低產品價格。

根據這些期望，公司可能會設定下列目標：

◎健康產品

1.創造一個新職位：產品品質副總裁。除非這位副總裁認可產品的有效性，否則不准上市。無論行銷研究或行銷規劃所得到的結果認為消費者對特定的產品將有很高的接受度，都必須遵從這位副總裁對該產品的決定。
2.建立一個營養測試團隊以分析並判斷不同產品有益健康的程度。
3.與消費者溝通有關公司產品是否有益健康的問題。如果有任何問題，請消費者直接與負責產品品質的副總裁接洽（很湊巧地，Gillette在數年前也有類似產品品質副總裁的職位。雖然有種種理由促使某些產品提早上市，該主管仍然決定否決這些產品的上市）。

◎產品成份資料

1.創造一個新職位：消費者資訊處長。這位主管必須負責決定哪些訊息（例如，成份、營養價值）將包含在產品的包裝上。
2.每二年進行一次消費者抽樣調查，以了解消費者對於產品訊息之效果與明確性的反應。
3.透過各種促進方式，鼓勵消費者利用免費電話與消費者資訊處長進行溝通，以澄清可能不夠清楚的訊息。
4.根據第二項與第三項修正訊息內容。

◎維持低價

1.與消費者溝通造成公司漲價的原因（例如，勞動成本上漲、產品原料上漲等）。
2.設計各種方法以減低消費者所承受的價格壓力。例如，發展家庭號包裝。
3.讓消費者了解購買家庭號包裝所能夠節省的支出有多少。向消費者保証產品的品質在特定期間之內將不會有任何改變。
4.嘗試各種新方法以降低成本。例如，在某種原料急遽上漲的時期，改用其他

表3-3Coors對利害關係人的承諾

我們的組織哲學可以摘要如下：「Quality in all we are and all we do」。這句話反映了我們對於與顧客、供應商、社區、股東等之間的高品質關係的完全承諾。高品質關係是可貴的、信任的、純眞的、不自私的、値得讚揚的。

首先，我們承諾提供顧客卓越品質的產品與服務。顧客對我們的生存而言是非常重要的。因此，我們必須進一切努力以公平且具有競爭力的價格，提供顧客最高品質的產品與服務。

基於對於高品質產品與服務的需要，我們承諾與供應商建立高品質的關係。無論是合約或是價格，都必須是互惠的，而且雙方必須嚴格遵守合約內容。

我們承諾改善社區內的生活品質。我們的政策是遵守所有的各級政府的法律與規定、以及公司的行爲守則，並改善產品的使用方式。我們盡一切努力保護自然資源，並減少對環境的不良影響。我們公平地繳稅，並貢獻資源以促進社區生活。在一個可以促進個人責任與相互照顧之精神的架構之下，我們光明正大地支持自由企業體系以及個人自由。

透過穩定的分紅以及對股東投資的感激，我們承諾提供股東們長期的財務利益。對於可獲致長期營收成長的設備、研發、行銷、以及新事業機會的再投資，其順位將優先於短期利益。

這些價値只有那些公司內投身於高品質關係的高品質人員能夠達成。我們願意提供公平的薪資酬償以及安全而友善的工作環境。我們重視個人尊嚴。我們認可個人的成就與團隊的成功。高品質關係建立於所有員工之間的相互尊重、同情與開放式溝通。在公平而無歧視的情況下，我們促進個人與專業的成長與發展，並鼓勵所有員工獲致身體、心靈、以及精神上的福祉。

Source：Adolph Coors Company

替代原料。

經由以上說明，所有企業公眾團體的期望都能夠轉化爲明確的目標。以Adolf Coors Company爲例，該公司更廣泛地界定了對分享者的承諾（詳見表3-3）。不過，對於該公司在連結各企業公眾團體的關注重點時並不孤單。整個公司的組織文化在經過對於勞資雙方、以及社區和股東之間的基本利益共同點的爭論之後，也更加茁壯了。

評量的因素：高階管理者的價值取向

高階主管以及總經理的意識型態與哲學觀點，對於管理政策以及策略發展的過程有極深遠的影響。根據Steiner的說法：

> 總經理對於個人生命、公司的生命、以及與該事業有關的所有生命的渴望，是選擇策略時的主要決定因素。其他像是習慣、行事風格等，都會影響其行為與決策。對於公司的承諾感，則決定了其對公司的投入，以及所思考的問題為何。

Dana Corporation的前任總經理Rene McPherson極力地強調成本的降低與品質的改良，結果公司在七年內將產量提昇一倍。IBM董事長不斷地強調回應顧客來電的重要性－甚至包括到府服務時的衣著。經年累月，特定風格的衣著也成爲整體組織所能夠接受的一種行爲規範。德州儀器（Texas Instruments）的前任董事長Patrick Haggerty當年在Dallas時，在每晚下班回家的路上，一定會到研發實驗室駐足，以顯示他對研發新產品的重視。這種專注於單一價值焦點的風格，也成爲公司文化中的一部分。當浸淫於公司文化之中的員工拾級而上時，便成爲新進員工的角色典範，而此歷程也不斷地延續下去。

我們可以利用American Can Company與Continental Group的例子來說明在相同的行業中，高階管理階層不同的價值觀，如何導致企業不同的策略方向。在整個1970年代，Continental後來的董事長Robert S. Hatfield與American Can後來的董事長William F. May，對於公司的產品組合進行了重大的改變。二者同時關閉了許多老舊的製罐工廠，並放棄一些前途不樂觀的事業。二者同時聘用或拔擢了一些能夠掌握公司獲利方向的主管。

儘管整體策略看來如此相似，二者對自己公司的概念卻有所不同。May將American Can視爲一個思想庫，是潮流的指標與設定者。他非常信賴深諳企業理論但卻缺乏實務經驗的財務專家的建言。他們將American Can的業務擴張至鋁材回收、唱片配銷、以及郵購。相反的，Hatfield則是尋求在過去有傑出表現的主管。該公司收購了Richmond Corporation（一家保險公司）以及Florida Gas Company。

價值取向在組織環境中的重要性

「每一家公司都想要成長」，並不盡然是正確的說法。有一些公司或許可以比現在成長得更快。但如果高階管理階層並不想要擴張，則遲緩的氣氛將會瀰漫整個組織，並進而抑制成長。有許多公司一開始的規模都很小，甚至是一種家族式的企業。許多經營這類公司的企業家對於目前的成就相當滿足。他們寧可拒絕成長，也不願意放棄對公司的控制權。很明顯的，如果管理者的價值觀在於追求穩定而非成長，其策略必定會隨之調整。當然，如果業主發現本身的價值觀與高階管理階層的價值體系之間有所衝突，他們也許會撤換高階管理階層，代之以哲學觀點較能相容的人員。舉例而言，一位重視成長並引進組織改革的噴火型總經理，可能會使得業主、董事會以及同事心生狐疑，並因而被逐出該組織。異常的高度負債比率，便足以讓總經理捲鋪蓋。

簡言之，高階管理階層中個別成員的價值體系對於策略的發展有重要的影響。如果高階主管之間在價值觀上有所衝突，所形成的策略便難以獲得所有主管的合作與承諾。一般而言，從政策、目標、策略、以及結構之間的衝突，便可以看出不同的價值觀。

以嬌生公司為例，其核心事業已進入市場成熟階段，長期成長的潛力有限。於是該公司在1980年代中期便開始著手生產複雜的科技產品。但是高科技產品的發展與行銷所需要的文化，與該公司的傳統產品大相逕庭。高科技產品需要公司內部單位之間更多的合作，而這有時候是很難辦到的。傳統上，嬌生公司的各個不同事業單位，都是完全分權且自主的。為了成功地轉型為高科技生產者，公司的總經理James E. Burke以一種微妙而重要的方式，對長久以來促使公司成功的管理風格與組織文化進行改變。同樣的努力也發生在寶鹼（Procter & Gamble）：「由於競爭對手的壓力與新科技的協助，寶鹼正在重整其組織文化—這個歷程對某些人而言非常痛苦，對某些人而言是個解脫，對大多數的人而言則是相當錯愕的。」

高階管理階層的價值觀與組織文化

經過時間的洗禮，高階管理階層的價值觀將足以描繪整個組織的文化，而組織文化則進而影響整個組織的觀點。其影響所及，涵蓋了產品與服務的品質、廣告內容、定價政策、員工待遇，以及與顧客、供應商、和社區之間的關係。

組織文化可以提供員工方向感，知道哪些事情該做、應該怎麼做。無法適應組織文化規範的員工，將會難以生存。在此，我們以百事可樂（PepsiCo）以及J. C. Penney Company為例。在百事可樂，打擊競爭對手是邁向成功的不二法門。在軟性飲料市場中，百事可樂的直接競爭對手是可口可樂，他們要求消費者比較二種可樂的口味。而這種直接衝突也反映在公司內部。各個經理人彼此競相瓜分市場佔有率以及利潤。由於競爭是百事可樂的核心價值觀，失敗是會受到懲罰的。員工們深切了解，唯有勝利才能保住飯碗，因此會傾全力加入競爭的行列，並冀求居於領先地位。

但是在百事可樂積極競爭的經理人，卻可能無法在J. C. Penney Company生存，只因為後者認為長期忠誠度遠比迅速獲勝更為重要。

> 事實上，Penney的某位店長曾經因為獲利過高而遭到公司總裁的嚴厲斥責。這被認為是對顧客不公平的，而顧客的信賴是公司所極力爭取的。這種由公司的創建者所設下來的企業風格—競爭對手將這種風格描述為避免「佔公司生意對象的便宜」—至今仍然保留著。顧客知道自己可以自由地退貨，而不會被詢及任何問題。供應商知道該公司不會任意討價還價。員工舒服地工作，因為他們知道公司不會任意解聘員工，並且會將員工調到比較能夠勝任的工作崗位。毫無意外的，Penney的主管平均年資為33年，而百事可樂則只有10年。

以上完全不同的營運方式，只是組織文化的簡單案例。員工們知道組織價值觀所構築的標準是他們被評量的依據。如同部落文化中的圖騰與禁忌設定了對族人與外人應有的行為表現一樣，組織文化也影響了員工對待顧客、競爭對手、供應商以及同事的方式。有時候規則是見諸文字的，但在更多時候中，規則是隱含的。在絕大多數的情況下，文化是由強勢的組織創建者所奠下的，並因為組織的營運成功而具體化為習慣。

有人將組織文化分為四大類：學院型（academies）、俱樂部型（clubs）、棒球隊型（baseball teams）、以及堡壘型（fortresses）。每一種文化都各自吸引了不同性格的人員。以下所列的，是被不同組織文化所吸引的經理人的特質。

◎學院型：

1.其家長重視獨斷獨行，較不強調誠實和體貼。

2.通常較無宗教信仰。
3.以優異的成績自商學院畢業。
4.在開始工作的前十年之中，與部屬之間有較多的問題。

◎俱樂部型：

1.家長強調誠實與體貼。
2.較不注重努力工作與自立自強。
3.對宗教較虔誠。
4.較關心健康、家庭以及安全，較不關心未來的收入與自主性。
5.在公司中較缺公平對等的關係。

◎棒球隊型：

1.認爲自己的父親是難以預測的。
2.在畢業後的前十年有生涯規劃的問題，且比同班同學換更多工作。
3.重視個人成長與未來收入。
4.較不重視安全。

◎堡壘型：

1.家長重視好奇心。
2.在畢業後的第一年受到導師較多的幫助。
3.較不在意歸屬感、專業成長以及未來收入。
4.在生涯規劃、工作上的決策以及工作執行上有困難。

IBM是個典型的學院型文化案例。其經理人每年至少花費40小時以上的時間在訓練上，以期成爲某個特殊功能方面的專家。United Parcel Service則是俱樂部型的文化，所注重的是從一開始便讓經理人往通才的方向成長。一般而言，會計事務所、法律事務所、顧問公司、廣告公司、以及軟體研發公司所呈現的，通常是棒球隊型的文化。在時尚界，所冀求的是來自各階層的才華，並且重視創造與發明。至於堡壘型的公司所關心的是生存，其典型包括零售業與自然資源企業。

雖然如此，仍有許多公司難以明確的以這四種文化類型加以區分。許多公司的文化是屬於綜合型的。舉例而言，在奇異電器中，NBC是屬於棒球隊型的文化，其太空部門屬於俱樂部型，電子部門屬於學院型，家電部門則屬於堡壘型。當公司成長或受到環境的壓力時，其組織文化也可能從某個類型轉變爲另一種類型。以蘋果電腦爲例，一開始是屬於棒球隊型的文化，現在看來卻像是個學院型的組織。銀行業在傳統上是俱樂部型的，但隨著法令鬆綁，其文化轉變成爲棒球隊型的文化。

在目前的環境中，企業爲了維持競爭力所作的轉型努力—改善品質、加快腳步、採取顧客取向—是非常重要的，必須將之深植於文化之中。文化改變雖然很困難，而且需要很長的時間才能完成，卻不是遙不可及的。公司的總經理必須引導改變，並確保全體一致努力改變。總經理必須親身示範以爲表率，明白指出並鼓勵員工表現出期望中的價值觀。以下所列是文化改變的關鍵：

1.先了解你的舊文化。你必須先確認自己目前所在的位置。
2.鼓勵員工。鼓勵那些議論舊文化、並對較好的文化有想法的人。
3.發現最佳次文化。在組織中找出最佳次文化，並把它當作其他人學習的範例。
4.不要攻擊逆勢文化。協助員工發現自己的新方法以完成任務，較好的文化就會接踵而至。
5.不要依賴遠景。遠景只是引導改變的方針，並不能創造奇蹟。
6.設定五年或十年的目標。爲整體組織設定一定期間所必須達成的重大改善目標。
7.維持所期待之文化的生存。「身教重於言教」、「做而言不如起而行」。

企圖改變一個機構的文化，必然會遭遇挫折。大多數的人都會抗拒變革，特別是當這些變革所影響的是他們賴以爲生的環境的基本特質時，許多人會開始感到不悅。一個想要改進文化的公司，就像一個想要改變本身特質的人一樣。這是個漫長、困難、且經常令人感到痛苦的歷程。人們進入這種艱難歷程的唯一理由，是因爲這是令人感到滿足而且有價值的歷程。正如同AT & T的總經理所說的：

> 改變一個由上而下、控制取向的文化並非易事。我們正試圖營造一種氣氛，將整個組織倒過來，把顧客放在最高的位置。最接近顧客的人，應該負責最關鍵的決策任務。

價值觀的測量

當我們強調價值系統在策略規劃中的重要性時，有幾個問題是非常重要的。組織是否應正式地爲管理階層中的重要成員建立價值觀？如果答案是肯定的，該由誰負責？應該使用哪些方法或工具？如果高階主管之間的價值觀有衝突，應該怎麼辦？價值觀可以改變嗎？

我們最好能夠測量高階管理階層的價值觀。如果沒有意外，這種測量應該能夠協助總經理了解高階主管的價值取向，並重視他們的觀點。然而對於誰該負責進行這種測量，目前卻沒有一致的觀點。或許我們可以指定策略規劃員或人力資源規劃員來做這件事，不過外聘顧問或許更能夠有效地以客觀的角度對價值觀進行測量。如果顧問的發現可能會導致組織內部的衝突，我們可以棄之不用。藉由顧問的協助，人力規劃員可以和策略規劃員密切合作，設計一套系統來測量價值觀。

我們可以用許多種方法來測量價值觀。其中一種較經常被使用的技術是由Allport、Vernon、Lindzey等人所發展的自我評量表（self-evaluating scale）。該量表將價值觀區分爲六大類：宗教的（religious）、政治的（political）、理論的（theoretical）、經濟的（economic）、審美的（aesthetic）、以及社會的（social）。在該量表的使用手冊上載有不同族群的平均分數。主管可以在30分鐘內完成該量表，並看出個人的價值結構。使用該量表的難處在於不易連結受試者的價值觀與職務，以及判斷這些價值觀對於組織策略的影響。

另一種方法將焦點集中在較可能對策略發展產生影響的價值觀，並以五點或七點量表的形式對這些價值觀進行測量。舉例而言，我們可以測量主管對於領導形象、績效標準與考核、決策技術、職權的使用對改革的態度、投入性質等向度的觀點。表3-4所呈現的是這種測量法的一個例子。

事實上，爲每一位主管建立一份正式的價值剖面圖並不是非常必要的事情。只要對每一位高階主管詢問類似以下所列的問題，便可以了解他們的價值取向。我們可以尋這這些主管是否…

1.注重效率？

2.喜歡重複？

3.喜歡率先進入新領域？

4.沈醉於巨細靡遺的工作？

表3-4價值取向的測量

A.領導形象

1 2 3 4 5

不公平且不受歡迎 —— 關懷他人；誠懇、公平、有道德；贏得尊敬

B.績效標準與考核

1 2 3 4 5

容許並忍受平庸 —— 要求過高且嚴苛；抽換平庸的人

C.決策技術

1 2 3 4 5

依靠直覺 —— 根據科學分析

D.職權的使用

1 2 3 4 5

不公地展現職權；高度權威性 —— 隱而不顯地運用職權

E.對改革的態度

1 2 3 4 5

抗拒改革 —— 尋求改革並敦促他人

F.投入的性質

1 2 3 4 5

主要興趣在於作業性問題；對短期結果有興趣 —— 對於策略問題多所思考

5.願意爲了維持與顧客的個人接觸而付出個人代價？

個人的價值體系是否能夠被改變？傳統上認爲，個人的行爲是在特定的環境下出自內在的反應。既然如此，則價值觀上的重大改變並非易事。不過近年來有一種新的行爲理論，特別強調環境影響的重要性。抱持此論者質疑所謂「自我」的概念對於行爲的決定性。如果他們的「環境」論點被接受，則價值觀是可以改變的，高階主管的觀點也就能夠更趨一致。不過人類行爲科學仍在努力尋求可用以改變價值觀的工具。因此，比較恰當的說法，是透過對於環境的操弄可以造成個人價值觀的些許改變；但是對於那些價值觀和同事相距甚遠的個別主管而言，要改變他們的價值觀並不容易。

多年以前寶鹼公司的一位重要主管John W. Hanley曾因爲不同的價值觀而離開該公司，轉任Monsanto的總經理。寶鹼公司管理階層中的其他成員認爲他的攻擊性太高，太過勇於實驗並改革實務，而且急於挑戰其上司。由於他無法適應公司中其他主管的保守風格，因此被送交總裁辦公室，最後捲鋪蓋走路。

價值取向與企業策略

我們已經談過高階管理階層的價值取向對於事業觀點的影響。接下來要討論的，是特定類型的價值取向如何導致特定類型的目標與策略觀點。以下我們將以二個例子來說明這種影響。在第一個例子裡，公司總裁有高度的社會與審美價值觀，這似乎顯示他會特別強調單一產品的品質，而非成長率。在第二個例子裡，高階管理階層的主要價值觀是理論與社會取向，這表示他們可能較注重眞理與誠實，而非成長率。如果這二家公司的策略計畫是將成長列爲主要目標則必然會導致失敗。如果受限於高階管理階層的價值體系，計畫中的觀點也許難以執行。

案例一：

◎價值觀：

某家小型的辦公室複製設備生產商的總裁被認爲是個非常重視社會價值的人，對員工的安全、福利、與快樂特別注重。在其價值結構中第二重要的是審美觀。

◎目標與策略：

1.中低度成長。
2.強調單一產品。
3.獨立式的銷售組織。
4.以審美觀點為訴求的高品質產品。
5.拒絕以價格為基礎的競爭。

案例二：

◎價值觀：

某家高品質擴音系統生產商的高階管理階層，對於理論與社會價值的強調，遠高於其他價值觀點。

◎目標與策略：

1.科學眞理與誠實的廣告。
2.給經銷商的利潤比競爭對手低。
3.與供應商、經銷商、以及員工之間保持「眞實與誠懇」的關係。

如果組織的文化和策略能夠取得一致性，將會是組織的一大優勢。以下是幾個案例：

1.IBM的行銷工作促成了一個無可匹敵的服務哲學。該公司開放了一條全年無休的24熱線，以提供對產品的服務。
2.在International Telephone & Telegraph Corporation，強調的是全心奉獻。曾經有一位主管為了一個打敗競爭對手的計畫，在凌晨三點鐘打電話給當時的董事長Harold S. Geneen以申請許可。
3.由於Digital Equipment Corporation強調創新的重要性，導致了責任自由度的提昇。員工可以自由設定自己的工作時間與風格，但是必須以工作進度證明自己的行動。
4.Delta Air Lines Inc.強調對顧客的服務，而促進高度的團隊合作。為了讓飛機起飛以便維持行李的運送，員工在必要時可以互換工作。

5.在Atlantic Richfield Company，對於企業精神的強調鼓勵了員工的行動。經理人在必要的時候可以逕行發出命令，而不需要層層請示。

總之，在策略形成的歷程中，組織必須研究主管們的價值觀。雖然精確地測量價值觀並不可能，了解高階主管的價值觀，對於企劃人員而言是非常有幫助的。不要因爲挑戰主管的信念、特質、或外表而使主管感到威脅或造成嫌隙。在策略形成中，必須適當地考慮管理階層的價值觀，必要時採取妥協的態度。如果不可能妥協，最好能夠將意見不同的主管調職。

在此，Interpace Corporation的總經理的經驗可供參考。在1980年代初期，這位總經理從International Telephone & Telegraph Corporation（ITT）跳槽至Interpace，將他在ITT的經驗帶到Intepace，一個對從茶杯到水泥管等各種產品都有興趣的小集團。他在ITT運用成功的方式，是將資產視爲遂行總經理抑制的有力財務工具、強迫所有經理人遵守公司的財務格言、以及重視財務結果。這種方式看似合理，但在Interpace執行起來卻不無問題。雖然這位總經理撤換了51名高階主管中的35人，但是ITT的管理風格和Interpace的文化卻格格不入。那些使得公司無法承受競爭對手的威脅、無法自我調適以面對變遷中的經濟與社會環境文化，若不加以改變，最後終將導致公司倒閉。

評量的因素：組織資源

公司的資源在於傑出的能力與優勢。資源的本質是相對性的，只有在以競爭對手爲參考點的情況下，測量才有意義。資源可以分爲：財務力量、人力資源、庫存原料、工程與生產、整體管理、以及行銷力量。行銷策略師不僅要考慮行銷資源，還要考慮公司所有的資源。舉例而言，定價是行銷策略中的一部分，但如果公司想要儘速成長，就不能不就公司的整體財務狀況考量。很明顯的，銷售的利潤與分紅的政策，決定了公司內部產生的資金的多寡。而一般人較不了解的事實是公司如果貸款比對手多或分紅比對手少，則可以藉由邊際利潤的降低以產生更多成長所需要的資金。因此，在策略行銷發展中很重要的一點，是以眞正有效的整合方式，利用公司的所有資源。無法善用所有資源的公司，必將成爲對手打擊的目標，即使對手所擁有的資源較少。完全、並且有技巧的利用公司的資源，可以讓公司佔有優勢的競爭地位。

資源與行銷策略

請考慮以下公司可能擁有的資源：

1.手頭上擁有大量現金（財務力量）。
2.管理階層平均年齡42歲（人力資源）。
3.庫存原料成份優越（庫存原料）。
4.以公司自有的設施將零組件製造成最後的成品（工廠與設備）。
5.在正確安裝並正常維修的情況下，公司的產品可以不斷的使用（技術能力）。
6.擁有和零售商做生意所需的知識、緊密關係、以及專家（行銷力量）。

這些資源如何影響行銷策略呢？比起那些捉襟見肘的公司，擁有大量現金的公司更能夠提供顧客貸款。以奇異電器爲例，該公司開設了General Electric Credit Corporation（現稱爲奇異資融）以提供經銷商與顧客貸款服務。對於那些耐久品的製造商而言，購買其產品通常需要貸款，而能否提供方便的貸款，則是在市場中成敗的關鍵。

如果公司有庫存原料，在原料短缺時便不需要倚賴供應商。在1980年代中期，高品質紙張非常短缺。這時候，擁有自己的林地以及紙廠設施的雜誌出版商就不需要倚賴造紙公司提供紙張。因此，即使紙張缺貨迫使競爭對手必須減少雜誌的頁數，該公司仍然能夠一如往常地提供顧客一樣的產品。

在彩色電視發展的初期，RCA是唯一生產彩色映像管的廠商。該公司除了自用外，還可以將映像管賣給其他競爭對手，例如，奇異電器。當彩色電視機的市場開始成長，RCA的競爭優勢就顯著地高於奇異電器，只因爲RCA可以輕易地取得映像管。

IBM的技術能力，使得該公司在開發資料處理設備並將產品引入市場時，居於開創者的地位。IBM傑出的售後服務則更有助於產品的促銷。售後服務是業務人員在面對顧客時的一個有利促銷工具。

寶鹼公司在雜貨店方面的處理能力一向爲人稱道。這方面的優勢使得該公司的招牌不需要一再的被提起。這使得該公司在冷藏柳橙汁市場上能夠與一些老廠牌

（例如，可口可樂以及Seagram）相抗衡。簡而言之，公司的資源有助於公司建立並維持自己的市場。當然，我們也必須對資源進行客觀的評估。

資源的測量

公司是不同實體的集合，每個實體都有一些因素會影響到公司的績效。策略人員必須多了解這些因素才能夠善用公司的資源呢？**表3-5**所列的是一些可能的策略因素。並非所有因素對每一種事業而言都一樣重要；我們必須把注意力放在那些對於事業成敗扮演關鍵性角色的因素。因此，設定資源的第一步須請同一事業中不同領域的主管詳細檢視此表，並確認哪些因素決定了策略的成敗。接著必須以質化或量化的方式對每個策略因素進行評估。進行此種評估的方式之一，是對每個因素建構一組相關問題，再以二分法或連續量表的方式進行評分。舉例而言，以下所列的是與男性運動服製造商有關的問題：

高階管理階層：哪些主管構成了高階管理階層？在過去幾年，哪個經理人負責公司的績效？是否每個經理人都能像過去一樣成功地處理未來的挑戰？在激發高階管理階層的士氣方面是否缺少了什麼？每位高階主管的個人特色爲何？高階主管之間是否有任何衝突（例如，性格衝突）？如果有的話，是誰有衝突？衝突原因爲何？在組織發展上，在過去和現在各做過些什麼事？在過去幾年之間，影響公司績效的原因爲何？過去的管理方式是否已經過時了？還可以做哪些事來增進公司的能力？

行銷：公司的主要產品與服務爲何？每項產品的基本狀況如何（例如，市場佔有率、利潤、在產品生命週期中的位置、主要的競爭對手及競爭對手的優勢和劣勢等等）？公司在哪個領域中可以位居領導地位？爲什麼？在公司的定價策略方面，有哪些可以討論的（與競爭對手的價值觀和價格相較而言）？新產品的發展工作的性質爲何？研究、發展、以及生產之間的協調性如何？計畫中市場的前景如何？目前是否正採取或研擬一些方法以因應未來的挑戰？公司對於行銷管道的安排、配銷以及促銷等方面的工作，是否有可以討論的地方？行銷成本如何？有何新產品將要推出？何時推出？有何期望？對於消費者滿意度的問題做過哪些努力？

生產：人們是否有能力使用未來可能發展出來的新機器、新方法、新設計?公司還需要哪些新工廠、新設備與新器材？每一種產品的基本現狀如何（如成本結構、品質控制、停工）？勞工關係如何？未來可能有哪些問題？是否曾提出或執行

表3-5 事業的策略性因素

A.一般管理

1.有能力吸引並維持高品質之高階管理階層
2.有能力爲海外營運發展未來經理人
3.有能力爲本地營運發展未來經理人
4.有能力有能力發展更好的組織架構
5.有能力發展更好的策略規劃計畫
6.有能力對公司的營運達成更好的整體控制
7.有能力在下列二個層次之決策中使用更多量化工具與技術
（1）高階管理階層　（2）基礎管理階層
8.有能力在下列二個層次之決策中確保更好的判斷、創造力、以及想像力
（1）高階管理階層　（2）基礎管理階層
9.有能力使用電腦以進行問題解決與規劃
10.有能力使用電腦以進行資訊處理以及財務控制
11.有能力放棄無法獲利之事業
12.有能力知覺到產品的新需求與新機會
13.有能力激勵足夠的管理驅力以追求利潤

B.財務

1.有能力以低成本提高長期資金
（1）舉債　（2）資本
2.有能力提高短期資金
3.有能力增加股東投資額
4.有能力提供股東具競爭力的報酬
5.願意冒險投入看來絕佳的機會以達成成長目標
6.有能力根據投資標準將營收投入研究與發展
7.有能力透過以下方式提供多樣化活動財務支持
（1）取得　（2）內部研發

C.行銷

1.有能力對市場累積更佳知識
2.有能力建立廣大顧客基礎
3.有能力建立選擇性消費者基礎
4.有能力建立有效產品配銷系統
5.有能力獲得好的生意合同
6.有能力確保具有想像力的廣告以及促銷活動
7.有能力更有效利用定價策略（包括：折扣、消費貸款、產品維修服務、提供保證、送貨服務等）
8.有能力在行銷與新產品的工程和製造之間建立更好的關係
9.有能力在銷售組織中激發雄心壯志

續表3-5

D.工程與生產

1.有能力發展有效的機器與設備替換政策
2.有能力提供更有效率的工廠配置
3.有能力發展足夠的擴張能力
4.有能力發展更好的原料與庫存控制
5.有能力改善產品品質控制
6.有能力改善內部產品工程
7.有能力改善內部的基本產品研究能力
8.有能力發展更有效的獲利改善（成本降低）計畫
9.有能力發展以低成本進行大量生產的能力
10.有能力重新安排目前的生產設施
11.有能力使生產設施自動化
12.有能力鼓勵更好的管理以及更好的研發成果
13.有能力建立海外生產設施
14.有能力在不同產品的設施使用上發展更高的彈性
15.有能力成爲科技的先驅並極度具有科學創造力

E.產品

1.有能力改善目前的產品
2.有能力發展更有效率及更有效能的產品路線選擇
3.有能力發展新的產品以取代舊的產品
4.有能力在新的市場中發展新的產品
5.有能力藉由購買而促進產品多樣化
6.有能力吸引更多的副契約
7.有能力取得更高的市場佔有率

F.人事

1.有能力吸引科學家以及合格的高科技員工
2.有能力與員工建立更好的關係
3.有能力與工會融洽相處
4.有能力更加善用員工的技術
5.有能力激勵員工在本身的領域中繼續發展
6.有能力標定人力需求的高峰與深谷期
7.有能力激發員工的創造性
8.有能力將員工流動率控制在最佳狀態（不太高也不太低）

G.原料

1.有能力取得更接近原料產區的地理位置
2.有能力確保原料的持續供應
3.有能力發現新的原料來源
4.有能力擁有並控制原料來源
5.有能力立刻收到目前所購買的原料與零件
6.有能力降低原料成本

任何行動以避免罷工或停產等等？生產部門是否能夠有效地生產新產品？生產作業是否有彈性？對於未來的生產與行銷而言，是否能夠因應競爭與新產品而調整？是否曾提出或執行任何行動以控制汙染？目前正在使用或可能使用的原料中有哪些是比較重要的？每一種原料的重要來源爲何？這些來源的可靠性如何？

財務：公司就整個公司以及不同的產品與部門而言，在營收、銷售、淨値、可用資金、股利流動資產、庫存、現金流動、以及資金結構等方面的財務狀況如何？資金成本如何？資金的運用是否可以更具有生產力？公司在財務方面的名聲如何？與競爭對手及規模相近的公司相比，其績效如何？是否曾提出或執行任何行動以增加新的資金來源、更有效地運用資金以提高股利、進一步降低收支平衡點？公司是否積極地處理稅務問題？是否有任何彈性的因應措施以避免資金短缺或被接收的危險？

研發：公司在研發方面的名聲如何？在整體銷售與獲利之中有多少比例可歸功於研發工作？在研發部門是否有任何衝突或個性不一致的地方？如果有的話，是否有任何處理的方案被提出或執行？目前主要研發計畫的進展如何？預計得到何種成果？研發工作如何對公司的績效產生助益？研發部門與行銷及生產部門的關係如何？是否有任何處理的方案被提出或執行以降低預算並增進品質？是否善用所有的研究人員與科學家？如果沒有，爲什麼？公司是否會因爲研發工作而有任何突破？研發部門是否有任何憎恨或抱怨？如果有的話，其內涵及成因各爲何？

其他項目：對於弱勢團體、社區、教育等問題，是否提出或執行任何方案？公司整體以及各部門在提昇生產力方面的現況如何？對於企業潮流與國家目標，公司的立場如何？公司在全球市場上的競爭態勢如何？有哪些國家或公司是強悍的競爭對手？其優勢與弱勢各爲何？公司的公共關係部門的性質與範圍如何？恰當嗎？與競爭對手或在規模或特色等方面相似的公司相比又如何？公司最經常接觸的各級政府機關爲何？公司與各級政府之間的關係是否令人滿意？公司的股東是誰？公司大多數的股份是否集中在少數的個人或機構手中？這些股東比較偏好資金收入還是分紅？

對以上的問題加以評估，或許有助於計算各方面的整體資源。我們必須了解，並非所有的問題都可以在相同的量尺上進行評估。在許多案例中，量化測量上的困難使我們必須接受質化的評估。此外，資源的評估必須同時顧及目前與未來的狀況。

企業獲致成功的策略性因素存在於不同的功能領域中，而且隨著企業不同而有

表3-6不同企業的成功因素

關鍵因素或功能	範例	
	增加利潤	擴大市場
原料來源	鈾	汽油
產品設施（經濟規模）	造船、製鋼	造船、製鋼
設計	飛機	飛機、高級音響
生產技術	蘇打、半導體	半導體
產品範圍／變化性	百貨公司	零組件
應用工程／工程師	迷你電腦	大型積體、微處理器
銷售力量（質×量）	電子錄音機	汽車
配銷網路	啤酒	電影、家庭用品
維修	電梯	商用車（例如，計程車）

Source：Kenichi Ohmae, *The Mind of the Strategist*（New York: McGraw-Hill Book Co., 1982）, 47.

所變化。如同表3-6所顯示的，從原料來源到後續維修，都可能是企業成功的因素。以鈾業為例，低品質的礦石會提高處理上的複雜度以及處理過程的成本。由於鈾的價格並不會因為廠商的不同而有太大的差異，因此，對於鈾礦供應商的選擇，便成為獲利與否的關鍵因素。相反的，蘇打工業的成功因素則在於生產技術。在獲得相同品質的產品時，活性法的效率是半滲透法的二倍。採用第二種方法的廠商，即使能夠想盡一切辦法降低成本，仍然居於劣勢。換言之，如果競爭對手基於技術轉換的費用與困難因素而選擇維持使用第二種方法，那麼活性法便成為蘇打公司的一大策略性資源。

事業單位的過去績效

在形成組織的整體策略時，事業單位的過去績效扮演了舉足輕重的角色。藉由過去的績效我們可以評估組織的現狀與未來的可能發展。舉例而言，如果SBU在過去五年之中的獲利能力呈現下滑的現象，若此趨勢持續不止，則目前的績效必定無法令人滿意。不僅如此，計畫中的任何獲利能力成長也都必須根據此一趨勢來進行周延的判斷。對不同的SBU進行回顧，再加上其他因素（高階管理階層的價值觀、利益關係者、組織資源、社經－政治－科技環境），可以看出何者具有獲利成長的潛力。

SBU的績效評量基礎包含了財務力量（以貨幣或單位爲計算單位的銷售量、稅前盈餘、資金流動、折舊、單位員工銷售量、單位員工獲利、單位員工投資、投資／銷售／資產的營收、資產週轉）、人力資源（員工技術之運用、生產力、離職率、道德與種族組成）、設施（產能、產能之利用率、現代化）庫存（原料、成品、報廢品）、行銷（研發費用、新產品引入、業務人員數量、單位業務員銷售量、獨立配銷系統、獨家配銷商、促銷費用）、國際事業（成長率與佔有區域）、管理績效（領導能力、規劃、人員發展、授權）。

上述訊息所提供的資料，通常遠超過實際的需要。因此，管理階層最好把精力集中在比較重要的幾個向度上。從管理階層的角度來看，績效評量的幾個重要向度如下：

1. 效能（effectiveness）是企業在市場中與對手相較下，產品與計畫的成敗。其衡量方式通常是與對手相較的銷售成長，或是市場佔有率的改變。
2. 效率（efficiency）是企業利用資源以執行計畫的結果。一般的測量方式是銷售量中的獲利百分比，以及投資的回收。
3. 適應性（adaptability）是企業對過去不斷變動的環境以及環境中機會的成功反應。測量適應性的方法有很多種，一般較常用的，是與對手相較之下，新產品成功引進的數量，以及最近期間，新引進之產品，在所有產品中的百分比。

爲了確保得自不同SBU的資料的一致性，最好能發展形式性的表單，列出管理階層所想要的資訊類別。對這些表單上的資料加以評估之後，可以迅速了解事情的進展。

摘要

企業評估是策略發展歷程中的一項重要元素，因為這是公司與未來環境互動的基礎。企業公眾團體、高階管理階層的價值取向、以及組織資源，是本章對於評量的討論中的三個主要因素。本章同時談到，對事業單位過去表現所進行的評量將會影響組織未來策略的形成。

企業公眾團體所指的是與組織有關的所有團體或族群，包括：企業主、員工、顧客、供應商、銀行界，以及其他貸方、政府和企業經營生意所處的社區，甚至社會。在形成企業策略時，必須考慮公司所有的期望。企業策略的形成同時也深受公司高階主管價值取向的影響。因此，在設定組織目標時，必須適切地研究並評估高階主管的價值觀。最後一點，我們必須小心評估公司在各方面的資源。這些資源是形成未來觀點的重要標準。

問題與討論

1. 公司應該多久進行一次企業評估？支持與反對每年評量一次的論點各為何？
2. 由顧問進行企業評估的利弊各為何？
3. 請找出五家你所認為因為無法隨著時間改變而自市場抽身，或在市場中繼續苦戰的公司。
4. 請找出五家你所認為由其績效表現可以看出跟得上時代腳步的公司。
5. 社區對於（1）銀行、（2）醫藥團體、（3）再生產品生產者各有何期望？
6. 高階管理階層的價值對於成長取向的影響為何？
7. 成長取向一定是好的嗎？試討論之。
8. 就你的觀念而言，若要在化妝品業中獲致成功，最重要的行銷資源為何？

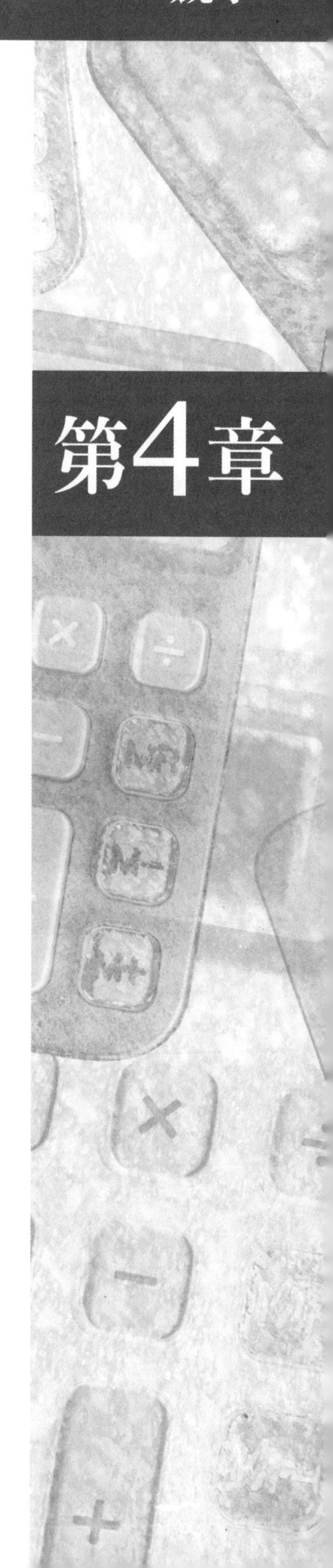

第4章

在一個自由市場經濟中，每一家公司都在努力超越競爭對手。競爭對手就是敵人。因此，公司必須了解自己應該如何掌握機會並準備好面對威脅以有效地對抗競爭對手。爲了對競爭有正確的了解，公司必須具備很好的情報網路。

在大多數的情況下，只要一談到競爭，所強調的不外乎是價格、產品品質、運送時間、以及其他行銷變數。但是爲了策略發展的目的，所要考慮的因素不只這些。舉例而言，只知道競爭對手降低價格是不夠的。我們還必須知道對手進一步降低價格的彈性空間有多大。此處所隱含的意義，是我們需要有關對手成本結構的資訊。

本章一開始將探討競爭的意義，接著檢視有關競爭的理論，並進一步將競爭對手加以分類。我們還會提到競爭情報的各種來源，並討論如何了解競爭行爲。最後，我們將分析競爭在形成行銷策略上的影響。

競爭的意義

由於不同族群（例如，律師、經濟學家、政府官員、以及商人）對於競爭的觀點各不相同，因此，我們很難對競爭一詞（competition）賦予定義。大多數公司對競爭的意義都流於粗糙、簡單、不切實際。有些公司無法確認競爭的來源，有些則低估了競爭對手的實力與反應。在企業氣候穩定的時候，對競爭抱有粗淺的看法也許就夠了，但是在現今的環境中，企業策略必須是競爭導向的。

自然競爭與策略性競爭

我們或許可以將競爭分爲自然競爭（natural competition）與策略性競爭（strategic competition）二種。自然競爭所指的是在特定環境中適者生存。這是兩虎相爭必有一傷的演化歷程。應用在企業環境中，這意味著以同樣的方法在同一市場中做生意的兩家企業不可能共同生存。爲了生存，每一家公司都必須有優於對手的特點。

自然競爭是達爾文理論中物競天擇之生物現象的延伸。這種適應演化的特點在於嘗試錯誤，是天天都有的、機會式的，生存是其唯一目標，是謹愼而保守的一因爲成功嘗試所獲致的成長，是在隨機的錯誤中戰勝死亡（例如，破產）。

相反的，策略性競爭則是不倚賴運氣的。在Bruce Henderson的定義中，策略性競爭是根據對企業生態系統中的因果關係的高度洞察，詳加研究地開展資源。策略性競爭是企業界的新現象，其對企業生產力的影響，就如同工業革命對於個人生產力的影響。策略性競爭的要素包括：（1）對情境擁有足夠適量的資訊，（2）發展一架構以了解動態的互動系統，（3）延後眼前的消耗以挹注投資資金，（4）對於將主要資源投入到不可逆的結果付出承諾，（5）有能力在對於輸入（input）的部分缺乏完整的了解的情況下，預測輸出（output）的後果。Henderson認爲策略性競爭的基本元素如下：

1.以完整動態系統（包含：競爭者、顧客、金錢、人員以及資源之間的互動）的角度了解競爭性互動的能力。
2.運用這種了解以預測系統中特定變化所造成的後果，並了解該變化如何形成新的平衡狀態的能力。
3.即使必須付出長期的奉獻並使利益延緩，也能夠在眼前將不確定的資源投注在不同的運用以及目的之中。
4.有能力在正確並具備信心地判斷這類資源的確定性的情況下，預測風險與回收。
5.願意以愼重的行動確保上述資源的確定性。

日本能夠在短短的時間之內成爲主要的工業勢力顯示了策略性競爭在實務上應用。

日本與美國之間的差異的確值得進行比較性分析，並從中得到學習。位居領導地位的這二大工業勢力來自不同的方向，發展了不同的方法，並遵循著不同的策略。

日本是由群島所組成的，其總面積甚至比美國的幾個州還要小。相較之下，美國則擁有廣大的土地。

日本全境多山，可資利用的土地甚少。而美國所擁有肥沃而可耕種的土地面積則是世界上最多的。

日本基本上並沒有能源或自然資源。而美國則擁有富饒的能源、礦藏、以及其他資源。

日本擁有非常古老、單一而穩定的文化。在將近2000年、甚至更久的時間之內，並沒有任何移民、文化稀釋、或任何外來入侵。而美國則是由來自許多種文化及語言的大量移民在大約200年間所構成的文化大熔爐。在其歷史中，大多數時間是一個農業社會以及墾荒社會。

數個世紀以來，日本人發展了高度的技巧，以合作的方式共同生存。美國人所發展的則是獨立自主、自力更生的墾荒心態。

美國轉變成爲工業社會的演化史所代表的，是在一個沒有限制或人爲障礙的優渥環境中的自然競爭。

然而日本則沒有這種選擇權力。數百年來，日本一直都是遺世獨立，直到Commodore Perry駛入東京，強制簽訂航行與貿易條約。在此之前，日本對於在西方世界已臻完備的工業革命仍然毫無概念。日本決定加入這個競爭行列，但卻沒有任何資源。

爲了跳脫中世紀式的經濟，日本必須獲得海外資源。於是日本開始以購買的方式取得海外資源。爲了購買資源，就必須有交易。爲了這種交易，出口成爲不可或缺的一環。於是出口成爲日本的命脈。有效的出口意味著最大的附加價值，首先是最少的原料，其次是最少的直接勞力。最後，日本由勞力密集轉變爲資金密集，最終則是技術密集。日本被迫在國家政策之下發展策略性企業競爭。

競爭理論

對於自由企業體系而言，競爭是相當基本的。在所有可觀察的市場現象之中－產品交換的價格、產品的類型與品質、交易量、配銷方法、以及促銷所強調的重點－到處都可以看到競爭。數十年來，經濟學者對於競爭的理論多所貢獻。有關理論可概分爲二大類：（1）經濟理論，以及（2）工業組織觀點。以下我們將介紹這二種論點以及來自商人的看法。

經濟理論

經濟學家有許多種不同的競爭理論模型。究其核心，則是完全競爭（perfect competition）模型。該理論模型的基礎是：當市場中有大量的買方與賣方進行同質性產品的交易時，進出市場是完全自由的，而且每個人對於其他人都有完整而正確的認識。

工業組織觀點

工業組織（industrial organization）觀點認爲，公司在市場中的位置，端視其所處之企業環境的特徵。所謂的企業環境包含了：結構（structure）、經營（conduct）、以及績效（performance）。結構所指的是經濟與技術的觀點，包括：（1）產業的集中度（數量與規模的分配），（2）進入障礙，以及（3）不同公司的產品差異化。基本上，經管所指的就是策略，是公司在定價、廣告、以及配銷等方面的行動。績效的內涵包括了：分配效率（獲利能力）、技術效率（成本極小化）、以及創新。

根據工業組織的論點，結構性因素對於市場中不同公司的競爭行爲有很大的影響。

> 商人必須隨時了解目前所處或未來將進入的市場的結構。對於目前及未來競爭態勢的評估，會受到現存廠商的規模與集中度、產品區辨性高低、以及是否有進入障礙等因素的影響。
>
> 如果經理人已經將產品引入市場，某些結構因素的存在或許可以提供經理人某種程度的保護，以免受到目前尚未進入該市場的廠商的傷害。舉例而言，如果一個或數個進入市場的障礙消失了，經理人可以很容易地看出競爭者可能出現在哪一個方向。反過來說，入行障礙的出現與否，可以讓想要進入某個市場的經理人知道自己應該往哪個方向努力。簡言之，行銷策略的基本目的涉及了架設入行障礙以保護目前的市場，以及克服進入障礙以進入一個具有吸引力的市場。

企業觀點

從企業家的觀點來看，所謂的競爭，是市場中想要滿足相同的顧客需求的公司之間的競賽。商人的主要興趣，在於利用適當的策略將市場據爲己有。至於競爭如何發生、爲何發生、競爭強度、逃脫路線等問題，則尚未被概念化。簡言之，從企業家的角度來看，並沒有所謂的競爭理論。

然而近幾年來，Henderson的確發展了上述的策略性競爭理論。在該理論中，有些假說是來自軍事戰爭：

1. 能夠堅持並生存下來的競爭者，必定擁有異於他人的獨特優勢。如果沒有這些優勢，一定會被其他競爭者逐出市場。
2. 如果競爭者之間有所差異卻又能共同生存，則這些競爭者也必定擁有其他競爭者所缺乏的優勢。而這種優勢的存在條件，是競爭者的特質差異契合了環境的差異，這使得這些特質具有相對的價值。
3. 環境中的任何改變，都會改變環境特質中的因素權重（factor weighting），並進而改變競爭平衡（competitive equilibrium）以及競爭區隔（competitive segment）。調適得最好或最快的競爭者，可以從環境變化中獲得優勢。

Henderson對市場提出了一個有趣的新觀點：一個相對勢力（競爭者）運用各種方法（策略）以表現得比對方好的戰場。根據他的說法，其某些假說可以立即獲得觀察、測試、以及驗證，並進而成爲一個有關商業競爭的綜合理論。不過Henderson的某些說法仍有待以社會生物學（sociobiology）的角度加以驗證與修正。如同Henderson所觀察的：

> 為了解競爭本身與其狀態，我們必須先整合其整體系統。若將競爭視為一動態、持續改變的系統，則社會生物學的量化工作，可以顯示了這種分析方法的威力。
>
> 如果我們以系統的角度完整地了解競爭，就不難理解美國的反托拉斯法和國際貿易等公共政策的精神了。
>
> 我相信，如果能夠充分了解策略性競爭，就不難提昇生產力，以及控制並擴張未來潛力的能力。

競爭者類型

每個企業都可能面臨來自內部與外部的各種不同競爭。競爭可能來自相同的產品或替代品。競爭對手可能是個小公司或是大型跨國企業。爲了對競爭有正確的看法，公司必須確認所有目前與未來的競爭來源。

當不同的企業想要對相同的顧客需求提供服務時，便會產生競爭。舉例而言，顧客的娛樂需求也許可以由電視、運動、出版、或旅遊獲得滿足。而新的行業也許也可以進入這個滿足娛樂需求的市場。以1980年代早期爲例，電腦業就以電視遊樂產品（video games）進入娛樂業。

不同的企業將本身定位於服務不同的顧客需求－現存的、潛伏的、初期的需求。現存的需求（existing demand）在於產品的引進是爲了滿足業經確認的需求；例如，用Swatch Watch看時間。所謂潛伏需求（latent demand）則是需求業經確認，但至今尚未有任何產品可以滿足此一需求；例如，新力（Sony）推出隨身聽（Walkman）以滿足對移動性音樂的需要。至於初期需求（incipient demand）則是特定趨勢引發了某種顧客尚未察覺到的需求。

至於競爭者則可能是早已經進入市場，或是市場中的新人。新手進入市場時所帶來的產品，也許是自行研發的，也許是由他處購得的。舉例而言，德州儀器戴著自行研發製造的「Speak and Spell」產品進入市場，而Philip Morris（煙草公司）則是藉著購買Miller Brewing Company（啤酒廠）進入啤酒市場。

我們經常可以看到企業界由生產不同路線的產品投入競爭行列。以General Foods Corporation爲例，該公司在咖啡市場上提供咖啡豆、一般即溶咖啡、冷凍乾縮咖啡、無咖啡因咖啡等產品。一般而言，產品路線可以分爲三大類：我也有的產品（me-too product）、經過改良的產品、以及有重大突破的產品。我也有的產品和市場上已經有的產品並無二致，與競爭對手相較，並沒有特殊的優勢。改良產品（improved product）雖然並不獨特，但是一般而言比起現有的廠牌要好。突破性產品（breakthrough product）通常在技術上有所創新，電子錶和彩色電視機都曾是突破性產品。

在手錶業，廠商之間的傳統競爭方式是提供你有我也有的產品。在偶然的機會裡，其中一個競爭者推出了改良產品，就像Seiko在1970年代推出了石英錶。石英錶比較新潮，而且一般認爲比其他款式的手錶精準。而德州儀器進入手錶市場時所引進的則是突破性產品－電子錶。

最後一點，競爭廠商的行動範圍也許有限、也許會擴大。以百事可樂爲例，該公司也許不會擔心一個地區性的披薩連鎖店與必勝客的某一家連鎖店競爭。但如果寶鹼也進入披薩市場，則百事可樂可能會因爲這個強勢而老練的對手而感到擔心。

表4-1競爭來源

顧客需求：身體所需的水份	
現存需求	口渴
潛伏需求	減重飲料
初期需求	防老飲料
產業競爭（我如何止渴？）	
既有廠商	烈酒
	啤酒
	薄酒
	軟性飲料
	牛奶
	咖啡
	茶
	水
新廠商	礦泉水
產品路線競爭（我想要哪一類型的產品？）	
我也有的產品	一般可樂
	健怡可樂
	檸檬汁
	果汁類飲料
改良產品	無咖啡因可樂
突破性產品	提供完整營養的健怡與無咖啡因可樂
組織性競爭（我想要哪個品牌？）	
公司類型	
既有廠商	可口可樂
	百事可樂
	Seven-Up
	Dr. Pepper
新廠商	General Foods Corporation
	Nestle Company
企業範圍	
地理	區域性、全國性、跨國性
產品／市場	單一產品與多元產品企業

表4-1所呈現的是能夠滿足人類對水份的需求的不同競爭各種來源。在此，我們爲一家對此市場有興趣的公司分析競爭情勢。以目前而言，此一市場在於滿足現存的需求。而一個所謂滿足潛伏需求的飲料，則可能是可以減肥的；至於預防衰老的飲料則屬於滿足初期需求的產品。

目前提供止渴產品的廠商包括：烈酒、啤酒、薄酒、軟性飲料、牛奶、咖啡、茶、飲用水、以及果汁類等廠商。而比較新的廠商所帶來的則是礦泉水及氣泡礦泉水。假設軟性飲料市場是我們公司最感到興趣的領域，我們可以看到，大多數的競爭者所提供的是屬於我也有的產品（例如，一般可樂、健怡可樂、檸檬汁、以及其他果汁類飲料）。不過目前二個主要的競爭者可口可樂與百事可樂已經推出無咖啡因可樂。低卡與無咖啡因飲料屬於突破性產品。在未來，以飲料提供一天所需的熱量已經不是夢想了。

目前在一般可樂市場中競爭的廠商包括：可口可樂、百事可樂、Seven-Up、Dr. Pepper等廠商。而其中前二者佔有絕大部分的市場。可能加入市場的新競爭對手，則包括：General Foods Corporation與雀巢公司（Nestle）（此爲假設狀態）。兩大主要競爭對手可口可樂與百事可樂都是跨國且跨行的大型企業。而這就是我們所想要進入的軟性飲料市場目前的競爭態勢。

競爭的強度

市場中的競爭強度，端視市場中各個廠商的行動與反制行動。這通常開始於其中某一家公司採取某種適當的策略以追求有利的競爭位置。由於對某家公司有利的因素可能對其競爭對手會造成傷害，因此競爭對手通常會採取某些反制措施以維護本身的利益。

激烈的競爭活動也許會、也許不會對整個行業造成傷害。舉例而言，價格戰也許會導致所有廠商獲利降低，但是廣告戰則可能因爲引發消費需求而使所有廠商雨露均霑。表4-2所列的，是影響競爭強度的因素。而決定競爭強度的，通常是數個因素的組合。

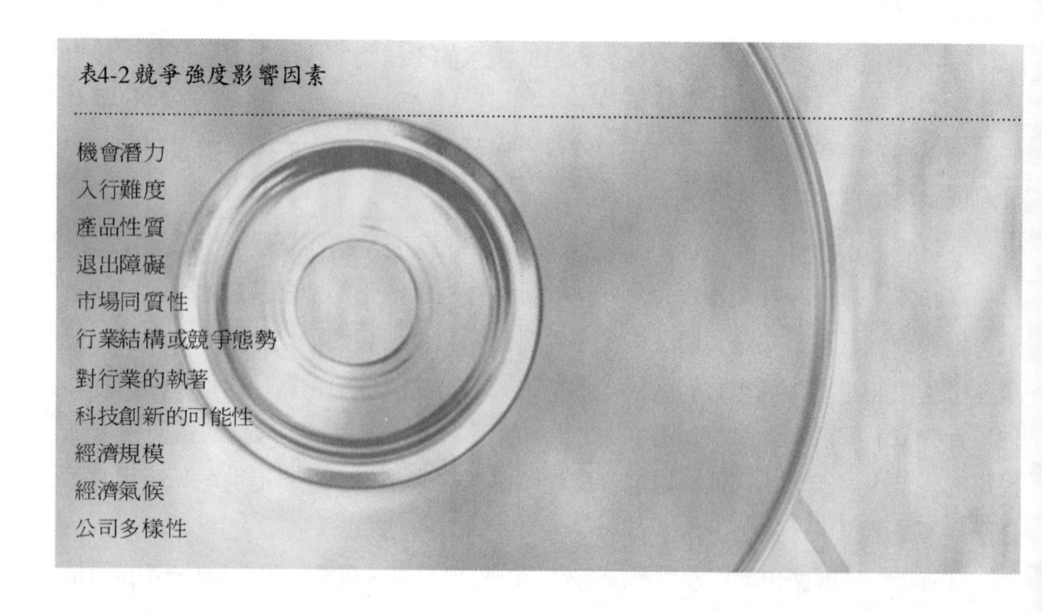

表4-2 競爭強度影響因素

機會潛力
入行難度
產品性質
退出障礙
市場同質性
行業結構或競爭態勢
對行業的執著
科技創新的可能性
經濟規模
經濟氣候
公司多樣性

機會潛力

一個有前途的市場，通常會吸引很多公司來投資可能的商機。隨著想要分享大餅的廠商數量的增加，競爭強度也就愈來愈高。以家用電腦市場爲例，在1980年代早期，從IBM這個電腦巨人到Timex Watch Company這個在電腦界沒沒無聞的鐘錶商，大家都想分一杯羹。當大夥兒競相卡位時，競爭也愈趨激烈。許多廠商，像是德州儀器與Atari，都被迫退出競爭的行列。

入行難度

當進入一個行業是很容易的事情時．很多公司，包括一些邊際性的公司，都會被吸引進來。而在該市場中投入已久的老牌公司，則不希望有外人介入他們的地盤。因此，既有的公司會採取某些策略增加競爭強度，以防杜可能的競爭者。

產品性質

當不同公司所提供的產品被顧客認爲大同小異時，公司會被迫進入價格戰爭，甚至服務戰爭。在這種情境下，競爭將會異常激烈。

退出障礙

由於各種因素，公司可能很難退出特定的行業。其中原因包括某個事業與公司中其他事業之間的關係、投資過高的資產無法移作他用、退出所必須付出的高昂代價（例如，與員工之間的既定合約以及未來的採購合同）、高級管理階層對事業所付出的感情、以及政府法規的禁止。

市場同質性

當整個市場呈現出高度同質性時，其競爭性遠高於具有區隔性的市場。即使是日常用品，也可能有市場區隔。舉例而言，我們可以把經常購買日用品的消費者列為一個市場區隔，把偶爾購買的人列為另一個區隔。但如果某個市場無法被加以區隔，則眾家廠商必須以同樣的方式競爭，其競爭強度必然加劇。

行業結構或競爭態勢

如果市場中的廠商很多，很可能其中一家會非常積極的尋求有利的地位。這種積極性將會引發其他廠商的反制行動，並因而產生激烈的競爭。相反的，如果某個行業中只有少數幾家廠商，誰是龍頭老大就比較沒有疑問了。在這種情況下，其他廠商就必須小心不要刺激龍頭老大，否則將會引發所費不訾的激烈競爭。

對行業的執著

當公司全心全意投入在某個事業裡，必定會如同初生之犢不畏虎一般，用盡一切辦法讓生意持續下去。以Polaroid Corporation為例，因為執著於即拍即得的照相市場，該公司會不計成本地維持公司在市場中的地位。而這種執著也會引發競爭行為。

科技創新的可能性

在科技創新頻繁的行業中，每一家公司都會在科技創新上投注成本，並因而引發更多的競爭行為。

規模經濟

如果符合經濟規模的營運是公司生存及獲利的基本條件，那麼公司必然會盡一切可能達到經濟規模。在這種情況下。公司必定會儘量擴大市場佔有率，並因而對競爭對手造成壓力。當公司的固定成本很高而必須以大規模的方式將成本均攤時，其情況也是相似的。如果只有在大量獲利的情況下才能夠提昇公司產能，這也會提昇競爭強度。

經濟氣候

在經濟蕭條或遲緩的時候，因爲所有的公司都會盡力求生存，所以競爭也會更加劇烈。

公司多樣性

一般而言，市場中的老廠牌都會形成特定的遊戲規則（或稱行規），但是新加入的競爭者並不一定會遵守舊有的遊戲規則。面對這種生意模式，新的競爭者也許會採取不同的觀點，並用盡一切辦法達成本身的目標。Miller Brewing Company非傳統的行銷方式就是個典型的例子。在母公司Philip Morris的滋養與引導之下，Miller藉由引進淡啤酒，而進入了一個至今仍然認爲啤酒是日用品的市場。當不同的文化在市場中遭遇時，激烈的競爭勢必難免。

競爭情報

競爭情報（competitive intelligence）是有關對手的公開資訊，在行銷策略的形成中是非常重要的。在不知道敵人的位置與企圖之前，沒有任何將領會下令自己的部隊前進。同樣地，在決定任何競爭行動之前，公司必須對競爭對手有所了解。競爭情報並不只是一些業界的統計數字或是蜚短流長。我們必須詳加觀察競爭對手，以了解其優勢與劣勢以及形成原因。所有能夠自我反省的公司必然都會檢視本身所處的競爭環境，但是其中眞正成功的公司則會進一步深入了解對手。如同某位行銷主管對作者所說的：「我們甚至在對手習得某種競爭手法之前就知道他們將會採用這種手法了。」

我們可以將競爭情報大略分爲防衛性、消極性、以及攻擊性的情報。防衛性情報（defensive intelligence）的作用在於避免一不留神被逮個正著。其主要意圖，是結構式地蒐集有關對手的資訊，並追蹤一切相關的行動軌跡。消極性情報（passive intelligence）是一種爲了特定的決策所作的事後蒐集的資訊。舉例而言，一家公司在發展自身的銷售酬庸計畫時，可能會先蒐集對手的銷售酬庸計畫。至於攻擊性情報（offensive intelligence）則是用來確認未來的機會。從策略的觀點而言，攻擊性情報是最重要的。

競爭情報在策略上的用途

有關競爭對手如何進行產品製造、測試、配銷、定價、以及促銷的資訊，就行銷策略的發展而言是非常重要的。以福特汽車爲例，該公司一直在分解競爭對手的產品，以了解對手的成本結構。表4-3摘要了福特汽車在該項行動中的歷程。這種競爭資料對福特汽車在歐洲的策略性行動已經產生了相當的助益。舉例而言，藉由分解Leyland Mini（一種小卡車），該公司的結論是：（1）以目前的售價而言，這款車是無法獲利的，（2）以目前的價格水準，該公司不應進入迷你車市場。根據以上結論，該公司的策略決策是不要生產迷你車。

以下的例子，比較了同時決定進入自動洗碗機市場的二家廠商。其中一家公司忽略了競爭對手，搞得一蹋糊塗，最後放棄市場；另一家公司在競爭資訊的蒐集上表現較優越，最後終於登上領導地位。當第一家公司的總經理從自己的行銷部門發現了洗碗機的市場成長潛力以及競爭對手的市場佔有率之後，便立刻決定發展適當的機種。

由於設計洗碗機所需的可用資料有限，研發處長決定從研究洗碗的基本過程開始著手。據此，他首先設定了一系列的前導專案，以評估各種噴水狀態的清洗效果、各種清洗臂的優點、以及不同清洗量下對各種不同程度與類型污垢的清洗結果。到了年底時，他已經獲得了許多有用的知識。他同時有一部清洗效果不錯的試驗機器，並且有量產機型的設計概念。但是在推出令人滿意的原型機器之前，仍有許多研發工作必須進行。

可惜的是，管理階層忽略了三大功能之間的連結：行銷、技術、以及生產。因此，直到技術人員建造出原型並提出設計概念時，行銷及生產部門的人員才開始提

表4-3福特汽車的競爭產品分解歷程

1.購買產品（purchase the product）。分解產品所必須付出的高成本，特別是對汽車製造商而言，可以顯示競爭對手成功的競爭者對於獲得這類訊息的重視程度。

2.逐項分解產品（tear the product down-literally）。首先鬆掉所有的螺絲釘，接著解開所有鉚釘，最後切開所有銲接點。

3.產品逆向工程（reverse-engineer the product）。當競爭對手的車輛被分解之後，便可以詳加描繪其零件，並且拼湊起零件清單，然後分析其製造程序。

4.建構成本（build up cost）。根據產品是自行製造或購買、單一產品的零件多樣性、以及共用生產線的車型多寡等向度，計算零件的成本。在產品分解的過程中，很重要的是零件數量與種類的多寡，以及組裝步驟的多寡。接著，我們可以計算直接的勞力成本與經常費用（這對了解競爭對手的成本結構而言，通常是非常重要的）。

5.建立經濟規模（establish economies of scale）。一旦了解個別的成本要素之後，便可以根據產品生產總數以及員工總數，了解對手的經濟規模。在完成此一步驟之後，福特汽車便可以計算達成收支平衡點以及獲利點所需的生產週期與生產量。

Source: Robin Leaf, "How to Pick Up Tips from Your Competitors," *Director* (February 1978): 60.

供意見，而這又必須耗費相當的研發工作。

相對於這家以傳統方式反應市場商機的公司，第二家公司（恰巧是一家日本公司）在擁有類似的行銷情報之下，卻有相當不同的反應方式。

首先，該公司對每一家廠商的每一種洗碗機各購買了三部；接著，管理階層建立了三個特殊小組：（1）由行銷與技術人員所組成的產品測試小組，（2）由技術人員與生產人員所組成的設計小組，（3）由行銷人員與生產人員所組成的配銷小組，（4）由生產人員所組成的現場小組。

產品測試小組每一種機型各拿一部，針對其性能進行評估：清洗效果、使用方便性、產品可靠性（故障的頻率與原因）。設計小組則是每一種機型各取二部，拆解其中一部，以了解其零件的種類與數量、每個零件的成本、以及裝配的難易度。另外一部機器則是用來測試其組件的耐用性，以確認需要改良的地方及可能的供應來源，並對每個競爭對手的技術有較充分的了解。在此同時，配銷小組則著手評估對手的銷售與配銷系統（銷售據點的數量、產品的供應情況、以及維修服務的提供），而場地小組則是研究對手的工廠，並以勞力成本、上游供應成本、以及生產力等向度評估對手的生產設施。

這所有的調查工作所需要的時間不到一年。在調查工作結束時，日本人對洗碗機的物理與化學問題的知識仍不及英國的競爭對手，但比起從前卻大有進步。再經過二個月，日本人已經設計出比當時最強的競爭對手性能更好的機器，其生產成本卻比對手低了30%。在外銷之前，對於內銷市場也已經有了行銷計畫。該計畫將產品做了定位，並根據預期的生產率所需要的倉儲成本以及維修服務確認配銷系統。最後，日本人籌備了一個詳細的計畫以建造一座新工廠、與上游供應商簽訂合約、以及人員訓練。

這個故事的結局可想而知：日本人比抱持傳統心態的英國人早了二年將產品推出市場，並且在十週之後達到計畫中的市場佔有率。其競爭對手則一直損失資金，最後被迫退出市場。

這個故事顯示，競爭分析有三個主要目標：

1.它使你了解自己和對手的競爭優勢各是什麼。
2.它使你了解競爭對手過去、現在以及未來可能採取的策略。
3.它是策略選擇的主要標準，是讓你的策略實現的關鍵元素。

蒐集競爭情報

我們可以藉由提出下列的問題以了解競爭態勢。我們必須有系統地探索，並蒐集各方面的競爭資料，才能夠回答下列問題。

1.誰是現在的競爭對手？誰是五年後的競爭對手？
2.每個競爭對手的策略、目標、以及目的各為何？
3.特定的市場對每個競爭對手的重要性有多大？其執著程度有多高？
4.每個競爭對手的相對優勢與限制各為何？
5.競爭對手的弱點為何？
6.競爭對手的未來策略可能會有哪些改變？
7.如果有改變，那又如何？競爭對手的策略對於特定的行業、市場、以及我們的策略各有何影響？

我們或許可以藉由以下的步驟來蒐集競爭情報：

1.確認市場區隔中的主要競爭對手。每個產品通常都會被定位於一個或多個市場區隔。在每個市場區隔中，可能會有不同的競爭對手，我們應該試著確認每個市場區隔中的主要競爭對手。如果競爭對手很多，我們只要將注意力放在最重要的三個競爭對手就可以了。我們應該對每個競爭對手進行分析並建檔，並了解整個分配狀態。

2.分析每個競爭對手的績效表現紀錄。我們可以用幾種標準來評估競爭對手的績效表現。一旦涉及行銷、銷售成長、市場佔有率、以及獲利率都是成敗與否的重要的指標。因此，了解競爭對手在過去幾年的銷售成長、市場佔有率、以及獲利率，是非常必要的。此外，我們同時必須留意對競爭對手過去表現的事後推論。舉例而言，有些競爭對手會在沒有任何策略的情況下接到生意，就像幾年前在科威特事件中所得到的意外收穫。我們同時必須找出因失誤所造成的不利影響。有時候競爭對手爲了在年終的帳面上比較好看而動些手腳。這種小伎倆必須注意。對此，Rothschild提出了以下的建言：

> 為了獲得實效，你必須知道競爭對手如何記帳、如何記錄獲利情形。有些公司會強調營收，有些公司則為了延後付稅而採取不同的措施，還有些則是以增加可調度資金為第一優先任務。
>
> 這些資料是非常重要的，因為這會影響公司獲得財務支持的能力，並影響投資者對管理工作的滿意程度。

3.研究競爭對手對於本身績效的滿意程度。根據競爭者對產品所設定的目標，倘若結果與公司管理階層及股東的期望一致，那麼競爭者就會感到滿意。感到滿意的競爭者大多會遵循目前成功的策略。相反的，倘若結果不如預期，那麼競爭者大多會採用新的策略。

4.探索每一個競爭者的行銷策略。我們可以根據競爭者爲達成目標所擬定的策略計畫（例如在，產品、價格、促銷，配銷等方面的不同行動）推論其策略。有關策略計畫的資訊，有一部分從有關競爭者的出版品獲得，還有一部分可以藉由我們和競爭對手的客戶及業務人員有所接觸的業務人員取得。

以一家生產小件家用品的廠商爲例，該廠商在廣告上投資很多，而其主要銷售管道爲折扣商店。我們或許可以看出，該廠商想要藉由折扣商店，在大衆市場上建立品牌。換言之，他們想要讓顧客以折扣價購得聲譽卓著的品牌，並用以量制價的方式獲利。

5.**分析目前與未來的資源以及每一個競爭對手的競爭力**。爲了研究競爭對手的資源與競爭力，所必須了解的事項包括對手的設施與設備、人員技術、組織能力、管理能力等。爲了這個目的，我們可以利用表4-4的檢核表（內容包括：一般管理、財務、研發、營運、行銷等）。在財務方面，信用關係可以列爲管理能力中的財務優勢，擁有倉庫和冷凍貨車則可以列爲設施與設備中的行銷優勢。公司應該建立檢核表以清楚列出競爭對手在各方面的優勢和劣勢（亦即優缺點）。這個動作的目的並不是在形式上擁有對手的各項細部資料，而是在了解對手的資源與競爭能力，因爲這可以用來分析績效差異的原因。

6.**預測每個競爭對手的未來行銷策略**。以上的競爭性分析，可以提供足夠的資料以預測對手在未來可能採取的策略方向。不過我們必須利用管理一致性，以質化的方式進行預測。以管理一致性進行預測，所根據的基本假設爲：管理者既然能夠預測市場趨勢，也應該有能力可靠地預測對手未來的策略。資深的行銷研究人員也許會被賦予某種任務，那就是將各種資料具體地轉化爲對競爭對手未來行動的預測。

7.**評估競爭策略對公司產品與市場的影響**。我們可以利用在十二章所提到的德爾菲技術（delphi technique），來確認競爭策略所造成的影響。這項分析工作應該由資深的行銷人員利用競爭性資訊以及個人的經驗來進行。之後，我們可以從中得到有關主管一致性的資料。

競爭資訊的來源

基本上，競爭情報的來源可以分爲三大類：（1）競爭對手對自己的說法，（2）他人對競爭對手的說法，（3）公司本身負責競爭分析的人員的觀察所得與對競爭對手的了解。如同表4-5所顯示的，前二種來源可以藉由公開文件、貿易協會、政府、以及投資者而取得。以來自政府的資訊爲例。在資訊自由法案之下，大家都可以很低的價格取得大量的資料。

如果重視來自本身的資訊，公司便應該發展結構性的計畫，以蒐集競爭情報。第一，公司或許可以執行類似福特汽車公司的分解計畫（如表4-3）。第二，公司也許可以訓練業務人員，利用顧客、配銷商、經銷商、以及過去的業務人員等管道，小心地蒐集並提供競爭情報。第三，公司應該鼓勵資深行銷人員打電話給顧客，並

表4-4企業系統中的經濟槓桿來源

	設施與設備	人員技術	組織能力	管理能力
1.一般管理				
2.財務				大量信用關係
3.研發				
4.營運				
5.行銷	倉儲	逐戶銷推	直效行銷	企業行銷
	零售據點	零售	連鎖配銷	顧客購買行爲
	行銷辦公室	批發	連鎖零售	國防部行銷
	維修辦公室	同行銷售	消費者服務組織	州及自治單位行銷
	運輸設備	國防部行銷	企業服務組織	資訊豐富且易接受
	行銷人員之訓練設施	跨行銷售	國防部行銷	新知識的管理
	資科處理設備	應用工程	庫存分配與控制	大量顧客基礎
		廣告	對顧客的要求快速反應能力	分權管理
		促銷活動	對市場中的政治社會混亂迅速調適的能力	良好的大眾形象
		維修服務	未來取向	道德標準
		合約執行	忠誠顧客群	
		銷售分析	和媒體與各種管道維持良好關係	
		資料分析	在組織生命中的各階段保持彈性	
		預測	支持消費者財務問題	
		電腦模擬	折扣政策	
		產品規劃	團隊合作	
		人員背景	產品品質	
		組織文化		

和顧客深談。這種接觸所提供有關對手產品與服務的資訊是非常有價值的。第四，鼓勵公司中任何恰巧得到有關競爭對手資訊的人員向相關單位或部門提供他所獲得的資訊。

近年來，有關競爭情報的蒐集，成長速度相當驚人。幾乎所有大型公司，都會

表4-5競爭情報來源

	大衆	貿易專業人員	政府	投資者
競爭對手對自己的說法				
	・廣告	・手冊	・SEC報告	・年度大會
	・促銷材料	・技術文件	・FIC	・年度報告
	・出版刊物	・執照	・聽證會	・發起人
	・演說	・專利	・訴訟	・股票及債券問題
	・書籍	・訓練課程	・反托拉斯	
	・文章	・研討會		
	・人事異動			
	・求才廣告			
他人對競爭對手的說法				
	・書籍	・供應商與賣主	・訴訟	・安全分析報告
	・文章	・貿易刊物	・反托拉斯	・企業研究
	・個案研究	・企業研究	・州與聯邦部門	・信用報告
	・顧問	・顧客	・國家計畫	
	・報紙記者	・副契約廠商	・政府計畫	
	・環保團體			
	・消費者團體			
	・「Who's Who」			
	・獵人頭公司			

指定專人從事競爭情報的蒐集。《財星》(*Fortune*)雜誌中的某一篇文章曾經指出，至少有20以上的方法可用以記錄競爭資訊。這些方法大致可分爲七大類。其中有些方法雖然牽涉到道德問題，但基本上，所有方法都是合法的，各公司在採用其中的任何一種方法之前，都應該詳加研究以免形成道德或法律上的問題：

1.**從競爭新進人員或對手的員工身上蒐集資料**。藉由與新進人員的訪談或與競爭對手員工的談話，可以蒐集到有關競爭對手的資料。根據財星雜誌的文章指出：

> 應徵工作的學生面談之中，有些公司特別注意那些曾經為競爭對手工作過的學生，即使只是短期工讀。應徵者通常汲汲於讓人印象深刻，而且未被告知什麼是該說的話。他們有時候會自動提供頗具價值的資訊。現在有許多公司已經以

受過訓練的技術人員取代主管到校園徵才。

公司派遣工程師出席會議，以便向對手的技術人員提出問題。通常一開始都是一群技術人員在討論一般性的話題，而對手的工程與科學人員隨後也會提出一些技術上的挑戰，在此過程中，有些敏感的資訊會不經意的透露出來。

有時候會假性的發出廣告或進行工作面談，藉以從對手員工的身上發掘資訊。通常這些前來面談的人對於自身工作的保障性與前途都有所懷疑，因此會盡力讓人留下好印象。

最極端的作法則是從競爭對手挖角，特別是重要的主管，以便從他們身上獲得資訊。

2.從競爭對手的顧客身上蒐集資料。有些顧客也許可以提供有關競爭對手產品的資訊。舉例而言，Gillette曾經告知加拿大一家大型的配銷商何時將推出新型的拋棄式刮鬍刀。而這家配銷商隨即將消息傳遞給Bic，這使得Bic在Gillette推出新產品後不久，也推出自己的產品相抗衡。

3.滲透顧客的營運以蒐集資料。公司也許會免費提供工程師爲顧客服務。自家工程師與顧客的員工之間緊密的合作關係，通常有利於獲得競爭對手新產品的資料。

4.由出版品與公開文件蒐集資料。一些看來不起眼的東西，像是求助廣告，也許會透露對手的意圖或計畫中的策略。從求助廣告中所想要尋找的人才類型，我們可以看出競爭對手的技術能力以及新產品的發展。政府機構則是另一個很好的訊息來源。

5.根據資訊自由法案從政府機構取蒐集資料。有些公司雇用他人以謹愼地蒐集這類資料。

6.藉由觀察對手或分析具體證據以獲得資料。藉由購買對手的產品或者分析其他具體的證據，可以讓公司更了解競爭對手。有愈來愈多的公司購買對手的產品並加以分解，以了解其成本結構，甚至製造方法。

7.由競爭者的廢棄物獲得資料。有些公司眞的在購買這類廢棄物。只要是對手同意放棄的，廢棄物可以視爲合法的被棄資產。雖然有些公司會將研究部門用過的紙張撕碎，但是公司通常不會以相同的方式處理行銷部門與公共關係部門的廢棄紙張。

競爭情報組織

競爭情報或企業情報是一種新而有力的管理工具，可以幫助公司在高度競爭性的全球市場中獲得成功。這種情報可提供的包括早期預警情報，以及一個可用以更加了解並制衡對手主動性的架構。對於競爭對手的競爭活動，我們可以由內部或外界來加以監視。近來有個研究指出，至少有三百萬家以上的公司已經採取、或對競爭情報行動有興趣。對於競爭環境所作的掃描工作，一部分有由內部人員進行，另一部分則可由外界進行。

在組織內，競爭情報的蒐集層次有二：組織層次與SBU層次。組織層次的競爭情報，所關切的是競爭對手的投資能力與投資優先順序。在SBU層次，主要的興趣則在於競爭對手可能採取的行銷策略，也就是產品、定價、配銷、以及促銷策略。事實上，競爭情報眞正的報酬在於SBU層次。

就組織觀點而言，競爭情報的蒐集工作可以交付給SBU的策略規劃員，或是SBU中的行銷研究或產品／市場經理。無論是誰擔任這項工作，都必須有充足的時間與財務支持以完成這項工作。

如果要考慮外來的協助，有三種類型的組織可以受託進行競爭情報的蒐集工作。第一，有許多行銷研究公司可以提供不同類型的競爭情報，有些是經常性的調查，有些則是專案性的調查。第二，剪報服務公司可以掃描報紙、財務期刊、貿易期刊、以及商業出版品，以搜尋有關競爭對手的文章，並印製副本提供公司使用。第三，各種經紀公司對於蒐集各種行業的資料別有專長。經由經紀公司的協助，可以定期取得特定行業的相關資料。

尋求競爭優勢

爲了超越對手並獲得成長，公司必須了解爲何產生競爭、競爭對手爲何攻擊、以及競爭對手如何反應。爲了洞察競爭對手，有二種分析方式可資利用：產業分析與比較分析。產業分析（industry analysis）是根據市場的經濟結構研究市場的吸引力。比較分析（comparative analysis）則是在特定的行業結構中探討特定市場中每一家公司的運作方式。

產業分析

每一種行業都有一些特性，而這些特性也都會隨著時間而改變，我們稱之爲行業的動態（dynamics）。如果無法配合行業的動態，無論公司如何努力，最後終難以成功。

在此，我們以化妝品業爲例來說明這種特性的改變。傳統上，化妝品業的營運所根據的是個人的經驗與判斷，最重要的則是發明者的行銷天才。在1980年代，化妝品業開始面臨許多壓力。化妝品消費者愈來愈挑剔，而且消費人口愈來愈少。雖然直到2000年，上班女性人口都會呈現增加的趨勢，但卻無法彌補另一個更重大的人口變項改變：青少年人口—這傳統上最大且最願意嘗試化妝品的族群—呈現下滑趨勢。在1990年代，18至24歲的人口比1980年代減少了15%。因此，在2000年之前，化妝品市場的年成長率只有2.5%。這些轉變再加上經濟情況的不穩定以及成本的上揚，使得業者的利潤愈來愈少。在1980年代，數家製藥廠與包裝產品公司，包括：Colgate-Palmolive Co.、Eli Lilly and Co.、Pfizer、以及Schering Plough等，買下了一些化妝品公司。其中只有Schering Plough是認眞地在營運化妝品生意。以Colgate爲例，該公司買下Helena Rubenstein之後七年，由於經營不善，又把這家公司賣掉。從1990年代開始，情況又有不同的變化。寶鹼與聯合利華這二巨頭，帶著他們在肥皂、衛生紙之類的日常生活用品行銷經驗，進入了魔幻的化妝品業。這的確引起了一陣恐慌。寶鹼買下了Noxell Corporation，並使該公司成爲大眾市場中頂尖的銷售品牌。而聯合利華則買下了Faberge和Elizabeth Arden。

這些改變使得市場中的競爭更爲激烈。這個行業所需的資金投入雖然不多，但是倉儲與配銷成本卻很高，其部分原因在於化妝品的多樣性。例如，指甲油和唇膏至少必須有50種以上的色調。

自1980年代以來，化妝品業經歷了巨大的變化。在這些日子裡，事業的成功有賴於令人著迷的產品。如同我們所見到的，Revlon生產的雖然是唇膏，但是賣的卻是漂亮的嘴唇。然而在目前，成功所倚賴的卻是精確的定位以服務界定明確的市場區隔，以及確保配銷工作以達成特定的銷售、利潤、和市場佔有率目標。透過庫存與財務的控制、預算、以及規劃，公司得以使成本和廢料的產生降至最低：「相對於絢爛而直覺性的化妝品世界，聯合利華與寶鹼就像穿著灰絨西裝的保守人士。這二家公司非常倚賴充分的市場研究」。這種在行業中方向與風格的改變，可說是行銷策略的重要分枝。

考慮下列的因素，我們可以進一步了解特定行業的動態：

1.競爭者的事業範圍（例如，事業的數量與位置）。
2.行業中的新加入者。
3.其他目前及未來可能發揮相同功能的廠商。
4.企業提高資金、吸引人們、避免政府調查、並有效獲利的能力。
5.企業目前的實務運作（價格設定、配銷結構、售後服務等）。
6.與其他事業相較下的數量、成本、價格、投資回收等趨勢。
7.事業利潤經濟（影響利潤的主要因素包括：數量、原料、勞力、資金投入、市場滲透力、經銷力量）。
8.入行的容易度，包括資金投入。
9.目前及未來的需求、產能及其對價格與利潤的影響等因素之間的關係。
10.產業集中的影響，包括前向影響與後向影響。
11.供需之間的循環關係。

爲建立行銷策略，公司應該確定這些因素之間的關係，以及公司與競爭對手之間的相對位置。公司應該試著清楚地描繪出本身在企業環境中的動態。

Porter的產業結構分析模型

Porter曾提出企業分析的概念架構。圖4-6所呈現的，就是Porter以五大因素爲基礎所提出的產業分析模型。該模型根據五種結構性因素判斷產業的優勢，並據以推論產業的獲利能力。

在該模型中，影響各公司間之競爭性因素包括：競爭對手的數量、產業成長、資產強度、產品差異化程度（product differentiation）、以及退出障礙（exit barriers）。其中最具影響力的因素是競爭對手的數量及產業成長。此外，固定成本較高的行業競爭性也比較高，因爲對手必須削價競爭以維持量產。另外，無論是實際上或知覺上的，競爭產品之間的差異化，都會降低競爭程度。而退出障礙愈高，則會使競爭加劇。

圖4-6 Porter的企業競爭模型

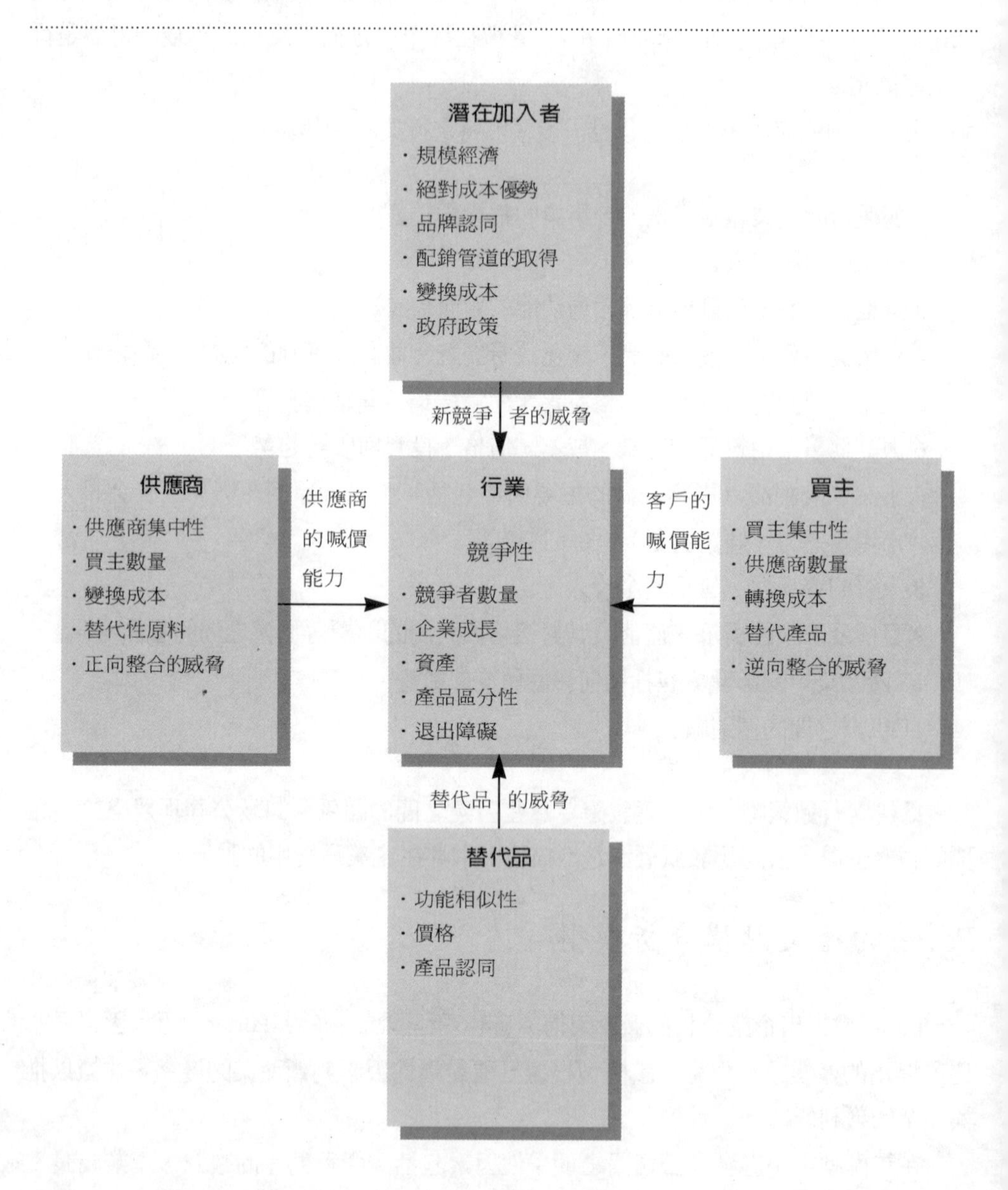

Source:Michael E. Porter, "Industry Structure and Competitive Strategy:Keys to Profitability," *Financial Analysis Journal* (July-August 1980):33.

新加入的競爭對手將會使得競爭更激烈。然而有許多障礙卻使得進入市場的難度提高。其中與成本有關的是規模經濟（economies of scale）與絕對成本優勢（absolute cost advantage）。規模經濟使得新加入者不得不建立高度生產力，或者接受成本上的劣勢。擁有絕對成本優勢的廠商若非坐擁獨門技術或低價原料，就是具有生產經驗。此外，高資金條件、高變換成本（switching cost，也就是因更換供應商所形成的成本）、產品差異化、配銷管道的取得、以及政府的政策，都可能形成進入障礙。

替代產品也提供與既有產品相同功能，則是另一個造成競爭的因素。由於替代品會造成價格上限，因此也會影響廠商的競爭潛力。而替代品是否造成威脅，端視其長期價格與企業績效。

買方的議價能力（bargaining power）所指的是客戶迫使企業降低價格或提昇品質的能力，這種能力會使企業的利潤降低。當買主擁有選擇權的時候，就擁有議價能力；例如，有替代品或有其他供應商可提供相同產品以滿足相同的需求。此外，買主集中性、逆向整合的威脅、以及變換成本較低等狀況，都會提高買方的力量。

所謂供應商的議價能力，就是原料供應商迫使買主接受較高價格或降低服務的能力，這對企業的利潤也有相當的影響。影響供應商議價能力的因素和影響買方議價能力的因素相同，不過業界成員此時所扮演的是買方的角色。

五大競爭因素的互動，決定了特定行業的吸引力，以下我們將以電視網為例，說明影響企業獲利能力與策略形成之重點的因素。由於美國政府的法規將電視網限制為三個，因此對於這個行業的形態造成了很大的影響。這個無法超越的入行障礙造成了弱小的買主（廣告主）、弱小的供應商（作家，演員等），以及獲利極高的產業。然而許多事件的發生已經對買主和供應商的力量產生影響了。有線電視的誕生使得供應商的力量增加了，因為演藝從業人員有更大的市場需要他們服務。此外，由於有線電視削減了電視網的市場規模，廣告主獲得了更具成本效益的替代廣告媒體。總之，即使現有的產業仍然相當具有吸引力並且保有很高的利潤，但是結構的改變卻暗示著未來獲利能力的下降。

公司首先必須診斷出影響其競爭力的因素並深究其原因，然後找出本身的優勢與劣勢所在。唯有如此，公司才能夠發展策略，決定採取何種攻守行動，以有效因應這些影響競爭的因素。根據Porter的說法，這些行動包括：

1.為公司定位，這樣公司的力量才能夠提供最佳的防禦以對抗影響競爭的因素。

2.影響競爭因素間的平衡，才能夠改善公司的相對競爭位置。

3.預測五大影響因素背後原因的變化並妥善因應，並且在競爭對手發覺這些變化之前即採取適當的策略善加利用這些變化。

以美國的牛仔褲產業為例，在1970年代，除了Levi Strauss與Blue Bell（Wrangler Jeans的製造商）外，大多數的利潤都很低。我們可以藉由圖4-7的產業結構圖來說明這個狀況。由於入行障礙很低（只要有設備、有倉庫、以及低技術層次的勞工就可以了），大約有100家小廠商加入了競爭的行列。而這些廠商都倚賴價格競爭。

此外，這些小廠商對於原料價格也難以掌控。牛仔褲所需的丹寧布（denim）的生產集中在四家紡織公司，而沒有任何一家小廠商足以撼動這種布料的價格。因此，這些廠商若非不接受供應商的價格，就得放棄這種布料。在這種情況下，丹寧布的製造商擁有極強大的議價優勢。此外，販賣牛仔褲的店家（買方）也擁有很大的議價力量。在美國，牛仔褲的銷售主要集中在少數的幾家連鎖店。其結果是小型牛仔褲製造商的產品售價掌握在連鎖店手中，因為店家可以輕易的取得替代品。

就在這個時候，Jordache出現了。藉由精心設計的牛仔褲以及強勢的廣告，該公司創造了一種改變產業態勢的競爭方式。第一，該公司所創造出強烈的消費者偏好，顯著地降低了店家的議價力量。店家不得不以Jordache所開出的價碼來承購商品。第二，強調設計師名號，為入行設下了很大的障礙。總之，Jordache的策略消弭了產業的許多結構因素所造成的影響，並為自已贏得了競爭優勢。

比較分析

比較分析（comparative analysis）是用來檢視市場中的競爭優勢的，在此，我們將優勢分為二種：結構（structural）與反應（response）。結構優勢是企業的內建（built-in）優勢。舉例而言，相對於他國廠商，南韓的製造商可能因為低勞力成本而佔有此種內建優勢。而反應優勢則是企業因某種決策所獲致的相對有利位置。這種優勢所依賴的是企業在產業中的正確策略。

每個企業都有一套獨特的策略組合。舉例而言，軟性飲料業在廣告上的每一分投資都可能為企業贏得一分市場佔有率。相反的，電子業中產量最大的生產者，卻通常是成本最低的生產者。在工業產品業中，當銷售覆蓋密度（銷售人員的數量）

圖4-7 牛仔服裝業結構

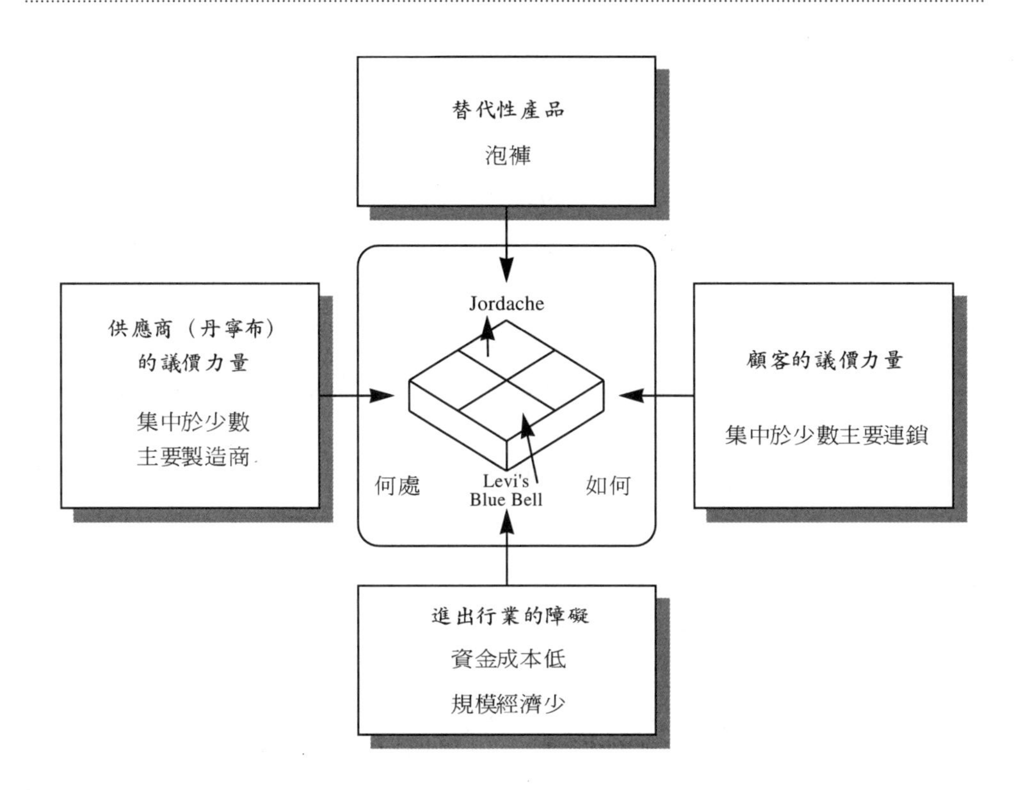

Source: Ennlus E. Bergsma, "In Strategic Phase, Line Management Needs business's Research, Not Market Research," *Marketing News* (21 January 1983):22.

上升到某一點之前，銷售與配銷的成本會隨之降低。但是超過這個臨界點，成本就會急劇的上升。然而成本只是獲得競爭優勢的方法之一，企業還可以藉由其他方式取得競爭優勢。舉例而言，公司可能因爲授權經銷而取得競爭優勢，也可能因爲產品的區分性而取得競爭優勢。

爲了生存，不論規模大小的任何公司，都必須在某些方面與眾不同。公司必須使成本比對手更低，或者使產品具有獨特的價值以使得客戶願意花費更多錢來購買。相對區辨性（competitive distinctiveness）是企業生存的關鍵之一，通常可以透過幾種方法來達成：（1）專注於特定的市場區隔，（2）提供與競爭對手不同的產品，（3）利用其他配銷管道或生產程序，（4）使用選擇性定價策略以及基本的差異成本結構。在此，企業可用以獲取競爭優勢的一種分析工具，是事業系統架構（business-system framework）。

檢視企業營運中的事業系統，在分析競爭對手以及尋求用以獲取競爭優勢的開創性選擇時是非常有用的。事業系統架構使得公司得以發現最高經濟平衡點，也就是系統中可以對競爭對手建立成本或投資障礙的階段。此架構也可以用來分析競爭對手的成本，並了解競爭對手現有優勢的來源，無論此優勢是來自成本或對客戶而言的經濟價值。

圖4-8所呈現的，是一家製造商的事業系統。在此系統中的每一階段，包括：技術、產品設計、製造等，公司都有數種選擇。而這些選擇之間，通常是相互關聯的。舉例而言，產品設計可能對原料的選擇形成了部分的限制，而配銷管道則限制了生產能量與地點。在每一個階段，我們都可以提出一些問題，而這些問題的答案則可供公司思考策略的選擇：我們現在做得怎麼樣？我們的競爭對手現在做得怎麼樣？他們有什麼地方表現得比我們好？那我們呢？還有什麼是我們可以做得更好的？這些選擇如何影響我們的競爭位置？如果改變我們現階段的作爲，其他階段會受到怎樣的影響？公司對這些問題的答案，在在影響著公司的競爭優勢（見圖4-9）。

以下我們以Savin Business Machines Corporation的案例來說明事業系統架構。在1975年，這家歲入六千三百萬美元的公司在美國的辦公室影印機市場中只是個小角色 。美國的影印機市場，顯然是歲入將近二十億美元的全錄公司的囊中物，在當時，全錄公司佔有80％的市場。在1975年11月Savin引進了新的影印機，以迎合顧客對於中低速影印的需求（每分鐘低於四十頁）。二年之後，Savin的歲入超過了二億美元，在美國中陽春影印機的新機市場中佔有40％。其獲利率大約爲64％，而負債率則爲27％。在1980年代早期，其銷售額度已經高達四億七千萬美元，在美國的銷售量超過了其他任何一家公司。在1978年，全錄公司的市場佔有率則降低至10%。面對巨獸般的全錄公司，Savin到底是怎樣成功的？事實上，Savin在精心地分析過陽春影印機的事業系統後，在不同階段組合了不同的選擇，進而發展出足以成功對抗全錄公司的一套競爭優勢。如圖4-10所顯示的，Savin組合了不同的技術、製造、配銷、以及維修服務方式，犧牲了影印品質，以較便宜的機器，成功地服務了公司的顧客。在公司中的數個關鍵地點安裝數台較便宜的機器，比起全公司只安裝一台較昂貴的機器，對許多大顧客而言更划算。

在事業系統中的每一階段，Savin都採取了非常不一樣的方法。首先，該公司採

圖4-8 某製造公司的事業系統

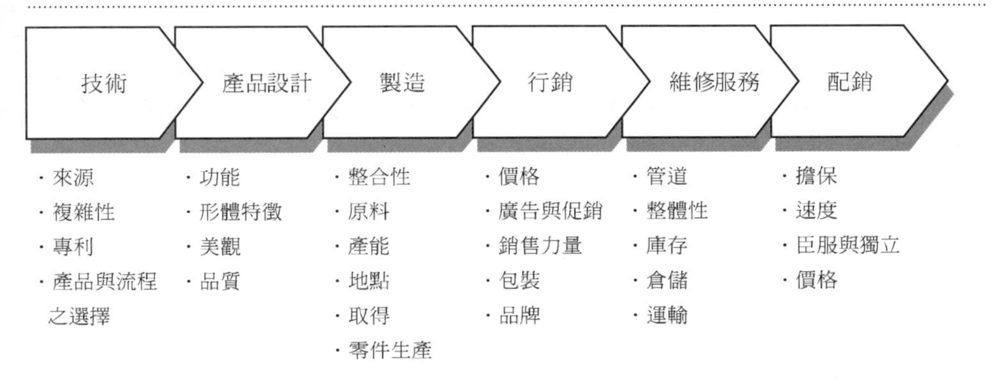

Source: Roberto Buaron, "New-Game Strategies," *The McKinsey Quarterly* (Spring 1981): 34. Reprinted by permission of the publisher. Also, "How to Win the Market-Share Game?" Try Changing the Rules. Reprinted by permission of the publisher, from *Management Review* (January 1981) © 1981. American Management Association, New York. All rights reserved.

圖4-9 事業系統中之經濟槓桿來源

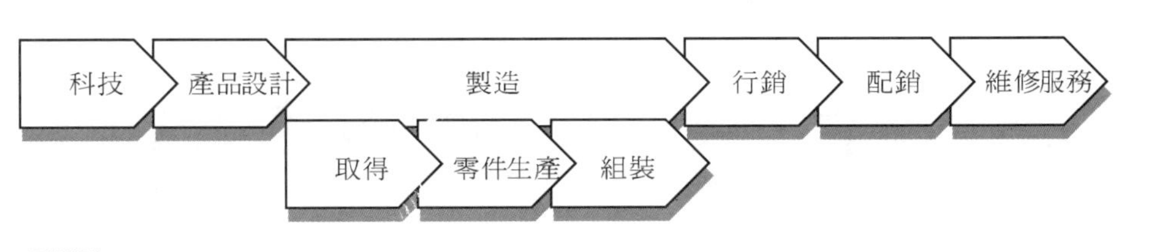

平衡點							
低成本流程	零件標準化	高生產與低成本之原料	零件互換性	高度自動化	大量基礎	區域性市場佔有率	固定基地
範例							
氯	影印機	鋁煤	汽車	半導體	辦公機器	食用油	家庭用品

Source: Robert Buaron, "New-Game Strategies," *The McKinsey Quarterly* (Spring 1981) : 34. Reprinted by permission of the publisher. Also "How to Win the Market-Share Game?" Try Changing the Rules. Reprinted by permission of the publisher, from *Management Review* (January 1981) © 1981. American Management Association, New York. All rights reserved.

圖4-10全錄公司與Savin的影印機策略比較

	科技	產品設計	製造	配銷管道	項目／定價	維修服務
全錄公司的選擇	乾式碳匣	高速影印	美國	自有銷售部門	側重租賃	自有技術服務部門
特色	高影印品質	複雜高故障率	高成本／高價位	銷售點少	低量高固定成本	高級服務但普及率低
SAVIN的選擇	液態碳匣	模組化低速人因工程	日本標準零件子契約	辦公用品經銷商	側重銷售	經銷商
特色	中度品質可靠度	可靠傻瓜機型	低成本／低價位	銷售點多	一次賣斷低成本花費	迅速反應

Source: Peter R. Sawers, "How to Apply Competitive Analysis to Strategic Planning," *Marketing News* (18 March 1983): 11. Reprinted by permission of the American Marketing Association.

用了其他公司所避免的低成本技術，因爲這會降低影印的品質。其次，在產品設計上採用了低成本的標準化零件，這是日本可以大量供應的。此外，該公司選擇了低成本的日本生產線。凡此種種，都使得Savin得以提供相當可靠且品質可接受的影印機，而其價格只要全錄公司對等機型的一半。（註：自1980年代中期，Savin Corp陷入了許多種管理危機，最後在1993年宣布破產）。

競爭優勢的維持

一個好的策略家，目標應該是「不只贏得山頭，更要佔住山頭」。換言之，企業不只要獲取競爭優勢，更要長期保有競爭優勢。維持競爭優勢，就要向競爭對手建立障礙。

建立競爭障礙的方法包括：擴大目標市場、資源與客戶的取得、以及限制競爭對手的選擇性。以規模經濟爲例，也許可以使企業具有無可匹敵的成本優勢。而如果資源與客戶的取得較爲容易且較爲長久，則優勢更得以維持。最後一點，無論任何原因，如果競爭對手的行動受到限制的話（例如，反托拉斯法等等），競爭優勢也得以維持。

就財務觀點而言，競爭的障礙在於成本、價格、或服務的差異性。無論如何，一個成功的障礙必定能夠使一個企業賺得比對手更多。此外，成功障礙必須能夠持續下去，而且就實務觀點而言，此障礙必須是對手所無法超越的。換言之，企業對於維持障礙上的投入必須比對手在超越障礙的投入上更低。

障礙可行與否，端視企業的經濟體質。需要大量廣告的消費性產品若能擁有領先的市場佔有率，則必能對競爭對手形成成本障礙，甚至是價格障礙。舉例而言，某個消費性產品廠商如果擁有對手二倍大的市場佔有率，若要對市場達成相同的影響，則其單位產品的廣告成本只有對手的二分之一。就單位產品的廣告成本而言，競爭對手的出擊成本永遠會比領先者的防衛成本高。

從另外一個角度而言，障礙的建立與維持也需要成本。競爭障礙的花費就像一支傘，在傘下可能會有新型態的競爭對手得以成長。舉例而言，在消費性產品市場中居於領先地位的廠商，也許會利用廣告作爲阻礙其他品牌競爭的手段，但是一些小品牌卻可能因此得以隱藏並成長茁壯。

寬廣的產品路線、龐大的銷售與服務力量、以及系統能力，都是重要的障礙。而這些障礙都需要成本來加以建立與維持。對於想要效法領導品牌的較小競爭者而言，這些障礙的確有其效果，但對於不想耗費這些成本的廠商而言，其效果有限。

每一種障礙都可能成爲某些競爭對手的保護傘。產品路線較窄的企業所需要面對的成本向度，比產品路線較廣的企業要少。舉例而言，郵購房屋公司很可能是生存在房地產業領導者以鉅額銷售及服務力量所構成的保護傘下。而那些「挑人家撿剩的」小廠商，也可以生產與龍頭企業系統相容的零件而無須負擔系統工程成本。

圖4-11所呈現的，是競爭優勢的維持過程中，障礙與保護傘之間的關係。在此系統中，最有利的位置是高障礙、低保護傘。如果某一種產品或某個企業的力量足以使得維持競爭障礙所需的單位產品成本微不足道，那麼就是處於高障礙、低保護傘的位置。而低障礙、低保護傘的象限所代表的，則是缺乏高獲利能力的產物。

最有趣的是高障礙、高保護傘的象限。企業因障礙的存在而受到保護，但同時卻因爲維持障礙所需的成本太高而陷入危機。獲利也許很高，但競爭損耗也不低。對企業而言，這時候的課題是如何在消費者所想要的服務、品質、選擇性、或形象，與目標範圍較小的競爭對手所提供的低價之間，取得一個平衡點。

這些企業面臨著重大的決策。若不改變方向，則必須承受特定競爭對手的持續威脅。若是降低保護傘，則可能必須降低障礙。

成功的行銷策略，必須注意到保護傘的規模，並持續測試繼續投資在障礙維持

圖4-11 維持競爭優勢的策略

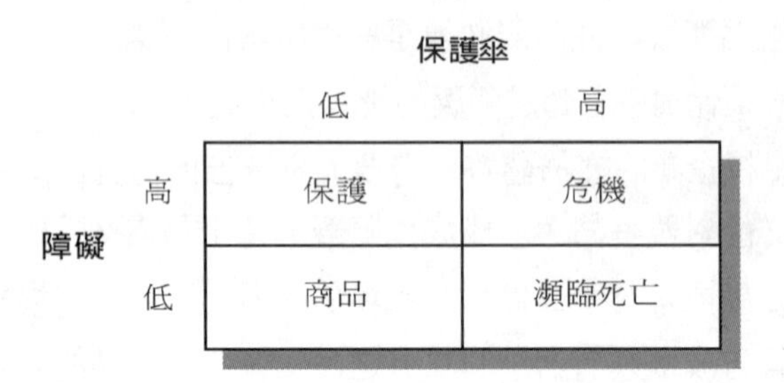

Source: Sandra O. Moose, "Barriers and Umbrellas," *Perspectives* (Boston: Boston Consulting Group, 1980). Reprinted by permission.

上的投資必要性。

只有在下列情況下，維持競爭優勢才具有意義：（1）顧客了解該企業與競爭對手間在產品或服務的重要特性上有所差異，（2）這類差異是企業與競爭對手間能力差距（capability gap）所造成的直接結果，（3）重要特性與能力差距可以長期維持下去。

摘要

競爭是一種可以影響行銷策略之形成的策略因素。在傳統上，行銷者將競爭視爲一種無法控制的變項，必須在發展行銷矩陣的過程中詳加考慮。直到不久以前，競爭才成爲企業策略的焦點。愈來愈多的證據顯示，競爭優勢是行銷策略的重要基礎。爲了貫徹這種觀點，資源必須集中在與競爭有關的行動上，以確保有最佳機會持續獲利能力以及回收投資。

競爭可區分爲二種非常不同的形式：自然競爭與策略性競爭。自然競爭是指在某個環境中最適者生存。以企業術語來說，這意味著所有企業都在相同的策略位置，成敗與否端視營運（operating）的差異。相反的，策略性競爭所倚賴的是在市場區隔、產品提供、配銷管道、生產程序等方面的策略差異。

在概念上，我們可以從經濟學家、工業組織理論家、以及企業家的觀點來檢視所謂的競爭問題。經濟學家的主要觀點在於完全競爭模型。工業組織的觀點所強調的則是企業環境（行業結構、營運、績效）是影響公司績效的主要因素。而根據企業家觀點所發展的競爭理論架構，自Bruce Henderson以來，無出其右。

公司為滿足顧客的需求而競爭，而這些需求則可分為現存需求、潛伏需求、初期需求。公司可能會面對許多不同的競爭來源，包括：企業競爭、產品線競爭、以及組織競爭。而競爭強度則受到數種因素的組合影響。

公司需要競爭資訊系統以維持對競爭對手的了解。此系統應包含對競爭對手現在及未來的資訊蒐集與分析。本章介紹了幾種不同的競爭資訊來源，包括：競爭對手本身的看法、其他人對該競爭對手的看法、以及本公司人員的觀察所得。為了獲取競爭優勢，也就是選擇一個足以獲勝的產品或市場位置，公司必須進行二種分析工作：產業分析與比較分析。Porter的五大因素模型在產業分析中是相當有用的。而事業系統架構則可以用來做比較分析。

問題與討論

1.請舉例區分自然競爭與策略性競爭之間的差異。

2.策略性競爭的基本要素為何？採行策略性競爭是否有任何前提？

3.經濟學家如何處理競爭問題？其處理方式能夠滿足企業界嗎？

4.企業組織對競爭的看法為何？

5.請舉例說明各種不同的競爭來源。

6.行業結構如何影響競爭強度？

7.競爭資訊的主要來源為何？

8.請簡單說明Porter針對產業結構分析所提出的五大因素模型。

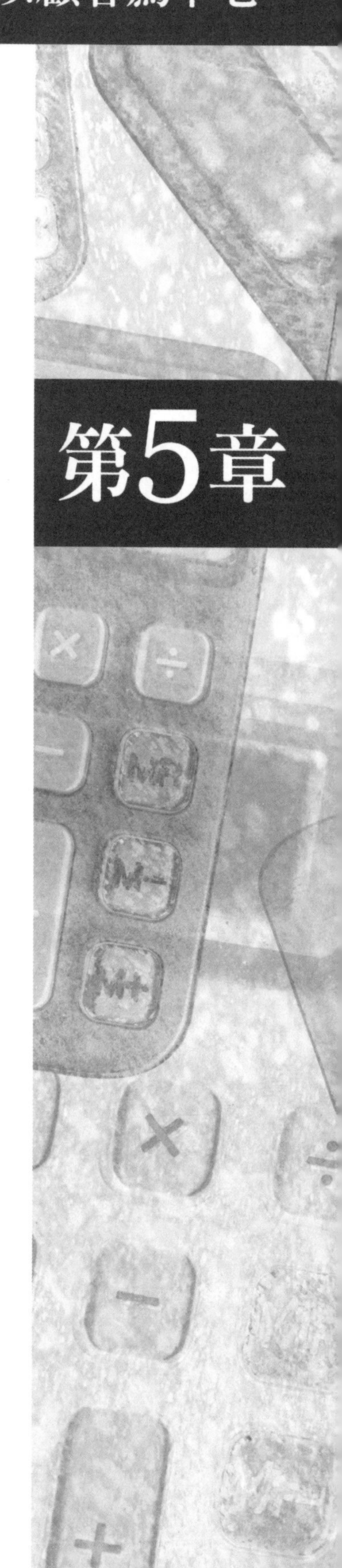

第5章

確認市場

顧客需求

需求的概念

市場的產生

界定市場範圍

市場範圍的向度

市場範圍的再界定

目標市場

目標市場案例

目標市場之選擇

顧客區隔

區隔標準

小衆行銷或單一區隔行銷

摘要

問題與討論

企業競爭是爲了滿足顧客的需求。不只顧客不同，顧客的需求也有所不同。因此，大多數的市場並不具同質性。此外，即使在目前同質的市場，未來也可能不是。簡言之，市場具有動態現象的特性，會受到顧客需求的影響而隨著時間演變。

在自由經濟體中，每個顧客群對於產品或服務的需求都會稍有不同。但是一個事業單位不可能同樣有效地服務所有的顧客；對於較可能服務到的顧客與較不可能服務到的顧客應該加以區分。此外，事業單位也會面臨其他競爭對手，而這些競爭者有能力滿足顧客的需求，並且服務不同的顧客群。爲藉由可行的行銷策略以因應競爭對手，企業必須清楚地界定所想要服務的目標市場。企業必須進行市場區隔，在整體市場中確認一個或數個顧客群，集中力量滿足這些顧客群的需求。明確地界定服務對象可使企業建立競爭力量。

本章將介紹一個用以確認目標市場的架構，並檢視不同的市場界定概念，最後將探討區隔市場的不同方法。

確認市場

目前的策略規劃方式，需要對市場進行適當的界定；然而何謂適當地界定市場，卻是個難以解決的問題。根據市場的界定方式，我們可以看看二家公司的相對位置與產品如何逆轉：

	市場佔有率（百分比）	
品牌	未區隔（大眾）	區分
S	32	40
T	24	30
U	16	20
V	8	10
X	12	60
Y	6	30
Z	2	10

雖然X品牌在未區隔（或大眾）市場中的佔有率（12%）偏低，但本身在大眾

市場中的市場區隔佔有率（60%）卻遠比S品牌高（40%）。對該企業而言，哪一個佔有率是比較重要的呢：整個大眾市場的佔有率？還是大眾市場中某個市場區隔的佔有率呢？關於這個問題，正反二方各有支持者。舉例而言，Sanka應該在咖啡的大眾市場中與麥斯威爾咖啡及Folgers競爭，還是在低咖啡因市場中和Brim及雀巢咖啡咖啡競爭呢？個人電腦市場是否應該包含智慧型與陽春型終端機、以及簡單的文字處理機，桌上型與攜帶型電腦、以及智慧型電話機？Grape Nuts擁有Grape Nuts百分之百的市場，但這在整體穀類早餐市場中的百分比卻很低，在整個包裝食品市場中所佔有的百分比更低，在整個美國的食品市場中佔有率微乎其微，更遑論全球食品市場甚至消費市場了。然而，所有對於市場佔有率的說法的都是沒有意義的，除非公司清楚地界定本身與競爭對手的市場範圍。

由於適當地界定市場範圍非常重要，所以我們必須有系統地發展出一個概念架構。圖5-1所呈現的，就是這樣的一個架構。

界定市場的第一個步驟就是確認顧客需求。有需求，才會有市場。由於顧客需求的範圍太大，所以我們必須進一步界定市場範圍（market boundary）。傳統上，市場範圍的界定是依據產品和市場，但近來則有根據多種向度進行市場範圍界定的趨勢。

市場範圍描繪出了某個市場的所有界限。企業必須從整體市場中選擇本身能夠長期競爭的一個或數個區隔。以Polaroid爲例，一開始是一家快速照相公司，因此在當時150億美元的照相業市場中只有7%的佔有率。多年後，其佔有的市場價值已經高達數十億美元。但是在1990年代，該公司發現本身的成長機會有限。在已開發國家中，照相機已經漸漸爲家庭攝錄影機所取代。因此，Polaroid將眼光放在整個影像市場，從影印、印刷、影片、到照相，Polaroid發現了價值1500億美元的全球市場中潛藏的成長機會。

顧客需求

顧客需求的滿足與否，是企業成敗的試金石。因此，有效的行銷策略必須將目標放在比競爭對手更能夠有效地滿足顧客的需求與願望。以顧客爲中心是行銷策略的基本要素。如同Robertson與Wind所說的：

圖5-1確認目標市場

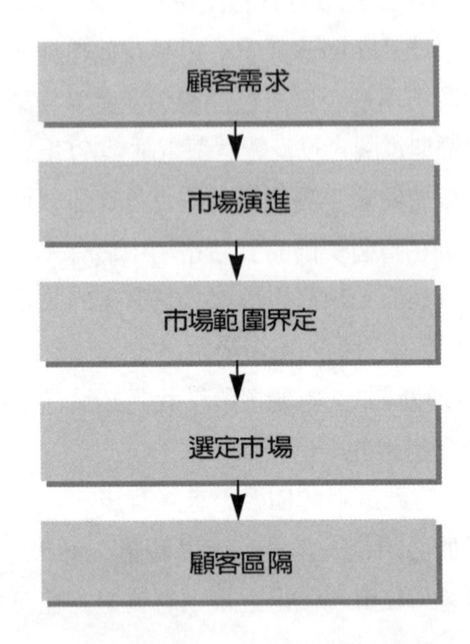

行銷在公司與市場之間扮演著界限角色的功能（boundary role function）。它引導了資源的配置，使公司能適當地提供產品與服務來滿足顧客的需求，進而達成公司的目標。這種行銷的界限角色功能對於策略發展而言極其重要。在將資源投注在發展新企業、引進新產品、或為既有產品重新定位時，管理者都必須利用行銷研究以跨越公司與顧客之間的界限，進而測知可能的市場反應。

對消費者需求進行評估的道理與重要性雖然無庸置疑，但卻經常被忽略。舉例而言，大多數的新產品都遭到了失敗的命運。問題並不在產品本身，這些產品都好得很。問題在於消費者並不想要這些產品。

AT&T的影像電話是個典型因科技發展所創造出來的高功能產品，但問題在於人們並不想要在電話上看到對方。這項產品將原有自在、低涉入性的通訊，轉變成為一種限制較多、且涉入性較高的通訊。對於消費者而言，並未看到什麼好處。當然，如果交通成本持續高於通訊成本，而且消費者可經由教育而了解使用影像電話的好處，那麼這項產品的優點就可以顯現出來了。

行銷的界限角色功能在維持一個可行的競爭定位上，也具有相同的重要性。舉例而言，Korvette之所以從美國的零售市場消失，可歸因於消費者不知道Korvette到底代表著什麼，也就是Korvette與競爭對手之間的相對定位不清楚。Korvette的優勢在於身為一個折扣連鎖店，具有高週轉率與低利潤。但是當Korvette開始涉足流行商品並在曼哈頓的第五街開設精品店之後，人們開始感到混淆。其結果是Korvette既不是折扣店也不是百貨公司，並且流失了既有的顧客基礎。同樣的，Sears在1970年代也遭遇了類似的現象，為了更高的收益而損失了市場中「高價值」的聲譽。其結果是銷售額和獲利能力的下降，而這也是其目前致力重建的美國中產價值取向所欲補救的。總之，消費者研究可以早在銷售及獲利危機發生之前就指出問題所在。

需求的概念

顧客需求一直是良好行銷的基礎。但正如同Ohmae所指出的，這個課題經常被忽略：

讓我們想一下所謂的頭痛問題。我的頭痛是不是和你的一樣呢？我的感冒呢？我的肩膀酸痛呢？我的胃痛呢？答案當然是否定的。曾有一家製藥廠以一整年的時間要求公司中的50名員工填寫一份問卷，描述他們在日常生活中的生理感受。然後，公司據此列出了一長串的症狀，和公司裡的科學家面對面地坐下來，一項一項地問這些科學家：你知道人們為什麼會有這樣的感覺嗎？有沒有什麼藥物可以解決這種症狀？結果發現，其中80％的症狀是無藥可解的。對於其中許多症狀而言，有些現有藥物的組合處方是可以有幫助的。但對於其他更多症狀而言，卻沒有任何人想到要去尋求特殊的解藥。這些科學家顯然忽略了公司可能擁有的鉅額利益。

由於不了解顧客的需求，公司可能會很簡單的說：「頭痛？沒問題，這裡有可以治療頭痛的阿斯匹林。結案！」。公司很容易會忽略了追問下一個問題：

這種頭痛感覺怎樣？這頭痛打哪而來的？原因是什麼？我們如何解決頭痛的原因而不只是症狀？事實上，有許多頭痛是心理性的，是有文化特殊性的。以電視廣告為例。在美國，最常見的抱怨就是頭痛；在英國是背痛；在日本是胃痛。在美國，人們說他們頭痛欲裂；在日本則是胃潰瘍。我們如何能夠真確的了解人們所感覺到的究竟是什麼，而其真正原因又是什麼嗎？

詳細檢視需求是將價值感傳遞給顧客的第一步。傳統上，人們以Maslow的需求階層模型將需求加以分類。從最低到最高，Maslow將需求分爲五個階層：生理需求、安全需求、歸屬需求、自尊需求、以及自我實現需求。只有某一層次的需求被滿足了，人們才會追求更高層次需求的滿足。當需求無法滿足時，便會產生挫折。當挫折的強度到達某個程度時，便會激發紓解行動，例如，買東西。某個需求一旦被滿足了，便會被遺忘，讓出一個空間以供人們察覺其他需求。以行銷的角度而言，這表示我們必須定期地提醒消費者他們和某個產品之間的關係，特別是在需求被滿足的時候。

企業策略所根據的要素中，有一項是可以確定的，那就是需求的確存在。當我們隨著Maslow的階層理論而上時，可以發現需求愈來愈不明顯。對於行銷工作而言，其挑戰在於揭發不明顯的需求，並滿足分佈在各階層的所有需求。

Maslow模型中的前二個需求可以稱爲生存需求。大多數的企業運作都是在第二階層（安全），偶爾會跳到更高的階層。企業必須滿足營運所需的安全需求。而消費者在購買產品時，在生理及經濟上都必須感到安全。而接下來的歸屬與自尊需求，則是一種顧客酬償階層，也就是購買某個產品可以讓顧客個人產生價值感。在最高的自我實現階層，顧客會對於產品產生一種緊密的認同感。當然，並非所有的需求都一定可以被滿足，就經濟的觀點而言也不見得一定能夠達成。但是運用Maslow的需求階層理論，企業應該進一步尋求滿足顧客的需求。

市場的產生

顧客需求是市場誕生的源頭。若想要判斷一個市場的價值，評量其市場潛力（market potential）是很重要的。如果市場顯得很有吸引力，接下來策略人員就必須畫出這個市場的範圍。這一節，我們將要探討有關市場潛力的問題。

簡單的說，市場潛力就是在特定環境中對特定產品的整體需求。了解市場潛力，其實就是了解以下的五項要素：市場規模（market size）、市場成長（market growth）、獲利能力（profitability）、購買決策類型（type of buying decision）、以及顧客市場結構（customer market structure）。表5-2所呈現的，就是這五大要素和市場潛力之間的關係。

就市場規模而言，最好的方式是同時以產品單位數量和貨幣價值來表示。單以貨幣價值來表示市場規模並不恰當，因爲通貨膨脹和國際匯率變動會扭曲其意義。而由於通貨膨脹的問題，在考慮是否引進新產品概念以及是否擴張產品線的時候，其決定標準也必須同時考慮單位數量和貨幣價值。雖然大多數公司都以市場佔有率來描述市場潛力，但實際上，以整體市場銷售潛力和公司佔有率來表示市場潛力都可以。

市場成長所反映的是產業的趨勢。在此，我們一樣要確認新產品概念以及產品線擴張的決定標準。決定標準和計畫，都應該根據單位數量的成長率。企業設施的計畫通常必須依據回收的可能性以及有關設備替換的計畫等相關資料。

獲利能力通常是以投資獲利，或其他回收計算方式來表示。大多數的美國公司所採用的是投資報酬率（return on investment, ROI）、毛利率（return on sales, ROS）、淨資產報酬率（return on net assets, RONA）。至於資金報酬率（return on capital employed, ROCE），則是跨國公司較常採用的計算方式。就評量市場潛力的功能而言，這些計算方式的表現不分軒輊。

第四項要素是購買決策類型。公司必須預測顧客的購買決策方式所依據的是屬於直接的添購、修正過的添購、還是全新的購買。

至於顧客市場結構所根據的標準和競爭結構（competitive structure）相同。我們可以將該結構分爲獨買（monopsony）、寡佔（oligopsony）、差異化競爭（differentiated competition, 亦稱獨佔競爭monopsonistic competition）、以及完全競爭（pure competition）。

界定市場範圍

所有策略形成工作所面臨的難題，都在於市場的定義：

表5-2 市場潛力的測量

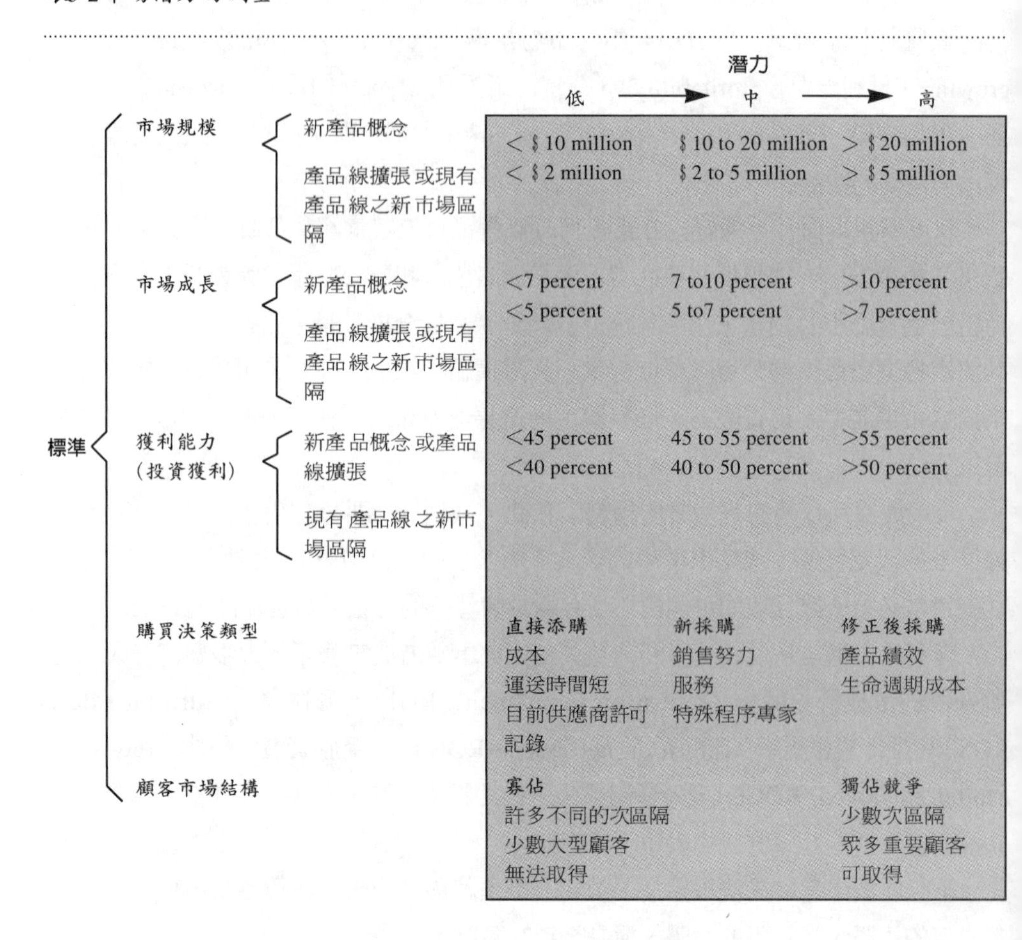

標準	低		中		高		資料來源	評語／其他所需資料
市場								
市場成長								
獲利能力								
購買決策行爲								
顧客市場結構								
整體評分								

Source：Reprinted by permission of Terry C. Wilson, West Virginia University.

無論是哪一個層次的行銷決策都會面臨確認競爭產品與市場範圍的問題。許多策略性問題，諸如對事業進行基本界定、以市場間距來表示對商機的衡量、對競爭行為的反應、重要資源配置的決策，都受到競爭範圍大小的強烈影響。而市場佔有率對於績效評估、指導區域性廣告、銷售人員、以及其他預算分配等方面的重要性，也難逃產品及市場範圍界定的影響。

由於界定市場的方式有很多種，使得界定市場的工作益形困難。以廚具業爲例，在1993年，家用瓦斯與電器用品以及微波爐的銷售額大約有1600萬美元。這些產品都具備基本的烹煮功能，而這也就是這些產品之間的相似點。在其他許多方面，這些產品是不同的：（1）燃料不同：有的用電有的用瓦斯；（2）烹煮方法：熱和輻射線；（3）烹煮功能類型：表面加熱、烘、烤、燒等等；（4）設計：移動式、流理台式、壁爐式、桌上式、組合式、傳統式等等；（5）價格與產品特徵。

這些差異形成了一個問題：家用廚具應該被視爲單一的市場還是數個不同的市場？如果當作數個不同的市場，又該如何界定？這其中有幾種可能性：（1）依據產品特徵；（2）以自有品牌銷售及廠商銷售區分；（3）以特定區域劃分；以及（4）以銷售對象劃分，例如與建商簽約裝設在新屋，或者是舊屋的設備替換。

根據不同標準所界定出來的市場也會有不同的規模。家庭廚具的行銷人員如何界定市場，是我們以下所要討論的策略問題。

市場範圍的向度

傳統的市場範圍是以產品／市場空間界定的。讓我們思考一下下面的敘述：

市場有時候被界定為一群生產相同或關係密切之產品的公司…有一種比較好的方式是以產品來界定市場…所謂產品之間關係密切的意義是什麼？也許是意味著對顧客而言，這些產品或服務之間具有相互替代性，或者彼此之間的生產要素相似。

有時候市場的界定是根據產品的特性分類。我們都聽過啤酒市場、香煙市場等名詞。另外有一種說法，認爲所謂的產品市場是指那些購買特定類型產品的個人。

這二種界定方式所代表的是二種觀點：誰是購買者以及所購買的產品是什麼。就第一種定義而言，購買者被假設爲具有同質性行爲。就第二種界定方式而言，特定類型的產或品牌很容易被辨別，而且具有互換性，所以重點在於尋求市場區隔。

近年來，將市場區隔視爲既定市場中產品選擇的看法，已經被認爲是不恰當的。相反的，產品被視爲以特定技術爲特定顧客群提供特定顧客功能的明證。因此，市廠範圍應該被視爲依據這些向度所做成的選擇。

技術（technology）：我們可以藉由許多不同的技術來提供顧客功能。換言之，特定的顧客需求可以經由不同的技術而獲得滿足。以前述的家庭廚具爲例，就熱源而言，傳統的方式是瓦斯與電力，而現在則有其他形式的熱源，例如，微波。在其他的行業，所謂的技術也許是不同材料的使用。在界定市場範圍時，我們必須決定依據相關技術產品，或是依據特定技術的產品。

顧客功能（customer function）：我們可以用功能的角度或使用方式的角度來看待產品。有些廚具是用來烘烤，有些則是用來煎煮，還有些則是全功能的。不同的功能可以提供顧客不同的好處。在界定市場範圍時，我們必須確認顧客利益（customer benefit）所在。

顧客群（customer group）：所謂的顧客群，是指在需求或特徵上具有同質性的一群顧客。以廚具市場爲例，可以分爲幾種不同的顧客群：合約建商、到零售店購買的散戶等等。而零售店這個市場區隔又可進一步分爲傳統專賣店、量販店等等。在界定顧客群時，我們也必須確認所服務的顧客類型。

除了上述三種界定向度，Buzzell還提出了第四個向度：生產／配銷的層次。企業可以選擇在一個或多個生產／配銷層次上營運。舉例而言，原料（例如，鋁材）或零件（半導體、電機、壓縮機）生產者可能會把生意限制在只銷售給其他生產者，他們也可能生產最後成品，也可能二種生意都做。在生產／配銷層次上的選擇，對於市場範圍的界定有直接的影響。以德州儀器爲例：

> 事業單位的垂直整合策略對於市場競爭的影響到底有多大呢？我們以德州儀器在1972年決定進入計算機市場的例子來說明。在當時，該公司是早期計算機廠商（包括市場的先驅Bowmar Instruments）主要的零件（積體電路）供應商之一。我們都知道，德州儀器很快地就因為「經驗曲線降價」以及積極的促銷，而成為計算機市場的領導者。為了方便討論，我們把重點放在成品上。當時有些供應商同樣也進入了計算機市場，而有些供應商則繼續扮演供應商的角色。就不同的策略角度而言，這是一個「計算機零件市場」和一個

「計算機市場」，或者是一個二合一的市場？

圖5-3所呈現的，是以個人理財業的觀點所描繪的三個市場界定向度。這三個向度包括顧客群、顧客功能、以及技術。由於在平面圖表上無法呈現四度空間，所以第四個向度「生產／配銷層次」並未被包含在內。圖中的矩陣是以顧客群爲縱座標、顧客功能爲右座標、技術爲左座標。這三個座標形成了一個基本的市場界定方塊。一般常見提款用的自動櫃員機（automatic teller machine, ATM），就是個代表案例。

市場範圍的再界定

隨著市場的演變，市場範圍必須重新界定。影響產品／市場範圍的環境因素有五種：技術變化（新技術取而代之）；市場取向之產品發展（集合數種產品特色的多功能產品）；價格變化與供應限制（這會影響所知覺到的替代性產品群）；社會、法律或政府趨勢（這會影響競爭型態）；以及國際貿易競爭（這會改變地理界限）。舉例而言，當管理階層引進一項新產品、對新顧客行銷舊產品、經由併購或清算而實現多元化，這時市場都是在經歷演變的過程。市場範圍的再界定，可以依據上述任何一個或多個向度來進行。市場或許會因爲對新顧客群的滲透、以新產品提供相關的顧客功能、或者藉由新技術而發展新產品而得以擴張。如圖5-4所顯示，這些變化是三個在本質上有所差異的現象所造成的：「在對新顧客群滲透時所經歷的選擇與擴散過程、因系統化歷程而使得產品具有多種功能組合、以及技術變化下所隱含的技術替代歷程。」

目標市場

我們在前面曾經提過，市場範圍界定的工作，就是將依據顧客群、顧客功能以及技術等三向度所界定出的一組市場單元（market cell）加以分組。換言之，一個市場也許包含了這些單元的任何組合。在此，我們還必須回答另一個問題：一個事業單位應該服務整個市場，還是將本身限制在服務市場中的一部分？雖然事業單位決定服務整個市場也是無可厚非，但通常其服務的市場相對於整體市場而言，在範

圖5-3個人理財業市場範圍定義之構面

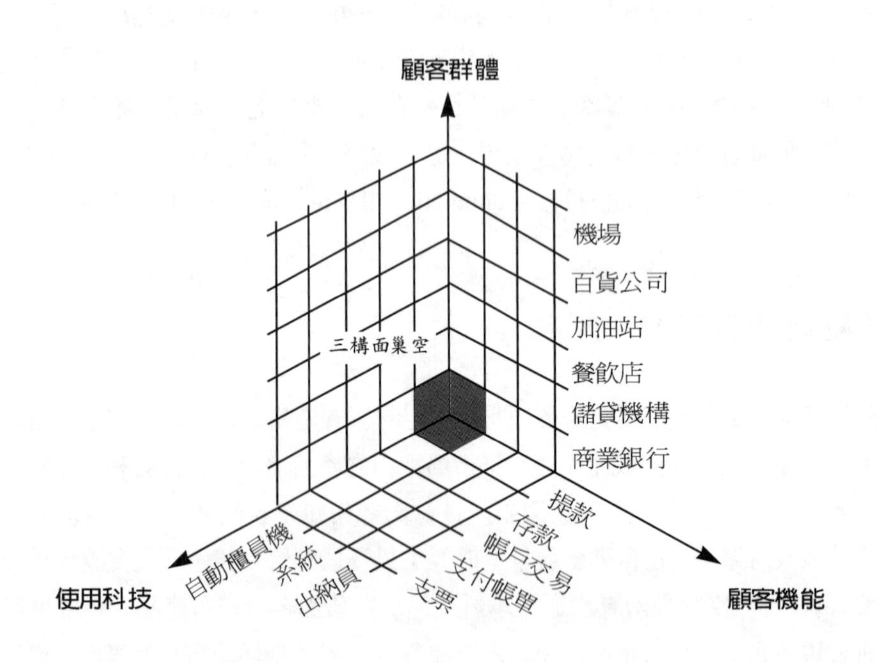

圍及規模上都要小了很多。有關目標市場的決策，決定於下列因素：

1. 知曉何種產品功能與技術組群最容易保護與掌握。
2. 使焦點範圍縮小的內在資源限制。
3. 對威脅及機會的反應過程中所累積的嘗試錯誤經驗。
4. 因獲得稀有資源或受到保護的市場而得到罕見的競爭力。

在實務上，目標市場（served market）的選擇並不是根據有意識的深思熟慮。事實上，環繞著事業單位的環境與知覺影響了這項決策。對許多企業而言，缺乏足夠的資源限制了目標市場的選擇性。以Dell Computer爲例，若想要對抗IBM，則可謂是異想天開。此外，當企業由嚐試錯誤中得到經驗，便可以擴大其目標市場範圍。舉例而言，美國郵局進入了深夜包裹快遞市場，以分享Federal Express Company所建立的商機。不過要描繪目標市場，可是一件非常複雜的事情。如同Day所說的：

圖5-4三構面的市場演化

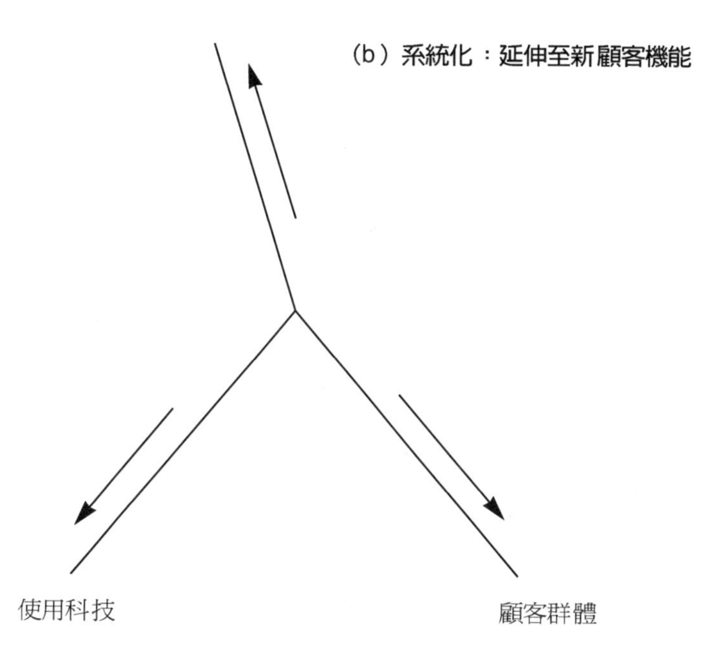

Source: Derek F. Abell, *Defining the Business : The starting Point of Strategic Planning*, ©1980, p. 207. Reprinted by permission of Prentice-Hall, Inc., Englewood Cliffs, N.J.

在實務上，將市場單元分組來界定市場是件非常複雜的事情。首先，企業通常缺乏一個可靠的標準來進行分組的工作，特定的功能可經由許多不同的方法獲得滿足。因此，盒裝巧克力被當成禮品，和花卉、唱片、與書籍一起競爭。然而這些產品是否屬於同一整體市場呢？通常統計與會計資料會被整合至某一個程度，而使得不同市場單元間的重要差異被完全隱滅。第二，有許多產品因為增加了新的功能與技術組合而產生演變。例如，收音機因為增加了時鐘、鬧鈴、以及外表變化而成為多功能產品。然而要到何種程度，這些產品才能夠成為一個新的市場呢？第三，不同的競爭者也許會選擇不同的市場單元組合以滿足或包含在其整體市場界定中。在這些情況下，將很少有直接的競爭者；但是在彼此重疊的不同市場中則可能會直接交鋒，此時則可能會採取不同的策略。

以策略的角度來看，事業單位的目標市場選擇可以依循下列幾個方向：

◎產品線廣度：

1.具有技術專長，產品使用範圍廣。
2.具有產品使用專長，多元技術。
3.具有單一技術專長，產品使用範圍窄。
4.相關）技術及使用範圍廣。
5.品質／價格層次範圍之寬廣。

◎顧客類型：

1.單一顧客區隔。
2.多元顧客區隔。
◇未區分處理。
◇區分處理。

◎地理範圍：

1.地方性或區域性。
2.全國性。
3.跨國性。

◎生產／配銷層次：

1.原料、半成品或零件。
2.成品。
3.大盤或零售。

目標市場案例

我們以某公司進入雪車業的情形來說明目標市場的選擇。該公司的管理階層認爲雪車的銷售潛力是非常吸引人的，而其市場範圍也非常大。就技術而言，雪車的動力可以來自汽油、柴油或電力。雪車本身則可以用來送貨、休閒、以及急難救助。其顧客群則包括一般大眾、企業、以及軍方。

由於公司沒辦法吃下整個市場，因此必須對目標市場進行界定。爲了完成這件事，該公司發展了產品／市場矩陣（如**圖5-5a**）。公司可以採用任何技術──汽油、柴油、或電力──也可以設計雪車供應不同的顧客群：消費者、企業、或軍方。**圖5-5a**中的矩陣提供了公司九種可能性。考慮市場潛力與本身的競爭力之後，最好的市場看來是提供企業界柴油動力雪車，也就是**圖5-5a**中陰影的部分。

不過，再進一步將市場範圍縮小是有必要的。**圖5-5b**中的矩陣，是由顧客使用（顧客功能）與顧客規模所構成；雪車可以設計用來當作運送工具（企業及郵局使用），可以作爲休閒用（渡假旅館用來出租），也可以作爲緊急處理用（醫院和警察）。此外，預定銷售對象的規模也會影響雪車的設計。在評估**圖5-5b**中的九種選擇之後，公司發現提供大型顧客運送之用，是最具吸引力的市場。因此，其市場界定是提供大型企業柴油動力雪車，以作爲運送之用。

目標市場之選擇

在上述的案例中，公司對市場範圍的界定相當窄。不過當公司逐漸獲得經驗與機會之後，也可以擴大目標市場。以下所整理的，是適用於類似企業的目標市場選擇：

1.產品／市場集中：公司只將目標放在市場中的一部分。在上述案例中，公司的目標只放在提供企業買主柴油動力雪車。
2.產品特殊化：只生產柴油動力雪車，但供應給所有顧客群。
3.市場特殊化：生產各類型的雪車以滿足特定顧客群的各種需求。
4.選擇性特殊化：公司進入彼此無關的數個產品市場，但每個市場各有吸引人的商機。
5.完全涵蓋：公司製造所有類型的雪車以服務所有市場區隔。

圖5-5目標市場之界定

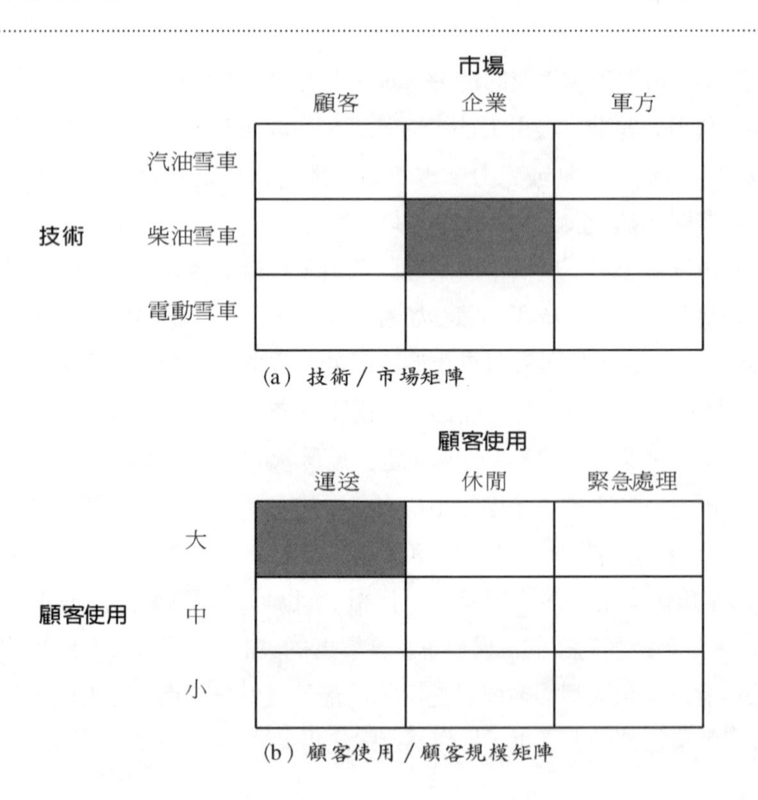

(a) 技術／市場矩陣

(b) 顧客使用／顧客規模矩陣

Source: Philip Kotler, "Strategic Planning and the Marketing Process," *Business* (May-Jun 1980): 6-7. Reprinted by Permission of the author.

顧客區隔

在雪車的案例中，目標市場只有一個區隔。但比較可能發生的情況，是該目標市場的範圍應該較爲廣泛。舉例而言，該公司可以決定提供柴油動力雪車滿足所有企業客戶（無論規模大小）運送上的需要。而所謂較廣泛的目標市場，就必須加以區隔，因爲該市場絕對不會是同質性的；換言之，單一產品／服務將無法滿足市場需求。

就目前的情況，美國對大多數的產品而言可以說是世界上最大的市場；但卻不是個同質性市場。並不是所有的顧客都想要相同的東西。特別是在一個供應狀況良好的市場，但多數的顧客都偏好「量身訂製」的產品或服務。而其間的差異則可以藉由產品或服務的特色、水準、品質或其他事項來表現。換言之，大型市場會有許多不同的次級市場或市場區隔。行銷策略的關鍵要素之一，是選擇所要服務的市場區隔。然而這並不是一件容易的事情，因爲賴以決策的方法有很多種，光是方法的選擇就是個問題。

基本上，所有策略人員都會區隔自己的市場。通常他們區隔市場的方法包括SIC碼、年度採購量、年齡、以及收入。但是根據這些變項所做成的分類，卻可能無法滿足策略發展所需。

以RCA爲例，一開始是以年齡、收入、以及社會階層作爲彩色電視機的潛在顧客。但是該公司很快就發現這種分類法對於持續成長並沒有助益，因爲潛在的買主並未界定在這些群體之中。後來的分析發現，上述的每個群體當中都有所謂的創新者（innovator）與追隨者（follower）。這項發現促使公司針對各群體的創新性修正行銷策略。如果RCA還遵循著傳統的方式，那麼大眾對於彩色電視機的接受，可能會需要更長的時間。

有一家美國加工食品公司在發現「摩登」法國女性喜歡加工食品、而「傳統」法國女性則視之爲威脅之後，很快的就在法國市場獲得成功。

一家居領導地位的工業製造商發現，重要的是產品的使用量，而非每一張訂單的數量或其他傳統的考慮變項。這是非常重要的，因爲重要的使用者對於價格比較敏感，而且對促銷活動也比較注意、而且有所反應。

區隔市場的目的在於連結起可辨識的顧客群與產品或品牌。以香煙爲例，在三十年前，大多數的吸煙者只會從三種品牌之間做選擇：Camel、Chesterfield、Lucky Strike。但是現在卻有160種以上的香煙陳列在商店的貨架上。爲了銷售更多香煙，煙草公司將吸菸人口分爲較小的社會族群，並針對不同的族群各提供一種或多種品牌的香煙。例如，Vantage和Merit的對象是年輕女性；Camel和Winston的對象則是農業人口。香煙行銷的成功，意味著公司可以有效地設計出特定的品牌以吸引特定的族群，並針對特定的族群利用包裝、產品設計、以及廣告推銷產品。

煙草業者的成功，對於許多產品而言具有相當的啓示，對服務業亦然。以銀行爲例，幾乎每一家銀行都會提出各種創新的服務，而使本身和競爭對手之間產生差異。

以上所提到的例子，不僅顯示了區隔市場的重要性，更顯示了愼選市場區隔標準的重要性。

區隔標準

區隔標準（segmentation criteria）因市場性質的不同而有所差異。以消費性商品的行銷而言，我們可以採用一些簡單的變項來做市場區隔，例如，人口變項、社經變項、性格或生活型態變項、或其他情境性變項（使用量、品牌忠誠度、態度等）。在企業行銷方面，可用的變項包括：最終使用者、產品、地理、一般購買因素、顧客規模等。表5-6所列的是一般常用的區隔依據。其中大多數是不言自明的。若想進一步了解，或許可以參考行銷管理的教科書。

除了這些標準以外，比較具有創造力的分析師還可能採用其他標準。舉例而言，造船廠也許會把油輪市場分爲大、中、小，而把貨輪市場分爲高、中、低。吊車生產商會以產品性能區分市場。而許多消費性產品公司，例如，General Foods、寶鹼、可口可樂等，則以生活型態進行市場區格。

事實上，以簡單的統計技術（例如，平均值）或多變項分析法，都可以用來做市場區隔的分析。就概念上而言，我們可以遵循下列步驟來選擇市場區隔的標準：

1. 確認潛在顧客以及其需求性質。
2. 以下列方式將顧客分組：

   ◇共同要求。
   ◇對於上述要求的重要性有相同的價值系統。

3. 判斷對每個市場區隔而言在理論上最有效率的滿足方式，並確認所選用的配銷系統能夠區分每個市場區隔的成本與價格。
4. 根據眞實世界的限制（現有的承諾、法律限制、實用性等）調整這個理想系統。

市場區隔的依據還有很多，包括：服務水準、生產階段、價格／性能特色、顧客的信用狀況、工廠位置、生產設備特性、配銷管道、財務政策等。最重要的是，所界定出來的同一市場區隔中的所有顧客，對於公司的行銷策略會有相同的反應。這些變項必須是可以測量的，也就是有客觀的數值，例如，收入、消費率、購買頻率等，而非質化的觀點，像是幸福程度等。此外，任何變項所界訂出的市場區隔還必須是促銷行動所能夠觸及的。即使所謂的幸福是可以測量的，但也難以透過特定

表5-6顧客區隔的基礎

消費市場

1. 人口變項（年齡、收入、性別等）
2. 社經因素（社會階層、家庭生命週期中的階段）
3. 地理因素
4. 心理因素（生活型態、人格特質）
5. 消費型態（消費量大小）
6. 知覺因素（利益區隔、知覺座標）
7. 品牌忠誠型態

工業市場

1. 使用區隔（以SIC碼鑑別）
2. 產品區隔（依據技術差異或生產經濟）
3. 地理區隔（以國界或區域差異為依據）
4. 一般購買因素區隔（產品／市場與地理因素交錯區隔）
5. 顧客規模區隔

的促銷方式觸及所謂幸福的顧客。最後一點，目標市場區隔必須有一定的規模以確保投資回收。

一旦確認了市場區隔，下一個動作便是選擇市場區隔。所選擇的市場區隔應該要符合下列條件：

1. 必須是公司可以在競爭策略中發展出最大差異性的市場。
2. 必須是可以獨立的市場，方能確保競爭優勢。
3. 即使是模擬出來的也必須是能夠驗證的。

Volkswagen於1960年代在美國所獲致的成功原因在於其契合了該市場區隔的二大特性。第一，該市場區隔是當時傳統美國汽車即使經過修正也無法滿足的。第二，美國汽車製造商的經濟規模無法對VW造成傷害。事實上，當時American Motors也成功的界定了其陽春車Rambler的市場，但是該公司的產量卻無法和美國的三大汽車廠匹敵；這是最重要的差異。

在策略上極其關鍵的市場區隔選擇，並不是一件簡單的事。這必須小心評估企業本身與競爭對手相對之下的優勢，而且必須進行分析性的行銷研究，以了解本身的優勢在何種市場中較容易發揮。

在消費者市場中，很少有任何市場區隔恰巧符合顯而易見的分類方式，例如，區域、年齡、職業、家庭收入、或是企業規模等。因此，市場區隔工作並不是簡單的統計分析，而是需要創造性的策略分析。舉例而言，某企業或許會以購買決策歷程的階段性來做市場區隔，因而得到（1）試探性購買，（2）新手購買，（3）重複購買。這三種市場各有不同的價值，在供應商的眼中也有不同的印象。

小眾行銷或單一區隔行銷

在過去數年，行銷界出現了一種新的行銷概念，稱謂小眾行銷（micromarketing）或單一區隔行銷（segment-of-one）。由於競爭壓力，大眾行銷工作人員發現一個區隔可以區分爲數個次區隔（subsegment），甚至到個人層次。小眾行銷結合了二個獨立的概念：訊息提取（information retrieval）和服務遞送（service delivery）。一方面，企業必須擁有顧客的偏好與購買行爲的資料庫；另一方面，必須擁有嚴謹的、精心規劃的方法以利用資料庫針對特定的對象提供服務。當然，這種量身訂製的服務並不是新鮮事，但是近來只有少數的富人負擔得起。而由於資訊科技的發達，現在一般中產階級也可以享有這樣的服務了。

小眾行銷必須：

1. 知道顧客：利用高科技找出顧客，並結合行銷資料制定行銷策略。
2. 製造顧客所要的：生產合乎顧客口味的產品，就像洋芋片除了原味之外還可以有很多不同的口味。
3. 鎖定新媒體：除了在有線電視及雜誌上廣告鎖定特定對象，還要發展新的方法接觸顧客。例如，在學校餐廳貼海報、在錄影帶上做廣告，甚至在血壓計上做廣告。
4. 利用非媒體：支持體育活動、嘉年華會以及其他活動，也可以接觸到特定的對象。
5. 在商店中接觸顧客：消費者大多在逛街購物時作決策，因此在超市播音、在推車上貼廣告都是不錯的方法。

6.精實促銷：折價券與價格戰都非常昂貴而且會損及品牌形象。若能夠掌握充分的資料，促銷將會更爲經濟而有效。方法之一是將折價對象鎖定競爭對手的顧客。

7.與零售業者合作：消費性產品製造商必須學著在零售店中對小眾市場行銷。有些業者與零售店進行電腦連線，而有些業者則提供特定零售店所需要的行銷與促銷活動。

我們以位於North Carolina的First Wachovia銀行來說明小眾行銷。該行人員對於所有顧客都一視同仁，能夠喊出顧客的姓名，並對顧客的財務狀況提供個人化專業的資訊，並且依據這些資料向顧客推薦新產品。藉由這種方式，傳統的銀行服務更加的顧客取向、個人化。這種策略不但降低成本、提高營業額，並且有效地提高顧客變換往來銀行的障礙。在這種看似不費力的服務之下，隱含著三項投資：豐富的顧客資料庫資料可隨時提供給客戶、個人化服務的訓練計畫、以及對每一位顧客提供持續的溝通計畫。Noxell's Clarion則是另一個成功案例。當該公司在藥局（drugstore）銷售化妝品時，似乎是要和一般擁擠不堪的市場加以區別。而答案就在電腦中。該公司建立起顧客的膚質檔案，並提供不同膚質所需要的產品。藉由這種方式，在沒有任何銷售壓力之下的環境中，可以提供百貨公司專櫃所有的個人化專業服務。

摘要

本章討論了策略三C中的第三個C：顧客（customer）在行銷策略形成中所扮演的角色。決定行銷策略的重要策略性考慮之是界定市場。本章提出了界定市場範圍的概念架構。

對於市場的重要考慮因素之一，是顧客需求。本章以Maslow的需求層次理論來探討需求的概念。一旦市場產生了，便必須藉著檢視其市場潛力來判斷其價值。對於市場潛力的研究，有多種方法可以運用。

在確認市場潛力之後，便需要對市場範圍進行界定。傳統上，市場範圍的界定是依據產品／市場的空間。且近來的方式則是依據技術、顧客功能、以及顧客群。生產／配銷層次則是另一個向度。市場範圍的界定工作，必須同時考慮各個向度。

市場範圍限定了市場。一個企業應該服務整體市場或只是服務其中一部分呢？雖然服務整體市場並非不可能，且實際上大多數企業的市場範圍並沒有那麼大。而影響目標市場之選擇的因素也是我們討論的一部分。

以單一的行銷計畫也許不足以服務目標市場。果眞如此，就必須對目標市場進行區隔。在本章，我們說明了爲何要進行市場區隔，並介紹了區隔市場的程序。

問題與討論

1. 請詳述行銷界限的角色功能，以及其與顧客需求之間的關係。
2. 請問市場潛力所界定的要素爲何？
3. 有哪些向度可用來界定市場範圍？
4. 請以實例說明如何運用這些向度。
5. 何謂目標市場？決定目標市場的因素爲何？
6. 事業單位如何選擇市場區隔的依據標準？
7. 請描述小眾行銷的概念，並說明耐久品生產商如何應用此概念。

第6章 環境掃描

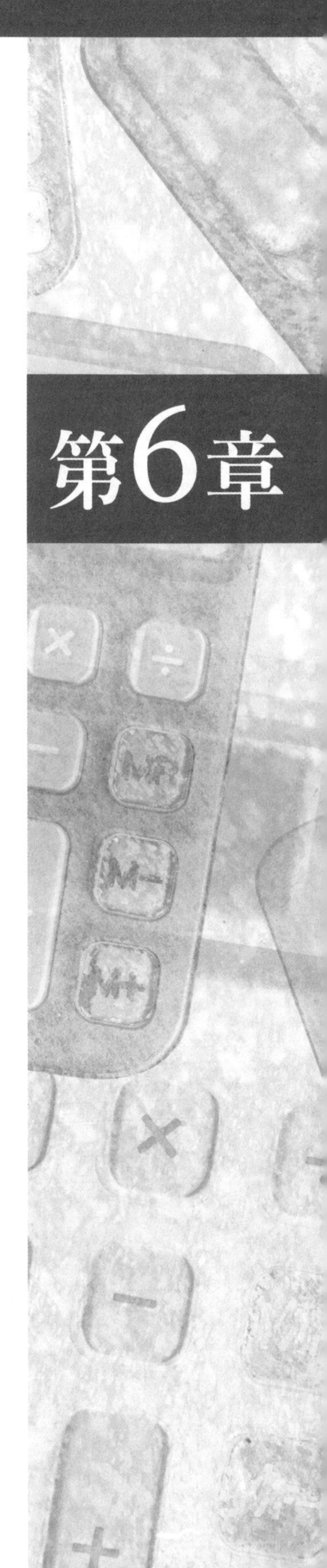

組織是環境的產物。組織的生存、觀點、資源、問題與機會不但源自環境，而且受到環境的影響。因此，掌握環境中的變化，並且因應這些變化發展策略，對於組織而言是很重要的。爲了組織的生存與發展，策略人員必須掌握政治、經濟、科技、社會、法規等環境變化所形成的挑戰。爲此，策略人員必須發展並執行有系統的環境掃瞄（environmental scanning）。隨著變化的規模與速率的增加，企業必須以明確的目標、範圍、與核心焦點來引導環境掃瞄工作。對於這些問題的處理，有賴於發展出有效的系統，以期能夠以長遠的眼光，更敏感地探索各種可能性。這門新興學問可以提供一個更好的架構以有效地預測未來的變化，以便能夠增加機會，並適當地配置資源。

本章將探討環境掃瞄的現況，並提出行銷策略人員常用的方法。此外，本章還將特別討論決定環境掃瞄的範圍與焦點時所根據的標準、檢視相關環境趨勢時所需的程序、評估環境對於特定產品／市場之影響時所需要的技術、以及環境趨勢與其他預警訊號和策略規劃歷程之間的關聯。

環境掃瞄的重要性

若不考慮相關的環境影響，企業將無法發展策略。由於能源危機的環境因素才會促使省油的小型車誕生，也才會結束傳統迴轉式引擎的歷史。由於咖啡豆短缺與地理性價格上揚所形成的環境因素，才會促使自動滴水式咖啡壺的問世。在早期，購物者與商業界的抱怨促成了拋棄式容器的誕生；而近年來環保團體的壓力，則促使廠商生產低成本的可回收塑膠容器。

另一個環境趨勢的例子，是美國人的外食習慣（在1990年，餐廳營業額佔了所有食品消費的44%，預計到了2000年將會達到63%），這使得Kraft這樣的食品公司憂心忡忡。爲了因應這種趨勢，Kraft致力於使煮菜像外食一樣的簡單輕鬆（例如，提供高品質的便利食品），以贏回食品市場。

有時候科技變化也會使得一切看似正常的市場龍頭淪爲失敗者，而這樣的故事比比皆是。當輪胎材質由尼龍轉爲聚酯纖維時，杜邦被Celanese所打敗。當聚酯纖維輪胎被放射胎所取代時，米其林擊潰了Goodrich。當POS（point-of-sale）終端系統引進市場時，NCR損失了一億三千九百萬美元的生意。全錄讓佳能創造出了小型影印機市場。Bucyrus-Erie讓Caterpillar與Deere佔據了機械挖土機的市場。即使這些公司都是低成本的生產者，但卻仍舊失敗了。這些公司原本都是市場的領導者，但都失敗了。這些公司的失敗都是因爲無法有效地由傳統科技轉型爲新科技。

簡言之，企業的生存源自於環境。因此，企業必須有結構地監視環境。企業必須掃瞄環境，並且不斷地檢視本身的策略，將環境對於組織的影響考慮在內。

我們可以從達爾文的理論觀點看出環境掃瞄的重要性：（1）環境永遠處於改變的狀態中，（2）生物有能力調適變動的環境，（3）無法適應環境的生物將無法生存。我們的確是生活在一個快速變動的環境，今天視爲當然的許多事物，在三、四十年前根本是無法想像的。在我們進入二十一世紀之前，勢必還會出現許多大驚奇。

爲了在變動的環境中生存、繁榮，企業必須面對改變。首先，所有的產品與流程都有績效上限，而且愈接近這個上限，想要更上一層樓必須花費更大的成本，因此公司必須進行重整。第二，對於所有競爭對手都必須嚴陣以待。一般而言，對競爭對手所作的分析，通常都會假設威脅最大的競爭對手是那些擁有最多資源的對手。但是如果我們能夠利用環境改變所形成的優勢，那麼這種假設通常是不正確的。當1955年德州儀器進入眞空管市場時，公司的價值只有五百到一千萬美元之間，但是該公司後來以半導體打敗了RCA、奇異電器、Sylvania、西屋等眞空管大廠。當波音公司成功地引進商用噴射機時打敗洛克西德、McDonnell、Douglas等財務狀況良好的公司時，其實本身正瀕臨破產邊緣。

第三，當環境的改變確實可以創造潛在優勢時，公司必須全力出擊！所謂的出擊意味著取得新科技、訓練人員使用該科技、擴大投資以充分利用該科技發展策略以保護競爭優勢並凍結對成熟產線的投資。舉例而言，IBM大舉投資競爭對手蘋果電腦所創造出來的個人電腦市場。藉由低成本的製造、配銷、銷售、服務等策略，IBM成功地在短短二年之內成爲個人電腦的領導者。

第四，出擊的時機必須儘早。替代品的出現通常是緩慢而難以察覺的，但我們不能等待事情發生了再作反應。B.F. Goodrich在四年之間將25％的市場拱手讓與米其林；德州儀器的電子產品銷售額則在五、六年之間超越了RCA。

第五，總經理和營運主管之間必須有緊密的連結。面對改變，意味著在各個層面的策略中都必須考慮環境因素。

環境掃瞄的功用

環境掃瞄可經由許多種方式而使得公司因應快速變動的環境：

1. 環境掃瞄可以使公司得以儘早投資商機，而非將商機拱手讓與競爭對手。
2. 提早發現問題所在以及早處理。
3. 可使公司更能夠瞭解到顧客千變萬化的需求與期望。
4. 為策略發展提供客觀的、質化的環境資訊。
5. 提供策略人員決策時所需的情報。
6. 藉由顯示公司對於環境的敏感度與反應能力，而提昇公司在大眾心目中的形象。
7. 為主管（特別是策略發展人員）提供持續的、基礎廣泛的教育。

環境的概念

就操作層面而言，環境可分為五大類：科技、政治、經濟、法規、社會；另外我們可以從公司、SBU、以及產品／市場等三種層次來進行環境掃瞄（見圖6-1）。有關環境掃瞄的觀點相當多種。公司層次的掃瞄廣泛地檢視各種環境中所發生的事情，其重點在於對公司整體而言具有啓示性的趨勢。舉例而言，IBM在公司層次所考慮的可能是競爭對手對其客戶提供長途電話服務的可能性。就SBU層次而言，重點在於環境的改變對於事業未來方向的影響。就此層次而言，IBM的考慮可能是研究個人電腦的普及率、積體電路技術的發展、以及政治上對於個人電腦註冊問題的爭論。在產品／市場的層次上，環境掃瞄限制在日常事務；例如，IBM個人電腦行銷經理可能會經常檢視折扣的影響，因為這是競爭對手經常採用的策略。

本章的重點在於SBU層次的環境掃瞄，主要的目的在於充分了解未來的商業世界，以作為重大策略的決策依據。

圖6-1 環境的組成

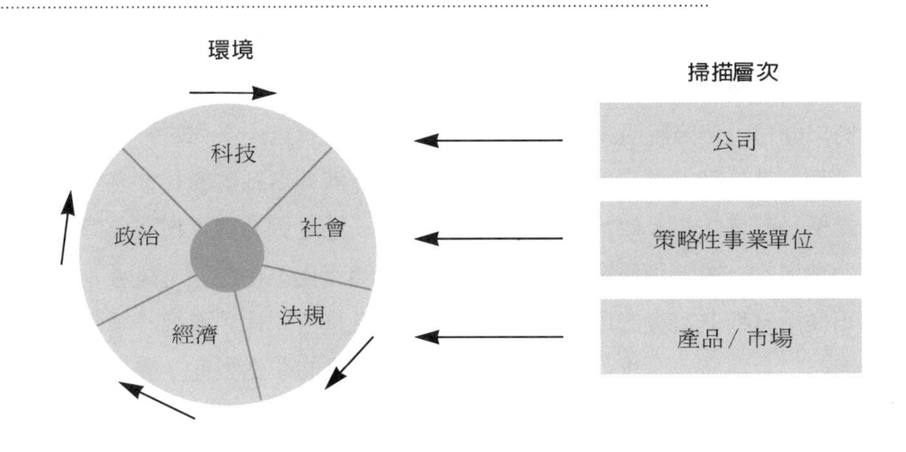

發展現況

掃瞄具有早期預警系統的功能，可以偵測未來對公司的產品與市場造成影響的環境因素。環境掃瞄是一個相當新的發展。在傳統上，公司的自我評估多半是依據財務上的表現。一般而言，只有在預測經濟表現時才會考慮到環境問題。至於其他環境因素則只有在公司突發奇想或感受到危險時才會被考慮到。但是近幾年來，大多數的大型公司都已經在這方面進行系統性的研究了。

有關環境掃瞄的先驅研究之一，是Francis Aguilar的研究。在美國及歐洲地區以化學公司爲對象所進行的研究中，他並未發現任何對環境掃瞄所進行的系統性研究。這些公司對環境的興趣大致可分爲五大類：市場訊息（市場潛力、結構變化、競爭對手、定價、銷售談判、顧客）、購併模範（合併、聯合模範）、科技訊息（新產品、新流程、新科技；產品問題；成本；證照與專利）、廣泛議題（與政治、人口、國家等問題有關的一般條件；政府法規與政策）、其他訊息（供應商與原料、可用資源等）。其中最主要的是市場訊息。

Aguilar同時界定了四種檢視訊息的方式：無方向性檢視（沒有任何特定的目的）、有條件的檢視（有方向性但不主動蒐尋）、非正式蒐尋（以非正式的方式進行有目的的蒐尋）、以及正式蒐尋（有目的地以結構性的程序進行特定訊息的蒐集）。在蒐尋訊息時，可以同時動用內部與外部資源。外部資源包括了：人員資源（顧客、供應商、銀行家、顧問、以及其他有識之士）與非人員資源（各種出版品、會議、商展等)。所謂的內部人員資源包括了：同儕、上司、下屬；內部非人員資源則包括了例行及一般性報告、會議等。Aguilar的結論是：雖然過程並不簡單，但公司可以將策略發展所需的環境掃瞄行動加以系統化。

我們以可口可樂來說明Aguilar的理論架構。該公司以一系列的分析來檢視本身所處的環境。就公司的層次而言，大量蒐集美國及海外各種影響其本身事業與競爭對手的經濟、社會、以及政治因素的資料。當公司感覺到有些事物需要特別加以注意時，也會進行一些特別研究。舉例而言，在1980年代，由於公司高層非常關心對手百事可樂所宣稱其可樂的口味比可口可樂好，於是公司開始進行一項研究以了解顧客的看法以及期望。享用可口可樂的顧客擁有怎樣的生活型態？懷抱著怎樣的價值觀？有哪些需求？在這個研究之後，可口可樂推出了新產品。

在1980年代中期，該公司又進行了一項研究，以了解反污染浪潮對於政府有關產品包裝的法規有何影響。在公司的層次上，環境掃瞄的範圍相當廣泛，舉凡市場訊息、科技訊息、以及廣泛議題都包含在內。若有需要，隨時可以進行深度研究。在公司層次所蒐集到的訊息，是各個單位都可以使用的。

在部門層次（例如，可口可樂），對市場的狀態、領先地位的取得、新事業的冒險，都相當注意。事業單位同時也詳加研究總體經濟（例如，GNP、消費行爲、收入等趨勢)、政府法規（特別是反托拉斯法)、社會因素、甚至政治情勢。部門層次的環境掃瞄有一部分和公司層次的掃瞄重複，但事業單位的規劃人員認爲由於公司層次必須顧及所有事業單位的需求，因此公司所能夠提供的不見得比自己的好。

來自公司層次以及單位本身所得到的資訊都會被詳加研究，以了解各種事件對於公司目前以及未來的影響。而資訊的分析通常是採取會議或是討論的方式，而非以統計模式分析。以可口可樂而言，所採取的是論壇（forum）式的公開討論。由於各個經理人之間並不是一天到晚暱在一起，因此會議的方式可以提供一個訊息交換的機會。

有一個研究認爲環境掃瞄的演進分爲原始型（primitive）到制先型（proactive）等四個階段（見圖6-2)。大多數企業的環境掃瞄工作都可以分類爲其中之一。

在第一階段，也就是原始型，環境被視爲一種隨機、且無可避免的事實，如果有任何事件發生而造成影響，也只有採取接受的態度。對於所接觸到的資訊，管理階層並不加以區分這些資訊是策略性或非策略性資訊。事實上，在此階段的掃瞄中，管理階層並不採取任何作爲或投注任何心思。

第二階段的掃瞄稱爲目的型（ad hoc）掃瞄，這時管理者會確認幾個需要特別

圖6-2 環境掃瞄演進四階段

第一階段	第二階段	第三階段	第四階段
原始型	目的型	反應型	制先型
任由事件出現	注意任何對環境可能造成影響的事件	對事件加以處理以保護未來	預測事件以開創美好將來
* 無目的且無作爲地接觸資訊	* 不積極蒐尋 * 對特定的資訊較敏感	* 非結構化的隨機性作爲 * 資訊蒐集較無特定性	* 結構性縝密作爲 * 特定的資訊蒐集 * 預先建立的周延方法
缺乏衝勁的掃瞄	爲了進一步瞭解特定事件而掃瞄	爲了適當地反應市場及競爭對手而掃瞄	爲了獲得更高的競爭優勢而採取策略性掃瞄

注意的領域，但是並沒有任何正式的系統負責掃瞄的工作，而且也不主動進行環境掃瞄的工作。即使管理者對於特定的資訊特別敏感，但這並不表示這些資訊和策略的形成之間有任何關聯。即使所有的報告都顯示利率在2000年之前不會有明顯升高的趨勢，但是管理階層也不見得會坐下來討論任何積極利用此一趨勢的行動方案。典型的狀況是公司一向經營得不錯，但管理階層總是忙於公司的日常營運，而只聘請了一些剛踏出校門的企管碩士（M.B.A.）來負則策略規劃的工作。

第三階段稱爲反應型（reactive），公司相當重視環境掃瞄的工作，並且致力於監視環境以蒐集各種不同的資訊。換言之，管理階層完全了解環境的重要性，而且致力於環境掃瞄的工作，但卻是毫無章法、非結構性的掃瞄。環境中所發生的每一件事情看來都非常重要，而公司則身陷於大量資訊之中。其中有些資訊被詳加分析、了解並儲存，但有些資訊則被任意棄置在檔案夾中。只要市場中的龍頭對某些事件有所反應，處於第三階段的公司就會迅速地反應，並對市場龍頭亦步亦趨。舉例而言，如果對於飲料用紙盒的採用有所懷疑，處於第三階段的公司會了解問題但不採取任何策略；直到市場龍頭有所行動，這些公司才會迅速跟進。換言之，處於第三階段的公司了解困境與機會所在，但是卻不願意成爲第一個採取行動以迴避困境或掌握契機的公司。這些公司永遠在等待市場龍頭爲他們開路。

第四個階段稱爲制先型（proactive），處於此一階段的公司積極而有系統地進行環境掃瞄工作，並將重點放在具有關鍵性影響的特定方向。在進行掃瞄之前，公司會花費許多時間來建立適當的方法、蒐集散佈的訊息，並充分運用資訊於策略之中。第四階段的特色在於區分總體掃瞄（macro scanning）與個體掃瞄（micro scanning）。總體掃瞄著眼於公司的整體利益，發生在公司層次。個體掃瞄通常是SBU對產品或市場所進行的掃瞄。全公司的掃瞄系統應注意總體掃瞄與個體掃瞄之間的互補性，促進各個個體掃瞄系統之間的開放性溝通，以避免資源與資訊的重複。

一項跨國性的研究指出，環境掃瞄已逐漸成爲策略規劃過程中的一個正式步驟。關於這一點，可以由各公司在規劃的過程中對於環境掃瞄的重視、以及其對於改革的意願看出。但即使如此，對於環境掃瞄的有效技術卻仍無定論。

環境的類型

比起過去，現在的公司對於科技、政治、經濟、社會、以及法規的變化有更高的敏感度。雖然整個組織都可以感受到環境的變化，受此衝擊影響最大的部分，卻在於策略觀點。爲了因應不斷變化的環境，行銷策略人員必須找出新的方法預測未來事件的形態，分析策略選擇，並對長遠的未來發展出更高的敏感度。本章的附錄對於觀察長遠趨勢所需要的技術將有所探討。所謂的環境掃瞄，在此所指的是一種預測觀點。

科技環境

科技的發展源自於研究工作，而研究工作則可以分爲二大類型：基礎研究（basic research）與應用研究（applied research）。公司可以只進行應用研究，也可以同時涉足基礎研究與應用研究。而無論採取那一種政策，都必須從基礎水準做起，並進而對公司的產品或流程產生效益。公司也可以選擇不要進行任何研究，而將自己定位在倣效的角色。以一個模仿者而言，研究工作主要侷限於採用特定的科技變革。

我們可以由三種不同的觀點來看待科技：科技的類型（type）、過程（process）、以及發展的動力（impetus for development）。基本上，科技本身可以分爲五大類：能源（energy）、材料（materials）、運輸（transportation）、通訊與資訊（communication and information）、以及基因（genetic，包括農藝agronomic與生物醫學biomedical）。科技突破的動力則有三種來源：滿足防衛需求、尋求大眾福祇、以及建立商業標竿。至於科技發展的三個階段則是：發明（invention，創造新產品或流程）、創新（innovation，引進新產品或劉程來加以使用）、以及擴散（diffusion，將產品或流程擴展至最初的使用方式之外）。

公司所偏好的科技類型，當然和該公司的利益或興趣所在有關。動力來自於科技發展的市場，而發展過程則顯示出科技發展的狀態，以及公司是否處於使用某階段之科技的時機。舉例而言，發明與創新所需要的基礎研究也許遠超過公司現有資源所能負荷的程度，而相較之下，擴散就簡單得多了。

現在讓我們以個人電腦爲例來說明此一觀點。在1960年代，當電腦開始進入商業世界時誕生了不少爲無法負擔電腦成本的小企業提供資料處理服務的機構。在當時，這些機構的確發揮了很大的功能。到了1970年代末期，拜電腦科技發展之賜，一般小型企業也開始買得起電腦了。在1960年代的主流電腦，其售價可能超過十萬美元；但是在1991年，一部個人電腦的售價卻可以低到五百美元。

個人電腦的出現對於資料處理機構的生存產生了威脅，因爲一般小型公司可以在資料處理機構和自購電腦之間作選擇。

再看看另一個例子。在過去幾年，電視機有令人想不到的發展。舉例而言，Panasonic現在已經可以提供60吋螢幕的彩色投影系統。而日本的Toshiba公司所發展的大型扁平螢幕電視機則薄得像掛在牆上的畫一樣。即使是傳統的19吋電視機也無再是僅供觀賞之用，而是打電動玩具、學拼字、或是練習數學的基本設備了。影碟機以碟片產生電視影像，錄影機可以預錄電視節目並在播放預錄的節目。而透過雙向電視，觀眾可以回答螢幕上的問題。電視列表機（teleprint）則可將電視上的對話傳入影像顯示管中（video-display tube），讓觀眾可以掃瞄報紙、雜誌、型錄的內容，並隨時叫出想看的片段。有線電視可供觀眾從系統圖書管中叫出遊戲、影片、甚至語言課程。

1990年代眞可說是科技變革與創新的時代。而其中衝擊最大的領域之一將是通訊。到目前爲止，所謂的電子通訊都侷限在傳統的聲音（電話）、影像（電視）、以及繪圖（電腦）等三種不同的通訊工具。但從現在開始，電子技術將會帶動全面通訊的境界。如今我們已經可以進行聲音、影像、繪圖的同步、即時電子傳輸。位在地球上不同地方的人們可以面對面地直接對話，甚至分享同一份報告、文件以及繪圖，而不需離開自己的家或辦公室一步。這種創新對民航事業的衝擊而言，意味著商務旅行將不再那樣重要，但取而代之的則可能是爲了以進修或渡假爲目的的旅行。

爲分析科技變革並進行投資，策略分析人員可以利用表6-3的科技管理矩陣。該矩陣可依據企業的科技定位協助我們作出適當的策略選擇。構成該矩陣的二個向度分別是科技與產品。科技向度所指的是科技間彼此的關係；產品向度所指的則是競爭位置。從這二個向度的互動中，我們可以找出適當的策略方案。舉例而言，如果某企業的科技在市場上獨步群雄，則該企業大可以擴大應用其科技，以鞏固、促進其領先地位。相反的，如果該企業的科技落在競爭對手之後，則該企業可以選擇進行科技大躍進加入競爭行列、放棄市場、或是採用其他新科技。

簡單的說，新科技的發展與躍進對絕大多數產業的策略而言，都是個非常頭疼的問題。策略人員必須能夠認知其核心科技的極限，知道正在成形的科技是什麼，並決定何時將新科技應用在其產品。

政治環境

在政治情勢穩定的地方，政治趨勢的重要性不若政治不穩定的地方那麼重要。但即使在政治情勢穩定的國家裡政治趨勢對於企業也有很大的影響。舉例而言，在美國，如果是民主黨執政，人們通常可以預期政府對於社會福利計畫的重視，以及政府支出的增加。因此，提供社會服務的企業便可以期望較佳的商機。

由於美國的經濟與全球經濟息息相關，所以海外的政治趨勢更形重要。因此，其他國家的政治情勢發展對美國的企業而言是非常重要的，特別是跨國企業。

以下所列的，是對企業規劃與策略可能有所影響的政治趨勢與事件：

1. 區域政治聯盟的增加。

◇經濟利益：資源國家與消費國家 。

◇政治利益：第三世界與其他國家。

2. 日益高漲的國家主義與世界聯盟主義。

◇聯合國的失敗。

表6-3科技管理矩陣

	科技定位		
		不同科技	
產品定位	相同科技	舊科技	新科技
落後競爭對手	採行傳統策略行動 * 評量行銷策略與目標市場 * 提昇產品特性 * 改進操作效率	評估本身科技的可行性 * 執行新科技 * 放棄以舊科技爲基礎的產品	評估資源之可用性以維持科技發展及整個市場的接受性 * 繼續界定科技的新應用方式及產品改良 * 規劃支持作業
領先競爭對手	界定科技的新應用方式並藉以改進產品	利用所有可能的利益	界定科技的新應用方式並藉以改進產品

Source: Susan J. Levine, "Marketers Need to Adopt A Technological Focus to Safeguard Against Obsolescence," *Marketing News* (28 October 1988) : 16. Reprinted by permission of the American Marketing Association.

◇世界政府及世界法律系統的趨勢。

3.有限戰爭：中東地區、塞爾維亞與克羅埃西亞。
4.政治恐怖主義與革命的增加。
5.第三勢力佔有一席之地：社會主義的成長。
6.主要勢力的沒落；開發中國家的竄起（例如，中國大陸、印度、巴西）。
7.弱勢族群（女性）擔任總統。
8.已開發國家中高齡族群力量增加。
9.沙烏地阿拉伯政治混亂威脅了全球石油供應與中東和平。
10.印尼的革命與變化危及日本的石油供應。
11.南美的革命與變化限制了西方國家的重要礦源，使英國、美國及德國面臨鉅額資金的損失。

12.可能造成重大影響之其他國家（例如，墨西哥、土耳其、薩伊、奈及利亞、南韓、巴西、智利、中國大陸）經濟的不穩定。

在1990年代，我們已然目睹了政治衝擊對於全球經濟的影響。墨西哥披索（peso）的價值是個最佳案例：其原因不只是反覆無常的金融政策失控，還包括了基於政治考量所進行的理性反應。墨西哥政府在1990年代持續地升高政府財務赤字，並大舉外債，使該國極度危險地受到國際資金流動的影響。當新政府在1994年上台時，通貨膨漲已經很高，整個國家極易受到資金流動的傷害，迫使新政府不得不將披索大幅貶值。衰弱的墨西哥經濟體系加上大幅貶值的披索，對美國造成很大的衝擊，損失了大量的工作機會與出口值。

行銷策略深受到政治情勢的影響。舉例而言，政府決策對於美國汽車工業就有很大的影響。像是耗油率之類的嚴格標準，造成了企業在許多方面的負擔。行銷策略人員必須研究當地及海外的政治情勢，檢視相關的出版資訊以掌握政治趨勢，並努力對與特定企業有關的訊息作出正確的詮釋。

全世界的政府都在以財務及金融等方法協助本身企業的競爭力。政治支持在企業尋求海外市場上扮演著重要的角色。缺乏政治支持，企業可能會面臨艱困的局勢。舉例而言，如果美國政府支持本身的汽車出口，那麼美國的汽車工業就能夠從中獲利。歐洲國家仰賴加值稅來協助自己的企業。在所有的生產及買賣過程中，隨處可見加值稅的蹤影。但如果買賣過程的最後一個階段是出口，就不課加值稅，這使得歐洲產品在世界市場中能夠有效地降低價格。

在日本，政府選擇性地對某些產品課徵貨物稅，包括汽車。但是對於出口產品則不課徵貨物稅。美國政府在這方面並沒有相對應的作法。因此，當汽車由美國銷往日本時，不但美國政府課徵的出口稅沒有減少，日本政府還要課徵貨物稅（依汽車大小課徵15％到20％不等）。這清楚的說明了政治決策對於行銷策略的重大影響。

經濟環境

經濟趨勢對於企業可能產生的影響包括：

1.蕭條：全球經濟衰退。

2.國外業主在美國經濟體系中的比例增加。

3.對於國家經濟規範與管理的增加。
4.數個開發中國家成爲強權（例如，巴西、印度、中國大陸）。
5.全球食物生產：紓解饑荒與恐怖管理。
6.全球實際成長與穩定成長的衰退。
7.全球金融體系崩潰。
8.高通貨膨漲。
9.大量由員工及工會成爲業主的美國企業。
10.全球自由貿易。

如果我們說不論規模大小，所有進行策略規劃的公司都在檢視經濟環境，那將是個不切實際的說法。在規劃工作中，經常會蒐集、分析、並詮釋已出版的資訊。在某些公司，經濟資訊採直覺、人工方式的處理。大型企業則不僅以私人管道蒐集詳細的資訊，還取得政府資料，並以建構經濟模型的方式分析出有意義的結論。舉例而言，某家擁有九家分公司的大型企業，就針對本身不同的產業發展出26種經濟模型。這些資料被貯存在資料庫之中，並定期更新。各家分公司隨時都可以取得這些資料進行更進一步的分析。其他公司則可能會偶爾由外界購得資訊，並選擇性地採用某些經濟模型。

通常經濟環境的分析必須依據下列重要的經濟指標：就業狀況、消費者物價指數、新宅供給、汽車銷售量、每週失業報告、實際國民生產毛額（real GNP）、工業產量、個人收入、儲蓄率、產能利用率、生產力、資金供給、零售、存貨、耐久品訂單等。政府是這些經濟指標的來源。這些指標對於短期分析而言已經足夠，因爲這些指標可以合理地追蹤產業循環的發展。但是企業如果只依據這些指標來發展策略計畫，必將陷入困境。如果政府正在採取積極干預的行動，那麼這些指標可能會有對不明究裡的企業造成危險。此外，如果統計機構的反應能力因受到空前的預算緊縮而降低，經濟結構的快速變化將會逐漸影響政府所發布的許多經濟統計數值的品質。

政府資料的問題始於一份稱爲《企業分類標準手冊》（*Standard Industrial Classification Manual, SIC*）的深奧文件；該手冊將經濟活動分爲12大類，以及84種主要的企業族群。SIC手冊將產量、收入、就業、以及其他重要經濟指標的組織及量化爲數字。就整個經濟體系而言，每個主要的企業族群都有一個二位數的代碼，而其下的每個次級族群則有三位數的代碼，再下一層則有四位數的代碼。但實際上，政府所公布的資訊僅限於主要族群的層次，三位數層次之族群的可用資料少得可憐，四位數層次的族群則幾乎沒有資料可用。因此，政府所提供的資訊事實上是不夠的。

爲了說明經濟對於策略的影響，讓我們對以下的趨勢作些思考。在資本主義盛行較久的國家中，舊市場飽和的速度遠快於新市場取代他們的速度。諸如：汽車、收音機、電視機等大量生產的產品數量，在美國及大多數的西歐國家中，已遠超過家庭用品；而其他產品也正迅速地走向這個命運。這些國家中低度的人口成長意味著家用產品到2000年的年增率大約只有2%，而消費性產品的成長率則不可能成長得更快。此外，雖然這些市場中需求的降低，但是其供應卻增加，這將導致價格競爭的白熱化，以及邊際利益的壓力上升。

舉例而言，在1990年代後半段，汽車工業將因產能過高而陷入困境。預期每四輛汽車將只有三個買主。許多消費性產品的市場集中性已大幅降低，主要是因爲海外競爭的提高。諸如鋼鐵及化學等基本工業的擴張，特別是在開發中國家，也可能造成競爭的提高。

這些趨勢已然指出了策略人員在訂定策略時應該考慮的經濟問題。

社會環境

企業的最終考驗在於其社會重要性，特別是在一些生存需求已經滿足的社會中。這使得策略人員必須充分了解正在發展中的社會趨勢與社會考量。社會環境對於特定產業的重要性當然必須視此產業的特性而定。對科技取向的產業而言，對於社會環境的掃瞄或許只限於污染的控制與環境安全。而對於消費性產品的公司而言，社會環境的影響可能是相當大的。

社會環境的重點之一在於消費者所抱持的價值觀。觀察家已經注意到許多對企業造成直接或間接影響的價值改變。價值觀的演變，不外乎圍繞在幾個基本考量：時間、品質、健康、環境、家庭、個人財務、以及多元性。

時間觀念：基於可用在產品修理或購買新產品的時間及（或）金錢的有限性，消費者正在追求使用期限較久的產品。由於雙薪家庭的普遍，在1990年代，時間成爲了極爲有限的資源。方便性成爲重要的優勢來源，特別是食品及服務業。此外，相對於從前，年輕人對於家用品的購買決策有了較高的影響力或決定權。更甚者，隨著人口高齡化，時間壓力愈來愈普遍，而且更爲急迫。消費者需要創新、甚至量身訂製的解決方法。由於時間開始變得比金錢更爲寶貴，能夠紓解時間壓力的產品或服務，將會有更大的發揮空間。

品質：由於進口商品建立了新的標準，美國的消費者對於品質有了新的期望；因此消費者對於有較佳價格／品質的產品或服務設定了較高的優先順序。我們正在目睹一場大眾市場中採用更佳價格／品質取向的改變趨勢。消費者普遍要求實在而耐久的產品。對於少量而較耐久之產品的需求，將遠高於對新奇而短命之產品的需求。消費者會給廠商一個機會試試看，但如果在品質方面得不到滿足，消費者將一去不回。

健康：美國人口中比例仍在成長的一大部分，對健康問題的重視也正在持續增加。造成這種現象的原因包括人口的高齡化與傾向的改變。美國對於健康非常渴望，而且對於成就很沒有耐性。產業專家預測，像是「低脂」之類的營養成份標籤，可能會是橫掃美國的最新食品風潮。可溶性纖維與低脂食品等之類的減肥食物，和大量運動以減低膽固醇的生活型態之間有某些相似之處。隨著高齡化人口對於青春與活力的追求，烈酒與菸草的消費與其他不健康的飲食習慣將會持續消退。簡言之，美國的消費者變得非常關心健康。這種趨勢的影響不僅出現在雜貨店，還出現在旅遊與餐飲業，以及其他與生命全程有關的各種服務業。

環境：或許1990年代已經成爲「地球年代」了。愈來愈多美國人認爲自己是環保主義者（environmentalist）。戶外活動，例如，攀岩、泛舟，正在取代比較消極的休閒方式。在市場中，可以將對於大自然的追求詮釋爲一種選擇標準。因此，有愈來愈多的行銷人員採取了所謂的「綠色」策略；也就是提供有利於環境的產品與服務。

家庭：在一個比較喜歡家庭生活的社會中，1990年代的許多科技創新使得居家生活更有樂趣。在這個以家爲重的年代裡，最有用的幾種進步在於代表著自娛以及教育活動中心的住宅設計與建造。近來暴跌的房屋市場已經開始反彈，而行銷機構提供創新、個性化、超值裝潢的機會也正在形成中。

個人理財：大多數的消費行爲專家預期，在1990年代剩餘的時間裡，人們將會比以往更爲節儉。因爲追求高價值、高品質產品的態度易造成經濟拮据而形成的穩緩型購買方式，使得每個購買行爲都顯得相當重要。我們正在目睹幾個重要的消費者理財趨勢。首先，消費者不斷地在購買前追尋最佳的價格／價值比，這使的賣方的邊際利益面臨極大的壓力。其次，美國的消費者或許有足夠的收入可供揮霍，但是近來的經濟困境使得他們保持著小心翼翼的態度。最後一點，對於性能與耐久性的品質仍然堅持，而具有競爭力的誘人價格也使人願意付出。

生活型態多樣性：生活型態多樣性的優越性，反映在就業市場中女性人數的明顯成長。女性在就業市場中的增加，大幅影響了兩性之間的關係，以及原有的個人與專業角色。70％的女性在外就業，而上百萬的男性則做著其父執輩從未想過的家務事。舉例而言，1991年美國有25％的雜貨是由男性購買的，而在此五年之前則是17％。而在種族融合與種族關係的改善方面也有極大的變化。而美國也在此同時目睹了同性戀生活型態的開放發展，以及不婚、同居關係的數量成長。對於工作與事業之態度的改變結果，則是獨立感與個人感。自營事業也因此增加。專家認爲，這種社會多元化很可能會持續到未來。社會多元化造就了行銷人員發展個性化產品的契機，使個人在追求不同生活選擇上能夠獲得滿足。

總之，美國消費者將會繼續追尋基本價值，並將體驗更高的道德感。消費者仍將會關心事物的成本，但只會珍惜具有長久性的事物－家庭、社區、地球、信念。

有關社會趨勢的資訊可以得自出版品。而社會趨勢對於特定事業的影響問題，則可以進行內部研究，或尋求外界顧問的協助。有許多顧問公司的專長就在於社會趨勢的研究。

讓我們來看看二種價值轉變對於策略的影響：時間與健康。以零售業爲例，雖然壓力是消費者的主要考量之一，但業者在減輕購物壓力方面幾乎沒有任何作爲。提供快速服務是某些知名企業成長的基礎，其中包括：美國運通、麥當勞、以及聯邦快遞；即使如此，只有少數企業眞正認知並對消費者缺乏時間購物與接受服務的事實並有所反應：

1. Dayton-Hudson將原先迷宮式的樓層設計改變爲中央走道式設計，讓消費者更方便瀏覽全店。在 Childworld，玩具部和學習中心結合在一起，讓購買者方便試用產品。管理階層發現這種安排可以讓購物者採購得更快。
2. 一家名爲Shopper's Express的新公司以電話訂貨及郵購的方式支持 A&P 及 Safeway等大型連鎖店。
3. 多年來，奇異電器提供用戶預約服務，而不是讓客戶枯坐家中等候服務電話。
4. Sears現在提供每週六日及夜間修理服務。此外，爲了方便確認修理人員何時到班，Sears設計了一個二小時櫥窗。

5.Montgomery Ward授權7700名業務人員自行核准某些銷售案，減少層層呈核所耗費的時間。

6.漢堡王提供電視監視器讓顧客可以看見服務人員和排隊的順序。

7.A&P、Shop Rite、以及Publix正在試驗自動結帳系統，以節省顧客排隊結帳的時間。

8.位於 Rochester的超商連鎖店Wegman's擁有一部電腦可供訂單輸入，讓顧客可以不必等待接受服務。顧客只要輸入訂單，並在出口提貨即可。

愈來愈多公司必須注重顧客採購支援系統與環境的發展，以協助顧客更快速地完成採購流程。對於那些以提供休閒購買環境而自豪的公司而言，這將是個關鍵的分水嶺。面對此一挑戰的公司，將因此一改變而有能力支持顧客，並與顧客更爲靠近。此外，協助顧客縮短採購時間的公司將更容易具備與競爭者區分的能力。

基於健康的理由，沙拉和魚類將取代以肉類與馬鈴薯爲主的傳統美式晚餐。素食的人口正在成長。根據時代雜誌的說法，大約有800萬美國人自稱爲素食者。不斷增加的低咖啡因咖啡與茶的種類、以及糖及鹽之替代品，充斥在超市的貨架上。購物者仔細地閱讀食物和飲料上的小標籤，以檢視其中的人工成份，而這些都是他們在過去會毫不思索地予以採買的貨物。抽菸的行爲終於逐漸減少。自然食品的製造商與零售商正在建立一個「健康產業」。即使是難以符合健康要求的產品，也迎合消費者的需求進行調整。舉例而言，Dunkin Donuts在其52種產品中的蛋黃成份抽離，以去除膽固醇。速食公司，例如，麥當勞與Hardee's Food Systems，也已經在菜單裡加入了低脂食品。

全美戲劇化的健康意識促成了這些改變。爲了想要感覺更棒、看來更年輕、活得更長久，這對於人們想要吸收進身體的東西產生了強烈的影響。這股強大的力量正在對抗影響數百萬人的惡習──飲酒過量。

標示著「低酒精」的酒精飲料健康替代品，現在也已上市。曾幾何時，香檳似的玻璃瓶中所裝的已經是碳酸葡萄汁，罐頭裡裝的則是水、麥芽、穀物、酵母等所混合的非全釀飲料。但除了包裝以外，這些無酒精飲品無法取代烈酒與啤酒，特別是在口味的獨特性方面。不過新的低酒精飲料已經是全發酵或全釀的，並且利用高壓或高熱以使酒精成份維持在0.5%以下，以符合非酒類飲料的聯邦標準。至此，新飲料的外型和口味已經相當接近酒精飲料的特性了。

0.5%是非常低的濃度，飲用者可能必須喝下24杯無酒精的酒或8罐無酒精啤酒，才能夠抵上一杯四盎司的一般酒類或一罐12盎司裝的一般啤酒。一杯正常的酒或啤酒大約含有150卡路里，而等量的無酒精替代品大約只有40到60卡路里。大約於五年前歐洲上市的無酒精飲料，已經慢慢地攻佔了美國市場。

法規環境

政府對於產業的影響似乎正在增加。據估計，目前企業花在滿足政府法規要求的時間，平均而言大約比起十年前多了一倍。即使像寶鹼這樣小心翼翼的公司，也會因爲忽略法規環境而面臨難題。「美國食品與藥物管理局」(Food and Drug Administration, FDA) 一直對於寶鹼在廣告中的訴求誤導了消費者而有所不滿。雖然該公司一開始否認有任何不當之處，但後來也是對部分產品採取了若干改善措施：

1.Ultra Protection Crest：在FDA宣布含抗菌成份的新牙膏必須經過核准後，停止全國銷售。
2.Citrus Hill Fresh Choice：在FDA抽檢部分柳澄汁並表示標籤不實且有誤導之嫌後，將「Fresh」一字從產品名稱中去掉。
3.Crisco Corn Oil：在FDA宣布所有蔬菜油廠商不得宣稱其產品不含膽固醇後，刪除所有產品標籤上所寫的「不含膽固醇」。
4.Metamucil－在FDA要求更多資料後，增加臨床研究以支持其降低膽固醇的說法。
5.Didronel：申請FDA核准販售此項被列爲治療骨質疏鬆處方的藥，但諮詢委員會懷疑該公司所提出的資料。目前仍在等待核准。
6.Olestra：該公司自四年前開始向FDA請願販售此一油脂替代品之後，仍未獲得核准。

有趣的是，政府近年來已經將重點由規範特定產業轉移到國家利益的問題，包括：環境清潔、減少工作歧視、建立安全的工作環境、以及減低產品危險性。政府已經採取某些措施減少對各種產業的規範。

法規環境重點的轉變對企業的內部作業產生了很大的影響。爲了在完全自由的競爭環境中求勝、求生存，曾經被嚴加規範的企業必須作出重大的抉擇。藉由在事件發生前訂立良好策略、重新思考與顧客的關係、考量企業在市場中所扮演的新角色、重新規劃組織關係等方式，企業可以避免陷入困境。

為了研究法規問題所造成的影響，企業需要法律方面的協助。小型企業可以在法規頒布之後尋求法律方面的協助；而大型企業則可以在首府設立辦公室，聘用深刻了解並且能夠掌握政府法規作業及關係的人員，為公司的規劃工作提供相關資訊。

環境掃瞄與行銷策略

環境掃瞄對於行銷策略的影響可以藉由影傳（videotex）科技來說明。結合了電腦與通訊的影傳科技，將訊息直接傳送給消費者。只要按下特定的按鍵或鍵入特定指令，消費者即可從電視螢幕或其他影像接收器上看到來自連線資料庫的影像或文字資料。

企業及個人使用影傳科技的可能性是超乎想像的。消費者已經開始將影傳科技利用在採購、旅遊個人保護、財務交易、以及娛樂，而其私密性與自主性更是前所未見的。

藉著使事情更有效率、成本更低的機制，行銷策略人員開始探索影傳科技在行銷決策上的啓示。影傳科技將會改變某些產品或服務的需求以及消費者與行銷活動之間的互動方式。這是一般消費者第一次能像富有的消費者一樣，可以直接與生產流程產生互動，從產品在生產的階段就指定最後的產品規格。小量生產變得更為有效率，消費者與生產者之間的此種互動將會更為普遍。

隨著銷售者以更集中的少數地點儲存更完整的目錄，影傳科技也可以增進產品的選擇。由於產品包裝在銷售上將不再扮演溝通的角色，花在包裝上的錢也將為之減少。有關產品的改變也將更容易跟上潮流。影傳系統上的資訊將更具有即時性、整合性、以及豐富性。使用者將有能力以極短的時間提取自己想要的資訊。廣告訊息與產品也將以目錄的型態出現。

消費者與生產者之間的直接互動將會減少配銷管道。庫存降低或零庫存將會降低貨物過時的情形以及周轉成本。集中化倉儲以及新的遞送通路，將會有更高的成本效益。剩餘的零售店則將成為提供直接訂貨服務的展示中心。

促銷用的材料內容將更具教育性，且以資訊為基礎——包括：產品規格以及獨立的產品評價。互動的影像頻道將會提供廣告商以及有興趣的消費者預先包裝過的廣告片以及即時購物節目。

有了更正確的價格以及產品訊息，競爭將更趨全面性。消費者將會有更高層次的購物前規劃、比價、以及在家購物。

市場區隔的概念將會比以前更爲重要。影傳科技的個人化，將使賣方更精確地評估並掌握市場區隔，並使消費者更容易進行自我區隔。廣告商以及消費者都將因爲此全年無休且24小時服務的業務員而獲益。藉由影傳科技，廠商在滿足消費者方面將能夠充分準備。

環境掃瞄的程序

就像其他許多新計畫一樣，公司的掃瞄行動也經過了多年的演進。許多事情都是在一開始的時候無法得知的。如果條件良好——如果已有完備的策略規劃系統，且總經理也對於結構化的掃瞄行動有興趣——演進的過程將會縮短；但實際情況是這種發展完備的系統並非唾手可得。此外，行爲與組織方面的限制使得這種事情一定要有一段發展的時間才能夠完成。掃瞄的層次與類型必須是就企業的特質量身訂製的，而這是要花費時間的。

圖6-4中，我們可以看到環境掃瞄與行銷策略之間的連結過程。以下是對該過程所作的說明。

1.**隨時掌握環境中出現的各種趨勢**：一旦界定了環境掃瞄的範圍，對於設定範圍內的各種趨勢就必須隨時加以掌握。舉例而言，在科技的領域中，舉凡能源運用、材料科學、運輸能量、機械化與自動化、通訊與資訊處理、以及對自然生命的控制等，都必須詳加研究。

2.**判斷環境趨勢與公司間的關聯性**：環境中所發生的一切事物並非都與公司有所關聯。因此，我們必須篩選出對於公司而言具有重要性的事物。但是這種判斷並沒有具體而簡明的法則可循。以蒸氣火車頭工業爲例，管理階層的創意和遠見對於公司判斷事物的重要性而言是非常重要的。以下所列的是判斷環境趨勢之重要性的方法（以某大型企業爲假設對象）：

◇安排一名高級人員負責環境掃瞄的工作。

圖6-4 聯結環境掃瞄與企業策略

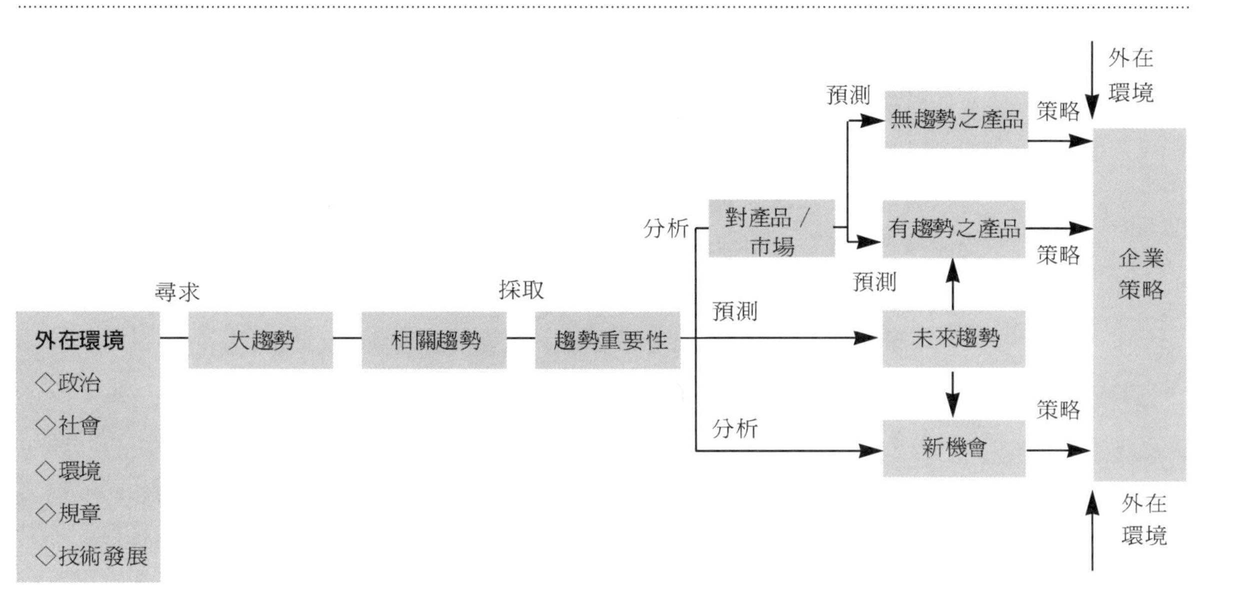

◇列出全球100個相關的出版品清單。

◇指定公司內志願人員每人負責一本刊物，其中最爲重要的刊物則應由掃瞄經理親自負責。

◇每一名掃瞄人員都應仔細閱讀刊物中與公司目標息息相關的故事、論文、新聞等。掃瞄人員所閱讀的包括：各種書籍、研討會論文集、演說、發表等。

◇對於所掃瞄的每一份資料，都必須賦予一個預先設定的代碼。以一個全球性的消費品廠商而言，所使用的代碼也許是主題（例如，政治）、地理（例如，中東）、功能（例如，行銷）、應用（例如，促銷、配銷）等，或是某些關鍵字，以組織這些資料，然後將每一份資料整理出摘要。

◇接著，資料的摘要與代碼會被送到由數名經理人所組成的掃瞄委員會，根據這些資料對於企業體、策略事業單位、以及生產和行銷策略的影響來判斷其重要性。這時候每一份資料會再加上一個代表其重要性的代碼。

◇將這些資料的代碼與摘要加以電腦化。

◇將這些資料公告週知，並鼓勵與這些資料有直接關係的經理人與掃瞄部門聯繫以利進一步分析。

3.**研究特定的環境趨勢對於特定產品／市場的影響**：對公司的產品或市場而言，某個趨勢可能是個危機也可能是個轉機，必須詳加研究。而判斷任何改變所產生的影響，則是SBU的主管的任務。當然這項工作也可能被交付給另一位對該項事務較為熟悉的主管。如果整個主題相當具有爭議性，最好能夠召開小組會議，或是尋求內部或外部顧問的諮詢。很有可能某位對於特定事務有多年涉獵的主管會將任何改變都視為危機，並因此宣稱某些資料是與公司業務無關的。如果擔心這類事情發生，最好還是仰賴小組會議或是顧問。

4.**預測環境趨勢的未來發展方向**：如果某個環境趨勢顯示出對產品／市場極具重要性，那麼最好能夠判斷其變化路線。換言之，環境預測是必要的。

5.**分析公司面對環境趨勢的動力**：假設公司不採取任何行動，那麼公司的產品／市場在目前的環境趨勢以及未來的方向中將會有怎樣的表現？環境趨勢的影響通常是漸進的。雖然率先確認趨勢並採取行動是相當有幫助的，但是靜觀趨勢走向對公司而言也不會有損失。至於要觀望多久，則端視趨勢擴散的過程，亦即因應趨勢而採取措施的比率。人們並不會在一夜之間全都把家裡的黑白電視機換成彩色的；而類似的例子比比皆是。使得一夕變天的情形不容易發生的原因有很多。高價位、宗教禁忌、法律限制、以及對產品或服務的不熟悉，都會限制改變的發生。簡言之，在獲致結論之前，必須先預測擴散過程。

6.**研究環境趨勢可能帶來的新契機**：某些環境趨勢也許和公司目前的產品／市場無關，但卻可預見未來的生意契機。舉例而言，能源危機使得省油的本田汽車得以輕易進入美國市場。這樣的商機必須適當地加以確定並予以分析。

7.**進行環境趨勢結果與企業策略之間的連結**：基於環境趨勢及其影響，公司必須就二方面來檢討其策略：在既有的產品／市場中可以引進的改變以及公司可以立即採取行動的商機。即使某些環境趨勢對於公司的產品／市場可能帶來威脅，也不表示公司必須開發新產品來取代現有的產品；而競爭對手也不一定都得擁抱此一改變。即使不開發新產品公司也可能會在市場中發現利基而無懼於已開發新產品的競爭對手。電鬍刀的出現未曾使安全刀片消失，而自動排檔的問世也沒有使手排汽車停產。即使新產品大受歡迎，舊產品也依然能夠發現新市場或找出新用法。

雖然掃瞄環境的確有一些程序步驟可以依循，但掃瞄工作無疑的是一種需要創意的藝術。因此，為了正確地研究變遷中的環境並將之與企業策略結合，公司的管理階層必須養成創造性思考的習慣。某家保險公司的經驗是個很好的參考：爲使一線經理人對新思維開放並鼓勵其開創性，每一位經理人都會有一段時間被後調擔任後勤工作。在後勤工作中，他們被承諾賦予極大的行動自由，這可以增進他們回到管理工作後所需要的創造性管理能力。

環境掃瞄的執行：案例

依循表6-5中的步驟，我們試著說明如何有系統地掃瞄環境中特定的趨勢。

一項在政治領域中所進行的文獻蒐尋顯示，下列的聯邦法律是90年代被考慮過的：

1.所有的廣告內容都必須經過證實。
2.公告公司危害環境的行爲。
3.詳盡披露遊說活動。
4.減低公司任意開除員工的權力。
5.消除內部董事（inside directors）。

消費性產品廠商的行銷策略人員也許想要判斷在眾多趨勢之中是否有任何趨勢和公司有關。爲此目的，策略人員可以採取趨勢影響分析（trend-impact analysis）。進行趨勢影響分析必須組成德爾菲小組（delphi panel，詳見第12章）以判斷表列中每一事件的欲求度（desirability，0-1）、技術可行性（technical feasibility，0-1）、發生機率（probability of occurrence，0-1）、以及可能發生的時機（probable time of occurrence，例如，2000年、2005年或更久以後）。我們也可以要求小組指出每一事件可能影響的範圍有那些（例如，生產、勞工、市場「居家、企業、政府、出口」、財務、或是研發）。

根據德爾菲小組所提出的結果，如果所主管的領域可能受到某一事件影響，則主管該事務的經理人可以研究與事件有關的資訊。如果一致認爲某一事件眞的非常重要，那麼環境掃瞄工作就可以繼續下去（見表6-6）。

接下來的步驟是交互影響分析（cross-impact analysis）。這種分析所研究的是某一事件對其他事件的影響。如果事件是相互獨立的，這種分析也許就沒有必要了。

表6-5環境掃瞄之系統性處理方式

1.選擇不同環境中的事件（利用文獻蒐尋）
2.在下列領域中描繪SBU所關心的事件：生產、勞工、市場（居家、企業、政府、海外）、財務、或是研發。對事件進行趨勢影響分析可以達成此一目的。
3.對所關心的事件進行交互影響分析。
4.在不同的領域中對事件的趨勢與SBU的策略進行連結。
5.選出提供新機會或具有威脅性的趨勢。
6.對每個趨勢進行預測：
◇外卡預測
◇最大發生率
◇保守估計
7.依據三種不同的分析對每一趨勢發展出三個情境（scenario）。
8.將資訊傳遞給策略人員。
9.重複步驟4-7，並對產品／市場發展出更明確的願景。將這些遠景納入SBU的策略中。

但如果某一事件似乎會促進或抑制其他事件，在探索事件的眞正影響方面，交互影響分析就顯得非常重要了。

交互影響分析所研究的是某一事件（在特定發生機率之下）對其他事件的影響。這種影響可以從質的角度（例如，關鍵、重大、明顯、輕微、無）或量的角度（如機率）來看。

表6-7所顯示的，是如何進行交互影響分析。由另一個德爾菲小組提供協助，最能夠判斷交互影響評分或機率。如果再進一步分析，連這些影響會立即被感受到還是在數年後才被感受到，都可以獲致結論。

交互影響分析可以提供某事件發生的時間機率，並指出應該觀察那些其他事件以追蹤主要事件的發展。交互影響分析在專案層次掃瞄上使用，比在總體掃瞄上使用要有效得多了。

爲了結合環境趨勢與策略，請思考以下所列的環境趨勢與某一香菸製造商的策略。

趨勢：

T1：要求所有的廣告內容都必須經過證實

T2：公告公司危害員工或環境的行爲

表6-6趨勢影響分析：案例

事件	所有的廣告內容都必須經過證實	減低公司任意開除員工的權力
欲求度	0.8	0.5
可行性	0.6	0.3
發生機率	0.5	0.1
可能發生時機	1995	2000年以後
影響領域	居家市場	勞工
	商業市場	財務
	政府市場	
	財務	
	研究與發展	
	生產	
決策	持續掃瞄	不再考慮

註：爲達成上述的可能性，必須進行二、三回合的德爾菲小組活動

表6-7交互影響分析：案例

		影響				
事件	發生機率	a	b	c	d	e
a.要求所有的廣告內容都必須經過證實	0.5				0.1*	
b.公告公司危害員工或環境的行爲	0.4	0.7**				
c.詳盡披露遊說活動	0.4					
d.減低公司任意開除員工的權力	0.1					
e.消除內部董事	0.6					

*這表示「要求所有的廣告內容都必須經過證實」，並不會對事件d造成影響

**這表示如果公告公司危害員工或環境的行爲（機率0.4），那麼要求「公告公司危害員工或環境的行爲」一事的機率爲0.5-0.7。

T3：詳盡披露遊說活動

T4：減低公司任意開除員工的權力

T5：消除內部董事

策略：

S1：加強廣告並利用情感訴求

S2：公司農務部門的作業配合勞動市場進行季節性調整

S3：加強在華盛頓特區的遊說工作以阻止對香菸產業進行限制性立法

S4：董事會中的外來董事席位維持在最少

表6-8中的分析顯示策略S1「加強廣告並利用情緒訴求」是最敏感且最需要管理階層立即行動的。在這些趨勢中，趨勢T5「消除內部董事」將具有最大的正面性全面影響。趨勢T1與T2「要求所有的廣告內容都必須經過證實」與「公告公司危害員工或環境的行為」將具有毀滅性的影響。這種分析指出了管理階層應該關心並採取行動的方向。因此，理想上應該對T1與T2進行預測。這些預測可以預期法案何時會通過、其主要條文規定等等。可能出現的預測有三種：

1. 極端不利的法案
2. 最可能通過的法案
3. 最有利的法案

利用三種預測所發展出來的三種不同的願景，可以指出每一種趨勢的影響。接著便可以將這些訊息傳遞給產品／市場部門經理，以便採取行動。產品／市場部門經理可以重複步驟4-7（見表6-5），對所選出的趨勢進行深度分析。

組織安排與問題

公司企業組織環境掃瞄活動的方式有三種：（1）線上經理人在既有工作外，額外進行環境掃瞄，（2）策略規劃人員的份內工作中包含環境掃瞄，（3）建置環境掃瞄部門。

表6-8交互影響分析：案例

趨勢		策略				影響	
		S_1	S_2	S_3	S_4	+	−
T_1		-8	0	+2	-2		8
T_2		-4	-2	-6	0		12
T_3		0	+4	-4	+2	2	
T_4		0	-4	0	+6	2	
T_5		-2	+6	+4	+2	10	
	+	-	4	-	8		
	−	14	-	4	-		

量尺

+8		關鍵
+6		重大
+4	促進策略之執行	明顯
+2		輕微
0		**無影響**
-2		輕微
-4	抑制策略之執行	明顯
-6		重大
-8		關鍵

建構掃瞄責任

大多數的公司所採取的是前二種方法的組合。策略規劃人員掃瞄全公司的環境，而線上經理人則把焦點放在產品／市場環境。在某些公司裡，已經設有環境掃瞄部門，其職責在於執行所有的環境掃瞄工作。環境掃瞄部門的掃瞄工作有例行性的，也有臨時性的（應公司中其他部門的要求）。例行性掃瞄所得到的資訊會傳遞給公司中的所有相關的單位作爲參考。舉例而言，奇異電器是由部門（sector）、群（group）以及SBU所組成，而產品／市場規劃是在SBU的層次進行的。因此，掃瞄所得的資訊會傳遞給相關的SBU、群、組。而臨時掃瞄則是應一個或數個SBU的要求而進行的。這些SBU共同分擔掃瞄費用，同時也是資訊的主要接收者。

環境掃瞄爲規劃人員提供了分解工作的服務。如果規劃人員已經負有許多責任，而公司所處的環境又非常複雜，最好是能夠有個人專門負責掃瞄工作。此外，最好規劃人員（以及／或掃瞄人員）與線上經理人一起進行掃瞄，因爲一般經理人常會把眼光侷限在本身的事業範圍；換言之，他們會把掃瞄工作限制在本身最熟悉的環境。在公司的層次上，掃瞄的範圍是超越事業單位的：

1.**趨勢監控**：對公司的外在環境持續而有系統地進行趨勢監控，並研究其對公司及相關變項的影響。

2.**預測準備**：定期發展各種願景、預測、以及其他形態的分析，以提供組織中各種規劃及問題管理功能所需的資料。

3.**內部諮詢**：針對長期的環境事務提供諮詢資源，並進行特殊的未來研究，以支援決策與規劃活動。

4.**資訊中心**：建置情報與預測中心以彙整、詮釋、分析、貯存來自整個組織、有關長期環境事務的資料。

5.**溝通**：以內部通訊、特別報告、內部演講、定期分析等各種方式，傳遞外在環境資訊給有興趣的決策者。

6.**流程改進**：持續改進環境分析流程，包括：發展新工具與新技術、設計預測系統、應用外來的方法學、以及持續地進行自我評量與自我修正。

成功的完成這些工作後，應該能夠對長期環境有更高的警覺性以及了解，並改善公司的策略規劃能力。更明確地說，環境資料對於產品設計、行銷策略之形成、行銷矩陣的判斷、以及研發策略，都是很有幫助的。

此外，掃瞄人員應該訓練並激勵線上經理人在短期的銷售政策與戰術之外，更要去敏感環境趨勢、鼓勵他們確認策略與戰術資訊、並了解公司的策略問題。

掃瞄的時間問題

掃瞄可以是長期或是短期的。短期掃瞄對於規劃各種作業是很有用的，期間可以長達二年。而長期掃瞄則是策略規劃所必須的，期間可以從三年到二十五年不等。很少有掃瞄工作超過二十五年以上的。掃描時間的實際長短，取決於產品的性質。以林木產品爲例，公司在從種樹到伐木之間，需要至少二十五年的時間，其掃瞄期間自然較長。而時尚設計者的掃瞄期間則可能不會超過四年。根據經驗法則(thumb rule)，環境掃瞄的期間是公司策略規劃期間的二倍。舉例而言，如果公司的策略規劃期間到達未來八年，則環境掃瞄期間應該是十六年。同樣的，如果規劃期是五年，則環境掃瞄應該長達十年。依此類推，則一個多元產品、多元市場的企業，應該有數種不同期間的環境掃瞄。利用這種大拇指原則，公司不僅可以發現相關趨勢及其對產品／市場的影響，更可以在策略上作必要的改變，以善加利用環境所帶來的契機，並規避環境所帶來的威脅。

以下所討論的是公司在環境掃瞄中所面臨的主要問題。事實上其中有許多問題可以歸因於缺乏理論架構。

1. 環境本身範圍過大而無法追蹤；因此，有必要將相關的環境與無關的環境加以區隔。但是將相關的環境與無關的環境加以區隔並不容易，因爲以知覺的事實而言，所有大型企業的環境根本就和全世界一樣大。因此，公司必須建立一套標準，以判斷環境的相關性。
2. 另一個問題在於判斷環境趨勢的影響，也就是判斷其對公司的意義。舉例而言，女性運動對於公司的銷售與新商機具有何種意義？
3. 即使已斷定趨勢的相關性與影響，預測趨勢又是另一個問題。舉例而言，十年後有多少女性會位居管理階層？
4. 各式各樣的組織問題也會阻礙環境掃瞄工作。如果將經理人視爲公司的耳朵與鼻子，那麼他們就應該是組織中知覺、研究、並傳遞適當訊息的良好來源。但是經理人通常在心理上及生理上都太過侷限在其特定的角色上，以致於忽略了環境中發生的事。功能分化的組織結構也許是造成這種局面的主要因素。此外，組織通常缺乏正式的系統來接收、分析、並傳遞訊息至決策點。
5. 環境掃描需要寬廣的思維與象牙塔式的工作方式以鼓勵創意，但這種工作哲學通常是不見容於一般企業文化的。
6. 由於本身的價値觀，高級主管常會認爲涉身於未來是一種資源的浪費；因此對於這類方案通常抱持著負面的態度。
7. 由於企業的策略許多公司喜歡觀望；因此，他們寧願讓業界的領導者代勞。
8. 缺乏常規性地處理環境掃瞄工作是另一個問題。
9. 改變經常是非常不尋常的。因此企業或許會知覺到改變的存在，但卻無法想像出與公司的關係。
10. 決定組織中的哪個部門負責環境掃瞄工作是另一個大問題。由行銷研究部門負責嗎？還是策略規劃部門？還是誰應該參與？掃瞄工作有可能切割嗎？舉例而言，SBU可以專注在其產品、產品線、市場、以及產業。在企業層次上則可以處理其他資訊。

11.資訊的蒐集經常是重疊的，因而導致了資源的浪費。而其間當然也常會出現資訊鴻溝是需要多加努力的。

摘要

環境是複雜且持續變化的；因此公司必須持續地掃瞄並監控環境。組織中所進行的環境掃瞄有三個層次：企業層次、SBU層次、以及產品／市場層次。本章從SBU的角度切入環境掃瞄的問題。所討論的環境則包括了：科技、政治、經濟、社會、以及法規。

環境掃瞄已經經過了長期的演進，因此足以大刀闊斧地開始進行。

本章以許多案例說明不同的環境對於行銷策略的影響，並且提出了循序漸進的環境掃瞄步驟。此外，本章也介紹了利用趨勢影響分析、交互影響分析、以及德爾菲技術等研究環境的系統性方法。最後，我們檢視了可用以進行環境掃瞄的組織設計，並討論了公司在進行環境掃瞄時所面臨的問題。

問題與討論

1.請解釋環境掃瞄的意義。從企業層次的觀點而言，環境中的哪些要素是必須掃瞄的？

2.請舉例說明在行銷策略中，科技、政治、經濟、社會、以及法規環境的重要性。

3.組織中何人應該負責環境掃瞄工作？企管顧問該扮演何種角色以協助企業進行環境掃描工作？

4.請解釋趨勢影響分析與交互影響分析在環境掃瞄中的使用。

5.德爾菲技術在環境掃描中如何發揮功能？請舉例說明。

6.公司應該賦與何種職責給負責環境掃瞄工作的人員？

7.經理人如何參與環境掃瞄工作。

附錄：掃瞄技術

傳統上，環境掃瞄是採用傳統的方法，包括：行銷研究、經濟指標、需求預測、以及產業研究等。但是運用這種技術進行環境掃瞄並非毫無缺點。這種技術無法對未來提供可靠的洞察。以下所討論的是各種已經運用在環境掃瞄上的技術。

外推法（Extrapolation Procedures）

這種方法是利用過去的資訊來探索未來。很明顯的，其基本假設在於未來與過去之間具有某種函數關係。從簡單的未來估計（利用過去的資訊）到回歸分析，有許多種方法都屬於外推法。

歷史類推法（Historical Analogy）

當過去的資訊無法用以掃瞄某個環境現象時，可以研究類似的歷史現象。其前提是關於另一個現象有充足的資訊可供利用。這些現象中的發展轉暝點是預測原現象中行爲的重要指標。

直覺推論法（Intuitive Reasoning）

這種方法將未來建築在掃瞄人員的「理性感覺」（rational feel）。直覺推論法需要不受限於過去經驗與個人偏誤的自由思考。因此，由獨立智庫來運用這種技術，所獲致的結果會比主管該事務的經理人好。

建立願景（Scenario Building）

這種技術必須依循時間順序發展出一系列有相互因果關係的事件。最後的預測必須根據事件之間的多元權變關係（contingency），包括各事件的發生機率。

交互影響矩陣（Cross-Impact Matrices）

當環境中二個不同的趨勢指向未來可能出現的衝突時，這個技術可以用來同時研究這些趨勢的影響。誠如其名，這種方法採用二維矩陣，每個向度代表一個趨勢。

交互影響分析法吸引人之處在於（1）可以調解各種可能性（社會的或是科技的、質的或量的、二元論或是連續論），（2）迅速地從不重要的發展過程中區分出重點，（3）藉由適當的分析可以完全重建其推理。

型態分析（Morphological Analysis）

使用這種技術時，必須確認可以達成目標的所有可行方法。舉例而言，我們可以運用這種技術來預測創新，並針對特定的任務或工作發展出最理想的藍圖。

網路模式（Network Models）

網路模式有二種：權變樹（contingency tree）與相關樹（relevance tree）。權變樹不過是以圖形來呈現各環境趨勢間的邏輯關係，重點在於可能出現多種選擇的分枝點。相關樹和權變樹一樣是一種邏輯網路，差別在於對每個環境趨勢都賦與一個表示其對於結果之重要程度的分數。

漏失環節法（Missing-Link Approach）

結合了型態分析與網路分析。許多大有前（錢）途的發展與創新都可能因爲漏失了什麼而被放在抽屜中。在這種情況下，可以利用這種技術掃瞄環境中的新趨勢，以尋求漏失環節的解答。

建立模式（Model Building）

這種技術強調以演繹法或歸納法來建構模式。所建構出的模式有二種：現象模式（phenomenological model）與分析模式（analytic model）。現象模式辨認趨勢以預測未來，但並不企圖解釋其中的原因。分析模式所尋求的是變化的原因，期待以本身對原因的了解來預測未來。

德爾菲技術（Delphi Technique）

德爾菲技術是系統性地誘導出專家的意見。經過不斷的重複與回饋，可以蒐集到一群專家對於環境中所發生之事件的意見。

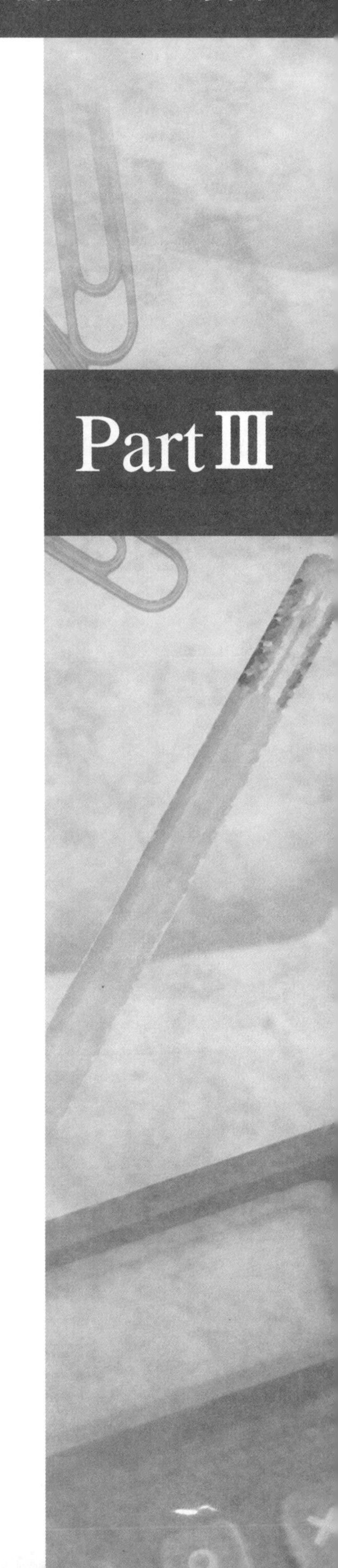
Part Ⅲ

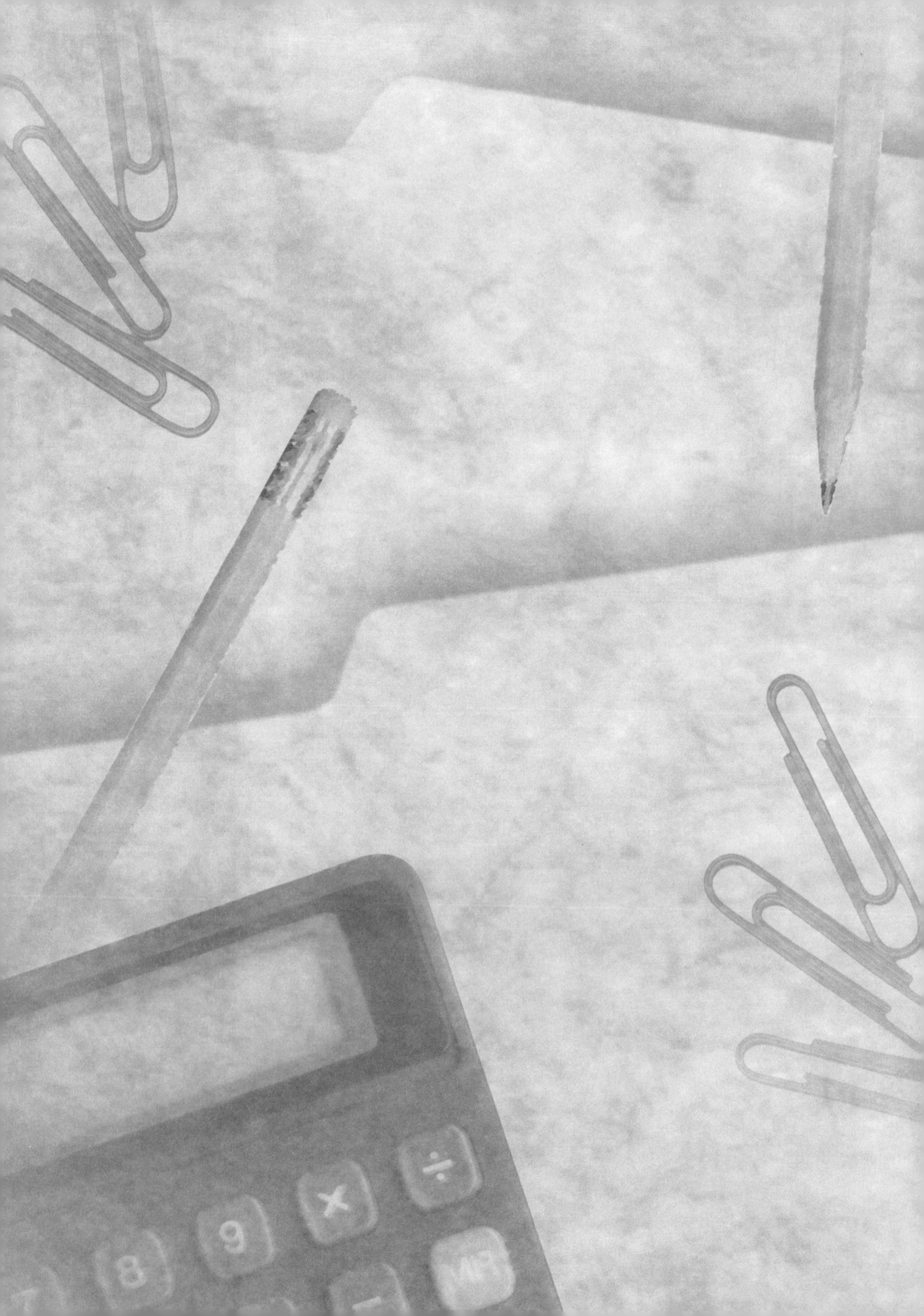

第7章 優勢與劣勢的衡量

優勢與劣勢的意義

優勢與劣勢的研究：方法

系統性評估優勢與劣勢

目前的策略條件

目前的產品／市場策略

過去的績效

評估行銷效力

行銷環境

優勢與劣勢的分析

綜效的概念

摘要

問題與討論

企業無法因爲偶然良機就能展現良好績效。企業功能與環境產生良好互動，同時還須善加運用優勢並減少劣勢才會產生好的績效。換句話說，要在一個變動的環境中成功地運作，企業必須依照自身的優勢，規劃未來的目標以及策略，並放棄依據劣勢所採行的行動。因此，優劣勢的評估在策略過程中變成一件不可或缺的工作。

本章將呈現一個確認並描述企業的優劣勢的基本架構。此一架構也提供一種系統方法來客觀的評估績效以及企業行銷面的策略行動。

傳統上對行銷功能的評估形式著重在現有問題的檢討。從策略的角度來看，這樣的檢討也應該更深一層的包含有關未來的問題。

優勢與劣勢在行銷的概念上是兩種相關的現象。今日的優勢也許就是明日的劣勢，反之亦然。這也是爲什麼從各種角度對一個企業的行銷組合進行敏銳的檢視是一件很重要的事。這一章將對以下目標提供一些方向性的指引——尋求機會與方法去發掘他們，而且確認劣勢以及改善的方法。

優勢與劣勢的意義

優勢指競爭上的優勢，或是公司可以用在市場上其他能耐（competencies）。Andrews說：「一個組織的能耐不光指它能作什麼；能耐是組織可以作事作得比較好的能力。」劣勢是一種妨礙組織往某些方向發展的限制。舉例來說，缺乏現金的企業無法負擔大型的促銷攻勢。在發展行銷策略時，企業必須從其他事情中深入發掘自身的技巧與能耐，並依照這些能耐詳細計畫自身的未來。

舉例而言，在許多的企業中，服務——迅速、有效率、個別關注——在市場中造成了重大的差異。比對手更重視服務的公司才能擁有眞正的競爭優勢。麥當勞也許並非每個人心中最適合用餐的地點，但在相同的價格水準下，麥當勞提供令同業羨慕的服務品質。無論在鄉間的社區，或是城市的鬧區，顧客都可享受到相同的服務品質。所有麥當勞的員工被期望確實遵守規則。烹煮漢堡時依序而非跳著，一次只作一個，而非兩個。未賣出的麥香堡必須在烹調好後十分鐘丟棄；薯條則爲七分鐘。收銀員必須與每一位顧客保持視線的接觸並同時保持微笑。

同樣的，到過迪士尼世界遊玩的旅客對其乾淨的環境以及有禮稱職的員工都會留下深刻的印象。就像在《財星》（Fortune）上所言，迪士尼世界的管理者努力確保1400位員工滿足健康的期望，永遠微笑、溫暖，工作時永遠積極進取。

優勢與劣勢的研究：方法

有系統的描述優劣勢之方法仍然在萌芽階段。目前很少看到關於優勢與劣勢學術研究。Stevenson觀察六間公司後對這個課題作了一個有意思的研究。他對於策略規畫中定義優勢與劣勢的過程有興趣。他關心被觀察公司的特性、定義優勢與劣勢的組織範圍、定義過程的衡量標準、區分優劣勢的準則以及資訊的來源。表7-1詳細說明這個過程。

企業必須努力地確認自身的競爭優勢與劣勢。然而，這並非是一件容易的事。許多公司，尤其是一些大公司，只對它們所具有之能耐的特質與程度有一些模糊的概念。生產過程的多樣性以及生產線重疊妨礙了對單一生產線競爭優勢的清楚評估。縱使存在這些問題，競爭策略的發展仍需要對優勢與劣勢有完整的瞭解。

獨特的優勢可能存在於企業的許多的層面，並對整個公司產生影響。Stevenson發覺，用來衡量優勢和劣勢合適的定義、標準以及資訊缺乏一致的意見。經理人試圖去衡量優勢與劣勢時除了遭遇這些程序上的困難之外，還會遇到一些使過程變得更複雜的問題，諸如：情境分析的需求、自我防衛的需求、保持現狀的期望、再加上能力之定義以及計算等問題。Stevenson對改善定義優勢與劣勢的過程作了以下的建議。經理人應該：

1.瞭解定義優劣勢的過程有助於個別的經理人達成自身的工作。
2.發展重要檢查區域表，該表按照個別經理人負責與職權範圍調整。
3.公開評估優劣勢的衡量標準，以利經理人在相同的架構下進行自身的評估。
4.相對於效率或效能而能瞭解定義屬性的重要策略角色。
5.瞭解定義後的優勢與劣勢在使用上的差異。

雖然最初狀況如此，在今天比十年前有更多的公司於發展策略計畫的過程中會檢視自身的優劣勢。優劣勢可能存在於企業的功能面，或是一些功能間不平常的交互影響。下面的例子將說明優劣勢的研究將如何發掘一些在其他情形下將無法想像的機會。蒸餾酒業者與威士忌酒的銷售者可能擁有與穀物購買過程相關之商品交易

表7-1評估優勢與劣勢的步驟

需檢驗哪些屬性	經理人關心什麼	經理人可作哪些衡量	什麼標準可用來評估優勢或劣勢	經理人如何獲取與評估相關的資訊
組織結構	公司	衡量特質存在與否？	公司過去經驗	個人觀察
主要政策	集團	衡量特質的效率	公司內競爭程度	顧客接觸
高階經理的技能	分公司	衡量特質的效力	直接競爭對手	經驗
資訊系統	部門		其它公司	控制系統文件
作業流程	單一員工		顧問意見	會議
規劃系統			基於經理人對文獻了解的形成的主觀判斷	規劃系統文件
員工特質			個人意見	員工
經理人特質			明確達成目標如預算	下聯主管
工會協議				高階主管
技術能力				同僚
研發能力				公開文件
新產品概念				競爭智慧
生產機具				董事會成員
人員的人口統計特性				顧問
配銷網				期刊
銷售人員技巧				書籍
產品線廣度				雜誌
品質控制程度				專業會談
股票市場名聲				政府經濟指標
消費者需求知識				
市場主導力				

Source: Reprinted from " Defining Corporate Strengths and Weaknesses," by Howard H. Stevenson, *Sloan Management Review*, Vol. 17 No. 3 (Spring, 1976) p. 54, by permission of the publisher.

的特別能力；複雜的儲藏過程與存貨控制的知識；在州政治架構（就是州酒品商店、特約機構等等）下交易的能力與關係；與各種批發商與零售商的行銷經驗；創造品牌印象的廣告經驗。若爲了尋求多角化的機會而適當地分析這些優勢，顯而易見的，蒸餾酒業者擁有可成功進入建材業，例如，木製地板、木製外牆以及合板的獨特優勢。蒸餾酒業者在商品銷售的經驗可以轉移到木材銷售上；與政治團體協商的經驗可以用來獲取建築規格的許可；行銷經驗可以應用到建材業的批發商（五金行與DIY商店）。

另一方面，XYZ公司的個案說明了若公司未仔細的思考本身的優劣勢將惹上怎樣的麻煩。XYZ公司是位於伊利諾Northfield中的一個公司，該公司偏好對股票市場中流行的產業進行多角化。在1985年重組爲Lori公司之前，它涉入了下列的產業：辦公室複印機器、活動房屋、珠寶業、快艇與木屋出租、電腦、錄影系統以及小型巴士。儘管曾進入一些吸引人的領域，XYZ公司並未分享到其他在這些領域的公司所達成的成長以及利潤。這是由於XYZ公司進入新的不同產業，但並未將其行動與本身的基本技能與能耐發生關聯。舉例而言，雖然它比全錄（Xerox）公司早發展出影印程序，1984年它在各種複製機器的佔有率低於3%。XYZ公司無法跟上影印機器技術進步與服務的速度，而這是影印機產業中最基本的能耐。除此之外，它過度擴張以至於無法進行適當的管理控制。這個公司最後退出這些產業，並於1985年重組，以進行服飾珠寶、流行珠寶以及流行配件的設計、製造與配銷。

系統性評估優勢與劣勢

企業的優勢與劣勢可以從組織的不同層級來衡量：公司層級、SBU層級與產品／市場層級。本章的重心在衡量SBU層級的優勢與劣勢。然而，SBU的優勢與劣勢是不同產品／市場優勢與劣勢的組合，故主要討論的部分將集中在產品／市場行銷優勢與劣勢的衡量。

圖7-2例舉了爲了描述一個產品／市場的優勢與劣勢時所需檢查的要素。這些要素與競爭情況可以描述產品的優勢與劣勢。

目前的策略條件

目前的策略條件是發展未來策略的重要變數。若公司過去並未進行正式的規劃，想瞭解目前的策略條件會是件困難且痛苦的事情，但爲了策略規劃，仍値得花心思去探究目前的策略條件。

這裡的重點放在對目前產品／市場策略的研究。然而在進行這些研究之前仍値得提出以下的問題以對公司的狀況有些瞭解。

圖7-2衡量產品的優勢與劣勢

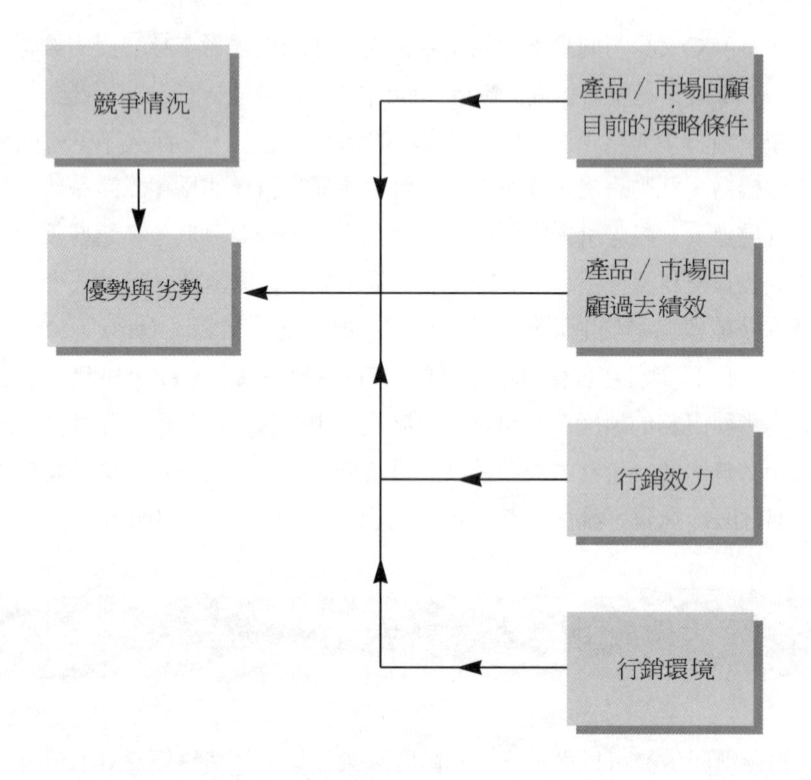

1. 在競爭者的營業模式下，哪些因素爲公司成功的基礎？
2. 哪些特性和技巧是我們經常依循的？
3. 在何種策略條件下由這些特性和技巧來指引？
4. 哪些重要的因素可使策略達成？
5. 這些重要因素可不可能會改變？改變的可能走向爲何？

這些問題無法完全客觀的回答，需要創造性的回應。管理者常常不同意各式各樣的觀點。舉例來說，最近在銷售訓練進行大筆投資的公司行銷副總裁認爲這項投資是重要的成功要素。他認爲，受到良好訓練的行銷人員對發展新事業來說是很重要的。在另一方面，財務副總裁卻只看到訓練投資所衍生的成本。雖然類似的爭論難以避免，但是針對目前策略的檢視仍然很重要。從整個公司的觀點去研究目前的策略是很有用的。其操作方法如下：

1.從確認目前公司的營運活動範圍著手。敘述顧客／產品／市場的重心可以對目前這是怎樣的公司有個指引。
2.對目前營運範圍的分析需確認過去和現在眞實的資源配置狀況後才能展開。這樣的描述將顯示出哪些功能以及活動最受經理階級的重視，及目前最大的優勢位於何處。
3.瞭解營運活動的範圍及資源配置的狀況後，現在需要判斷公司競爭的基礎爲何。這樣的競爭優勢或獨特能耐代表目前績效以及未來機會的重心。
4.其次，基於對主要管理階層的觀察，必須確定過去決定策略選擇的績效標準（敘述）、重點以及優先順序。

目前的產品／市場策略

關於行銷，產品的策略圍繞著一個或更多個行銷組合變數而制訂。檢視目前策略是爲了確定目前由哪些行銷組合變數主導策略。一個產品目前的策略可以由以下兩個問題的答案得知：

1.我們擁有哪些市場？
2.我們如何服務這些市場？

我們擁有哪些市場？回答這個問題包含對市場不同角度的思考。

1.瞭解產品銷售的不同市場區隔。
2.對每個區隔進行人口統計的描述。
3.指出每個區隔重要的顧客。
4.指出與競爭者交易的重要顧客。
5.敘述每個重要客戶可能向我們購買產品的理由。這些理由也許是經濟上的（例如，較低的價格）、功能上的（例如，擁有競爭產品所沒有的功能）、以及心理上的（例如，這種香味很適合我）。
6.分析每個重要客戶在考慮要購買我們產品時的策略考量。這種分析主要與企業客戶有關。舉例而言，製鋁公司在關於鋁罐事業方面需要研究罐頭製造商的策略。假設鋁價逐漸的上漲，越來越多的罐頭製造商將以混合塑膠或紙的鋁罐來取代完全鋁製的罐子。對重要客戶類似的策略考量需要加以研究。

7. 研究每個客戶的考量未來數年可能發生的變化。由於顧客的環境（內部與外部的）、能力與資源的變動，這些變化也許是必要的。

若能徹底的分析公司的市場資料，我們可以得知爲何顧客買這個公司的產品，以及未來他們有多大的可能性會與公司進行交易。舉例來說，造紙廠商發現，大多數與之交易的客戶是由於它比其他供應商提供更具彈性的交貨期限。它的紙張品質也許較佳，但這對其顧客來說並不具策略上的重要性。

我們如何服務這些市場？公司服務不同客戶的方法可藉由分析表7-3的資料得出。細心檢視這些資料可以瞭解公司服務主要市場的策略。舉例來說，分析表7-3可以瞭解下列與早餐麥片相關的資訊：在市場的七個不同區隔中，產品在其中兩個區隔最受到歡迎。消費者購買的理由主要爲健康因素，或是希望享受「天然的」食品。這樣的願望強到足以使顧客願意爲此產品支付較貴的價格。除此之外，消費者甚至願意多花時間到別的商店（不是他們平常購物的商店）去購買這個產品。不同的促銷工具一直提醒顧客產品中的「自然」成分。這個分析指出這個產品採行如下策略：

1. 專注於限定的區隔之中。
2. 強調產品的獨特屬性——自然。
3. 維持高價位。
4. 強力的廣告宣傳。

若過去的策略並未有系統的制訂，要瞭解目前的策略會較爲困難。在這樣的情形下必須在不同的行銷決策中推斷現在的策略。

過去的績效

評估過去的績效對衡量優勢與劣勢來說是非常重要的，因爲它提供對公司行銷策略以及成功的歷史觀察。歷史檢視不應只侷限於記錄公司採行的方向以及達成的結果，也應該包含探究達成這些結果的理由。表7-4顯示有助於衡量過去績效的資料類型。

就策略上來說，衡量過去的績效需採用下列三種類型的分析：產品績效分析、

表7-3瞭解目前行銷策略所需的資訊

1. 區隔市場的基礎。
2. 產品市場的定義。
3. 每一區隔顧客的描述：年齡、所得、職業、 地理分佈等等。
4. 每個市場的範圍：大小、獲利能力等等。
5. 每個區隔預期成長率。
6. 每一區隔成功的要件。
7. 每一區隔重要顧客的市場地位：市場佔有率、重複購買行爲、顧客產品使用的增加。
8. 不同市場區隔消費者可從產品中獲得的利益：經濟上、較佳的功能、更換成本等等。
9. 不同區隔購買產品的理由：產品特性、知名度、價格、廣告、促銷、包裝、展示以及銷售協助等等。
10. 不同區隔的顧客特性：品牌知名度、品牌形象等等。
11. 產品在每一區隔的整體聲譽。
12. 由於這些屬性所造成的購買或使用習慣。
13. 強化顧客對公司與產品忠誠度的理由。
14. 迫使顧客在使用產品時轉向其他地方求助的理由。
15. 產品位於生命週期的階段。
16. 產品線的故事：品質發展、交付、服務。
17. 計畫中的產品研發與改進。
18. 市場佔有率：整體與個別市場區隔。
19. 在服務或協助顧客使用產品的缺失。
20. 在顧客可自行處理的領域中減少服務的可能性。
21. 資源基礎：可用以拓展或打開產品新市場之研發資源一科技、行銷與財務一的本質。
22. 產品市場地理涵蓋的範圍。
23. 辨認主要通路：經銷商或貿易商。
24. 這些通路的購買行爲以及屬性。
25. 經由每一種類型通路的銷售歷史。
26. 經由不同通路的產業銷售：零售商、批發商、公家單位；以及每一區域的主要通路類型：百貨公司、連鎖商店、專賣店等。
27. 產品的整體價格結構。
28. 銷售折扣政策。
29. 不同區隔的價格變化。
30. 價格變化的頻率。
31. 產品的促銷計畫。
32. 強調不同的廣告媒體。
33. 廣告腳本的主要訴求。
34. 銷售人員使用的銷售折扣或是促銷工具。

表7-4衡量過去績效的資訊

消費者

依照下列標準辨認出目前輕度、中度與重度的產品使用者：

1. 每一群體佔品牌的銷售百分比的最近趨勢。
2. 每一群體關於性別、年齡、所得、職業、收入群體以及地理位置的特徵。
3. 每一群體對產品、種類以及廣告腳本的態度。

產品

相對於主要競爭者（若可行的話也包含次要競爭者），依據下列標準辨別目前消費者對品牌的偏好：

1. 輕度、中度與重度使用者（若資料可以獲得）
2. 每一群體關於性別、年齡、所得、職業、收入群體以及地理位置家庭成員數目等特徵。

發貨的歷史

根據地方、區域以及國家，藉由總單位以及單位／百萬人口數(品牌發展)辨認最近品牌的發貨趨勢。

支付的歷史

根據地方、區域以及國家別，以總花費、花費／百萬人口數以及爲銷售每一單位的廣告、促銷以及廣告和促銷總成本中辨認出最近品牌的支付趨勢。

獲利的歷史

辨認最近定價、平均零售價格（不同銷售地域）、毛利率以及稅前利潤最近的趨勢以及下列的趨勢：

1. 毛利佔淨銷貨的百分比。
2. 總行銷支出佔毛利以及每一單位銷售的百分比。
3. 稅前利潤佔淨銷貨以及每一單位銷售的百分比。
4. 最近每一會計年度的資金使用報酬（Return of Funds Employed）。

市場佔有率的歷史

辨認以下的最近趨勢：

1. 品牌的國家佔有率、區域佔有率以及地方佔有率。
2. 與一年前比較在國家、區域以及地方上判斷在單位以及百分比的增加或減少的消費。
3. 以包裝形式在國家、區域以及地方配銷。

若可行，在以上資料的趨勢也需要在不同種類的商店中辨認出來：連鎖店與獨立商店（大型、中型與小型）對比。

整個市場的歷史

與一年前比較依照單位與百分比的增減辨認最近整體國家市場、區域市場與地方市場每百萬人、不同商店種類、國家大小、使用者種類、零售價格趨勢以及不同使用者特性（年紀、收入等）的趨勢。

若可行，與主要品牌的競爭歷史

辨認市場佔有率的主要趨勢；每一銷售區域的消費水準以及商店種類；媒體以及促銷支出；媒體及促銷類型；零售價格差異等等。

市場績效分析以及財務績效分析。用來進行產品績效分析的資料列於表7-5。一項產品可能對公司績效有六種不同形式的貢獻：利潤、領導產品形象、提供進一步技術發展之基礎、支援整個生產線、利用公司資源（例如，利用多餘產能）、以及提供顧客價值（相對於支付價格）。關於最後一種形式貢獻的例子就是一種小的產品，但這種產品是其他產品或過程中不可或缺的一部分，並且相對於完成品其成本較低。製造示波器（oscilloscopes）的Tektronics公司就是這樣的一個例子。示波器與電腦一起銷售。它是用來裝設電腦以及測試並監控它的表現。當我們瞭解示波器在較昂貴電腦的使用上所扮演的角色時，其成本相對而言就比較低。

市場績效分析以表7-6舉例。在分析公司服務的區隔中表現如何時，一個不錯的起點是從每個顧客或是每個顧客團體對利潤的邊際貢獻開始著手。其他的衡量方法包括了：市場佔有率、最終使用者市場的成長、顧客基礎的大小、配銷強度（distribution Strength）以及顧客忠誠度。在這之中，只有配銷強度需要一些解說。配銷與經銷商網路對公司的績效表現有很大的影響，因為要建立經銷商的忠誠度以及持續保持業務來往需要下很大的功夫。所以配銷強度對公司的整體績效會產生重大的影響。

策略的眞正價值需要反映在財務上的收入以及市場的表現上。在衡量財務表現上可以使用四種標準以資比較：（a）公司績效，（b）競爭者績效，（c）管理階層預期，以及（d）以投入資源觀點的績效表現。有了這些標準，在行銷策略上就可以對下列變數的財務績效進行衡量：

1. 成長率（百分比）。
2. 收益率（百分比），這是指投資報酬率。
3. 市場佔有率（佔主要競爭者佔有率的百分比）。
4. 現金流量。

為了瞭解績效表現的趨勢，我們值得對數年的財務績效進行分析。為顯示財務績效分析在形成行銷策略中的角色，請參考下列論述：

今有一糕餅製造商提供一百種以上的品牌、風味以及包裝方式、且經常剔除那些對利潤貢獻小、銷售量低以及未來成長性差的產品種類。

每一產品依照這三個要素來作分類，同時對每個產品準備了「毛利指數」

表7-5產品績效對公司績效的影響分析

生產線	利潤	領導產品形象	提供進一步技術發展之基礎	支援整個生產線	利用公司資源	提供顧客價值
————						
————						
————						
————						

表7-6市場績效對公司績效的影響分析

市場強度	利潤	市場佔有率	最終使用者市場的成長	顧客基礎的大小	配銷強度	顧客忠誠度
————						
————						
————						
————						

(index of gross profitability)來連結每年的行銷計畫。這些計畫考量了公司的長期目標、消費者需求以及預期趨勢、市場上的競爭因素、並慎重排定的公司資源使用先後順序。每隔一段時期都將銷售以及利潤的表現與預定目標作比較，而且若必要的話會對毛利指數作調整。

公司的總裁強調，雖然是毛利指數最低等的商品仍可能是有利可圖商品，並可依銷售或是投資報酬的方式提供報酬。但是毛利指數最低的商品必須經常的檢討，而且在評斷過後，部分商品必須要在適當時機從生產線中剔除。此處指的良機以在生產此一商品的特殊原料存貨以及包裝材料用完時最為合適。

近年來，公司放棄了十六種被評為毛利指數過低的商品。公司之中認為，計算與選擇性剔除是一種在任何時候要挑選最佳產品組合的好方法。據報告指出，在不需擴充產能的情形下剔除銷售不佳的種類、削減存貨、且匀出資源來發展前途看好的產品或發展新的商品，使生產效率不斷的增加。另一項重要的優點為，銷售人員只需專注在較少，且包含高銷售量之有利可圖的產品線上。然而較負面的，大家也都知道此公司採行剔除產品的作法可能會導致產品線在相近時期銷售量下降，這樣的情況需持續到其他商品銷售的成長能彌補為止。

評估行銷效力

行銷是關於促進管理需求之交換過程的活動。與這些活動相關的展望可以在行銷策略中發現。要發展策略，公司必須要有一種哲學取向。公司可選擇四種不同形式的導向：製造、銷售、科技與行銷。製造導向著重在商品或服務上，而且假設消費者會喜愛設計良好的產品。銷售導向重視推廣產品以使顧客對之產生渴望。科技導向的著眼點在透過科技創新產生新奇多變的產品來影響顧客。在行銷導向之下，首先指出公司想要服務的顧客群體。其次仔細檢視這些目標群體的需求。這些需求變成產品或服務的概念、研發、定價、促銷以及配送的基礎。**表7-7**將行銷導向公司與製造、銷售以及科技導向的公司作比較。

如同**表7-7**的檢驗顯示，好的行銷人員思考應該像經理階級一般。他們使用的方法不應該被企業功能所侷限。在不忽視短期與中期的利潤下，他們也應重視並建立明日的立足點。

雖然大家已經開始談論行銷三十年以上了，行銷仍然是企業中最受誤解的企業功能。根據Canning的見解，只有少數公司，例如，寶鹼、花旗銀行（Citibank）、雅芳（Avon）、麥當勞、Emerson Electric、以及Merck，眞正瞭解並採行眞正的行銷。由於行銷導向是發展成功行銷策略的先決條件，所以公司有必要徹底的檢驗自身的行銷導向。下列包含十個問題的檢查表可以提供想要對自身行銷能耐有初步瞭解的公司迅速地檢驗。

1.你的公司是否仔細的劃分服務的各種顧客的市場區隔？
2.你是否定期衡量主要產品或服務在每個市場區隔的獲利能力？
3.你是否使用市場研究以保持對於每個區隔中顧客需求、偏好以及購買行爲的瞭解？

表7-7 四種不同類型公司的比較

	導向			
	製造	銷售	科技	行銷
典型策略	降低成本	增加銷售	研發	建立每股獲利能力
一般結構	功能性的	功能性或利潤中心	利潤中心	市場式產品或品牌；利潤責任下放
主要系統	工廠預算	銷售預測結果vs,預期	表現測試，研發計畫	行銷計畫
傳統技術	工程	銷售	科學與工程	分析
一般重點	內部效率	配銷通路，短期銷售結果	產品表現	消費者市場佔有率
對競爭壓力的典型反應	降低成本	降低成本，努力銷售	改善產品	消費者研究、規劃、休養、改進
整體精神狀況	在公司中我們只需要降低成本及提昇品質	我可以在哪裡把我做的東西賣出去	最佳產品獲勝	什麼原因使消費者購買讓我賺錢的、產品

Source: Edward G. Michaels, "Marketing Muscle: Who Needs It?" *Business Horizons*, May-June, 1982, p. 72. copyright 1982 by the foundation for the School of Business at Indiana University. Reprinted by permission.

4. 你是否已經辨認出每個區隔中的主要購買要素？你是否知道相較於競爭者，你的公司在這些要素上表現如何？
5. 是否仔細評估會對你的企業造成影響的環境趨勢（人口統計、競爭、生活型態、政府）？
6. 你的公司擁有並採用年度行銷計畫？
7. 在公司內瞭解並採行行銷投資（Marketing Investment）的觀念？
8. 對於產品線獲利的責任轉移到低於高階經理階級的地方？
9. 你的組織「談論」行銷嗎？
10. 你公司最高階的五位主管中有一個是由行銷方面擢升？

對這些問題肯定答案的數目決定一個公司的行銷導向程度。舉例來說，九個或十個肯定的答案代表這個公司擁有強健的行銷能耐；六到八個表示這個公司正採行行銷；低於六個肯定的答案代表這公司難以對抗行銷導向的競爭者。基本上，眞正的行銷導向公司都是顧客導向、在規劃上採行一致的方法、看得更遠並擁有高度發展的行銷系統。在這樣的公司中由行銷主導企業文化。行銷導向的文化有利於創造持久的競爭優勢。這會變成一項難以模仿、持久且既不明確又無法移轉的組織內在優勢。

這項分析顯示公司的整體行銷效力並強調較脆弱且需要管理者行動的領域。管理者可以採行合適的步驟——自行或經由顧問的協助進行管理訓練、組織重整或採行被設計來促成改善的標準。若是無法瞭解缺點，公司必須要與之相處，而且行銷策略制訂者必須在描繪公司未來方向的過程中注意它們。行銷導向公司的展望很大程度地反應其自身的行銷優勢。

行銷環境

第六章談到了在總體的層次上對於環境進行審視。這個部分從產品／市場的觀點來瞭解環境。總體層次的環境審視是公司、分公司、集團或營運單位層級之幕僚單位的工作。相關執行人員有著下列的頭銜：公司企劃人員、環境分析師、環境審查者、策略規劃人員、或是行銷研究人員。

從產品／市場觀點來對環境進行監控是牽涉行銷決策的人所應執行的直線企業功能，因爲與產品／市場的各種行銷層面保持密切接觸的產品／市場經理人可以對市場的訊息進行較深入的解讀。產品／市場的構成要素包括了：社會與文化影響、政治影響、道德考量、法令規範、競爭因素、經濟景氣、科技變遷、政府演進、消費者主義、人口、顧客區位、所得、支出型態、以及教育程度。並非環境中所有的層面都與每一個產品／市場有關。因此，審視者在監控之前應該先選擇哪些環境要素會影響產品／市場。

產品／市場環境的策略重要性可由糖果產業中熟悉的名字，Fanny Farmer Candy Shops，的經驗中看出。回顧1980年代中期的環境顯示，美國人開始注意他們的腰圍，但他們同時沈迷於巧克力之中。在1983年，平均每個美國人吃掉接近1磅的糖果—— 從1975年低於16磅開始增加。1980年代中期起，高級的巧克力的需求量急速成長。巧克力再度變成晚宴派對中受歡迎的禮品，提供傳統上依賴情人節、萬聖節以及聖誕節創造全年近半銷售量的糖果製造商新的機會。

在掌握了環境的分析之後，Fanny Farmer決定變成高級市場區隔中的主要競爭者。它引進每磅14至20美元的昂貴特殊巧克力，剛好低於每磅25美元的特製巧克力（一個被康寶公司的子公司Godiva以及如義大利的Perugina之類的進口產品所主導的市場），且高於平均每磅10美元的Russell Stover與Fannie May Candies。雖然執行這個策略將需要克服許多問題，公司認爲他們新的策略切入點將提昇自己在糖果市場的地位。

優勢與劣勢的分析

對競爭、目前策略環境、過去績效、行銷效力、以及行銷環境所做的研究提供確認優勢與劣勢所必須的資訊。表7-8提供關於市場各種領域優勢的簡報。優勢應該盡量以客觀的數字呈現。表7-8並非一個包含全部項目的表列，但它指出一個公司可能需要比其競爭對手強勢的層面。必須要注意的是大部分的優勢與人員的優勢有關或是基於某些資源。並不是所有的要素都對每一個產品／市場具有相同的重要性；因此，首先必須要認識直接或間接對一個產品績效發生影響的重要因素。舉例來說，對製藥公司而言，研發一項改良產品可能具有策略意義。在另一方面，對於重視形象塑造化妝品公司而言，廣告是重要的要素。售後服務對於影印機器、電腦以及電梯之類的產品十分重要。可供選擇的重要要素可以參考表3-6。我們必須要從這些重要要素之中分類出優勢。爲了進行較爲客觀的分析，我們同時也必須要對不同的優勢進行評等。

一個個人電腦公司的例子可以說明如何衡量優勢與劣勢。在1987年，蘋果電腦、IBM、Tandy以及從台灣和南韓的進口電腦是主要的市場競爭者。在1990年，產業中主要的公司包含了：蘋果電腦、IBM、Tandy、康柏（Compaq Computers）、增你智（Zenith Electronics）以及從台灣和南韓的進口電腦。在1995年，產業中的前數大電腦商爲IBM、康柏、蘋果電腦、戴爾（Dell）以及百克貝爾（Packard-Bell）在這之中，康柏電腦是全球個人電腦的領導者，IBM居次。事實上，在重要的美國市場中IBM排名第四，排名甚至在後進廠商百克貝爾之後。表7-9詳列了這些公司在1994年的相對優勢。

在個人電腦業成功依賴下列三個領域的優勢：

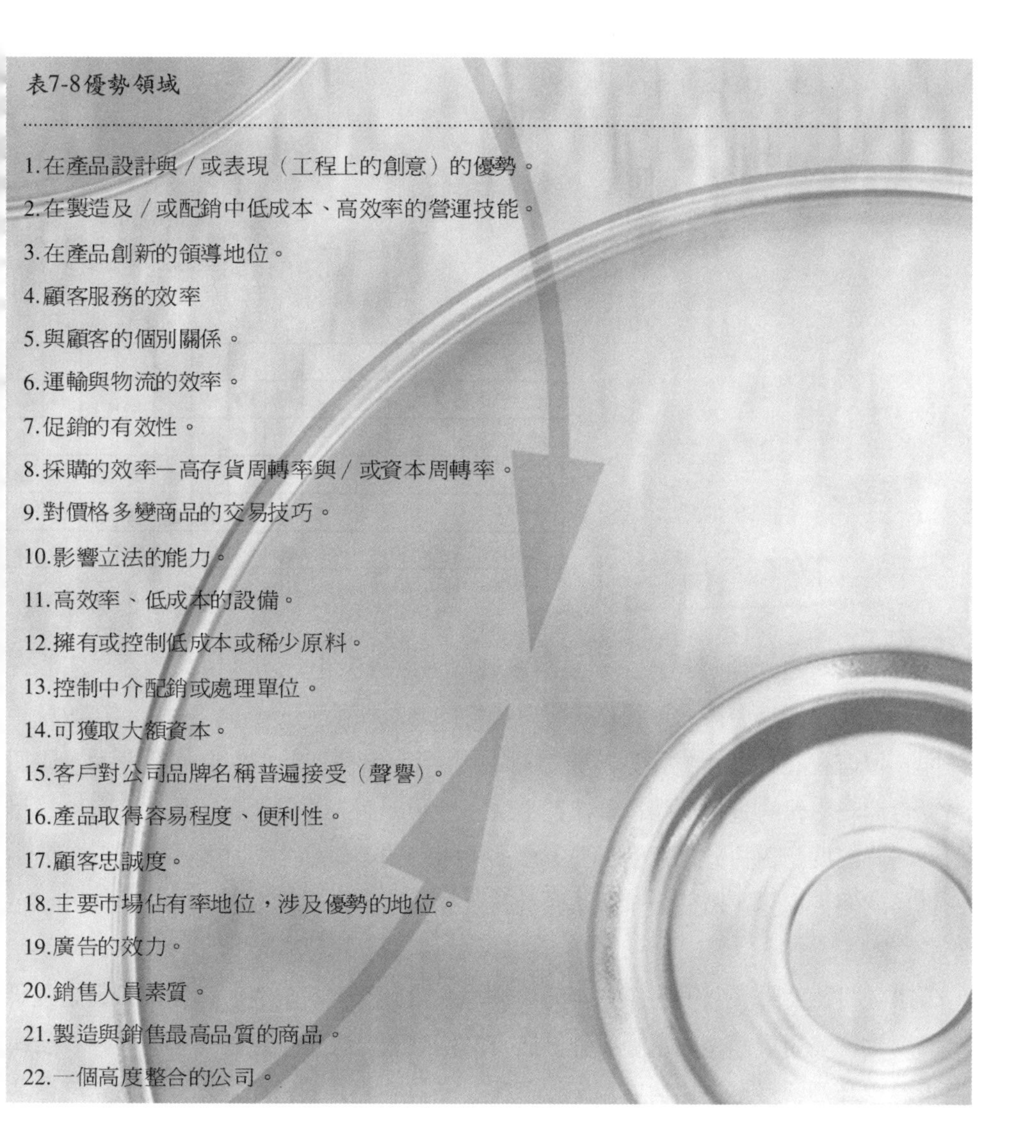

表7-8優勢領域

1. 在產品設計與／或表現（工程上的創意）的優勢。
2. 在製造及／或配銷中低成本、高效率的營運技能。
3. 在產品創新的領導地位。
4. 顧客服務的效率
5. 與顧客的個別關係。
6. 運輸與物流的效率。
7. 促銷的有效性。
8. 採購的效率—高存貨周轉率與／或資本周轉率。
9. 對價格多變商品的交易技巧。
10. 影響立法的能力。
11. 高效率、低成本的設備。
12. 擁有或控制低成本或稀少原料。
13. 控制中介配銷或處理單位。
14. 可獲取大額資本。
15. 客戶對公司品牌名稱普遍接受（聲譽）。
16. 產品取得容易程度、便利性。
17. 顧客忠誠度。
18. 主要市場佔有率地位，涉及優勢的地位。
19. 廣告的效力。
20. 銷售人員素質。
21. 製造與銷售最高品質的商品。
22. 一個高度整合的公司。

1. **低生產成本**：當個人電腦硬體變得越來越標準化之後，在每一元之中可提供最高價值的能力將對銷售量產生重大的影響力。垂直整合度高的公司擁有這個優勢。

2. **配銷**：零售商的貨架空間只能放置兩種或三種廠牌的產品；只有那些能符合顧客期望的製造商才有機會存活。

3. **軟體**：電腦的銷售量要到有大量的套裝軟體增加其應用範圍時才有可能上升。

表7-91994年個人電腦公司的相對優勢

目前優勢 公司	應用軟體	品牌形象	管理深度	財物能力	低成本生產	國內銷售人員	零售配銷	後勤服務
蘋果電腦	●	●	●				●	●
康柏電腦		●	●		●		●	●
百克貝爾	●			●	●	●		●
IBM	●	●	●	●	●	●	●	●
戴爾電腦	●		●	●	●		●	●

若不具有這三種優勢，公司將無法在個人電腦業中成功。因此，德州儀器在1983年從此一領域中撤退，因爲它沒有足夠的應用軟體。Fortune Systems在1984年離開。增你智在1990年代早期離開這個領域；Tandy變成一個次要的競爭者。即使是從台灣和南韓的進口電腦也無法趕上快速變動的個人電腦產業，在此產業中每年價格下降幅度超過百分之二十，而且產品生命週期縮短到六個月。落後三個月推出新世代的個人電腦，將使公司原本預計在新產品線上獲得的毛利降低百分之四十至百分之五十。

IBM和蘋果電腦似乎在1995年陷入困境。IBM努力的要克服在物流、製造及研發的弱點。公司重組個人電腦部並聘請資深的經理人來解決這些問題。此外，公司將重心由利潤轉移到市場佔有率，以實現生產效率並降低組件成本。IBM希望這些改革以及公司的重要資產——建立多年的IBM商標及品牌權益（brand equity）——可產生助益，且儘速產生重大轉變。IBM的例子說明了設定未來目標以及策略時，分析優勢與劣勢的重要性。

優勢必須更進一步的加以檢驗以進行所謂的機會分析（將優勢或能耐與機會作搭配）。機會分析用來當作建立一個公司經濟目標的輸入資料。在發展個別產品目標時，機會分析亦十分管用。表7-10顯示對優勢的研究中所表現的食品目標。目標是要爲一個區隔製造一種特級產品並發展新的銷售通路。換句話說，在產品層級，機會分析尋求類似下列問題的解答：對於競爭者的弱點，公司有怎樣的機會可資利

表7-10 搭配優勢與機會

優勢	可能影響	環境提供之機會	目標
顧客忠誠度	增加的產品銷售量 由於良好品質／服務而調漲價格 引介新產品	品味改變之趨勢 部分市場地理上的轉變 被產業忽視的市場區隔	發展特級產品 在迄今未服務的區隔中引進現有產品 爲此產品發展新的通路等
與通路的密切關係	引介新產品	與產品相關的意識不必然由競爭引發	
	購買點廣告	產品在競爭上的劣勢	
	經由配銷創新降低交貨成本	競爭上的配銷劣勢	
	搭配商品	改善現有包裝設計的技術可行性	
	廣告差異	發展產品或容器的新功能	

用？修正或改善產品線，或者增加新的產品？在現有市場服務更多顧客需求或是發展新市場？改善現有行銷營運的效率？

機會點在變動的環境中顯露出。因此，在發掘機會時環境分析是一個重要的要素。表7-11提供一個分析環境影響的簡單表格。

機會分析的概念可以由寶鹼公司進入零售（over-the-counter）藥物產業的動作來說明。在藥物產業中有越來越多的人察覺到零售藥物銷售成長速度將會超過處方藥。部分導因於處方藥物成本的急速竄升，消費者以及保險業者越來越重視零售藥物。除此之外，由於許多主要藥物專利權到期，無品牌的藥物（generic drugs）將對處方藥造成更強大的威脅。因此，藥商對於零售藥物另眼相看，在此產業中行銷良好的品牌可以在專利權到期後仍然長期保有經銷權利。止痛藥製造商Advil的成功是一個適當的例子。

爲了加入成長中的零售市場，寶鹼開始入侵此一產業。事實上，寶鹼已經是零

表7-11 環境趨勢的影響

趨勢	影響	影響時機	回應時間	急迫程度	威脅	機會

售藥物大廠之一。但為了提昇在此領域的地位，寶鹼決定藉由與藥商和科技公司合夥的方式加快入侵速度。藉由結合其不可輕視的行銷優勢與藥物科技的進展，寶鹼希望在保健市場佔據最重要的地位。

因此，公司研發新的minoxidil配方（治禿頭的藥方），並與UpJohn合作發展其他促進頭髮生長的新產品。它與Syntex合作行銷Aleve，這是一種不需處方的Anaprox，一種普遍為關節炎患者使用的消炎藥品。它希望能把荷蘭藥商Gist-Brocades所生產的胃腸藥De-Nol作為潰瘍藥物來販賣。它可以將康乃的克州的消毒劑製造商Alcide的技術用在它的牙膏或口腔清潔產品上。最後，寶鹼公司與Triton Biosciences以及Cetus達成使用一種化學合成干擾素Betaseron來抵抗普通感冒的協議。

在此例子中，由於寶鹼公司的行銷優勢使它可以進入零售藥物產業之中。此機會是由環境所提供的——有關增加的醫療保健支出——而且許多製藥公司十分樂於與這個基礎穩固的零售行銷巨人結盟。

Andrews對機會分析的觀察發現：

> 這樣的搭配是為了減少組織的弱點並同時強化它的優勢。在任何的狀況下都會伴隨著風險。而且當機會似乎超出現有的能耐時，對一個挑戰組織與在組織中的人員的策略來說，想要冒險去建立合適能耐的期望幾乎無法避免。在任何情況下，公司的潛力都可能被低估。組織就像個人一般，掌握特殊機緣而崛起，特別是當能耐為需要的努力提供吸引人的報酬時。

在分析優勢的過程中應該同時注意其下的劣勢。表7-12是一個典型的行銷劣勢表。採行適當的行動以修正這些缺點是絕對必要的。部分的劣勢與SBU有關；其它的可能是某項特別產品的缺點。SBU的劣勢必須要好好的加以檢查，而且必要的矯正行動必須與整體的行銷策略合併。舉例來說，在表7-12所列出的第3、5、6項缺點

表7-12典型的行銷劣勢

1.在產品／市場發展中對顧客進行不適合的定義。
2.不明確的服務政策。
3.在組織結構中有太多的報告層級。
4.通路的重疊。
5.在新產品發展上缺乏高階主管的投入。
6.缺乏數量化的目標。

可能充斥在整個SBU之中。主要的行銷策略規劃者必須要指出這些缺點。其餘三項缺點可由相關的產品／市場負責人來處理。

綜效的概念

在結束優勢與劣勢的討論之前我們將簡短的介紹綜效的概念。簡單來說，綜效（synergy）是部分合併的影響大於個別影響的和。舉例來說，產品1之貢獻為X而產品2的貢獻為Y。若同時生產時，他們可能貢獻X+Y+Z。我們可以說Z就是X和Y放在一起所產生的綜合效果，而且此處Z代表正的綜效。負的綜效也有可能會發生。對綜效的研究有助於分析新的成長機會。舉例來說，一項新商品可能對公司現有的商品產生很高的綜效，故值得公司多生產這項商品。

對綜效進行數量化的分析並非易事。然而觀念上來說，綜效可依照表7-13所說明的架構來評估。這個架構可用來衡量進入新產品／市場的綜效。

進入一個新的產品／市場可有三種層次的貢獻：進入對母公司的貢獻、母公司對新進入的貢獻、以及對進入及母公司同時產生的貢獻。塡入表7-13的項目以數字為宜，譬如單位銷售量增加百分之二十、節省兩個月的時間、降低百分之十的投資需求等等。最後，各個數字必須要依照相同的投資報酬或現金流量的方式呈現。

表7-13 進入新產品／市場綜效的衡量

	綜效衡量							
	開始			營運				
對～的綜效	投資	營運	時機	投資	營運	因公司銷售擴張	新產品與市場	整體綜效
母公司								
新進入								
同時								

摘要

本章概述了客觀衡量產品／市場優勢與劣勢之方法，這個方法已變成描述SBU優勢與劣勢的基礎。優勢與劣勢是可用來尋求產品成長的有形的或是無形資源。指出優勢與劣勢需要研究的要素包含了：競爭、目前策略狀況、過去的績效、行銷效力以及行銷環境。要檢視目前的策略可以參考目前服務的市場與用來服務這些市場的方法。

過去的績效必須以財務分析的方式作考量，財務分析的方式從簡單的市場佔有率以及獲利能力到發展產品與市場績效分析。行銷優勢與行銷導向有關，行銷導向可參考本章提出的問題而得知。最後必須分析產品／市場的各種行銷環境層面。

此五要素一起用來說明優勢與劣勢。機會分析被引用來作爲操作的架構。同時討論綜效的概念。優勢與劣勢的分析奠定發展行銷目標的基石。我們將在下一章討論行銷目標的發展。

問題與討論

1. 爲何需要衡量優勢與劣勢？
2. 由於經理人和員工希望讓行爲和決策合理化，公司是否可能對自身的優勢與劣勢進行客觀的衡量？

3.評估目前IBM與個人電腦有關的策略，並與蘋果電腦所採行的策略作比較。

4.發展一個概念架構以評估一家銀行目前的策略。

5.公司是否必須要採行行銷導向才有可能成功？公司要如何克服其缺乏行銷導向的劣勢？

6.採行必要的假設後對包裝材料製造商進行機會分析。

7.解釋綜效的意義。檢視寶鹼公司進入冷凍柳橙汁產業所達成的綜效爲何？

第8章

組織必須要有指引未來的目標。雖然目標本身並不能保證企業成功，但有了目標就表示營運管理較有效率、財務浪費較少。

目標是計畫的一種特殊表達方式，因此，目標排除了對公司政策或對任何努力所隱含的目的之不確定性。爲了使目標更有效，需使目標變成經理人的一種特別的挑戰，並讓經理人跳脫傳統的思考框架之中。經由適當的設計，目標可以用來衡量進步。若是沒有可以衡量進步的方法，我們將無法得知是否使用了合適的資源，或是資源已經作了最有效率的運用。最後，目標可促進各單位之間的關係，尤其是在一個不同單位目標分歧，且不同單位目標不一定與公司目標一致之多角化公司。

雖然目標很重要，但制訂目標並非易事，制定目標並不存在機械化或專家可以立刻回答的方法。更確切地說，定義當未來的目標是一個漫長、耗時且持續的過程。實際上，許多企業運作時並沒有共同接受的目標，甚至有相互衝突的目標。在某些個案中，不同的人可能依照不同的方式來解讀目標。有些時候目標用一般的形式來定義，以至於人們未了解它們對工作的重要性。舉例來說，大公司的產品經理看到：「我們的目標在於滿足顧客以及增加銷售。」在向銷售副總裁確認後，她卻發現公司的目標爲賺得稅後6%的利潤，即使這代表著損失市場佔有率。「我們的目標，或著不論你怎樣稱呼他，就是成長。」另一個公司的財務副總裁如此告訴妳。「這是個利潤導向的公司，因此，我們必須要在我們所做的任何業務上至少賺得10%的利潤。妳可以稱之爲我們的目標。」不同的公司定義不同的目標。總裁的工作就是要設定公司目標，並獲得高階同僚對目標的認同，且爲組織其他部門作相同的事鋪路。

本章的目的在於提供在大型的複雜組織中設定目標的架構。規劃的第一步是描述目標，若你瞭解你嘗試想要進行的方向，你就可以知道如何去作。然而，目標並非單獨描述；也就是說，目標不能在完全不瞭解公司現在的活動、過去績效、資源以及環境之下訂定。因此，在前幾章中所討論到的相關主題就成爲制訂目標的背景資料。

制訂目標之架構

本章處理在SBU階層訂定目標的問題。由於SBU的目標必須要與公司策略方向緊密結合，本章將從討論公司方向開始，接著討論SBU的目標。由於產品／市場目標常在SBU的層級下設定，並且多由SBU目標衍生，所以我們也將討論這些目標。

此處討論的架構採取大型公司的觀點。製造少數相關產品小公司的公司目標和SBU的目標常常是一致的。同樣地，在擁有一些不相關產品的公司中，SBU的目標與產品／市場目標可能並不衝突。

現在我們將介紹訂定目標時常遇到的一些用語：任務、政策、目標、目的以及策略方向。任務（mission，也被稱爲公司概念、願景或意向）是公司總裁依大環境的觀點對組織存在理由，或組織應努力方向的想法。政策（policy）是對一般意向或公司所處地位書面上的定義，被用來指引或規範某些行爲或決策，尤其是對那些重大或一再發生的事件。目標（objective）是大範圍的目的，並非量化或是受限於一段期間之內（例如，增加股東權益報酬率）。目的（goal）是企業可衡量的目標，由管理階層判定，透過計畫的行爲在未來某特定日期達成。一個目的的例子就是要在未來兩年內達成10%的銷售成長率。策略方向（strategic direction）是個包含一切的名詞，它指出任務、目標與目的的關係。雖然我們瞭解目標和目的的區別，爲了使討論更有深度，我們將同時考慮這些詞彙。

以下列出當我們處理目標的課題時應該避免的常見挫折、失望或麻煩的不確定性之型態：

1.缺乏可信度、動機或可行性。
2.資訊蒐集不良。
3.定義目標時未考慮不同意見。
4.對公司價値缺乏共識。
5.委員會失望地訂出的目標。
6.內容貧乏。（缺乏獨特性以及競爭優勢）

簡單的說，要使目標可以符合它們存在的目的，它們必須謹慎權衡期望的績效與預期實現的機率：

> 過分不明確的策略目標導致資源的浪費以及士氣的損傷，同時具有喪失過去所得以及未來機會的風險。明確的策略目標表現逝去的良機，同時開啓成功之門。

公司策略方向

公司的策略方向有許多不同的定義方法。某些公司從不同的利害關係人的角度，以公司信念、行爲準則的方式呈現。在其他的公司中，政策宣示提供策略執行的準則。另外，有些公司的公司方向以目標聲明的方式闡述。不論以何種方式表示，公司方向是表現公司在不同事物上所處地位廣泛的聲明，且可作爲定義目標以及制訂組織基本策略的參考資料。

只有當公司下定決心選擇自身的方向時，企業才可能達到領導地位，或是在財務上有更佳的表現。所有特殊的公司表現都是根基於一種區別自身與其他公司的方向。也就是說，策略方向有助於

1. 區別公司適合或需要去滿足哪些需求。
2. 分析潛在的綜效。
3. 在預計的基礎下承擔無法規避的風險。（例如，在財務的基礎上，爲在獲取時可能發生的事所支付的保險費用。）
4. 提供迅速反應的能力。（策略方向的提示不僅有助於恰當、迅速地審視環境中的機會，且可迅速爲其提供資源。）
5. 專注於清楚的審視環境中的機會與選擇。

公司策略方向：實例

爲了說明這個觀點，想想擁有六十年歷史的道氏化學公司（Dow Chemical Company）之公司方向。Herbert Dow依據一個基本且生動的概念創設道氏化學：從便宜且基礎的原料開始；然後發展可能最完整與低價的製程。這個概念，或被稱爲方向，確立了道氏化學過去一直遵守的一些準則：

1. 首先，勿複製且授權其他人的的製程。換句話說，如同道氏化學自己所說的：「在你可以找到更好的方法去生產之前，不要去生產一項產品。」
2. 第二，建立大型且垂直整合的公司，以達到經濟規模；也就是說，藉由建造產業中最高科技的設備以保持成本領先優勢。

3.第三，位置靠近或緊鄰蘊藏豐富的便宜原料所在地。
4.第四，不論在困難時或是有利時，都要一直建設。換句話說，成爲對長期想要進入且搶先的供給者來說最大的競爭對手。待在需求發展的地方。
5.第五，維持強健的現金流量使公司可以繼續追求自身的願景。

年復一年，道氏化學一直遵循其方向或是願景。它在密西根州的Midland、德州的Freeport、荷蘭的鹿特丹、以及路易西安那州的Gulf Coast建立了大型且複雜的公司。此外，它在運作同時仍能繼續保持對獲取低價原料的狂熱。

策略方向與組織展望：公司要遵循策略方向必須要有一些人力以及組織的特質以及領導力。舉例來說，道氏化學是一個管理階層表現出「在賭博時特別想要通殺，但仍仔細考慮」的公司。公司對未來市場和科技進展的步調及方向已經超越一般的想法。有時候，就像在油頁岩的例子，這需要花很長的時間才能實現收益。有時候這些超越可能會導致失敗。但正如擔任道氏化學總裁許多年的Ben Branch很喜歡說的：「道氏化學鼓勵立意良好的挫折。」

爲了緩和承擔大量風險的傾向，公司維持一種特殊的組織彈性，以迅速回應未預期的變動。舉例來說，「道氏化學較不注重也並未印製組織圖，偏好定義較寬且非硬性區分的責任領域。它的非正式風格給予公司迅速應變的彈性。」

改變策略方向：一直以來，道氏化學的方向必須因適應這個變動的世界、自身的成長以及增加的機會而作修正。對其方向或願景的修正包含：

1.在第二次世界大戰後，瞭解進入高附加價值以及技術複雜的中介或終端產品的下游，同時伴隨著對更佳的科技產品銷售能力之機會與必要性。
2.向國外發展的機會。事實上，Herbert Dow的核心願景當初就是受阻於向外擴張，因爲在歐洲或在日本無法取得品質與美國相同的原料，而且無法達到相當的規模經濟。
3.重組及國外營運分權的需求，以半自主的方式設立它們以給予它們成長以及彈性的空間。

在其歷史中，道氏化學的領導地位一直由一個準則所指引著：「在此產業中，擁有願景、金錢以及膽識者才能掌握機會。」

在1980年代，全錄公司面臨重新定義自身策略方向的工作，以因應一個新的科技時代。在公司中有三種不同的想法。一派認爲公司需要堅守核心能力（core competency）──影印──而且紙張仍將存在一段很長的時間。另一個較少人主張的觀點認爲，全錄公司必須迅速轉變成爲一個系統公司。基於其在Palo Alto研發中心的領先科技，這個觀點建議迅速離開紙張的世界。第三派想法認爲公司必須運用這差異，並專注於變成辦公室用品公司。畢竟，公司擁有全球的直接銷售人員可直接服務世界上所有的辦公室；公司可以透過銷售人員賣出所有的東西。

仔細的觀察未來趨勢之後，公司斷定紙張將不會消失，但它的用途將會發生變化。文件的創造、儲存以及溝通將大量的透過電子的形式；然而，即使許多年之後，相較於電子形式，人們仍將較爲偏好紙張形式的文件。他們將會在最終使用前列印出電子文件然後將它們丟棄，因此讓紙張變成一種短暫顯示的媒介。全錄選擇擔任紙張與電子世界的橋樑。這個策略方向不是要維持一個影印機公司，而是要變成一個文件公司。

公司策略方向與策略發展：我們可以從道氏化學的公司方向簡史中得到什麼結論？首先，我們很清楚的知道過去五十年之中，道氏化學的所有主要策略與營運決策保持驚人的一致性。由於它們建立在一些關於在那裡競爭以及如何競爭的信念上，這些決策才能保持如此的一致性。就一般經驗上，有了策略方向可以使一個公司更容易制定長期／短期困難或具風險的決策，如投資在遠距離搬運或是緊鄰原料來源的活動。

這個策略方向或願景促使道氏化學爲了具風險的投資而積極地創造利潤。更重要的是，高階主管在想要成爲一個成功企業的主管情況下，似乎未曾逃避其本身的領導角色。他們不斷地體會到需要質疑以及重塑道氏化學的策略方向，並同時維持有益於達成公司長期競爭目標的因素。道氏化學說明了公司方向如何使大範圍看似無關的決策能夠保持一致性，並擔任它們彼此間重要的連結。

公司策略方向與行銷策略

所有成功公司的策略方向都沒有例外，不僅基於對它們所在市場的清楚的定義，亦包含它們如何在這些市場維持具經濟吸引力的清楚概念。它們的策略方向是奠基於對產業、競爭動態、公司能力以及潛力的深入瞭解。一般而言，策略方向必須要專注於分別或同時持續地增強公司的經濟或市場地位。舉例來說，道氏化學在現存的產業關係、目前的市場佔有率、或它過去的缺點上並非不會發生變化。它尋求並發掘使產業動態對其有利的方法。策略方向應該促使關於可行的機會、產品、服務以及新事業決策的創造性思考。它的影響可以直接在市場中發現。換句話說，除了對在那裡以及如何競爭的問題有些看法之外，高階主管亦必須對下列事項作實際的考量：（1）競爭所必須的資本以及人力資源，以及如何獲取它們，（2）所需達成的公司功能與文化缺陷之轉變，（3）SBU需要公司（高階主管及其幕僚）支持的新方向，以及（4）對公司實際達到願景所需時間或改變的步調的指導概念。

總而言之，策略方向並非基於天才靈感的一種難以理解的概念。這是難以發覺的、基於對產業、市場和競爭動態，以及公司影響或改變產業動態潛力徹底瞭解的實際概念。這不常是靈光一現的結果，通常是深入且規律分析的產物。

形成公司策略方向

策略方向通常從模糊之中開展，而且在不斷地混亂嘗試過程中進行修正。通常只有在快要實現的時候，策略方向才會清楚地出現。同樣的，策略方向的改變也需要經歷長時間的過程與階段。

因爲一個人必須要克服固有的缺失且設立行爲規範，所以改變現有的方向比從頭開始還要困難得多。根據Quinn的看法，改變經由一連串的步驟發生影響。首先，體認到改變的需要。其次，經由指定的研究小組、幕僚或是顧問對於覺察的需求研究問題、選擇、情境或擁有的機會，整個組織瞭解改變的需要。第三階段，經由管理者間非正式討論、詢問各階層人員、辨認選擇的差異等方式尋求對改變的支持。第四階段，經由組織中建立必要的技能或科技、測試選擇、且把握下決策以建立支持的機會來創造承諾（commitment）。第五階段，設立一個清楚的重點，不論是經由一個特別委員會去形成方向，或藉由書寫的形式將總裁期望的特別方式表現出來。第六階段，指定某人支持目標且負責達成以獲取對改變的明確承諾。最後，必要時，組織達成新的方向後需要用心感受是否需對方向作進一步修正。

公司策略方向宣言

許多公司設立明確宣言以指明自身的策略方向。通常這些宣言內容涵蓋目標客戶與市場、主要產品或服務、地理範圍、核心科技、有關生存、成長以及利潤的疑慮、企業哲學、公司概念、以及期望達到的社會印象等方面。一些公司只對策略方向（有時候又稱爲公司目的）訂立簡短的宣言；其他的公司對每一層面進行詳細的

表8-1HP的策略方向

利潤

維持足夠支應公司成長並提供我們達成其他公司目標資源的利潤。

顧客

提供我們顧客最具價值的產品與服務以獲得並維持它們的尊敬與忠誠。

有興趣的領域

只有當我們對新領域有了解且擁有技術、製造與銷售技巧時才進入，以確保我們可以對此一領域創造必須且有利的貢獻。

成長

使我們成長僅受限於我們的利潤以及我們研發與製造科技產品以滿足顧客需求的能力。

人員

協助我們的人員分享它們所創造的公司成功果實；基於它們的績效提供工作保障，承認個人成果，並協助它們從工作中獲得滿足感與成就感。

管理

藉由允許個人在達成定義明確的目標時獲得更大的行動自由以促進進取心以及創造力。

社群主義

經由成為我們營運所在國家以及每個社群的經濟、智慧與社會資產之方式承認我們對社會的責任。

Source: Company records.

說明。雅芳（Avon）十分簡要地表達它們的策略方向：「最瞭解女人，最能滿足女人在產品、服務以及自我實現需求的公司。」IBM依照不同的企業功能設立自身的方向，它稱之為準則。舉例來說，IBM的行銷準則：「在我們的所做所為背後都由市場驅動。」科技準則：「我們本質上是一個對品質許下特殊承諾的科技公司。」蘋果電腦依下列標題對其未來五年的策略方向作詳細的敘述：公司概念、內部成長、外部成長、銷售目標、財務、成長與績效規劃、管理與人士、公司社群主義（corporate citizenship）、以及股東和財務相關群體。表8-1顯示了HP（Hewlett-

Packard Corporation）的策略方向。正如我們所見，HP經由簡短的宣言描述其策略方向。

不論公司策略方向如何定義，都必須要滿足下列要求。第一，它必須以可衡量的方式表現公司的展望。第二，策略方向需要能區別公司與其他公司。第三，策略方向必須要定義公司想要進入的行業，不一定包含公司現在所處的行業。第四，須與所有公司的利害關係人有切身關聯。最後，策略方向必須刺激、具激勵效果，且能夠激勵領導者。

SBU的目標

在第一章定義SBU爲一個在共同的市場包含一種或一種以上產品的單位，且其經理人有完整權責可整合所有企業功能，以形成對抗外在競爭對手的策略。我們將在本章再次詳細說明SBU的發展與意義，以詳細瞭解在此一層級爲何需要設定目標。Abell的解釋如下：

> 行銷規劃的發展與企業組織的複雜程度齊頭並進。一開始組織的改變是從具有較少的產品線與服務市場之功能型組織公司轉變成為大型、多角化且以多種產品供應不同市場的公司。此類公司通常區分為產品或市場分部（division），分部又細分為部門（department），而這些部門更進一步依產品線或市場區隔劃分。過去二十年來逐漸的產生這樣的變化，在大多數的組織中，「銷售規劃」逐漸由「行銷規劃」所替代。每一個產品經理或是行銷經理都須為其產品或市場區隔草擬行銷計畫。這些計畫又統合成為分部的整體「行銷計畫」。分部的計畫也統合成公司整體的計畫。
>
> 然而，更進一步的重大改變開始產生。過去十年來大家逐漸接受公司的個別單位或是下轄的單位，例如，分部、產品部門、甚至產品線或市場區隔，可以在達成公司整體目標上扮演截然不同的角色。並非所有的單位都需要產生相同等級的利潤；並非所有的單位都需要對現金流量的目標做出等量的貢獻。

將公司視為不同單位目標之「組合」(portfolio)的想法是當代行銷策略規劃方法的根基。現在很容易聽到有人將事業形容為「金牛」(cash cows)、「明星」(stars)、「問題兒童」(question marks)、「狗」(dogs)等等。此種作法與1960年代甚至更早的時候將銷售與獲利(或是投資報酬率)作為績效主要指標的作法截然不同。雖然直覺上我們相信不同的分部或部門在達成銷售或獲利目標上具有不同的能力,這些差異卻很少明白的顯露出來。相反的,我們希望每一個單位在追求整體成長與利潤時需「自立救濟」(pull its weight)。

認識到組織中個體可能會有目標與角色的差異之後逐漸產生了一種新的組織概念。這就是「事業單位」(business unit)的概念。事業單位依情況不同而也許是分部、產品部門、或甚至產品線或一個市場區隔。因此,公司管理階層將之視為自主的利潤中心。通常它都有「經理」(general manager)(雖然他不一定具有此一頭銜,他卻具有類似的權責)。雖然在某些狀況下一些企業功能需與其他事業單位共用某些企業資源,通常事業單位都具有製造、銷售、研發以及採購等功能。事業單位通常具有清楚的市場重心。甚至它常常都具有確定的策略與一些已知的競爭對手。某些組織(就像奇異電器)清楚的分辨與定義事業單位。在其他的組織中即使並非明顯的說明,分部或產品部門被視為相對自主的事業單位。

事業單位通常包含數個下轄單位,可能包含:產品線、地理市場區隔、公司直銷、或依照任何相關區隔變數定義的單位。有時,下轄單位彼此的目標亦不相同。在這樣的情形下,組合的概念同時以公司架構(或副架構,例如,集團)中的事業單位或以事業單位中下轄單位的方式存在。然而,事業單位通常是策略重視的主要焦點,因此,策略性市場計畫在此階層中佔有重要地位。

就如Abell所說的,大型的複雜組織中常常具有數個SBU,且每一個單位都在組織中扮演著特殊角色。很明顯地,在公司層級中只能訂定具普遍性的目標。在策略事業層級中才能訂立較明確的目標。事實上,產品/市場經理在進行策略規劃時就必須考慮SBU的任務以及目標。

企業任務

定義企業任務：傳統觀點

任務是一個廣義的詞彙，主要關於企業的整體展望或目標。公司任務傳統上環繞自身的產品線，並以文字的方式呈現：「紡織就是我們的事業」、「我們生產照相機」等等。隨著市場導向的出現與科技的進展，此種定義企業任務的方法開始受到貶抑。許多人相信依據自身產品建立企業任務的方法限制了管理階層進入新領域並同時運用成長良機的能力。Levitt於1960年發表的文章中觀察到：

> 載客數與貨運量的降低並未減緩鐵路產業成長的速度。它們仍在成長。今日陷入困境的鐵路產業並非導因於需求被其他的方式（汽車、卡車、飛機甚至電話）所滿足，而是由於未被鐵路所滿足的需求。由於它們假定自身為鐵路產業而非運輸業，它們讓其他人帶走了它們的顧客。它們錯誤定義自身產業的理由乃是它們是鐵路導向而非運輸導向；它們是產品導向而非顧客導向。

根據Levitt的說法，企業任務需要定義得更廣泛：航空公司需認爲自身爲休閒產業，出版商爲教育事業，家庭用品製造商爲食品產業。

近來，Levitt的立論飽受批評，而焦點多著重於是否單純的拓展企業範圍可以使企業取得大幅度的領先。舉例來說，波士頓顧問集團（The Boston Consulting Group）指出，鐵路產業無法藉由將它們的事業定義爲運輸的方法來自我保護：

> 不幸地，有個普遍的觀念認為，企業只需要將自身的產業以更為廣泛的方式定義，如同以運輸取代鐵路，達成具競爭力策略的方法就會更清楚。事實上，這樣的情形式十分罕見的。通常更容易發生相反的情形。舉例來說，在鐵路的例子，旅客與貨運並非相同的問題，且短程與長程運輸更是完全不同的策略問題。相反地，正如unit train所示，只有煤的處理才是具有策略意義的問題。

在1980年代早期，可口可樂將自身的企業任務從一個軟性飲料（soft drink）製造商拓展到成爲一個飲料公司。隨後，公司買下三個釀酒公司。數年後，公司決定要離開釀酒業。期間所發生的事件如下：雖然軟性飲料與酒都處於飲料產業，在軟性飲料營運所需之管理技巧迥異於釀酒業。可口可樂忽略了一些基礎。舉例來說，由於酒必須要是陳年的，儲存成本將遠高於軟性飲料。此外，葡萄需要在成熟之前購買。可口可樂過分高估所需的葡萄數量。另一個釀酒業的特徵就是需要大量的資本投資；可口可樂不想進行那樣的投資。

如同可口可樂的例子說明的，Levitt論點的問題在於它太過廣泛，而且不能提供指出公司未來的走向，並協助管理者設立未來方向的共同思考基礎：公司過去與未來的關係。共同思考基礎可在行銷、產品科技、財務或管理中發現。在ITT冒險進入如旅館以及烘焙的不同產業時，擁有管理能力的優勢。美林證券（Merrill Lynch）經由進入房地產理財而發現共同思考基礎。Bic Pen Company利用自身的行銷優勢以維持在刮鬍刀產業的地位。因此，任務無法經由定下某些人希望爲進入新領域鋪路而產生的抽象宣言中得出。

企業的任務既非現今產業的描述，亦非現在涉入產業的隨機延伸。它象徵一個企業的範圍以及本質，並非它今日如何，而是它明日將變成如何。不論透過研發或透過併購，任務在確認多角化機會上扮演著重要的角色。爲使任務變得更有意義，它必須根基於對企業科技與顧客使命的廣泛的分析。基於科技定義的例子是電腦公司與航太公司。顧客使命與滿足特定種類的顧客需求有關，例如，基本營養、家庭維護或娛樂的需求。

不論公司擁有的企業任務敘述是書面的或是無形的，重要的是在定義任務時對於科技與行銷因素（有關特定市場區隔和需要）的正向思考。理論上，企業定義需要結合科技與市場任務的變數，但是某些公司卻僅基於其中一個變數就冒險進入新的領域。舉例來說，德州儀器僅基於自身在整合線路技術的領導科技就進入數位手錶市場。而寶鹼公司卻是基於自身滿足顧客日常需求的經驗才跨足零售藥物的產業。

總而言之，任務處理下列的問題：未來的某一個時間我們想要進入哪些產業？我們想要變成什麼樣的公司？不論在任何時間，大部分公司的資源都用於當前需要，公司的產品與服務也多僅支應目前的營運。然而在數年之中，環境改變卻會使公司需要新的資源類型以資因應。除此之外，由於人員耗損與資本財的折舊，管理者有機會可以選擇讓公司營運並獲取可用之新型資源的環境，而非替換舊資源種類的環境。此解釋定義企業任務的重要性。定義任務應該根基於企業的優勢與劣勢。

定義企業任務：新方法

在此領域的開拓研究中，Abell質疑僅將企業定義爲產品或市場選擇的方法。他認爲一個企業應依照三種標準來定義：（1）企業範圍；（2）公司在不同市場區隔提供的產品、服務差異；（3）公司的產品與服務和競爭對手的差異。範圍是關於企業的廣度。舉例來說，保險公司認爲自己處於承作保險業抑或提供完整家庭理財計畫的服務？同樣的，一家牙膏製造商定義企業範圍在預防蛀牙或是提供完整口腔保健？差異主要發生在兩種不同的情況：市場區隔間的差異與競爭對手間的差異。市場區隔間的差異衡量企業服務不同市場區隔的差異程度。舉例來說，個人電腦對學童而言是教學輔助工具，對成年人而言卻是財務規劃的輔助工具。競爭對手間的差異衡量競爭者彼此提供產品或服務的差異程度。

Abell的這三種標準可以視爲三個構面：（1）服務的顧客群體，（2）服務顧客機能（function），以及（3）使用的科技。這三種構面（以及第四種，生產／配銷層級）依據第五章定義市場界線的方式衡量，故不在此多加說明。以下，我們將使用Abell的方法來說明一個企業如何定義。

顧客群體代表我們滿足哪些顧客；顧客機能表示我們滿足哪一類需求；科技描述我們如何滿足這些需求。想想這個關於溫度計製造商的例子。根據我們使用的標準，這個產業可依照下列方式定義：

顧客群體	**顧客機能**	**使用科技**
家庭	衡量體溫	水銀
餐廳	烹調溫度	酒精
保健機構	室溫	電子數位

製造商可以將事業限制在保健機構或將範圍拓展到餐廳以及家庭。溫度計可以只用來量體溫，或是能進一步衡量烹調溫度或室溫。製造商可以決定僅生產水銀溫度計，或是同時生產酒精或電子數位溫度計。製造商對顧客群體、顧客機能以及科技所下的決定將會影響企業對範圍與差異的定義。圖8-2與圖8-3畫出了一個企業如何在這三類構面中定義自身的範圍。圖8-2中，製造商將事業侷限於服務保健機構，僅提供水銀溫度計來量體溫。然而在圖8-3中，企業範圍的定義拓展到服務三類的顧客群體：家庭、餐廳以及保健機構；兩類的溫度計：水銀與酒精；以及三種顧客機

圖8-2 定義企業任務—較狹窄的範圍

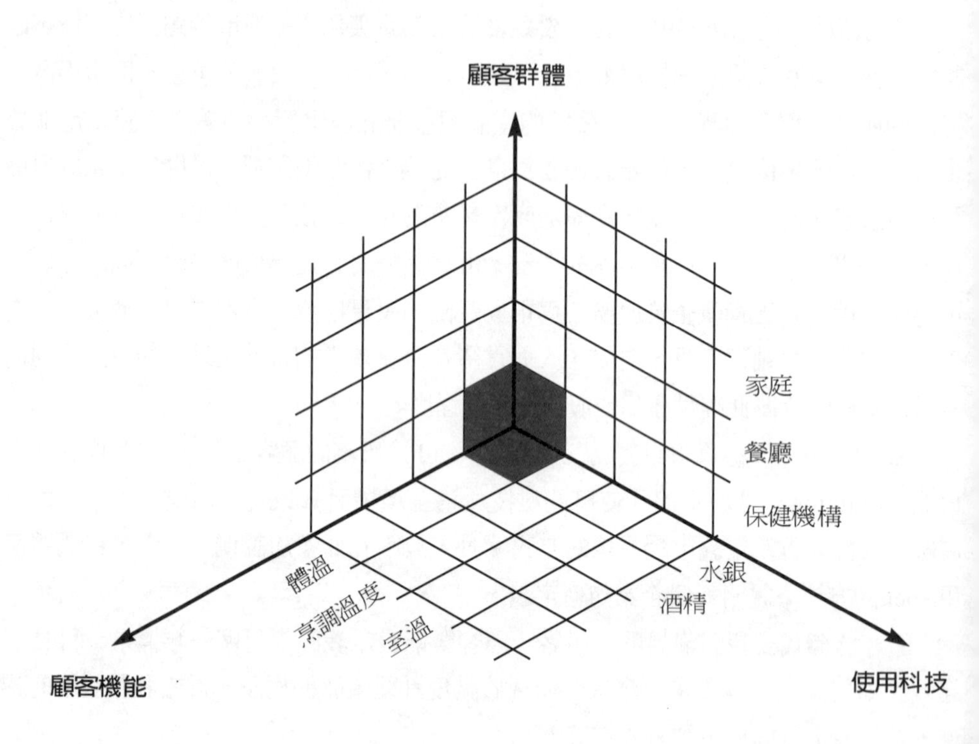

能。製造商可以在此三種構面上更進一步的拓展企業範圍的定義。醫師可以加入顧客群體之中。產品線中可以加入電子數位溫度計。最後，可以生產衡量工業製程溫度的溫度計。

合適的企業定義需要對3C進行通盤考量：顧客（customer，例如，購買行爲）、競爭（competition，例如，產業的競爭定義）、以及公司（company，例如，成本，就像是經由經濟規模達成的效率；資源／技能，就像財務強度、管理技巧、工程／製造能力、實物配銷系統等等；以及由於市場區隔而在行銷、製造、研發需求方面所產生的差異）。

企業界限的類型

Abell提出三種定義企業的指標：範圍、市場區隔差異以及競爭者間的差異。根

圖8-3 定義企業任務—較廣泛的範圍

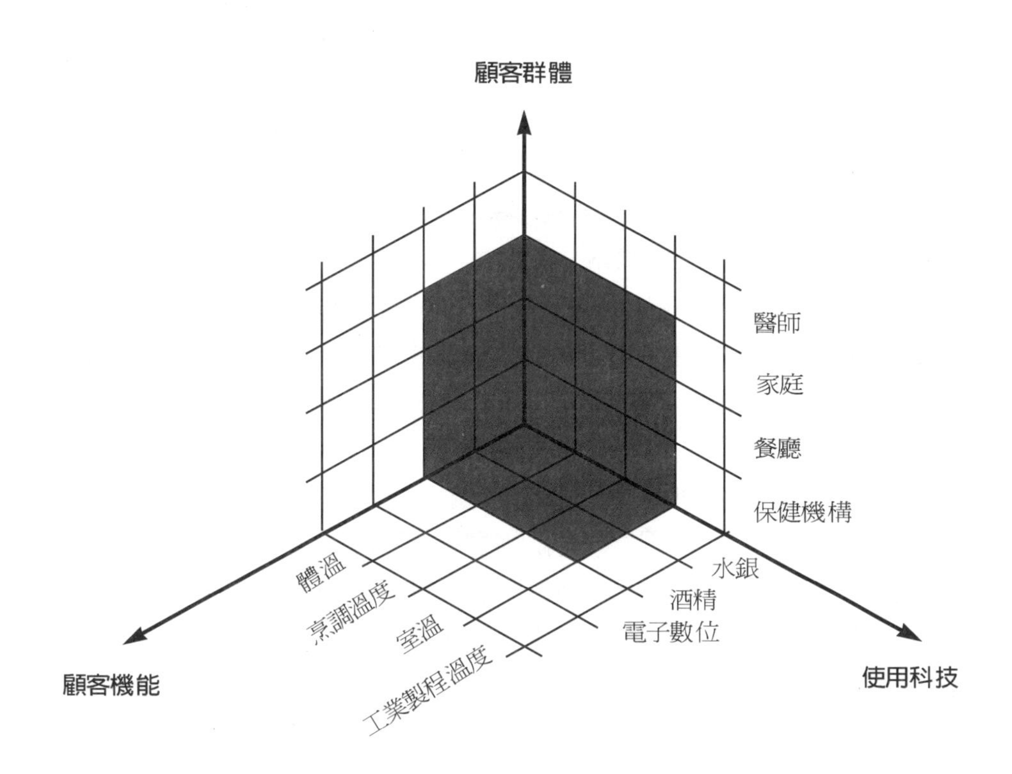

據Abell的看法，範圍以及兩類的差異間存在著複雜的關係。我們可以經由企業界限的類型來瞭解這些關係。以下建議定義企業的三種策略：（1）專注策略（focused strategy）、（2）差異化策略（differentiated strategy）、以及（3）一致性策略（undifferentiated strategy）。

1.專注策略：企業可能專注於一個特定的顧客群體、顧客機能或是科技區隔中。專注隱含著依據一個或多個構面區隔市場，僅選擇一個或少數狹窄範圍的區隔，且經由仔細的適應目標區隔的需求而與競爭者有所區別。

2.差異化策略：當企業在任一個或所有的構面的進行不同的組合時，它正採行著差異化的策略。區隔差異化可能與競爭的差異化有關。藉由調整對每一區隔特定需求的服務，公司自然地增加本身的競爭優勢。競爭的差異化是否發生端視競爭者是否亦針對相同的市場區隔調整它們的服務。若它們亦同時調整，區隔差異化就具有實質意義，然而競爭的差異化就相對較小。

3. 一致性策略：公司結合三個構面中的一個或數個構面，且亦對顧客群體、顧客機能或科技區隔採行一致性的步驟時，稱此公司採行一致性的策略。

任一策略均可分別應用在這三種構面（顧客群體、顧客機能、以及科技）之中。換句話說，一共有27種不同的組合：（1）於顧客群體間採行專注、差異化或一致性策略；（2）於顧客機能中採行專注、差異化或一致性策略；（3）於科技中採行專注、差異化或一致性策略等等。

專注策略僅服務特定顧客群體、顧客機能或科技區隔。它只具有狹窄的範圍。Docutel Corporation在1960年代末期的策略就是在顧客機能上採行專注策略。當Docutel跨入自動櫃員機（ATM）的生產時，它將顧客機能定義得十分狹窄，僅專注於一項機能── 提款。

差異化策略是在三個構面之一個或多個構面中進行廣泛的差異化組合。差異化策略服務一些顧客群體、機能或科技，同時調整產品以迎合每一區隔的特殊需求。運動鞋是一個將差異化策略應用在顧客群體的例子。運動鞋提供許多的顧客群體不同的鞋子。網球鞋是設計來迎合一個特定顧客群體的需求；籃球鞋迎合另一個群體。

一致性策略結合三個構面中一個或多個構面。服務許多顧客群體，且未根據不同的群體調整服務的企業可將此一策略應用在顧客群體中。Docutel的策略專注在顧客機能上而非顧客群體上：它們提供商業銀行、儲貸機構、儲蓄銀行以及信合社完全相同的產品。總而言之，公司基於範圍以及應用在三個構面的差異化程度所選擇的策略決定企業的界限。

SBU的目標

SBU的目標可能依照活動（製造特定產品、於特定市場銷售）、財務指標（達成預定投資報酬率）、預期市場地位（市場佔有率、品質領導地位）、以及這些因素的組合來表現。一般而言，SBU有一系列的目標以追求不同利害關係人的利益。一個分辨目標的方法是將它們分為以下的類別：衡量目標、成長／生存目標以及限制目標。我們必須要強調，目標不僅基於事實，也需要根據價值與感覺。我們需要觀察哪些事實？它們重要性如何？是否彼此相關？尋求這些問題的答案讓價值判斷變得十分重要。

SBU的觀點決定目標可以被細分的程度。若目標被用在數個產品上，目標必須依照SBU的每一個產品／市場的角色之有利的觀點來訂定。換句話說，當事業單位只包含一兩項產品時，必須要詳盡的制定其目標。

表8-4說明了目標如何訂定並區分爲三組：衡量（measurement）、成長（growth）／生存（survival）、以及限制（constraint）。衡量目標是由股東的角度來定義SBU的目標。一般常用利潤這個詞來代替衡量。然而，今天我們瞭解公司要面對的群眾尚包含股東以外的群體；因此，光使用利潤這個詞是不對的。從另一個角度來看，公司的生存與服務利害關係人的能力端視其財務的健全程度而定。所以，利潤也是一個重要的衡量目標。爲了強調利潤的重要性，所以我們將之視爲一個衡量的工具。

在此，我們必須瞭解公司目標、衡量目標、和SBU階層目標的區別。公司目標是公司對不同利害關係人看法的一種通則，而SBU目標是特定的敘述。舉例來說，保持環境的潔淨是一種公司目標。以此目標爲準，SBU在某特定期間可能將防止水污染作爲其目標之一。換句話說，不需要將公司對利害關係人的義務於訂定SBU時重複，因爲SBU的目標中已經包含了公司目標。目標必須要強調規劃期間所需涵蓋的領域。

在現代社會中，隱含進步的成長目標是一種常見的目標。因此，大部分公司的目標都在成長上。雖然衡量標準通常以財務的方式表達，成長主要與市場有關。限制目標依公司內部環境以及它希望如何與外在世界相互影響而不同。

我們可能無法清晰的敘述所有的目標，而且這三類的目標常常會重疊。然而，目標的最後定稿必須根基於調查、分析、以及思考。

產品／市場目標

產品／市場目標可依據利潤、目標市場或成長來訂定。大部分企業的目標整合了這些構面。一些公司，尤其是非常小的公司，可能只使用一個構面來訂定產品／市場目標。通常產品／市場目標被用在SBU層級。

表8-4SBU目標實例

Ⅰ.SBU

烹調用具

Ⅱ.任務

將使用電熱科技來烘焙、烹煮、燒烤的用具銷售至家庭使用

Ⅲ.目標（對下列領域的一般敘述）

A. 衡量
  1.利潤
  2.現金流量
B.成長／生存
  1.市場排名
  2.生產力
  3.創新
C.限制
  1.應用公司科技方面的新發現
  2.迴避具有季節性衰退的時髦用具
  3.避免獨佔問題
  4.承擔對大眾的責任

Ⅳ.目的

在特定時間達成上述的每一目標

利潤

利潤是進入產品／市場的目標，可能以金額或是百分比的方式呈現。在公司階層，有時避免將利潤列爲目標之一，因爲這似乎將限制公司的觀點。但在產品／市場的層級，利潤的目標可提供管理者衡量的標準。由於產品／市場目標是公司內部事務，公司強調目標並不會被道德問題所限制。

Georgia-Pacific Company是個偏好使用利潤目標的公司。其目標爲股東權益報酬率達到20％。傳統的觀點認爲在產品無法差異化的產業，利潤的目標並不可行。但是Georgia-Pacific Company公司總裁Marshall Hahn堅持利潤目標，而得到了滿意的報酬。其公司整體表現高於同業兩倍。同樣的，克萊斯勒避免市場佔有率而強調

利潤。在1993年，克萊斯勒利潤比通用汽車與福特加總或日本九大汽車廠還多。

利潤的目標要如何落實？首先，公司管理階層設定期望的利潤，就是期望的投資報酬率。公司內可能只有一套目標或是依據不同的事業而有不同的目標。使用設定的投資報酬率，SBU可以算出產品的成本加價（markup）。接下來可以算出一個營業週期的平均產量。把平均生產總成本就當作標準成本（standard cost）。其次，計算（SBU）投入資本與該年標準成本（就是資本周轉率）的比率。資本周轉率（capital turnover）乘上投資報酬率就可以得到成本加價的比率。此比率是一個可依據產品或時間不同而調整的比率。

市場佔有率

在許多產業中，像是煙草產業，微幅提高市場佔有率對利潤有正面的影響。因此，傳統上將市場佔有率視為一個追求的目標。近年來，對此說法廣泛的研究發現市場佔有率對利潤存在正面影響的更多新的證據。

我們可以用成本來解釋市場佔有率的重要性。成本與規模或經驗有關。因此，市場領導者可能擁有比競爭者較低的成本，因為較高的市場佔有率可以累積較多的經驗。而價格是由最無效率的競爭者的成本結構所決定。成本高的競爭者必須要產生足夠的現金以維持市場佔有率及費用。若無法達到這些目的，成本高的競爭者就會退出，並由較有效率的低成本競爭者取代。領導廠商和最無效率的廠商的利潤都是由相同的價格水準所決定。因此，較高的市場佔有率可以確保公司擁有較佳的競爭基礎。

Eastman Kodak Co.是市場佔有率的強烈擁護者。公司採取長期的觀點，並承諾在成長市場佔有主要地位。不論原有廠房是否滿載運轉，它仍不斷地建設新廠。這樣做是希望大規模營運可以提供成本優勢，並以較低的價格供應客戶。較低的價格亦提供了更高的市場佔有率。

Kodak佔有80％的美國消費軟片市場以及50％的全球市場。即使有了這樣高的市場佔有率，公司並不僅想要維持這樣的市場佔有率。對Kodak來說，只有兩條路可以選：佔有率成長或是衰退。畢竟在軟片業中，在全球市場佔有率1％代表著四千萬美金的利潤。

雖然市場佔有率是一個可行的目標，仍需要許多的預測和努力以維持市場佔有率的地位。渴望具有較高市場佔有率的公司必須要仔細地從兩方面思考：（1）融通市場佔有率的能力以及（2）抵抗隨著大量增加市場佔有率而來的反托拉斯法（antitrust，如同我國的公平交易法）調查。舉例來說，當奇異電器考慮跨入電腦業時，它發現若想要達成公司的獲利目標就必須要獲得極高的市場佔有率。而達成如此地位需要大量的投資。因此，這個問題的重點在於奇異電器是要在一個由一個大公司（IBM）主導的產業中下賭注，或是投資在其他和電腦業利潤相同獲利潤更高的產業。最後，奇異電器決定離開電腦業。

擔心遭到反托拉斯法的訴訟常妨礙尋求較高市場佔有率的動力。許多公司——例如，Kodak、吉利（Gillette）、全錄與IBM——都曾是反托拉斯法的目標。

這些理由說明了雖然市場佔有率是一個可行的目標，公司選擇不將市場佔有率擴展到最大，而選擇維持恰當的市場佔有率的原因。適當的市場佔有率可以由下列方法決定：

1. 估計市場佔有率與利潤之間的關係。
2. 估計不同市場佔有率的風險水準。
3. 估計一個風險水準，在此水準下，增加的市場佔有率無法賺取多餘的利潤以彌補其增加的風險。

市場佔有率高的優點並不代表市場佔有率低的公司在產業中沒有機會。仍有許多市場佔有率低的公司賺取令人羨慕的利潤。這類的公司包括了：Crown Cork and Seal、Union Camp與Inland Steel等等。下列的特徵說明了這些市場佔有率低公司成功的理由：（1）只在那些它們優勢能產生作用的市場區隔中競爭，（2）充分利用有限的研發預算，（3）避免為成長而成長，與（4）充滿創意的領導者。

簡單的說，市場佔有率的目標不可等閒視之。更確切的說，公司需要在審慎評估之後瞄準市場佔有率。

下列例子說明市場佔有率的重要性。圖8-5顯示工業產品產業領導者的經驗。在最初成長與競爭市場中的高市場佔有率之下，管理階級將目標由市場佔有率轉移到更高的收益。一個有經驗的經理被任命來負責這個事業。收益在六年之中逐漸增加，但開始逐漸的侵蝕到市場佔有率。然而，在第七年，市場佔有率迅速滑落，雖然該年的收益加倍，隔年收益就迅速滑落。直到1990年為止，經理都有很高的評價與極高的報酬。然而，這些結果都是由一些對公司長期競爭力發生損害的未報告事項換來的。只有在瞭解及權衡目前所得的收益與市場佔有率，才能衡量真實的經

圖8-5 市場佔有率與稅後盈餘的關係

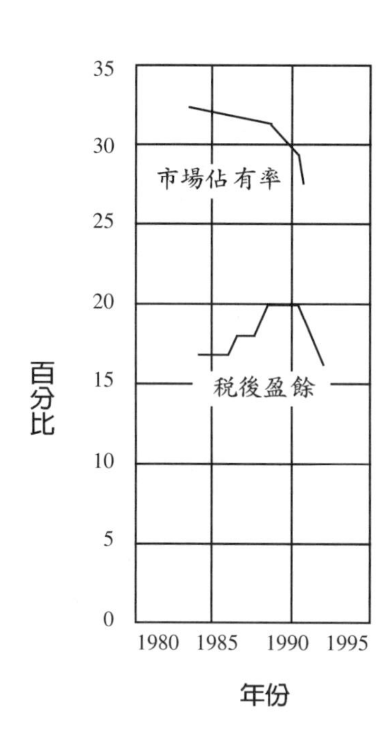

效。換句話說，報導的營利並非一切，除非市場佔有率保持不變。市場佔有率的損失是將一個未記錄的資產變現（liquidation）。市場佔有率的增加就像是成本潛力的增加，就如同信用評等、品牌形象、組織資源或科技的資產一樣眞實。簡單的說，市場佔有率保證長期事業的生存。將市場佔有率變現以實現短期收益的動作需要盡量避免。高收益只有在市場佔有率穩定下才有意義。

成長

現代公司都接受成長的觀念。所有的機構都須要進步與成長。不成長者將會消逝。不成長的公司常常會發生經營權的爭奪戰。

以成長爲目標有許多的理由：（1）股東對成長的期望、（2）高階主管的成長導向、（3）員工的期望、（4）環境提供的成長機會、（5）公司在市場更有效率競爭的需求、及（6）使成長更容易的公司優勢及能耐。表8-6依照不同的類別說明這些理由：顧客、競爭、公司、以及經銷商、代理商的因素。

表8-6成長的理由

顧客因素

侷限的產品線
需要對特定市場提供相關產品
購買的便利性：單一來源、單一訂單、單一付款
服務的經濟性：單一收件與處理、單一零件、服務與其他支援的來源
有能力提供更多優質服務
產能不足以提供成長的重要顧客需求

競爭因素

維持或拓展產業地位；成長在除了衰退產業外的產業都是必要的。
抗衡或超越主要競爭對手的新服務或產品
在激烈競爭的特定產品或市場中維持或獲取更好的地位
因爲較大的產量而能允許較具競爭力的定價能力
在價格戰、產品競爭以及大幅度的經濟衰退中擁有較佳的生存利基

公司因素

滿足股東、董事、經理人員以及員工的期望
充分運用現有的管理、銷售、配銷、研發或生產能量
資助目前並非成長市場或處於利潤低潮的商品或服務
緩和季節性或週期性的變動
藉由拓展市場與產品機會增加公司彈性
藉由規模成長獲取更多的財務影響力
可吸引並負擔較佳的經理人才
達成規模的穩定性並藉由規劃進行管理

經銷商、代理商

增加產品吸引較佳經銷商、代理商的注意
增加足夠的商品以換取現有經銷商、代理商注意以及銷售努力

R.J. Reynolds Industries是一個由公司優勢激發成長的例子。在1980年代早期，公司擁有大量的現金，這使它能夠併購Heublein、Del Monte Corp.、以及Nabisco。H. S. Green對成長的熱情使得ITT除了其傳統通訊事業外，亦進入不同的產業（烘焙、汽車租賃、旅館、保險公司、停車場）。他進入任何可提供成長機會的產業。因此，高階主管的成長導向是成長最重要的先決要件。同樣地，成長的渴望帶領寶

驗公司進入化妝品以及零售藥物的產業。

其他目標

除了一般的利潤、市場佔有率、以及成長目標之外，公司有時也會追求其他的目標。這類的目標可能是技術領導地位、社會貢獻、國家安全、或是發展國際經濟。

技術領導地位：公司可能覺得技術領導地位是一個值得追求的目標。爲了達成這個目標，即使在經濟上不可行的情形下，它可能發展新的產品或製程或採行超越競爭對手的創新。追求此目標潛在的目的是爲了要維持公司在分析師、顧客、經銷商以及其他利害關係人中的科技尖端形象。爲維持在電腦科技的領導地位，1987年IBM投入超級電腦領域；因爲市場有限，這是過去它避開的領域。

社會貢獻：公司可能追求一些可產生社會貢獻的目標。這些目標終究會產生較高的利潤，但最初它想要提供對社會問題的解決方案。例如，飲料公司可以藉由不提供可丟棄式的飲料包裝產品以對社會產生貢獻。另一個例子是製藥公司可以將目標設定在發展並銷售防愛滋病的藥物。

保衛國家安全：爲了國家安全，公司可能採行一個不那樣有利的目標。舉例來說，關心國家安全可能使公司投入資源研發新型戰鬥機。若是公司深信未來數年內國家將需要這種飛機，即使只有空軍少許的鼓勵，公司仍可能採行這樣的目標。

發展國際經濟：增進人類福祉、低開發國家的經濟發展或促進世界自由經濟體系可作爲一個公司的目標。舉例來說，公司可以發展便宜、簡單且安全的生育控制方法。

設定目標的程序

在開始設立目標時，SBU必須要對目前的目標進行瞭解。舉例來說，SBU的高階主管需要列出目前SBU的目標以及對它未來的期望。不同的主管對目前的目標可能會有不同的體認；當然，他們可能對於SBU的未來有不同的期許。這可能需要幾次高階會議，以及SBU首腦的努力，才能達成最後的目標。

每個主管可能被要求對於他（她）希望SBU未來採行的目標進行說明。應要求主管依照績效衡量、環境條件以及滿足成長的角度證明每個目標的重要性。可預見的，主管們都會有不同的目標；他們可能用不同的方式表達相同的目標，但是仍然必須達成對SBU未來展望的共識。不協調的目標有時是由於對公司資源潛力和公司策略的不同體認。因此，在著手設定目標之前，資源潛力和公司策略的資訊極有幫助。

在設定目標之前，經營團隊需要達成共識，所有的成員必須要相信這些目標的必要性，並同意努力達成這些目標。同時必須要設法使不同意的管理者合作。舉例來說，若充滿幹勁的管理者與穩重的人們一起工作，或是在缺乏創造機會的環境下工作，管理者可能無法順利執行日常的事務，以至於變成組織的負擔。在這樣的情況下應該鼓勵管理者尋求其他的任務。這樣的選擇對組織和不同意的管理者而言都是十分有用的。這類的情況在大部分的管理者都是依年資擢升，而此時卻有「外人」加入經營團隊時最容易發生。外人的作爲都會被認爲是一種威脅，而且往往會引發衝突。筆者曾聽聞某百萬企業中的財務副總，一個「外人」，對策略規劃的堅持被認爲是對高階主管的威脅，以至於公司要求他辭職。

總言之，目標需要經由一連串的高階會議來制訂。組織首長在審視各方相異的觀點、看法已經形成共識的過程中擔任著中介的角色。

廣泛的目標一旦擬定後就必須轉換成更明確的目的，這是同樣具挑戰性的工作。目的需要設定得只有出類拔萃的經理才能達成，或是一般的經理都可以達成？經理人最大努力中隱含的挫折程度爲何？可達成的目標是否帶來滿足？現在公司可能有三種層級的目的：（1）可輕易達成、（2）較佳的、與（3）最佳化。此後，公司需要在較佳的目的與最佳化目的間依照組織資源與管理這價值導向作個平衡選擇。然而，不論在何種情形下，績效均不可低於可輕易達成的等級，即使在所有事情的發生錯誤的情形下亦同。管理者需要努力將目的變得更實際與可行。模糊的目的容易降低士氣。事實上，較實際的目的可以提供較好的激勵效果。1992年Kodak公司核心的軟片事業降低6%的利潤成長率，相紙事業增加3%。隨後其股價從40元上升到50元。

設定目標並不存在通用的準則、程序或標準。每個組織必須要找出自身的目標——成長的要素、績效衡量的標準等等。舉例來說，想想關於投資報酬率的概念，過去十年間這被認爲是公司績效的良好指標。許多公司認爲設定的投資報酬率是神聖不可侵犯的目標。但是，想想投資報酬率的限制。在大型的複雜公司內，投資報酬率指標有以整體公司表現換取個別部門表現的傾向。此外，它是一種短期的指標。投資與資產有關。不同的個案在產生收益前需要不同數量的資產，而其回收可能早或晚，都必須要依照個案的性質而定。因此，資產價值可能喪失其作爲績效衡量指標的重要性。正如某大公司主管所說，利潤通常是數年前的費用所產生的結果。這個主管建議，目前的淨現金流量比潛在的淨現金流量更適合作爲績效衡量的指標：「淨現金貢獻是在現有資源下對期望的一個精確標準。」

下述六種可用來達成目標的資源：

1.專注於物質資源（例如，石油、礦藏、森林）。
2.專心產品製造（例如，紙、人造纖維）。
3.專注於需要某些產品或服務的案件，例如，處理郵件（聯邦快遞）。
4.專注於滿足某類消費者需求：「我們重視嬰兒」(Gerber)。
5.迎合身體的特殊部位：眼睛（Maybelline）、牙齒（Dr. West）、雙足（Florsheim）、皮膚（Noxzema）、頭髮（Clairol）、鬍子（Gillette）與腳底（Hanes）。
6.檢視需求並尋求滿足的途徑：需被滿足的一般需求（營養、舒適、能量、展現自我、成長、一致等等）以及消費體系（以滿足營養需求）。

不論採行何種方法來設定目標，下列資訊都可輔助設定過程。在公司階層，目標受到公司群體、高階主管的價值系統、公司資源、個別單位績效以及外部環境的影響。SBU目標乃基於策略的3C：顧客、競爭與公司。產品／市場目標需衡量產品／市場的優勢與劣勢。優勢與劣勢由目前策略、過去績效、行銷能耐以及行銷環境所決定。動能（momentum）是指未來的趨勢──根據在產品／市場環境或是行銷組合無重大變化發生的假設，依照過去績效推斷。

確認上述事項是確立不同階級目標的基本架構與資訊。不幸地，並不存在電腦軟體可將所有可獲得的資訊緊密的結合成一組可接受的目標。因此，不論採行哪一種架構或擁有多少的資訊，對於目標設定的最終分析仍然需要極高的創造力。

當目標已經確立，我們可以運用下列準則以測試可行性：

1.一般而言，此目標是否爲行動的準則？是否可協助經理人選擇較佳的行動方案？
2.此目標是否可明確建議採行的方案？也就是說，「獲取利潤」並不是一個有意義的行動方案，但「經營有利可圖的電器業」卻有意義。

3. 它是否對衡量或控制績效工具提供建議？「成爲保險業龍頭」與「育兒服務的創新者」對於衡量工具提供有用的建議；相反地，表示加入保險業或育兒服務領域的宣言並非如此。

4. 是否富有挑戰性？在大部分達成目標所需採行的行動需基於自身的優勢之上。除非企業設定的目標已經達成，在達成之前都會充滿著威脅。

佳能（Cannon）可以清楚說明這個論點。在1975年時，佳能是一個平凡的日本照相機公司。它幾乎不成長，且從1949年以來首次無法獲利。因此，它設立了一些非常積極的目的，大部分都是數量化的目的。它主要的目的希望在未來十年中將銷售量提昇五倍、每個月生產力提昇3%、研發新產品時間縮短一半、並首先建造製造組織。

為達成這些目標，佳能制訂藉由廣泛地削減浪費以達成不斷改善之政策。在其他新政策之中，佳能添加了許多的組織標準以誘發積極地人員合作。主要的目標在將每名員工提出的建議案由1975年的每年一件增加到1982年的每年三十件。這個目標不但達到了，甚至還超越了：在1986年，平均每名員工每年提供五十個建議案。

在公司內的規劃重新專注於達成目標的方法，而更重要的，專注於確認需要達成目標的能耐。另一項政策要讓所有與員工相關的績效指標可一目了然。舉例來說，在每個工廠中，目前與目標相關的改善都用可以清楚看見的方式呈現。在1982年，佳能達成所有目標。它現在在照相機、影印機以及電腦業都是一個重要且有活力的競爭者。

5. 它可否辨識內部與外部的限制？大部分的企業在一些外在的限制（例如，法律與競爭限制）與內在限制（例如，財務限制）下運作。

在1970年代末期，豐田汽車（Toyota）將它的目標設定在擊敗通用汽車（General Motors）。它知道要達成這個目的需擴大規模。為了擴大規模，它首先必須擊敗日產汽車（Nissan）。豐田汽車開始對抗日產，在其中它引進許多新款汽車，並由日產汽車手中奪取市場佔有率。打贏這場戰之後，豐田汽車將重心轉移到長期目標——打敗通用汽車。瞄準領導者是建立動能與創造組織挑戰的好方法。

6.是否可與組織高階與低階較廣泛與較明確的目標發生關聯？舉例來說，SBU的目標是否可與公司目標發生關聯，而且也與其產品／市場目標有關？

摘要

本章重心在SBU層級中設立目標。目標可被定義爲對企業想要達成的長期目標的一種宣示。目的是公司想要在一段時間中達到的特定目的。由於SBU的目標需要與公司整體方向有緊密的連結，本章首先檢視組成公司方向的任務、目標與目的的關係。本章也舉出道氏化學的例子。

有關SBU目標的討論從企業任務開始，企業任務說明一個企業的目標或展望。除了說明對企業任務的傳統觀點外，本章亦介紹了一個新的定義企業之架構。SBU目標依照財務指標、預期市場地位或兩者的組合來定義。除此之外亦考量產品／市場目標。產品／市場目標通常在SBU層級設立，且依照利潤、市場佔有率、成長以及其他因素來設定。在本章最後概述了設定目標的程序。

問題與討論

1.定義政策、目標與目的。
2.公司方向的意義爲何？爲何需要設立公司方向？
3.試討論公司方向是否發生改變。
4.對企業任務的傳統觀點與新看法有何差異？
5.檢視定義企業任務新看法的觀點。
6.採行新方法定義一家航空公司企業任務。
7.市場佔有率目標在何種情況下可行？
8.舉例說明依照技術領導地位、社會貢獻與國家安全來設定產品／市場目標。

策略形成

Part Ⅳ

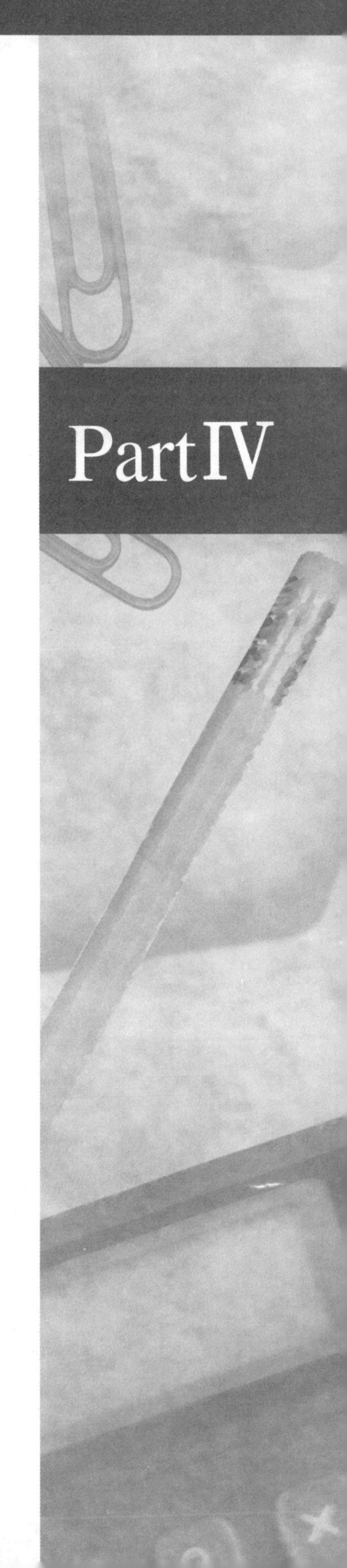

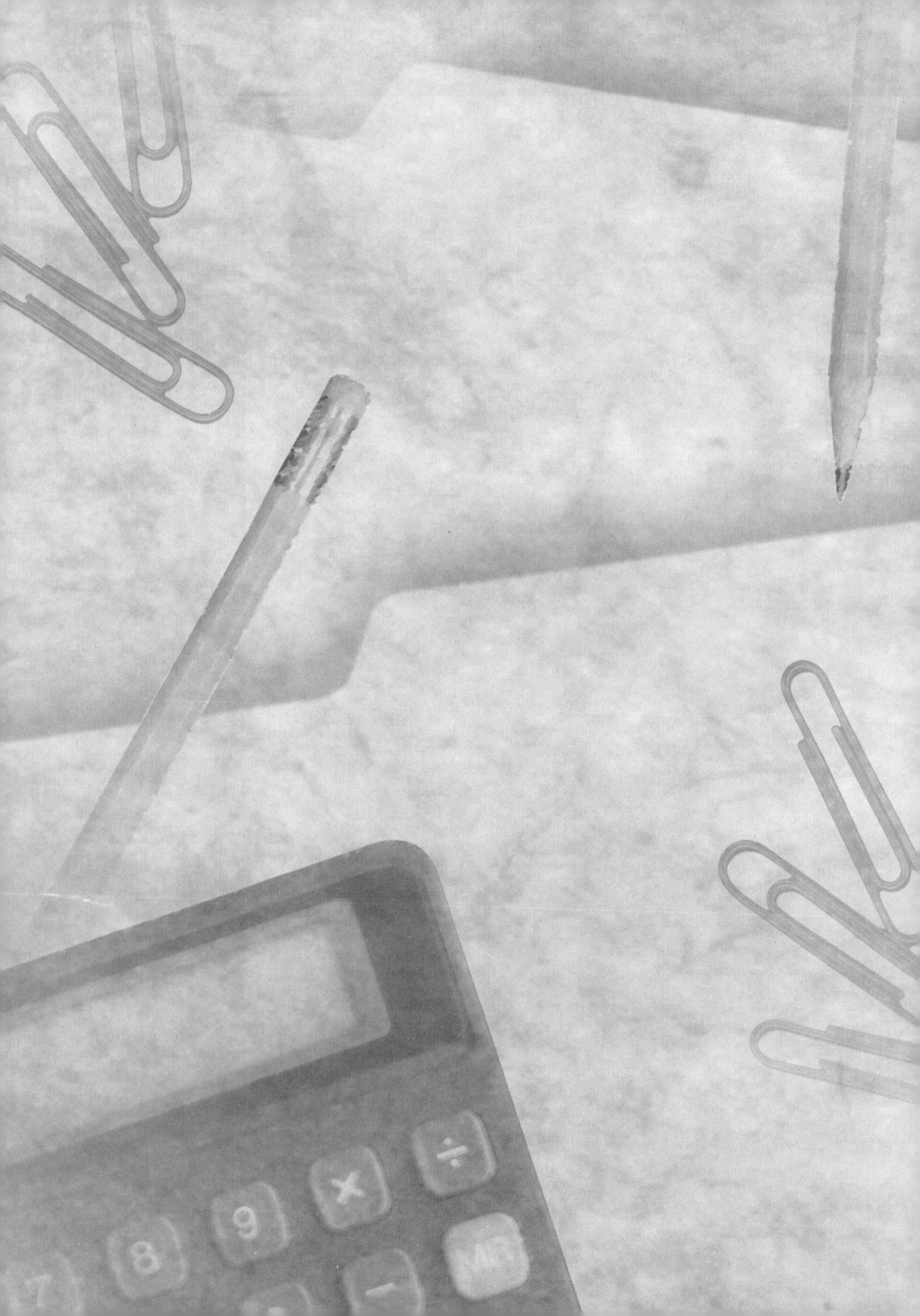

第9章 策略選擇

概念架構

產品／市場策略

趨勢衡量

差距（GAP）分析

差距彌補

SBU策略的決定

策略選擇

策略評估

合適性

妥當性（與環境一致）

可行性（以可獲得的資源觀點看其是否適當）

內在一致性

漏洞（風險）

切實可行

合理的時間長度

摘要

問題與討論

附錄：策略切入選擇

前面的章節主要講述了兩件事。首先，我們說明形成行銷策略所需的內部與外部資訊。其次，使用這些資訊就可形成目標。本章將進一步建立一架構以探討策略的形成。

本章主要討論焦點在於事業單位的策略。在用來形成SBU策略的資訊中，構成事業單位的不同產品／市場之策略展望是一項最基本的資訊。因此，本章介紹發展產品／市場策略，作爲形成事業單位策略的第一步。

在事業單位策略形成之中，產品／市場策略同時重視由上至下與由下而上的資訊。事實上，我們可以說不同公司的策略決策都依三種不同的層級來制訂：與執行有關的問題由產品／市場經理與SBU經理一起解決，與策略的形成的事務由總裁與SBU經理共同決定，而企業任務相關議題就由總裁決定。

概念架構

圖9-1繪出發展行銷策略的基本架構。如前所述，行銷策略基於三項基本要素：公司、顧客與競爭。此三者間交互作用十分複雜。舉例來說，公司透過（1）事業單位的任務與目標、（2）不同事業的不同層級之優勢與劣勢，以及（3）構成事業單位的不同產品／市場等方式來影響行銷策略的制訂。競爭與優勢、劣勢的衡量都會影響事業單位的任務。顧客因素無所不在，會影響事業單位任務目標的形成，並直接影響行銷策略。

產品／市場策略

我們可採行下述步驟形成產品／市場策略：

1. 由目前的事業開始。預測在政策或營運方法沒有發生重大改變下，規劃期間內事業的趨勢走向爲何。
2. 預測規劃期間內環境會發生何種變化。這樣的預測將涵蓋整體行銷環境以及產品／市場環境。
3. 用步驟2得到的結果修正步驟1的預測。

表9-1 發展行銷策略的架構

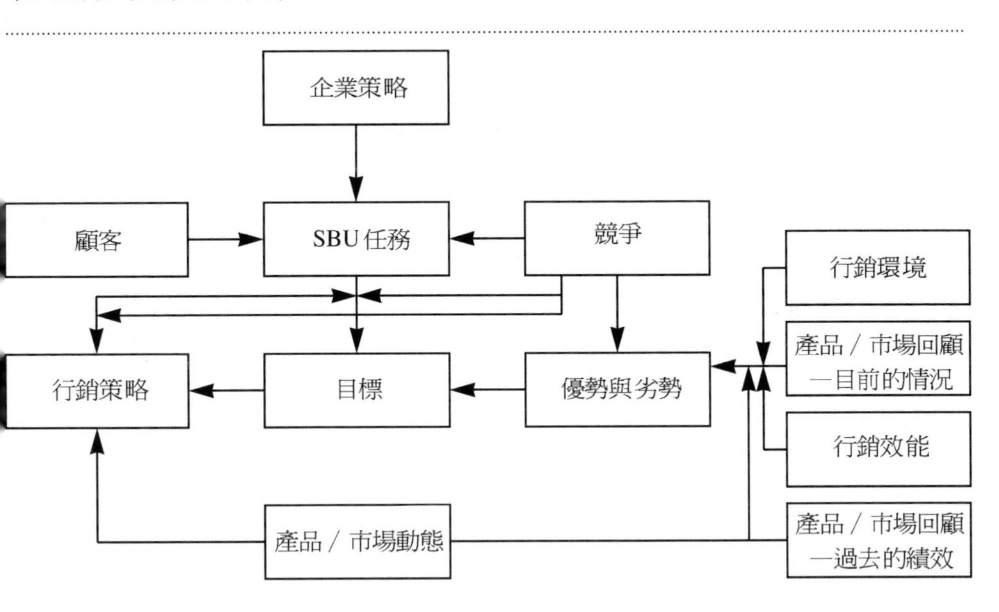

4.若預估績效完全符合既定目標，就可停止。若預測未完全滿意，繼續執行下列步驟。

5.評估企業相對於主要競爭者而存在之主要優勢與劣勢。這樣的評估應包含所有在行銷（市場、產品、價格、促銷與配銷）以及其他企業功能面（財務、研發、成本、組織、道德、聲譽、管理深度等等）會產生影響的因素。

6.評估自身行銷策略與主要競爭對手間的差異。

7.分析哪些行銷策略的改變會使你未來的競爭地位更有利。

8.依照可能的風險、競爭回應與潛在報酬來評估不同的策略。

9.若有策略可符合目標要求，分析的工作就可告一段落。

10.若策略與目標仍存在差距，擴展對現有事業的定義，並重複步驟7、8、9。重新定義事業意味著尋求其他產品以滿足已知的市場。有時這代表將現有產品提供給其他市場。這亦可將現有科技與財務資源同時運用到新產品與新市場。

11.擴展現有事業的定義可以提供較寬廣的空間，直到下述任一情況發生為止：

◇對新的領域的知識不足，以至於部門研究的選擇是由直覺，或明顯不恰當的判斷所決定。

◇缺乏相關經驗而使得研究新領域的成本過於昂貴。
◇可能要在很久之後才有發現競爭機會的可能。

12. 若現有事業無法滿足，或拓展事業定義無法提供滿意的前途時，降低設定的目標。

在此程序中需包含三項工作：資訊分析、策略形成與執行。在產品／市場層級，這些工作由產品／市場經理或SBU主管執行。實務上，分析與執行的工作通常完全由產品／市場經理擔任；策略形成由產品／市場經理與SBU主管共同執行。

基本上，公司都擁有某些營運的策略與計畫。在過去，計畫和策略都依照直覺制訂。然而，變動速度加快迫使企業開始清楚地制訂策略，並時常加以修正，策略受到越來越多的關注。

任何制訂策略的方法都會導致目標與能耐的衝突。想達成不可能的事並不是一種好的策略；這只是一種資源的浪費。就另一方面而言，設立不合適的目標顯然會導致挫折。設立適當的目標需依賴事先對策略正確的判斷；然而，你必須要瞭解目標才可制訂策略。策略發展是一個融合藝術與科學的反覆歷程。這個矛盾可能說明了爲何許多策略是依照直覺制訂，而非依據嚴謹的邏輯推演。但仍存在一些可用以接近機會與加速策略發展過程的概念。上述的過程不僅可有系統地分析資訊，亦可形成或改變策略與執行。

趨勢衡量

發展產品／市場計畫的第一步是假設環境與策略不變的情況下預測未來的狀態。未來的狀態被稱爲趨勢。若未來的趨勢有利就不需要更改策略。然而，趨勢所顯示出來的通常並非有利的未來。

趨勢可使用模型、預測與模擬技術來預測。現在我們來看看一家銀行如何運用這些技術。此銀行以每年開設二至三間分行的速度成長。趨勢的衡量包含預測新分行的損益表和資產負債表數字，以及將之合併到母銀行的損益表和資產負債表數字。現在建立一個預測銀行未來績效的模型。設立模型的第一步是預測Bijt，這是在第t期，j區域的第i類帳戶餘額。帳戶種類包含支票、儲蓄與存款；擇定的區域需與行政區一致。以縣市劃分行政區較佳，因爲大部分國家或省的資料在縣市階層都可以取得，且目前分行的區域都由縣市來劃分。帳戶餘額使用多元線性迴歸

(multiple linear regression) 方式預測。縣市的每人平均所得與人口成長率資料適用來預測總支票存款餘額的重要變數，而且這些變數與前期存款餘額對於預測存款餘額十分重要。

其次，預測Mjt（這是第t期銀行在j區域的市場佔有率）。這需結合過去績效資料與管理者主觀判斷。預期的分行存款水準Dit是

$$D_{it} = \Sigma_{jb} (B_{ijt} M_{jt})$$

爲現有銀行營運，過去的資料被用來產生十年的存款餘額。這些存款預測加入新銀行的存款。一些損益表項目可直接歸因於支票存款，其他可歸因於儲蓄存款。剩餘的數字與總帳戶餘額有關。

在此模型中，合適帳戶的收入與費用比率都依照採行歷史資料的最小平方迴歸法預測。而這並非最佳的方法，因爲有些改變收入與費用的因素並未納入考量。然而，我們不採行較複雜的預測技術，例如，指數平滑法（exponential smoothing）與Box-Jenkins法，因爲它們可能會讓管理者產生誤解。

一旦建立了比率的表格，損益表的數字可輕易的將比率與合適的預測帳戶餘額相乘獲得，並可預期未來十年的損益表項目。損益表與銀行的股利與資本政策被用來預測未來十年的資產負債表。其結果將提供高階主管作檢討與修正。在結合主管判斷後，最終可獲得指引公司趨勢的未來十年損益表與資產負債表。

差距（Gap）分析

在銀行的例子中，趨勢是由歷史資料中獲得，極少關注內在或外在環境。然而，較實際的預測需要同時仔細分析整體行銷環境與產品／市場環境。

因此，作爲差異分析的一部分，趨勢需參考環境假設後進行修正與調整。企業必須分析產業、市場與競爭環境以確認重大的威脅與機會。此類分析應仔細結合產品／市場競爭優勢與劣勢。以此資訊爲基礎，可以評估與修改趨勢的預測。

舉例來說，持續關注1994年的通貨膨脹後，聯邦準備體系主席葛林斯潘決定限制貨幣供給。爲達此目的需提高主要與短期利率。舉例來說，許多三十個月的定存單利率由1993年的4.5％提高到1994年的7％。這樣的增加使得許多存款者選擇定存單以取代其他種類的投資。在前一個部分談論到的例子中，預測趨勢（即預測存款

餘額）並未考量利率上升的影響。作爲差距分析的一部分，環境的改變需適當的納入考量並調整趨勢預測。

「新的」趨勢需依據目標衡量，以觀察是否在預期與可能結果之間存在差距。參考環境假設後，預期目標與預測的趨勢通常存在著差距。接下來我們將討論如何彌補這些差距。

差距彌補

爲使預期結果儘量接近目標而需彌補差距。基本上，彌補差距需重新制訂產品／市場策略。有一種三步驟的程序可用來檢驗現有策略並得出新的程序以彌補差距。這些步驟包含關鍵評估、要素確認與策略選擇。一些公司經驗顯示差距彌補的工作需指派跨功能的團隊負責。非行銷的人員常常會提供新的點子；他們客觀與健康的懷疑態度常常對集中焦點與維持企業觀點有很大的助益。團隊依循的程序需要仔細的設計，分析的工作強調頻繁的討論以彙整發現結果、確認程序與重新專注某些工作。SBU的幕僚需要加強參與評估與批准策略的過程。

關鍵評估：此步驟主要的工作爲對現有狀態提出評估，以衡量企業在現在與預期市場狀態中的競爭利基。首先，需有一個團隊藉由一連串關於產業的問題開始，確認一些對企業未來有重大影響的關鍵因素。這必須包含下述的問題：檢視的產品／市場區隔是否已成熟？哪些市場成長的新途徑是可能的？此產業會變得越來越重要？競爭要素發生變化（例如，產品種類重要性降低，且成本控制重要性增加？）？產業整體可能會遭受通貨膨脹的打擊？新的法規限制懸而未決？

其次，公司需衡量自身的競爭地位，爲此提出下列問題：產品線有多成熟？和領先的競爭對手相比，我們的產品的表現如何？我們的行銷實力？我們的成本優勢？我們的顧客最常抱怨什麼？相對於競爭者，我們最脆弱的地方在那裡？我們的配銷通路有多強？我們的科技是否具生產力？我們介紹新產品的記錄爲何？

一些重要的關鍵對許多公司而言都是十分顯而易見的。舉例來說，深處高度集中產業的公司可能發覺，若強大的競爭對手發表新的低價商品，並伴隨著強力的促銷活動時，自己需十分辛苦才能維持原有的市場佔有率。同時，在資本密集產業中，景氣循環與可能的定價壓力是十分重要的。若產品的運輸成本高昂，對各區域的生產設備的先期投資就十分重要。其他重要關鍵可能與客戶的後向整合威脅或供應商的前向整合、科技變動、新法規或入侵本國市場的外國競爭者有關。這裡提到的三項關鍵爲利潤的經濟分析、市場區隔分析與競爭者分析。

利潤的經濟分析：利潤的經濟分析指出產品成本如何產生，以及經濟槓桿的位置。產品的固定成本與利潤需藉由區分固定成本、變動成本或半變動成本的因素，並從產品價格中扣除變動成本，以算出每一銷售單位所產生的貢獻。由此可以測試利潤對於銷售量、價格與成本因素可能變動的敏感度。亦可對製造設備、配銷通路與顧客亦可採行類似的運算。

市場區隔分析：市場區隔分析顯示另一種區隔的方法以及是否有任何區隔未獲得適當的關注。一旦決定適當的區隔，就需要努力地瞭解決定需求的因素（包含景氣因素以及任何市場大小或佔有率的限制）並解釋定價模式、相對市場佔有率以及其他決定利潤的因素。

競爭者分析 ：競爭者分析包含檢視它們的的銷售資料、與專家或產業組織的代表討論、以及與競爭者共同的顧客和任何知道的前雇員會談。若需要更多的資訊，團對可以獲取並分析競爭產品，甚至經由第三者安排與競爭者會談。有了這些資料，競爭者可以依照產品特性與表現、定價、類似的產品成本與利潤、行銷與服務努力、製造設備與效率、以及產品研發能耐等特性來比較。最後，需由此比較中推斷每一個競爭者的策略。

要素確認：前述與關鍵相關資訊需加以分析，以區隔出產業中仰賴的重要因素。任何事業中都存在五到十個對績效具決定性影響的要素。事實上，在某些產業中單一要素可能是成功的關鍵。舉例來說，在固定成本高的航空業中，高載客率爲成功的關鍵。在汽車業，強而有力的經銷網路是成功要素，因爲製造商的銷售量主要依賴經銷商支持多種類選擇，並提供顧客具競爭力售價之能力。在商品組合的市場，例如，轉換器、計時器與繼電器，市場佔有率與利潤極受產品廣度的影響。設計迴路器的工程師通常尋求豐富的種類以獲得充分的產品選擇。因此，在此產業中，擁有廣泛選擇的製造商即使只有少量的銷售人員，亦可獲得極高的市場佔有率。

關鍵要素可能因產業而異。即使在同一產業的公司，要素可能依產業地位、生產能力、配銷方法、經濟地位、原料取得等等不同而有所差異。因此，此處建議一系列的問題以在特定環境下辨認關鍵成功因素：

1. 要在產業中取得領先地位需要把哪些事作得特別好？此外，今天我們需要把哪些事作得特別好，才能在產業中獲取高額利潤，並取得未來數年的競爭力。

2.何種要素已導致或可能使公司在產業中失敗？

3.我們主要競爭對手的獨特優勢爲何？

4.產品或製程衰退的風險爲何？發生的可能性與發生的嚴重性爲何？

5.增加銷售量需做哪些事？公司在此產業中要增加市場佔有率要怎麼作？不同的成長方式會對利潤發生怎樣的影響？

6.我們成本的主要組成爲何？如何削減？

7.產業的主要利潤槓桿爲何？（即對可行的改善機會採取相同管理努力時，對利潤的相對影響爲何？）

8.企業的每一個主要功能部門必須重複作的重要決策爲何？在不同領域決策的好壞對利潤造成的影響爲何？

9.企業功能的績效如何給予公司競爭優勢？

一旦確認這些要素，接下來就必須參考目前的產品／市場狀態後加以檢驗，以尋求可能獲取長期競爭優勢的選擇方案。每個方案必須依照利潤報酬、投資成本、可行性與風險的角度加以評估。

選擇方案必須極爲明確地加以制訂。僅僅說要「維持產品品質」、「提供高品質服務」、「拓展海外市場」是不夠的。在適當評估策略之前，明確的描述是很重要的，如「將保證期間由一年延長至兩年」、「藉由指派經銷商的方式進入英國、法國與德國市場」、以及「公司直接提供每位顧客一百元現金折扣」。

最初，策略群體可能制訂一長串的選擇方案，但是與管理者的非正式討論可能將項目減少到可以處理的範圍。剩下的方案應依照規劃期間預期財務結果（銷售、固定與變動成本、利潤、投資、以及現金流量）和有關的非財務標準（市場佔有率、產品品質與可靠度、通路的效率等等）進行衡量。

這時，需直接注意是否有任何意外事件發生，並對這些事件做出適當的回應。舉例來說，若市場佔有率比預計增加一半時，需採行哪些定價與促銷動作？若顧客需求激增，如何滿足訂單？若消費者產品安全委員會（Consumer Product Safety Commission）將公佈新的產品使用管制，我們應採行什麼動作？此外，若企業位於具有景氣循環的產業，每項替代方案應對不同的市場情況，以及不同的競爭定價壓力假設進行檢查。在少數競爭者主導的產業中，企業面對競爭性的行爲——例如，定價行爲、廣告策略改變、或想主導配銷通路的意圖——所能採行不同方案之能力需加以評估。

策略選擇：收集如同前述選擇方案的利弊得失相關資訊後，需選出較佳的策略以提供管理者作參考。通常公司可能使用三種主要的行銷策略：(1) 營運優勢、(2) 產品領導地位、以及 (3) 顧客關係。營運優勢策略以最方便的方式與極佳的價格提供市場中等產品。在此策略下提供顧客簡單的產品：低價或最簡單的服務。Wal-Mart、Price / Costco與戴爾電腦採行此種策略。產品領導策略重視提供尖端功能的產品。換句話說，此策略前提是顧客獲取最好的產品。此外，產品領導者並非僅依賴一項創新：它們年復一年地持續創新。舉例來說，嬌生 (Johnson & Johnson) 是醫療用品的領導者。耐吉 (Nike) 的價值不僅在於其運動鞋，亦在於顧客相信他們購買的耐吉產品代表市場中最流行的風格和科技。

對產品領導者而言，競爭並非存在於價格或顧客服務，而是存在於產品功能。顧客關係策略並非重視市場需要什麼，而重視特定顧客的需求。採行此種策略的企業並非追求一次的交易；它們深耕關係、專注於獨特需求的滿足，此類需求常常只有藉由與顧客的緊密關係和知識才能發覺。此策略隱含假設爲：我們可提供你最好的解決方法，並提供所有你要達到最佳結果所需要的協助。舉例來說，長途電話業者Cable and Wireless採行此類策略，它持續服務選定的小型企業顧客而在此競爭激烈的市場中成功。**表9-2**說明前述三種核心策略的差異。

核心策略結合行銷組合的一個或多個領域。舉例來說，現在可能偏好產品領導策略。此策略的重心在產品上。然而，爲維持行銷決策的一致性，在價格、促銷以及配銷方面也需要作一些調整。這些方面的策略被稱爲支援策略 (supporting strategies)。因此，一旦採行策略選擇，核心與支援策略都需詳述。核心與支援策略需滿足市場需求、公司技能以及競爭條件。

核心與支援策略的概念可參考Ikea家具的例子。瑞典的家具巨人Ikea採行營運優勢爲其核心策略而在美國市場獲得成功。雖然其他斯堪地那維亞的傢俱公司在美國陷入苦戰，Ikea仍能維持成長。雖然其服務貧乏，顧客仍持續以優惠的價格購買時髦的家具。此公司成功結合其核心策略與產品、促銷與配銷之支援策略。例如，它選擇可容易由主要道路看見並到達的地段以創造來客數。很少有競爭者可以匹敵其廣達20000平方呎的分店所可以提供的產品選擇數目，其選擇數量平均爲其他對手的五倍多。其產品同時注重流行、耐用與功能；品質十分的優良。其廣告意圖將其形象塑造得內行且十分吸引人。Ikea誘人的產品、容易發覺的價格標籤以及吸引人的陳列方式可在交易中很快引發顧客的興趣。然而，這些支援策略都與價格相

表9-2 比較不同核心行銷策略

	核心策略		
管理特性	營運優勢	產品領導地位	顧客關係
策略方向	強化配銷系統並提供簡單的服務	醞釀計畫、將之轉換成產品並熟練地推廣	提供解決方案並協助顧客營運
組織配置	中央集權與有限的分權	有機式組織，結構鬆散且多變	授權以接近顧客
系統支援	維持標準程序	獎勵個人創新能力與成功的新產品	衡量提供服務與維持顧客忠誠度的成本
企業文化	行爲可預測，並相信不同狀況可以有一致的解決方案	實驗以及跳脫框架思考	彈性、用自己的方式做事

關。公司十分重視價格，它爲了製造一把椅子而使用多達四個製造商的零件。簡單說來，Ikea以公道的價格滿足現代家具需求。

通常同一產業中競爭的廠商會選擇不同的核心與支援策略。選定的策略反應公司的特別優勢、市場的特殊需求與競爭威脅。

可口可樂為天生贏家，但百事可樂必須與領導者區隔以掙扎求生。在百事可樂歷史中，它完全以價格區分。在1970年代早期，百事可樂開始相信它的產品即使不比可口可樂好，至少也一樣好。產生的策略為：「百事可樂大挑戰」。

可口可樂的第一個信念認為其產品是不可侵犯的。因此，其策略為：「別碰配方」與「在此品牌下別放較少的產品」(稱之為「標籤」)。可口可樂第二個信念認為地球上任何人都可走幾步路就買到可口可樂。此信念讓公司努力將其產品放至每一個想像得到的通路上，並允許所有通路在具競爭力的價格下賺取合理利潤的配銷策略。

不像可口可樂專注於產品，百事可樂較專注於市場。百事可樂首先提供新的容量與包裝。當顧客偏好健康、爽口以及較甜的口味時，百事可樂再度成為創新者：它首先提供低糖的選擇且迅速讓配方變得更甜。未受其品牌的妨礙下，它引進新的選擇以拓展原有的產品線。可口可樂擔心其品牌遭到影響，而百事可樂卻發覺運用同一品牌的成本優勢與廣告而獲得的良機。

核心策略參考相同產品在不同區隔之重要因素而制訂。此由下述petroloids製造商報價方式的個案可以得知。petroloids，如同石油、petro-rubbers、foams、adhesives、sealants一般，是一種有機的碳氫化合物：

主要製造商在不同的方面彼此競爭。其中最重要的就是價格、技術支援、廣告與促銷、以及產品功效。價格在那些產品與應用十分標準化的市場區隔中被當作主要的競爭武器。然而，當產品用在特殊用途並只佔顧客整體成本的一小部分時，此市場的價格敏感度較低。且顧客主要關心產品的特性與功能。

技術支援是獲取生意的重要方法。很大部分的petroloid銷售都用來滿足顧客的特殊需求。用在航空業的產品是一個主要的例子。petroloid的研發工程師需與顧客密切合作以確認功能要求並確保發展出可用的產品。

廣告與促銷活動在通路發達與／或達到最終使用者的市場中為重要的行銷工具。這同時對工業以及一般顧客銷售的foams、adhesives以及sealants尤其重要。我們公司與競爭者把許多包裝好的顧客產品賣給硬體製造商、超市與DIY商店。廣告提高知名度並激起大眾的興趣而促銷活動提高配銷網路的效率。雖然特製的petroloid產品只佔配銷商銷售的一小部分，但產品促銷可以確保特製產品受到適當的關注。

產品功效是製造者競爭的第四個構面。在長達2-16週的製造週期與數千項不同的商品中，沒有供應商可以負擔擁有所有產品的存貨。在需求旺盛時，許多的商品或有貨源短缺的情形。擁有適當供應與快速送貨能力的競爭者就能夠獲得新的商機。

很明顯地，策略發展十分困難，因爲不同的產品／市場情形可能要強調不同的重點。重心是參考要素後才建立，而要素可能難以確認。運氣也在正確行動中扮演一部分的角色；有時候只要直覺就足夠了。雖然如此，對於過去績效、當前展望以及環境的變化仍必須仔細觀察，以選擇正確的核心領域。

重新制訂目前策略的範圍，可能從對現有展望的簡單修正到制訂完全不同的策略。舉例來說，在定價方面，汽車製造商的一個策略可能年復一年保持穩定的價格（即未每年調漲）。另一種策略可能決定直接租車而非賣車給顧客。第一個策略可以由SBU主管決定。然而第二項策略較難執行，可能需要最高主管當局的批准。換句話說，一項產品／市場策略需要何種程度的檢討端視其性質（依其改變現狀的程度）與所需投入的資源而定。

發展核心策略的另一項重點就是重心需要放在尋求新的競爭方法上。行銷策略的制定需參考企業比競爭者擁有更多自由的關鍵要素。此觀點可以參考美體小舖（Body Shop International），一個即使在商業界中最重視形象的產業也未花費廣告支出的化妝品公司。以英國爲基礎，此公司在37個國家中營運。不像一般透過藥房與百貨公司銷售的化妝品製造商，美體小舖在其加盟店中銷售。此外在包裝成本通常超過產品成本的產業中，美體小舖保產品裝在樸素、相同系列的瓶子中，並提供帶回瓶子重新裝填的顧客折扣。由於和競爭者十分不同，此公司獲得成功。它教育顧客，而非用促銷與廣告對付她們。美體小舖的預算中有很多花在訓練店員關於產品製造與使用方法的細節。透過新聞信、錄影帶與教室上課的訓練使店員可以教育顧客關於保養頭髮、皮膚保養以及一些如hrassoul and mud洗髮精、白葡萄護膚劑以及薄荷護腳水等新產品生態利益。顧客也對美體小舖的環境政策做出回應：此公司的產品只使用天然成分，不使用動物實驗，且公開支持保育鯨魚和巴西雨林。

在最後的分析中，擁有下述特徵的公司比較容易發展出成功的策略：

1. 擁有資訊的機會主義者：資訊是主要的策略優勢，彈性是主要策略武器。管理者假設機會會一再叩門，而它只會以無法預期的方式輕輕地敲門。
2. 方向與授權：在革新公司中重新定義界線與下屬的管理者知道做事情的最佳方式。管理者放棄一些控制以獲得結果。
3. 友善的結果與適當地控制：革新的公司需要提供內容資訊，並移除依據個人意見制訂的決策。管理者認爲財務控制是一種溫和的確認與平衡，這使他們可以更自由、更富創造性。
4. 另一個借鏡：領導者是開放且好問的。他們從組織中所有人的地方獲得點子，其中包含顧客、競爭者、甚至隔壁鄰居。

5.團隊合作、信任、政治與權力：革新者強調團隊合作與信任員工工作的價值。雖不喜好辦公室政治，他們瞭解工作地方的政治是不可避免的。

6.行動的穩定性：革新的公司持續地改變，但仍維持基本的穩定。他們瞭解一致的需求與規範，但他們亦瞭解回應變革的唯一方式就是實踐變革。

7.態度與關注：清楚可見的管理關注而非忠告可以讓事情作得更好。行動可能從一句話開始，但它需要一些象徵性的行爲支持。

8.動機與承諾：承諾導因於管理者將偉大的動機導引成爲小型的行動之能力，因此每個人都可以對核心目標做出貢獻。

SBU策略的決定

SBU的策略在其產品／市場中創造競爭優勢。事業單位層級的策略是由三個C（顧客、競爭與公司）所決定。不同公司的經驗顯示，爲了形成策略，我們可以藉由將SBU置於一個2×2的矩陣中，其中一個軸代表產業成熟度或吸引力，另一個軸代表策略競爭位置，由此可以明白策略的三C。

產業吸引力可參考產業的生命週期階段（即導入期、成長期、成熟期、或衰退期）。諸如：成長率、產業潛力、產品線廣度、競爭者數目、市場佔有率、顧客購買型態、進入容易程度、以及科技發展等因素決定產業的成熟度。如表9-3所示，這些因素因產業成熟度的不同而以不同的方式呈現。舉例來說，導入期產品線通常較窄，且常常爲符合顧客需求而修改。在成長期，產品線經歷快速的增長。成熟期努力將產品銷售到特定的區隔。而在衰退期，產品線開始縮減。

完整經歷產業生命週期的四個階段需要花費十年左右的時間。不同的階段通常並非持續相同的時間。今引用一些例子，個人電腦與太陽能設備正處於導入階段。家用煙霧偵測器與運動器材處於成長階段。高爾夫器材與鋼鐵都是成熟產業。男士帽子與火車都處於衰退期。我們必須注意，產業可能在衰退階段經歷反轉。舉例來說，由於直排輪的引進，輪式溜冰鞋經歷重大轉變（由衰退階段回到成長階段）。我們必須強調並無所謂「好的」或「不好的」生命週期階段。在成熟期時，只有在市場參與者的預期或策略不適合成熟期時才會變成「不好的」生命週期。這四個不同階段的特徵將在以下的段落中討論。

表9-3產品成熟標準

敘述	產業生命週期			
	導入期	成長期	成熟期	衰退期
成長率	加速中；由於比較基準過小，不易計算有意義的比率	持續高於經濟成長率；產業銷售量大幅擴張	和經濟成長率相當或低於經濟成長率；受限於景氣循環	產業銷售下降
產業潛力	通常難以辨識	需求超過現有產業供給，但受限於意外的發展	充分瞭解；主要市場飽和	達到飽和狀態；產能高於需求
產品線	狹窄；為迎合顧客需求而必須時常更改	經歷快速增長；一些產品銷售到不同的產業區隔中	產品線修正，但為改變其廣度；產品通常服務狹窄的產業區隔	產品線縮減但依主要客戶需求而作調整
競爭者數目	最初僅有少數競爭者，但競爭者數目迅速增加	數目與型態均不穩定；在整合浪潮後又快速增加	通常穩定或略微減少	減少，或產業分為許多小型的區域供應商
市場佔有率穩定度	多變；難以衡量佔有率；市場通常很集中	排名改變；少數公司擁有主導地位	佔有率罕有變動；擁有主導地位的公司十分穩固；重要的利基競爭；佔有率較低的公司較不可能獲取主導地位	發生改變，邊緣的公司退出；當市場變小時，市場佔有率通常會變得較集中
購買型態	多變；某些顧客有很強烈的忠誠度；其他的無忠誠度	一些顧客忠誠度；購買者十分積極且表現出重複購買或進一步購買的行為；開始有價格敏感度	供應商充分瞭解；購買型態建立；顧客通常忠於少數供應商；價格敏感度提高	強烈的顧客忠誠度，且替代選擇減少；顧客與供應商緊密結合
進入容易程度（不考慮資本）	通常很容易；機會並不明顯	通常很容易；競爭者出現的效果被成長所抵銷	困難；競爭者堅守陣地；成長趨緩	較低的誘因
科技	符合市場需求，十分重要；產業是由科技突破或應用而展開；多元的科技	較守的競爭科技；重新檢討或拓展重要產品線；增加產品功能十分重要	檢討流程與原料；運用產業外的技術發展以提昇效率	在現行產品中扮演較不重要的角色；尋求新科技再創第二春

處於導入期的產業通常經歷快速的銷售成長、科技經常改變、以及不完整且多變的市場佔有率。在此產業投入的現金相對於銷售量而言是很高的，且投資於市場開發、設備與科技。萌芽事業通常都不賺錢，但投資通常由其在成長市場中佔有的地位作爲保證。

成長階段通常的特徵是銷售量隨著市場發展而快速擴張。顧客、市場佔有率與科技比導入時期清楚，且進入產業變得較爲不易。成長事業通常從公司借用資本，產生差強人意的營收。

在成熟產業中，競爭者、科技與顧客都十分清楚，且市場佔有率只有少數的變化。此產業的成長率通常相當於經濟成長率。在成熟產業的事業通常有較高的收益並提供公司現金。

衰退階段的特徵爲

1.產品需求下降，有限的成長潛力。
2.競爭者減少（倖存者藉此獲取市場佔有率）。
3.產品線少有改變。
4.少量的研發或廠房設備的投資。

SBU的競爭地位不只根據市場佔有率，亦根據如產能利用率、目前獲利能力、整合程度（前向或後向）、特有的產品優勢（例如，專利權保護）、以及管理優勢（例如，願意承擔風險）的因素。這些因素可經由將一個事業單位區分成下列競爭地位而得出：主導、強、有利、相對較弱、或弱。

表9-4處於不同競爭地位企業的特徵。電腦業的IBM是一個主導企業的例子；其競爭者模仿IBM的行爲與策略。啤酒業的Anheuser-Busch說明了一個強而有力的公司，它可以獨立採取行動而不需擔心被主要競爭者痛擊。

確認策略競爭地位是一項複雜極高但需要極少研究的企業分析工作。在僅擁有少量的指引的情形下，我們傾向依賴市場佔有率的標準，但成功公司的經驗指出決定競爭地位的因素具有許多構面，且包含諸如：科技、產品線廣度、市場佔有率、佔有率改變與特殊市場關係之類的因素。當產業成熟度改變，這些因素相對重要性亦隨之發生變化。

表9-4 策略競爭地位的區分

主導	◇控制其他競爭者的行爲與／或策略 ◇可不考慮競爭者行爲而在較大的範圍中進行策略選擇
強	◇可採行獨立的觀點或行爲而不會損傷其長期地位 ◇面對競爭者採行的行動仍能維持其長期地位
有利	◇若產業情況有利就可由某些策略中獲得優勢 ◇擁有較一般企業多的能力以改善地位 ◇若處於利基市場，擁有主導的地位且擁有相當程度的攻擊阻絕的能力
相對弱勢	◇擁有足夠的潛力與／或優勢以維持事業的存續 ◇在主導企業或產業的默許下，可能可以維持地位但無法顯著改善其地位 ◇若處於利基市場，是有利可圖的，但對於競爭者的行爲不具抵抗能力
弱	◇目前的績效較無法令人滿意，但可能擁有能造成改善的優勢 ◇擁有較佳地位的許多特徵，但遭受過去錯誤或目前的劣勢的損害 ◇擁有短期地位：將發生改變(上升或下降)
無法維持	◇目前的績效較無法令人滿意，但可能僅有少量能造成改善的優勢（可能要數年後才會消失）

策略選擇

一旦SBU置於產業成熟／競爭矩陣之中，如表9-5的準則就可以用來協助決定SBU可採行的策略。事實上，表中的策略爲策略切入點的指引而非策略本身。這顯示了在產業成熟度與競爭地位確定的情形下，一個事業單位可能採行之策略過程。本章附錄進一步檢視如表9-5所提到的策略切入點。每個策略都明白的定義、並解釋其目標、需求與預期結果。

爲跨過一般準則與執行特定策略之間的鴻溝，我們需要進一步地分析。在此處提供一個三階段的步驟。首先，使用廣泛的準則，我們可以要求SBU的管理者說明過去數年中採行的策略。其次，使用選定的績效比率檢討這些策略，以分析這些策略是否執行成功。接下來經由策略準則的協助，確認並分析過去與目前的策略，管理者使用某些準則以選擇其未來將執行的策略。未來的展望需要目前策略的持續，或者發展新的策略。然而，接受未來策略之前，我們應先衡量其造成之現金流量或內部部署（internal deployment，即重新投入的資金比率）。圖9-6說明一個策略事業單未在投入資金比率80％的情形下，賺取資產的22％。此類的SBU被認爲是處於成

表9-5策略切入選擇指引

競爭地位	產業生命週期 導入期	 成長期	 成熟期	 衰退期
主導	高速成長 啟動	高速成長 成本領先 更新 防禦	防禦 集中 更新 高速成長	防禦 更新 成長至成熟
強	啟動 差異化 高速成長	高速成長 跟進 成本領先 差異化	成本領先 更新 集中 差異化 成長	尋找利基 利基維持 維持 成長 收割
有利	啟動 差異化 跟進 集中 高速成長	差異化 集中 尋找利基 利基維持 成長	收割 維持 反轉 差異化 集中 成長	減少投資
相對弱	啟動 成長 集中	收割 跟進 尋找利基 維持 利基維持 反轉 集中 成長	收割 反轉 尋找利基 減少投資	放棄 減少投資
弱	尋找利基 跟進 成長	反轉 減少投資	撤退 放棄	撤退

熟階段。然而，若前述分析顯示SBU正位於成長的產業，公司必須重新思考其投資策略。SBU中包含的所有數量化資訊必須依照如表9-7所顯示一般採用相同的形式表

圖9-6專業獲利與資金狀況

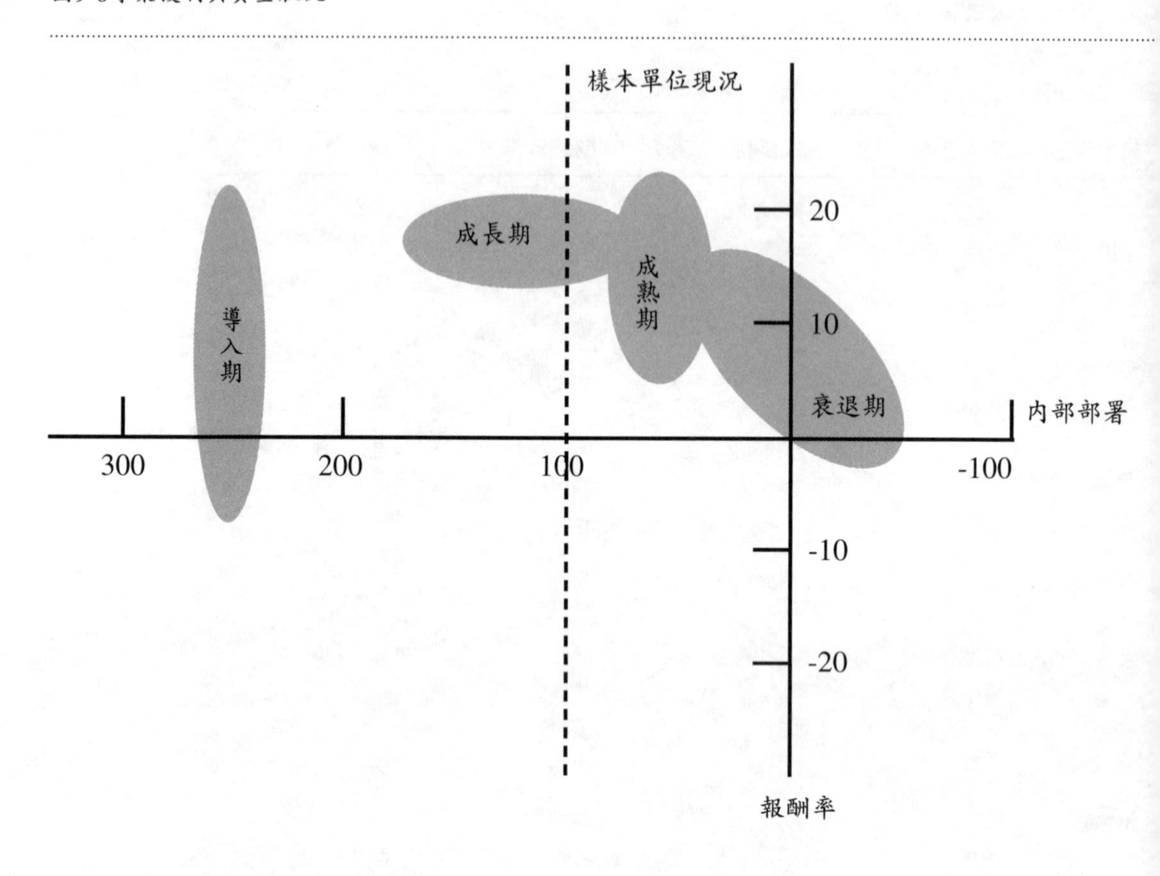

示。

不同產品／市場的計畫需於SBU層級中進行檢視。此動作的目的有二：（1）檢視產品／市場策略在達成SBU策略中扮演的角色，以及（2）核准產品／市場策略。其潛在的評估標準是要有條不紊地達成SBU的目標，這些目標可能以明確的利潤或現金流量的方式表示。若在兩個產品／市場集團的策略執行中存在著利益的衝突，爲達成SBU目標，此衝突必須化解。假設現在有兩個產品／市場集團同時尋求在未來兩年進行投資。其中一個產品／市場可以在第三年就可挹注正的現金流量。另一個須到第四年才能帶來現金，但能提供較高的資本報酬率。若SBU急需現金且爲某種目的在第三年需要更多的現金，則第一個計畫較爲吸引人。因此，雖然第二個產品／市場集團提供較高的利潤，SBU在考量其目標的達成時，可能會批准第一個產品／市場集團的投資。

表9-7競爭資訊來源

績效											
	指標					報酬					
						投資（佔銷貨百分比）					
年	產業產能（A）	事業單位產能（B）	事業單位銷售（C）	稅後利潤（D）	新資產（E）	應收帳款（F）	存貨（G）	現有新增負債（H）	營運資金（I）	其他資產（J）	淨資產總額（K）

績效									投資			
報酬（績前）									產生與投入資金			
成本與收益（佔銷貨百分比）									（佔銷貨百分比）			（%）
年	銷貨成本（L）	研究與發展（M）	銷售與行銷（N）	行政支出（O）	其他收入與費用（P）	稅前利潤（Q）	稅後利潤（R）	淨資產報酬率（S）	營運資金流量（T）	資產變動（U）	淨現今流量（V）	內部發展（U÷T）（W）

Source: Arthur D. Little, Inc. Reprinted by permission

偶爾，SBU在批准前需要產品／市場集團對其策略展望進行進一步的修正。另一方面，產品／市場計畫亦可能會遭全盤否決且命令此集團遵循原來的規劃。

產業成熟度與競爭地位分析可進一步地改進SBU。換句話說，在SBU設立並進行產業成熟度與競爭地位分析後，可能會發現企業並未適當地設立SBU。在此情形之下，企業需要重新定義SBU，並再度採行相同的分析。今從汽車音響產業中舉一個例子，在汽車的CD音響與傳統音響中存在著顯著的產業成熟度差異。此產業成熟度或競爭地位的差異亦存在於區域市場、消費群體與配銷通路上。舉例來說，由折扣商店直接銷售給最終使用者，並由使用者自行安裝的便宜汽車音響市場的成長速度，可能比專門提供安裝服務的零售商店市場快得多。這樣的情況可能需要進一步地對SBU進行修正。此工作須持續到SBU與清楚的產業成熟度和競爭地位分析所可能達成最高的程度爲止。

策略評估

「需要獲取資源的時間很長，但機會的時效性緊迫，所以未仔細規劃與評估策略的公司會被時代的巨浪所淹沒。」在此引述Seymour Tilles的文章以強調策略評估重要性。策略是否合適可由以下的準則評估：

1. 合適性：是否存在可持久的優勢？
2. 妥當性：假設是否合理？
3. 可行性：我們是否擁有能力、資源與承諾？
4. 內在一致性：策略是否彼此牽制？
5. 漏洞：風險與可能發生的意外？
6. 切實可行：我們是否可保有彈性？
7. 合理的時間長度。

合適性

策略須提供競爭優勢。換句話說，策略須導致未來的優勢，或針對侵蝕現有競爭優勢的力量進行調適。企業可遵循下列步驟以判斷一項策略可能提供之競爭優勢：（1）檢視企業潛在的威脅與機會，（2）以企業能耐的觀點評估所有選擇方案，（3）預測個別選擇方案可能引起的競爭回應，以及（4）修正或剔除不適合的選擇。

妥當性（與環境一致）

策略須與對外在產品／市場環境的假設一致。若越來越多的女性外出找工作，假設女性扮演傳統角色（在家扶養小孩）的策略就與環境不一致。

可行性（以可獲得的資源觀點看其是否適當）

金錢、能力與設備是經理人在達成策略所需考慮的重要因素。一項資源可由兩種不同的方式進行檢視：達成目標的限制或可供開拓的策略機會。策略制定者需清楚評估現有資源，而不應該過分樂觀。此外，即使公司擁有此項資源，產品／市場集團可能無法取得。且產品／市場集團有的資源可能在SBU的策略要求下移轉到另一個集團。

內在一致性

策略須與公司、SBU與產品／市場的不同政策協調。舉例來說，若公司決定將對政府的來往降低到總銷售的40%，則依賴政府超過40%的產品／市場策略就會有不一致的情形產生。

漏洞（風險）

風險程度由策略展望與可獲取的資源來決定。今有一中肯的問題：現有供執行策略的資源是否充足？投入冒險的資源比例變成一個須考量的變數：投入資源越多，風險越高。

切實可行

策略是否切實可行須以數量化的資料確實評估。然而，有時候難以採行客觀的分析。在這種情形下，可以採用其他的指標來評估一項策略的貢獻。其中一個指標就是高階主管對此策略的執行結果看法的相近程度。事先制訂其他達成目標的策略是另一個策略是否切實可行的指標。最後，事先瞭解資源的需求可降低採行破壞性的成本降低方案，或尋求預定計畫的讓步之需求，同時可瞭解計畫是否切實可行。

合理的時間長度

可行策略的實現需要時間。策略的時間長度須允許在不對組織造成破壞或喪失市場可行性的情形下執行。舉例來說，推出新產品時須分配足夠的時間進行試銷、銷售人員訓練等工作。然而，時間長度不可以長到讓競爭者可先進入市場並攫取利益。

摘要

本章主要論述SBU的策略形成，並提出一個發展SBU策略的概念架構。SBU階層的策略形成的分析要素中也需要產品／市場的策略展望。因此，本章首先討論發展產品／市場策略的程序。

產品／市場策略發展須預測目前營運的趨勢（假設情況不變）、從環境改變的觀點對趨勢進行修正、並依照目標檢視修正過後的趨勢。若設定的目標與預測間不存在差距，目前的策略就可以繼續維持。然而，通常目標與目前的經營預期存在著某些差距。因此，我們需要彌補此一差距。

我們建議下列三階段步驟來彌補差距：（1）關鍵評估（面對未來與現況提出質疑）、（2）要素確認（確認產業成功所需的關鍵要素）、以及（3）策略選擇（選擇較佳的策略）。較佳的策略基於行銷組合的一個或多個變數── 產品、價格、促銷或配銷。行銷策略強調的重點，核心策略，乃基於其選擇的變數。剩餘變數的策略都是支援策略。

SBU的策略乃基於三C（顧客、競爭與公司）。SBU被置於2×2的矩陣中，其中一座標軸代表產業成熟度或吸引力，另一座標軸代表策略競爭地位。辨認產業的不同成熟階段── 導入期、成長期、成熟期與衰退期。競爭地位可區分爲主導、強、有利、相對較弱或弱。依照產業成熟度和競爭地位可將矩陣區分爲二十個不同的區塊。在每一區塊中，SBU都需要不同的策略展望。有關策略的摘要以一個個案的方式呈現。

本章以評估選定策略的程序作爲結束。此程序檢視策略的下列層面：合適性妥當性、可行性、內在一致性、漏洞、切實可行與合理的時間長度。

問題與討論

1.敘述一家洗衣機製造商如何衡量企業未來五年的趨勢。

2.列出Sears百貨在檢視其大型家電的策略時可能提出的問題。

3.列出在家庭建築產業成功所需的變數五項。

4.你將會把（1）淡啤酒與（2）彩色電視置於何種產業地位？

5.基於你對公司的認識，你認爲美樂啤酒在淡啤酒產業的競爭地位與奇異電器在家電產業的競爭地位爲何？

6.討論須運用哪些策略評估準則以檢視工業用品製造商的策略。

附錄：策略切入選擇

啓動（Start Up）

1. 定義：推出具明確、重大科技突破的新產品。
2. 目標：發展一個全新的產業以滿足之前從未被滿足的需求。
3. 條件：具承擔風險能力的管理者、資本預算以及支出。
4. 預期結果：現金支出；報酬率爲負；新產業的領導者。

跟隨產業成長（Grow with Industry）

1. 定義：專注於維持市場佔有率。
2. 目標：將資源投入到正確的市場、產品、管理或生產劣勢之中。
3. 條件：管理限制；市場知識；部分資本與費用投資；具時效性的策略。
4. 預期結果：穩定的市場佔有率；利潤、現金流量與淨資產報酬率不可比最近幾年差，且只有在產業平均波動時才可跟著變動。

高速成長（Grow Fast）

1. 定義：積極追求高的市場佔有率與 / 或與競爭相關的有利地位。
2. 目標：提高銷售數量與市場佔有率的速度超越競爭者與產業平均成長速度。
3. 條件：因應投資與後續動作的資源；承擔風險的管理能力；合宜地投資策略。
4. 預期結果：高市場佔有率；短期可能有較低的投資報酬；長期投資報酬率提高；競爭性的報復。

成本領先（Attain Cost Leadership）

1. 定義：以適當品質水準達成比競爭者低的成本。
2. 目標：提昇因應有力進入者、有力顧客、強力競爭者或潛在替代產品的能力。
3. 條件：相對高的市場佔有率；規律且持續的管理努力；有利的原料來源；實

質資本投入；積極定價。

4.預期結果：建立市場佔有率初期可能導致損失；最終會有較高的利潤；相對較低的資本周轉率。

差異化（Differentiate）

1.定義：以合適地價格在產業中達成最大程度地產品／品質／服務差異化（消費者認知）。

2.目標：確保公司能抵抗轉換、替代品、價格競爭以及強而有力的顧客或供應商的侵襲。

3.條件：犧牲高市場佔有率的意願；重視行銷；專注於科技與市場研究；品牌忠誠度高。

4.預期結果：可能較低的市場佔有率；高獲利；超過平均的營收；較具抵抗能力的市場地位。

集中（Focus）

1.定義：選擇較競爭者狹窄的市場／產品線區隔。

2.目標：相較於較寬廣的產品線而能更有效率地服務策略專注領域（地理區、產品、或市場）。

3.條件：訓練有素的管理；持續追求定義明確的範圍與任務；較高級定價；細心地目標選擇。

4.預期結果：超越平均地營收；成本可能爲此領域最低可能維持高度差異化。

更新（Renew）

1.定義：預測未來產業的銷售而修正產品線的競爭能力。

2.目標：克服產品／行銷組合的劣勢以提高市場佔有率或爲下一個世代的需求、競爭或替代品作準備。

3.條件：強而有力的競爭地位以創造更新所需的足夠資源；資本與費用投資；承擔風險的管理能力；對現有產品線的潛在威脅之認知。

4.預期結果：銷售短期下降，接下來突然或逐漸地突破舊有的銷售／獲利模式。

防禦（Defend Position）

1. 定義：確保相對競爭地位穩固或提昇。
2. 目標：創造讓障礙以使競爭者、供應商、顧客或新進入者難以使公司的市場佔有率受到侵蝕、利潤與成長的能力降低、成本提高且風險增加。
3. 條件：發展下述一項或多項優勢：專利技術、強力品牌、保護的資源、有利的市場地位、規模經濟、政府保護、專屬配銷通路或顧客忠誠度。
4. 預期結果：穩定或提高市場佔有率

收割（Harvest）

1. 定義：將市場佔有率或競爭地位化爲較高的報酬。
2. 目標：藉由與競爭者交易、出租、或銷售技術、經銷權、專利權、品牌、產能、地點或特有資源，讓報酬提高並超越產業平均水準。
3. 條件：高於產業平均報酬；擁有產業的重要進入障礙；其他的投資機會。
4. 預期結果：突然追求利潤與報酬；逐漸降低的市場地位、可能導致撤守的策略。

尋找利基（Find Niche）

1. 定義：選擇在市場中維持一個較小的堅固地位而非撤守。
2. 目標：將機會定義得十分狹窄，以至於擁有較廣產品線的大型競爭者認爲將你趕出產業並無利可圖。
3. 條件：「小而美」的管理風格；多餘產能的其他應用；可靠的原料來源；在擇定的區隔中擁有較佳的品質與／或服務。
4. 預期結果：銷售量與市場佔有率降低；中長期報酬提昇。

利基維持（Hold Niche）

1. 定義：面對強大的競爭者而在一個大的產品／市場區隔中防守一個較小的地位。
2. 目標：創造障礙（眞正的或想像的）使得競爭者、供應商或顧客群體誤以爲進入公司的區隔或是轉換產品無利可圖。

3.條件：在產品中設計、創設與增加移轉成本（switching costs）。
4.預期結果：低於產業平均但穩定且可接受的報酬。

跟進（Catch Up）

1.定義：藉著積極的產品／市場行動以補足不佳或太遲的進入行動。
2.目標：藉由仔細的選擇合適的產品、生產、配銷、促銷與行銷技巧以克服先期進入者在產業中獲得優勢。
3.條件：在有彈性的環境中承擔風險的管理技能；進行大量投資的資源能力；公司對短期低報酬的瞭解；驅逐較弱的競爭者的必要性。
4.預期結果：短期利潤可能爲負；可能在產業成長階段晚期獲得有利或者強大的市場地位。

維持（Hang In）

1.定義：預料到某些有力的環境變化而延續單位的存續。
2.目標：持續支應一個可維持（或更佳的）單位直到一個即將到來的轉機來臨爲止；這可能是以專利權到期、管理變革、政府行動、科技突破或社會經濟的變化的形式發生。
3.條件：對預期的環境轉變有很清楚的瞭解；維持一個不良績效的管理意願與能力；利用新環境的機會與資源；時間的限制。
4.預期結果：比平均差的績效，甚至可能產生赤字；稍後發生實質的成長與較高的報酬。

反轉（Turn Around）

1.定義：在限定時間內克服績效上固有的重大劣勢。
2.目標：結束市場佔有率與／或銷售的下跌；至少使市場地位穩固或是更進一步的帶來小幅改進；讓產品線遠離競爭者以及替代品的攻擊。
3.條件：阻止災難的迅速行動；降低虧損的的削減成本或重新定位；士氣的變化。
4.預期結果：穩定的狀況和平均的績效。

減少投資（Retrench）

1. 定義：減少投資並減少風險程度和損失。
2. 目標：停止無法承受的損失或風險；準備放棄或撤守此事業；停止損失的營運活動以降低損失。
3. 條件：高度訓練的管理系統；與員工良好的溝通以避免經銷背離；清楚的策略目標與時間表。
4. 預期結果：降低損失或略微改善的績效。

放棄（Divest）

1. 定義：賣出產品線、品牌、配銷設備或產能以減少事業的資產。
2. 目標：持續減少因早期策略錯誤所導致的損失；匀出可讓公司進行其他投資的資金；阻止事業的部分或是全部進行競爭。
3. 條件：產業的其他競爭者或想在產業中競爭的對手欲取得的資產。
4. 預期結果：現金流量增加；資產降低；績效表現可能較差同時／或可能會發生虧損。

撤守（Withdraw）

1. 定義：將事業由競爭中退出。
2. 目標：藉由停工、銷售、拍賣或拆解營運而由事業中撤回所有的公司資產或費用。
3. 條件：放棄的決定；類似管理員的管理；明確的時間表；一份公共關係計畫。
4. 預期結果：虧損與勾銷。

第10章 組合分析

前一章處理個別SBU的策略發展。執行前，不同SBU的策略須由公司整體的觀點來評估。在今日的環境中，大部分的公司都在許多不同的事業中進行營運。即使公司主要在單一的事業範圍中營運，它可能仍有多重的產品／市場區隔。由策略的角度來看，不同的產品／市場可能會塑造公司中的不同事業，因爲它們可能扮演著不同的角色。本章主要談論針對一個組織不同事業之分析，使得每個事業都可以被分配到適當的角色，以達到公司長期成長與營收最大化的境界。

數年前彼得杜拉克建議將產品分爲六個部分以顯示未來銷售成長的潛力：未來主力產品、今日主力產品、採行激烈行動就有淨收益的產品、過去的主力產品、仍在營運的產品（also rans）、與失敗的產品。杜拉克的區分提供一個瞭解公司是否發展足夠確保未來成長與利潤的新產品之架構。

在過去幾年中，強調的重心從產品轉移到事業上。通常公司會發覺某些事業單位的地位極具競爭力，而其他的則不然。這是由於資源，尤其是資金有限，並非所有的SBU都可被一視同仁的對待。本章提供管理者三個架構，由公司可行方案與機會中來選擇不同SBU策略最適當的組合，並同時滿足公司營運所必要求的資源限制。此架構亦可用於SBU層級以檢視其不同的產品／市場區隔之策略展望。

我們將討論的第一個架構，產品生命週期，是傳統上許多行銷人員用來爲不同產品制訂行銷策略的工具。第二個架構是由波士頓顧問集團（Boston Consulting Group）所發展，通稱爲產品組合方法。第三個，多變素組合方法，是由奇異電器（General Electric Company）所發展的。本章以Porter的一般策略架構作爲結論。

產品生命週期

產品通常會經歷不同的階段，每個階段都由不同的競爭條件所影響。若想要有效地達成銷售與利潤目標，在不同的階段就需要不同的行銷策略。產品的生命週期長度並不是一段固定的期間。它的長度可能從一周到一年，端視產品之類別而定。在大部分的文獻中，產品生命週期的討論將代表性產品的銷售歷史描繪成爲如（圖10-1）的S型曲線。此曲線區分成四個階段：導入期、成長期、成熟期與衰退期。〔一些學者加入第五階段，飽和期（saturation）〕

然而，並非所有的產品都依循S型的曲線。行銷學者指出一些不同的產品生命週期型態。舉例來說，Tellis與Crawford指出十七種產品生命週期型態，而Swan與

圖10-1 產品生命週期

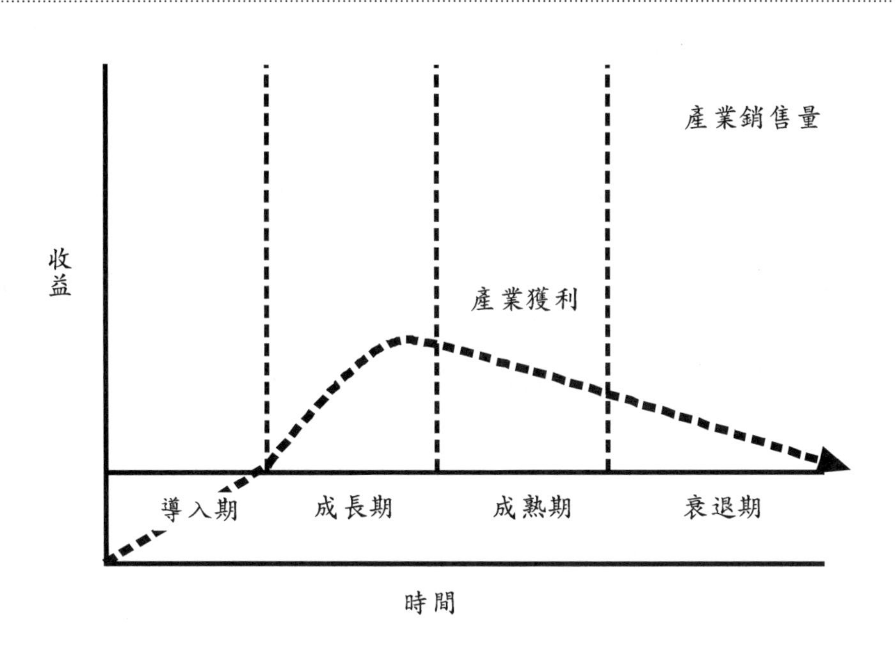

Rink提出十種。圖10-1繪出典型的產品生命週期曲線，此圖中表現出一個產品的生命週期與收益和銷售量的關係。

在導入期時產品的市場接受程度並不確定；因此，本期成長十分緩慢。由於高昂的行銷與其他費用，使得利潤幾乎不存在。在產品研發、製造與市場導入方面的挫折需要大量的開銷。此階段的行銷策略爲不同產品、定價、促銷、與配銷組合。舉例來說，組合價格與促銷變數可以產生下列策略選擇：

1.高價／強力促銷。
2.高價／低促銷。
3.低價／強力促銷。
4.低價／低促銷。

在導入期存活下來的公司可以享受到一段迅速成長的時期。在成長期會獲得顯著地利潤。此階段的策略有下列數種型態：

1.產品改善、增加新特色與樣式。

2.發展新行銷區隔。
3.增加新通路。
4.選擇性刺激需求。
5.降價爭取新顧客。

在下一個階段，成熟期中，市場中存在著劇烈的競爭。此時工作侷限於吸引新的顧客、開發具不同的尺寸、顏色、配件、與其他特色的產品。爲奮力維持公司的市場佔有率，行銷人員會增加說服性廣告、拓展新的配銷通路、並提供減價優惠。除非新的競爭者受阻於專利權或其他的障礙，否則進入此一產業變得十分的容易。因此，成熟期時銷售成長的速度減緩，利潤在達到高峰後開始滑落。

成熟期的策略包含下列步驟：

1.尋求新市場以及使用產品的新方法。
2.經由產品特色與樣式的改變而改善產品品質。
3.新的行銷組合。

對於領導廠商而言，步驟3指的是推出創新產品、以多品牌策略鞏固市場、或加入對產業中弱勢廠商的價格促銷戰中；非領導廠商可尋求差異化優勢、在產品或促銷變數中尋找市場利基。

最後一個階段爲衰退期。雖然銷售與利潤持續下滑，衰退期並不一定會產生虧損。部分競爭者可能在此階段中退出市場。仍然偏好此一商品的顧客可能願意使用一般的產品、支付較高的價格、並在特定的商店購買。促銷的費用亦降低。

在衰退期的重要策略決策考量爲退出障礙（exit barrier）。即是處於退出產業的良機，仍可能存在一個或更多個使離開產業變得困難的障礙。舉例來說，此產業有耐久的特製專屬資產，且在其他產業僅有很低的價值；由於勞工資遣費與土地使用的或有負債，退出成本可能很高；可能存在管理者的抗拒；透過此事業可與金融市場維持聯繫；結束此一事業對公司的其他事業有不利的影響；或政府施壓以維持此一事業，這是跨國企業常常面臨的局面，尤其在開發中國家之中。

整體而言，在衰退期，選擇特定的策略須基於事業的優勢與劣勢，以及產業對公司的吸引力。下列策略選擇可能是合適的：

1.增加投資（以主導或獲得較佳的競爭地位）。

2.維持投資直到產業的不確定性去除。

3.捨棄沒有前途的顧客群以降低公司投資，但同時強化公司在吸引有利可圖的利基市場之消費者需求之必要投資。

4.不論原有投資爲何，回收（或榨取）公司的投資以儘快獲取現金。

5.儘量有利地處分事業資產以儘速放棄事業。

總言之，在導入期中，主要作如何進入市場，與瞄準相對較窄的顧客區隔或較廣的顧客群體之選擇。在成長期中，主要的選擇方案爲增強與鞏固過去建立的市場地位或開發新需求。開發新需求可藉由許多種方法，包括：發展新的應用方法、拓展地理範圍、與以前未銷售的顧客群體進行交易，或增加相關的新產品。在成長階段晚期或成熟階段早期，主要的課題爲在現有市場中達到最大的佔有率之不同策略中進行選擇。這可能包含著：產品改善、拓展產品線、較狹窄的的產品線定位、重心由廣度轉移到深度、入侵侵入者之市場、或減少產品上不必要的附加物品以吸引某階層的顧客。在成熟期中，市場地位已經穩固，且主要強調在市場中的不同區隔中一對一的競爭。這類型的激烈競爭可能形式爲價格競爭、小特色的競爭、或促銷戰。在衰退期中，可能的選擇爲繼續現有的產品／市場觀點、選擇性持續、或放棄。

表10-2說明了在S型的產品生命週期中每個階段特徵、行銷目標與行銷策略。特徵有助於將產品對應至曲線上。目標與策略指明每個階段的相關行銷觀點。實際策略的選擇乃基於產品、產品特徵與當時環境影響力所制訂的目標。舉例來說，在導入期，若新產品在無競爭的情形下推出，同時公司花費了大筆金額進行研發，此時公司可遵循高價位／低促銷的策略（即由市場頂端吸脂的策略）。當產品穩固且進入成長期時，售價可能削減以引入新的區隔——此爲德州儀器在電子錶上所採行的策略觀點。

就另一方面而言，若產品進入一個擁有強而有力品牌的市場，此公司可能採取高價位／強力促銷策略。舉例而言，精工錶將其產品以高價位以及強力促銷的姿態在富裕的購買者中推出，而未有與德州儀器競爭的意圖。

在此四階段之中，成長期提供形成產品生命週期長度最多的機會。一些重要的問題必須要獲得解答：爲何銷售量縮減？產品銷售量減少是由於較佳的替代品出現或由於顧客需求發生根本的轉變？銷售量減少可歸因於管理者未確認及滿足正確的顧客需要，或歸因於競爭者之行銷工作較爲確實？若要讓恰當的策略可用於強化產

表10-2產品生命週期

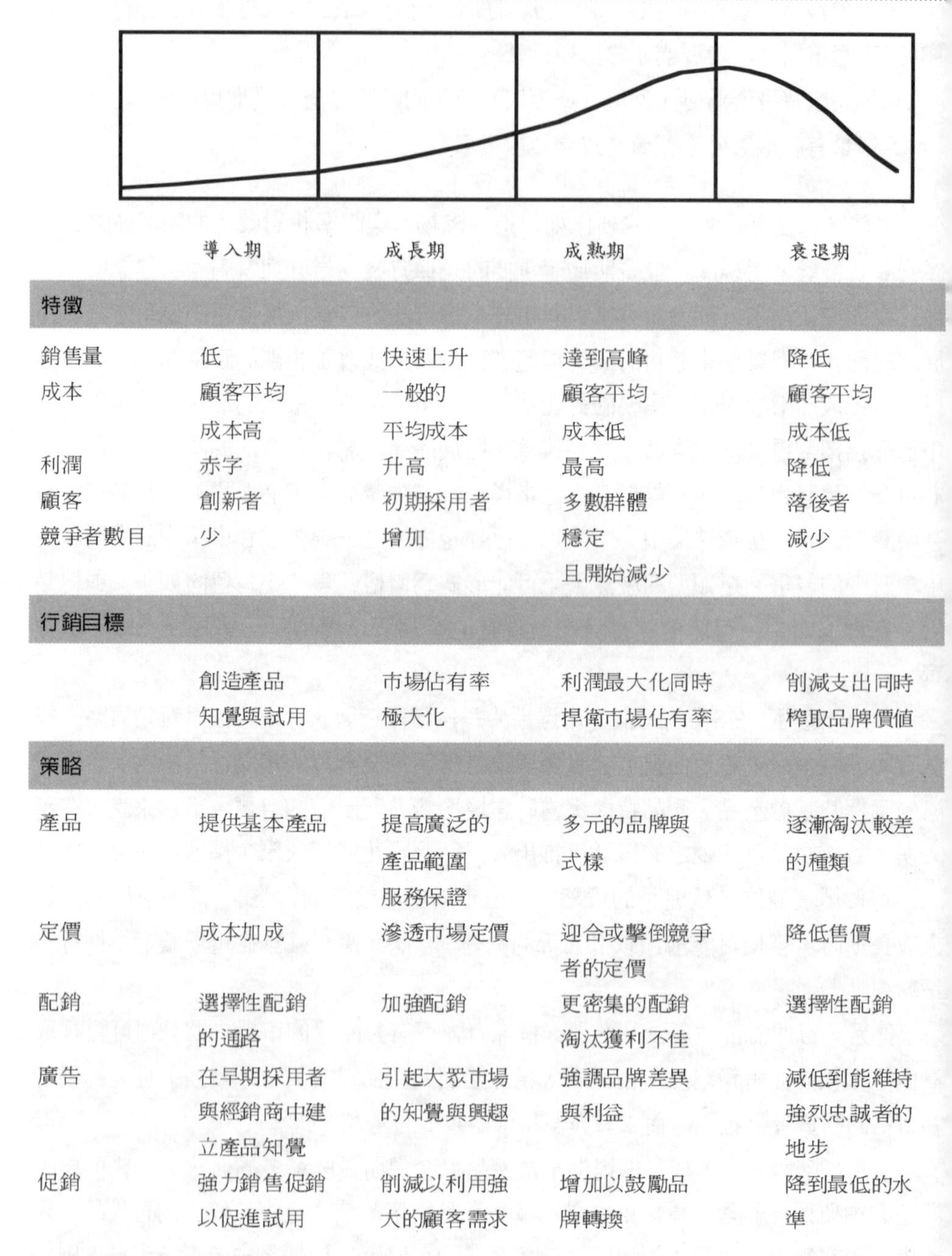

	導入期	成長期	成熟期	衰退期
特徵				
銷售量	低	快速上升	達到高峰	降低
成本	顧客平均成本高	一般的平均成本	顧客平均成本低	顧客平均成本低
利潤	赤字	升高	最高	降低
顧客	創新者	初期採用者	多數群體	落後者
競爭者數目	少	增加	穩定且開始減少	減少
行銷目標				
	創造產品知覺與試用	市場佔有率極大化	利潤最大化同時捍衛市場佔有率	削減支出同時榨取品牌價值
策略				
產品	提供基本產品	提高廣泛的產品範圍服務保證	多元的品牌與式樣	逐漸淘汰較差的種類
定價	成本加成	滲透市場定價	迎合或擊倒競爭者的定價	降低售價
配銷	選擇性配銷的通路	加強配銷	更密集的配銷淘汰獲利不佳	選擇性配銷
廣告	在早期採用者與經銷商中建立產品知覺	引起大眾市場的知覺與興趣	強調品牌差異與利益	減低到能維持強烈忠誠者的地步
促銷	強力銷售促銷以促進試用	削減以利用強大的顧客需求	增加以鼓勵品牌轉換	降到最低的水準

Source: Philip Kotler, *Marketing Management: Analysis, Planning and Control.*,8th ed., copyright 1994, p.373. Reprinted by permission of Prentice-Hall, Inc, Englewood Cliffs, N.J.

品地位，這些問題的答案是十分重要的。舉例來說，產品可用重新包裝、修正產品功能、重新定價、吸引新的使用者、增加新的配銷通路、或藉由一些行銷策略變化組合而重新恢復成長的速度。在成長期中選擇正確的策略十分有利，因爲新生的產品較一項新產品有能力提供管理者時間以及投入資金較高的報酬。

這樣的觀點可參考杜邦（Du Pont）在1959年實驗室發明的超延展聚合體產品Lycra例子。在一開始構成束腰的組成物之一後不到30年的時間，對Lycra的需求成長的速度快到讓公司必須要對此纖維的銷售採取配給的方式。此產品的成功可以直接歸功於在成熟期開始採行之激烈的行銷策略，這使得Lycra的使用範圍逐漸的增加，從1970年代的浴袍到1980年代休閒褲與氧氣設備。年輕人被其吸引，且以它作爲日常的服飾。前衛的設計師跟隨此一風潮，將Lycra用在新的貼身設計之中。現在，這種人造纖維是流行時尚的一環。杜邦的行銷策略獲得極佳的報酬。最近的研究顯示，顧客願意爲羊毛Lycra紡製裙子支付較純羊毛製品多百分之二十的價錢。

產品生命週期的爭議

產品生命週期是一個有用的概念，且可能對於行銷規劃與策略方面有很重要的幫助。這是一個大多數行銷人員熟悉的概念，且在每本行銷的教科書中都佔有一個顯著的地位。然而，實務上，其使用仍十分有限，部分是由於缺乏可供應用的標準模型，另一方面則是由於使用時需要大量的資料以及許多主觀的判斷。事實上，產品生命週期的概念常因其不適用於管理者而爲人所詬病。多年前，Buzzel評論：「僅有少數的證據可以說明生命週期如何產生作用，以及它們與競爭和行銷策略的關係。」數年前，Dhalla與Yuspeh挑戰整個產品生命週期的概念。他們主張產品生命週期的概念使許多公司犯了昂貴的錯誤且錯失有利的機會。這類對產品生命週期的評論可歸因於對此主題缺乏研究基礎。如Levitt所觀察：

> 多數小心且慎思的資深行銷主管現在都已經熟悉產品生命週期的概念。即使少數特別的世界主義者與目前的公司主管都已經熟悉這個困難的觀念。然而，我近年的研究中發覺這些高階主管並未將此一概念用在任何的策略方面，且很遺憾的只有少數人將之用在某些策略上。這依舊——如同許多吸引人的經濟、物理與性理論一般——是一項十分牢靠，但幾乎完全未應用且似乎無法應用的專業包袱，在專業討論中出現的這個詞彙，似乎僅為行銷管理是某種的專業這個概念增加一個有過多幻想且顯然難以企及的正當性。今天，產品生命週期的概

念所處的階段就如同三百年前哥白尼的宇宙觀一般：許多人知道他，但很難說有任何人能有效的使用它。

雖然Levitt的批評一針見血，許多學者與從業人員認爲，即使仍處於發展的階段，產品生命週期的概念被證明仍十分牢靠，因爲此概念對於知道如何使用的人而言具有明顯價值。Smallwood認爲

> 產品生命週期是一個有用的概念。其重要性等同於物理中的元素週期表。產品技術、組成與行銷規劃的成熟隨時間經過會依循一個有秩序，且稍微可預測的過程，並且伴隨著位於相同的生命階段之產品的推銷環境與行銷環境有著明顯的相似性。雖然應用上需要極多的判斷，此概念在預測、定價、廣告、產品規劃與其他行銷管理層面的使用上十分有價值。

使用產品生命週期的概念時需要注意並非所有產品皆依循典型的產品生命週期型態。相同的產品可以從不同的角度觀察：例如，一項品牌（健怡百事）、一項產品形式（健怡可樂）、與一個產品類別（可樂）。在這之中，產品生命週期的概念可應用於產品形式上。此外，近年來對此概念的研究提供一些新奇的看法可讓我們持續應用此概念。舉例而言，Tellis與Crowford認爲受市場動態、管理創造性與政府管制所影響的產品處於不斷提高效率、複雜度與分化的階段。在這作者稱爲產品演化週期（product evolutionary cycle）的五個階段如下：

1. 分化（divergence）：是新產品的開始（例如，電視）。由於多數的產品並非新的概念，而是現有產品與科技的修正或組合，故使用此一詞彙。這是由一系列的產品演進中分化出來的。因此，電視可視爲廣播與動態圖片的演化分支。
2. 發展（development）：是新產品銷售迅速增加以及產品爲迎合顧客需求而加速調整的階段。因此，在五〇年代，電視機銷售激增且伴隨著不斷的產品改進。
3. 差異化（differentiation）：是一項十分成功的產品以差異化的方式迎合不同的顧客需求之階段。目前的電視機種類由接收黑白與彩色、可攜帶、各種功能機種直到大螢幕、投影式、家用電腦與影碟。
4. 穩定（stabilization）：其特徵爲產品種類較少且小幅度的改變，但在包裝、

服務、產品的方便性上有較多的變化。黑白電視機的銷售量在發展出可攜帶型以及上述其他形式出現之前維持多年的穩定。

5.衰退：在一個產品無法達到顧客預期或不再滿足改變的顧客需求之時。銷售量下降而產品最終無法存活。

依循此一架構，產品的成長在某種程度爲策略追求的功能之一。因此，產品並非如同傳統產品生命週期的概念一般注定要經歷成熟階段，相反地，產品可適當地針對市場環境的轉變作調適以保持其獲利能力。

將產品置於其生命週期中

將產品置於其生命週期最容易的方法是研究其過去的績效、競爭歷史與目前的地位，並將這些資訊與特定的生命週期之特徵配對。對過去產品績效分析須檢視下列項目：

1.由導入期開始的銷售成長過程。
2.必須提出的任何設計或技術問題。
3.相關產品（特徵或功能類似的產品與直接競爭的產品）的銷售與獲利歷史。
4.產品推出市場的時間。
5.類似產品過去事件的歷史。

有關競爭的回顧強調：

1.獲利歷史。
2.其他公司進入產業的難易程度。
3.進入此事業所需的初始投資程度。
4.競爭者數目與競爭強度。
5.退出產業的競爭者數目。
6.產業生命週期。
7.產業關鍵成功要素。

此外，須檢視目前的情況以評估銷售增加、持平或衰退？競爭產品正開始取代討論的產品？顧客在價格、服務或特色上要求更多？爲維持銷售成長而須下更多的銷售上的努力？以及簽下經銷商和配銷商是否更爲困難？

與產品有關的這些資訊可能與前述的不同產品生命週期階段的有關；產品現況對應到產品生命週期可以指出其所處的產品生命週期階段。此過程爲高度的質化分析，且管理直覺和判斷在最終定位上扮演著重要的角色。事實上，對此處討論的資訊形式作適當的假設，可用來建構模型以預測新推出產品在不同的產品生命週期階段之產業規模。

將產品定位在其生命週期的一個略微不同的方法，是使用過去的會計資訊。以下列出定位產品可採行的步驟：

1. 尋找三至五年的歷史趨勢資料（某些產品需要更久的資料）。資料須包含銷售數量與金額、邊際利潤、總利潤、投資報酬率、市場佔有率以及價格。
2. 檢查下列項目最近的趨勢：競爭者數量以及性質、競爭產品的數目以及市場佔有率排名以及品質與功能優勢、配銷通路的移轉、以及在產品在不同通路所享有的相對優勢。
3. 分析短期競爭技巧的變化，如競爭者近來推出之新產品或擴充產能的計畫。
4. 獲取（或更新）類似或相關產品生命週期的歷史資料。
5. 根據已收集的資料規劃產品在未來三至五年的銷售，並預測此產品在未來數年增加的獲利率（直接成本── 製造、廣告、研發、銷售、配銷等等── 佔稅前利潤的比率）。此標準以比率的方式表現（即4.8比1或6.3比1），可指出每增加一元利潤所需支出的成本。當產品進入成長期的時候，此比率通常可改善（降低），進入成熟期時開始惡化（增加），且在產品進入衰退期時開始迅速揚升。
6. 估計在剩餘的產品生命週期之獲利年數，且根據手邊的資料確定產品在生命週期中所處的位置：導入期。成長初期或晚期。成熟初期或晚期。衰退初期或晚期。

發展產品生命週期組合

不同產品在產品生命週期的位置可藉由上述的步驟決定，且其地位所導致的結果（及現金流量與獲利）也可以計算出來。類似的分析可用來預測未來。對於現在地位和未來地位的差異指出在沒有策略變動的情形下，管理階層對未來可能的預期。這些結果可與公司預期作比較以瞭解其中的差距。藉著延展產品生命週期的策略變革，或經由研發或併購取得新產品而能彌補此一差距。此過程可依循下列步驟：

1. 確定在每個產品生命週期階段中公司的銷售量與利潤下降的百分比爲何。此百分比指出公司現有產品現在產品生命週期（銷售）以及利潤狀況。
2. 計算過去五年生命週期與利潤的改變，並預測未來五年的狀況。
3. 擬定公司的產品生命週期目標，並衡量公司目前的產品生命週期狀態以資比較。由行銷管理人員建構的目標狀態須指明公司預期產品生命週期中的每個階段銷售所佔的比率。這可由產業衰退趨勢、新產品推出速度、公司產品線平均生命週期長度、高階管理者之成長與獲利目標來決定。目標狀態對生命週期較短的成長導向公司而言，銷售量需要在導入期與成長期中佔較高的比率。

完成這些步驟之後，管理者可以基於公司目標狀態與現有產品生命週期間的差異而對一些功能訂定如下的優先順序：產品研發、購併、與裁撤產品線。一旦公司依此種方法對不同產品的生命週期投下努力之後，行銷計畫就可針對個別產品線來擬定。

組合矩陣

好的規劃系統必須能針對公司現有的事業與新事業機會指出不同的策略選擇，亦須提供管理者對這些不同策略選擇的評論以及相關的資源配置決策。此結果就是表現公司方向的一系列經過批准的事業計畫。此步驟始於，且其成功多半可歸因於完善的策略選擇方案。

多事業公司的高階管理人員無法規劃這些策略選擇。這必須依賴個別事業的管理者以及公司的幕僚單位。然而，高階管理人員可以，也應該發展一套概念架構來建構這些策略選擇。一個類似的架構就是由波士頓顧問集團所發展的組合矩陣。簡言之，組合矩陣可用來建立最佳的事業組合，以使公司長期利潤成長達到最大。組合矩陣以下列不同的方式代表策略規劃的進步：

◇鼓勵高階管理者個別評估公司不同事業的前途，並基於不同的事業對公司目標產生的實值貢獻來設定其目標。
◇促進外部資料的使用以協助管理者判斷評估特定事業。
◇提高對現金流量平衡的重視，以資發展與成長。
◇提供管理者一項有效的新工具，以分析競爭者及預測策略行動所產生之競爭回應。
◇提供評估併購與裁撤的財務以及策略背景分析。

由於具有這些功能，組合矩陣方法廣泛應用在公司規劃上似乎爲用勸告（exhortation）進行規劃的形式敲起喪鐘，這是一種藉由在公司內部設立一致的財務績效目標——15％的收益成長率或15％的股東權益報酬率——並要求每個事業年復一年的達成這些目標的策略規劃方式。組合分析的方法提供高階管理人員評估某個事業時所需的環境，以及對公司整體目標貢獻情況的工具，並可權衡所有可行的事業機會和資助這些機會所需的財務資源。

組合分析強調公司事業的潛在價值。此價值有兩項要素：首先，目前的營收潛力；其次，未來擁有成長，或營收增加的潛力。組合矩陣要求這兩項要素必須要數量化。目前的營收潛力可比較事業與競爭者的市場地位來衡量。實證研究顯示獲利能力直接受到相對市場佔有率的影響。

成長潛力以事業所處的市場區隔之成長率來衡量。顯然地，若市場區隔正處於衰退階段，奪取競爭者之市場佔有率就是企業增加銷售量的唯一途徑。雖然有時這是可行的，但採取這樣的行動通常十分昂貴，且易使所有的競爭者陷入惡性價格戰中並侵蝕利潤，最終會使消費者受到較差的服務。另一方面，若市場處於快速成長階段，事業可藉由深耕市場的成長來獲取更大的市場佔有率。因此，若此二價值座標組成一個矩陣，我們就有了一個劃分事業的基礎。這就是BCG組合矩陣，個別事業區隔都有相對應的特徵。兩個高市場佔有率的象限目前具有營收潛力，而兩個高市場成長率的象限有成長的潛力。

圖10-3顯示一個矩陣，其兩邊分別爲銷售成長率與相對市場佔有率。每一個圓圈都代表著對應的銷售量。每個圓的市場佔有率由橫軸所決定。每個圓的銷售成長率（經過通貨膨脹調整後）就由縱軸所決定。

圖10-3產品組合矩陣

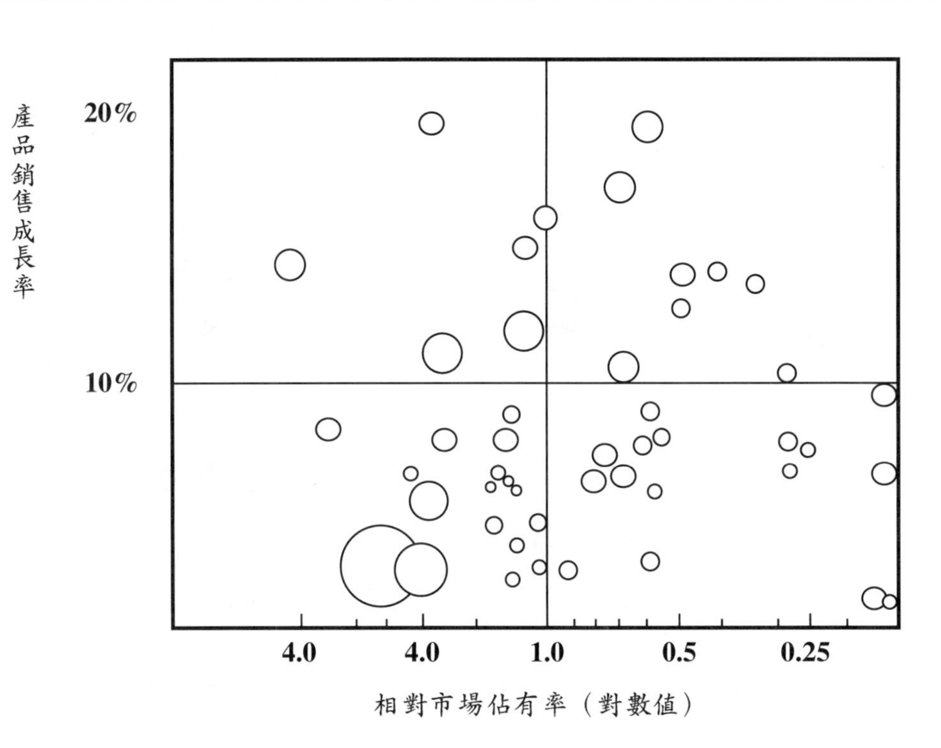

關於此矩陣的兩個軸，相對市場佔有率以對數的方式表現，與經驗曲線的效果一致，經驗曲線效果隱含的是，不同的競爭者獲利能力差異通常與其相對市場佔有率成比例關係。成長以一個線性的座標來表示，在此方面最常用的指標爲事業的銷售成長率；一般而言，使用的現金與成長具有比例關係。

將此一矩陣區分爲四個象限的線是隨意劃分的。通常，高成長率包含所有銷售年成長率超過10%的事業。區分高市場佔有率與低市場佔有率的線設在1.0的位置。

成長變數對策略發展的重要性主要在兩個地方。首先，成長是降低成本的主要影響要素，因爲在成長市場中比低成長階段較容易獲得經驗或取得市場佔有率。其次，成長提供投資的機會。相對市場佔有率影響事業產生現金的能力。一項產品相對市場地位越好，由於規模經濟的關係，其收益就越高。

圖10-4矩陣象限

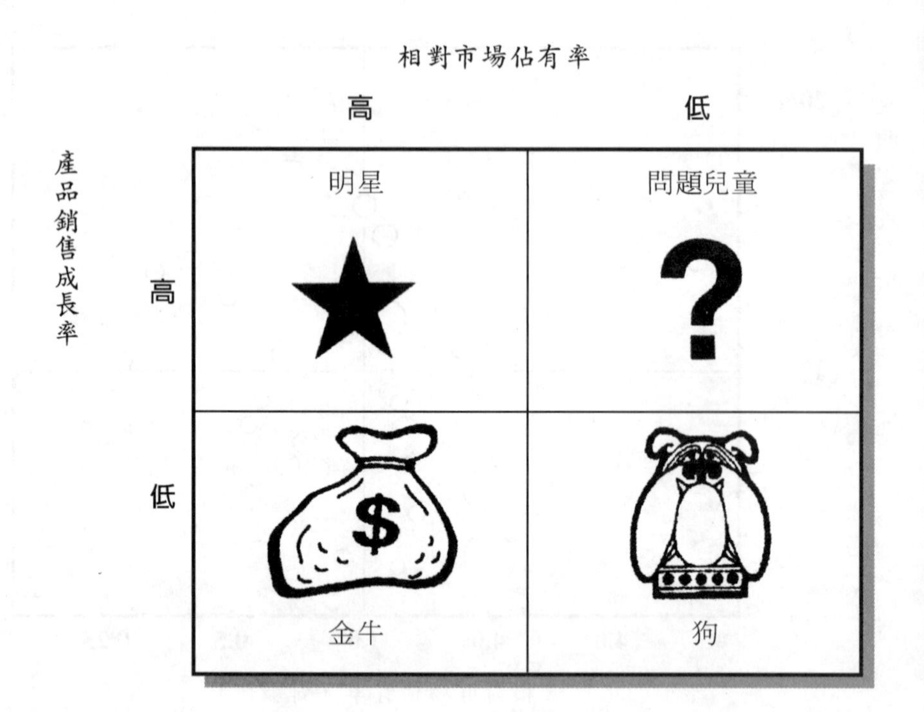

事業劃分

將前述的兩個座標用在圖10-4就可以將事業與產品劃分爲四種類別。每個類別的事業顯示出不同的財務特徵並提供不同的策略選擇。

明星（Stars）：高成長率的市場領導商品稱爲明星。它們創造出大量的現金，且由營收與折舊所創造的現金數量略多於必須投入的資本支出與營運資金數目。必須要投入鉅額的資金數目以支應隨著市場佔有率提昇而增加的產能、存貨與應收帳款投資。因此，明星商品也許代表著公司最佳的獲利機會，故必須維持它們的競爭地位。若因明星被要求在短期內提供大量的資金，或是降低投資與提高售價（替競爭者創造一個保護傘），以致於明星的市場佔有率滑落，最後，明星將便成爲狗。

任何產品或服務的最終價值都反映在其產生的現金流入減去所需投資後的淨額。對明星而言，其現金流入期在於未來──有時在遙遠的未來。爲了瞭解其眞實價值，需要將其未來的現金流入以其他投資機會的報酬率折現。對明星而言，最重要的是未來的報酬，而非現在公佈的獲利。對奇異電器而言，塑膠事業是一個明星，且一再的投入資金。事實上，該公司甚至取得法商Thomson公司的塑膠事業來進一步強化其在塑膠產業的地位。

金牛（Cash Cows）：金牛事業的特徵為低成長與高市場佔有率。它們是現金的供應者。它們的高營收與折舊代表著大量的現金流入，且它們只需要非常少量的投資。因此，這些事業產生大量的現金盈餘以供股利與利息的分配、提供償債能力、研發資金、營運費用、以及供應其他產品所需的投資資金。因此，金牛為其他事業的根基。這些產品必須要善加保護。就技術上而言金牛事業的資產報酬率超過其成長速度。只有在前述現象出現時，金牛創造的現金才會比其使用的現金數量多。對NCR公司而言，機器收銀機事業是金牛。即使因為電子收銀機的出現而使此產業的成長率滑落，公司仍然在產業中維持主導的地位。該公司運用由機器收銀機所產生的多餘現金以發展電子機器，而創造出一個新的明星事業。同樣地，對固特異輪胎（Goodyear Tire and Rubber Company）而言輪胎事業可歸類為金牛事業。輪胎產業的特徵為低市場成長率，而且固特異擁有市場的領導地位。

問題兒童（Question Marks）：在成長市長中佔有率低的產品被歸類為問題兒童。因為市場成長，這些產品需要的現金比創造的數量多。若未著手增加其市場佔有率，問題兒童將會在短期中吸收大量資金，且當市場成長率滑落時它將會變成狗。因此，直到採行某些措施以改變其現況為止，在其存活的時間內，問題兒童將持續為現金的需求者，最終變成一個無底洞。

要採行哪些方法才能使問題兒童能夠存活？一種方法是增加市場佔有率。由於產業正處於成長階段，故可以支應所需的資金。如此一來，問題兒童將會變成明星事業，且在稍後成長趨緩時將變成金牛事業。此策略在短期而言十分的昂貴。為獲取市場佔有率必須要投入大量的資金，但長期而言，此策略是讓問題兒童事業能夠健全發展的唯一途徑。另一類的策略是放棄此一事業。將其全部賣出是一個可接受的選擇。但若不可行，企業必須要決定不對事業投資更多的資金。此事業的唯一功能就在創造現金，且不投入任何的資金。

當Joseph E. Seagram and Sons在1988年從Beatrice Co.買下純品康那（Tropicana）時，這是一個問題兒童的事業。此產品依循著可口可樂的Minute Maid且喪失其對寶鹼公司新商品Citrus Hill的優勢。從那時開始，Seagram對純品康那大量投資以使其成為明星商品。僅僅兩年之間，純品康那變成非濃縮柳橙汁市場的領導者，遠遠超越Minute Maid，並且開始嘗試入侵其他市場。

表10-5 策略矩陣產品的特徵與策略意涵

類別	投資	營收	現金流量	策略意涵
明星	擴充產能支出 充滿資金	逐漸增加	現金流量赤字 （資金使用者）	持續增加市場佔有率，若有必要則犧牲短期獲利
金牛	維持產能	高	現金流量爲正 （資金供應者）	維持市場佔有率與領導地位直到進一步投資減少
問題兒童	高初始產能投資 高研發成本	由負至低	現金流量赤字 （資金使用者）	評估主導市場的機會；若機會佳，提昇市場佔有率；若機會不佳，重新定義事業或撤守
狗	逐漸降低產能	由高至低	現金流量爲正 （資金供應者）	規劃漸進式撤守已獲取最大的現金流量

狗（Dogs）：位於低成長市場且僅有低市場佔有率的商品被稱爲狗。它們惡劣的競爭地位宣告了它們低落的獲利能力。由於成長率低，狗幾乎不具有獲取足夠佔有率以維持生存的潛力。它們通常是現金的使用者。由於營收低，且需要投入資金以維持營運，故需要支出現金。因此，此事業變成一個錢坑，直到進一步的投資完全停止之前，需要經常的花費資金。有個解決方法是在有機會時將狗換取現金。在奇異電器決定要將此事業（包含1985年底得到的RCA品牌）拋售給法國國營的領導家電製造商Thomson公司時，該公司的消費性電子事業一直處於狗的狀態，在成長緩慢的市場中維持很低的佔有率。

表10-5彙總關於明星、金牛、問題兒童與狗的投資、營收與現金流量特徵，同時顯示個別產品可採行的策略。

策略意涵

在一個典型的公司中，產品放置於用組合矩陣的四個象限之中。針對每個象限產品合適的策略簡短的描述在表10-5中。公司的首要目標應捍衛金牛的市場地位，

圖10-6產品組合矩陣：策略結果

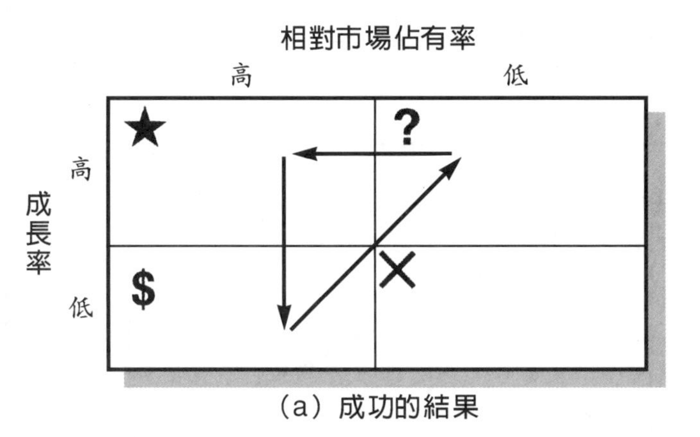

(a) 成功的結果

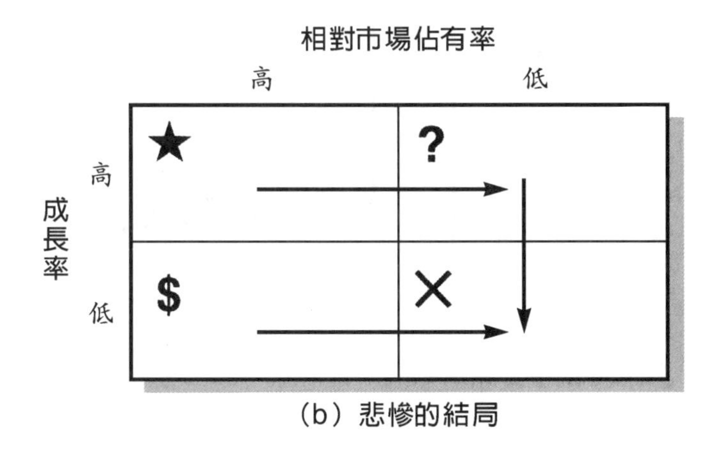

(b) 悲慘的結局

但亦須抗拒過度投入資金至此類事業的誘惑。由金牛事業產生的現金應首先用來支應無法自行維持的明星事業。若尚有多餘資金可用來維持經過挑選的問題兒童。無法支應的問題兒童事業必須撤守。狗可以藉由巧妙區隔市場以回復可存活的地位；也就是說，讓事業合理化，並專注於產品可以主導的小型的利基市場。若此方法不可行，公司必須讓狗產生現金；削減對此事業所有的投資，並在機會來臨時將此事業變現。

圖10-6顯示出正確／錯誤策略行動。若問題兒童有適當的支援，它將變成明星事業且在成功的情形下最後變成金牛事業。另一方面，若明星事業爲恰當的支應，它可能會變成一個問題兒童事業且最後變成狗（悲慘的結局）。

圖10-7 產品組合矩陣與產品生命週期的關係

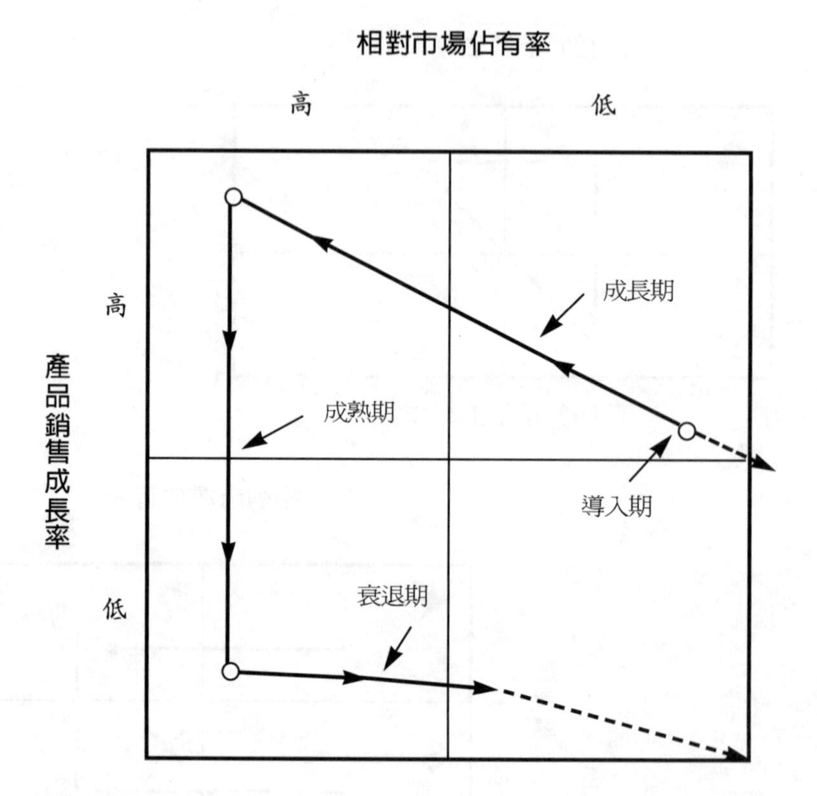

高階管理者必須要回答兩個策略問題：(a) 現有事業的長期報酬與成長性爲何？(b) 那個事業需要發展？維持？變賣求現？依循著組合矩陣的方法，企業需要能讓現金流量平衡的事業組合；也就是說，它需要金牛事業和狗能投入足夠的資金以支應明星事業和問題兒童事業。它需要大量的問題兒童事業以確保長期成長，並能有足夠對應矩陣上不同營收位置的事業數目。爲回答第二個問題，資本預算理論要求列出提案預計資本、評估每一個案子增加的現金流量、計算每一個案子所要求的報酬率、同時核准報酬率最高的提案直到可用資金用完爲止。然而資本預算的方法忽略了策略的內涵；也就是說，它並未確認關於銷售量、價格、成本與投資假設以及自然誤差等問題。這些問題可由組合矩陣方法來解決。

圖10-8平衡組合的個案

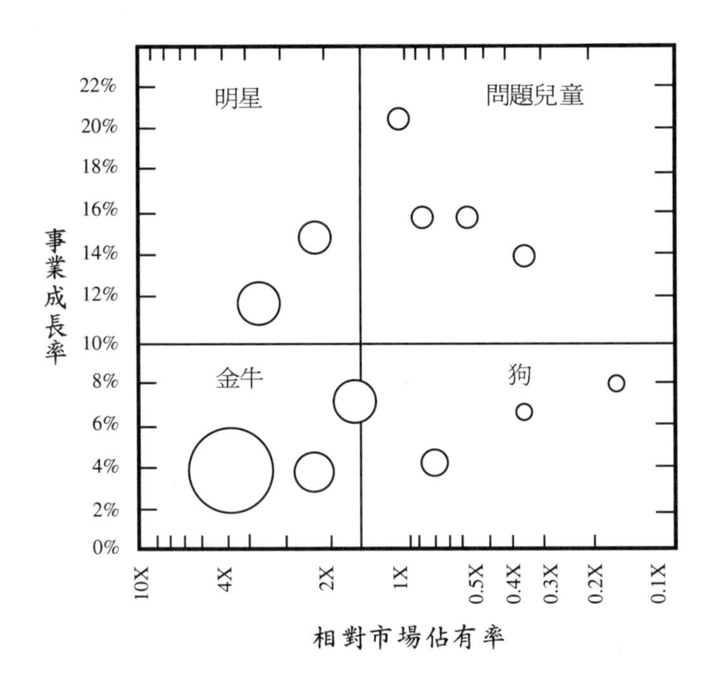

組合矩陣與產品生命週期

由波士頓顧問集團所提出的產品組合矩陣方法可與產品生命週期產生關聯，導入期由代表問題兒童的象限開始，成長期由此象限的尾端開始持續至代表明星的象限。由代表明星的象限往下直到代表金牛的象限爲成熟期的開始。衰退期處於代表金牛的象限與代表狗的象限之間（參看圖10-7）。理論上，公司應該在產品／市場的導入期進入，在成長階段獲取市場佔有率，並維持主導地位直到產品／市場進入衰退期，然後才選擇最佳的退出時機。

平衡與失衡的組合

圖10-8爲一個平衡組合的例子。此公司擁有三個金牛事業，且明星事業定位良好，可提供成長與未來的高額現金流量。此公司亦擁有四個問題兒童事業，其中兩個有很好的機會可變成明星事業，且其所需的投資都爲金牛事業有能力支應的水準（根據圓圈的大小而言）。此公司亦擁有狗的事業，但將之管理以避免資金的消耗。

圖10-9 失衡組合個案

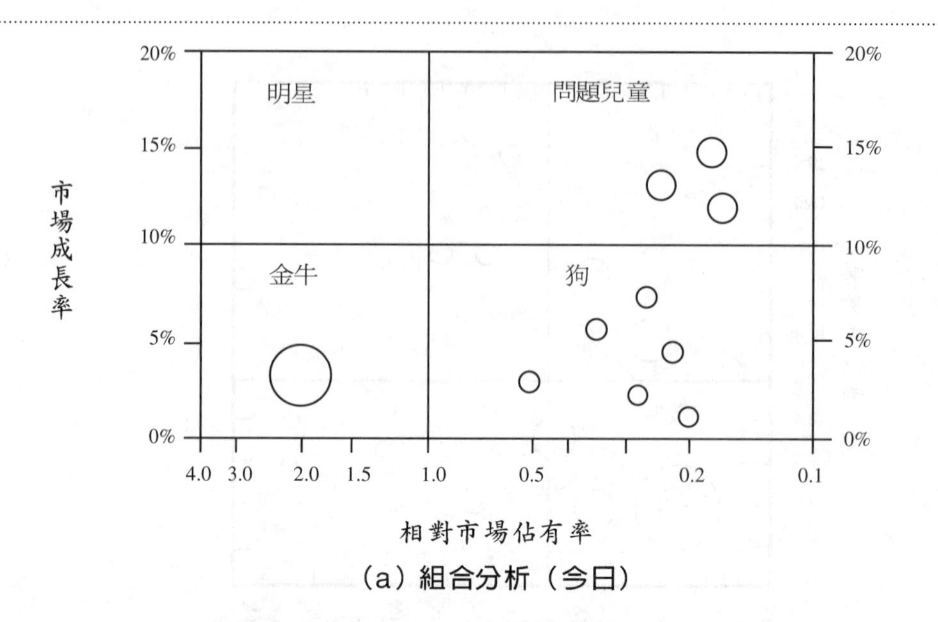

(a) 組合分析（今日）

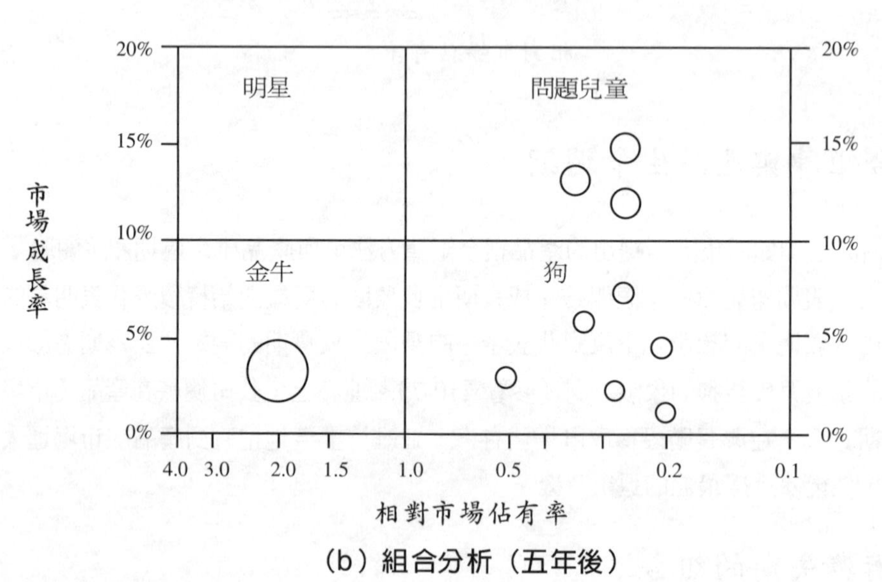

(b) 組合分析（五年後）

失衡的組合可區分成四種類型：

1. 太多失敗的事業（不合適的現金流量、獲利與成長）。

2.太多的問題兒童（不合適的現金流量與獲利）。

3.太多的利潤創造者（不合適的成長與多餘的現金流量）。

4.太多發展中的明星（大量資金需求、管理需求與不穩定的成長和獲利）。

圖10-9顯示一個失衡的組合。此公司擁有一個金牛事業，三個問題兒童事業，而且沒有明星事業。因此，其現金基礎不穩固且無法支應問題兒童事業。此公司可能將資金依照相同比率分配到所有的問題兒童事業之中。偶爾也可以將資金注入狗的事業之中。若公司持續現有的策略，它可能發現未來五年會處於危險的地位之中，尤其是當金牛事業開始要變成狗事業的時候。為採取正確的行動，公司必須要正視其無法支應所有問題兒童事業的現實。它必須選擇其三個問題兒童事業中的一個或兩個，並供應資金以使其成為明星事業。此外，將資金分配至狗事業的行為必須完全停止。簡言之，依照組合觀念思考，其策略選擇變得十分的清楚。它無法同時平等地資助所有的問題兒童事業以及狗事業。

組合矩陣強調事業的基礎與其彼此間的關係。在一個多產品、多市場的公司中無法在不思考事業間相關性的情況下就有辦法發展出有效的策略。

結論

組合矩陣的方法可用來同時比較不同的商品。它亦強調現金流量作為一個策略變數的重要性。因此，若目標為長期持續的營收成長，企業就必須及早尋求高成長的產品／市場區隔、發展事業、並參與市場成長。若有必要，可放棄在這些區隔的短期利潤以確保市場佔有率。成本必須要維持在大規模生產的標準。此外，亦須認定適當時機以將重點由營收導向轉移至現金流量導向，同時須建立一個能夠使現金流量達到最大的計畫，並善加維持現金平衡的事業組合。

世界上已有許多公司在策略規劃中使用組合矩陣的方法。第一批採用此方法的公司為Norton Company、Mead、Borg-Warner、Eaton、以及孟山都。自當時起，據報導幾乎所有的大公司都採行此一方法。

然而，組合矩陣法並非策略發展的萬靈丹。事實上，此方法存在許多運用上的的限制。與組合矩陣概念相關的一些潛在的錯誤如下：

1.對低成長區隔過度投資（缺乏客觀且「實在」的分析）。

2.對高成長區隔投資不足（缺乏膽識）。

圖10-10 多因子組合矩陣

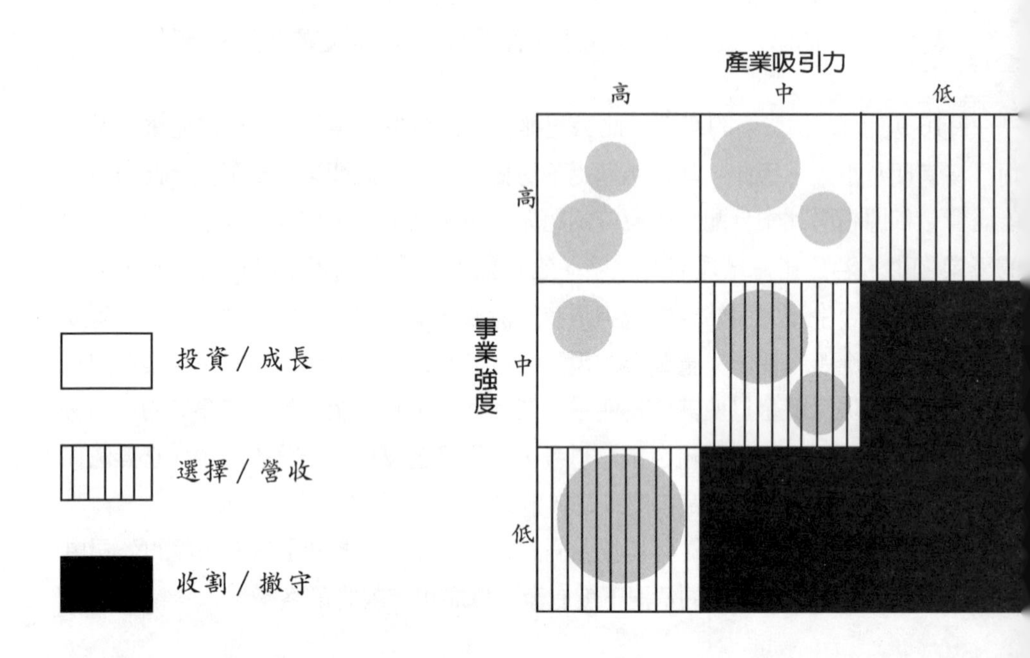

3.錯估市場成長率（不良的市場研究）。

4.未達成市場佔有率目標（不恰當的市場策略、銷售能力或促銷）。

5.喪失成本優勢（缺乏營運技巧與管理系統）。

6.未發覺新的高成長區隔（缺乏公司成長的努力）。

7.失衡的事業組合（缺乏規劃與財務資源）。

因此，使用組合矩陣的方法必須要格外留心。

多因子組合矩陣

前述的二因子組合矩陣提供我們一個能夠有效檢視公司內部不同產品角色的方法。然而，此成長率—— 相對市場佔有率矩陣使用上有許多難題。時常會有市場佔有率與成長率以外的因子會對此方法最強調的現金流量產生很大的影響。有些管理

表10-11奇異公司於1980年所使用的組合考量與標準

產業吸引力		事業強度	
標準	數據	標準	數據
1.市場規模	三年市場銷售量平均	1.市場地位	◇三年平均市場佔有率
2.市場成長	物價固定之十年平均成長率		◇三年平均國際市場佔有率 ◇二年平均相對市場佔有率（SBU相對於三大競爭者）
3.產業獲利	三年平均毛利率，包含SBU與三大競爭者的數據，包含名目數據與調整通貨膨脹後的數據	2.競爭地位	於1980年在下列方面較佳、略同或較差 ◇產品品質 ◇科技領導地位 ◇製造／成本領導地位 ◇配銷／行銷領導地位
4.景氣循環	每年因趨勢而導致的銷售波動百分比		
5.通貨膨脹	物價與生產力變化相對於因通貨膨脹導致的成本波動比率之五年平均	3.相對報酬率	三年平均SBU毛利率減去三大競爭者的平均毛利率，包含名目數據與調整通貨膨脹後的數據
6.美國以外市場的重要性			
□國際市場佔總市場比率的十年平均數			

Source: General Electric Co. Reprinted by permission. The measurement do not reflect current GE practice.

者認爲投資報酬率較現金流量適合作爲投資決策的標準。此外，雙因子的組合矩陣法並未提到在不相似的事業間的投資決策。這些難題使得公司陷入許多的陷阱與錯誤之中。因此，許多公司（例如，奇異電器與殼牌石油）發展出多因子組合的方法。

圖10-10說明奇異電器公司的矩陣。此矩陣有兩個座標軸，產業吸引力與事業強度，皆基於數個不同的因子。此特徵是與上一節所述之方法最大的不同點。在最初

表10-12產業吸引力評估

指標	權重*	×	比率**	=值
市場規模	.15		4	.60
成長率	.12		3	.36
利潤邊際	.05		3	.15
市場多元化程度	.05		2	.10
需求週期性	.05		2	.10
專業機會	.05		5	.25
競爭結構	.05		3	.15
產業獲利能力	.20		3	.60
抵抗通貨膨脹能力	.05		2	.10
附加價值	.10		5	.50
資本密集度	可		4	—
原料取得	可		4	—
科技重要性	.05		4	.20
能源影響	.08		4	.32
社會影響	可		4	—
環境影響	可		4	—
法律	可		4	—
人力	可		4	—
	1.00		1至5	3.43

*某些標準爲可 / 否的形式。舉例而言，許多《財星》五百大企業不進入公認負面的事業，即使這些事業合法或有利可圖。

** 「1」代表不具吸引力；「5」代表極具吸引力

試用此方法的奇異公司採用如表10-11的標準與數據以衡量產業吸引力與事業強度。這些標準與數據僅是一些建議；不同公司可以採用不同的項目。舉例來說，奇異稍後將景氣循環加入影響產業吸引力的標準中。如表所示的相對獲利能力指標於198年第一次採用。

表10-12與10-13說明了這些因子要如何加權，以及產業吸引力與事業強度的指數如何計算。管理者可以主觀的決定區隔高、中、低三種不同的產業吸引力與競爭地位指數的分隔點。

值得一提的是多因子矩陣的獲得並不如同其所顯示的如此容易。正確的分析需

表10-13 事業強度評估

指標	權重*	×	比率**	=值
市場佔有率	.10		5	.50
SBU成長率	X		3	—
產品線廣度	.05		4	.20
銷售／配銷效果	.20		4	.80
專賣與大客戶	X		3	—
價格競爭力	X		4	—
廣告與促銷效果	.05		4	.20
設備、地點	.05		5	—
產能與生產力	X		3	.10
經驗曲線效果	.15		4	.60
附加價值	X		4	—
投資利用率	.05		5	.25
原料價格	.05		4	.20
相對產品品質	.15		4	.60
研發優勢／地位	.05		4	.20
最初資金	.10		5	.50
組織綜效	X		5	—
一般印象	X		5	—
	1.00		1至5	4.30

*對每一種產業而言，都有某些因子對產業中所有產業都很重要但對產業中企業的相對競爭地位僅有很小的影響甚至毫無影響。

**「1」代表不具吸引力；「5」代表極具吸引力

要進行大量的預測、經驗以及辛勤的作業。在此之中最困難的工作在於辨認相關因子、將相關要素歸類至產業吸引力與事業強度之中、以及加權權重的決定。

策略發展

圖10-10說明了處於特定地位的企業之整體策略。圓圈的大小代表著事業的銷售量。優先投資目標爲上方區域（左上角）產品，此區域的產品擁有由產業吸引力支撐之強而有力的地位。沿著對角線選擇出均衡的營收績效表現之組合。在下方區域

表10-14 不同區塊慣用之策略

市場吸引力	競爭地位：強	競爭地位：中	競爭地位：弱
高	**捍衛地位** 1.投資以使成長速度最大 2.集中全力維持優勢	**投資** 1.挑戰領導者 2.選擇性建立優勢 3.強化脆弱的區域	**選擇性建立** 1.專注於有限的優勢 2.尋求克服劣勢的方法 3.於無法維持成長機會時撤守
中	**選擇性建立** 1.大量投資於具吸引力的區隔 2. 建立對抗競爭的能力 3.強調提昇生產力以增加利潤	**營收選擇／管理** 1.保護現況 2.集中投資於獲利良好且風險相對較低的區隔	**有限度的擴張或收割** 1.尋求不具高風險的擴張方法；否則減少投資並使投資合理化
低	**保護與重新專注** 1.管理目前的營收 2.專注於具吸引力的優勢 3.維護優勢	**營收管理** 1.維持在獲利能力最佳區隔的地位 2.產品線升級 3.減少投資	**撤守** 1.在可賣到好價錢時出售 2.削減固定成本同時避免投資

（右下角）的事業可供收割與處分的選擇。

企業可能將產品或事業置於矩陣之中，以研究其目前的地位。關於不同事業未來的方向之預測，須先在策略不變動之假設情形下提出並檢討。未來展望須與企業任務作比較，以辨認出期望與未採行改變之預期可能結果間的差距。對於不同的事業須採行策略動作以彌補差距。一旦確定個別事業的策略，最終的策略選擇需要以此矩陣爲基礎，並針對公司整體進行考量。舉例而言，在對角線的事業未來展望可能十分優異，但此事業支應的優先順序無法在較上方的事業之前。在進行未來策略

圖10-15 策略選擇

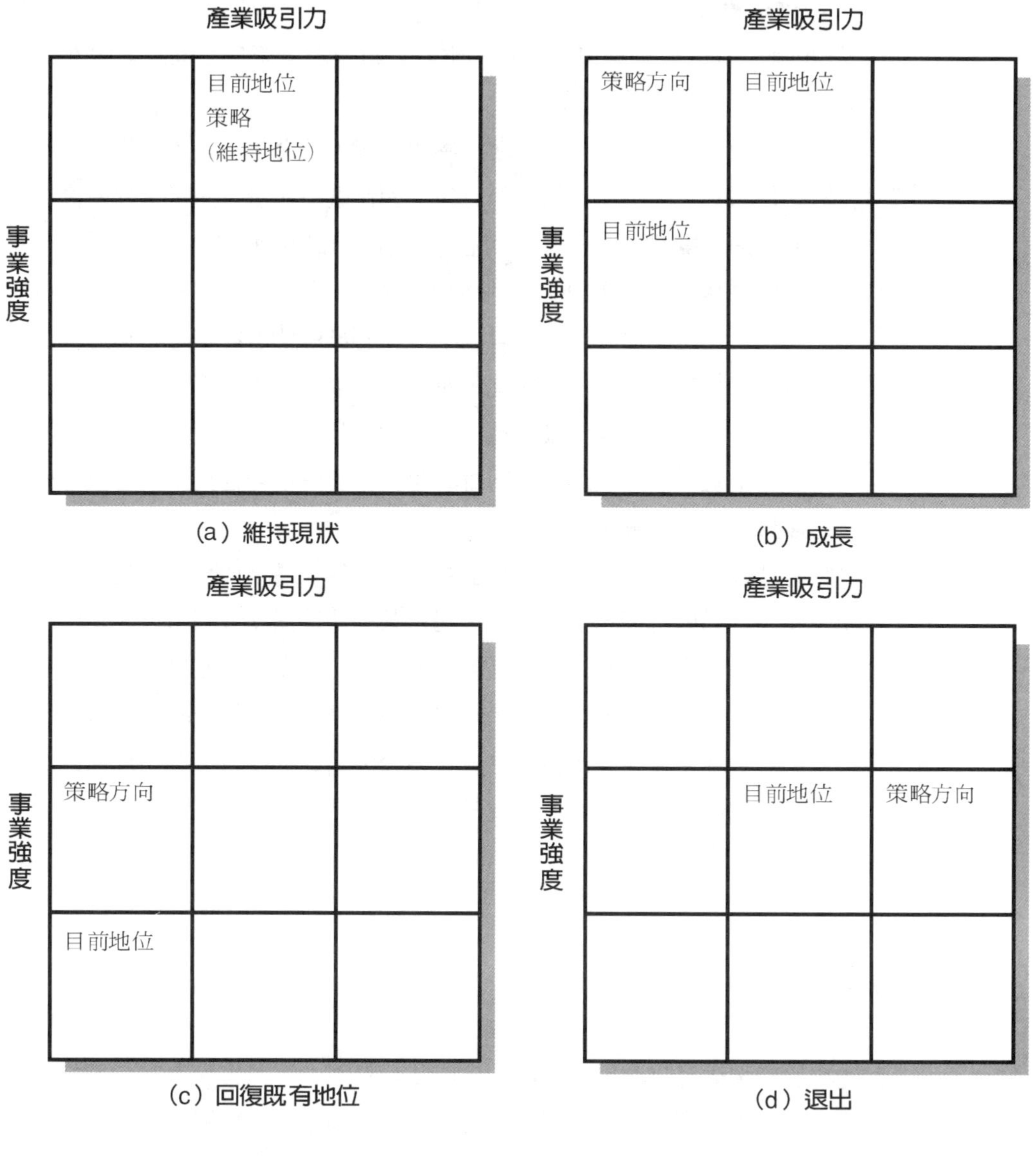

產業吸引力

事業強度

目前地位
策略
（維持地位）

(a) 維持現狀

產業吸引力

事業強度

策略方向
目前地位
目前地位

(b) 成長

產業吸引力

事業強度

策略方向
目前地位

(c) 回復既有地位

產業吸引力

事業強度

目前地位
策略方向

(d) 退出

的規劃時。企業通常較偏好有一些事業在矩陣左方以提供成長以及投資機會，同時一些事業在右方以產生現金來投資左方的事業。沿著對角線排列的事業可能會選擇性的支應（基於資源），以將之重新移到左方。若此方法不可行，可逐漸將之收割與處分。表10-14彙總不同的區塊可行之策略。

對個別事業而言有四種策略選擇：維持現況（investing-to-maintain）、成長（investing-to-grow）、回復既有地位（investing-to-regain）、以及退出（investing-to-exit）。策略選擇皆在假設目前策略會繼續採行，並基於事業目前在矩陣中的地位（也就是在矩陣上方、對角線中、或矩陣下方）以及其未來的方向。若未來展望不佳，此事業就需要一個全新的策略。

對目前地位分析較不容易產生問題。舉例來說，在奇異公司中僅對目前事業的地位有少數不同的意見。然而，對未來方向的預測就不那麼容易了。此時需要確實地進行分析，考慮環境的變動、競爭狀況以及內部的優勢與劣勢。

這四種策略選擇顯示在圖10-15。維持現有地位的策略（圖中的策略1）可在缺乏新策略，且預期地位受損的情形只有在未來才有發生的可能性時才採行。企業進行的投資將只尋求維持既有地位；因此，產品目前地位由產業吸引力與事業強度來看是略差的。換句話說，考慮產業所提供的機會以及事業所表現出來的強度，現有的地位被認爲是不適宜的。成長策略的目的是爲了使產品地位提昇或往左方移動。此二方向的移動都是高風險的昂貴選擇。

回復原有地位（圖10-15的策略3）試圖要重新建立產品或事業原有的地位。通常在環境（產業）具吸引力但事業地位因過去某些策略錯誤（例如，太早收割）而滑落時，公司可以決定進行新的投資來重新鼓動此一事業。第四以及最後的選擇，退出，是以收割或撤守的方式離開市場。收割而在事業進行極低的投資可使事業在短期獲取正的現金流量並在數年後淡出。（由於沒有新的投資，其市場地位會逐漸惡化。）或者整個事業完全放棄，也就是在一次交易之中將之完全賣給別的公司。在想要處分事業但沒有立刻適合接手的對象時，可進行小額投資以維持事業的存活。在此情形下，事業最終可能會以高於立刻脫手的價錢賣出。

分析單位

此處討論的架構可以應用在產品／市場或是SBU之上。事實上亦可用於組織高層的集團層次之中，例如，分部或集團。當然，在集團或分部層次較難衡量產業吸引力與事業強度，除非集團或分部剛好只位於一個產業之中。

依照本書的規劃之中，此分析應使於SBU層次以決定不同的產品／市場策略觀

表10-16方向性策略矩陣

		事業展望 劣	普通	佳
公司競爭力	弱	停止投資	開始撤守 謹慎營運	增加或停止
	一般	開始撤守	謹慎營運	嘗試
	佳	資金創造者	成長 領導者	領導者

點。最後，所有SBU可能同時至於矩陣之中以確定公司整體的組合。

方向性策略矩陣

一個略微不同的技術，方向性策略矩陣（directional policy matrix），在歐洲較常使用。其最初是由殼牌集團所採用而稍後受到大西洋兩岸企業的喜愛。表10-16說明了方向性策略矩陣。此矩陣的兩側爲事業展望（產業吸引力）與公司競爭力（事業強度）。事業展望可分爲劣、普通與佳三種；公司競爭力可分爲弱、一般與強三種。在每個區塊之中顯示出一個企業整體的策略方向。衡量事業展望與公司競爭力所考量的因子遵循前述的邏輯與分析。

組合矩陣：分析評論

近年來對組合分析架構有許多批評的聲音出現。大多數的批評都集中在波士頓顧問集團的矩陣上。

1.其中一個疑問針對使用市場佔有率最爲對行銷策略最重要的影響變數。BCG矩陣將學習曲線應用到生產以及其他的成本上。一般而言，當公司產量增加

（因此市場佔有率增加），總成本就會依照固定的百分比下降。這樣的現象存在於商品之中；然而，在大多數的產品／市場之中，產品差異化，新產品與新品牌不斷出現，而且科技變遷不斷加速。因此，產品可能從一個學習曲線跳到另一個學習曲線，或遭遇到不連續的情形。在市場佔有率可否作爲策略制訂的考量上需要進行更多實證分析研究。

2. 另一項批評與第一項接近，針對如何定義產品／市場的界線。市場佔有率差異基於相對應的產品／市場之定義。因此，一項產品可以置於不同的區塊，端視使用的市場界線爲何。

3. 產品生命週期的穩定性爲一些組合模型潛在的假設。然而，就如同學習曲線的情形一般，產品生命週期可能在產品的生存期間發生變化。舉例而言，回收瓶罐可延長一個產品的生命週期，因而激起成熟後的第二個成長階段。另一個相關的議題是關於投資在高成長的市場較低成長的市場爲佳的假設。對於此一觀點並沒有足夠的證據可以支持。這整個議題對於國際企業而言是有問題的，因爲一項產品，在不同的國家中可能會處於不同的產品生命週期階段。

4. BCG的架構重視現金流量的平衡。它忽略了資本市場的存在。現金的平衡並非總是最重要的考量。

5. 組合架構假設在所有的產品／市場投資的風險相同，但這是不合理的。事實上，財務組合管理理論中考量了風險的因素。若一項投資的風險越高，其預期的報酬率就必須要越高。組合矩陣並未考量到風險因素。

6. BSG組合模型假設產品／市場間並未相互依賴。此假設，可由許多方向來質疑。例如，不同的產品／市場可能使用相同的技術或分攤相同的成本。這樣的相互依賴性應納入組合架構的考量中。

7. 對於組合模型運用的層級之議題上沒有共識。現在有五種層級：產品、產品線、市場區隔、SBU、與企業層級。最常運用的層級是SBU的層級；然而，一般建議亦可將此架構運用在其他的層級之上。由於很少有模型可以運用得如此廣泛，這樣的建議會造成模型本身的問題。

8. 許多組合的方法是向後看的（retrospective），且過分依賴使用者對於市場吸引力與事業強度傳統觀點。舉例而言，雖然證據顯示恰好相反，主觀判斷亦可作如下建議：

a.主導的市場佔有率，容許公司有足夠的能力將價格維持在高於競爭水準之上，或經由規模經濟與經驗曲線的方法得到許多的成本優勢。然而，如固

市場情況	傳統觀點	舉例	資本報酬率 1975-79
主導市場	市場領導者獲取 一較高的價格 一規模經濟與經驗曲線 導致成本優勢	固特異： 佔有美國輪胎市場40% ；市場領導者	7.0%
		Maytag： 佔有美國應用機械產業 市場5%；利基競爭者	26.7%

特異與Maytag公司的結果顯示，情形並非總是如此。

b.市場成長率高代表競爭對手不需要奪取彼此的顧客或採行價格戰，就能夠增加產出以及獲利。但歐洲的鎢與美國的航空產業的差異說明這樣的情況

市場情況	傳統觀點	舉例	資本報酬率 1975-79
市場成長率高	市場成長率高可使公司不須採行價格競爭而能增加產出，並導致獲利提昇	歐洲鎢產業：年成長率1%	15.0%
		美國航空業：年成長率13.6%	5.7%

並非總是成立。

c.進入障礙較高使得現存競爭者可維持較高的價格並獲取較高的收益。但美

市場情況	傳統觀點	舉例	資本報酬率 1975-79
進入障礙高	進入障礙阻止新進廠商奪取過去的超額利潤	美國釀酒業爲高度集中的產業並擁有較高的進入障礙	8.6%

國釀酒業的經驗再度質疑傳統觀點。

9. 對於衡量與加權亦存在爭議。在組合模型的座標中採用了不同的指標；然而，一項產品在矩陣中的位置會依照衡量方式的不同而有差異。此外，構成模型座標所採用的權重會影響結果，且事業的在矩陣中的位置可能因爲使用不同的權重而發生改變。

10. 組合模型忽略公司內在與外在環境所產生的影響。由於企業的策略決策都在其所處環境之下進行，故環境潛在的影響應納入考量。Day強調一些可能影響企業策略計畫的環境因素。關於內在因素的例子，他列出資本利用率、工會壓力、進入障礙、以及現有事業的廣度。GNP、利率、以及社會、法律與法規環境就是外在因素的例子。在組合模型中並未有系統考量這些環境所造成的影響。這些影響通常因公司而異，因此將組合模型量身訂作的重要性就十分清楚了。

11. 特定事業與其策略的關聯性需要依賴在矩陣中正確的定位。若在定位的過程中發生錯誤，所採行策略的錯誤不能怪到此架構之上。換句話說，膚淺以及不加鑒別地運用組合架構可能會對企業策略產生誤導作用。如同Gluck所觀察到的：

> 當然，組合的方法有其極限。首先，在分析事業或產品／市場單位之前要合適的辨認並非易事。其次，若管理者將其事業視為獨立個體，同時事業間存在研發、製造或配銷層次分享資源的優勢時，某些有利的策略良機可能會被忽視。第三方面，如同較複雜的模型一般，若不加判斷就使用此模型，組合可能會給使用者一種嚴謹與科學的錯覺，即使他們陷入一種投入垃圾並產出垃圾（garbage-in, garbage-out）的症候之中。

12. 大部分的組合方法乃參考SBU在組合中所處的地位，而建議標準或一般的策略。但這樣的反應常會導致機會的喪失，而難以實行或不切實際，同時會抑制創造力。舉例而言，管理狗（在成熟市場中佔有率低的SBU）的標準策略爲放棄或變賣。然而，新的證據顯示在適當的管理下，狗可以是多角化公司的一項資產。近來將一千多個工業產品產業置於BCG 矩陣四個象限的研究發現，狗的事業平均現金流量爲正，且甚至多餘問題兒童平均所需之現金。此外，在成長緩慢的經濟中，企業一半以上的事業可能會被分類爲狗。將這些事業全部處分既不可行亦不值得。然而組合的方法並未提供能夠改善這些事業績效的建議。

13.組合模型無法回答如下列的問題：企業如何確定其策略目標與財務目標一致。企業如何將策略目標對應其可承受的成長。設計的策略面對國外公司競爭時的效果爲何。此外，許多行銷人員也提出其他關於組合方法作爲策略發展工具的可行性問題。

學例來說，一直有人斷言BCG 矩陣僅在定位現有事業時有用，且無法說明問題兒童要如何培育成爲明星事業以及如何定位新的明星事業等問題。

支持組合規劃法限制的實證由Armstrong與Brodie的研究中提出。根據他們的研究，此限制十分嚴重而使得組合矩陣因爲不良決策而變得有害。

爲回應這些質疑，我們必須指出BCG組合架構是用來在複雜環境中制訂事業策略的一項輔助工具。其目標並不在設定策略，雖然有許多高階主管與學術人士錯誤將其作此一用途。如一位作者所言：

> 不存在簡單、單一的法則或策略可以自動指明正確的路途。沒有規劃系統可以保證得出成功的策略。亦不存在類似的技術。事業組合（成長／佔有率矩陣）對策略思考貢獻極著。在今日，其被誤用且曝光過度。這可以是一個有用的工具，亦會產生誤導甚至束縛。

產品組合的新取向：PORTER的一般性策略架構

Porter設定三種一般策略：

1.成本領導（標準化產品以及低廉價格）。

2.差異化（顯露出顧客認爲獨特的特性——一項產品其品質、設計、品牌或服務品質值得高於平均的售價）。

3.專注（專注於特定的顧客群體、地理區域、配銷網路或特有的產品線）。

Porter的策略選擇乃基於兩種因子：事業的策略目標以及事業對目標的策略優勢。根據Porter的看法，採行成功的策略須由瞭解下列二事開始：事業所處產業現況，以及決定該事業意圖掌握哪些可行之競爭利基。舉例而言，企業可能發現產業中最大的競爭者積極採取成本領先策略，而其他競爭者試圖進行差異化，而沒有廠商試圖專注於小的特殊市場。根據此資訊，企業可能努力將其產品與競爭者區隔，或轉移至專注的計畫中。如Porter所說，此概念是要將企業定位「而使其不比產業中其他競爭者來得慢；若順利執行，它將不用直接面對任何競爭者。」其目標在標明可防禦的競爭地位——不僅針對對手公司，亦針對激發產業競爭的驅力（詳見第四章討論）。

他眞正的意義在於產業中現存企業間的消長僅代表其中一股力量。其他的力量包含：供應者的議價能力、購買者的議價能力、替代品的威脅、以及新進入廠商的威脅。總言之，Porter的架構不僅強調選擇一般策略時須考量產業特性，亦須指出合適的選擇。

結論

組合方法提供策略家有用的工具。然而，這些方法有其限制，而這些限制可藉由一些想像力以及洞察力來克服。組合方法最重要的是它十分簡單，而使管理者誤以爲可以解決所有關於企業決策以及資源運用的問題。事實上，它僅著重一部分的問題：後半段的問題。組合方法是一個有力的工具，它可以協助策略制定者從現有的機會中加以選擇，但它無法將所有機會呈現於策略制定者之前。而這是問題的前半段。進行策略選擇的另一件重要的事，是必須要創造足供挑選的策略選擇。沒有一項簡單的工具可以提供此一創造選擇的能力。這裡僅提供對於企業環境、產業、顧客以及競爭者方面一些創造性的思考。

欲成功採行組合架構，策略制定者應留心下述建議：

1.一旦開始採用，就必須儘速建立適當的組合分析。
2.教育基層管理者其關聯與使用方法。
3.重新明確定位SBU，因爲這是適當運用組合架構的基礎。
4.採用組合架構以尋求不同事業的策略方向，而不須爭論要如何稱呼它們。
5.使高階主管瞭解SBU要當作一個組合來管理。
6.尋求高階主管的時間以運用組合架構重新檢視不同的事業。

7.依據彈性的非正式管理過程，對SBU層級的行爲進行不同的影響。

8.將資源配置與事業計畫連結。

9.將策略性支出與人力資源視爲資本投資。

10.明確爲新事業發展進行規劃。

11.及早對少數選定的科技或市場進行清楚的策略承諾。

摘要

多角化的組織需要由企業層級來瞭解其不同的事業，以發掘個別事業與其企業目的配合的程度，並同時掌握資源配置問題。本章所介紹的組合方法協助管理者決定每一事業在企業中所扮演的角色，以及相對應的資源分配。

本章介紹三種組合方法：產品生命週期、成長率—相對市場佔有率矩陣、以及多因子組合矩陣。產品生命週期法決定不同產品的生命階段以及公司是否有足夠的產品以提供未來期望的成長。若公司缺乏新產品以在未來數年中創造成長，此時公司需要對新產品進行投資。若成長被前途看好產品之早期成熟階段所阻礙，此時的策略強調延長產品的生命週期。

第二種方法，成長率：相對市場佔有率矩陣，建議將產品或事業定位於一矩陣之中，此矩陣兩個座標軸分別爲相對市場佔有率與成長率。此矩陣的四個象限位置端視其成長率以及相對市場佔有率的高低，並區分爲明星、金牛、問題兒童與狗。此外並說明根據事業的現金流量而在不同象限的產品或事業採行之策略。

第三種方法，多因子組合矩陣，亦使用兩個變數（產業吸引力與事業強度），但這兩個變數是由許多因子所構成。這裡再度針對不同的產品／市場區塊建議可行的策略。多因子矩陣法的焦點在於投資報酬率，而不像成長率—相對市場佔有率矩陣法所重視的現金流量。

本章後面一一檢視不同的組合方法。關於組合方法的批評主要在於座標軸、加權權重、以及產品／市場界線的操作定義。本章以Porter的一般策略架構作爲結論。

問題與討論

1.產品組合在行銷策略中的目的爲何？
2.如何決定一個產品的生命週期階段？
3.成熟期產品的策略重要性爲何？
4.相對市場佔有率的意義爲何？
5.產品成功所需依循的過程爲何？管理者應作哪些動作已確保此過程的運作？
6.哪些變數是企業在衡量產業吸引力與事業強度時所需要考量的？在同一公司的不同事業中採用的變數是否會不同？
7.成長率-相對市場佔有率矩陣法與多因子組合矩陣法的基本差異爲何？
8.組合方法主要遭受質疑的問題爲何？
9.Porter建議的一般策略爲何？試討論之。

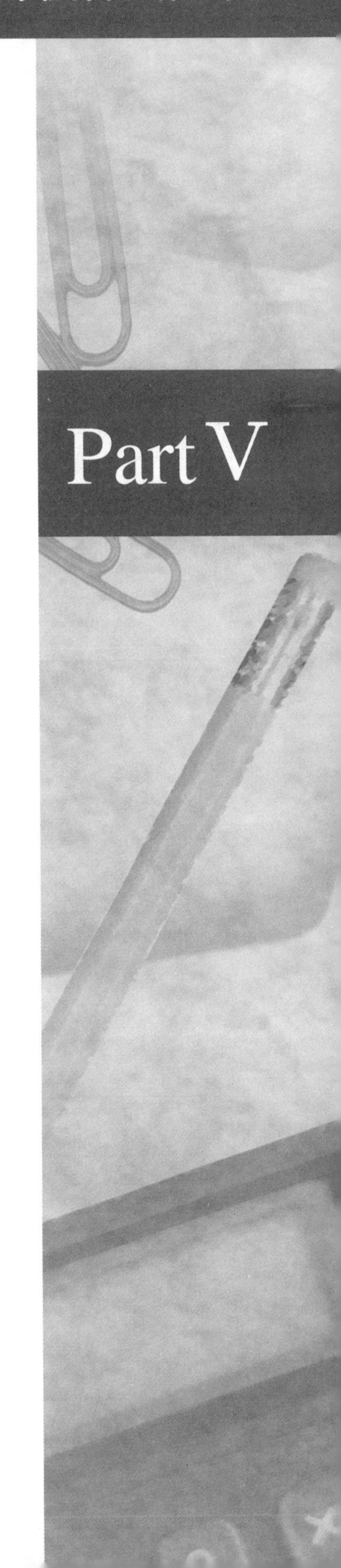
Part V

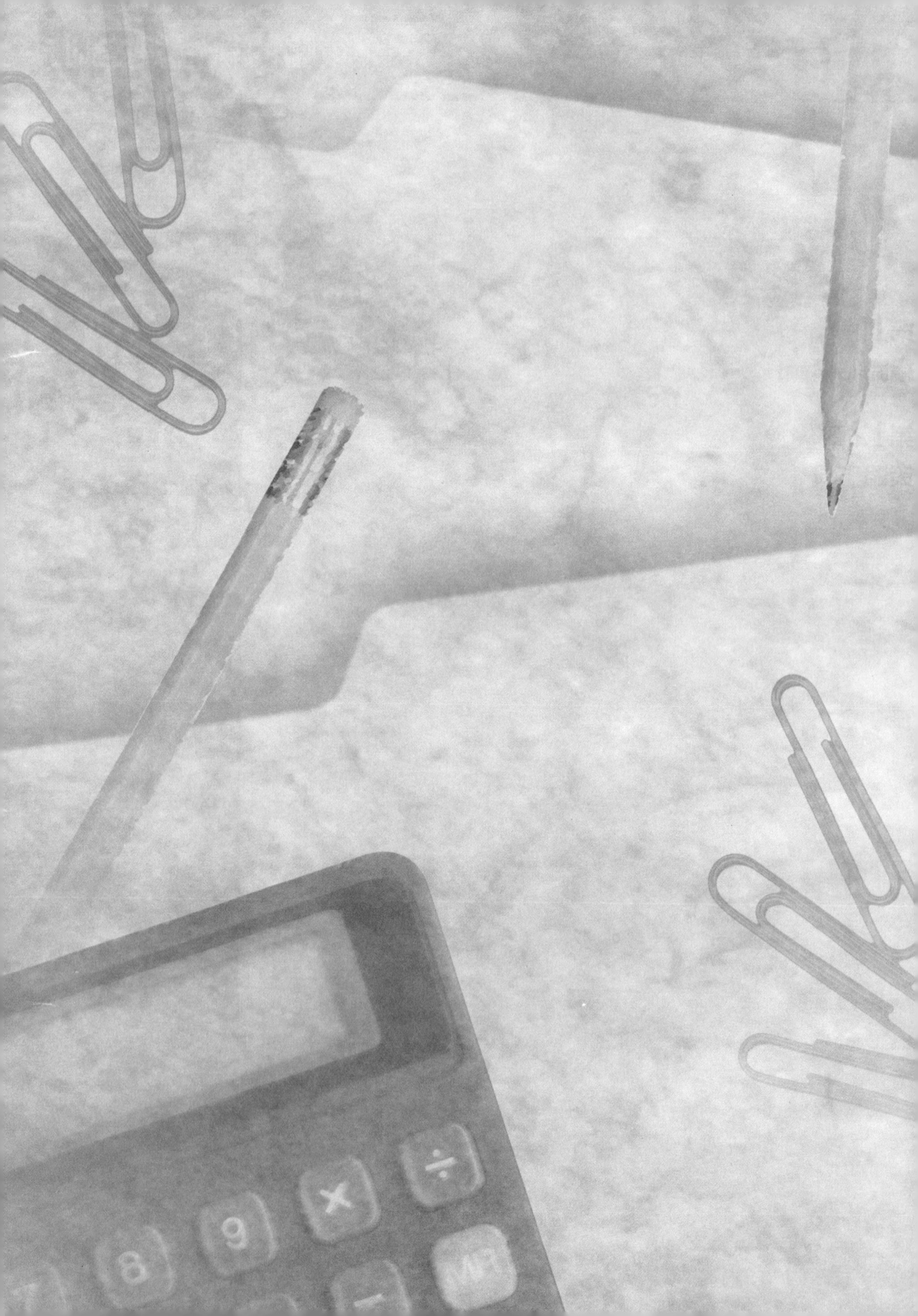

第11章

策略規劃機制應該針對兩個基本問題提出答案：做什麼與如何做。第一個問題是指策略的選擇；而第二個問題是指組織的安排。組織不能只憑藉其贏的策略就能夠達成其目標，組織必須有一個與策略相配合的結構以利其策略的執行。上一章的重點著重於策略的形成，而本章將重點轉到如何建立一個可靠的組織結構，以控管其所執行的策略。

當我們進一步踏入九〇年代，策略分析與規劃的原則已完全融入企業決策的每個層級。雖然這方面的認知已被廣泛接受，然而，對於當今面對重大挑戰的公司而言，將策略方針轉化成長期成果與策略方針，以因應社會快速變動的需求，卻是持續不墜的。本質上，關於策略的執行，經過適當的組織後，有三個構面可以造就出眾的企業績效與競爭優勢：組織規劃、管理系統與主管獎勵制度。

爲使這些構面與現存的策略緊密地配合，必須進行策略性組織重整。沒有任何神奇的公式可以保證組織重整的成功，也就是沒有完美的典範可以依循。畢竟組織重整是一個極爲精密細微的過程，需要相當的管理藝術。

本章討論將著重於五個方向：（1）創造反應市場的組織，（2）機制在策略執行中的角色，（3）主管獎勵機制，（4）領導風格（例如，建立內部有利於策略執行的環境），（5）策略績效的衡量（例如，控制與溝通網路的發展，以監督並且評價策略執行的過程）。此外也將討論策略規劃對行銷組織的影響。

傳統組織

傳統上，企業的組織建構都相當強調既定目標的追求與達成。這樣的組織相當適合於公司內部日益提高的複雜性，也提供了足夠的誘因機制與責任制度來支持目標的追求。然而，這樣的機制卻無法提供策略規劃所需要的相關機能。舉例來說，策略規劃所需的一個機能即針對目標的修改與重新定義之能力，如此一來，企業才能專注於準備未來的競爭。立基於命令與控制原則的傳統組織結構，是抗拒改變的，此即是爲什麼因應策略規劃的需要，必須有一種新組織結構的理由：

> 今日成形的組織相當戲劇化地和當年Frederick Taylor與Alfred Sloan所見到的大異其趣。供末端使用的商品市場呈現分散、破碎，需要更快速且精確的回應。電腦技術在捕捉、處理與傳送資訊方面的進步，使得分散決策且同時不失去控

表11-1組織特性

指揮與控制結構	策略規劃
1.關心既有目標所衍生出的短期標的	1.關心新目標與策略的確認及評價
2.藉由過去經驗進行目標確認	2.經過高度討論的目標與策略；組織內或其他公司內的經驗極為稀少
3.目標被縮減成各個功能性單位的特定	3.根據對企業的重要性進行目標評估
4.經理人傾向於以功能和專業做判斷，並及重視方法的運用	4.經理人需要環境導向的企業觀點
5.經理人較重視最近的績效表現而忽略了目標	5.新目標與策略的優劣表現往往在數年之後才會明朗
6.誘因、形式、社會關係和操作目標關連緊密	6.誘因與計畫之間的關連鬆散
7.講究遊戲規則，因此經驗豐富的個人覺得較具競爭力與安全感	7.考慮投注心力於新領域中，過去的經驗在新的遊戲中未必有用
8.面對的議題較即時、明確、熟悉	8.面對的議題較概括性、延遲（某些程度），且可能較為生疏

制成為可能。消失的是充沛的藍領勞動階層，尤其是男性。今天的勞動階層實屬於受過高教育、短期性質，並且要求對工作內容有更深的參與和多樣性。

對於個人而言，以上的改變相當具戲劇性；但整體來看，這些改變塑造出一個組織與策略的新時代。策略逐漸由以成本與數量為本的競爭優勢，轉變成著重於顧客價值的提高。競爭的優勢源自於技術、速度、獨特性、與對顧客的服務水準。傳統命令與控制的組織無法勝任。的確，許多企業發現傳統命令與控制的原則，在現在往往造成競爭上的劣勢。

表11-1區別出傳統命令與控制結構（例如，傳統著重於既有目標達成的組織結構）與策略規劃的特徵。大體上，命令與控制結構在已知的環境下運作，關心的是當下發生的議題。策略規劃強調不同的遠景，是未來導向的。

創造反應市場的組織

當市場與科技變化愈來愈快，組織為維持其競爭優勢而必須對於策略變動進行快速、頻繁地回應，雖然企業也都瞭解，快速地改變策略，往往使其組織結構缺少相對的市場回應。而這失敗的一大原因即規模經濟與垂直整合經濟之間的衝突，前者強調擴張與資源的集中；而後者強調連結不同的功能與資源，並在回應市場變動的同時追求最高效率。

促使這衝突更加激烈的原因既細微且複雜。在等式的一邊是所有造成規模優勢極大化的力量；等式的另一邊則是環境、競爭、與科技日益加速的步調，驅使著企業朝向更具彈性、高度內部整合與逐漸縮小的運作單位的方向走。

雖然規模優勢在傳統上極為重要，但愈來愈多的證據顯示，經過高度整合的組織結構，可以透過其資源與功能有效率的協調整合而增加其生產力，並同時能維持高度的調適力與市場敏感度。相對於集權化、大型化的規模集中導向組織，這樣的組織結構以更快速、更平順、更成功的方式回應策略需求的改變。

企業管理基本上有三種選擇方式可供解決規模與整合之間的衝突問題。首先，公司可以選擇犧牲其市場回應能力，將其功能性單位集中，以追求規模上的利益。其次，公司也可以選擇市場回應能力，放棄規模；也就是強調小規模、獨立的單位。或者最後，公司可以採用另一種較為困難的方法，同時運用大型與小型單位在規模經濟與市場回應能力的的優勢。而維持公司競爭優勢的關鍵，並成功運用最後一種方式。

欲同時擷取大型與小型組織結構的好處，就必須牽涉到在一共享資源架構底下，建立市場回應單位的議題。這樣的單位可以結合了小公司（節省、創業精神；業務重點清晰；與顧客之間直接的關係；追求成長；行動導向的觀點）與大公司（密集的財務資訊與資源；易於取得各種科技；自身既有業務的認知；擁有各種多樣技術的人力資源；市場與功能方面的詳盡知識）的優勢。

要創造出上述這種單位，規劃者必須盡其所能精確地決定出資源整合的形式與進行的程度，以確保達到其自身業務策略所要求的市場回應能力水準。而進行的過程想要成功，就必須依照極為精確的分析架構，在將策略與組織適切連結的大前提下進行才有可能。

建立反應市場組織結構之程序

爲建立市場回應的組織，管理階層可以運用下面這個三階段的程序：（1）界定企業策略的界限，（2）平衡經濟規模與市場回應的需求，（3）針對策略的有效性建構組織。

界定企業策略的界限：企業是否成功地依據其策略目標配置組織結構，端視於能否成功地做出下列數個決策：正確判斷企業競爭所處的附加價值鏈階段，確認其具有競爭優勢的活動，選擇應該透過內部執行的功能，還有發展最具生產力的計畫以整合所選取的功能性活動。這些決策決定了資源的配置與內部外部活動之間的界限。同時，定義了公司的業務內容—— 包括：產品、服務、顧客，和市場—— 也決定了策略的長期與短期潛力。至於發揮這潛力至什麼程度，則需視公司運用其資產與各部門資源來支持其策略目標的表現而定。

當我們考慮一家裝配廠商面對外購或自製零件的問題時，我們將更清楚地看到，企業策略界限的設定方式如何反應出規模與整合之間的權衡與替代關係。只要零件製造商可以爲數個客戶製造相同的零件，包括裝配廠商，零件製造商就享受到規模方面的優勢。然而，當裝配廠商爲因應市場需求或更激烈的競爭壓力，對零件製造商的訂單變得更專業、獨特時，零件製造商所享受的規模優勢也會跟著下降。在此同時，隨著技術特殊性愈顯複雜以及生產活動的相依性提高，整合零件製造商與裝配廠商之間營運的成本將增加。爲延續整合零件製造商與裝配廠商的關係，並能維持各自的優勢，它們必須進一步增加投資：零件製造商增加資本設備的支出；而裝配廠商須增強協調、研發的規劃、品質控制，以及相關領域的能力。如果零件製造商與裝配廠商決定中止其合作關係，結果是，業務上將發生相當高的干擾成本。因此雙方都將透過長期的合約，不論是正式或非正式，試圖避免這潛在的損失。當彼此的相依性提高，關於價格與合約的協商都將變得遲緩而欠缺回應。就某個觀點來看，規模經濟的利益可能下降，同時，整合的成本升高，造成裝配廠商發現自行從事內部生產零件將更具成本效益—— 這造就了裝配廠商企業界限之內一個特別的功能。

在這個傳統自製或外購的例子裡，規模與整合成本之間的經濟權衡是相當直接且明確的。然而，當我們從簡單的自製或外購決策轉移到大規模的垂直整合議題時，其經濟上的衝擊則變得更細微而不可測。規模所具有的優勢不是單單只有用較低的單位生產成本可以表達的，還包括了大量技能的取得與新產品或技術的可轉移性。另一方面，整合的利益，可以從事更具獲利性的研發投資來獲得，因爲垂直整合確保了下游的市場。

平衡經濟規模與市場回應的需求：經濟規模與市場回應能力需求之間的的平衡，可用一家大型保險公司來說明。這家公司在其核心業務中，面對一個由內部與市場組織之間權衡問題所形成的複雜組合——財產與傷害保險。遲滯的市場成長、高度的價格彈性、新形式的產品通路、新的資訊科技，和日益提高的市場競爭都對這家公司傳統的營運模式加諸了巨大的壓力。高階管理層瞭解到，如果公司想要維持其競爭力，達成強勢的成長與獲利目標，組織需在總公司及外部網路方面進行基本的改變。

爲因應諸多的壓力，公司往往面臨了兩難。一方面，讓組織結構變得更加能夠回應當地市場需求是極爲重要的，尤其是在地區產品定價及代理商的選擇部署。這需要組織重整方面進行權力分散，並且將銷售與行銷部門分割成更小的區域，使每個區域的管理權責更爲明確、重要。另一方面，管理本身即是爲了減少處理交易的成本而生的，因應這管理方面效率化的需求，似乎需要將各地的分公司整合成更大的地區中心，這樣便更能完全運用到自動處理機能所提供之經濟規模的好處。

本質上，這些策略條件似乎是要設立大型的中心，來取代回應地方行銷與銷售需求的當地單位。然而，若是將其結構細心的分析與重組，公司就可以解決成本效益與效率兩者之間的衝突。在此提出解決的方法。公司原有分公司的營運由各地本質上自給自足的區域中心負責；每一個區域中心將所有的功能部門納入其傘下，包括從銷售、收帳、營運的承辦，到人事。有兩個功能則是地方營運活動的重心：透過銷售與行銷而和顧客之間的互動以及交易的處理。原來，地方營運組織被設計成用來發揮其功能處理上的管理規模，並且能平衡銷售與行銷活動，有效地服務顧客的需要。而現今組織設計的基礎，則是因應整合銷售與處理功能的需要而設，一方面因爲交易量逐漸增加，另一方面則是因爲交易之間的互動所致。而總公司與區域中心之間，則由另一層面的管理負責計畫的整合與公司政策的推行。

和公司新的策略目標（例如，更強的市場回應與生產力的提高）同時進行的是，重要組織結構上的變革。首先，位於總公司與區域中心之間的管理層將被移除以促進彼此的溝通；並且加強有關於市場回應之決策訂定。第二，達成經濟規模與成本優勢，處理中心的呈報關係，由過去向地方等級的單位呈報，轉而向直接向總公司呈報。現代的資訊科技使得公司讓處理中心與銷售功能脫勾的同時，尙能保持足夠的整合性。其結果是，多數的獨立銷售組織與處理中心之間的連結不再維持。處理中心被縮減成負責資訊科技創新的功能，增加了處理的能量。而行銷與銷售單位的分區因應市場的要求而增加，讓各銷售組織可以更接近其地方的顧客基礎。因此，業務處理在經濟規模與市場回應雙方面的需求在此完全地被滿足了。

針對策略的有效性建構組織：針對策略的有效性來進行組織建構，重要的是，認知競爭優勢是企業組織最終極的目標，而且必須以經濟事實來表達競爭優勢的原動力，並運用經濟工具來實現。唯有將組織決策放置於經濟的範疇之中，才能判定其他替代的組織結構、誘因與管理程序的價值。唯有在這種評價的觀念之下，才能逐步適當平衡經濟規模與市場回應。不需要複雜的、多餘的管理層級，不必要的通路整合必須移除。相對於執行上的困難性（例如，執行組織的改造），設計階段算是容易的。執行尚需要很強的領導能力，動作與表達的一致性，以及策略性地運用誘因計畫。

反應市場組織之管理

設計與管理一個市場反應組織必須推翻過去的假設。首先，在組織結構、系統與員工上採用線性的策略並不合理。實際上的過程是互動的：組織一個團隊以應付策略的需要；並且擬劃情況，發展出特定的策略，而自行確認其必要性。甚至，這結構只是暫時的而已。組織必須隨時準備好改變其配置，以因應新的需求與環境。第二，組織的目的不是爲了由上而下的控制；而是要授權一群人去完成任務。管理則發生在訓練、誘因提供、訂定清楚強烈的目標、策略和標準。

市場反應組織是建立在講究產品研發與顧客服務的相關產業之中──例如，電子與軟體公司──而且通常是小而年輕的組織，傳統的界限並不明顯。近年來，一些大型的公司包括本田汽車、松下電子、3M，在某方面也包括奇異，也都重塑其組織形態，充分授權前線的經理人以發展額外的彈性。

市場反應組織有很明顯的缺點：它缺乏嚴密的控制，不適合發揮規模優勢或處理大量的事務，而且在作業上需仰賴有能力且具動機的人。雖然如此，若公司無法運用一個完全市場反應的組織，則可以擷取其部分的功能──例如，新的產品研發團隊。

一些大型公司，譬如，IBM，Digital Equipment，和道氏化學公司，因爲在市場、產品線、與科技的資源上，同時有創新與整合的需要，因此，常常以修正的形式運用這些概念。它們經常以重組產品組合的方式，來改變資源運用與控制的焦點——移轉組織間各部門的權力，或者藉由運用事前計畫的團隊來執行。

經驗顯示，只要人們對他們自身的未來有清楚的認知，知道爲何需要改變的重要性，而且在新組織的設計上能有意見及行動上的自由，人們是願意接受改變的。下列五項關鍵要素，是公司在思考追求策略的有效性時需要認眞考慮的：

在策略與技術之間鍛造清晰的連結：公司的策略，用來具體化其欲提供給顧客的價值，決定了公司所需要的技術。然而，許多公司對這策略與技能之間的連結沒有清楚、精確的瞭解。因爲Frank Perdue承諾提供更鮮嫩的雞肉，他們的組織就必須在飼養和後勤技術方面有優越的表現。因爲Volvo承諾提供更爲可靠、堅固且安全的座車，它們就必須精於產品設計與生產。因爲Domino's Pizza承諾在30分鐘之內將新鮮、熱騰騰的比薩送到顧客家門口，所以它們全部5000家分店就必須精於快速地做出好吃的比薩，同時快速處理接單和配送的動作。策略決定了所需之技術，但是，一旦這之間的連結被忽略了，公司可能落得將事情做對，卻發現做錯事情的窘態。

核心技術需有選擇且專精：經理人往往以過於籠統的方式形容其企業的核心技術。企業必須有最佳水準的顧客服務與行銷的這種說法並不夠好。舉例來說，承諾提供更好的顧客服務的百貨公司職員，並不清楚可以做些什麼不同的事，因爲顧客服務這個詞彙，無法描繪出足夠確切的行爲，而這正是他們想要的。事實上，一家百貨公司必須對三種不同形式的顧客服務有好的表現：在冰箱或傢具的硬體商品方面，顧客服務必須有高度的產品與技術知識；在服裝方面，重要的是流行諮詢的專業；在基本生活用品或雜貨方面，需要的是親切、有效率的自助服務。每一個不同的服務目標都轉化成員工每日的不同行爲組合。除非這些行爲經過精確的定義，要不然即使是最有意願的員工也不會改變其服務行爲，因爲他們根本不知如何去做。

釐清關鍵工作的義涵：再看一次百貨公司的例子。以各種不同形式之顧客服務的定義確認一些特定工作的表現，而這些工作決定了顧客對顧客服務的評價：冰箱的銷售人員，高級服飾的時尚顧問，還有雜貨商品的收銀員。將技術的定義推向這些特定的工作，或許是關鍵的工作，讓公司可以用較爲特定的方式來描述工作擔任者何事該做，何事不該做，該雇用何種人，該提供什麼訓練與指導，以何種獎勵激勵員工，還有員工需要什麼資訊。例如，Nordstrom，一家總公司位於西雅圖的時尚專業零售商，其關鍵工作即是前線與顧客接觸的銷售人員。因爲Nordstrom清楚地知道他需要哪一種人來擔任銷售人員——對此職業相當有興趣者，而並非只是爲了暑期工作而已的人——公司尋找的是服務導向的人，而非以過去的經驗爲主要考量。Nordstrom付給員工高於這行業平均水準的薪資，並且提供誘因，促使最優秀的銷售人員達成一年80,000美元的業績。Nordstrom強調顧客服務第一，其公司哲學就是，依照以下的順序，爲顧客提供最佳的服務，最佳的選擇，最佳的品質與最佳的價值。

清楚的優先順序幫助銷售人員決定出適當地服務行爲。而他們所接受的訓練以及提供的產品也是如此。同樣的道理也應用在公司提供銷售人員的資訊系統上，提供有關於顧客即時的銷售與服務紀錄。Nordsторm承認，業務的成功與否，決定於關鍵工作的擔任者是否成功地將價值提供給顧客，也決定於是否以整個組織的力量來支持其前線的銷售人員。

來自高層的領導能力：這方面關鍵的要素包括：

1.訴諸於組織內的榮耀感。大部分的人都想要高的職位，尤其是一些強調其公司任務是超乎賺錢之外的組織。提供員工一個單一、高尚的理由——例如，品質、服務、清潔、價值或創新——將釋放出組織的能量，並專注在重點之上。
2.釐清建立核心技術的重要性與價值。讓組織更瞭解價值所代表的經濟意義，並且清楚不致力於核心技術的下場與景況。
3.願意以強硬的動作來克服瓶頸，並建立組織是眞的要改變的威信。通常，最困難的部分是在重置已經形成各自群體的人員，讓管理階層致力於技術的建立，與伴隨而來的大量花費。
4.不同於處理日常業務，須用特別的態度對待技術建立的相關計畫。這特別的態度反應在領導者的時間配置，詢問屬下的問題，吩咐下去的工作，還有一些特別測度方式的選擇等等。
5.加強上司、屬下、顧客與尤其是關鍵工作擔任者之間的溝通。不斷地透過書信和討論有關技術建立的計畫——有關公司意圖建立的核心技術，以及其重要性；有關以前的成功、成功者和失敗中的教訓；以及相關的里程碑。

授權組織進行學習：與個人一樣，組織也是從實際運作當中，可以學到最多。建立新的核心技術便是極佳的學習過程。藉由策略的定義，勾勒出員工工作領域的界限，公司意圖建立的技術，所須的關鍵工作的行為，還有員工藉以判斷正確與否的信念。但是在這些界限之內── 提供員工足夠的活動空間── 讓他們自已去嘗試，成功，失敗並且學習什麼是有用的。他們自己將找出一些不是由上級可以描述給他們的細節。

為說明這個觀點，舉擁有10000個銷售人員的Frito-Lay的例子來說。Michael Jordan，身為這家公司的總裁，表示這些負責執行從「商店到顧客門口」服務的人員，實際上掌控了公司的命運。Wayne Calloway，身為百事可樂的總裁，過去也曾經擔任Frito-Lay的高階主管，描述出下列的關鍵工作：「我們的銷售人員是第一流的創業家，他們每天在現場，遭遇超過100,000次顧客有關購買決定的詢問。可以想像在這樣的世界裡，一家管理制度過時的公司如何能處理這樣的情形。我們的方法是找到好的人，然後盡可能地賦予他們最多的權責，因為他們是最接近顧客的一群人，知道到底發生了什麼事。」

系統在策略執行中的角色

系統是指管理的系統，包括任何遍佈於企業中的正式程序，又可被區分為三個種類：執行系統、監督系統監督系統與控制系統。

1.執行系統直接專注於處理公司業務的基本過程。包括：產品研發、供應訂單所需、生產排程、貨品運送、現金運用與支付員工薪資的各個系統。
2.監督系統是指任何用來測度與評價上述基本過程的程序。監督系統可以設計成以各種不同的方式，蒐集資訊，以供公司內部與外部報告之用：例如，用來因應證管會或相關管理當局的要求、用來作預算控制、報稅、以及應付公司策略與組織上的需要。
3.控制系統泛指用以確認或確保上述基本過程不會超出所能容忍的界限的任何工具。廣泛地說，包含了權責的分配、授權限制、產品檢查和計畫遞送。

如同從上面簡單的描述得知，系統遍佈在企業的各個層面。正基於這個原因，系統本身提供了相當多策略失敗的機會。大部分的公司最強調的都是執行系統，但是，欲建立能支援公司策略與組織用途的系統，最高管理層在進行策略思考時，必須在執行系統之外加入監督與控制系統，並且強調系統在策略執行中的角色。意思就是說，策略規劃的一部分工作，即是解答下列幾個關鍵的問題：關鍵的成功因素是什麼？如何將這些因素轉化成經營的績效？如何衡量與激勵經營績效？如何取得與財務績效相關的資訊？業務週期中，哪一段是重要的？系統如何支持這重要的週期？財務控制與測度的角色是什麼？資訊控制的功能應該放置在哪裡？如何進行策略目標與組織績效的監控和修正？如何對內部資訊與外部資訊形成連結？

簡言之，意圖將所有的系統和策略整合起來，是需要有寬廣的視野的── 將公司整體視為一個有機體的能力。不幸的是，太多的系統經理人不是沒有視野，就是缺乏影響力。也有太多的高階主管缺少對這整合工作的理解和意願。

系統設計的技巧

欲建立能支援公司策略與組織用途的系統，管理高層必須有策略思考的系統，並且強調系統在策略執行中的角色。一旦確認出關鍵的成功因素為何，並且轉化成營運的測度，我們需要一些好的系統設計技巧，以確保那些成功因素與測度和所有系統適當地搭配。以下是系統設計所需的指導方針：

1.設計一個有效的資訊取得程序：取得的資料必須接近資料最初的源頭，而且必須建立與資料來源之間的連結。舉例來說，在一家公司內，資料處理人員在公司收到原物料的兩天之後，將資料鍵入採購控制與存貨管理系統。因此會計在兩天之後得到這筆交貨單據的資訊，並鍵入會計系統。沒有建立來源資料連結的情形，造成存貨資訊的不一致。採購與存貨管理過程注重存貨的編碼與數量；而會計過程則是處理會計編碼與貨幣金額，而這些資料通常只有在月底才會出來。

2.為了資訊在全公司的的可使用性和達到控制的功能，細心處理經常使用的資料：如果一家擁有多個部門的公司讓它旗下的每個單位各自進行存貨的編碼，則經常使用到的存貨就無法進行交易與平衡。傳統上，汽車經銷商獨立維持其存貨的控制。相反的，福特汽車則將其存貨編碼與經銷商的保持一致，因此經銷商也可以取得福特的相關資訊。因此，其中一方存貨的不平衡，就形成另一方的好機會。

3.決定出哪一種模式是常見的，而且容忍分佈各地的處理形式：一般而言，這裡的考慮包含確定分享資料的需求，確定硬體與軟體提供的可取得性，以使得分散的處理方式變得可行。並且調查地理距離的影響。一旦某個特定的模式或功能被視爲是適合於這種分散形式的，則必須將其整合入資訊網路之中。

4.資訊，而非報告：系統往往發展成注重產出、忽略內容的結案報告體系。如果需求改變了，或是系統發展者與使用者之間發生誤會，其結果輕微則造成妨礙，嚴重則無法修正系統的產出。當系統的發展著重於內容，著重於策略上成功的關鍵資訊時，使用者則可以依照其使用目的訂做產出的呈現方式。例如，一家擁有建立完善之應收帳款資料庫的公司中，某個經理選擇用來比較收到現金與目標的差距，另一個經理用來得知帳款的在外流通日數，也有其他人使用其中的週轉率的資訊。

5.檢視成本效益：對系統與其所需的相關支援價值保持質疑的態度是健康的。但是這樣的質疑必須適當地處理。例如，寶鹼避免只是透過目前的程序上逐步修正進行成本縮減，而發展出自己的方法，此方法建立在這關鍵「如果」的問題之上：如果不是因爲這個「理由」，這些「成本」就可以省掉了。設計和維持一個著重於策略意圖，並根據其意圖評定績效的系統，對策略的成功與否是相當關鍵的。事實上，系統與策略之間缺少整合是穩當的策略與組織概念在執行過程中陷入泥沼，而不能達成原先預期結果的一個重要原因。設計與管理健全的系統並非可以輕易完成：唯有在高階管理層的參與，和對系統策略結果的重要性有清楚的視野的條件下，才會浮現。

管理獎勵系統

管理人的報酬與策略是彼此相關且相成的關係。好的獎勵系統應有下列三個特徵：（1）應該讓所有關鍵利害相關人的價值最適化，包括股東與管理人員的利益（即所謂的代理問題）；（2）應該適當地衡量與獲取價值；（3）應該整合決定報酬高低的信息與策略，及組織結構所隱含的意義。雖然這些議題經常以計畫執行的眼光被提到，但除此之外，仍然有其相當重要的策略層面，雖然這很少被提及。而且，其策略層面實際上對計畫成效有決定性的影響。

代理問題

代理問題（The Agency Problem）指的是存在於股東與其代理人（負責執行公司策略的管理人）間潛在的利益衝突。這些管理人在公司之內擔任股東的代理人。然而，雖然管理人與股東兩者都是公司的利害關係人，他們的利益並不相契合。事實上，他們很自然地會在三個問題上發生歧見：風險部位（例如，股東是對公司具有求償權的人之中順位最後的，因此，管理人所擁有的薪資給付與福利是優先於股東之前的）；重新調配資源的能力（例如，股東可以輕易自由地重新配置其投資，然而管理人所投資於其事業的人力資源並不是可以輕易地重新配置的）；時間的考量（例如，股東通常要求長期良好的投資報酬率；不過，對管理人而言，他們考慮的人力投資期間就短得多了）。這些差異導致每個利益團體用不同的方式來衡量公司的風險及報酬。一般而言，風險衡量上的差異使得管理人往往較股東顯得更規避風險。

爲解決代理問題，我們必須縮短股東與這些負責守護與增加股東投資價值的經理人間之利益分歧。雖然管理人的酬薪計畫應該可以對這問題的解決提供些幫助，但是其功用卻被誇大了。舉例來說，大部分的酬薪計畫是以短期盈餘的改善爲評量標準；因此，這抑制了給予股東優厚報酬率所須進行的風險性決策。

因此，只有富有創意的新酬薪制度才能協調經理人與股東的利益。

價值問題

就公司的觀點而言，關於價值的議題是雙重的。一方面需要以有系統地結合公司市場價值方式獎勵經理人的績效表現。另一方面需要爲公司底下的個別事業單位建立誘因制度。

本書中，我們主要關心的是如何爲個別事業單位建立出誘因制度。我們用一家假設的公司Hellenic Corporation來說明個別事業單位的酬薪制度。

Hellenic Corporation由四個事業單位組成：Alpha、Beta、Gamma與Delta。Alpha所處的市場相當有前景，但是公司必須立即提高其市場佔有率。Beta所處的市場則是屬於相當具效率、成熟，運作良好的市場。Gamma，曾經是該市場最強的競爭者，最近則遭受重大的管理錯誤打擊；雖然如此，仍然有再度成爲贏家的潛力。Delta則是平庸市場中的平庸競爭者；此外，其業務與其他事業單位的市場沒有太大的關聯。

Hellenic的策略計畫是要讓Alpha快速地成長，讓Beta以其運作良好的市場位置回收投資，讓Gamma獨立自行運作，並且讓Delta進行撤資，以極大化整個公司的價值。每一個部分對於公司的成敗都是極為重要的；然而，這四個部門的主管的管理目標彼此互不相同，並且以不同的方式影響公司的價值高低。不過，這衝突不意謂著股東的價值作為決定管理人獎懲的標準並不可行。甚至當經理人的績效只是間接與股東的價值有關時，管理獎勵制度的目標需要增加股東價值這一項。挑戰著公司的，是要採取與公司長期策略一致的方式，而能夠製作出一個能將績效與價值的獎勵制度。而這需要為各個事業單位的經理人量身訂做出特定的獎勵方案。Alpha的酬薪評定標準必須和Beta的不同，也必須和Gamma 與Delta的評定標準不同。

分析個事業單位中管理人薪資制度的風險與時間考量，和策略目標的配適情形，就能夠建立整體計畫。例如，Alpha的最高階經理人專注於非常長期的計畫，規劃了非比尋常的成長率與獲利率，同時計畫執行所伴隨的風險也相當高。在這些情況下，需要一個根據Alpha所面對的創業挑戰為基礎的薪資方案，同樣地，其時間考量也相當長，風險也高。在Beta，目標即在運作良好的市場中使報酬極大化，其時間考量與風險暴露都較適中。在Gamma，身為贏家的候選人之一，其考量時間短且風險極高。而在Delta，因為窗飾（window dressing）公司而持續營運，其時間考量短，風險較低。此外，也需要其他特別的銷售額獎勵制度（例如，銷售價格的一定比率）。

信號問題

信號即引起行動的誘因。因為報酬很明顯地是行動的強力誘因，所以報酬制度是相當強的信號工具。其他的信號工具包括：財務控制、規劃程序、還有最高經理人的繼承計畫。這所有的因素都傳達了公司所預期的，以及認定的價值。綜合起來，這些信號塑造出公司的文化，並且決定特定環境下採取的行動。

當管理人透過所有的管道發出一致的信號時，表示其策略軌跡相當清楚。不幸的是，往往會有相互衝突的內部信號，而且報酬制度常常是最不一致的地方。公司必須直接處理信號的問題。贏家應該有贏家的報酬，而表現差的不應被獎勵。簡言之，管理人的酬薪制度需要加入些以眞實價值為基礎的風險因子。

誘因制度應該設計來促進管理人承擔風險，使得經理人的思考方式更像老闆。

也就是說，酬薪制度必須將管理人與股東的利益帶在一起。藉由代理問題與價值問題的解決，及信號衝突的消除，公司可以施行所需要的誘因制度，以創造股東與代理人共同的額外價值。

領導風格

雖然策略計畫已完成，但是只有一個人，即CEO，才能確保整個組織的精力都有用來達成所要追求的目標。西元前514年的中國將軍與哲學家孫子，說過的話在今天仍然成立：「欠缺領導能力會毀壞一個最佳策略；即使是不完善的計畫，透過強有力的執行也會成功。」這個部分將檢視CEO因應策略的執行，在組織塑造過程中所扮演的關鍵角色。而因為策略規劃者對組織也具有很大的影響力，我們也將討論他們的角色與對策略變動的態度。

CEO的角色

CEO是公司內的首席策略人員。他負責對組織溝通策略規劃的重要性。CEO本身對策略規劃的重要溝通工作投入不僅必須讓大家看得到，而且必須與CEO其他影響組織工作的決定一致。為了獲取組織內部的接受，策略規劃的過程須得到CEO的支持。習慣於短期導向的人可能會抗拒策略規劃的過程，而要求其他的方式。但是CEO可以以身作則，堅持這規劃的過程。基本上，CEO負責營造出一個適合策略規劃的氣候，然而，也可以為組織設定來的前景。一位CEO曾經說：

> 我的人不會作規劃，或是在我的視線範圍之外工作。如果我專注於明年，我會迫使他們也都為明年準備。如果我可以嘗試往未來五年或十年看，至少可以使得組織的其他人也將他們的眼光從他們附近，往更遠的地方看。

CEO應該專注於企業的目的，並且依序批准其策略決定。為了將這件事做好，CEO應該支持他做決定所根據的幕僚工作和分析。沿著同一條線，CEO應該確保組織內部溝通網路沒有雜訊存在。溝通應該發自CEO，並依循組織目標與抱負和高階管理層的價值由上而下流通。同樣地，與風險、結果、計畫、概念、功能、競爭與環境相關的資訊應該由下向上流通。CEO應避免追求錯誤的齊一性，試圖消除所有的風險，迷信傳統，主導討論，並且委託策略發展予他人。否則CEO將可能不經意地讓策略的執行者失去信心。

如同上述，基於未來的考慮，組織的前景可能需要做出改變。而CEO不只應感覺到改變的需要，也應該協助改變的發生。然而過去的成功造成一股保持現狀的強大動力，因此改變並不容易。只要環境與競爭行爲沒有改變，過去的樣子也就很好。不過，當環境發生變動，政策與態度的變化就變得相當重要。CEO必須妥善處理這個狀況，不只是發動改變，也必須鼓勵其他人接受並且適應改變。而改變的時機可能比改變本身來的重要。改變的需求必須在最佳的時機消逝之前進行，這樣才不致失去公司的競爭優勢與彈性。

Zaleznink將CEO區分成經理人與領導人兩類。經理人維持事情進行的順利；領導人則提供長程的方向與動力。成功的策略規劃必須有一個身爲好領導人的CEO。站在這個立場，CEO應該：

1.取得對其領導的完全接受。
2.決定其企業的目標，以及在組織所允許範圍內，盡情發揮潛能的行爲標準。
3.介紹這些目標，並且促使組織接受他們。介紹的程度與頻率必須和CEO領導能力被接受的程度一致。因爲接受度的要求，除非是有緊急的狀況，否則新的經理人必須步步爲營。危急之中，老闆決不可以遲疑，否則將失去其領導能力。
4.必要時，改變組織內部的關係，以促進新目標的接受度與可達成性。

在高階管理層與規劃者的積極指導之下，針對策略目標而整合的改變方案可以造就顯著的進步。雖然只是開展了一個長期的方案，在時間與心力的投入經過一段很長的時間之後，其利益應會顯現。雖然不能用數量的指標來衡量其速度和有效性，仍然有一些尺度可供運用。以下是一些比較重要進步象徵：

1.策略通常是由現場經理在部屬直接、建設性的支援下，發展而成。
2.策略選擇開放公司內全部的層級參與討論。
3.資深管理人相當清楚企業目標之優先順序，但是他們也允許在面臨新機會與威脅時，可以有彈性的回應。
4.企業資源依照其目標的優先次序進行配置，並同時參考未來的潛力與過去的績效。

5.各事業單位的策略角色被很清楚地區分開來，就像各個事業單位經理人的績效評估制度一樣。

6.事先對未來可能發生的事件做妥善的準備。

7.在考量策略議題時，員工的確增添了眞實的價值，並且獲得大多數部門的合作。

策略規劃者的角色

策略規劃者是負責協助現場管理人員進行規劃的人。因此，有的策略規劃者是在CEO旁邊一起工作的。也有策略規劃者是附屬於某個SBU的。本書這個部分欲檢視在SBU這個層級，策略規劃者所扮演的角色。

策略規劃者將規劃過程概念化，以協助實際進行規劃的現場管理人員。就這部分的功能而言，規劃者編製出計畫的時間表，並且開發出規劃手冊。也可能設計多種的形式、圖表，用來蒐集、分析和溝通這些規劃導向的資訊。策略規劃者也可以擔任負責訓練現場經理朝向策略規劃的訓練師。

策略規劃者開發出解決困難問題的創新方法，並且教授現場經理人新的技術和工具，使策略規劃的工作更具效率。策略規劃者也對其他專家的心力（例如，市場研究者，系統人員，計量經濟學家，環境監控人員與管理學者）與現場經理的心力進行整合。這個角色提供經理人進行規劃所需的最新、最尖端的技術與概念。

策略規劃者也擔任SBU主管的策士。對於關心的事情，SBU主管會要求他們進行研究。例如，在決定是否採用自有品牌時，主管可能要求策略規劃者提供建議，以判斷結果是市場佔有率的增加，或是自有品牌形象受損。

另一個策略規劃者擔任的角色是策略的評價人員。舉例來說，有許多產品／市場的策略被呈送到SBU主管那裡。之後，他們會要求策略規劃者發展產品／市場的評價系統。此外，也會被要求表達策略相關議題的意見。

策略規劃者可能會涉及整合不同計畫的工作。舉例來說，他們可以將不同的的產品／市場計畫整合入SBU的策略之中。同樣地，SBU的計畫也可以透過策略規劃者而與企業的整體目標結合。例如，如果某一家公司用市場佔有率之成長率矩陣（參見圖10-4）來衡量各個部門提出的計畫，策略規劃者不只要標明各部門在矩陣上的位置，並且提供建議以決定該投資在矩陣的哪一個象限。他們的建議可以協助經理人將想法具體化。

非日常性質的事務可以交給策略規劃者進行研究與提出建議。例如，他們可以成立一個委員會，提供組織結構變革的建言。

很明顯的，策略規劃者的工作並不容易。他們必須

1.精通規劃的理論架構，並且清楚其實際運用的限制。
2.能夠提出堅定且具可信度的論點，同時，必須熟悉組織內的政治運作，以避免製造組織內部的衝突。
3.與其他組織其他單位的人員保持合作的關係。
4.博得其他經理人與主管的尊敬。
5.協助經理人接受新的或困難的技術與工具，充當組織內推銷員的角色。

簡言之，策略規劃者需要是個萬事通。

衡量策略績效

追蹤與中間過程的評價工作是策略執行中相當重要的一環。在彙總績效衡量制度時，有三個基本考量：（1）選擇績效衡量的尺度，（2）設定績效衡量的標準，（3）績效報告的設計。績效衡量系統不只要求由利潤中心或成本中心的角度來報告，也要求從SBU的角度來進行。依照報告角度的不同，相關的財務結果可能需要重新闡述。大部分的管理報告都是針對SEC與FASB所要求的底線而進行的。然而，對許多事業單位而言，獲利並不是衡量事業單位策略績效的適當尺度。

選擇衡量的尺度時，應只選用與各事業單位之策略實質相關的尺度。此外，設定績效衡量的標準時，必須先建立目標與預期的價值，這樣才能和事業單位的現況與所選定的策略相一致。最後，績效報告必須將管理的重點放在關鍵的績效尺度上。表11-2彙整出衡量策略績效的重要議題。

達成策略規劃的效能

如同之前所說得，大部分的公司在最近的10至15年間在策略規劃能力方面都有

表11-2策略績效之衡量

1.為有效地衡量各個事業單位的績效，其衡量尺度必須針對各個單位特別的策略而量身訂做。雖然有一籃子的衡量工具，但其選擇與應用則須先對個別單位之策略和情況有詳細的了解。

2.策略績效之衡量尺度有兩個面向：
 1）嚴密監督關鍵方案的執行以確保策略所需的必要條件成立。
 2）嚴密監督其結果，以確保達成所要求的效果。
3.策略的績效必然是有權衡性的：成本與效益。任何有用的績效衡量系統都必須同時考量到這兩點。
 1）目標：朝向目標前進。
 2）限制：監控其他因欲達成目標，可能被犧牲的績效的程度與時間。
4.策略績效之衡量尺度不能取代，而只輔助短期的財務指標。提供管理階層一個長期的進程，而非短期的績效衡量。這意味著即使達成了基本目標仍然會有短期的問題，而且即使有種種的策略問題，問題仍會持續。也可能顯示，擁有滿意短期績效的同時，基本目標卻沒有達成。因此，需要改變其策略。
5.策略績效之衡量尺度須與競爭分析做連結。績效的衡量必須從競爭的意涵來闡述（佔有率、相對獲利率、相對成長率）。建立數量目標的同時，其績效的衡量應該包含其欲達到之競爭狀況的評量。
6.策略績效之衡量尺度須與環境的監控連結。當環境對我們不利時，我們不能總是以不足的心力來達成合理的目標。績效衡量系統必須將無法掌握的部分從可掌握的績效過濾出來。並且在衡量系統本身出問題時，能發出信號，而非績效本身的問題。

Source: Rochelle O'Connor, *Tracking the Strategic Plan* (New York：The Conference Board, Inc., no date), p.11. Reprinted by permission of the publisher.

卓越的進步。發展出清晰、簡明的方法，用來分析與評價市場區隔，企業績效，與定價及成本結構。發展出具創意，甚至是優雅的方式以對最高管理階層進行策略分析的展示。

今天很少有人會爭論策略對於企業的價值。RJR Nabisco的前任CEO，Lou Gerstner（現在是IBM的CEO）對其價值有下面的描述：「我堅定的相信一個人藉由出眾的策略，可以處之泰然地面對競爭。」不幸的是，RJR Nabisco的成功經驗反而似乎是個例外。更多的情況是策略規劃的結果並不令人滿意。

為什麼策略規劃和其績效之間會有如此的距離？毫無疑問的，理由會因公司而不同，但是確定的理由則相當重要。首先，許多公司發現這種由上而下的規劃方式，會遇到部分營運經理的抵抗。第二，策略規劃的用心並不能鼓勵創新的想法、技術與產品，並且創造出一個創新的的企業策略來執行那些想法、技術與產品。第三，即使那些以策略規劃聞名的公司，缺乏足夠的行銷也會讓策略執行得很差勁。

策略執行與管理行爲

目前，策略規劃的施行往往造成部分營運經理的抗拒。一位觀察家曾指出三種抗拒的形式：採用短視的尺度（例如，經理人著重短期績效）、使尺度失效（經理人提供高層管理當局扭曲或選擇性的資料）、過度仰賴尺度（例如，經理人過度調整其行爲，過度在意現金流量或投資報酬率的指標）。

爲解決抗拒所帶來的問題，我們必須記住，雖然精密的管理工具與最新的學術理論可以協助我們確認策略過程，但是，對策略的執行而言，簡單、直接的方式才是最重要的。事實是，後者反而是仍然是成功的大前提。經驗顯示，下述的步驟對策略的有效執行是有幫助的。

1.採用世界標準的指標。找到從存貨管理到顧客服務每一個過程的優勝者，並且嘗試超越他們。
2.進行程序重組。將組織的各種活動拆解開來，找到沒有效率的部分，然後重新設計。每一個步驟都要問，假如顧客知道實情的話，他們願意爲每一個程序付出多少的代價。
3.區分出什麼應該做與什麼很難做的差別。執行的困難度不是應該關心的；應該注意的是什麼事應該完成。
4.設定高水準的目標。要求員工成爲世界第一並沒有錯。但是不要告訴他們應該如何達成。他們會自己想出主意來的。
5.永不休止。當你站在隊伍的前面，千萬不能放鬆。一旦稍加鬆懈，那些以你爲標竿的人就會加速趕上。

有效的創新規劃

有效的創新規劃應該除去組織上的約束，而非加重約束；應該造成創新，而非阻礙。在未來數年，策略規劃者將面臨前所未有的挑戰，因爲創新與新產品的開發必須藉由大型、跨國企業內部的激盪才能完成。一些公司的情況已經證明，反應式的組織結構可以加強並組織化創新與創業的動力。例如，Celanese與IBM已經建立科技委員會，確保產品概念與新科技有獲得足夠的支援。道氏化學公司採取另外的方式，組織了一個「創新部門」負責引導科技的商業化。

爲了鼓勵新的概念與創新永續不絕，管理階層應該：

1.將注意力投注在策略規劃的目標，而非程序；也就是說，講究本質，而非形式。
2.將最新的科技、科技管理、消費者趨勢與組成、法令影響與全球經濟的分析整合入企業的策略。
3.設計全新的規劃程序，並且檢視科技進步與企業推力的標準與接受度。也許情況與當今的企業基礎不完全相符。
4.採行更長遠的規劃，以確保好的生意與技術發展在未成熟時不會被放棄。
5.在投資計畫開展的初期，避免遭遇過分嚴厲的財務要求。
6.建立財務獎勵制度，鼓勵堅實、創新的發展方案。

策略規劃與行銷組織

策略規劃處理組織與其周遭環境的關係，因此和企業的所有領域都有相關。然而，全部的領域之中，行銷活動對是最容易受到外界影響的。所以行銷的考量對策略規劃相當重要。不過，本質上，行銷所扮演的角色，隨著策略規劃的到來而逐漸模糊。正如Kotler在1978年說過：

> 策略規劃的威脅，將行銷活動從策略性的角色轉變成營運性的角色。駕駛由策略規劃擔任，而非行銷。行銷則坐到後座，甚至後車箱裡。

一般而言，行銷決策中，目前唯一稱得上是策略性的只有產品／市場透視的工作了。如同其他的行銷活動，本質上還是營運性質的；也就是說，它負責應付短期績效，雖然偶而也具有策略上的重要性。然而產品／市場決策本質上也是最令人摸不著邊的，就和策略一樣，通常是由最高管理層來決定；行銷組織是用來作一般營運決策的。簡言之，策略規劃降低行銷在組織中的地位。

許多行銷人指出行銷仍然是重要的，不過主要是在每天的營運方面。例如，Kotler預測：

1.行銷人的職責因爲更惡劣的環境，將比1980年代來得困難。
2.策略規劃者將提供企業成長的直接動力，而非行銷人。
3.行銷人將靠著提供和企業短中長期目標、成長決策、與投資組合決定相關的大量資訊與精算的功能，繼續存在。
4.行銷人的角色將變得更營運性，更不具策略性。
5.行銷人仍然需要支持消費者概念，因爲公司往往會忘記。

然而經驗顯示行銷活動當然有重要的策略角色。透過Atari的問題可以說明，忽視行銷活動對於策略執行與績效所造成的影響。肇因於對行銷的忽視。Atari無法掌握電視遊樂器市場成熟的速度。Atari假設需求會以過去的成長速度繼續增加，在維持市場佔有率的條件下，推估其盈利。但是假設證實是錯誤的。電視遊樂器市場的成長率並不如預期。

持續地接近市場是卓越績效的重要前提，沒有任何一家公司可以忽視：

> 要接近消費者。沒有一家公司，無論高科技與否，可以承擔忽視消費者的結果。成功的企業總是詢問消費者要的是什麼。即使他們有很強的高科技，還是得做行銷的工作。

相較於策略規劃概念剛建立的那幾年，今日有更多的企業以行銷的觀點來進行組織的安排。因爲相較於策略規劃的緊急性（尤其是採行SBU概念的組織），行銷藉其易於瞭解的方法，變成爲更普及的功能。因此，雖然在企業層級的定位逐漸消逝，但是在SBU的層級，仍然有關鍵性的角色。

大體而言，企業已經體認到策略規劃的程序遺失了一個重要的連結：對行銷的投入不足。若不能將策略規劃的努力和行銷活動連結起來，整個程序將顯得過於靜態。而企業所處的環境卻是動態的。只有透過行銷活動的投入，才能爲策略規劃過程引入變動社會、經濟、政治與科技環境的觀點。

大體上行銷再度顯現其重要性。企業發現行銷不只是關乎日常決策的營運功能而已，它也含有策略的成份。

如同前所述，策略規劃伴隨著預算規劃與財務規劃興盛而出現，將行銷打入次一級的角色。不過現在情況不一樣了。在一些公司中有更寬廣的策略考量，投注更高層級、高頻率的心力在市場與行銷的議題之上。然而，有相當的證據顯示這些心力的投入大多來自高階管理人還有策略規劃者身上。此外，行銷人和策略規劃者，用來作未來研究、市場預測、競爭評判的分析技術逐漸趨於相同。這些功能導向、資源、方法的重疊毫無疑問的有助於恢復行銷在策略規劃過程中的重要性。

眾多理由的累積，促使大部分的公司在企業與SBU兩個層次，重新評定他們的行銷視野。雖然先前行銷曾經在一片強調策略規劃的聲浪中迷失，但是現在行銷則獲得更多的瞭解，並且以策略行銷的形式出現。1990年代的十年將成爲行銷的復興時期。

摘要

本章檢視策略執行與控制的五個層面：市場反應組織的建立、系統在策略執行的角色、管理獎勵系統、領導風格與策略績效的衡量。對組織而言，光有好的策略並不夠，必須同時有確保策略順利執行的組織架構。本章談及如何完成這項工作，也就是，組織應如何搭配策略的執行。

鑒於策略規劃近來才成爲企業中最重要的活動，所以仍然沒有一定的原則。事實上，相關領域的學術研究也很稀少。然而相當清楚的是，組織、系統與報酬制度之間的連結是影響策略執行的一個基本因素。本章討論到如何確保最高度的市場反應、如何充分地將運用管理系統，作爲策略工具，以及如何將獎勵系統與策略任務連結起來。

策略的執行需要組織內部一個合適的氣候相搭配。CEO在組織調適的過程中扮演了相當重要的角色。我們也檢視了策略規劃者在策略規劃與執行的角色。

許多公司對它們的策略規劃的經驗並不滿意。有三個理由可以解釋策略規劃與績效之間的落差：（1）部分營運經理的抗拒，（2）忽略創新的重要，（3）對行銷的忽視。本章提供了消除經理人功能不彰與促進創新規劃的各種建議。

隨著策略規劃的出現，和行銷的策略角色一樣，行銷逐漸失去其表現的空間。然而，近來歸因於行銷在策略形成與執行的重要性，行銷的角色又再度崛起。

問題與討論

1.就建立一個市場反應的組織而言，規模整合的意義爲何？

2.試討論建立市場反應組織的三個基本原則。

3.試定義「系統」，並且討論本章提及的三種系統。

4.試討論影響健全管理獎勵系統之建立的三大問題。

5.CEO在策略規劃中所扮演的角色爲何？

6.策略規劃者在企業層級與SBU層級的角色有何不同？

第12章

策略發展並非一件簡單的事。為了設計生存策略，決策者不但要檢視不同的內部因素，同時也要考慮環境的影響。策略制定者逐漸瞭解到，面對決定公司規劃未來而所涉及到的複雜事項時，虛應了事並非適當的決策。

經濟不確定性、生產力平穩、國際競爭以及環境問題都是企業在規劃策略時所要克服的挑戰，因此就需要一套有系統的程序來規劃策略。本章將討論選定的幾個可協助策略發展的工具及模型。

模型可以被定義為協助尋找、過濾、分析及選擇行動的工具。因為行銷策略與全公司之遠景相關，並會對遠景產生影響，所以在這裡，所有管理科學裡的模型或工具都有相關性。然而，我們將在本章中介紹八個模型，並直接應用到行銷策略。這八個模型為：經驗曲線概念、PIMS模型、德爾菲技巧、趨勢影響分析、交互影響分析及情境之建立。

經驗曲線概念

經驗代表熟能生巧。通常生手動作較為緩慢及笨拙，而經過練習之後，他們一般都可以逐漸改進，直到本身的最終技巧成熟度。擁有商務經驗的人都知道，新興事業或擴張至新領域的起始階段通常都不會立即獲利，如將產品介紹給潛在客戶等諸多因素，都是不能獲利的原因。簡言之，即使最愚昧的生意人都知道，有經驗及學習才能成長，但是不幸地，經驗的意義只是被解釋為一個抽象的名詞，例如，處在一個全新而無利潤情況下的經理人們，通常以模糊、茫然的方式思考經驗的問題，而不會從成本的角度來分析它。這個說法印證在企業所有尋求改進的機能之中——除了生產管理。

當成長繼續，效率會更高，也會有更多的產出，但是可以預期多少程度的改進呢？一般來說，管理階層通常隨意地決定某一程度的產出為最適產能，因此很明顯地，在大多數的情況下，這個決定主要根據的只是純粹的推測。然而，理想中我們必須能根據歷史資料來預測成本與數量的關係以及學習曲線，事實上，有許多公司發展出他們自己的學習曲線——但是只有生產或製造部分，在這部分中，實質的資料可以取得，同時多數的變數也可以量化。

多年以前，波士頓顧問公司發現經驗曲線的概念並不只侷限在生產面，而存在於公司所有的成本面。

> 不像有名的「學習曲線」、「進步函數」，經驗曲線的影響包括所有成本——資本、管理、研究及行銷——同時移轉科技改變及產品演進所產生的影響。

剩下的部分，我們將檢視經驗曲線概念在行銷上的應用。

歷史觀點

經驗的影響力首先在航空產業中發現。因爲在這個產業中，製造第一個單位產出的費用相當高，而製造後續單位產出的成本則相當明顯地減少，因此在有關未來生產的管理決策上，這種情形便具有相當的相關性。例如，觀察飛機的製造而發展出「80％曲線」。這個曲線指出每一次生產加倍時，就會有20％的改善（例如，生產第四個單位的時間，只需要第二個的80％）。航空產業的研究報告指出，這個改善比例在所有生產範圍中相當普遍，因此所謂經驗也適用於這條曲線。

內在意涵

雖然經驗曲線概念的重要性在全公司皆保持一致，但是它在行銷策略的制訂及價格決策上尤其重要。如前所述，根據經驗曲線概念，所有的成本會隨著經驗增加而減少。因此，假設公司擁有較高的市場佔有率，成本也會下降而使它可以降低價格。降低價格動作則可以使公司獲得更高的市場佔有率。只要市場繼續成長，這個程序就不會終止。但是就策略的觀點來看，當目標設定爲產業中的領先者，公司最好聰明地不要惹火美國司法部的反托拉斯處。

成長的階段中，公司持續賺取想要的利潤，但是爲了未來的成長，必須將這些利潤再投資。事實上，接下來還可能會挪用其他地方的資源以幫助成長。一旦成長結束，這個產品便釋出大量的可用資金，而可投資於新產品中。

波士頓顧問集團宣稱，在推出第二個產品時，第一個產品所累積的經驗可以在降低成本方面提供公司額外的優勢。然而，經驗的傳承卻不都是完整的。在不同區域的類似產品之間才會有移轉效果，而在不同產品間的移轉效果只有在產品具有相似點時才會發生（例如，爲同一家族的產品）。例如，在相同通路的兩種產品例子中，其行銷成本內容的確如此。然而，即使在這種情況下，加盟店經營者的喪失也可能讓經驗無法傳承。圖12-1是一個經驗曲線概念的應用圖表。

波士頓顧問集團對於經驗影響之部分理論難以證實。事實上，直到針對此主題

圖12-1經驗概念應用之圖解

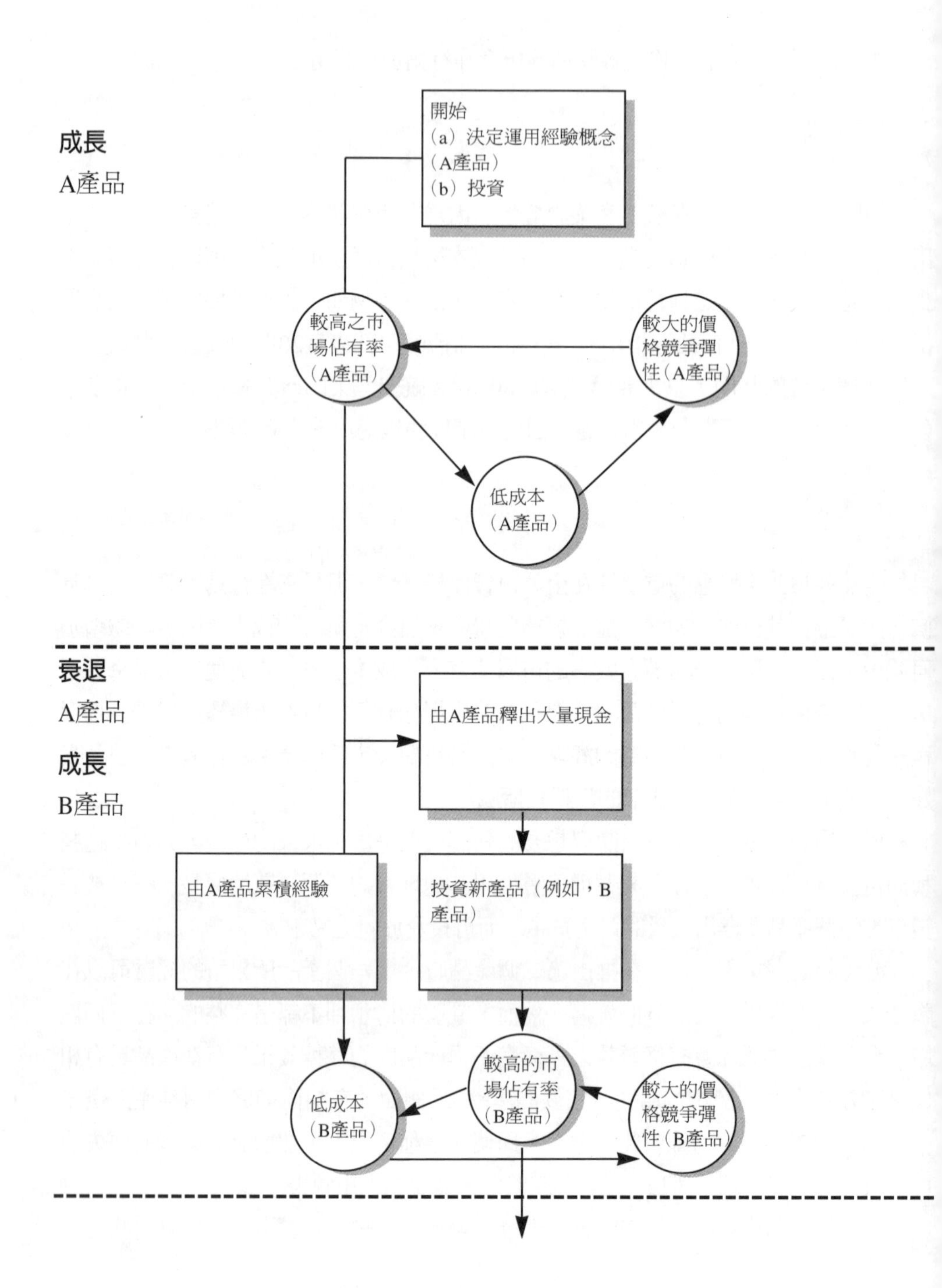

表12-2經驗曲線策略運用

產業成長率 ＼ 市場力	高	低
高	持續投資以增加市場佔有率，以達成目標水準	評估競爭情況；其後加重投資以增加佔有率、區隔市場或退出
低	獲取可能之最高報酬，同時維持市場佔有率	評估競爭；然後挑戰、區隔市場或退出

的實證研究足夠爲止，許多理論仍可能會相互矛盾。但是即使用最簡單的形式，這樣的概念使市場佔有率的重要性加重。

總而言之，經驗曲線概念導致這個結論，即是如果公司想要存活，必須以經驗優勢來達到並維持所有成本降低的可能性。此外，經驗的架構可運用於策略發展，如同表12-2所示。在本章最後的附錄描述經驗曲線的建立，說明成本及累積經驗之間的關係如何被實證地發展出來。

行銷上的應用

經驗曲線概念應用於行銷時須區分不同的行銷成本，並預測不同銷售額下的變化。一般希望分析可以顯示累積銷售額的增加與成本降低之間極度相關。數量及成本差距逐漸擴大可以讓公司在獲取市場佔有率時，亦降低價格彈性。

成本的降低是具有邏輯性的，諸如以下的理由：

1. 經濟規模（例如，降低廣告成本）。
2. 增加跨區效率（例如，銷售人員在每次買賣中減少時間的能力）。
3. 科技進步。

想像得到地，有四種不同的技巧可做出在不同數量下的成本：迴歸、模擬、類推以及直覺。因爲缺乏成長中產品的歷史資料，迴歸方式可能不奏效。模擬則可能是可行的，不過因太費力而通常不實用。描繪一條目標產品與成熟產品的類比圖形，可能是將不同的行銷成本做成累積銷售額函數的最可行方法。但是單單使用類比是不夠的。面臨任何其它的管理決策，類比式還必須與直覺式合併使用。

經驗曲線的成本特性還可以從不同型態的成本觀察出來：勞工成本、製造費用、通路成本、發展成本或製造成本。因此，行銷成本如同生產、研發、會計、服務等發生的成本，應該合併起來以辨明總成本如何隨著數量變化。更進一步描繪不同數量下的總成本，還必須考慮到公司融資漸增業務量、承受越來越高的風險以及維持與反托拉斯處良好關係的能力。

總成本中的每一個成本項目在圖表上都有不同的斜率。這些成本的加總不一定會得到一條座標對等的直線。因此，成本及數量的關係應該接近於趨勢線。同時，這條曲線的成本切線並非基於會計上的成本，而是基於累積資金投入除以累積最終產品產出。在經驗曲線上成本的下降指的是上述比率改變的比率。

管理階層必須建立設計良好的未來市場佔有率目標。預測必須掌握降低價格的時機，以達到預期市場佔有率。一旦競爭者挑戰公司的市場地位，公司必須盡其所能防衛其市場佔有率，而非因不能認知到佔有率的價值而投降。如果預期從特定市場佔有率策略所得的利得已經成眞，整個組織的遠景自然便必須再度改變。因此，在及時地執行相關工作時，不同機能之間的協調是相當重要的。

雖然經驗效果與生命週期、成長率、最初的市場佔有率是各自獨立的，但以策略的觀點來看，當以下的情況發生時，倚靠經驗決定行動是比較安全的：

1.產品在其生命週期中處於早期的成長階段。

2.沒有任何一個競爭者在市場中處於領先地位。

3.產品並不依循非價格競爭（例如，情感訴求、包裝）。

因爲這場防衛戰可能會維持多年，所以企業必須擁有一個良好的長遠規劃。高級主管人員必須能承擔風險，並經歷有關擴大公司業務的突然變動，快速活動的最初時期；公司同時必須擁有足夠的資源以支應業務的擴大。

在許多產業中，例如，航空、石油、消費性電子以及與耐久及維修相關的產業，經驗效果已經普遍被接受作爲策略的基礎。此項概念因下列原因而在行銷的應用較少：

1.質疑改良能持續。

2.難以準確量化在行銷中的各種關係。

3.即使已經發生，也無法辨明經驗曲線。

4.不知道改善曲線是否可以主觀地取近似值，同時此項概念是否也可以如同運用於公司不同機能的個別表現地運用於員工中。

5.無法預測未來科技進展的影響，科技進展可能會扭曲歷史資料。

6.會計實務可能使分離成本變得困難。

即使有這些障礙，這個概念還是相當有用，無法放棄其行銷中的應用。

行銷策略對利潤的影響（PIMS）

1960年，奇異電器的行銷服務副總裁授權一項大型計畫（稱爲PROM，表示利潤最適模型），來衡量行銷策略對利潤的影響。在數年的努力下，終於研發出一套電腦模型，可以幫助辨明主要因素對於投資報酬率的影響。因爲這個模型需要各種不同市場的資料，PROM模型通常被稱爲跨部門模型（cross-sectional model）。即使到今天，跨部門模型在奇異電器中還相當盛行。

1972年，PROM模型，此後稱爲PIMS，被引進行銷科學機構，這是一個與哈佛商管學院有關係的非營利組織。PIMS模型的範圍增加許多，同時也相當受歡迎，因此數年以前，它的負責人員移轉到專爲PIMS設立的策略規劃機構新組織。

PIMS計畫是基於500多家企業在2到12年間將近3,800種事業的經驗。事業（Business）與SBU同義，被定義爲一個營運狀態中的單位，這個單位與定義清楚的競爭者競爭，銷售獨特的產品予一群可確認的顧客。本質上，PIMS是一個營利事業策略經驗的跨部門研究。從被研究公司蒐集來的資訊，將約200種資料的標準表格應用於PIMS計畫之中。PIMS的資料庫包括大型及小型的公司；在北美、歐洲以及其他地方的市場；以及範圍廣闊的產品及服務，從糖果、資本集中產品到財務服務等。這些資訊幫助處理以下事項：

1.描述企業所在經營的市場的情況，包括：SBU採用的通路、顧客的數量大小以及市場成長率與通貨膨脹。

2.此事業單位在市場中的競爭地位，包括：市場佔有率、相對於競爭者的價格與成本以及相對於競爭者的垂直整合程度。

表12-3投資報酬與關鍵獲利議題

投資報酬率（ROI）：

稅前營業獲利與平均投資的比率。營業獲利是收益減去營運成本，但不須減去資產的財務支出。投資等於股東權益加上長期負債或，同樣地，總資產減去流動負債。

市場佔有率：

固定期間中，事業銷售額佔相同市場整體銷售量的比率。「市場」包含所有與事業活動相關的產品或服務、顧客類型、地理區域。例如，市場包含所有與事業彼此競爭的的產品與服務。

產品（服務）品質：

所有公司提供的品質依照下列類別加以評估：每年個別事業的產品或服務銷售量比競爭者高出多少百分比？類似產品的百分比是否相同？品質較插產品的百分比呢？

行銷支出：

銷售人員、廣告、促銷、行銷研究、以及行銷管理總成本。此數字不包含實際配銷的成本。

研發費用：

研究與發展的總成本，包含公司階層單位可直接追溯至個別事業單位的成本。

投資強度：

總投資佔銷售額的比率。

企業多角化程度：

指標能夠反應：1.企業在Standard Industrial Classification中分類的產業數目，2.公司雇員佔產業的百分比，以及3.企業與參與產業的相似性或差異性。

Source: Reprinted by permission of the Harvard Business Review. Exhibit from Impact of Strategic Planning on Profit Performance by Sidney Schoeffler, Robert D. Buzzell, and Donald F. Heany (March-April 1974): 140.

3.SBU的財務及營運的年度績效衡量，期間爲2到12年間。

整體結果

PIMS指出，企業的獲利能力受到37個因素的影響，這37個因素可以解釋被研究公司超過80%的獲利能力。在37種因素中，其中7種被證實是最重要的（表12-3）。

基於在PIMS資料庫中可用資訊的分析，Buzzle以及Gale假設下列的策略原則，或是策略及績效之間的關聯：

1. 長期而言，影響企業表現的最重要因素爲產品品質及相對於競爭者的服務。服務從兩方面刺激績效。短期而言，較好的品質可以經由較高的價格而獲取高額利潤。長期而言，較高或改善相對品質，是企業尋求成長最有效的方式，同時也使企業達到市場擴張及贏得市場佔有率。
2. 市場佔有率及獲利率具有高度相關性。擁有高市場佔有率的企業單位——超過它們所涉入的市場的50%——享有較其他市場佔有率較小的SBU（低於它們所涉入的市場的10%）三倍之多的報酬率。獲利率及市場佔有率之間關係的主要理由，是因爲市場佔有率較高的企業享有經濟規模，其中也部分和相對品質有關。它們只是擁有較競爭者爲低的單位成本。
3. 高投資密集也會拖累獲利率。所謂高投資密集的產業，其每單位元或每單位元之附加價值、每單位員工都必須投入大量的資本。
4. 許多所謂的「問題兒童」帶來現金流入，但是「金牛」卻無所貢獻。應用於規劃的成長率——佔有率矩陣（見第十章）的指導原則是現金流入大多決定於市場成長率及競爭地位（相對於最大競爭者的佔有率）。然而，根據PIMS的研究指出，雖然市場成長率及相對佔有率與現金流量有關，還有其他相當多的因素也會影響這層面的表現。因此，現金流量的預測若只依據成長率——佔有率矩陣通常會產生錯誤。
5. 垂直整合對於相當多種的產業是一種能夠獲利的策略，但是並非是對於全部產業而言都是如此。垂直整合有益或有害須視情況而定，有一部分是取決於垂直整合的成本。
6. 大多數刺激ROI的策略因素，通常也對長期價值有利。

這些原則是從企業表現決定於三種主要要素的前提所衍生而來的，這些要素爲：市場特性（例如，市場差異性、市場成長率、進入情況、統一化（unionization）、資本密集以及購買量）、企業在此市場中的競爭地位（例如，相對品質、相對市場佔有率、相對資本密集度以及相對成本），以及所採用的策略（例如，價格、研發費用、新產品介紹、相對品質的改變、產品／服務的多樣化、行銷費用、通路以及相對垂直整合）。表現指獲利率的計算法（例如，ROS、ROI等）、成長率、現金流量、價值增加以及股票價格。

管理應用

PIMS之研究是竭盡所能地蒐集產業界中的實例經驗，以及研究對表現影響較重大的關係。這些關係的模型發展出來之後，企業的投資報酬率就可以用與企業相關的架構性競爭／策略因素來預測。相當明顯地，PIMS模型有時也必須調整。例如，重新定位結構因素是不可能的，同時其成本也阻止這樣做。此外，實際上的績效可能也反應些許運氣或不尋常事件的因素。另外，其結果也會因策略方向刻意改變所造成的變化而受到影響。除了這些值得商榷的事之外，PIMS對於下列幾方面也是相當有幫助的：

1.建立個別商務潛在報酬率時可提供一個實際且一致的方法。
2.刺激對於偏離應有表現時理由的管理思考。
3.提供對於可以改善投資報酬率之策略變動觀點。
4.促進對於企業單位表現更為敏銳的評價。

自從1970年中期之後，PIMS的資料庫被管理階層及策略專家使用於各層面中。這些應用包括：發展企業規劃、衡量各部門經理所提出的預測以及評估可能的策略。這些資料建議：

1.對於跟隨者而言，以新產品佔總銷售額的比例或研發費用來衡量，產品研發對於現今的獲利率會有不利的影響。對於在其涉入市場中排名第四或較小的企業而言，因研發所付出的成本會更重。
2.高比率的行銷費用會使跟隨者退縮，而非領導者。
3.低評比的市場跟隨者會從高通貨膨脹中獲利。對於排名第一、第二以及第三的公司，通貨膨脹與投資報酬率並無相關性。

行銷策略價值的評估

最近幾年發展出一套衡量行銷策略價值的新方法。這個方法稱為價值基礎規劃，以加大股東價值的能力來衡量行銷策略。它強調策略變動對於投資者置放在企業資產中權益類價值的影響。價值基礎規劃的基本特徵是，管理者必須以作出報酬大於其資金成本的策略投資能力來評價。

價值基礎規劃從同時代的財務理論獲得靈感。例如，公司主要義務爲利用資本升值而極大化其報酬。同樣地，股票的市價決定於投資大眾對於公司內事業單位產生現金能力的期望。

價值存在於策略活動的財務利潤超越其成本。爲了解釋成本及利潤的時機及風險的不同，價值基礎規劃以折現相關現金流量的方式來預測整體價值。

Connecticut-based Dexter Corporation是曾經用過一陣子價值基礎規劃的公司。它的價值基礎規劃採用下列四子系統：

1. Dexter的財務決策輔助系統（DSS）提供事業單位相關財務資料。DSS提供損益報表給每一個策略單位。所有的部門費用、資產以及流動負債都會分攤至SBSs。
2. 一個將資料轉換成下列兩子系統所用的微電腦基礎系統，這兩個子系統分別爲：組織財務報表系統及價值規劃系統。DSS所出具的財務資料必須被轉換成適用於這兩個子系統的版本。
3. 組織財務報表系統預測SBS的資金成本。爲了預測資金成本，Dexter使用兩種模型。第一個爲債券等級模擬模型。這個模型藉給予過去六年的歷史資料，預測每一個SBS所適合的資金結構。每一個得到最高債權資金比例的SBS，即爲A級債券。第二個模型爲風險預測模型。這個模型可以預測未上市上櫃的事業單位的權益成本。
4. 價值規劃系統可以預測未來現金流量。價值規劃系統最基本的前提爲，公司決策必須嚴密地考慮過預期現金流量。Dexter利用最近12季的資料來預測現金流量。當最近一季的資料可用時最舊的資料就會被消除。歷史趨勢是爲了預測未來的財務比率。爲了預測未來現金流量必須有以下的假設：

◇銷貨成長：預期每一個SBS都會維持市場佔有率。

◇淨廠房投資：認爲欲維持Dexter的市場佔有率，就必須維持單位銷售量的成長率。

◇未分攤之部門費用：使用全體部門一致的銷售百分比來規劃每一個SBS。

◇現金流量適當的時間水準：基於公司可以預期的報酬率再投資的預期年數。

這些假設都是相當具爭議性的，因爲它無法針對每一個SBS規劃其現金流量。Dexter以其歷史資訊預測簡單地規劃，並以此要求經理人解釋爲何未來情況不同於最近。

價值基礎規劃下一個步驟是計算未來現金流量的價值，也就是針對一個個SBS，以資金成本將其折現。如果SBS的預期價值超過其帳面上價值，這一個SBS便對於Dexter股東的財富有正面的影響，也就是說值得投資。

Dexter的SBS價值規劃系統的主要優勢彙總如下：

1. 強調讓線上經理人易於瞭解：價值基礎規劃理論可以指出哪一個SBS無法提供公司股東價值。然而，SBS的經理人必須修正分析所發現的問題。
2. 正確程度：爲價值基礎規劃設計模型的兩難在於必須易於使用，同時提高其反應或預測公司價值之正確性。
3. 與現有的系統及資料庫整合：若發展一套可以與現有系統相容的系統，則成本可以降低，同時也較易升級。此外，如果價值規劃系統是經理人目前使用的決策輔助系統的延伸時，比較容易贏得經理人的接受。

在Dexter使用價值規劃系統的四年中，價值規劃系統對於決策過程有相當大的助益。使用這套方法，Dexter的經理人做成如下的決策：

1. 除非根據實際表現的評價明顯地增加，將不再投資於具高成長遠景的SBS。
2. 收割並縮小負價值的SBS。
3. 將具負價值的SBS以帳面價值售予員工。
4. 出售價值高於帳面價值之SBS，但是接受的條件明顯高於Dexter手中所有合理評估的案件。

這些決策有趣的特性是通常會與典型的組合規劃方式結論相反。例如，第一個決策針對的是明星產業，假定其未來值得投資。不同於組合規劃理論，其理論認爲成長是令人渴望，同時存在於本身之中，價值基礎規劃則是認爲，成長只有在此項業務創造價值時才是健康的。

Dexter使用價值基礎規劃作爲決策指導原則，但是並非是唯一的一個指導原則。一般來說，這個方法受到大家的接受及瞭解，但是許多經理人質疑其相關性。他們現在知道自己的決策是否爲公司帶來價值，但是卻不瞭解該如何使用這些資訊

圖12-4賽局理論：定價遊戲

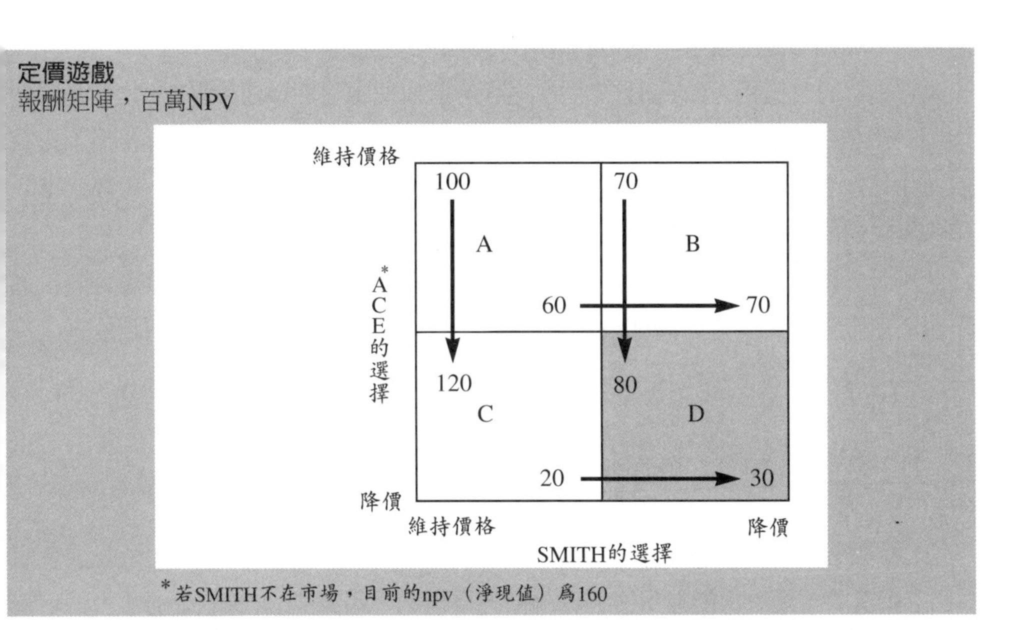

來作成或改變重要的商業決策。高階經理人明白使大家完全地接受價值基礎規劃還需要一些時間。

賽局理論

賽局理論是一個相當有用的工具，使公司在面對產品、技術以及價格變化時，能做出快速反應。它幫助公司注意競爭者、顧客以及供應商之間的互動，同時使公司著眼於最終賽局，因此他們可藉由最近行動影響其他參與者的行爲，而提高長期利益。

這項理論使用起來相當具邏輯。假設有兩家競爭者，Ace以及Smith。Ace預期Smith會進入市場，同時試著猜出Smith可能的價格策略。爲了達到目的，Ace使用一種稱爲報酬矩陣的東西（如圖12-4）。矩陣中的每一個象限包含針對參與者及可能策略的報酬，或者說財務影響。假如兩家公司都將價格維持在現有的水準，它們將都有更好的獲利：Ace將會獲得一億元，而Smith獲得六千萬元（象限A）。不幸地，對於Ace及Smith而言，兩者都有誘因降價。

Ace算計著，如果維持在同樣的價格，則Smith將會降價，將利潤由六千萬元提高至七千萬元（見由象限A移動至象限B的箭頭）。Smith也算計著類似的事情，亦即如果它維持同一價格，Ace卻會降價。這樣的邏輯使兩者均移往象限D，也就是兩個均同時降價，而獲得低於現有價格的報酬的利潤。這樣的平衡點是兩者都不喜歡的。如果兩者都有這樣的共識，則也許兩者會分別決定在如產品特徵、服務水準、銷售團隊的部署或是廣告等其他因素上競爭。

然而必須對於產業具有相當的瞭解，賽局理論才眞正具有價值。無論完成目標是否需完全量化報酬矩陣的結果，或是在質上評估矩陣的結果，都必須瞭解進入成本、退出成本、需求方程式、收入架構、成本曲線等。不瞭解這些，賽局理論便無法導出正確的結果。

以下是必須遵守的一些原則，以便更正確地使用賽局理論：

1.檢視參與者的數量、重心以及大小分佈。在僅有四家或極少的大型競爭者的產業中，最有可能運用賽局理論而獲得優勢，因爲（a）競爭者通常大得足夠因一般產業情況的改良而獲得利潤，而這利潤會高於藉由犧牲其他競爭者而改善自己地位而獲得的利潤；以及（b）較少的競爭者可能會使經理人尋思各種不同的移動及反移動組合。同樣地，顧客、供應商等的數量也會影響賽局理論的有用性。

2.不要著眼在固有於某人市場佔有率的策略。小公司可以利用「柔道經濟」來佔公司的便宜，因較大的公司關心的是維持現有地位，而非報復小進入者。例如，在1992年，當Kiwi以Delta及Continental價格的75%，廉價出售Atlanta到Newark之間的機票而退出市場。原因是當Kiwi進入市場時，在這條航線的佔有率爲7%，而對於此項價格策略的回應成本可能會高於其利潤。相反地，大公司可以創造經濟規模或經濟範疇。如United及American的公司可以使用里程數計畫來製造轉換成本，但是多數小公司沒有良好的路線結構使得其里程數計畫較吸引人。

3.瞭解購買決策的性質。如果此產業中，每年只有少數幾筆交易成交，便很難避免激烈的競爭。例如，在噴射引擎產業中，三家製造商（奇異電器、Pratt & Whitney以及Rolls Royce）爲了少數的幾筆訂單而競爭劇烈。假如一家製造商連續失去幾筆大訂單，便極可能發生裁員，甚至可能退出此市場。在這種情況之下，賽局理論的挑戰爲改進競標過程中，提昇此產業與其顧客之間的議價力平衡點。

4.詳細地檢查競爭者的成本及收入結構。在競爭者固定相對於變動成本比例較高的產業中，競爭可能較變動成本佔多數的產業激烈。例如，在紙業、鋼鐵業及精鍊業中，邊際數量所帶來的高邊際利潤給予多數的製造商強烈的誘因，願意降價而提高數量。

5.檢視公司之間的相似性。競爭者之間擁有相同成本及收入結構的產業通常獨立決定其行動，但往往有類似的行爲。以美國手機產業爲例：有兩家提供者在市場中分享類似的科技技術，以及擁有相同的成本結構。給定類似的經濟誘因，其挑戰便是找出可以獲得最大市場佔有率的價格，然後在如通路及服務品質等因素上競爭。

6.分析需求的性質。以最不激烈的策略獲取價值的最適機會在需求穩定、成長維持中度水準的市場中。例如，即使在1980年代早期鑽孔活動之後，油類服務業逐漸滑落，逐漸減少的需求在各部分卻未導致低價格。在此產業中較爲技術需求性高、競爭者侷限於少數的部分，反而價格較其他部分更爲穩定。

做得正確，賽局理論可以將傳統策略拋諸腦後，大量地改善公司創造經濟價值的能力。有時它也可以擴大市場大餅；另外的情況是，它可以使公司增加此市場大餅的佔有率，或是甚至同時達到兩者。

德爾菲技巧

所謂德爾菲技巧，以在德爾菲的阿波羅神諭命名，是基於專家意見所做的一種預測。傳統上，專家意見會在委員會中彙總。德爾菲技巧則是被發展出來以改善這種委員會作法的缺點。當委員會討論的過程中，有些問題可能會發生：

1.居優勢地位的人之影響。
2.過多冗長或不相關的題材在委員會運作過程中出現。
3.群體壓力使折衷案件較佔優勢。
4.達成決策相當緩慢、昂貴，且有時痛苦。

5.成員必須爲團體之行爲負責。

這些因素造成人們在面對面溝通時，心理上多多少少的缺失。因爲人通常感受到壓力而順從於呼聲最高的解決方案，而非最好的那一個。在德爾菲技巧中，同事會質問選定的個人不同的問題。以下是問題的樣本：

1.未來事件發生的可能性？（例如，你認爲在哪一年之前，機器人會被廣泛地使用於大家所不願意做的事，例如，家庭奴隸、下水道檢驗者等）

a.2000
b.2010
c.2020
d.2030

2.有多希望發生問題一事件？

a.令人相當渴望
b.希望
c.不希望，但是有可能

3.問題一事件機率爲何？

a.具高可能性
b.有可能
c.未必，但是仍有可能

4.你對於問題一的題材有多少瞭解？

a.平平
b.不錯
c.相當好

協調者將這些問題彙總，並將它們分成三族群：較低、較高以及內部的。這個分類可能會因不同的調查而不同。然而，一般來說，較低或較高的族群大約佔10%，而所謂內部的族群則囊括剩下的80%。當某人的回答位於較低及較高族群中的話，通常會被問及這種極端回答的原因。

在下一個回合，這些回答者會被給予同樣的問題集，以及第一回合的結論。回饋的資料包括一致之意見及少數之意見。在第二回合中，回答者被要求明確指出，在哪一年特定的產品或服務發生的機率爲50%或90%。結果一樣被統合及回饋給大家。這個過程不確定可以持續多久；然而，極少有研究可以超過六次。最近幾年，德爾菲技巧被改良成爲使用互動式電腦系統來獲取專家們的意見、顯示彙總之預測，以及回存重新修正的判斷於資料檔中，每一個使用者的終端機都可以取回這些資料檔。

德爾菲技巧在客觀地預測未來事件時變得相當重要。多數大型企業使用這些技巧作爲長期的預測。以下是德爾菲技巧的一些優點：

1. 它是一個由專家群中獲得客觀知識的快速且有效率的方式。
2. 它花費回應者較少的時間在回答設計良好的問題集，而非參加會議或寫報告。
3. 它極力促使專家群參考學者的回答。
4. 這種系統性的過程使結果充滿客觀性。
5. 德爾菲練習的結果是全體大部分所接受的，而非以直接形式的互動所達到的結果。

德爾菲的應用

在現代社會中，改變是被接受的現象。伴隨著改變而來的競爭，使公司必須鎖住未來趨勢，同時決定這些未來趨勢對於公司的重要性。依據環境的變化，公司必須衡量及定義策略情勢，以大膽地面對未來挑戰。兩種型態的改變必須被區分：循環性的以及發展性的。所謂循環性改變本質上是重複性的；經理人通常會發展一套規律的程序來應付循環性改變。發展性改變是創新且不規則的；過去的舊方法並不管用，因此經理人通常棄之不用。發展性改變出現得相當緩慢，因此在它成爲巨大改變的既定事實之前，通常難以被辨明或忽略。這也是下一個關於改變的部分中，認爲在策略發展中相當重要的。德爾菲技巧可以廣泛地應用於發展性改變的分析。

機能上，改變可歸類於下列幾項：社會、經濟、政治、法令或科技。德爾菲技巧被公司使用來研究所有方面浮現的遠景。

德爾菲技巧的缺點是每一個趨勢都是單方面的考量。因此最終可能會得到相斥的結論；也就是說，某一個趨勢認爲某事會發生，但另一個則持反方向的說法。爲了解決這個問題，有些研究者採用另一個預測的工具——相互影響矩陣（在下一個部分中討論）。採用這種方式，預測的各個事件之間的潛在相互影響將會被調查。如果預測出一個單一事項（例如，與其他發生或未發生之事件呈現反向或正向的變化），交互影響便會顯示出來。因此，利用交互影響矩陣便可以決定被預測的事件對其他事件是加強或減弱的影響。

最近研究顯示德爾菲技巧的運用也在改變中。調整後的德爾菲技巧的明顯特徵爲：

1.分辨受賞識專家感興趣的領域。
2.尋求專家間的合作及交付一則欲討論的主題的研究報告（基於文獻之研究）。
3.與每一個專家進行面談，這場面談會基於架構性的問題集，並由兩個面談者參與。回饋以及重複回答寫好的問題集已經被認爲不再需要了。

趨勢影響分析

趨勢影響分析是由過去的行爲蒐集資料來預測未來趨勢。這個方法的獨特性是結合了統計學及人爲判斷。如果預測只基於量化的資料，將會無法反應從未發生過的未來事件之影響。另一方面，人爲判斷只會提供對未來的主觀看法。因爲人爲判斷及統計推斷都有其缺點，在預測未來趨勢時都必須列入考量。

在趨勢影響分析中（TIA），過去的資料首先在電腦輔助下推斷。之後才尋找專家的預測（通常利用德爾菲技巧），以決定可能對研究下的現象有所影響的未來事件，以及指出這些趨勢推斷可能會如何受到每一事件發生的影響。電腦則利用這些判斷修正它的趨勢推斷。最後，專家評論這些調整後的推斷，同時變更顯然不合理的資料。

爲了說明TIA，讓我們考量一下2005年新處方的平均價格的案例。如同圖12-5

圖12-5平均零售價

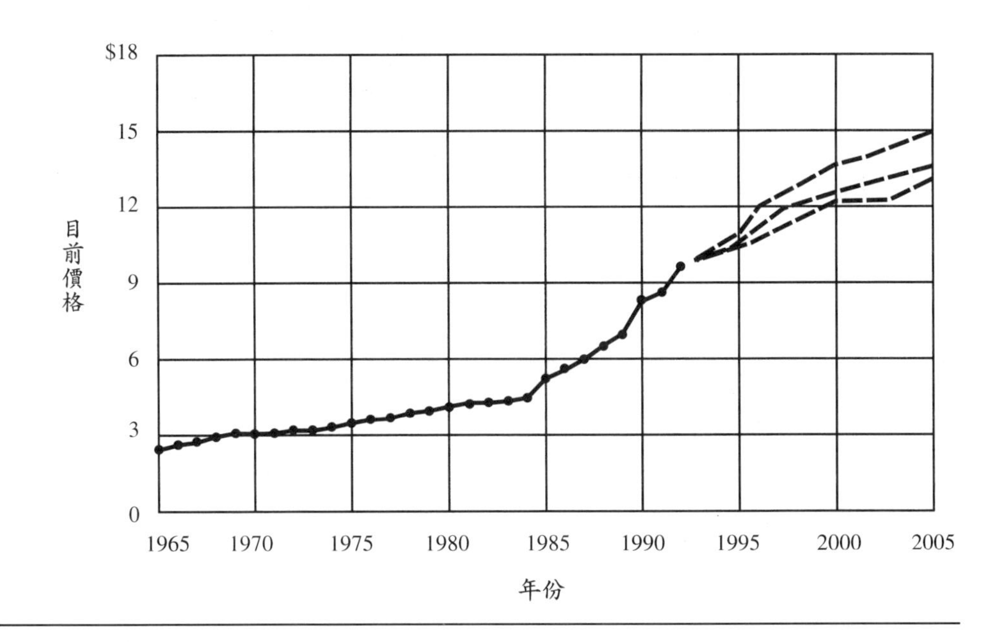

歷史資料					預測 較低的1/4	中間值	較高的1/4
1962	2.17	1979	3.86	1993	10.65	10.70	10.75
1964	2.41	1980	4.02	1994	10.92	11.03	11.14
1966	2.78	1981	4.19	1995	11.21	11.40	11.61
1967	2.92	1982	4.32	1996	11.54	11.79	12.10
1968	2.99	1983	4.45	1997	11.83	12.15	12.54
1969	3.15	1984	4.70	1998	12.08	12.45	12.92
1970	3.22	1985	5.20	1999	12.30	12.74	13.25
1971	3.27	1986	5.60	2000	12.52	13.00	13.55
1972	3.26	1987	5.98	2001	12.74	13.25	13.83
1973	3.35	1988	6.44	2002	12.95	13.50	14.10
1974	3.42	1989	7.03	2003	13.17	13.75	14.38
1975	3.48	1990	7.66	2004	13.39	13.99	14.64
1976	3.56	1991	8.63	2005	13.60	14.23	14.90
1977	3.63	1992	10.37				
1978	3.70						

所示，歷史資料的統計推斷顯示價格在2000年前將會提升到13元，到2005年前會到14.23元。與這事件相關的包括：

1.一般的處方簽增加了所有開出的處方的20%。

2.醫療保險處方退還款是依據每個病人固定的月費（人頭稅計畫）。

3.處方大小的平均成長率降低50%。考慮第一個情形，例如，一般處方籤增加20%。專家可能認爲這件事在1997年以前有75%的發生率。如果此事件眞的發生，則預期它對新處方的平均價格首要影響會立即發生。影響的最大程度爲在五年之後，平均價格降低3%。

結合這些事件、機率以及基本推斷的影響可能使預測與基本推斷相當不同（見圖12-5）。此曲線可能在2005年逐漸停止。不確定性的程度可由預期之中間值之上或之下的四分位數看出（四分位數指曲線中未來價值中間的50%，故各有25%落在預測曲線的兩旁）。四分位數所顯現的不確定性是因爲眾多具有巨大之影響力的事件都只有相對低的機率。

在這個關鍵時候，需要基於其根據以決定結果對於個別預測的敏感度。例如，某人可能會問及關於這些事件的機率、所採用的影響之重大性以及這些影響遞延時間的問題。因爲這些資料以非總計之方式準備的，某人可以相當容易地改變預測，同時見到結果的不同。此外還發現一點，政治介入（例如，遊說、廣告或新行銷方式）或科技（如新增之研發費用）均可被視爲影響事件之機率及影響的手段。

TIA不只可以改進時間序列變量的預測，同樣也可以研究這些預測對政策的敏感度。考量下的政策必須嘗試影響儘可能多的事件，而非只有一個，如在此例當中。公司的行動可能爲有利及決定性的影響度，因爲它們會增加希望或不希望的事件的機率。使用TIA較傳統方式更能清楚發覺這些不確定性。

交互影響分析

交互影響分析如前所述，是檢視潛在未來事件彼此間的影響。它指出特定事件相對重要性、區分加強或減弱之事件族群，以及顯示看似不相關事件之間的關係。簡言之，交互影響分析提供一個未來的預測，同時考量互動的力量對於將發生之事件的影響。

本質上來說，這個技巧包括被選定的五到十個計畫參與者的群體，同時被要求明確指出關鍵事件與分析的主題有何關係。例如，在行銷計畫的分析中，事件可能被歸納於下幾個種類中：

1.組織目的及目標。
2.組織策略。
3.市場或顧客（潛在數量、市場佔有率、主要客戶的策略等）。
4.競爭者（產品、價格、促銷以及通路策略）。
5.整體的競爭策略地位，無論是侵略性或防衛性的。
6.可能會影響計畫的內部或外部發展策略。
7.不利或有利影響的法律或取締活動。
8.其他社會、人口統計以及經濟事件。

一開始明確化關鍵事件假定會產出一連串的選擇方案，這些方案必須用群體討論、集中思考、消除重複性以及重新定義問題的方式整合到一個可管理的範圍（例如，20到30個事件）。希望每一個事件都能縮減到只有一個變數，因此可避免重複計算。被選擇的事件被放置在一個n（n的矩陣中，以發展每一個事件對於其他事件的預期影響。這是假定每一個事件已經發生，同時會對於其他事件有加強、減弱或無差異的效果。如果需要的話，這些影響可以加權。計畫的統合者個別地由計畫參與者尋求預期影響數，同時以矩陣的形式統合這些預測。在總結的形式中，個別的結果會被展示給這個團體。計畫參與者則針對每一個事件的影響數投票。如果投票結果歧異甚大，統合者將會要求意見極端的人提供合理的解釋。參與者被鼓勵去討論彼此心中對於問題解釋的差異。另一個回合的投票開始了。在第二回合中，意見通常就會比較集中，同時選舉的中間值也會塡入矩陣中適當的方格裡。這個過程會不斷地重複，直到全部的矩陣完成。

交互影響分析的應用可用美國汽車零件供應商的未來做爲說明。以下的事件爲研究的說明：

1.汽車安全標準在1992年到1996年間生效，將會使中型美國汽車增加150磅的重量。
2.EPA將放寬1993年NOx的排放管制。

表12-6交互影響矩陣之基本形式

如果這種情況發生的話

A.MVSS（1992至1996）要求美國中型汽車增加150磅的重量。

B.EPA於1993年公布NOx的排放標準。

C.石油零售價爲每加侖2美元。

D.美國汽車製造商推出可於夏日開車時達到40mpg的車種。

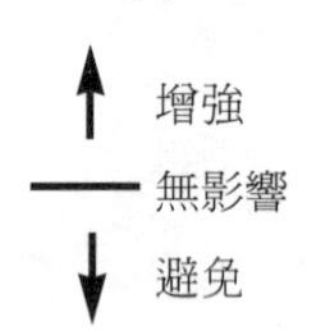

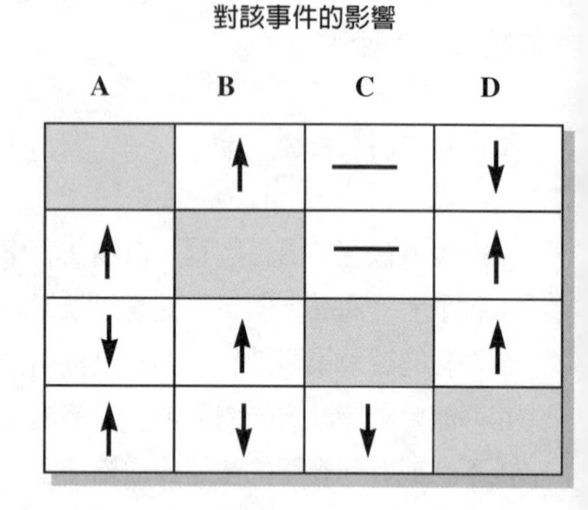

3.石油的銷售價格（中等等級）將會是每加侖2美元。

4.美國汽車製造商將會推出在一般假日行車情況下可達到至少40mpg的旅行車。

這些事件被整理在表12-6的矩陣中。箭頭表示分析出來的方向。例如，事件A的發生可能會對制訂法令的官員造成壓力；結果，事件B變得更可能發生。一個加強箭頭便會被增加在A行B列交錯的方格中。移動到C列，顯示預期事件A並不會對事件C有所影響，因此在這方格中有一條水平的箭頭。事件A被認爲會降低事件D發生的機率，則一個降低的箭頭便會被放在此方格中。假如事件B發生的話，一致認爲事件A會變得較有可能發生；因此有代表加強的箭頭。事件B將不會影響事件C，但是會使事件D發生機率增加。方格會相對應這些判斷而填滿。對於事件C及事件D同樣的分析完成了這個矩陣。

完成的矩陣顯示行（主動者）對於列（被動者）的影響。針對此點，矩陣的其中一個分析爲被動者C只有一個主動者（事件D），因爲在C列中只有一個被動者。如果所感興趣的主要在於事件D，則D列將會以各主動事件而被研究。接著每一個主動事件都必須被檢視，以決定其影響的程度，如果有的話，也可能是影響其它的主動事件而造成事件D的發生。

接下來，影響必須被量化以顯示連結強度（例如，某一事件不發生或發生將會多強烈地影響其他事件）。爲了幫助量化這些交互關係，可以使用一個如下所示的主觀衡量等級。

投票等級	主觀等級	
+8	關鍵的：爲成功所必須	
+6	主要的：佔成功的大部分	加強
+4	明顯的：正面且有幫助的，但並非必須的	
+2	輕微的：值得注意的加強影響	
0	無影響力	
-2	輕微的：值得注意的減弱影響	
-4	明顯的：延遲效果	減弱
-6	主要的：成功的主要障礙	
-8	關鍵的：幾乎是不能克服的障礙	

考量事件A對於事件B的影響。事件A的影響將會明顯地增加事件B發生的機率。加強的方向及程度以在表12-7中適當的表格裡+4的等級表示之。整個過程會持續下去，直到所有的互動均被衡量，且完成矩陣。

量化這些交互作用有許多方式。例如，主觀的等級就可以由0到10，而非如上述例子所述由-8到+8。

另一個量化交互作用的技巧牽涉到機率的運用。如果每一事件發生的機率在架構矩陣之前便已評估過，則每一個交互作用便可以發生機率的變化來評估。如表12-8所示，發生的機率可以被填入先前的矩陣當中，而這矩陣則是依常規而架構。考量事件A對於事件B發生的機率的影響。認爲會有加強的效果，同時一致認爲事件B發生之機率由0.8提昇到0.9。這個新的機率便被填入適當的方格中。事件A對於事件C沒有影響力，因此原先0.5的機率不會變動。事件D會受到事件A反向的影響，結果發生的機率由0.5降低到0.4。事件B的發生使事件A發生的機率由0.7提升到0.8。事件B對於事件C沒有影響（0.5，不改變），以及增加事件D的機率到0.7。這個過程會繼續下去，直到矩陣完成。

在此階段檢視矩陣，將會發現幾個重要的關係。例如，如果我們希望事件D發生，則最可能的主動者爲事件B及C。則我們會檢視事件B及C，以決定哪一個主動者可能被影響。在關鍵時刻引發期望之結果的影響是次要、第三或超出範圍的。在

表12-7交互影響矩陣展現出之影響程度

如果這種情況發生的話

A.MVSS（1992至1996）要求美國中型汽車增加150磅的重量。

B.EPA於1993年公布NOx的排放標準。

C.石油零售價爲每加侖2美元。

D.美國汽車製造商推出可於夏日開車時達到40mpg的車種。

對該事件的影響

	A	B	C	D
A		+4	0	-4
B	+2		0	+4
C	-4	+4		+2
D	+2	-2	-2	

表12-8交互影響矩陣顯示互動發生之可能性

如果這種情況發生的話

A.MVSS（1992至1996）要求美國中型汽車增加150磅的重量。

B.EPA於1993年公布NOx的排放標準。

C.石油零售價爲每加侖2美元。

D.美國汽車製造商推出可於夏日開車時達到40mpg的車種。

對該事件的影響

	發生之可能性	A	B	C	D
A	0.7		0.9 即刻	0.5	0.4 即刻
B	0.8	0.8 即刻		0.5	0.7 +2年
C	0.5	0.6 +1年	0.9 +1年		0.7 +2年
D	0.5	0.8 即刻	0.6 即刻	0.4 +1年	

許多例子中，影響的程度不是從交互作用的考量中所得到的唯一資訊。時間關係通常也相當重要，而可以用許多方式表示。例如，表12-8中有關於時間的資訊便被增加在括弧之中。它顯示如果事件A發生，將會對事件B有加強效果，使B發生的機率由0.8增加到0.9，而這影響會立即發生。如果事件B發生，將會將事件D發生之機率由0.5提昇到0.7。這可能需要兩年的時間。

建立劇情

對於未來的計畫傳統上是建立在一連串的假設中。在狀況相對平穩的時候，限制某人的假設是可接受的，但是進入新的時代，經驗告訴我們可能不能將組織只單獨承諾於最有可能的未來。對於那些嚴重危害策略之不可預期或較不可能發生趨勢也要有所保留。在計畫的過程中，著眼於不同未來結果的一種方式便是發展出不同的劇情（scenario），同時設計策略而有足夠的彈性去適應未來事件。換句話說，發展各種事件發生的劇情，使公司可以發展出回應未來環境策略。劇情建立的意義爲一概要，亦即以發展可能性將潛在的行動或事件排序，而以一連串的狀況描述現今情勢或環境爲起始點。另外，劇情也點出在某一領域中發展路徑。分辨改變及發展的程序是劇情建立的兩個階段。

環境的改變可以分類爲兩大類：

1.科學及科技改變。
2.社會經濟：政治的改變。

第六章中處理的便是掃瞄環境並分辨這些改變。分辨時必須將整體環境及其可能性列入考量：什麼樣的改變正在發生？未來改變會成爲什麼形式？其他領域和環境的改變有何相關？改變對於其他領域有何影響？什麼樣的機會或威脅是可能的？

劇情的發展不需要有預測未來的意圖。它必須是以時間排序事件的結果，同時反應這些事件之間邏輯性的因果關係。劇情建立的目標應該是闡明特定的現象，或是研究一連串的發展的重要關鍵以便進展新的計畫。建立劇情可以使用歸納或推論的方式。所謂推論的方式，本質上便是推測，研究廣範圍改變，分析這些改變對公司現有產品線的影響，同時激發新潛在開發的領域的想法。歸納的方法則是將其現

表12-9奇異電器的劇情建立方法

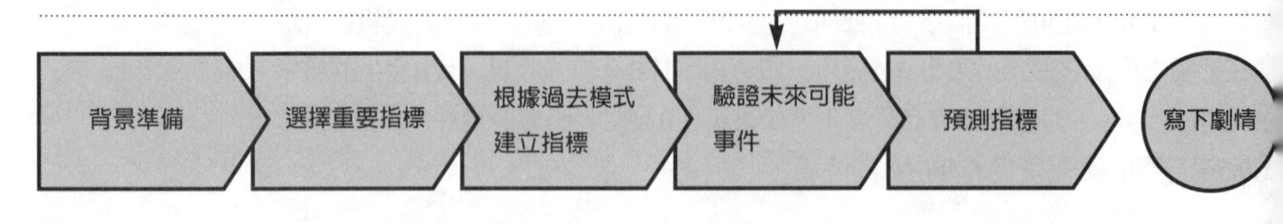

背景準備	選擇重要指標	根據過去模式建立指標	驗證未來可能事件	預測指標
評估投資產業範圍之整體環境因素 ◇人口統計及生活型態 ◇一般業務及經濟 ◇法令及規範 ◇科學與科技 建立此產業大略的系統化模型	辨明產業主要指標(趨勢) 參考研究文件以辨別未來可能影響主要趨勢的事件 任命德爾菲小組成員，並信任其對該產業未來評估之專業意見 提示： 未來可能發生的事件 指標專家	找出指標過去的表現 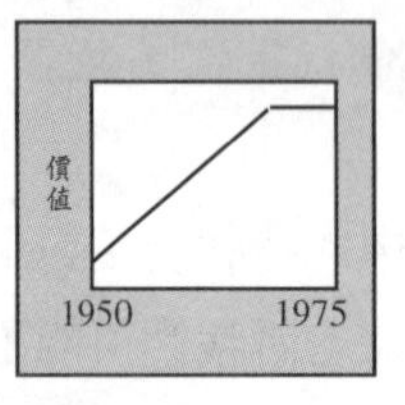 將資料輸入TIA計畫的資料庫 分析每個趨勢過去行爲的理由 ◇人口統計與社會 ◇政治與法令 ◇科技 建立德爾菲小組以預覽前人之研究	質問德爾菲小組 ◇衡量過去事件 ◇評估未來事件的潛在影響 ◇評估未來事件發生的可能性 ◇預測未來價值 將預測假設挑明並書寫清楚	在文件研究及德爾菲結果上操作TIA及CIA計畫，以求出未來價值範圍 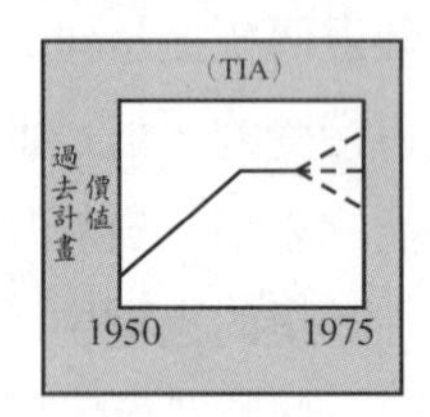

Note: TIA=趨勢影響分析

有環境暴露於預見的改變中，以模仿現有產品線的未來遠景。經過過濾的過程，相關於企業的改變將會被更深入地研究以展開可能的行動。兩種方式均有其缺點及限制。推論的方式較爲吃力，因爲它要求的過程爲由未知到明確。

表12-9總結建構劇情的方法。劇情並非一連串隨機的想法：它們是根據過去經驗、未來行爲以及兩者之間的交互作用而得的邏輯性結論。事實上，各種不同的分析工具（例如，德爾菲技巧、趨勢影響分析以及交互影響分析）都可能被使用來制訂劇情。

下列程序可能在分析劇情時使用：

◇明辨並讓公司任務、基本目標及政策更爲清晰。
◇決定你希望規劃多久以後的未來。
◇好好地瞭解公司的槓桿點及弱點。
◇決定你認爲在計畫的時間架構中絕對會發生的因素。
◇列出關鍵變量表，這些變量將會造成公司的成功或毀滅。
◇指定每一個變量一個合理的價值。
◇建立公司之營運的可能劇情。
◇爲每一個劇情發展一套最能幫助公司達到目標的策略。
◇利用測試策略在其他劇情中的效果，檢查每一個劇情中的策略的彈性。
◇選擇或發展最佳的回應策略。

摘要

這一章介紹各種不同的工具及技巧，幫助在不同層面的策略的規劃及執行。這些工具及技巧包括經驗曲線、PIMS模型、衡量行銷策略價值的模型、德爾菲技巧、趨勢影響分析、交互影響分析以及劇情建立。大多數的技巧需要由公司內部或外部蒐集資料。每一個工具或技巧都被檢視其應用及有用性。在某些案例中，使用某一技巧的詳細程序會以此領域中的例子說明之。

問題與討論

1.解釋經驗曲線在規劃價格策略時的相關性。
2.討論爲何德爾菲技巧可以被用來激發汽車的新型態通路的創意。
3.解釋爲何PIMS判斷可以用來發展行銷策略。
4.經驗曲線及PIMS模型似乎都指出市場佔有率是贏的策略中不可或缺的因素。這表示一家市場佔有率小的公司便無法是一個獲利的公司嗎？
5.PIMS原則中的一點指出，品質是影響SBU表現的最重要的單一因素。對品質及企業表現之間的連結做出評論。

附錄：經驗曲線之建立

經驗曲線的概念可以被用來幫助行銷策略發展。下面要討論的建立曲線過程描述成本及累積經驗之間的關係如何依經驗發展出來。

建立經驗曲線的第一個步驟為計算經驗及累積成本的資料。特定某年的經驗為累積到此年的數量，同時包括此年。它是以將今年的數量加上前年的累積經驗計算出來的。累積成本（恆量的美元，constant dollars）是此產品累積至本年發生的所有恆量成本，也包括本年。計算方式為將本年的恆量美元成本加上去年的累積成本。恆量美元成本指此年調整過通貨膨脹的眞實美元成本。計算方式為將成本（實際成本）除以適當的通貨膨脹率。

第二步便是將起使及每年的經驗／累積成本（恆量美元）資料繪製在表格上（見圖12-A）。重要的是此圖表的經驗軸可以刻畫刻度，使其與累積經驗軸的交叉點會落在經驗的某一單位。累積經驗軸則可以任何方便的次序刻畫刻度。

下一個步驟則是將表上的各點調整為一直線，這可以用最小平方法完成。

在此時應停頓並分析累積成本圖表。一般來說，各點越趨近累積成本曲線，更加證明經驗效果的存在。然而，各點遠離曲線也並不一定反駁經驗效果的存在。如果這些偏離可以歸因於對廠房、設備等的高度投資（在資本密集的產業中相當普遍），經驗效果仍然存在，但是只在長期而言，因為變動在長期中會取得平衡點。另一方面，假如與這條線之間明顯的偏離不能以必然的投資比例的週期性改變說明之，則經驗效果的存在或一致性便值得商榷。在圖12-B中有一個偏離點（見點X）相當明顯。如果這可歸咎於高投資（於廠房、設備等），則在這裡仍可見經驗效果。

架構經驗曲線的下一個步驟便是計算此產品經驗效果的強度。強度指的是每當產品經驗加倍時，其單位成本減少的百分比。如同這樣，它決定了經驗曲線的斜率。為了由經驗曲線中計算強度，在經驗軸上任意地選取一個經驗水準（例如，在圖12-C中的點E_1）。從E_1畫一條垂直線，直到與累積成本曲線相交。由曲線的這一點向左畫一條水平線，直到與累積成本軸相交。由刻度中讀出相對應的累積成本（A_1）。經驗水準E_2遵循同樣的步驟而得到A_1，其中E_2等於$E_1 \times 2$。A_2除以A_1，再將結果除以2，並將1減掉第二個的結果。最終的答案便是此產品的強度。利用表12-C中的資料，得到其強度等於16.7%：

圖12-A累積成本圖

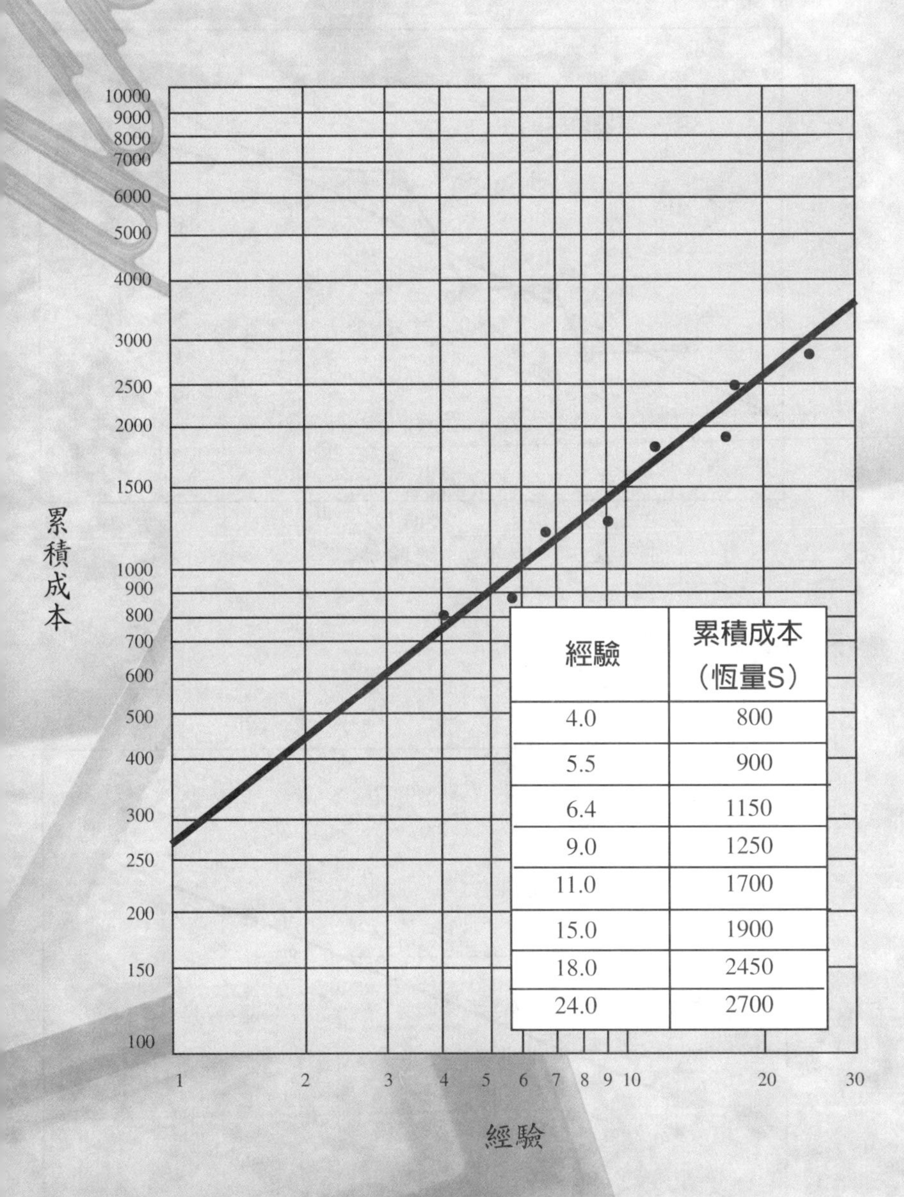

經驗	累積成本（恆量S）
4.0	800
5.5	900
6.4	1150
9.0	1250
11.0	1700
15.0	1900
18.0	2450
24.0	2700

圖12-B累積成本線之說明

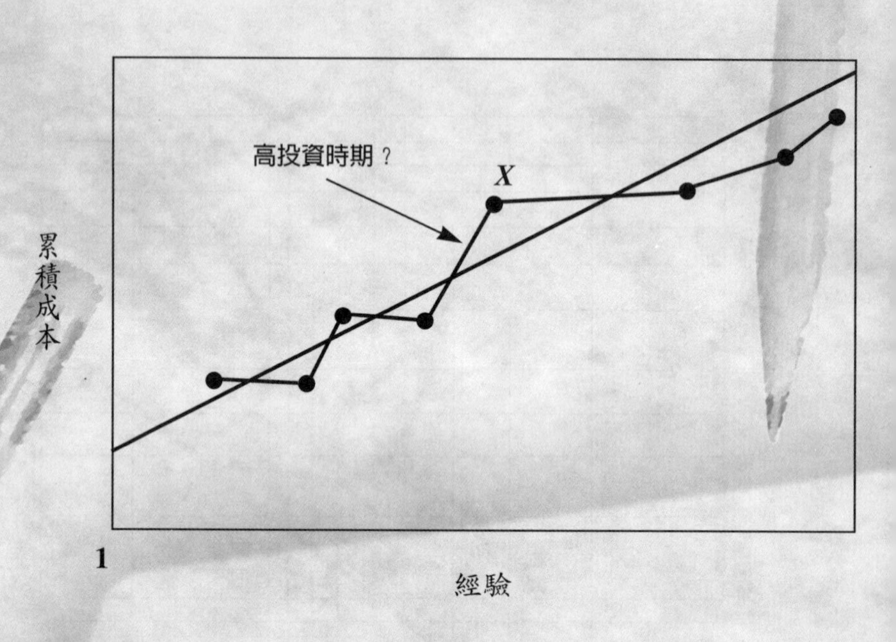

圖12-C產品強度之計算

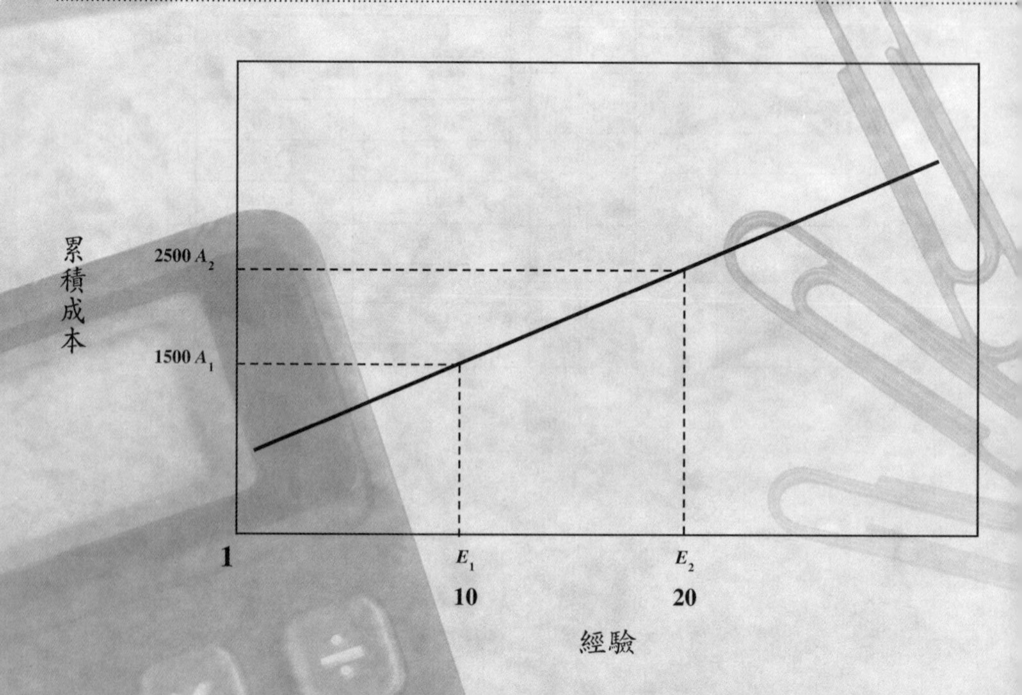

$$1-\frac{2500}{1500}\times\frac{1}{2}=0.167=16.7\%$$

當強度已被計算出來，經驗曲線的斜率便被決定了。然而，如圖12-D中所示，資料本身並不足夠用來架構經驗曲線。因爲圖12-D中的線都是平行的，它們擁有同樣的斜率以及表示同樣的強度。爲了架構這條經驗曲線，必須在單位成本軸上找到一點（C_1）。這可以由下列步驟做到：由專爲此目的而特別準備的表格中，找到相對應於產品強度的強度乘數（表12-E）。如果強度落在表12-E中的兩個值中，適當的強度乘數便要用差補法得到。找到累積成本軸上與曲線相交的點。將此點的值乘上強度乘數。結果便是C_1。

上述所計算出來的強度爲16.7%。利用表12-E，相對應的強度乘數以差補法計算出來趨近於0.736。如同圖12-A中所顯示，在交點上的累積成本可以視爲約$260。將$260乘上0.736便得到C1，即$191。這條經驗曲線便可以被繪製在圖表中。將$C_1$放置在單位成本軸。將$C_1$乘上數量（1－強度）便得到$C_2$：

$$\$191\times(1-0.167)=\$159$$

將C_2置放於單位成本軸。找到在線上的一點交點（y），此交點由經驗軸上的點2垂直劃上來，同時剛好是由單位成本軸的C_2所劃過來的水平線。畫一條直線經過C_1及y。結果便是此產品的經驗曲線（圖12-F）。

經驗曲線概念應用於行銷策略時需要成本的預測。而這可以用此條曲線完成。決定此產品目前的累積經驗。將此值加上現在到未來時點所計畫的累積數量。結果便是在此點上的計畫經驗水準。將計畫的經驗水準置放於圖表的經驗軸。由此點垂直往上移動，直到達到經驗曲線的延伸線。由此線向左水平地移動，直到單位成本軸。由刻度上觀察估計單位成本的值。所獲得的單位成本是以恆量美元表示，但是可以將其乘上未來年度的通貨膨脹率而得到實際美元成本。

成本的預測也可以用來決定爲了彌補假定的通貨膨脹所需之最小數量成長率。例如，假定通貨膨脹爲3.8%，而產品的強度爲20%，則數量成長率必須爲每年13%，以維持單位成本在眞實成本。萬一成長緩慢或是未能降低整體成本，則此製造商的單位成本將會提高。

圖12-D平行線之斜率

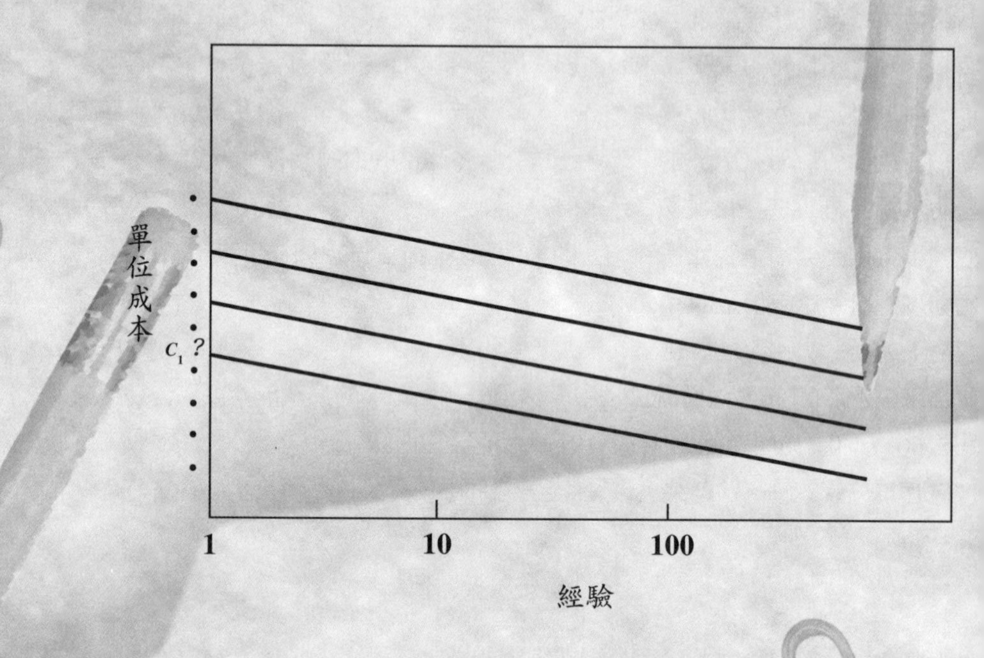

圖12-F預估的經驗曲線

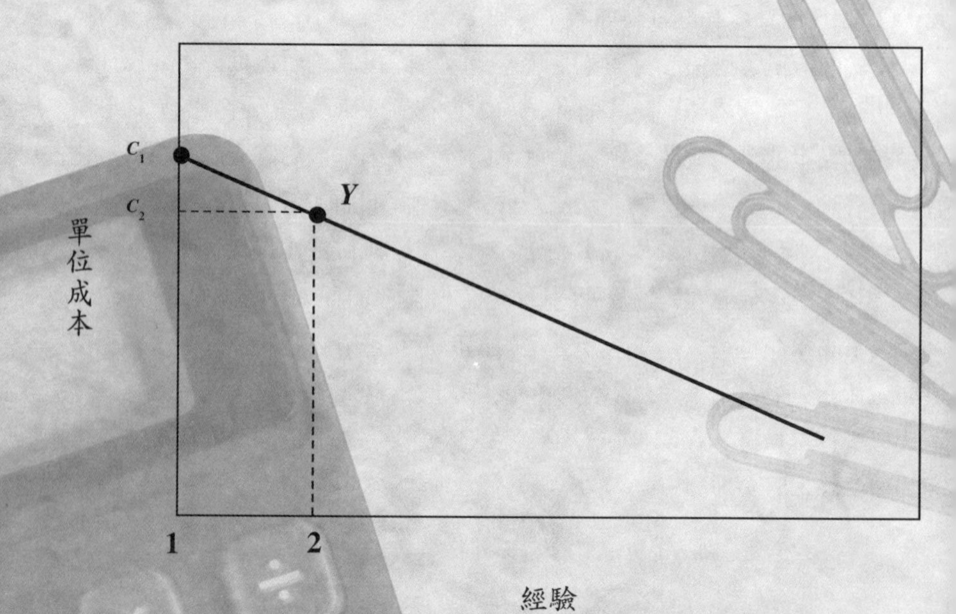

圖12-E強度乘數

強度	乘數	強度	乘數
5.0%	.926	20.5%	.669
5.5	.918	21.0	.660
6.0	.911	21.5	.651
6.5	.903	22.0	.642
7.0	.895	22.5	.632
7.5	.888	23.0	.623
8.0	.880	23.5	.614
8.5	.872	24.0	.604
9.0	.864	24.5	.595
9.5	.856	25.0	.585
10.0	.848	25.5	.575
10.5	.840	26.0	.566
11.0	.832	26.5	.556
11.5	.824	27.0	.546
12.0	.816	27.5	.536
12.5	.807	28.0	.526
13.0	.799	28.5	.516
13.5	.791	29.0	.506
14.0	.782	29.5	.496
14.5	.774	30.0	.485
15.0	.766	30.5	.475
15.5	.757	31.0	.465
16.0	.748	31.5	.454
16.5	.740	32.0	.444
17.0	.731	32.5	.433
17.5	.722	33.0	.422
18.0	.714	33.5	.411
18.5	.705	34.0	.401
19.0	.696	34.5	.390
19.5	.687	35.0	.379
20.0	.678	35.5	.367

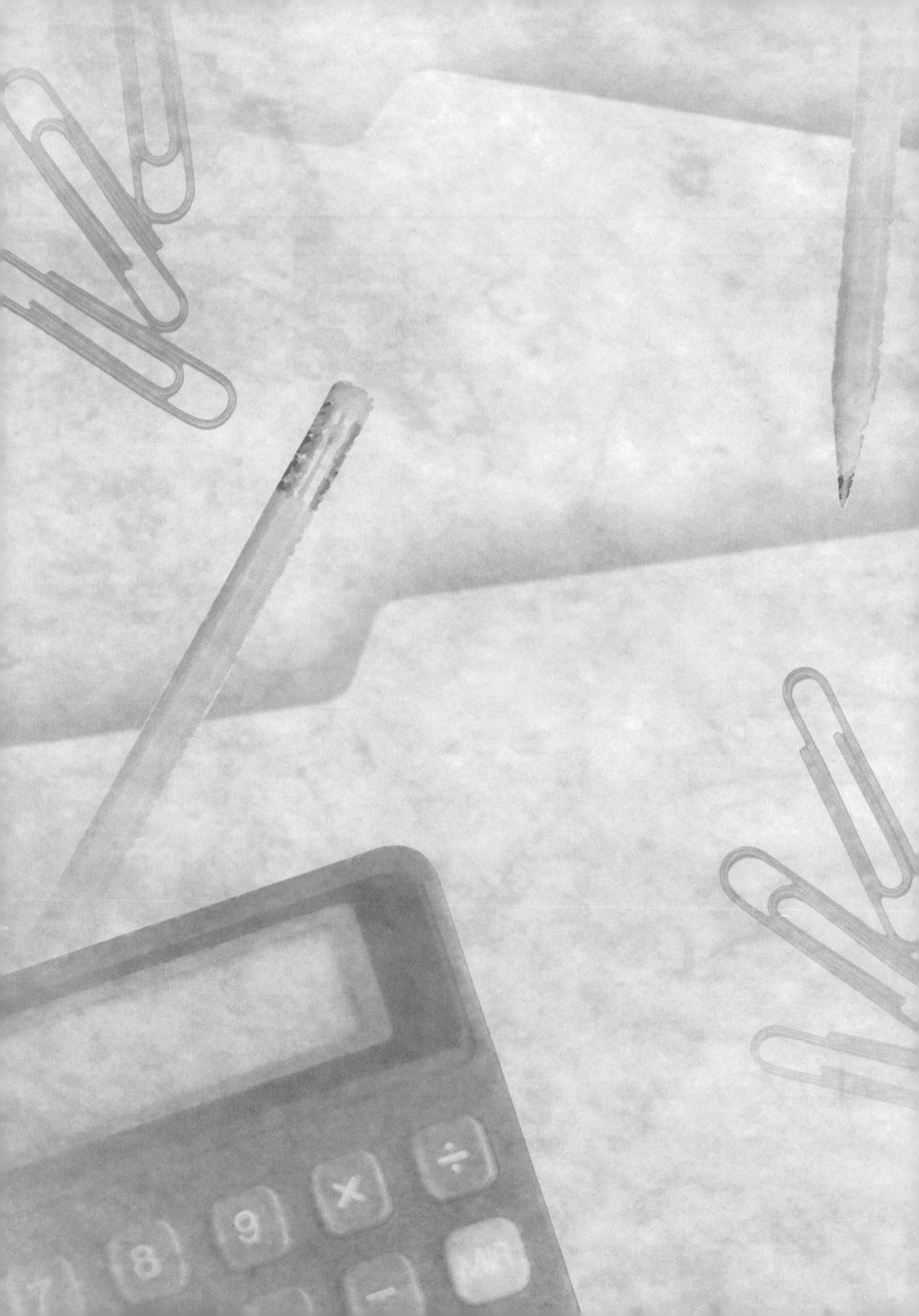

Part VI

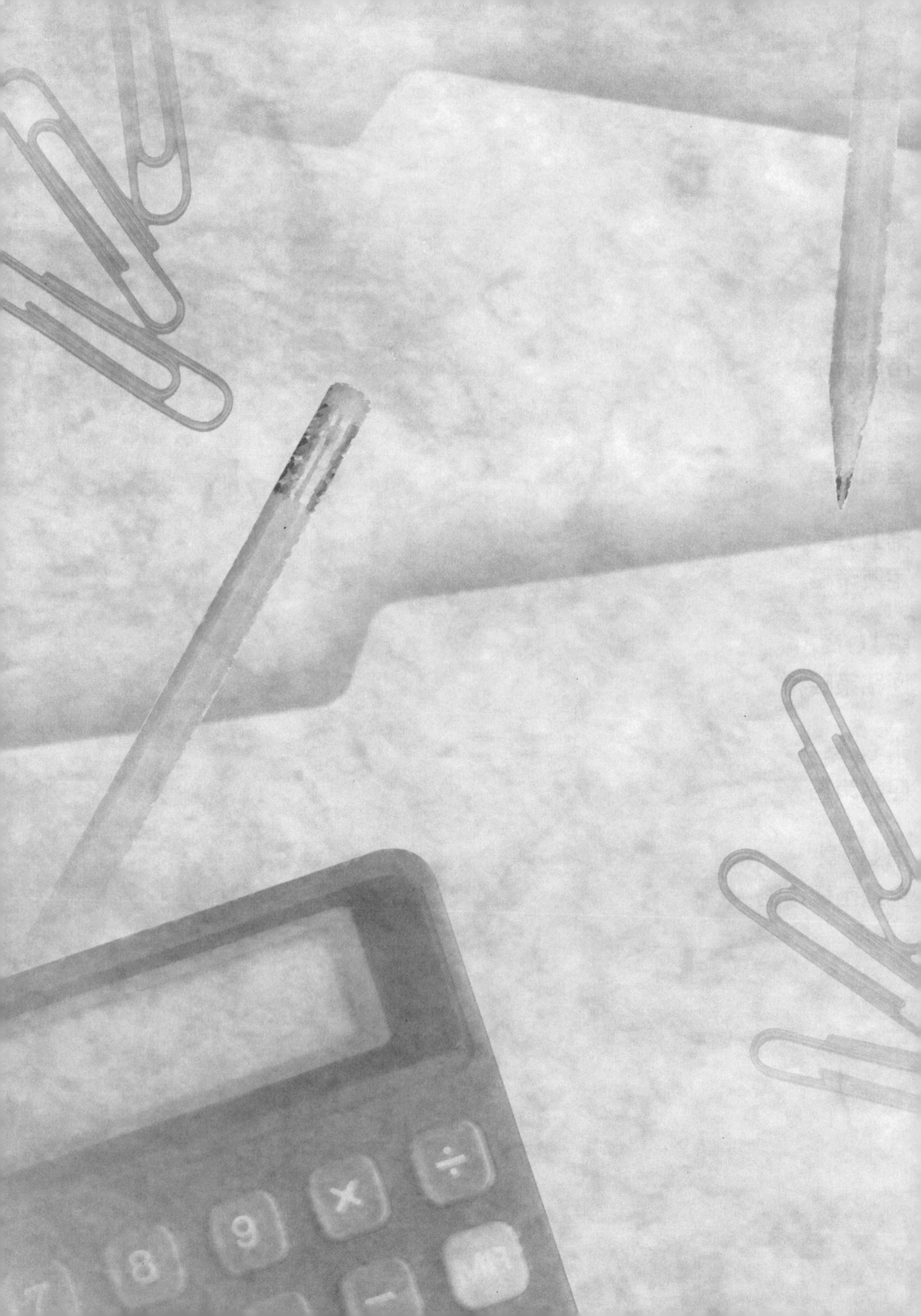

第13章

在最後的分析中，所有的商業策略必須根據市場的可行性進行調整。當沒有可行的市場存在時，即使是最佳的策略也會失敗。此外，各種行業的行銷策略發展，都必須實際地鎖定目標市場，因爲市場必須是成功行銷的重心，對應市場的策略能爲企業指出方法，且成爲企業整體策略的主要構想，同時在各種行動中爲主要的活動或計畫提供方向。

當組織的資源稀少或是能力受限時，將此兩要素分散至過多市場便是致命的錯誤。相反地，這些重要的資源必須集中於一些對於企業成功有決定性影響的主要市場（依照市場類型、地理區位、進入時機以及承諾而決定）。和其他公司一樣僅用相同方式分散資源並不會形成競爭優勢，然而，假如能發現市場的確富有潛力，企業則可以將自己提昇到具相對競爭優勢的地位。

本章將會辨別一些企業經常在追求的市場策略，同時分析他們對於SBU目標表現的影響，並且以行銷的文章中之例子來說明這些策略的運用。本章最後的附錄將會分別以定義、目標、條件以及預期的結果來歸納每一個策略。

市場策略的構面

市場策略處理企業業務所要涵蓋的市場範圍，此處的範圍可用各種方式來定義。舉例來說，公司可以選擇業務涵蓋所有市場，或是將市場分成數個主要區隔，集中資源於某個區隔，因此市場範疇爲市場策略的一構面；市場區位則爲另一個構面：即公司可以專注於本地、區域、全國或是國際市場；另一個策略變數爲進入市場的時機，公司可以最早、稍早或是晚一點進入市場；對於市場的承諾也是市場策略的一部分，所謂的承諾指或成爲市場的領先者，或成爲市場的主要要素，或僅是一個不起眼的小角色。通常，企業也會故意地以稀釋一部分市場作爲主要的策略。簡言之，下列幾個要素構成了企業所要追求的市場策略：

1.市場範圍策略。
2.市場地理涵蓋策略。
3.市場進入策略。
4.市場承諾策略。
5.市場稀釋策略。

市場範圍策略

市場範圍策略討論的是業務的涵蓋範圍。事業單位可能會涵蓋整個市場，或是專注於一個或多個區隔。市場範疇策略的三個選擇爲單一市場策略、多市場策略，以及全市場策略。

單一市場策略

有各種不同的理由使得公司將其全副精力投注於單一市場。例如，爲了避免和大競爭者面對面，小公司會在市場中尋求一個利基市場，並且將其所有資源投注於此利基（niche）。Design & Manufacturing Corporation（D&M）便是成功的單一市場策略的典型例子。在1950年代晚期，Samuel Regenstrief研究了洗碗機市場，並且發現：

1.高成長潛力。
2.市場由奇異電器領先。
3.市場上缺乏製造商以自有品牌供應如Sears等大型零售商。

這些發現使得他進入洗碗機市場，並且將全副精神均放在單一市場，亦即國內零售商。這家公司已經成爲全球最大的洗碗機製造者，同時佔有25%的美國市場。一個D&M的執行經理以下面一段話描述公司的策略：「Sam明確地知道何種區隔是他所要追隨的，他準確地擊中它，同時設立一個緊密運作的組織，以便取得這些機會的所有利益。」

Tampax的故事，同時也顯示了單一市場策略的成功。Tampax僅佔有由Kimberly—Clark's Kotex以及Personal Product's Modess所領導的市場的小部分，自然無法與這些著名品牌相抗衡，然而爲了販賣他對個人衛生的不同概念—內部防衛，這家公司發現一群較爲開放，且品牌忠誠度高的新的年輕使用者。Tampax的重點在於影響年輕女人，從吸引年輕使用者的前提開始，這個前提是個人衛生提供較高的行動自由。它的單一市場策略被證明具相當高獲利力，而即使在今天，公司的廣告也甚少背離當初所做的努力。

在化妝品的競爭市場中，化妝品及保養品的知名品牌—Noxzema and Cover

Girl的行銷者──Noxell Corporation（爲寶鹼的一個分公司），在競爭對手所輕視，而價值一百五十億的單一化妝品市場──即大眾市場中，找到成功。Noxell Corporation的產品針對十幾歲的年輕人設計，同時塑造年輕肌膚自然美的形象，經由廣泛的通路及大肆地宣傳，Noxell Corporation的產品以其低價位而知名。公司僅在諸如Kmart或Walmart等連鎖店中銷售產品，避免在更爲有名的百貨公司或是專賣店販賣，這種只經由大型零售商銷售產品的決定，是基於Noxell Corporation認爲經由百貨公司銷售較爲不吸引人的理念：因爲在百貨公司中銷售，必須先租借專櫃、保有大量存貨，並且支付銷售人員佣金。露得清持續其銷售的成長以及獲利的優越表現證明了專注於單一市場策略的生存能力。

選擇哪種市場區隔並沒有特別的方法。企業必須小心地分析市場，找到在市場中被忽略或是經營不恰當的區隔，然後，即使創業維艱，它也應該全心全力地集中在這一塊被選擇的市場，同時避免來自原有公司的競爭。

新的市場區隔通常來自於環境的變動。例如，婦女運動引發Smith and Wesson Corp在1989年投入Lady Smith──特別爲婦女所設計的一系列槍枝，結果，婦女的銷售額由原本佔公司總額的5%成爲將近20%。儘管來自於大型零售商，例如，玩具反斗城的劇烈競爭，FOA Scharz仍然在鎖定上層兒童市場中成功地經營。

單一市場策略包括尋求大型競爭者認爲太小、高風險，或是不怎樣吸引的市場區隔，這樣的策略在著重以大型公司的市場力量來實現經濟規模的市場中就行不通，例如，萃取及加工工業。企業專注於單一市場，擁有經由適當的策略改變以快速反應機會及威脅的好處。單一市場策略，或稱利基策略，通常都是因應需要而產生的。因爲缺乏得以與其他大公司面對面競爭的資源，獲勝者通常尋求太小而無法吸引大型競爭者的利基市場，這個利基市場可以經由不屈不撓、盡力服務客戶而掌握或保護之。

單一市場策略的影響會對獲利產生正面的影響。當盡全力集中於單一市場，尤其是在競爭相當小的市場中，它可能可降低成本，但卻維持高價格，因此獲取相當高的利潤。然而即使遵循這種策略卻無法達到成長目標，如果所選擇的市場區隔相對於全部市場夠大，企業也有可能藉此提高其市場佔有率。

多市場策略

由於將企業限制於某一市場區隔就如同將雞蛋都置放於同一個籃子中，企業可能會選擇涉足數個不同的市場。爲了成功實行多市場策略，必須去選擇企業認爲最爲合適，同時可以避免與涉足整個市場的公司面對面的市場區隔。這一點可以用Crown Cork and Seal Company來說明。這家公司是鐵罐、瓶蓋、旋轉蓋以及專爲塡充啤酒或軟性飲料機器的製造商，這種產業被歸類爲具有相當動態的環境：科技突破、新包裝概念、新材料以及使用者自製的威脅是相當普遍的。Crown Cork and Seal Company決定集中於兩個市場區隔以爲策略：

1.諸如啤酒及含酒精飲料等專用罐
2.裝煙霧的容器。這個新策略是值得的。

這家公司在1980年代及1990年代在銷售成長率及報酬率上都較競爭者表現優越，而儘管有其他的策略選擇，這家公司無視於涉足其他市場的誘惑，仍堅持此策略不變。例如，即使它在機油罐子的市場中佔有50%的佔有率，仍決定不再繼續積極地在此市場中競爭。

多市場策略可以兩者之一的方式來執行：在不同的市場區隔中販賣不同的產品，或是將同樣的產品銷售到不同的市場中。例如，豐田汽車公司在1989年推出Lexus車系，這款車種針對的是一向熱衷於豪華BMW或是賓士的買車人。豐田以不同的產品進入不同的市場。相反地，綠巨人公司（Green Giant Company）藉由將現有的產品通路擴大而擴展到不同的市場中；亦即譬如供應其冷凍蔬菜、玉米至Church's Fried Chicken或肯德基（Kentucky Fried Chicken）炸雞店中。

全市場策略

採行全市場策略的企業將不同的產品銷售至不同的市場區隔，而在所有市場中營運。這個策略必須經過多年的營運。一家公司可能從一種產品開始，當市場成長以及不同的市場區隔興起時，領導的競爭者可能採用產品、價格、促銷活動以及通路等策略的不同組合而在所有的市場區隔中競爭，而這些領先者可能也想進入新興的市場區隔。事實上，這些公司可能會創造一個新的市場區隔，並且從一開始便控制它。

不同產業有許多公司都使用這個策略。例如，通用汽車公司一直以來便致力於獲取所有市場：「滿足所有預算及品味的車」。憑著他的五種車種（雪弗龍、龐迪雅克、奧茲摩比、別克以及凱迪拉克）以及其他各種小卡車，通用試圖在各種可能的市場區隔中競爭。

IBM目前也遵循著類似的策略。他擁有一個可達到各種類型的顧客要求的系統。在1980年代中期，當個人電腦興起時，IBM反應稍微嫌慢，但是最後仍發展出他自己的個人電腦。同樣地，在消費產品市場中，可口可樂公司擁有可口可樂、健怡可口可樂、雪碧、以及芬達等以滿足所有的口味需求，公司甚至擁有一個柳橙汁的品牌，Minute Maid，以提供給喜歡柳橙汁而不是碳酸飲料的顧客。

全市場策略是具有相當高風險的。因爲這樣的關係，所以在一個產業中，只有相當少的公司願意使用此種策略。擁抱全市場需要高階管理人員的承諾。另外，也必須要有充足資源去實行。因此，只有財務狀況相當良好的公司才會對這樣的策略感興趣。事實上，日益惡化的財務狀況可能會迫使一家公司從全市場中退出。當專家都熱衷於一個單一全球市場的興起時，克萊斯勒（Chrysler Corporation）在1990年代的財務危機卻使他不得不減少它在海外市場規模。若能達到成長率及市場佔有率，全市場策略是相當具高報酬的，但是它卻是不一定能導致獲利率的增加。

在市場範圍中尋求改變

在市場中競爭的公司之專長能與市場主要需求相契合的時間是有限的，因此企業不應該永遠拘泥於同一個市場策略。環境的變遷可能迫使局勢改變。以美國運通卡的例子來說，曾經它的策略有效地吸引社會上層人士，但是當信用卡市場競爭日益激烈，許多美國運通卡的客戶逐漸轉向其他免年費及較爲適度循環利率的信用卡，這種情況迫使美國運通卡重新定義其市場。在1994年，它開始推出一系列新卡，每一種新卡都鎖定不同的消費市場區隔。有些卡爲免年費的，有些則與其他公司合作，提供一系列優惠活動，例如，飛行里程數以及汽車折扣優惠。所有的卡都提供具有競爭力的循環利率。商業旅客曾經是美國運通卡的偏好，然而如今所有具有信用的美國人都是美國運通所要捕捉的客戶。同樣地，Gerber Products一直在美國嬰兒食品市場中領先，但是出生率的下降使得它不得不另覓他處以尋求成長，因此一直計畫推出老人食品。

J.C. Penny Company 75年來都被認爲是銷售私有品牌弱勢商品予價格敏感的客戶群之零售商，但是在1980年代決定改變其市場範疇。這家公司讓自己轉型，以在強勢商品、家庭百貨，尤其是衣服方面，能在傳統百貨公司以及折扣商店（類似著重高價位流行風的中價位百貨公司）之間佔有一席之地。從1980年代至1990年代，這家公司不斷地升級，同時已經可以吸引較為上層的客戶。

迪士尼本身一直都將重點放在5到13歲的市場，而從1960年代，這一個市場區隔持續成長，因此給予公司擴充的機會；然而，到1970年代，此市場區隔不斷地萎縮，在1980年代更為嚴重地減少，因此使公司不得不改變策略。它開始服務年紀超過25歲的族群，改變現有產品以及實行許多計畫── 位在佛羅里達的迪士尼便增加了Epcot Center、迪士尼主題樂園以及親水公園。

因此，簡言之，市場不斷地在改變，而公司必須因此而改變策略。

市場的地理涵蓋策略

在策劃市場策略時，地理區位一直都被視為一項變數。歷史提供了許多企業如何從一區域，逐漸擴展成為全國性，甚至跨國公司的例子。汽車、電話、電視以及噴射機將國家各區域拉近，因此距離不再重要，而使得在尋求成長時，區域性擴張成為相當具有吸引力的選擇。

舉龐德羅莎系統，一家連鎖的牛排屋（為Metromedia Steak Houses, Inc的一個部門），的例子來說明。這家公司於1969年開業，在印第安那州有四家店，而在1970年前，它又在印第安那州及俄亥俄州增加了十家分店，最後在1994年底，全國共有將近800家的龐德羅莎牛排屋。

尋求區域擴張有不同的理由：追求成長、減少對小區域的依賴、利用剩餘產能、使用全國性廣告媒體、利用經驗（例如，經濟規模）以及藉由向較遠區域發展以避免競爭對手入侵。此部分強調不同的市場區位策略，而這裡的目的在於點出會影響市場策略的區位選擇的事項。

本地市場策略

在現代，與本地市場策略相關的侷限於：

1.零售商。
2.服務機構，例如，航空、銀行、醫藥中心。

在許多例子中，市場區位是由法律決定的。例如，一直到最近，必須經由國民航空委員會（在航空產業解禁之後，便於1983年解散）的許可，才可以改變航空區域；同樣地，銀行一度只能在本地營運。

美國兩百萬個零售商中，其中有一半的年銷售額低於美金十萬元。可以推定這些都是本地經營者。即使是製造業者，一開始也只能將新產品介紹給當地市場。本地市場策略可使公司在一狹小的區域中，將客戶照顧得無微不至而生意興隆。因此這個策略著重於個人服務，而這可能是大型對手所不能做到的。

區域市場策略

所謂一企業的區域範疇可以從在兩或三個州經營或是在國家的幾大區塊內經營，例如，新英格蘭、東西部、中西部或是西部。區域擴張提供了在當地經營或是全國性經營間的一個折衷選擇。

區域性擴張能確保若某一地的經濟不景氣，在其他情況較好的區域內經營仍能使公司整體的營運狀況不錯。在1980年代，在芝加哥成立的Marshall Field（現在是Dayton-Hudson Company的一部分）發現它不斷地受到當地城市人口變動及競爭趨勢打擊，因此，它決定擴展至北方及西方等新區域。此種方式可以減低它對中西部的依賴，同時可擴展至預期可成長的區域。

此外，在文化上，一個區域會比整個國家容易控制，而處理區域內商務的方法也較爲簡單。事實上，許多公司爲了避免競爭並維持中央集權，偏向於將自己侷限在區域內。區域市場策略使公司藉由把國家劃分成清楚的地理區位、選擇一或多個區域來經營，以及制訂一套行銷策略來經營每一個區域，而強調了美國的多樣性。

許多企業持續地在某一區域內成功地經營，例如以下所列均是一些在區域內經營的大型食品雜貨連鎖店：在西部的Safeway、在中西部的Kroger，以及在東部的Stop & Shop。企業的區域擴張有助於成長，而就某一程度而言，同時也獲得市場佔有率，然而只是區域性的擴張並不代表一定會獲利。

地理性的擴張在爲了成長或趕上競爭者或許是必須的。例如，一家在俄亥俄州大都會區擁有三十家餐廳的小披薩店連鎖店，可能因爲來自必勝客的競爭而必須擴張它的版圖。

有時候，區域性策略會比走向全國性爲好。企業即使經營爲全國化，但是主要的業務還是集中在其中一區域，其他則零零落落在全國各地，或是它也可能發現集中在較爲成功的區域內經營，獲利會比較高，而撤走其他區域的業務。

全國市場策略

由區域性走向全國性之目的主要是爲了開拓成長的機會，而這可以Borden Inc做爲例子。Borden傳統上一直從事日記本業務，在1980年代，決定成爲點心食品的主要玩家。它購併了七家區域性公司，包括Snacktime、Jays，以及Laura Scudder's，以便加入全國性競爭、成長，以及與百事可樂的Frito-Lay的分公司競爭。

因爲成長看好的遠景使得Radisson Hotel Corporation of Minneapolis成爲全國性公司，並且在旅館業中成爲主要競爭者。Radisson決定進軍主要的大市場——紐約、洛杉磯、波士頓、芝加哥以及舊金山——在這些地方，它可以和Marriott以及Hyatt等巨人競爭。

在某些情況下，產業的規模經濟使得企業趨向全國化。例如，今日要在啤酒產業中成功需要大量的廣告支出、新品介紹（例如，生啤酒）、生產效率以及配送系統。這些原因都使Adolph Coors走向全國化。

然而，走向全國化並非簡單的事。每年都有許多品牌進入市場，期望最終可以成爲全國知名品牌，但是，只有小部分得以進入市場，而更少品牌可以成功。

因爲用於行銷及通路的鉅額投資成本，全國市場策略需要高階管理人員的高度承諾，而這個條件使得大公司較容易推出新產品，因爲它們擁有資源，同時較能承受風險，另一方面，新品牌容易受到已成功的品牌的庇蔭。例如，在奇異電器的名下所推出的新品牌成功的機會較由不知名的公司所推出的品牌大。

爲了成功地實行全國市場策略，公司必須有適當的控制，以確定在不同的區域裡，所有策略均能運作良好。一旦缺乏控制，競爭者，尤其是區域性競爭者，便容易發現其缺點而攻擊之。當這種情況出現時，公司便會發現它們一區域接著一區域落敗。因此，適當地實行全國市場策略才能持續地提供成長、市場佔有率以及利潤。

國際市場策略

有眾多的企業採用國際市場策略，例如，Singer Company跨足海外已有一段時間。在第二次世界大戰之後的一段期間，國際市場策略成爲大公司間常用來追求成長的方式。

為重建受戰爭破壞的經濟，美國透過馬歇爾計畫給予歐洲經濟支援。因為戰後美國成為世界第一經濟強國，它的經濟支援計畫在沒有其他競爭者的情況下，刺激了企業的國際策略發展。

根據美國國貿局的報告，美國的海外直接投資在1987年為3140億美元，而預估至1993年底則為7980億美元。美國海外投資傳統上有75%在已開發國家。然而，當開發中國家在第二次世界大戰後取得政治自由後，它們的政府亦尋求美援發展經濟以改善生活水準。於是，開發中國家提供美國企業另一個投資機會，特別是那些政治穩定的國家。然而有趣的是，縱使西歐、加拿大以及日本在文化上、政治上或是經濟上來說較具獲利性，但是開發中國家卻在美國的海外投資中提供較高的報酬率。例如，1992年開發中國家貢獻了32%的收入來源，但是投資卻少於25%。

最近幾年，從美國企業及政府的觀點來看，海外事業之發展已是必須的。許多產業均逐漸面臨競爭。市場的飽和以及以本國方式營運的海外企業的競爭迫使美國企業尋求海外市場。同時，部分因為進口漸增所引起的貿易赤字，也使得海外擴張成為國家利益的一部分。因此，即使在1950及1960年代，海外業務為開拓機會的手段，但在今日多變的經濟環境下，已成為一種生存方式。

一般來說，國際市場比國內市場提供較多的機會。在許多情況下，國際市場是國內市場的另一個選擇。Massey-Ferguson許久前便已決定將重心放在北美洲以外的業務，以避免與強大的美國農業機器製造商為敵。Massey整個組織，包括：工程、研發及製造部門，都是配合海外市場的變動，它已經適應了海外市場的不穩定以及投注數百萬元於製造及行銷網路的架設。它投注在海外市場的心力所得到的報酬是令人振奮的，在1990年代，這家公司的表現較Deere以及International Harvester為好。

擁有世界上最豐富的私人商業用軟木材，Weyerhaeuser得以建立一個令人羨慕的外銷業務——直到最近都被競爭對手所忽略的市場，而此策略使得Weyerhaeuser在快速變動的全球市場享有無可取代的優勢。在1990年代，每年林木產品的海外消費需求成長率均是國內2-3%的兩倍；未來的遠景也相當令人期待，尤其是Weyerhaeuser理想上所要進入的市場，環太平洋區域，預期將會有巨幅的成長。此外，木材供應緊縮以及高漲石油成本使得日本及歐洲產品即使在它們的本土市場也漸居劣勢，因而使北美洲產品得以趁隙而入。擁有原本便傾向外銷的產品組合和進入深水港口的途徑，Weyerhaeuser在美國林木市場的外銷榮景漸現時，遙遙領先其他競爭者。出口在1998年佔Weyerhaeuser銷貨的25%，而以利潤而言，其百分比更高，到2000年時，則可能成爲銷貨的絕大半數。

市場地理策略的其他層面

企業在性質上可能爲區域型或全國型的，但是它可能尚未涵蓋所有的交易範圍。這些差距便提供成長的機會。例如，Southland Corporation傳統上避免將7-Eleven（現在是日本Yokado Group的分公司）開設在市中心，而在郊區的6500家分店的總收入已經超過二十億美元。幾年前，這家公司在紐約的34th以及Lexington開設店面，顯示7-Eleven開始塡補尚未進入的市場，同樣地，Hyatt Corp在主要城市均有據點，但是在旅遊勝地或郊區便無。爲持續成長，這家公司在1990年代計畫塡補這個差距。

因爲某些市場並非一開始便具有潛力，或是本地競爭相當激烈而無法對抗，使得市場裡存有不被塡補的差距。然而，公司可能在後續發現，如果整合了其他市場的力量或是環境的改變創造了有利的情境，這些差距便容易被塡補。

市場進入策略

市場進入策略意指進入市場的時機。基本上，企業有三種市場進入策略的選擇：

1.領先者。
2.早期的進入者。
3.落後者。

進入時機的重要性可以用電腦業說明。經驗顯示如果新的產品線能讓使用者接受，同時透過定價及合約安排而適當地控制其影響，則可以刺激舊產品線的銷售。如果客戶知道當他們需要有現成的先進的技術可用時，他們會偏好以現有產品升級。因此，成功推出必須要在正確的時刻推出正確的產品，假如過早推出的話，製造者將會承受銷售額劇烈下降同時在競爭中失去客戶的後果。

先佔策略

首先進入產品市場將會獲得明確的優勢。公司可以將自己塑造成領導者，同時使其他競爭者難以望其項背。從經驗曲線的概念來看，假設首先進入者贏得具優勢的市場佔有率，當經驗加倍時，成本將會以固定的百分比下降，而這個成本優勢則會經由低價位而轉移至消費者身上。因此，競爭者會發現難以挑戰首先進入者。在缺乏經驗的情況下，它們的成本以及價格在類似的產品上會比較高。如果推出的新產品受到專利權的保護，則首先競爭者將會擁有額外的優勢，因爲它可在專利權的存續期間獨占市場。

Kinder-Care Learning Centers的成功故事說明了領先者策略。在1968年，一個不動產開發者，Perry Mendel，有一個大家均認爲相當無禮、不實際以及可能不道德的想法。他希望創造一個連鎖幼兒看護中心，並且使用在汽車旅館及速食店運作成功的標準化技巧。由於他深信走出家庭、開始工作的婦女人數將會持續的增加，Mendel開始經營Kinder-Care Learning Centers。以其簡短的歷史，這家公司在商業化幼兒看護產業中居於優勢地位。

然而，成爲首先進入者的策略並非無風險的。首先進入者必須保持科技的領先，否則將會被競爭者打敗。Docutel Corporation便提供一個有趣的例子。這家來自達拉斯的公司在1960年代晚期第一個推出自動提款機（ATMs），這個機器使顧客在任何時候只要輕按幾個按鈕便能存出帳戶與支票存款中的現金。直到1975年爲止，Docutel沒有什麼競爭者，而到1976年，它在ATMs市場中有60%的佔有率。之後，低潮期開始了，市場佔有率下降到1977年的20%，以及1978年的8%。Docutel的運氣消失了，因爲它未能維持科技領先的地位。它的第二代自動提款機悲慘地失敗了，同時給予競爭者可趁之機，其中Diebold是Docutel的失敗的最大獲利者：它的市場佔有率由1976年的15%激增至1978年的70%，之後雖然Docutel想要重振雄風，卻再也不能成爲ATMs市場中的領先者了。

採行此策略的企業不論在什麼情況下均要維持領先的地位，因爲將第一名拱手讓人的代價是相當大的。經由在促銷上的鉅額投資，首先進入者必須爲產品創造先前所不存在的需求，而競爭者會發現當它們進入市場時，主要產品需求均已建立，因此相當容易搭便車。故即使公司已經發展出一項產品支應全新的需求，它仍必須小心地評估它是否有足夠的科技及行銷能力以長期掌握住整個市場。競爭者會極盡所能突破屏障。而如果領先者對自己沒有信心，則應該等待。例如，蘋果電腦是第一家進入個人電腦領域的公司，但是無論它如何努力，也無法與IBM競爭，因此這家一向和IBM面對面的公司終於決定屈居第二把交椅。然而，假如適當的執行，領先者策略通常會贏得成長、市場佔有率以及利潤爲報酬。

早期進入者策略

數家公司可能同步發展同一新產品，當其中有一家搶先介紹此新產品至市場時，無論其他公司原先計畫首先進入市場或等待其他人領導市場，也不得不採取早期進入策略。而如果早期進入者緊跟著領先者的腳後跟，必會發生兩虎相爭的情況，這通常會發生在領先者及較強勢的跟隨者之間（即使同時有許多家跟隨者）。此場爭鬥發生的原因是兩家均努力於新產品的研發，期許自我成爲市場領先者，同時也投注相當多的資源於此。在產品研發的最後階段，如果有一家公司首先將產品引進市場，另一家也會馬上進入市場以避免前者建立起屏障。最後，擁有較爲良好的行銷策略，諸如定位、產品、價格、促銷活動以及通路的競爭者將會獨占鼇頭。

在最開始的兩家公司各自找到市場定位，且市場穩定成長之後，其它的進入者便會隨之進入市場。這些公司會隨著市場成長曲線，以及市場逐漸成熟而持續活動。

當Sara Lee Corp在1994年推出新的Wonderbra時，它的對手，VF Corp，則緊跟在後，在美國消費者逐漸大量購買此項產品之後，VF Corp才開始推出自己的It Must Be Magic系列，但是一旦決定進入市場，VF Corp即刻運用其優良的通路，亦即優於Sara Lee的全國網路進攻市場。它的早期進入市場策略及將高科技運用在密如蛛網的通路的方法，使其免於服飾業普遍的財務危機問題。

如果公司具有優良的行銷策略及可用來與領先者競爭的資源，則緊跟領先者的早期進入策略是理想的。事實上，稍後進入市場的公司可以從領先者所打好的基礎（開發出來的最初需求）中獲得助力。然而，較弱勢的早期進入者易遭到領先者的蠶食鯨吞。之前所提及的Docutel便是一個例子。Docutel在自動提款機市場中爲領先者，但是作爲一個弱勢的領先者，反而是爲後來的進入者，Diebold，鋪路。

當市場邁向成長期，許多公司便會進入市場。依據市場成長期的長短及公司進入市場的時點，可以將一些公司歸類爲早期進入者。多數的早期進入者偏好在特別的市場利基中經營，而非與主要的公司競爭。例如，公司可能將重點放在委託主要零售商銷售私人品牌，而其中有許多公司，尤其是涉入未深的經營者，在市場成長趨緩時，便會被迫退出市場。總結來說，在下列情況下，早期進入策略是有道理的：

1.當公司可以以產品品質建立高度客戶忠誠度，同時能在市場演進過程中繼續維持時。

2.當公司可以發展廣大的產品線以打消其他公司進入市場的意圖，或是與選擇單一市場利基的競爭者爭鬥時。

3.當現今的投資不重要或是技術變化並不快速，以致於產生產品過時的問題時。

4.當早期進入者有其經驗曲線，同時學習的程度與累積的經驗密切相關，且無法馬上被後來的進入者取得時。

5.當絕對成本優勢可以由早期對於原料、零件製造、通路等等的投資而取得時。

6.當產品提供較現有產品較高價值而使早期的價格結構偏高。

7.當潛在競爭者因爲市場並不具策略重要性而不積極進入，或是現有競爭者願意失去市場佔有率時。

因此，如果有相當的自信可與領先者競爭，或是能小心計畫，提供服務於未被填補的市場，早期進入策略也是有利可圖，能對利潤及成長貢獻甚多。而對於作爲領先者的公司而言，早期進入策略也可能助其獲得市場佔有率。

落後者策略

落後者策略意指在市場成長期尾端或成熟期進入市場。落後者可有兩種選擇：模仿者或創新者。所謂模仿者爲以同於競爭者之方式進入市場，亦即其意圖及目的在發展一種類似於在市場上已存在的產品；相反地，創新者則質疑目前市場情況，在經過創新的思考之後而推出新產品。這兩種極端的折衷便是以改良的產品進入市場。

以模仿者的方式進入市場是不能長久的。一開始，公司可能會填補了部分主要競爭者之客戶群的市場，但是長期而言，當領導者放棄此產品而推出新品或改良品時，模仿者將會不知何去何從。在1970年早期，Honeywell面臨抉擇：它應該發展哪一種先進的電腦系統？模仿IBM360或是自有的新版本？這家公司較喜歡第二種選擇：

> 雖然仿製的方式較容易爭取到IBM廣大的顧客群，但是它因為幾點而遭到反對。第一，它使Honeywell被歸類為模仿的公司；第二，即使發展出高效能、低成本的系統，也不能確定顧客會想要仿製品。「畢竟，假如你在尋找一部福特汽車，你會直接找上福特經銷商」因此，Task Force將會發展自有之頂尖系統。

Honeywell的策略運作良好，它發展了一系列適合於製造活動的電腦，同時以此進軍歐洲市場。

模仿者有許多可令其成功的固有優勢。這些優勢包括可採用最新的科技改良品；達到較大經濟規模的可能性；從供應商、員工或顧客獲得較好條件；以及能提供較低的價格，因此，即使沒有優越的技術或資源，模仿者仍能表現不俗。

創新者會以某些方式排擠既有的競爭者。想一想下列的例子：

> 電力應用製造商所生產的毯子通常會有如下警告：「折疊或是躺在上面」。某一家公司的工程師質疑，為什麼沒有人設計出在運作狀況下仍能安全地睡臥其上的毯子。結果，他的質疑產生新的電毯，不但在運作狀況下能安全地睡臥其上，同時也比較有效率，而且因為床單的隔離，使它比傳統的電毯浪費較少的電力，傳統電毯通常會直接將熱力發散到空氣中。

> 某一照相機製造商也質疑為何照相機不能有內建閃光燈，使使用者在尋找或修理配件時有備份可用。問這個問題時，同時也回答了它。這家公司發展了有內建閃光燈的35釐米照相機，結果相當成功，並橫掃日本的中價位單眼相機市場。

這兩個例子說明後來者如何以創造力與創新力在市場上卡位。換句話說，藉由開發科技性的改變、避免直接競爭或是改變現今的市場結構（例如，新形式的通路），創新者也有機會成功地在市場中立足。

Wilmington Corporation在1977年採用第二種方式進入高壓製玻璃——陶瓷烹飪用具市場，一直到當時，康寧瓷器是這個產品的唯一生產者。康寧瓷器擁有到1977年1月到期的專利權。Wilmington Corporation選擇不用類似產品打入市場，而是以改良過的，飾以一致色系的器具進入市場。康寧瓷器的產品則爲方形、白色，上有矢車菊的裝飾。這家公司覺得它的產品將會因吸引更廣範圍的消費者而拉大市場。

無論公司採用何種方式進入市場，作爲一個落後者，不能預期會有高利潤、高成長或高市場佔有率，當落後者在市場已趨近飽和時才進入市場，則只有既有的公司能獲利。事實上，既存公司已有的經驗會提供它們更大的優勢；然而，創新者至少在既有公司也創新自有產品進入市場之前均有利可圖。

市場承諾策略

所謂市場承諾策略意指公司在進入特定市場時的涉入程度。通常對公司而言，並非所有的客戶都是同等重要的，我們常常會聽到下列的聲明：「60%的銷售來自於17%的顧客群」，以及「56%的顧客只提供了11%的銷售額。」這表示必須對不同的顧客群有不同的承諾。而承諾可以以投注財務、管理資源或兩者並行的模式。通常來說，事業的發展結果，通常相對應其承諾程度，這顯示承諾策略的重要性。

對於市場的承諾可以歸類爲高度、中度以及低度三種。但是無論承諾爲何，它都必須加以實踐。公司如果不考慮其承諾的程度，將會遇到難題。1946年，Liggett and Myers在美國香菸市場擁有22%的市場佔有率，到1978年，變成只有3.5%，1989年則略低於3%。這家公司的沒落有許多理由，都是因爲它對一度擁有令人羨慕的佔有率的市場缺乏承諾所引起的。這些原因包括對於市場變動的情形反應過慢、在品牌定位時判斷拙劣，同時未能吸引新的以及年輕的客戶。此公司在市場轉向大型、特長香菸市場時，落後於市場滲透者推出產品；同時也錯失市場轉向低焦油香菸的時機；它進入市場的主力產品，Decade，一直到1977年，其他競爭者都推出相同類似的產品時才上市。Liggett and Myers的例子說明公司如果未能適當地對市場承諾，就會失去原本在此的優越地位。

高度承諾策略

高度市場策略要求公司在促銷、通路、製造等等方面利用經濟規模，使能在市場中最適經營，如果競爭者挑戰公司在市場中的地位，則後者將會以不同形式的產品、定價、促銷或通路策略積極反擊，換句話說，因爲公司擁有高市場佔有率，所以會盡其可能保衛其地位。

對市場有高度承諾的公司會拒絕保持現狀，它應該預見未來可能逐漸退化而發展新產品、改良產品品質或增加費用在與市場成長率攸關的行銷團隊、廣告及促銷活動上。

這點可以由Polaroid Corporation的例子說明。這家公司不斷地研發以保持在業界領先，最初的Land型照相機於1948年上市，為棕白照片，之後公司發展出可以產出真正黑白照片的軟片，同時沖洗底片所需時間也由原來的60秒變為10秒。1963年，此公司推出彩色軟片，沖洗時間需60秒；1970年代早期，又推出SX-70型照相機，使得早期的Polaroid照相機落伍了。自從SX-70上市，SX-70以及其使用的軟片經歷一連串的改變和改良。數年之後，這家公司推出更為先進的照相機機型，Spectra。在1976年，柯達也推出自行研發的傻瓜照相機，Polaroid因為柯達侵犯其七種專利權而對其索費，同時以法律手段迫其退出傻瓜照相機市場。結果：Polaroid維持它在唯一投資的傻瓜照相機市場中的領先者。

公司對於一市場的承諾會隨時間而改變。一直到1971年，寶鹼在咖啡產品中，尤其是東部市場，採取低度承諾的作法，它的Folgers咖啡甚至在密西西比州以東幾乎無人知曉，然而，在1970年早期，這家公司開始在東部的每個城市對咖啡採取高度承諾的方式。當時一家稱為Breakfast Cheer Coffee Company的小公司在匹茲堡一年的收入為1200萬美元，同時擁有18％的市場佔有率，到1974年前，因為寶鹼進入市場，使其銷售額急速下降，成為只有230萬美元，同時市場佔有率縮小到不到1％，寶鹼則成為匹茲堡咖啡市場中的主要供應商。

對於市場的強度承諾會帶來成長率、市場佔有率及利潤，但是要注意的是，對於市場的承諾必須基於公司的資源、能力以及維持其承諾所願意承擔的風險。例如，寶鹼公司之所以能實現對匹茲堡市場的承諾，乃因它與通路業及零售業之間的良好關係，使其能有效率執行促銷活動所致。而一個小公司卻無能力完成所有的事。

中度承諾策略

當公司擁有穩定的市場，因必須維持現狀而採用中度市場承諾策略。採許中度市場承諾策略的原因可能是高度承諾策略不可行，也許公司缺乏高度承諾所需的資源；高度承諾與公司高層主管的價值觀不符；或市場的不確定性使諸如多樣化公司等無法對其建立信心。

在1976年四月，Eastman Kodak公司宣布進入傻瓜照相機市場時，最擔心這項變動的是Polaroid，這是因爲Polaroid對傻瓜照相機市場採取高度承諾策略，因而並不希望Kodak只是因爲競爭的關係而進入此市場中。如Polaroid的總裁所言，「這是我們投注所有靈魂的事業，這是我們所有的生活，而對於他們而言，這只是另一個領域。」同樣地，當Frito-Lay（百事可樂的一部門）在1982年進入點心市場時，此產業的領導者，Nabisco，採取新策略以保衛在市場中的地位。如這家公司的總裁所說，「我們無法坐視不管，而讓82年的努力付諸流水。」

採用中度承諾策略的公司能承受一時的錯誤，因爲在其他領域的業務足以彌補之。基本上，中度承諾策略所需的就是提供客戶已習慣的商品，便可取悅之，而這只要在環境變動時，依其需要適當地改變行銷策略，就可使競爭者難以奪走其客戶。然而，中度承諾的公司在領導者面前如輸家一樣的弱勢。領導者可採用因經驗效果而可採用的低價策略掃蕩中度承諾者，而輸家則可以引進新品、專注於新市場區隔、嘗試新式通路，或採用不同的策略手法而挑戰中度承諾者。中度承諾者的防衛作法就是對市場發展高度警戒，並保持客戶的滿意度。

就利潤而言，如果市場正成長中，中度承諾策略是適當的，但在低成長市場中，就無法保證達到成長或獲利性。

低度承諾策略

公司可能對市場只有短暫的興趣，結果對於這樣的市場只採用低度承諾策略。短暫的興趣之原因可能是市場不景氣、前途受限或其它的大公司使之飽和等等，此外，公司也可能採用低度承諾策略以避免反托拉斯的問題。奇異電器在彩色電視機市場一向採用低承諾策略，因爲這個領域裡已有多家日本公司使之飽和（1988年，奇異電器將其電視機業務售予一家法國公司，Thomson）。在1970年早期，寶鹼在洗髮精市場中採用低度承諾策略，可能是爲了避免多年前與Clorox之間的反托拉斯問題；寶鹼讓它的市場佔有率由原本的50%降至稍多於20%、延遲更新已建立的品牌（Prell 及 Head & Shoulders）、在數年間之推出一種新品牌以及大量減少促銷活動。

採用低度承諾策略的公司消極地經營，不會有多少更動，即使市場持續低迷，它也安於現狀，在行銷方面鮮少尋求變化。總之，這個策略對於追求獲利率、市場佔有率及成長率的公司而言，是不重要的。

市場稀釋策略

在許多情況下，公司會發現擴張不如策略性的減少一部分業務來的有用。在公司無論是現今或可能從一市場中所獲得的總體利潤少於其他市場時，所謂的市場稀釋策略便行得通。不滿意於獲利表現、希望集中於較少數的市場、高階主管缺乏對市場的瞭解、與公司其他市場之綜效為負值以及缺乏在市場中完整發展的資源，都是稀釋市場的原因。

市場的稀釋曾經有一度被認為是默認失敗，然而，在1970年代，則成為純策略因素。稀釋市場的方式有抑制行銷、剔除邊緣市場、關鍵市場策略以及收割策略。

抑制行銷策略

狹義地說，抑制行銷為行銷的相反情況。這個名詞在1970年代早期時相當流行，當時，阿拉伯原油禁運造成物資短缺的情況。抑制行銷是暫時性或永久性地抑制一般大眾或特定層次的顧客之需求。

抑制行銷策略可用不同的方式實行。其中一種方式是追蹤不同顧客的時間需求，因此假設一顧客對於產品的需求在七月，而另一個在九月，則即使後者先下訂單，前者卻仍會先得到產品。第二種方式為公平地對不同的客戶採用限額供應，殼牌石油公司在1978年末石油短缺時，就曾經使用這種方式，規定每個客戶每次最多只能加10加侖石油。第三種方式為建議客戶暫時使用另一種替代產品。第四種方式則是使有立即需求的顧客轉向最近取得此項產品且較不可能立即使用的顧客，公司則成為兩者之間的媒介，當現今顧客有急需，供應商就提供產品予顧客。

抑制行銷策略是為了在顧客需求不能適當地滿足時，維持顧客忠誠度。藉由上述不同的方式幫助顧客，公司希望抑制行銷的方式是暫時性的，同時當情況好轉時，顧客仍能偏好此家公司。長期而言，抑制市場策略能達成獲利的增加。

剔除邊緣市場策略

公司必須實行一個自覺性的調查，針對那些無法提供與公司若投注資源於其他市場所獲得的報酬相當的市場，這些市場便成為欲剔除的考慮對象。就公司整體而言，剔除邊緣市場能提供更高的成長率。舉兩個市場為例，以原始投資金額100萬美金，其中一個報酬率爲10%，另一個則爲20%，15年之後，第一個權益價值爲400萬美元，相對於第二個的1600萬美元。剔除成長較公司其他市場爲慢的市場，並將資金投注在高成長、高報酬的市場中，可以改善投資報酬率以及成長率。數年前，A&P關閉在競爭力較弱的市場中超過100家的店面，剔除策略幫助公司鞏固其市場地位，並且集中注意力於它認爲本身較爲強勢的市場中。

剔除邊緣市場同時也幫助恢復平衡。當擁有太多樣及有困難的市場，公司可能會失去平衡，利用剔除策略，公司可以侷限在成長中的市場裡營運，因爲成長中市場需要大量的投資（以降價、促銷以及市場發展的形式），而公司資源有限，因此剔除策略是相當有利的。例如，克萊斯勒在1978年退出歐洲市場，以運用其有限資源恢復在美國市場的地位。剔除市場策略對於達成市場佔有率及獲利特別有用。

關鍵市場策略

在多數產業中，少數的顧客佔有大多數的銷售量。這個特徵同時也可以運用於市場中，假如市場的分類適當的話，公司會發現少數市場佔多數的收入來源，而這些關鍵市場策略上在銷售、售後服務、產品可得性等等方面需要額外的重視。事實上，公司可能決定將其業務侷限在這些關鍵市場。

關鍵市場策略需要：

1.集中於環境的相異點（例如，不要嘗試去做每一件事，而是根據市場環境，競爭焦點不同而小心地選擇方法）。
2.高品質的信譽（例如，生產具高潛在表現能力與可靠度的高品質產品）。
3.以中到低的相對價格提供高品質。
4.低成本使能提供高品質、低價格的產品，同時維持高利潤。

收割策略

收割策略意指公司決定故意地使其市場佔有率下降的情況。收割策略可能因爲數種原因：增加迫切需要的現金流入、增加短期盈餘或避免反托拉斯制裁。通常，只有高市場佔有率的公司能成功地收割。

如果產品到了持續的投資不再有合理報酬的階段，則公司便想要利用提高價略、降低品質、以及縮減廣告而使活躍的品牌成爲消極的品牌的方式，以實現短期利得。在任何事件中，產品銷售額下降，但是收入卻仍進帳的情況會持續數年。

因爲公司的策略彈性降低，退出障礙可能會防止公司執行收割策略。退出障礙指使在此產業中表現不佳的競爭者打消退出念頭的產業環境。退出障礙有三種：

1.公司資產的二手市場不活躍。
2.無形的策略障礙阻止及時的退出（例如：通路網路的價值、顧客對公司其他產品的商譽，或是以此產品爲識別的強大組織）。
3.管理階層不願意終止有問題的產品線。當進入障礙消失，或是其影響不須列入考慮時，收割策略便會被採用。

摘要

本章說明數種公司可能會採用的市場策略。因爲市場策略需仰賴公司對於顧客的預期，故以顧客爲中心在市場策略中是相當重要的因素。藉著仔細地描述所進入的市場，公司甚至可以與市場中的既有公司競爭。

在本章中五種不同類型的市場策略，以及在這些策略下的各項選擇如下：

1.市場範圍策略

a.單一市場策略。
b.多市場策略。
c.全市場策略。

2.市場地理涵蓋策略

a.本地市場策略。
b.區域市場策略。
c.全國市場策略。
d.國際市場策略。

3.市場進入策略

a.領先者策略。
b.早期進入者策略。
c.落後者策略

4.市場承諾策略

a.高度承諾策略。
b.中度承諾策略。
c.低度承諾策略。

5.市場稀釋策略

a.抑制行銷策略。
b.剔除邊緣市場策略。
c.關鍵市場策略。
d.收割策略。

每一個策略的運用均有文章中的例子說明之，而其影響則尤其對行銷目標的效果衡量。

問題與討論

1.什麼樣的情況下會使一事業單位改變其市場範圍？
2.什麼樣的情形下，公司會採用跨越市場策略？
3.一個只在本地經營的公司能走向國際化嗎？討論並提出例子。
4.在公司對市場採取高度承諾策略需有什麼樣的背景？
5.定義「抑制行銷策略」。什麼環境會決定此項市場策略的選擇？
6.列出使公司無法採取收割策略的退出障礙。

附錄：市場策略觀點

市場範圍策略

單一市場策略

定義：集中努力於單一市場。

目標：尋求一個受忽略或不適當地被服務的市場區隔，同時滿足其需求。

條件：

1.全心全意地服務此市場，不管一開始的困難。

2.避免與既有的公司競爭。

預期結果：

1.低成本。

2.高利潤。

多市場策略

定義：服務幾個不同的市場。

目標：分散只涉入一個市場的風險。

條件：

1.小心地選擇涉入的市場區隔。

2.避免與服務全市場的公司面對面競爭。

預期結果：

1.高銷售額。

2.高成長率。

全市場策略

定義：經由銷售差異化的產品予不同的市場區隔以涉入整個市場。

目標：於整個市場跨海競爭。

條件：

1.運用不同的價格、產品、促銷及通路策略的組合於不同的市場區隔。
2.高階經理人員擁抱全市場的承諾。
3.強大的財務情況。

預期結果：

1.增加成長率。
2.高市場佔有率。

市場地理涵蓋策略

本地市場策略

定義：專注於鄰近的地區。

目標：維持對此業務的控制。

條件：

1.在此地理區位的良好商譽。
2.良好地鎖住此市場的需求。

預期結果：短期的成功；最終向其他區域擴張。

區域市場策略

定義：在兩個或三個洲，或是國家的某一區中（例如，新英格蘭）營運。

目標：

1.分散依賴區域中的某一部分的風險。
2.保持中央集權。

條件：

1.管理階層對於擴張的承諾。
2.適當的資源。
3.服務於區域範圍的運籌能力。

預期結果：

1.增加成長率。
2.增加市場佔有率。
3.迎頭趕上競爭者。

全國市場策略

定義：全國性營運。
目標：尋求成長。
條件：

1.高階主管人員的承諾。
2.資金資源。
3.承擔風險的意願。

預期結果：

1.增加成長率。
2.增加市場佔有率。
3.增加獲利率。

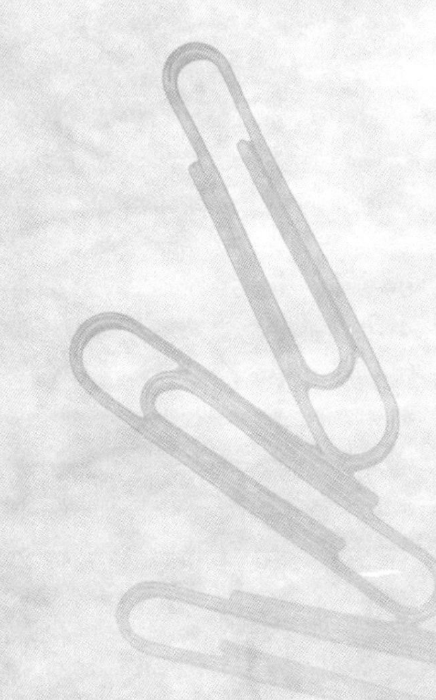

國際市場策略

定義：跨越國界的營運。
目標：在本地市場之外尋求機會。
條件：

1.高階主管人員的承諾。

2.資金資源。
3.瞭解國際市場。

預期結果：

1.增加成長率。
2.增加市場佔有率。
3.增加利潤。

市場進入策略

領先者策略

定義：在其他人之前進入市場。
目標：創造一個領先地位，使其他人難以望其項背。
條件：

1.承擔風險的意願及能力。
2.技術能力。
3.奮力保持領先。
4.強度促銷。
5.創造主要的需求。
6.小心地衡量實力。

預期結果：

1.經由經驗降低成本。
2.增加成長率。
3.增加市場佔有率。
4.增加利潤。

早期進入者策略

定義：在領導者之後進入市場。

目標：避免領先者在市場中建立碉堡。

條件：

1.卓越的行銷策略。
2.充足的資源。
3.挑戰市場領導者的強力承諾。

預期結果：

1.增加利潤。
2.增加成長率。
3.增加市場佔有率。

落後者策略

定義：在市場成長期尾端或成熟期進入市場。有兩種進入策略的模式：

1.模仿者：以類似產品進入市場。
2.創新者：以非傳統的行銷策略進入市場。

目標：

1.模仿者：捕捉無品牌忠誠度的市場。
2.創新者：達到市場需求能力優於現有的公司。

條件：

1.模仿者： 市場研究能力。生產產能。
2.創新者： 市場研究能力。產出具創造力的行銷策略的能力。

預期結果：
1.模仿者：增加短期利潤。
2.創新者：將市場導向新的方向。增加利潤。成長機會。

市場承諾策略

高度承諾策略

定義：運用不同形式的產品、價格、促銷以及通路策略，積極挑戰爭鬥。

目標：以所有成本防衛其地位。

條件：

1.在促銷、通路、製造等方面利用經濟規模以達到最適經營。
2.拒絕滿足於現況。
3.豐富的資源。
4.承擔風險的意願及能力。

預期結果：

1.增加成長率。
2.增加利潤。
3.增加市場佔有率。

中度承諾策略

定義：在市場中維持穩定的佔有率。

目標：維持現有地位。

條件：是顧客滿意及快樂。

預期結果：可接受的利潤。

低度承諾策略

定義：在市場中只擁有短暫的佔有率。

目標：消極的經營。

條件：避免長期利潤的投資。

預期結果：維持現有地位（成長率、利潤或市場佔有率都不會增加）。

市場稀釋策略

抑制行銷策略

定義：暫時性或永久性地抑制一般大眾或特定層次的顧客之需求。

目標：在物資短缺的期間維持顧客之友好。

條件：

1.調整顧客之時間需求。
2.限額產品的供應。
3.將有立即需求的顧客移轉至有此產品之供應，但對其無立即需求的顧客。
4.尋求並建議另一選擇的產品以滿足顧客之需求。

預期結果：

1.增加利潤。
2.強烈的顧客友好及忠誠度。

剔除除邊緣市場策略

定義：退出並不提供可接受的報酬率的市場。

目標：將投資轉換至成長中市場。

條件：

1.取得對所選擇的市場的良好瞭解。
2.投注所有精力於這些市場。
3.發展獨特的策略以服務這些市場。

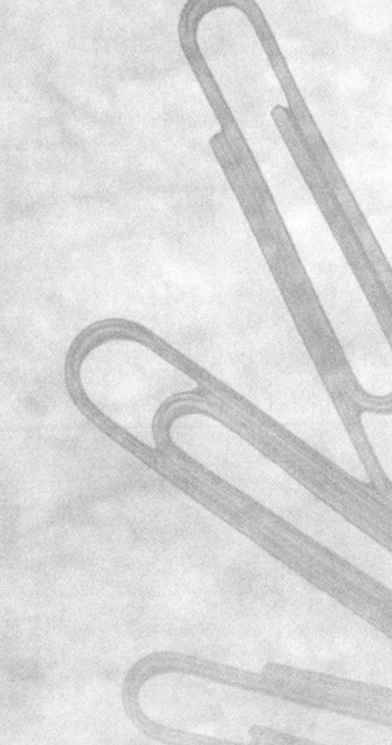

預期結果：

1.長期成長率。
2.改善的投資報酬率。
3.降低市場佔有率。

關鍵市場策略

定義：將努力集中於選定的市場。

目標：極力服務選定的市場。

條件：

1.取得對所選擇的市場的良好瞭解。

2.投注所有精力於這些市場。

3.發展獨特的策略以服務這些市場。

預期結果：

1.增加利潤。

2.增加在選定市場的佔有率。

收割策略

定義：故意使市場佔有率滑落。

目標：

1.產生額外的現金流量。

2.增加短期的盈餘。

3.避免反托拉斯行動。

條件：高市場佔有率。

預期結果：銷售衰退，但有用的收入仍然進帳。

第14章 產品策略

產品策略的構面

產品定位策略
單一品牌定位
多品牌定位

產品再定位策略
針對現有顧客再定位
針對新使用者再定位
針對新用途再定位

產品重疊策略
競爭品牌
私有品牌
代工

產品範圍策略
單一產品策略
多產品策略
產品系策略

產品設計策略
標準化產品
客製化產品
修正後的標準化產品

產品剔除策略
收割
產品線簡化
撤守

新產品策略
產品改善／修正
產品模仿
產品創新

多角化策略
集中式多角化
水平式多角化
集團式多角化

價值行銷策略
品質策略
顧客服務策略
時間基礎策略

摘要

問題與討論

附錄：產品策略觀點

產品策略辨認出不同產品滿足的市場需求。企業的產品策略當然與市場策略有關，將主導公司整體的策略與精神。產品策略處理下列問題：產品的數量與樣式、產品創新、產品範圍、以及產品設計。本章之中會介紹不同的產品策略之本質、重要性、限制以及它們對目標的貢獻。每項策略將以行銷的文獻加以例證。

產品策略的構面

產品策略的執行需要不同團體（財務、研發、企業幕僚、與行銷）間彼此合作。由於產品策略須高度整合而使其難以制訂及執行。在許多公司中，爲了整合不同的事業單位，產品決策就由高階經理人員負責。舉例而言，在Gould公司，高階主管決定公司所處的產業以及公司未來的方向。該公司的產品屬於電機、電子化學、冶金以及電子類。此公司努力地將不處於公司專注領域的產品處分掉。

在某些公司中，產品策略的廣度在企業層級進行決策，而實際的設計卻交給各事業單位執行。這些公司主張這樣的作法比其他作法要來得恰當，因爲高階主管在處理多角化企業產品事業的細節時容易遭遇困難。在本章之中，我們將認識下列的產品策略：

1.產品定位策略。
2.產品再定位策略。
3.產品重疊策略。
4.產品範圍策略。
5.產品設計策略。
6.產品剔除策略。
7.新產品策略。
8.多角化策略。
9.價值行銷策略。

每項策略皆由SBU的觀點加以檢討。

產品定位策略

定位這個詞彙乃是將一項品牌定位在部分市場，而使其較競爭品牌得到更佳的接受度。由於市場並不是同質的，一個品牌無法同時對整個市場產生作用。因此，對於策略而言，產品應與它最可能成功的市場區隔相配合。產品定位應能與競爭品牌有所區隔。定位說明了產品代表什麼、產品是什麼、以及顧客應如何評價。

定位可藉由行銷組合變數來達成，尤其在設計以及溝通的工作上。雖然因定位所導致的差異在消費性用品較容易發覺，這樣的道理也適用於工業用品。對某些產品而言，定位可以基於可見差異（例如，產品特色）；對其它的產品而言就需要採行不可見的差異才能使產品與眾不同。Levitt觀察到：

> 消費性與工業性產品的製造商藉由產品特性尋求競爭差異——一些產品特性是可見亦可衡量的，另一些是隱含的，而其他是廠商自己參考與競爭者不同的實際或隱含特色而宣稱的。
>
> 因此，針對消費性與工業產品而言——我稱之為「不可見的」。舉例而言，在商品市場中，金屬、穀物與豬肚的交易的商品都是完全同質的商品。但他們「賣」的是他們宣稱的差異——根據顧客要求而進行交易的效率、對於需求的反應速度、清楚迅速的確認等等特性。簡言之，他們提供的產品是不同的，雖然產品本身並無差異。

產品的定位須經下列步驟決定：

1.分析顧客認可的特殊產品特徵。
2.檢視不同市場特色的分佈。
3.依照上述特徵並同時考量現有品牌定位之後，決定產品的最佳定位。
4.選擇產品的整體定位（配合產品特徵、人口分佈與現有品牌定位）。

舉例而言，上班女性的化妝品可定位爲「自然」的化妝品，可讓使用者展現自然的丰采。另一個不同的定位可能是「快速」的化妝品，讓使用者在夜晚中擁有燦爛的光輝。第三種定位可能是「淡妝」的化妝品，在網球或其他休閒活動中使用。

現在我們來看看啤酒的定位。兩類啤酒定位爲濃啤酒—淡啤酒與苦味啤酒—微苦啤酒。新啤酒適合的定位可由其特色以及啤酒市場的規模來決定。啤酒市場依照這些特徵與其他品牌的定位而能區分爲許多區隔。我們可以發現濃—微苦啤酒的市場最大，且Schlitz與Budweiser在此競爭。在淡—微苦的啤酒市場中，Miller爲最大的競爭者。這時管理者可能決定新品牌定位與Miller競爭。

迪士尼說明了適當的定位如何導致迅速的成功。迪士尼商店每平方英尺樓版面積的營收比其他商店多出三倍。迪士尼創造出伴隨著娛樂特色銷售環境。當顧客進入商店時，他／她可以看到夢幻王國，充滿明亮光線與悅耳聲音以及Mickey Mouse商品的天堂。經由每間商店前的電話，顧客可以獲得迪士尼頻道，或是在迪士尼樂園中預訂一個房間。迪士尼的設計者在設計商店時腳踏實地確定其佈置可以運作三年之久。那面黑牆，通常是主要的展示區，由一個大的電視螢幕所佔滿，在螢幕中不斷的播放由迪士尼資助的電影與卡通短片，在此櫥窗下，小孩可以搆到的地方，有一些塡充動物可供遊戲，同時亦鼓勵初學走路的小孩一起遊玩。成人服飾懸掛在商店的前方，以顯示此商店適合各年齡層的消費者。樓層的配置讓顧客維持在內部消費的樂趣。商店的管理者在分配之前花費六週時間進行密集籌備與訓練。由於具有戲劇燈光效果的裝飾以及精心製作的樓層展示，這些商店開店以及固定成本十分的高昂，但是一旦開始營運，它們可以賺取很高的利潤。

有六種不同的定位方法需要加以區別：

1.依屬性定位（與產品的屬性、特色或顧客利益有關）。
2.依售價／品質定位（價格／品質屬性十分普遍，因此可稱爲一種促銷的方法）。
3.依用途定位（與產品的使用有關）。
4.依使用者定位（與產品的使用者或使用群體有關）。
5.依產品種類定位（例如，把Caress Soap定位爲沐浴乳而非肥皂）。
6.考量競爭者定位（參考競爭情形，如同Avis一句熟悉的廣告詞：「我們是第二名，所以我們會更努力！」）

這裡討論兩類的定位策略：單一品牌策略與多品牌策略。企業可能在一個或多個市場區隔之中只有單一品牌，而另一種情形是企業在不同的市場區隔中有數個的品牌。

單一品牌定位

爲使單一品牌利潤最大化，企業必須要將之置於市場的核心區隔，並在此佔有主導的地位。此外，它亦可能吸引其他區隔的消費者。舉例來說，BMW在將其汽車主要定位在高所得年輕貴族方面作得十分出色。

另一個單一品牌策略是視市場同質且完全用同一品牌涵蓋。例如，多年前可口可樂採行一種宣稱可樂可解決整個市場口渴問題的策略。然而，這樣的策略只能在短期間發生作用。爲尋求進入市場的機會，競爭者將自己定位在小型利基市場，以區隔並挑戰單一品牌的領導者。現在，即使可口可樂在不同的區隔也有許多的品牌：可樂、新可樂、健怡可樂、芬達、雪碧、Tab、Fresca、甚至柳橙汁。

現在看看啤酒的例子。傳統上，釀酒業者營運模式就只是相同包裝的相同啤酒在同質的啤酒市場中銷售。Miller爲尋求成長機會，開始區隔市場且將其High Life牌的啤酒定位在年輕的顧客市場。此後，它推出了七盎司小瓶裝啤酒，並受到認爲標準的十二盎司裝啤酒太多的婦女與老年人喜愛。然而Miller最大的勝利在1975年引進另一個品牌，低熱量的Lite。Lite現在成爲美國本世紀最成功的新啤酒品牌。

爲防衛單一品牌的地位，有時企業被迫引進其他品牌。Kotler報導說Heublein的Smirnoff品牌在其地位受到一瓶低於一美元的Wolfschmidt挑戰時佔有伏特加市場的33%。Heublein並未降價以迎擊，它提高售價並利用增加的利潤進行廣告宣傳。在此同時，它推出一個新品牌Relska並將其與Wolfschmidt對抗，同時亦行銷低價的伏特加Popov。此策略有效地因應Wolfschmidt的挑戰且給予Smirnoff一個更高的地位。Heublein在競爭者挑戰出現時恢復多品牌策略以保護單一品牌。

Anheuser銷售量的三分之二以上來自於Bud以及Bud Light兩種品牌，這兩種品牌的利潤佔一半以上。因爲公司過於依賴單一品牌，所以引進新品牌Michelob。然而，此品牌並未如預期般的受到歡迎，同時競爭者展示的活力與決心迫使企業決定將之結束。

單一品牌定位應直接面對市場領導品牌的競爭，或是置於市場第二的位置則是另一個策略議題。直接迎擊的策略通常風險較高，故時常將類似的策略稍加變化。Avis在面對Hertz時似乎採行第二種策略。然而，Gillette將Silkience洗髮精直接迎擊嬌生嬰兒洗髮精與寶鹼的Prell。一般而言，單一品牌策略只適用於短期，在管理多品牌的工作超出公司的管理以及財務能力時適用。由於單一品牌對營運的控管能力優於多品牌策略，此策略有助於達到較高的獲利率。

要成功管理單一品牌有兩個條件：單一品牌定位須能對抗最嚴酷的競爭且其獨特定位應藉著特有商品來維持。看看Cover girl的例子，化妝品業是一個十分的壅塞且高度競爭的產業。Cover girl選擇的區隔——超級市場與折扣商店——是諸如Revlon、雅芳、與蜜斯佛陀等大公司未介入的地方。Cover Girl產品採取開架式且無銷售協助與展示的方式銷售。關於第二個條件，創造特有的產品，的例子是Perrier。它持續將其品牌與神秘的魅力結合以維持其地位。換句話說，單一品牌應擁有某些優勢以抵抗競爭侵入。

多品牌定位

事業在市場中推出多種品牌的理由主要有兩點：

1.藉著不同市場區隔中的不同產品來維持成長。
2.規避單一品牌的競爭威脅。

通用汽車在所有的市場區隔中都有不同的車種可供銷售。可口可樂對不同的口味有不同的飲料可以提供。IBM因應不同的顧客需求而銷售電腦。寶鹼針對不同的洗衣需求提供不同的洗潔劑。在同一市場的不同區隔中提供多種品牌是一種可接受的成長模式。

爲實現預期的成長，多品牌在市場的定位應避免彼此競爭所導致的競食效果（cannibalism）。例如，Anheuser-Busch的Michekob Light20％到25％的銷售量是來自於過去購買Michelob但受到Light的低熱量訴求吸引的顧客。General Foods的Maxim奪取其原有的Maxwell House品牌一部分的銷售量。Miller的Genuine Draft約百分之二十的銷售量來自Miller High Life。因此，在區隔市場與定位產品時應多加留心，以設計與促銷讓不同的品牌對應到特有的區隔之中。

然而，某種程度的競食效果難以避免。這裡的問題變成引進新品牌是可以忍受多嚴重的競食效果。一般而言，Mustang推出第一年銷售量的70％來自於Mustang未推出時可能購買福特汽車的顧客；剩下30％才是來自於新的顧客。Cadbury在英國推出巧克力棒的經驗顯示其銷售量的50％以上是來自於市場的拓展，剩下的部分是來自於公司原有的產品。Mustang與巧克力棒都被認爲是公司成功的新產品。競食效果的差異顯示成本、市場成熟度以及其他商品競爭都會影響競食效果，以及其對產品線和個別商品的銷售與獲利能力的影響。

確認競食效果時另一項需要思考的因素是現有品牌對競爭者侵入的抵抗能力。舉例而言，若企業新品牌銷售量的50%來自於原有品牌的顧客。然而，若現有品牌20%的銷售量會受到競爭者入侵的影響（假設競爭者很有可能將其品牌直接對抗原有品牌），實際的競食效果將會設定爲30%。此乃因爲20%的銷售量乃當新品牌不存在時，現有的品牌面對競爭品牌時所喪失的銷售量。

多品牌定位可直接對抗領導品牌或基於一種理念來定位。新進入者與現有品牌的相對優勢說明那一種定位方法較爲有利。雖然對抗的定位通常較具風險，一些企業卻能成功的加以執行。IBM個人電腦的定位直接對抗蘋果電腦。Datril，一種Bristol-Myers止痛藥，直接與Tylenol競爭。

然而，依照某種理念來定位可能是一種較佳的選擇，尤其是在領導品牌十分穩固的時候。Kraft在定位三種品牌（Breyers、Sealtest冰淇淋、以及Light 'n' Lively冰牛乳）時依照某種理念定位爲互補品，而非彼此競爭的商品。Vick Chemical將Nyquil，一種感冒藥，依照Nyquil提供美好睡眠的理念來定位。Seagram藉由與Snowbird冷飲合作促銷而成功推出一系列的雞尾酒組合Party Tyme，以抵抗全國性的Holland House品牌。

在變動環境中的多品牌定位及營運需要充裕的管理以及財務資源。若是缺乏這些資源，企業最好僅採行單一品牌。此外，若企業已經佔有主導的地位，它推出另一品牌以增加市場佔有率的行動可能會導致反托拉斯法的調查。這樣的偶發事件必須要加以防範。而另一方面亦須考量防禦或維持佔有率的議題。若競爭者在不被挑戰的情形下奪取其市場佔有率，則市場佔有率高的產品難以長久維持其市場地位。

作爲一項策略，若能切實執行多品牌策略就可以獲致成長率、市場佔有率以及利潤的增加。

產品再定位策略

產品常常會需要重新定位。這可能在下列情形時發生：

1.競爭品牌定位緊鄰現有品牌而對其市場佔有率產生不利影響。
2.顧客偏好改變。
3.發覺新顧客群體。

4.原有定位錯誤。

由行銷文獻中可知道爲何再定位在許多情況下皆有利。當A&W在1989年將其冰淇淋汽水對全國推出時，它無法清楚建立其地位。因此，研究顯示顧客認爲冰淇淋汽水是啤酒家族的一員。爲了改正此觀念，該公司藉著廣告以及包裝強調其香草的芳香氣味而將品牌重新定位爲一特別的汽水區隔。在重定位之後，冰淇淋汽水的銷售量迅速增加。

多年以來，可口可樂的定位隨著市場偏好的改變而轉移。近年來，可口可樂廣告的主體由「可樂讓世界更美好」、「這是眞實的存在」、「這就是可樂」、「擋不住的感覺」、「抓住這感覺」、一直到「永遠最新、永遠最眞、永遠是你的、永遠的可口可樂」。目前可口可樂的定位爲年輕一代以及擁有一顆年輕的心之群體。

定位或再定位的風險很高。知覺圖（perceptual map）可以用來降低這些風險。知覺圖有助於檢視產品相對競爭商品的定位。它幫助行銷策略者：

1.瞭解不同顧客群體認爲競爭產品或服務的優勢與劣勢。
2.瞭解競爭產品與服務的相同處與相異處。
3.瞭解如何在顧客的知覺區隔中重新定位現有產品。
4.在現有市場定位新的產品或服務。
5.追蹤目標顧客對促銷或行銷活動觀感的變化過程。

知覺圖的使用可參考汽車業的例子。圖14-1顯示不同的車種在知覺圖中如何定位。知覺圖有助於行銷策略制定者觀察事業的車種是否命準目標。每一點代表一種競爭的車系，其集中度顯示圖中特定區域的競爭程度。此圖中預設上方的車種價格高於下方強調經濟的車種。在檢查知覺圖後，通用汽車可能會發覺其傳統上被認爲適合新駕駛入門車的雪佛蘭車系應往下方移動增加其實惠程度，並同時往右方移動。圖上清楚的顯示出通用汽車的另一個問題在於別克與奧斯摩比車種定位太接近。此二車系定位過近顯示此二車系陷入彼此間的行銷戰的頻率多於對抗外來競爭的頻率。

基本上有三種方法可重新定位一項商品：針對現有使用者、針對新使用者以及針對新用途。下面的討論將對這些方式作詳細的說明。

圖14-1品牌印象之知覺圖

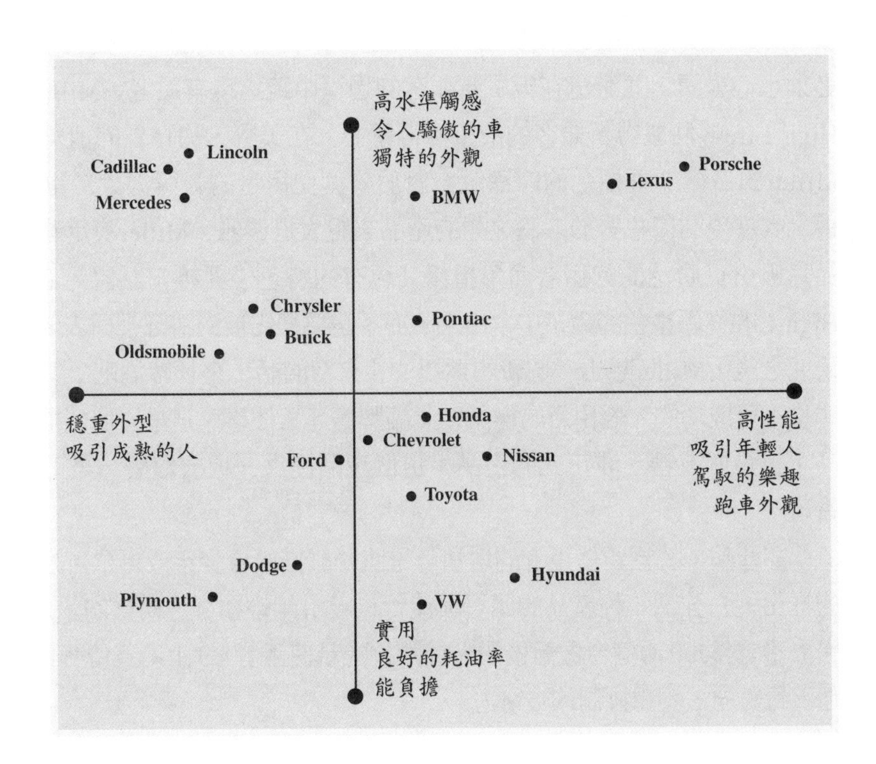

針對現有顧客再定位

針對現有顧客再定位可藉促銷產品新用途的方法來達成。杜邦公司為振興其絲襪事業採行再定位策略並促銷其流行時髦五彩絲襪。其努力主要在促成新的襪子時尚以增加婦女襪子的收集：襪子不僅是一個沒有色彩的配件；它可以是婦女衣櫥中舒適、多彩的配件。

General Foods將Jell-O重新定位為沙拉的良伴而增加其銷售量。為增加其使用量，該公司推出許多種蔬菜香味的Jell-Os。3M公司亦採行類似的策略，該公司引進一系列的顏色、款式、防水、透明的Scotch膠布以供禮物包裝的需求。

對現有顧客再定位的目的乃是給予產品新的特性而振興一項產品的生命力，新的特性不僅是一種分類的方法，也是代表產品能夠跟隨新趨勢與新觀念的象徵。此方法可協助產品的銷售量成長速度以及利潤增加。

針對新使用者再定位

針對新使用者在定位是在產品受到迄今未使用者誤解時才使用。因此，使用時必須小心謹慎，並避免在吸引新顧客的過程中疏遠現有顧客。Miller意圖在Miller High Life啤酒贏得新顧客的故事值得留心。在美國，約15％的消費85％的啤酒。Miller的口號「香檳色的啤酒罐」對於輕度使用者的吸引力大於重度使用者。此外，其展現的印象對於啤酒之類的產品來說太過優雅。Miller決定略微重新定位產品以吸引更廣泛的飲用者而不損傷其現有的特色：「換句話說，必須要把Miller High Life從香檳色的罐子中拿出來，而不是要把它放到浴缸裡面去。」在進行許多研究之後，Miller想出一個新的標語：「有空的話，來杯啤酒吧！」這樣的活動證明是十分成功的。經由新的標語，此品牌傳達三件事：這是一個值得抽空享受的產品；這是個友善、非正式的產品；這個產品提供一種放鬆感，是工作一天後的獎賞。

在杜邦，絲襪新使用者的增加乃是將絲襪推廣青少年或更早。經由新廣告宣傳的推出，它強調年輕產品的購買與流行以吸引年輕顧客。同樣的，Jell-O試圖開發過去不認為Jell-O適合做飯後甜點或沙拉的新使用者。Jell-O宣傳一個新觀念——一個流行導向、體重控制的吸引力。

產品使用者的增加讓整體市場擴大，因此讓產品重新的回到成長的路子。由於除了促銷費用以外僅須進行很少的投資，此方法可以讓利潤增加。

針對新用途再定位

針對新使用方法再定位需要對產品潛在的使用方法進行研究。Arm and Hammer的烘焙蘇打粉是依照產品未發現用法再定位的典型範例。今天，該產品被當作除臭劑來使用，然而除臭的功能並非當初宣傳此產品的功能。雖然此產品的新使用者可由許多種方法來發掘，最佳的辦法是對顧客使用產品的方法進行研究。若發覺大部分的使用者都把產品用法與當初預期想像的不同，其他的用途就可以加以研發並進行適當的修正。

此方法可以參考迪士尼世界努力拓展其事業的作法。在1991年，它開幕了Disney Fairy Tale Wedding部門，在這之中舉行了超過二百場全套的婚禮，每一場費用大約是一萬美元。

在杜邦，對尼龍的使用因爲各式襪類（彈性絲襪與彈性襪子）、輪胎、軸承等等的關係而增加。由於尼龍的新用途不斷發現，而使其能一直維持成長：1945年的wrap knit、1948年的輪胎、1955年的人造纖維、1959年的carpet纖維等等。若沒有這些新的用途，尼龍可能早在1962年就達到成熟的階段了。

General Foods發覺婦女把泡沫膠溶解成液體以強化她們的指甲。根據這個靈感，General Foods推出無氣味的Jell-O爲指甲藥品。

新用途的策略是爲了挽救在原有使用方法成長率趨緩的商品。此策略有增加成長率、市場佔有率以及獲利的潛力。

產品重疊策略

產品重疊策略乃是指企業決定與其自己的品牌競爭的情形。有許多因素會導致企業採取這樣的策略觀點。舉例來說，A&P的商店本身無法吃下企業42個生產據點的產能。因此，A&P決定亦將其產品交由獨立食品零售商銷售。例如，A&P Eight O'Clock咖啡就在7-Eleven中銷售。寶鹼的不同清潔劑品牌幾乎就在相同的市場中彼此競爭其每個品牌都有獨立的行銷研究、產品研發、採購以及促銷組織，雖然共用相同的銷售人員，每個品牌都積極的要在市場中戰勝彼此。Sears最大的用品品牌事實上是由惠而普（Whirpool）所製造。因此，惠而普的商品與Sears的商品亦彼此競爭。

有許多的方法可以操作產品重疊策略。這些方法包含擁有競爭的產品線、私有品牌、以及代工。

競爭品牌

爲獲取更大的市場佔有率，許多企業在市場中推出競爭品牌。若市場並未清楚區隔，單一品牌可能無法創造適當的印象。若第二個品牌與第一個品牌彼此競爭，兩個品牌整體銷售量都會增加，雖然這可能會有某種程度的競食效果。換句話說，兩個競爭品牌提供更積極的前線以對抗競爭者。

通常競爭品牌策略都是短期的行動。當新的產品推出，舊有商品會存活一段時間，直到新產品基礎穩固時才結束。藉此方法可防止在新產品基礎穩固前銷售量被競爭對手奪取。在1989年，Gillette推出感應刀，這是一個開創新的新產品，其特色爲可順應臉部曲線的感應刀片。同時，它原有的系列，Atra，如往常的繼續銷售。一般認爲這兩個品牌同時銷售效果良好。據估計感應刀36%的使用者來自於Atra。若Atra未繼續銷售，這個數字會大幅提昇，但感應刀對抗Schick Tracer以及其他類似Atra產品的能力會大幅滑落。

爲拓展咖啡市場，寶鹼推出更經濟的Folgers品牌。更有效率的咖啡研磨過程使熱水可以迅速與所有的咖啡分子接觸，每杯咖啡節省15%的咖啡使用量。包裝成每杯13、26、32盎司的新產品可以泡出相當於標準16、32、48盎司的咖啡。新配方與舊配方同時積極的促銷並彼此競爭，且提供一個對抗其他製造商品牌的有利位置。

銳跑（Reebok）公司的銳跑直接與副品牌Avis競爭。如前所述，競爭品牌策略只在短期間有效。最終，每個品牌，Avis與銳跑需要發掘在市場上獨特的利基。若未尋找到利基，它們會造成顧客的混淆並損害到銷售。另一種方法，在長期，品牌可以撤退而把地位讓給其他的品牌。此策略是達成成長與增加市場佔有率的好方法。

私有品牌

私有品牌（private label）是以其他公司品牌的名義製造商品。在中間商對配銷有很大影響力的產品常常存在有私有品牌的例子。對大型食品連鎖而言，外界使用其品牌的製造商對其銷售有很大的助益。Sears、JCPenney以及其他類似的公司採購各式各樣的商品──紡織品、電子產品、大型家具、運動器材等等──每項商品都採行企業自身的品牌。

由製造商的角度，採行私有品牌策略的理由如下：

1.私有品牌代表較大（且通常處於成長中）的市場區隔。
2.在企業系統中（產能、配銷、採購等等）每個階段的規模經濟讓產量提昇有很好的理由。
3.提供私有品牌給予製造商與有實力的經貿商增進關係的良機。
4.降低對科技以及原料控制的風險。
5.有品牌商品與私有品牌商品的顧客有明確的區隔。
6.私有品牌可減少小型的地區性競爭者。
7.私有品牌可提供與其他品牌商品價格競爭的機會。

8.私有品牌增加貨架空間——這是吸引衝動性購買的重要因素。

然而對私有品牌策略亦有以下的批評：

1.因爲價格敏感度以及銷售的降低，以私有品牌讓市場佔有率增加的策略通常會導致獲利能力的衰退。
2.揭露交易的成本資訊——對私有品牌供應者而言通常是基本要件——將對事業具品牌的商品產生威脅。
3.爲取代現存之私有品牌供應商，新的競爭者必須降價，因此可能有會產生價格戰的風險——在這樣的情形下，交易的忠誠度僅能提供微小的保障。
4.在年輕的成長市場中，有品牌的領導者具有影響市場成長成爲有品牌的商品或大宗商品爲主體的市場之能力，而非私有品牌供應商決定。
5.私有品牌與領導者全球品牌與產品策略不一致——如此一來增加了品質與標準的問題、分散管理者的注意力、同時影響顧客對主要品牌事業的感受。

許多大型製造商生產私有品牌的同時亦提供自有品牌。在此情形下，它們與自己競爭。然而，它們採行這樣的策略是爲了希望整體利潤可以高於沒有生產私有品牌時的利潤。例如，可口可樂提供A&P商店自有品牌的柳橙汁Minute Maid以及掛著A&P品牌的柳橙汁。一度有許多企業認爲提供私有品牌會降低其品牌形象。但在1980年的企業風潮改變了對此議題的看法。Frigidaire的器具一度不提供私有品牌。然而，在1980年代Frigidaire開始以Montgomery Ward的品牌提供商品。

零售商以自身品牌銷售產品的利益也有經濟方面的考量。零售商以低價購買採用其品牌的產品，然後將商品以略低於製造商品牌（通常具全國知名度的品牌）的價格賣給顧客。這裡假設在產品類似的情形下，顧客受到低價刺激後會購買私有品牌的商品。當然，這個假設有一個前提，就是名聲良好的零售商販賣的商品會有一定的品質保證。

代工

採取代工（Original-Equipment Manufacturers, OEMs）的策略，企業可能把自己產品的零組件賣給競爭者，使得競爭者可以和公司在市場上競爭。舉例而言，在彩色電視機生產初期，RCA是唯一製造彩色映像管的公司。它把彩色映像管賣給奇異電器以及其他競爭者，讓它們可以與RCA的彩色電視機競爭。

這個策略可由銷售者與代工廠商兩方面的觀點作討論。銷售者的誘因來自兩方面：能以接近產能的水準進行生產，同時希望能夠增加市場需求。以全部的產能生產對於獲取經驗效果而言十分的重要（參考第十二章）。因此，把零組件賣給競爭者可讓企業降低本身組件的成本，同時企業對於購買組件的競爭者之產品也具有成本上的優勢。此外，企業可以擁有在競爭者變成威脅時加以拒絕的彈性。

第二種誘因乃因為支持競爭者可以刺激新商品的採用。許多公司可能在發展新產品的想法。當有企業成功推出產品，其他的企業可能無法生產，因為它們缺乏關鍵零組件或是基礎科技。由於此產品十分新穎，創新者可能發覺自行開發早期使用者的工作十分漫長。因此，它可能採行策略選擇而將基本零組件科技與其他競爭者共享，因而鼓勵其他競爭者進入這個市場並分擔促進需求的工作。

有許多的公司採行代工的策略。汽車製造商互相銷售零組件。德州儀器在計算機發展初期將電子晶片賣給競爭對手。在1950年代，Polaroid由Kodak購買一些基礎原料以生產軟片。IBM與其他電腦製造商分享許多的科技零組件。然而，在許多狀況下，司法部為促進產業競爭可能強迫公司採行代工策略。Kodak與全錄在政府的要求下將產品與科技公開給競爭對手。因此，在思考策略時亦須考量政府的干預，而且企業也可以在與競爭對手分享零組件時獲利，並能擁有產業領導地位。由結果來看，此策略能成功地增加獲利，雖然這對市場佔有率或成長的幫助不大。

由於代工的策略須依賴競爭者的關鍵零組件，這個策略只能在短期中才能發揮功效，因為某一天供應者可能拒絕銷售組件，或可能藉由延遲交貨或者大幅加價讓購買者難以購買組件。

產品範圍策略

產品範圍策略處理一個企業產品組合的問題（也就是產品線數目以及每條產品線可提供的樣式）。產品範圍策略須參考事業單位的任務決定。任務定義事業想要進行的產業，這可以協助選擇要以哪些產品或服務構成產品組合。

產品範圍策略必須要小心考量事業所有構面才能決定，因為這代表一種長期的承諾。此外，此策略應時時檢討，並因應環境的變動作必要的修正。這樣的觀點可以參考Eastman Kodak公司在1970年代早期決定要進入拍立得市場的例子。傳統上，Polaroid自Kodak購買價值五千萬美元的軟片。在1969年，Polaroid建設自己的軟片工廠。這代表Kodak失去了五千萬美元的生意，且被迫閒置生產機器。此外，Polaroid藉著生產自己的軟片而降低成本；若它因此降低價格，拍立得的競爭力大增。另一方面，若Polaroid維持高價，它可以獲得較高的利潤並迅速富有起來。這樣的成就甚至會鼓勵Polaroid建立行銷組織與Kodak對抗並產生威脅。簡言之，Kodak相信他必須佔有拍立得市場以阻擋入侵者。然而，隨後有許多理由讓Kodak改變其進入拍立得市場的決定。它的傻瓜相機十分成功，而且一些原本用來生產拍立得的機器設備可用來生產傻瓜相機。同時Kodak亦遭遇到資金的缺乏，因此根據財務上的考量，Kodak並不想要貸款以支持拍立得的提案。在1976年，Kodak再度修正其地位並眞的進入拍立得的市場。

簡言之，對於產品範圍的承諾需要徹底檢討許多組織內部與外部的變數作。本節將討論三種產品範圍的策略：單一產品策略、多產品策略與產品系策略。我們可以回憶上一章有三種市場範圍策略：單一市場策略、多市場策略以及整體市場策略。這些市場策略可與三種產品範圍策略作連結而成爲九種不同的產品／市場範圍策略。

單一產品策略

事業單位的產品線之中可能只有一項產品，存活端視此產品的成功與否。此策略有許多優點。首先，專注於單一商品可以產生專門化的優點，而得到規模以及生產力的好處。其次，營運管理更有效率。第三，今日環境中的成長讓許多公司維持多產品策略，單一產品事業可以專注於本身的領域以抵抗其他的競爭。

喬治亞人壽癌症保險（American Family Life Assurance Company of Columbus）就是這樣的例子。今日，癌症是美國最具威脅性的疾病。雖然這種疾病殺死的人命數目低於心肌梗塞，但感染這種疾病通常拖得很久且很嚴重。American Family Life是美國第一個把資金投入這種恐懼之中，而把保險政策包含對抗癌症花費的公司。

雖然這有很明顯的好處，單一產品企業有兩項缺點：首先，若環境改變使得產品過時，單一產品公司會遭遇到嚴重的問題。在美國的歷史中有許多整個產業被淘汰的例子。免洗尿布，首先由寶鹼公司以幫寶適的品牌推出，讓布質尿布產業整個退出市場。Baldwin Locomotive Company的蒸汽火車頭被通用汽車的柴油火車頭所取代。

其次，單一產品策略無法獲得成長或市場佔有率。其主要優點爲獲利能力。若採取單一商品的企業無法獲得較高的利潤，它應該尋求一個新的策略定位。對於成長或市場佔有率有興趣的企業應會發覺單一商品策略的價值有限。

多產品策略

多產品策略指的是提供兩種或更多種產品。有許多的因素影響企業選擇這樣的策略定位。單一產品的企業在產品遇到困境時無路可逃；然而，具有多種產品時，單一產品差勁的績效可以被平衡掉。此外，對公司而言，擁有多種產品是尋求成長的基礎。

在1970年，Philip Morris買下Miller Brewing Company時是個啤酒銷售量排名第七的單一產品事業。成長的考量讓公司決定要提供一些其他的商品。在1978年，Miller排名第二，佔有15%的市場。雖然市場領導者Anheuser-Busch採取方法試圖抵抗它，Miller仍繼續維持其地位（1994年市場佔有率16.8%）。另一個例子，位於芝加哥的Dean食品公司，該公司傳統上是一個乳製品的公司。多年來，塑身考量以及高齡顧客逐漸的避開高脂肪的乳製品改而偏好低熱量食品的趨勢，以及產業中競爭程度越來越激烈。在1980年代早期，爲在此環境中存活，該公司決定增加其他成長較速、高獲利的冷凍食品，例如，派對飲料、蔓越莓飲料。Dean的行動十分成功，雖然許多乳品業者尋求出售的機會，Dean卻開始注意收購的機會。同樣地，Nike開始時止專注於運動員的鞋子市場。多年來，該公司增加許多的新產品。現在，它爲男性與女性製造跑步、慢跑、網球、有氧運動、足球、籃球、以及慢步用的球鞋。近來，它把產品線延伸到兒童鞋類。

多種產品可以是彼此相關或是無關的。彼此無關的產品將在稍後多角化的部分討論。相關產品包含不同的產品線與種類。食品公司可能有冷凍蔬菜、優格、起司、以及披薩的產品線。在每個產品線中，企業可能會生產不同的種類（例如，草莓、鳳梨、杏仁、桃子、原味以及藍莓優格）。注意，在此例子中，不同的食品線存在著一些一致性：

a.都在雜貨店中出售。

b.都須冷凍。

c.針對相同的目標市場。這些基礎讓它們成爲相關的產品。

雖然並非所有的產品都是快速變動的市場，它們必須要在產品組合中彼此互補。產品組合的課題在第十章有詳細的討論。也可以說，多產品策略對於追求成長、市場佔有率以及利潤而言十分有利。並非所有的公司可因擁有多種產品而變得富有：成長、市場佔有率與利潤是由許多因素所決定，而這些因素之一剛好就是多產品策略。

產品系策略

系統（system）這個字眼用在產品上是第二次世界大戰之後的事。兩股相關的力量可以解釋這樣情形：

1.企業販賣滿足感而非商品的行銷概念普及。
2.產品本身的複雜性通常需要互補產品以及售後服務。

化妝品公司通常不賣口紅，它販賣的是美麗的希望；航空公司不只賣機票，它銷售的是舒適的旅程。然而，渡假者需要的不僅是一張機票。渡假者需要旅館建議、地面交通以及觀光安排。根據家族的概念，航空公司可以將自己定位成爲銷售航空旅程、飯店預定、餐飲、觀光等等的假期包裝者。IBM是硬體、作業系統、套裝軟體、維護、緊急維修、以及顧問服務的單一來源。因此，IBM提供顧客一整個系統的不同產品與服務以解決資料管理的問題。同樣地，ADT公司的產品是安全系統。ADT一開始是安全系統種類的顧問，它亦提供銷售、安裝、服務、現有系統更新、並藉由電腦、巡邏服務以及保全人員監控現有警報系統的服務。

提供產品系而非單一產品有一些原因。它讓顧客完全依賴公司，因此讓公司對市場有足夠的控制力。產品系的策略也能阻止競爭者進入。有了這些好處，此策略在追求成長、獲利、與市場佔有率目標時十分有用。然而，若此策略使用過度，企業可能會陷入法律上的麻煩。多年前，IBM被司法部以獨佔電腦市場的理由提起訴訟。由於此訴訟，IBM已經改變了這個策略。

對於產品系策略（System of Products）成功執行需要對顧客需求完全掌握，包含顧客使用產品的過程以及需求的功能。有效執行此策略可擴充公司的產品概念以及市場機會，因而支撐行銷、獲利與市場佔有率的產品／市場目標。

產品設計策略

企業單位可能提供個別客戶標準化或客製化的產品。此決策可簡單地由以下問題的解答得出：我們的能耐是什麼？我們處於哪種事業？關於第一個問題，企業可能會對一項產品的能耐有過度認定的危險。若這樣的情形發生，事業單位可能會遭遇困難。當需要縮減產品線時，事業可能難以將其產品能耐與其他產品作連結。對於第二個問題的回答決定企業應追求怎樣的規格。

在標準化與客製化兩種極端的商品之間，事業單位可能提供有某種程度修正的標準化商品。以下將討論三種產品設計的策略選擇。

標準化產品

提供標準化產品有兩種好處。首先，標準化產品可比客製化產品享受更多經驗效果的優點；因此，這樣的策略有成本上的優勢。其次，標準化產品可以有效地在全國各地銷售。福特的T型車就是成功的標準化商品之經典範例。然而，標準化產品有一個主要的缺點。它讓管理者思考集中於單位成本的降低，以至於可能忽略產品設計上小幅度更動的需要。

有許多證據說明大公司藉由標準化而擁有規模經濟的好處，並獲得更多的利潤，長期並可以用較低的成本生產。另一方面，小公司應善加利用其面對巨人所擁有的優勢，也就是彈性。因此，標準化商品的策略通常較適合大公司。小公司較適合如工作坊一般提供客製化商品以賺取較高的利潤。

標準化商品通常可提供不同的價格、等級以及樣式。用這樣的方法，即使商品是標準化的，顧客仍然會有較多的選擇。同樣地，配銷通路可以獲得不同價格範圍的商品。其結果：標準化產品策略可以達成成長、市場佔有率以及獲利的產品／市場目標。

客製化產品

客製化產品銷售的基礎在於完成品的品質，也就是產品符合顧客要求的程度。製造者通常與顧客密切合作，追蹤產品的製造一直到完成爲止。不像標準化商品，價格並非客製化商品的決定要素。顧客預期要爲客製化商品支付較高的價格。如前所述，客製化商品較適合由小公司提供。這樣的敘述不代表大公司無法有效地提供客製化產品。成功銷售客製化產品的能力基於產品特性。小型男士服飾店比大型西服製造商還適合提供客製化的西服。另一方面，奇異電器比小型企業更適合製造軍用飛機的引擎。

由於價格的彈性，生產客製化產品可以給公司在發展新型標準化產品有用的經驗。許多公司替NASA的案子工作而可以發展出適合一般消費市場的產品。例如，微波爐是由政府合約中獲得的經驗所衍生之產品。客製化產品亦提供發明新產品以因應特殊需求的機會。從結果來看，此策略比其他產品策略還能實現較高的獲利。

修正後的標準化產品

此策略代表前述兩項策略的一種折衷方案。在這種策略下，顧客對標準化產品擁有某些變化的選擇。此策略的一個例子就是汽車業。新車買主可以選擇座椅形式、空調、四輪傳動、動力方向盤、引擎樣式、輪胎種類以及顏色。雖然某些選擇是免費的，大部分的顧客可能爲一些調整支付更多的金額。

此策略同時具有標準化與客製化產品的優點。經由標準化產品的製造，事業單位尋求規模經濟；同時，藉由提供某些選擇，產品可以個別因應不同顧客的特殊需要。經由經銷商行銷全國的小型抽水機製造商的經驗對這種觀點提供一個好的個案。該公司主要的抽水機廠房位於Ohio，且將產品運到國家中四個不同的分支機構。在每個分支機構，抽水機依照經銷商的需求完全組裝完畢。採行此策略讓公司降低運送成本（由於基本抽水機運送以數量計費），並同時可提供經銷商客製化產品。

除了這些優點之外，此策略讓事業單位可以藉由產品改進與修正而緊密的跟隨市場需求，亦強化組織彈性因應顧客需求的聲譽，同時鼓勵現有產品的新用途。在其他情形不變下，此策略對成長、市場佔有率以及獲利極有助益。

產品剔除策略

行銷人員多年來一直認爲不好的產品應該加以剔除。近年來，這樣的信念才變成一項策略議題。事業單位的多種產品代表著一個組合，每個產品在維持企業生存中扮演著特殊的地位。若產品角色的重要性降低或不再適合產品組合，它就不再是一項重要的產品。

當產品因爲表現無法達成期望，以至於繼續支持此產品已經不划算的時候，讓產品退出市場是一個比較可行的作法。不良的績效容易察覺，可能有下列的特徵：

1.低獲利。

2.銷售量或市場佔有率停滯或衰退，且重建需要的投資過大。

3.技術退化的風險。

4.進入產品的成熟或衰退階段。

5.與事業單位的優勢或任務不符。

無法勉強存活的產品必須要加以剔除。它們耗用事業單位的財務與管理資源，這些資源在其他的地方可以獲得更多的利潤。Hise、Parasuraman與Viswanathan列出許多公司的例子，例如，Hunt Foods、Standard Brands、以及Crown Zellerbach據報導在剔除產品的作法上有許多正面的結果。有三種產品剔除策略，包括：收割、產品線簡化以及把產品線完全撤出。

收割

收割指在產品存活期間獲得最多現金的策略。這是一種控制下的撤守策略，在此策略下事業單位尋求由產品獲取最大現金流量的機會。收割策略通常應用在銷售量或市場佔有率逐漸下滑的產品或事業上。其工作是要降低與事業相關的成本，以改善現金流量。另一種方法是提高售價，而不同時增加成本。收割策略會使銷售量逐漸下降，而當事業現金流量變成赤字時就將之剔除。

杜邦對尼龍事業採行收割的策略。相同的，BASF Wyandotte對蘇打粉事業採行收割策略。另一個例子，奇異電器花數年的時間收割其大砲事業。即使沒有進行投資或提高售價，此事業繼續提供奇異電器現金以及獲利。Lever Brothers將此策略應用到Lifebuoy肥皂事業。該公司持續配銷此商品一段很長的時間，即使售價較高同時幾乎沒有促銷支援，此商品仍受到許多人的喜愛。

採行收割策略需要認眞地削減新的投資、減少設備的維護、刪除廣告與研發支出、剔除較小的顧客、同時降低對交貨時間、維護速度以及銷售支援的服務。理想上，收割策略可以在下列情況中採行：

1.事業處於穩定或衰退市場。
2.事業佔有率低，提昇佔有率需要很昂貴的支出；或擁有可觀的市場但防禦維持的費用越來越昂貴。
3.事業無法創造可觀的利潤，甚至發生虧損。
4.降低投資不會造成銷售大幅滑落。
5.企業對剩餘資源有更好的運用方式。
6.事業並非公司事業組合中的主要部分。
7.事業對事業組合並未有其他貢獻，例如，穩定性或知名度。

產品線簡化

簡化產品線策略藉著剔除產品或服務的項目，要使產品線減少到一個容易管理的範圍。這是一種防禦的策略，可以讓剩餘的產品線穩定。此策略希望簡化的努力可以讓剩下的產品線營運良好。這在成本上升與資源缺乏的時候變得十分重要。

此策略實際的運用可參考奇異電器家電事業的例子。在1970年代早期，家電事業面對上漲的成本以及來自日本的激烈的競爭。奇異電器對家電事業作嚴格的檢討，並提出如下的問題：這個產品區隔已經進入成熟期？我們應將之收割？我們應投入更多的資金以拓展此事業？分析顯示家電事業仍存在需求，但此需求對當時的奇異電器而言不具吸引力。公司結束攪拌器、電扇、暖爐以及吸塵器的生產，因為它們發現這些事業正處於成長趨緩的階段，且不符合奇異電器追求成長的策略。

同樣地，Sears, Roebuck & Co.在1983年徹底檢討其零售事業，剔除其受到歡迎的郵購事業，該事業每年貢獻超過三十億的銷售量。在特殊的型錄以及專賣店由這個一度是全國最具規模的郵購事業中奪取市場佔有率的情形下，Sears大規模的郵購營運虧損約十年（1992年約一億七千五百萬美元）。

採行簡化產品線策略可能有許多好處：生產營運中潛在成本節約、行銷、研發以及其他方面能專注於較少的產品上。

雖然有這些優點，簡化策略可能會受到破壞。涉入產品很深的事業可能會覺得若對行銷組合作適當的修正就可以讓產品再度復活，或是銷售與利潤將在市場情形反轉的時候回升。因此，對管理者而言，要不受公司反對派以及集團間壓力阻擾而成功剔除產品線就需要仔細的規劃。

若商品是構成公司基礎的一項核心產品，剔除商品的決策通常十分困難。這樣的產品就像公司的命根子，企業可能僅是因爲懷舊的原因而保有它。舉例來說，通用汽車決定要剔除凱迪拉克車系，考量伴隨著此車系的聲譽這可能是一個難以定下的決定。雖然有情感上的理由，產品剔除的決策必須十分客觀。企業應建立自身的標準以監督必須剔除的各種產品。

在達成決定之前，必須要注意之前的承諾。舉例來說，更換的零組件即使在產品剔除之後仍須繼續供應。執行良好的產品剔除策略可以讓企業成長與獲利。然而，可能對市場佔有率產生不利的衝擊。

撤守

撤守與收購相反。它也可以是一種市場策略。但若決策是站在產品的觀點（剔除即使在成長市場中表現仍然不佳的產品），這就變成一種產品策略。傳統上，企業抗拒撤守的理由如下，這些理由主要是經濟或心理因素：

1.撤守代表銷售與資產的負成長，這與企業擴張的原則相違背。
2.撤守意味著挫敗。
3.撤守需要人事的變動，這可能很痛苦，且造成地位感覺上或實質上的改變，或者對整個組織造成反效果。
4.撤守可能會對當年度營收造成不利的影響。
5.撤守的目標可能可以分攤成本、由企業的其他事業單位購得、或對營收有助益。

策略規劃於1970年代開始時，撤守變成尋求快速成長的一種可行方案。越來越多的企業現在願意爲了在策略上對公司有利而將事業出售。這些企業覺得撤守不需要視爲公司剔除一個無利可圖的事業或計畫的方法；相反地，有許多具說服力的理由甚至支持剔除有利可圖的成長事業。不符合公司策略方案的事業可以撤守的原因如下：

1.基礎事業不再與撤守的事業有策略上的關聯。
2.事業經歷長期的低潮，產生無法供作其他用途的多餘產能。
3.維持事業自然成長與發展的資本過於龐大。
4.所有者對企業的規劃中不再包含此事業。

5.賣出部分事業可以釋出資本以供其他具成長機會的事業使用。

6.藉由處分公司成長較緩慢的單位並提供資金給快速成長的高報酬事業，撤守可以改善投資報酬率以及成長率。

不論爲了何種原因，一度符合企業規劃的事業可能會突然變成企業財務上、管理上或機遇的負擔。在這種情形下就建議撤守。

撤守可讓事業組合重新回到均衡狀態。若企業有太多高成長的事業，尤其是處於成長階段早期的事業，企業的資源可能無法因應成長需求。另一方面，若企業有太多成長緩慢的事業，它通常會產生多餘投資所需的現金並創造出多餘的資本。對於想要均衡成長且增加營收的企業而言，一個包含快速成長以及低度成長的事業組合是十分必要的。撤守可以達成這樣的均衡。最後，撤守可以讓公司維持不被反托拉斯法規範的規模。

此策略的運用反映在奇異電器於1980年代早期處分消費性電子的決定。爲符合奇異電器預期的報酬率，該公司必須要對此事業進行大量的投資。奇異電器瞭解這些錢有比消費性電子更有利的用途。因此，它處分此事業，並將之賣給法國的Thomson公司。

基本上根據同樣的理由，Olin公司處分其鋁事業，該事業維持4%的佔有率，並需要大額的資本投資，而這些投資對於企業的其他事業而言十分有用。西屋電器將其主要的用品線賣出，因爲它的佔有率必須比其現有佔有率5%多出3%，才能有效的對抗產業領導者奇異電器與惠而普。奇異與惠而普瓜分一半的市場。在1986年至1988年間，Beatrice將其事業的三分之二賣出，包含有名的品牌，例如，Playtex、Avis、純品康那、以及Meadow Glod。該公司認爲把這些事業撤守有助於將企業變成易於營運的規模。

指出決定是否放棄一個事業的標準十分困難。然而，下列問題的答案可以提供一些思考的方向：

1.**該單位的營利模式爲何？**關鍵的問題是該單位是否會拖累公司的成長。若答案是肯定的，管理者必須確定這是否有抵銷的效果。例如，營收相對於較企業其他部分穩定？若是如此，低成長的單位是否增加企業的舉債能力？管理者須回答一系列關於營收的問題：若借更多的資金會如何？若引入新的管理方法會如何？若改變地點會如何？

2.**該事業是否產生現金**？在許多情形下，企業的部門可能獲利但是未產生可運用的現金。也就是說，所賺得每一塊錢需要繼續投入營運以維持現有水準。營運對企業是否有任何實質的貢獻？這樣的情況要結束了嗎？這個單位可以賣多少？賣出單位的錢可供作什麼用途？

3.**對現有事業是否具有任何配合（tie-in）的價值——財務或營運的價值**。對於行銷、生產或研發是否有任何的綜效？該事業是抗景氣循環的事業？代表內部成長或併購的平台。

4.**賣出此單位對購併有利或有害**？對營收（沖銷、營運費用）立即的影響爲何？是否對公司在股票市場的印象產生衝擊？是否對潛在的購併造成影響？（我是否應賣給下游？）撤守有益於達成企業預期的規模？較小的規模有益於購併的市場，或相反的，公司規模便小讓公司變得更不可靠？

總而言之，企業應對每個事業的市場佔有率、成長機會、獲利能力以及創造現金的能力進行持續的深入分析。由這些觀察的結果，企業可能需要撤守部分事業以維持企業整體事業的均衡。然而，這只有在企業能切實的自我規範以避免增加的銷售量超過適當規模以及僅因爲改善公司績效而將事業買進賣出時，才有可能達成。

新產品策略

新產品發展是企業尋求成長的基本工作。採行新產品策略觀點，企業較能承受既有產品的競爭壓力並能同時維持進步。由於科技創新以及顧客接受新作法的意願提高，要執行此策略變得越來越容易。

然而，雖然對策略決定十分重要，執行新產品策略並不容易。許多產品從來沒有進入市場。產品失敗的風險以及後果讓企業在採行新產品策略時變得更加謹慎。

然而，有趣的是，新產品概念的死亡率從1960年代開始已經大幅度的降低。在1986年，平均每一個新產品成功背後就有五十八個新產品概念。在1981年，要產生一個成功的新產品只需要七個觀念。然而，這個數據因產業而異。消費性非耐久財公司在創造一個成功的新產品時所需得到的新構想是工業性或消費性耐久財公司的兩倍。

高階主管會影響新產品策略的執行；首先，對公司尋求的新產品建立政策與廣泛的策略方向；其次，創造組織中激發創意的環境；第三點，持續檢討與監督過程，讓管理者在正確的決策點加入，並瞭解程序與策略方向是否保持一致。

新產品這個詞有許多不同的意思。我們把新產品策略分爲三種：

1.產品改進／修正。
2.產品模仿。
3.產品創新。

產品改善／修正是要推出現有產品的新版本或改進的類別，例如，「新的Crest」。改進與修正通常可用增加新特色或樣式、改變操作需求、或調整產品特性的方式來達成。當企業推出市場上已經存在的但是公司過去未曾擁有過的產品時，該公司採取的是產品模仿策略。例如，Schick推出Tracer刮鬍刀與Gillette的感應刀競爭時是採取模仿的策略。產品創新是以一種滿足顧客期望的新方法（例如，Polaroid照相機、電視、打字機）或用其他的方式滿足顧客需求（例如，掌中型計算機）。

新產品發展依循經驗曲線的概念；也就是說，你越常作某件事，你就會變得更有效率（詳細請參閱第十二章）。推出產品的經驗讓公司可以改進新產品的功能，特別是在新產品的經驗增加時，企業可藉由減少推出的成本來改進新產品的獲利。更精確的說，推出產品數量每增加一倍，每次推出的成本就可依照一個可預測的固定比率減少。例如，Booz、Allen以及Hamilton在1976至1981年研究七百間公司推出的一萬三千的產品，經驗效果讓成本降低爲原來的71％。推出的產品每增加一倍，每次推出的成本就以29％的速度減少。

產品改善／修正

現有商品可能會達到一種需要進行修正才能存活的階段。由於環境的變遷使其無法提供足夠的報酬，該產品達到了產品的成熟階段。或者競爭者所採取的產品、定價、配銷以及促銷策略讓產品陷入模仿商品的區隔之中。在此階段，管理者有兩種選擇：剔除此商品，或者是進行改善或修正。改善或修正可藉由重新設計、重新塑造、或重新調配產品使之更能滿足顧客需求。此策略不僅想要恢復產品的穩健獲利，有時亦尋求讓產品與競爭者的商品作區隔。例如，今日很流行將高階、高價位的產品版本針對價格金字塔頂端的顧客。《財星》雜誌對Kodak的策略描述如下：

一方面某種照相機繼續販售就可以獲得更多利潤。另一方面隨著照相機推出一段時間且喪失新奇性，業餘人士使用的照相機使用較少的底片；因此，對於Kodak而言，它必須將產品年復一年的介紹給新的世代，以維持照相機的普及性。在每個接續的世代中，Kodak試圖增加方便性以及可靠性以增加每台照相機的軟片消費——公司稱之為較高的「使用率」(burn rate)。通常，此概念會使公司推出的種類較少，並同時頻繁作小幅度的修正以吸引新的購買人潮。

Kodak現在十分擅長採行此行銷策略。業餘軟片的銷售量在1963年之後突然激增。該年公司推出第一個易用的膠捲，這使許多人開始使用照相技術並使得每台照相機的底片使用量加倍。繼起新的特色以及不同定價的種類讓軟片銷售量在十年之內大增。然後，Kodak推出口袋型照相機，由於其新奇性以及方便性，故再度增加軟片的銷售量。該世代迄今共推出了七種不同的模式。

Kodak的策略指出光推出新產品永遠是不夠的。眞正的回報須產品善加管理並能在競爭變動的市場中年年持續獲利。

在1990年代，該公司對另一個新產品，即可拍，持續採行此策略。有趣、便宜、容易使用的特性讓即可拍（只有一捲底片以及便宜的塑膠外殼與鏡頭）變成一種新事業，在1992年，零售數量超過兩億美元，且Kodak在市場的佔有率達到65％。

回復產品的活力並沒有神奇的方法。有時管理者靈機一動可以讓產品起死回生。然而，通常從行銷觀點對產品徹底的檢討以分析潛在的後果，並找出讓產品活力恢復所需的改善與修正。例如，General Mills使舊商品活化而能持續獲利——咖啡組合、Cheerios、與Hamburger Helper。經由定期改善，該公司比其他公司更能成功替舊產品找到新賣點。與不更動核心佳樂氏對比General Mills建立品牌時冒著較高的風險。例如，該公司推出兩種Cheerios——1979年推出Honey Nut，1988年推出Apple Cinnamon——並成功的創造多種品牌。

爲尋求回復受損產品的方法，可能需要拆解競爭商品並對品質、價格作分析比較。有一個類似分析的架構可在圖14-2找到。

圖14-2的基本前提是將產品與競爭者比較，企業可以發覺產品特有的優勢，並依此進行修正與改善。圖14-2分析所建議的修正可參考日本製造商的例子。在1978年，日本的業餘彩色軟片市場由Kodak、Fuji以及Sakura所主導，後兩間是日本本土

圖14-2競爭商品拆解後的產品選擇

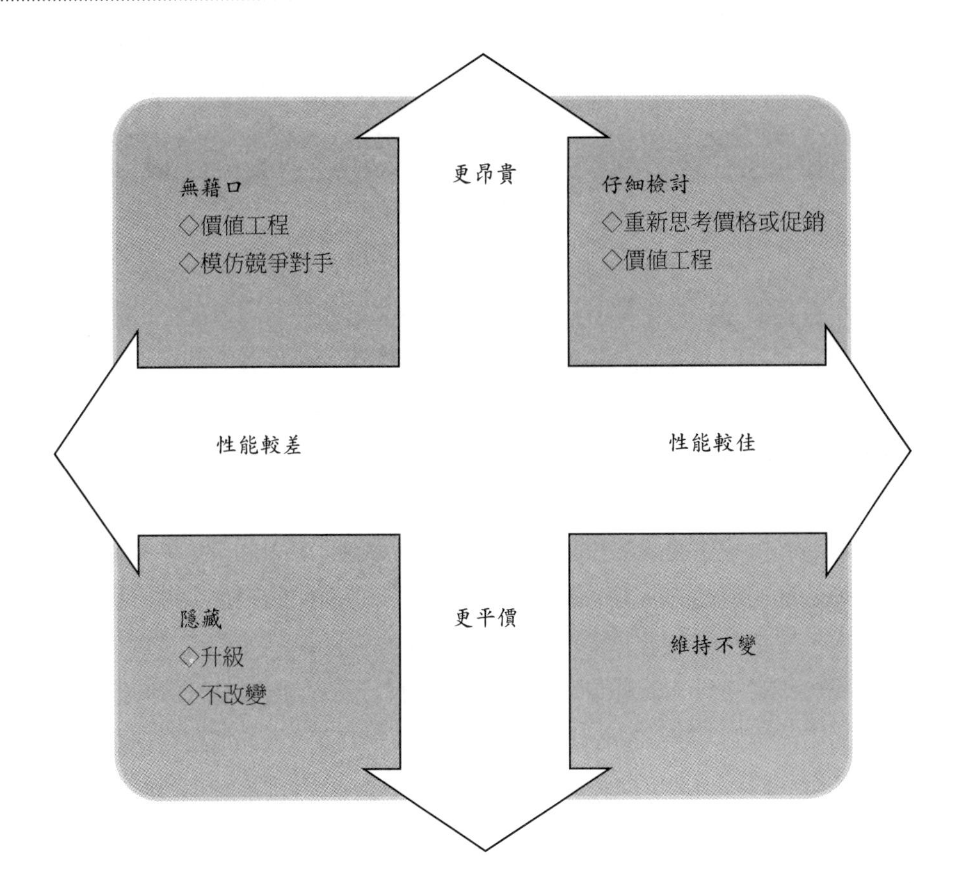

Source: Kenichi Ohmae, "Effective Strategies for Competitive Success", *Mckinsey Quarterly*, (Winter 1978): 57. Reprinted by permission of the publisher.

公司。過去十五年來，Fuji逐漸獲得市場佔有率，而1950年代佔有50％市場的領導者Sakura節節敗退。在1976年，Sakura只有16％的市場佔有率。行銷研究顯示，Sakura是字意的不幸受害者。在日本，其名字意味著「櫻花」，是一種軟性、不清楚、略帶粉紅色的印象。然而，Fuji的名字可聯想到日本聖山的藍天白雪。因爲無法改變此印象，該公司決定由結構、經濟以及顧客的觀點來分析市場。Sakura發覺軟片的顧客越來越注重成本：三十六張的軟片通常會剩下一兩張沒有照完，但二十張的軟片就不會有多餘的底片留下。Sakura在此發覺機會。它決定推出二十四張的底片。其管理成本微不足道，但大型競爭者可能面對嚴重的挑戰。若競爭者讓二十張的底片降價，Sakura已有降價的準備。它有著雙重的目標。首先，它想獲得越來越多注重成本的顧客。其次，更重要的是，它將引發經濟性的話題，在此它有相對優勢，並與其無法改善的印象無關。Sakura的策略獲得回報。其市場佔有率由16%增加到30%以上。整體而言。產品改善策略可達成成長、市場佔有率，並同時達到獲利目標。

產品模仿

並非所有企業喜歡首先推出新產品。有些企業讓其他公司領先推出新商品。若創新成功，它們就跟隨著創新的腳步加以模仿。在專利權保護的創新上，模仿者必須要等到專利權無效時才能介入。然而，在專利權不存在時，模仿者努力要把產品設計得與創新產品雷同，以與創新者商品競爭。

模仿策略是合理的，因爲它將推出一個未經認可的觀念／產品的風險轉移給其他人。此策略亦節省研發成本。該策略特別適合資源有限的公司。事實上，許多公司擁有可模仿任何產品的能力。因爲只須在研發上作有限的投資，模仿者有時具有較低的成本，使其面對市場領導者時擁有成本優勢。

採行模仿策略的另一項重要的理由是公司可以把對一個產品特殊的技能轉移到類似的產品中。例如，Bic Pen公司決定進入感應刀事業，因爲他認爲在該市場中可以運用自身有利的行銷地位。在1970年代早期，Hanes公司的L'eggs得到了驚人的成功，這是一種在食品與藥房開架銷售的絲襪。

模仿策略可用於防禦的考量。由於對現有產品的信心，企業一開始可能會忽視該領域的新發展。然而，若新發展越來越明確，它們可能會奪走現有商品的市場佔有率。在此情形下，企業可能被迫模仿新發展以求生存。科羅拉多州的Adolph Coors公司一開始忽視淡啤酒推出的影響，並認爲Miller Lite只是一時的風潮。然而，多年後，該公司遭受Miller Lite的打擊。同樣地，Anheuser-Busch開始在加州市場用淡啤酒挑戰Coors的霸權。在此嚴苛的情形下，Coors決定放棄單一商品的傳統並推出低熱量的淡啤酒。

另一個產品模仿的例子由Anheuser-Busch所提供。它仿效Miller Brewing公司的Miller Genuine Draft而推出Michelob Golden Draft。新的Michelob和Genuine Draft一樣盛於透明瓶罐之中，並有類似的黑色與金色商標。有人說這與Genuine Draft看起來幾乎完全一樣。

模仿策略對想要進入新市場而不想要花費大筆經費進行購併或發展新產品的公司而言也十分有用。例如，Owens-Illinois將實驗玻璃放到家用的飲用器皿市場中。

雖然模仿策略可規避創新的風險，對於所有新產品皆可成功模仿的假設是錯誤的。模仿產品的行銷必須要向創新一樣小心的記錄與執行。模仿策略對市場佔有率以及成長有很大的助益。

產品創新

產品創新策略包含爲滿足需求而推出一個全新的產品以取代舊產品，以及提供一個新方法以滿足現有的或潛在的需求。此策略認爲新進入者將首先推出新產品。原子筆是一種新產品的例子；它取代鋼筆。錄影機是一種因應家用娛樂的新產品。

產品創新是美國產業的重要特徵。年復一年，企業花費數十億的經費在研發創新研究上。例如，1993年美國產業研發支出約835億美金。研發費用預期在1990年代剩下的時間中將以平均每年10%的速度增加。這顯示產業對新產品或新方法的發展具有很大的野心。

然而，產品創新並不容易。雖然有許多的資金投入，創新也需要管理者花時間打破組織疆界。此外，創新可能會失敗。許多公司發現在這種遊戲中的風險。其中之一爲德州儀器，它在退出家用電腦的市場時損失了六億六千萬美金。RCA在運氣不佳的影疊播放機事業中損失了五億美金。RCA、奇異電器以及Sylvania三家眞空管技術的領導者，在電晶體科技改變收音機產業時蒙受重大的損失。RJR Nabisco在掙扎十年並投入超過五億美元之後放棄Premier無煙香菸。

大部分創新產品是由大公司生產。一開始，個人或團體可能會在背後支持，但終有一天該產品需要公司的支持才能推出。爲鼓勵創新以及創造。許多大公司分割成小公司。例如，Colgate-Palmolive公司創設Colgate Venture公司以支持企業家精神以及風險承擔，藉此在大公司中維持適合產生創造性研究的環境。

基本上，在公司小（允許管理者與幕僚間較佳的互動），容許失敗（鼓勵實驗與承擔風險），鼓勵優勝者（藉由鼓勵、薪資、與宣傳），與顧客緊密聯繫（時常拜訪客戶；歡迎它們提供產品構想），技術在公司中分享無礙（科技一旦產生，任何人都可以使用），以及最初失敗的個案仍能繼續存活的地方，創新比較容易產生。

產品創新的發展通常經歷許多階段：構想產生、審核、事業分析、發展原型、市場測試、以及上市。產品概念可能有許多種來源：顧客、私人研發、大學研究、員工、或實驗室。概念的來源可能是找出顧客需求，或是來自想要產生新商品的科學突破。公司可能採行不同方法審核概念，並選擇部分供進一步研究。若一項概念看起來可行，可將之帶到事業分析的階段，在此階段中包含：投資需求、收益支出規劃以及對投資、回收期間和現金流量的財務分析。此後，製造出少量的原型以測試產品的工程與製造可能性。部分基於原型的樣品可用作市場測試。針對市場測試的結果作部分修正後，創新商品即可正式上市。

寶鹼公司發展Pringles是發掘顧客需求，然後努力要加以滿足的典型範例。美國人每年消費十億元的洋芋片，但洋芋片的製造商面對許多問題。依照傳統方式生產的洋芋片易脆，所以無法運到超過兩百英里的地方；即使如此，約四分之一的洋芋片還是會碎掉。它們容易壞掉；上架的時間僅能維持約兩個月。這些特徵讓洋芋片製造商在各地區進行小型的生產。在1853年寶鹼之前，沒有人可以在生產上應用更多的科技。

因爲銷售食用油予洋芋片公司，而使寶鹼瞭解這些問題，且它試圖解決這些問題。寶鹼不依照傳統的方式製造洋芋片，其工程師發展出一種類似製紙的方法。它們將馬鈴薯脫水、碾碎後再將它們加壓炸成合適的形狀，而可以在仿造網球瓶的容器中緊密的排列。Pringles洋芋片可以維持形狀完整並在架子上放超過一年。

在新產品由實驗室審查過後，將由製造新產品的部門接手並進行接下來發展與測試的工作。在某些公司，部門經理對接手新產品興趣缺缺，因爲推出新產品的成本較高，且會對短期的利潤造成損害。在寶鹼，高階主管對經理保證短期績效不會受到推出新產品的成本所影響。

在寶鹼新產品真正上市前必須要證明它比競爭對手獲取更多利潤的優越性。發展團隊開始修改產品，製造一些不同的樣式，測試在所有可能情況下的功效，並修改其外觀。最後生產出一些樣式並在寶鹼的員工中進行測試。若產品被員工核可，公司會將產品放到一小群顧客中進行測試。若選定的產品被選定顧客中55%的人接受，寶鹼就會對產品感到滿意。雖然Pringles洋芋片通過這些測試，它們在最近才能帶給寶鹼公司利潤。

毫無疑問地，成功的創新可帶來驚人的利潤。例如，尼龍替杜邦公司賺進許多錢，並使該公司在不製造其他產品的情形下仍然能夠高居財星五百大企業之中。然而，發展新產品是一個需要高度投入，而且在成功之前僅有低獲利的高風險策略。因此，選擇此策略公司必須要具有財務以及管理優勢，並有承擔風險的意願。看看Kevlar的例子，這是杜邦公司發明的一種高硬度纖維（比鋼輕但強度爲鋼的五倍）。

表14-3創新管理

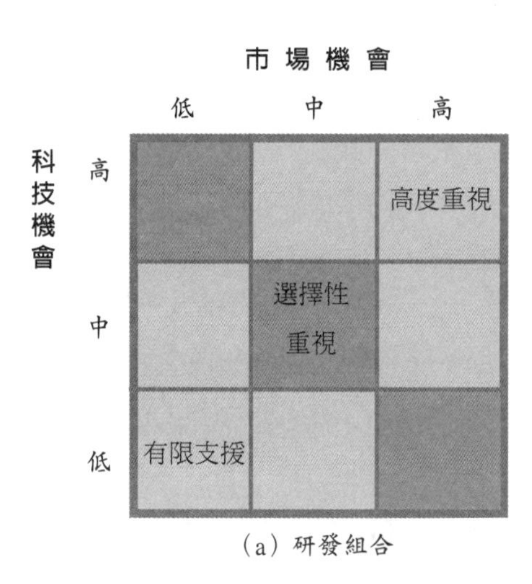

(a) 研發組合

研發要素						
研發重視程度	資金投入	工作重心	基礎研發程度	技術風險	回收期間	預期可超出競爭者
重	高	平衡新產品與現有產品	高	高	長	許多
選擇性	中	主要在現有產品	低	中	中等	一點點
有限	低	現有產品	非常低	低	較短	非常少

(b) 研發努力隱含的結果

Source: Richard N. Foster, "Linking R&D to Strategy," *Business Horizons*, December 1980. Copyright 1980, by the Foundation for School of Business at Indiana University, Reprinted by permission.

公司花了二十五年以及九億元才研發出此種新產品，比公司歷來花在任何單一產品來的多。然而，由1985年開始獲利：年銷售量達到三億美元。杜邦預測Kevlar的年銷售量在1990年代將以每年10%的速度成長。同時，該公司持續尋求新的用途以讓Kevlar變成一個極具破壞力的商品（blockbuster）。

表14-3展示一種用來成功管理創新的方法。當企業變得更複雜與分權時，新產

品發展可能無法跟上變動的速度，削弱行銷與技術人員的連結且作不出關鍵的決定。這樣的情形可能會導致競爭利基的喪失。爲解決這樣的問題，如表14-3a所示，科技與市場機會可在表格中繪出。表格將創新被分爲三種：高度重視（需要完全支持，包含基礎研發）；選擇性發展機會（可能有好處也可能有壞處；可能需要較謹慎的研究以及高階主管的關注）；以及有限度的支援（只值得給予最有限的支持）。表14-3b列出每個區域相關的作法。此方法可讓研究能量與最優先的策略議題作搭配。

多角化策略

多角化（diversification）指的是追求成長時尋求不熟悉的產品或市場，或產品與市場。每個公司都擅長某些商品；多角化需要完全不同的知識、思考、技能與處理。因此，多角化是一種具有風險的策略，且企業只有在目前產品／市場未來的方向無法提供進一步的成長時才可選擇此策略。少數的例子指出多角化並不能直接帶來成功。CNA財務公司拓展事業範圍由保險到房地產以及共同基金時面臨巨大的變化：它最後被Loews公司所購併。Schrafft餐廳對Pet Incorporated而言只有微小的貢獻。太平洋西南航空買下出租汽車以及旅館，但其股價迅速的滑落。可口可樂多角化至釀酒業（買下Taylor Wines）的決策並不賺錢。

多角化決策是一項重大轉變，故須小心謹愼。由財星五百大企業以及PIMS資料庫（參考第十二章）所得到的兩百個樣本爲基礎，Biggadike發現平均需要十至十二年的時間才能讓多角化的事業與成熟事業的投資報酬率相等。

多角化這個詞有別於整合與合併。整合（integration）指的是參與由原料到最終市場的階段或各廣泛的涉入單一階段的方法，在相同領域增加新的事業。合併（merger）代表公司的結合，這樣的結合可能會，也可能不會造成整合的效果。多角化是代表在不同產品或市場中獲得利潤的一種策略選擇。下列因素可能會使公司決定採取多角化的策略：

1.當公司不再能夠藉由產品／市場中拓展的形式來達成公司目標時，公司可能採取多角化策略。
2.現有資金超過發展所需。

3.多角化機會較拓展機會提供更高的利潤。

4.資訊無法可靠地比較多角化與擴展的機會。

多角化可在公司或事業單位層級發生。在公司層級，它通常會進入一個不屬於現有事業單位範圍的有利事業。在事業單位層級較可能拓展至事業現處產業的新區隔。這兩種層級遭遇的問題類似，只可能存在程度上的差異。

多角化策略包含內部發展新產品或市場（包含以新產品發展國際市場）、併購合適的企業、與互補組織策略聯盟、新產品技術授權、以及進口或配銷其他公司製造的產品。大多數的情形下，最終的進入策略可能用這些方案組合的結果。這樣的組合依照現有機會，並配合公司目標和資源制訂。

Caterpiller Tractor公司進入柴油引擎市場是一種內部多角化的例子。從1972年開始，該公司投入超過十億美金的資金在發展新的柴油引擎上「這可能是美國公司有史以來最大的內部多角化的例子」。Hershey Foods購買Friendly冰淇淋公司以進入餐飲事業的例子乃是藉由購併的方式進行多角化。Hershey採取多角化策略以追求成長，因爲其傳統事業，巧克力與製粿產業因爲糖果消費量下滑、可可豆的價格上升、及顧客習慣改變的關係而有停滯的現象。Hershey在1988年稍後把Friendly賣個一個私人公司Tennessee餐飲公司。

對進入策略的實證研究顯示，較高的障礙可能導致企業用購併而非經由內部發展進入此事業。因此，在選擇進入模式時，事業單位經理需要考慮此市場的進入障礙，及克服進入障礙的成本。雖然有明顯的高進入障礙，進入者與事業的相關性可能會讓進入的結果較佳。

基本上，企業可以採行三種不同的多角化策略：集中式多角化、水平式多角化與集團式多角化。不論公司尋求何種多角化都須採行三種測試

1.**吸引力測試**：選定的產業基礎須有吸引力或將變得具有吸引力。

2.**進入成本測試**：進入成本不能超出未來獲利總額。

3.**改善測試**：新單位必須由公司獲得競爭優勢或讓公司由新單位獲得競爭優勢。

集中式多角化

集中式多角化重視對公司行銷或科技或同時產生的綜效關係。因此，不論經由行銷或是生產，所推出的新產品與現有產品共用相通的資源。通常，新產品用來提供新的顧客群體。德州儀器進入掌中型計算機可以說明此類型的多角化。該公司運用其整合線路的知識發展新產品以吸引新顧客。另一方面，百事可樂進入速食業是經由併購必勝客（Pizza Hut）的方式，這是一種新產品與公司現有行銷經驗產生綜效關係的集中式多角化。

玩具反斗城進入童裝乃基於其行銷及技術能力（購買力、品牌、倉儲設備、零售據點、以及複雜的資訊系統）在新事業中可帶來的優勢。本田汽車依循類似的邏輯將其機車事業多角化至割草機以及汽車上；Black & Decker由電器工具機多角化至家用電器。

雖然多角化基本上具有風險，集中式多角化並未將企業帶到一個全新的領域，因爲在兩大領域之一（科技或行銷），公司是在熟悉的環境下運作。然而，新產品與公司現有產品的關聯可能有意義或不具意義。實現綜效可以讓工作變得較爲容易；但綜效不一定會讓事業成功。舉例而言，Gillette在1974年進入掌中型計算機業，1976年進入電子錶業。稍後它結束這兩個事業。掌中型計算機與電子表賣給Gillette擁有技術及經驗的大眾市場。雖然具有行銷的綜效，它無法成功的銷售掌中型計算機以及電子錶。Gillette發現這些事業所需的策略與其販售現有產品的經驗完全不同。由Gillette的經驗我們可以得到兩個教訓。其一，成功推出一項新產品除了行銷與技術以外可能需要有其它的策略理由。其二，在將現有優勢轉移到新產品之前，應針對共通點就深度以及廣度加以分析。

Miller Brewing公司併購Philip Morris的經驗說明公司如何藉由集中式多角化達成行銷的綜效。香菸與啤酒經由許多相同的配銷網路銷售且服務相同的顧客市場。因此，少有人質疑對香菸的行銷研究技巧與感性訴求無法應用在啤酒事業上。短短六年間，Miller在啤酒產業中的排名由第七名爬升到第二名。

水平式多角化

水平式多角化指的是新產品與公司現有產品無關，但可以賣給共同的顧客。此類多角化的典型範例是寶鹼公司進入洋芋片產業（Pringles）、牙膏（Crest and

Gleem）、咖啡（Folgers）以及柳橙汁（Citrus Hill）事業。寶鹼公司傳統上是一個肥皂公司，它將其產品多角化，並針對與購買肥皂相同的顧客。同樣地，Maytag除了傳統的高價位洗碗機、洗衣機以及烘乾機以外，也進入中價市場銷售冰箱以及爐灶，這也是一種水平式多角化。

在集中式多角化的情形，即使公司賣給不同的顧客，新產品與公司現有產品的行銷仍有一定的關係。相反地，在水平式多角化中，新產品顧客與現有商品相同。

其他情形不變下，在競爭環境中，若現有顧客對公司產品印象良好且公司認爲這樣的印象可以帶到新產品中，此時水平式多角化較可行；然而，長期而言，新產品必須要自立更生。因此，雖然Crest與Folgers爲寶鹼公司帶來成功，Citrus Hill卻仍在掙扎之中，Pringles的例子令人失望，即使這些事業都針對同樣「忠心」的顧客。換句話說，水平式多角化不應視爲成功的必然途徑。水平式多角化重要的限制是新產品須在與現有產品相同的經濟環境下推出，在這樣的情況下可以帶來較穩定的結果。換句話說，水平式多角化會增加公司對少數市場區隔的依賴程度。

集團式多角化

在集團式多角化中，新產品與現有產品不存在任何行銷或技術上的關係。換句話說，經由集團式多角化，企業投入一個全新的產品／市場之中。ITT進入烘焙業（Continental烘焙公司）、保險（Hartford保險集團）、汽車出租（Avis Rent-A-Car System公司）、以及旅館業（希爾頓公司）就是採行集團式多角化的例子。（ITT數年前已處分汽車出租事業。）

Dover公司提供另一個集團式多角化的例子。該公司每年銷售量超過三十億美金，是一個在從升降機、垃圾車到活塞以及手電筒超過七十種不同行業擁有五十四個營運公司的製造商。

此處必須要記住，公司不會在沒有一些潛在的優勢就冒失地在不瞭解的市場推出不熟悉的產品。例如，成功所需的管理風格與公司已有的管理風格一致。因此，管理風格變成新產品與現有產品綜效的基礎。同樣地，其他個別要素可能是讓事業變得更具吸引力的關鍵要素。

由於集團式多角化並未與公司現有事業有明顯的關聯性，有些人質疑公司爲何要進入這些事業。集團式多角化有兩項主要優點。其一，集團式多角化進入較公司現有產品前景佳的事業可以改善公司的獲利以及彈性。其二，由於集團企業的規模，公司在資本市場可以獲得較佳的印象。

整體而言，若這種形式的多角化成功，就可以讓成長率與獲利增加。

價值行銷策略

在1990年代，價值變成行銷者的口號。今日，顧客比1980年代更為挑剔。他們需要適當地組合產品品質、良好的服務以及及時的交貨。這些要素是未來十年運作的關鍵。這也是我們必須探討此新策略焦點的理由。

價值行銷策略強調產品功能並依約定交付。若高品質需要較高的價格，價值行銷不一定代表高品質。若便宜代表品質不佳，它也不是便宜的意思。若尊貴被視為注重派頭或任性，它也不代表尊貴的意思。同時，價值並不是關於定位與販賣印象。它只是提供伴隨著合理的服務與及時的運送，運作如同宣傳一般的產品。

對於強調價值的原因部分是環境、部分為經濟因素，也部分是由於人口統計變數改變的影響。消費者拋棄1980年代的奢華而尋求傳統的家庭價值。他們關心無止境的經濟波動現象。對於價值越來越多的關注也是來自於美國顧客市場的徹底轉變。

例如，在婦女投入工作崗位後，家庭的實質所得成長開始提高。但是現在，許多婦女已經在工作，許多嬰兒潮世代承擔了新的家庭責任，可支配所得的成長開始減緩。債臺高築且開始上年紀的嬰兒潮世代知道他們必須要為兒女的大學學費以及自己為來的退休計畫擔心。同時，新世代的消費者較以往更節省，且更懷疑人生價值。簡言之，顧客需要的產品必須和廣告中宣傳的一樣好用。他們關心實用價值，而不是只購買來向其他人炫耀。

品質策略

傳統上，品質被視為一種製造的概念。然而，就策略上而言，全面品質的觀念被市場所接受；也就是說，品質不僅在於提供的服務或產品，也同時及於所有附加的服務。重點在於品質觀點須基於顧客偏好，而非公司內部的看法。品質的最終目標應用所有可能的辦法取悅顧客，提供服務、產品品質、產品功效、並讓支援水準超出顧客的期望。最終，品質亦代表整個組織追求卓越。策略規劃機構（Strategic

Planning Institute）評估品質所使用的步驟如下：

1.召開會議，在會議中，不同企業功能的經理以及幕僚團隊討論會影響顧客購買決策之非價格的產品與服務特徵。對於辦公室事務產品，這可能包括了耐用性、維護成本、彈性、信用條件、以及外觀。
2.該團隊對於相關的決策針對每個特徵設定不同的權數。這些權數的總和是100。（對於市場中不同的重要區隔分別給予不同的權數）
3.經營團隊同時比較事業單位產品線以及競爭者產品線在步驟一所得出的要素之表現。這樣一個要素接著一個要素的評估，經由加權後就可以得出相對的整體品質分數。
4.相對整體品質分數與其他競爭地位的數據（相對價格及市場佔有率）以及財務表現（投資報酬率、毛利率以及股東權益報酬率）可與策略地位相同的類似企業經驗作比較，以確認策略與財務資料的內在一致性，並認可事業與市場的定位。
5.最後，管理團隊實際測試其計畫與預算，發展出相對於競爭者而能改善市場品質印象的藍圖，並估計財務報酬。

在許多例子中，管理團隊所設定的評分標準須由顧客與市場的訪談結果加以測試（並作適當的修正）。

此種評估相對品質方法與行銷研究中所使用的多因子方法類似。然而，該研究方法主要用於評估或比較個別產品（實際上或未來），此處介紹的方法主要用於事業單位的整個產品線。

達成適當程度的優越性與顧客滿意度通常需要企業文化的重大變革；也就是說，改變決策過程、跨部門的關係、以及公司成員的態度。換句話說，達成全面品質的目標需要團隊合作。鼓勵員工一次就把事情作對而不是解決問題。員工被賦予更多決策權，並灌輸品質人人有責的觀念。

下列是要讓品質達成全球水準的關鍵。第一，這樣的計畫需要高階主管直接支持。第二，瞭解顧客需求。第三，若企業決策過程與顧客需求之間存在著差距，就必須將之改變。第四，壓縮營運週期，以避免組織爭論及延誤。接下來要授權給員工，讓他們有發揮長處的能力。此外，評估與報酬系統需要重新檢討並改進，最後，全面品質方案須持續進行，持續在組織中減少浪費與無效率之處。

就組織而言，執行品質策略最重要的是須與顧客保持緊密聯繫。本田汽車設計新雅歌（new Accord）汽車的經驗值得注意：

> 當本田汽車工程師在1980年代早期開始設計第三代（或1986年）的雅歌汽車，它們並未重新檢視汽車。工程師的指導觀念為：「讓人的空間最大，機器的最小」，這簡短的傳達了他們希望顧客對這部車的感受。這個觀念與這部車獲得驚人的成功；由1982年開始，雅歌是美國賣的最好的汽車之一；在1989年，它在全美銷售量排名第一。然而，該是設計1990雅歌的時候了，本田汽車傾聽市場的聲音，而非自身成功的聲音。市場趨勢指出消費者偏好由跑車轉向房車。為滿足未來的顧客期望並重新定位雅歌，而使其市場定位更上一層，1990車種傳達一種新的產品概念——一種可靠的成熟感。理想房車可以讓駕駛人不論在何種路況下輕易地載著全家與朋友出門；通勤者可以感受到安全與舒適。
>
> 對於稍後要對新雅歌款式下決定的工程師而言，這個指導訊息十分抽象。所以，第二步就是讓顧客對這部車的印象具體化。經理人所提出的印象是「穿著西裝的橄欖球員」。它傳達粗獷、感覺接觸、運動家精神、以及紳士風範的訊息——新車所要傳達出迴異的品質。此印象已經明確的可以轉移到設計細節上。把雅歌前燈換成由本田汽車協力廠Stanley開發出的新科技所製作的照明設備是一個很好的例子。對設計師與工程師而言，新的前燈可以符合跑車玩家想要擁有清晰視野的期望。
>
> 接下來也是發展雅歌產品概念的最後一個步驟，是讓跑車玩家的印象化為新車所具有的特色。五個關鍵語彙代表產品開發者的構想：「開放心胸」、「友善溝通」、「堅強心靈」、「無壓力」、以及「永遠最愛」。這些關鍵語彙個別以及整體強化了汽車表達給顧客的印象。例如，「堅強心靈」代表機動性、馬力、並在困難環境下可輕易操作，而「永遠最愛」傳達出長期可靠性與顧客滿意度。由此個案，這些語彙提供一種協助人們面對不同選擇時進行一致的設計與配備選擇的例子。

有三種一般性的作法可改善品質：跟隨、拉動、以及蛙跳。跟隨代表讓企業落後標準的構面趕上標準。跟隨是一種防禦策略，著重於競爭或滿足市場環境。拉動較顧客要求或競爭更進一步，提供企業可能具有更高獲利潛力的競爭優勢。因此，對抗僅止於跟隨的誘惑並發掘持續拉動的方法就具有意義。最後，蛙跳指的是忽略競爭劣勢，並藉由差異化創造持久的競爭優勢。換句話說，蛙跳包含競爭，並以提供跟隨顧客需求的高品質產品的方式來超越競爭。例如，日本公司藉著蛙跳過底特律的關鍵要素而進一步提供「品質價格曲線」；也就是說，它們轉移到更佳的價值地位。

事業提供較佳的品質具有一些優點，包含較強的顧客忠誠、更多重複購買行爲、對價格戰較具抵抗力、提高相對價格而不會影響市場佔有率、降低行銷費用、並增加市場佔有率。

顧客服務策略

顧客服務在今天的競爭市場中佔有重要的地位。顧客需要個人化的服務、眞實的服務人員在銷售櫃檯後方所提供的服務、電話另一端眞人的聲音、或銀行櫃檯後的個人服務。重視顧客不是一個新的概念。在1950年代，通用汽車藉由爲各種生活方式以及支付能力設計汽車，想盡辦法達成顧客滿意，這是由亨利福特承諾要提供所有顏色的車，只要它是黑色的這句名言以來，一直由生產主導的汽車業中的劃時代構想。通用汽車將其對顧客需求的觀察化爲1962年美國汽車市場的52%市場佔有率。但伴隨著經濟起飛、人口增加、與幾乎不存在外國的競爭，許多美國企業過度輕視這樣的概念。經歷1960年代至1970年代，許多美國汽車公司幾乎可以賣出它們生產的所有汽車。由於顧客似乎很滿意，管理主要集中於削減成本以及進行購併。爲管理這些成長中的龐然大物，高階主管們向策略規劃求助，此時規劃重心在於獲取市場佔有率，而非與大眾保持接觸。市場被定位成競爭者而非顧客的集合。

近年來，日本企業首先發覺這個問題。它們開始把顧客由極差的產品與服務中解救出來。藉由不斷的發掘並迎合顧客需求，它們在美國汽車買主中建立忠誠度。日本公司逐漸增加的影響力，以及人口統計變數和經濟困境迫使美國企業瞭解傾聽顧客的重要性。

對服務有創意的改變可以讓事情變得不同。例如，提供較佳服務的公司可以比競爭者要價高於10%。即使在只有少數管理層級的小公司亦發現高階主管與顧客的人際關係可以在許多方面發生作用。許多公司對於服務極爲重視，並要求資深經理人花一些時間在第一線。例如，全錄要求主管每個月花一天的時間聽取顧客對機器、付款以及服務的抱怨。同樣地，在Hyatt旅館、高階主管有時會擔任侍者。

簡言之，企業必須要決定服務的對象、發掘顧客需求、並設定策略以專心一意服務這些客戶。有了如此清楚的目標，高階主管可以給予第一線員工在決定公司成敗的關鍵時刻快速回應顧客需求的責任。下列個案說明Scandinavian航空對服務的強調，並顯示企業可以如何協助顧客。

Rudy Peterson是一個住在斯德哥爾摩Grand旅館的美國商人。在Scandinavian航空（SAS）與同事前往斯德哥爾摩Arlanda機場赴哥本哈根的一個重要旅程時，他發覺他把機票遺忘在飯店的房間。

每個人都知道沒有機票就無法搭乘飛機，所以Rudy Peterson想可能會錯過飛機以及哥本哈根的商務會談。但是當他把他的困境向售票櫃檯解釋時，他得到一個意外的驚喜。「Peterson先生別擔心，」她微笑的告訴他「這是您的登機證。我將提供您一張臨時機票。若您能告訴我您Grand旅館的房間號碼與到達哥本哈根的時間，我將處理剩下的工作。」

當Rudy與同事在候機室等候時，售票櫃檯撥電話給旅館。旅館侍者在房間中找到這張機票。售票櫃檯送一張SAS便條到旅館並直接取回那張機票。他們的動作十分迅速，以至於在飛機起飛前就收到機票了。當空服員走進他，並對他說：「Peterson先生嗎？這是您的機票。」時，沒有人會比Rudy Peterson更驚訝。

傳統航空公司遇到類似的事件會如何處理？大部分的航空人員都很清楚：「沒有機票就不准登機。」至多，售票櫃檯會通知主管這個問題，但Rudy Peterson可說必然會錯過這班飛機。相反地，由於SAS處理他問題的方式不同使他留下深刻的印象並能及時趕上他的會議。

SAS經驗顯示企業想要變成一個眞正顧客導向的公司時該有的行爲，企業瞭解眞正的資產是滿意的顧客，所有的顧客都希望能被視爲獨特的個體。

許多公司認爲服務本身的品質難以保障。服務通常由人員提供，而個人行爲比機器難以預測。服務的提供與消費通常發生在同一時間。雖然可能有例外，服務品質仍然能夠維持。看看「Bugs」Burger Bug Killers（BBBK）的保證，這是S.C. Johnson and Sons公司位於邁阿密殺蟲部門：

大部分BBBK的競爭者宣稱它們將使害蟲減少到「可忍受的水準」；BBBK承諾完全清除害蟲。它的服務對餐廳及旅館客户保證：

◇在所有害蟲被完全清除之前，你不須花一塊錢。

◇若你不滿意BBBK的服務，你可以收到過去12個月公司服務的退費以及你明年選擇清理公司所需的費用。

◇若訪客看到你家裡有害蟲，BBBK將提供訪客一餐或房間、寄出道歉信、並支付餐飲或住宿的費用。

◇若你的公司因為害蟲而關門，BBBK將支付所有的罰款以及損失，此外在支付5000美元。簡言之，BBBK說：「若你無法百分之佰滿意，我們就不收費。」

該公司服務計畫十分成功。它收取較競爭者高出十倍的費用而仍然佔有較高的佔有率。

爲設計好的服務計畫，企業應熟悉一些重要趨勢。首先，顧客並不閱讀（例如，顧客不閱讀安裝與操作說明）。其次，顧客並不瞭解擁有責任（例如，有些旅館要顧客自行經由一個複雜的電腦系統設定晨間呼叫）。第三，高科技與產品複雜度讓產品難有差異。（類似的產品，較佳的服務可以是一個重要的區別因素）。第四，顧客對產品與服務的信心與預期較低（顧客服務可以對顧客信心造成很大的衝擊）。第五，高品質服務變成一種產品特色（顧客比產品成本和特性還要重視高品質服務）。第六，消費者會被負面的名聲所影響（負面的口語傳播特別不利）。第七，顧客相信它們無法獲得物超所值的服務。

改善顧客服務在改變顧客對產品及其價值的觀點上佔有重要的地位，並可對公司的成功與獲利造成直接的影響。公司提供的服務品質十分依賴人的因素，不僅是直接面對顧客的員工，亦包含：經理人員、管理者以及支援幕僚。因此，成功提供適當的服務十分仰賴於準備充分的員工。

時間基礎策略

當產品市場迅速變動時，若企業想要維持自身地位就必須迅速回應。在今日變動的市場中，強調要擊敗競爭者的時間基礎策略擁有了新的地位。

奇異把運送顧客訂製的工業迴路斷線盒的交貨時間由三個星期縮短到三天。過去AT&T設計新電話需要兩年的時間；現在只需要一年的時間。過去，Motorola在工廠收到訂單三週後才能讓電子呼叫器出貨；現在它只需要兩小時。

時間基礎策略帶來重要的競爭利益。市場佔有率提高，因爲顧客喜歡立刻得到預定的東西。存貨降低，因爲不需要堆積存貨以確保迅速交貨；生產者最快可以在收到訂單當天製造並運送。這些因素以及其他的原因使成本下降。許多員工變得更滿意，因爲他們爲一個更具反應能力、更成功的公司工作，且高速的營運需要他們更有彈性並負更多的責任，亦使品質改善了。簡言之，高速運作迫使公司一次就作對。

速度亦可在產品發展中運作，即使這可能代表超出預算50%。例如，由麥肯錫公司發展的模型顯示若高科技產品之用不超出預算但上市時間延遲六個月，則使公司在五年中獲取的利潤降低33%。相反地，超支50%預算但即時上市只讓獲利降低4%。

爲執行時間基礎策略，整個生產過程須重新針對速度設計。奇異電器的經驗可以在此運用。其迴路斷路器事業變得老舊與停滯。市場成長緩慢，且有西門子和西屋兩大競爭者。奇異電器組成一個製造、設計與行銷專家團隊徹底翻修整個流程。其目標在於讓下訂單到出貨的時間由三週降到三天。美國境內有六間工廠生產迴路斷路盒。該團隊將生產整合到其中一間工廠，並讓設備自動化。但是該團隊並未主動介入營運。在舊的系統中，工程師爲不同的顧客訂製每個斷路盒，這件工作約須一週時間。工程師在28,000種獨特的零件中選取並組合斷路盒。建立自動化系統來處理這樣多的零件是一個可怕的惡夢。該團隊把零件的種類減少到1,275種，並讓大部分的零件可以彼此替換。即使大幅度的減少零件種類，仍然有40,000種不同的大小、形狀與設計可供顧客選擇。

該團隊亦想出排除工程師的方法，用電腦取代。現在，銷售人員進入位於奇異電器總公司電腦得到斷路盒規格，並讓訂單送至工廠的電腦處理，電腦自動處理工廠機器並以最小的花費製造顧客的訂單。

雖然這些優點讓人印象深刻，該團隊仍然必須克服另一個延誤的來源——工廠的問題解決與決策。解決方法是減少所有線上監督人員與品質檢查員，將作業員與工廠經理間的組織層級由三層減少到一層。所有中階經理人的工作——排定假期、品質以及工作規範——變成129位員工的責任，這些員工被分爲數個15至20人的團隊。這樣的制度生效了。奇異電器給予員工的責任越多，問題解決與決策制訂的速度就越快！

結果如下：該廠一向都積壓兩個月的存貨，現在只有兩天的存貨。生產力較去年增加20%。製造成本降低30%，或一年五千五百萬美元，投資報酬率超過20%。具某些特色的高品質商品交貨速度由三週減少到三天。聽此，奇異電器在成熟的市場中成功地提昇了市場佔有率。

另一個可以運用時間基礎策略的領域是管理／批准。位於達拉斯的顧問公司Thomas Group的說法，由收到訂單到出貨通常只需要5%至20%的時間；剩下的時間都是用來管理。例如，在Adca銀行，西德Reebobank（資產九百億美元）的子公司，批准一筆貸款需要經過許多層級的核可。分行將貸款申請送至總部的貸款辦公室，在這裡面進行審閱與修改。然後，貸款辦公室經理對貸款申請進行審閱。該銀行最後減少五層的管理，並給予分行更多批准貸款的自主權。過去批准一筆貸款須經過24位經理核准。現在只需要12位。

團隊合作似乎是動作迅速公司的關鍵因素。幾乎所有的公司都有跨部門的團隊。AT&T建立成員六至十二人的團隊，包含：工程師、生產者、與行銷人員，給予他們決定產品外觀、性能、製造方法與成本的充分自主權。在AT&T，關鍵在於設定嚴格的速度要求，例如，六週，剩下的就完全交由團隊決定。團隊必須確實遵守嚴苛的截止日期，因為他們不需要交出任何決策以供高層批准。AT&T採用這種新方法將發展新的4200電話時間由兩年縮短到一年，並同時降低成本與改善品質。

將時間基礎策略運用在配銷也是一樣重要。若產品都堆積在配銷網路上，即使世界上最快的工廠也無法提供足夠的競爭優勢。舉例來說，班尼頓十分重視其配銷，並設計一個連結經銷商、工廠與倉庫的電子環路。若洛杉磯的一間商店的銷售人員發覺暢銷的毛衣快銷售一空，他可以要求班尼頓的80個經銷商供貨，經銷商將訂單輸入電腦，並將訂單送至義大利的電腦主機。擁有所有款式資料的電腦主機迅速啓動機器。當毛衣完成時，工作人員將之裝箱並貼上有洛杉磯地址的條碼。然後貨物箱送入倉庫中。電腦稍後操作機器人找到這個箱子以及其他要運往洛杉磯的貨品，提取後放在卡車之中。班尼頓在洛杉磯下訂單之後，包含製造時間止需四週時間就可以出貨。

採取時間基礎策略需要下列步驟。首先，任意設定一個目標（設定時間目標並重新檢討整個營運流程以達成目標，而非僅改進某些營運項目的效率）。其次，減少批准所需時間（減少官僚控制層級並讓現場員工進行決策）。第三，重視團隊合作（建立跨部門的團隊）。第四，遵守時間表（沒有任何理由可以延遲）。第五，發展省時的配銷（在配銷上的沈積需要同時去除）。第六，把速度加進文化中（訓練公司各層級的員工瞭解速度的重要性)。

速度的優勢十分引人注目。雖然格言告訴我們時間即金錢，實際上公司對此僅止於口頭談論。工作所需的時間不論多長，都被認爲是要達成組織需求、系統、過程、以及階層關係必要的時間。然而，今日視時間節約爲一種獲得競爭優勢的策略要素。獲得這種前所未有的優勢而讓新產品迅速進入市場，並對顧客訂單快速反應的公司握有達成1990年代及其後卓越成就的成功之鑰。

摘要

產品策略反應事業的任務以及事業所處的位置。採行行銷概念，產品策略的選擇與公司的市場策略緊密相關。本章所討論的許多種產品策略與每個策略的不同選擇條列如下：

1.產品定位策略

a.定位單一品牌。
b. 定位多種品牌。

2.產品再定位策略

a.針對現有顧客再定位。
b.針對新使用者再定位。
c.針對新用途再定位。

3.產品重疊策略

a.競爭品牌。
b.私有品牌。
c.代工。

4.產品範圍策略

a.單一產品。
b.多產品。
c.產品系。

5.產品設計策略

a.標準化產品。
b.客製化產品。
c.修正後的標準化產品。

6.產品剔除策略

a.收割。
b.產品線簡化。
c.撤守。

7.新產品策略

a.產品改進／修正。
b.產品模仿。
c.產品創新。

8.多角化策略

a.集中式多角化。
b.水平式多角化。
c.集團式多角化。

9.價值行銷策略

a.品質策略。
b.顧客服務策略。
c.時間基礎策略。

本章討論不同策略的性質並提出相關的公司個案。不同策略的個案資料來自公開的資訊。

問題與討論

1.討論事業單位如何避免競爭品牌的競食效果。

2.討論停滯的品牌（假設是一種生活雜貨）可以針對新用途重新定位。

3.決定品牌在市場中可以生存的位置可運用何種指標？

4.何種情況下公司可以處理多種商品？

5.除了獲利以外，是否有其他支持剔除產品的理由？試討論之。

6.決定完全撤守整個產品線時需要考量哪些因素？

7.在何種情形下較偏好採行產品模仿策略？

附錄：產品策略觀點

產品定位策略

定義：在市場中相較於競爭品牌而將品牌定位於有利的位置。
目的：

1.在市場中替一項產品設定定位，讓它能與競爭品牌作區隔。
2.定位產品讓顧客瞭解其代表的意義、本質、以及希望顧客對它的看法。在定位多品牌的例子中：

◇在不同市場區隔提供不同商品以尋求成長機會。
◇規避單一品牌的競爭威脅。

條件：使用市場組合變數，尤其是設計與溝通。

1.成功管理單一品牌需要讓產品定位能對抗強力競爭對手，並藉著獨特商品的創造來維持其獨特地位。
2.成功管理多品牌需要小心的定位，使品牌間不會彼此競爭或產生競食效果。因此，仔細區隔市場並將個別商品藉由設計與促銷而針對獨特市場區隔的工作就變得十分重要。

預期結果：

1.盡力迎合特別區隔的需求。
2.減少銷售的波動。
3.提昇顧客對品牌的忠誠。

產品再定位策略

定義：重新檢視現有產品定位與行銷組合，並尋求合適的新定位。
目的：

1.增加產品壽命。
2.修正原來定位的錯誤。

條件：

1.若此策略是針對現有顧客，再定位尋求促銷產品不同的使用方法。
2.若事業單位的目標爲新使用者，該策略要求產品須扭轉對此產品不感興趣的顧客之觀感。採行此方法需要注意吸引新顧客的過程中不可疏遠現有顧客。
3.若此策略針對產品新出現的用途，就需要尋找產品潛在的用途。雖然並非所有產品都存在潛在的用途，產品亦可以用在並非原來預期的用途上。

預期結果：

1.針對現有顧客：增加銷售成長與獲利。
2.針對新使用者：增加市場，因此讓產品重新回到成長階段，並增加獲利。
3.新用途：銷售量、市場佔有率與獲利增加。

產品重疊策略

定義：以推出新產品、使用私有品牌及對代工廠商銷售而與自有品牌競爭。
目的：

1.吸引更多的顧客並增加市場。
2.以完整產能生產並分攤成本。
3.向競爭者銷售；實現規模經濟並降低成本。

條件：

1.個別競爭產品須有獨立的行銷組織。
2.私有品牌不能賺走獲利。
3.每個品牌必須在市場中找尋獨特的利基。若無法滿足上述條件，則會對現有顧客造成混淆並對銷售造成損害。
4.長期而言，其中一項品牌必須撤守，將其定位讓給其他的品牌。

預期結果：

1.市場佔有率增加。
2.成長率提昇。

產品範圍策略

定義：產品範圍策略處理公司的產品組合問題。產品範圍策略須考量事業單位的任務才能決定。企業可能採行單一商品策略、多產品策略、或產品系策略。

目的：

1.單一產品：藉由發展專業化而提昇經濟規模。
2.多產品：增加新產品以規避單一商品潛在的衰退風險。
3.產品系：增加顧客對公司的依賴並阻止競爭者入侵。

條件：

1.單一產品：公司必須要維持最流行的產品，甚至變成科技領導者以避免產品衰退。
2.多產品：產品組合中的產品須彼此互補。
3.產品系：公司須對顧客需求及產品使用有清楚的瞭解。

預期結果：三種策略均可使成長率提昇、市場佔有率提高、獲利增加。產品系策略可能會產生反托拉斯法的疑義，並擴張自身產品／市場機會的概念。

產品設計策略

定義：產品設計策略處理產品標準化程度的議題。公司有下列策略選擇：標準化產品、客製化產品、以及修正後的標準化產品。

目的：

1.標準化產品：提昇公司的規模經濟。

2.客製化產品：採取產品設計彈性以與大型標準化產品製造商競爭。3.修正後之標準化產品：結合上述策略的優點。

3.條件：對產品／市場現況與環境變化，尤其是科技變化，進行密切的分析。

預期結果：成長、市場佔有率，與獲利增加。此外，第三種策略可讓公司與市場保持密切接觸，並獲取發展新的標準化商品之經驗。

產品剔除策略

定義：經由剔除部分產品或完全放棄一個部門或事業而削減事業單位產品組合。

目的：剔除表現不佳的產品，因爲它們對固定成本與獲利的貢獻過低、未來展望不佳、或不符合企業的整體策略。產品剔除策略想要塑造事業的最佳產品組合並維持事業的平衡。

條件：剔除產品或部門不需要特殊的資源。然而，由於剔除後無法讓決定反轉，故須採取深入的分析以指出：

1.現有問題的結果。

2.剔除事業以外可以解決問題的替代方案（例如，是否可改進行銷組合？）。

3.剔除策略對其他產品或事業單位的影響（例如，欲剔除的產品與組合中的其他產品互補？對公司印象有不利影響？策略的社會成本爲何？）。

預期結果：短期可由生產、存貨降低而節省成本，在部分情形下會改善投資報酬率。長期而言，因爲有更多的資源集中在其他商品，其銷售量可能會上升。

新產品策略

定義：一套運作以推出新產品對事業而言，與現有產品不同；對市場而言，因應新的需求。上述特性引發三種選擇：產品改善／修正、產品模仿、以及產品創新。

目的：迎合新需求並維持對現有產品的競爭壓力。在第一種情形下，新產品策略是一種防禦策略；在第二種情形，就變成一種攻勢策略。

條件：若公司沒有新產品發展系統，新產品策略的執行就會變得十分困難。此系統的五種組成需要加以評估：

1.公司對新產品的渴望。
2.組織對創造力的開放成度。
3.環境對創造力的偏好度。
4.對新概念的審核方法。
5.評估過程。

預期結果：增加市場佔有率與獲利。

多角化策略

定義：發展不熟悉的產品與市場，藉由：

1.集中式多角化（新產品的行銷或技術與現有產品有關）。
2.水平式多角化（新產品與現有產品無關，但顧客群相同）。
3.集團式多角化（全新的產品）。

目的：多角化策略回應下列的需求：

1.現有產品／市場飽和時維持成長。
2.分散營收波動的風險。
3.規避主要顧客後向整合的風險。
4.增加在資本市場中的份量

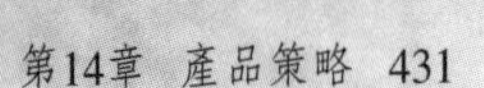

條件：爲降低多角化策略潛在的風險，事業單位必須：

1.只有在現有產品／市場機會有限時才分散營運活動。
2.對多角化的領域有相當的瞭解。
3.推出的產品有適當的支援。
4.預測多角化對現有產品的影響。

預期結果：

1.銷售增加。
2.較高的獲利與彈性。

價值行銷策略

定義：價值行銷策略指的是遵守對產品或服務立下的承諾。這些承諾包含品質、顧客服務、以及時間。

目的：價值行銷策略尋求全面顧客滿意，隱含追求卓越以及滿足客戶期望。

條件：

1.檢討顧客價值觀點。
2.設計出滿足顧客對品質、服務以及時間需求的方法。
3.訓練員工與經銷商以及時供貨。

預期結果：此策略強化顧客滿意度並使顧客忠誠，而導致較高的市場佔有率。該策略讓公司較能抗拒價格戰，讓公司可以定較高的價格而獲取較高的利潤。

第15章 定價策略

定價要素回顧
定價目標
成本
競爭
需求

新產品定價策略
吸脂性定價
滲透性定價

既有產品的定價策略
價格維持
降價
價格提昇

彈性定價策略
單一價格策略
彈性定價策略

產品線定價策略

租賃策略

包裹式定價策略

價格領導策略

建立市場佔有率的定價策略

摘要

問題與討論

附錄：定價策略

傳統上，定價在行銷策略中被視爲一個模仿競爭者（me-too）的策略變數。自1960年代起的穩定環境可以說是造成定價地位如此低落的主因。就策略上而言，定價功能可以提供投資適當的報酬。因此，陳腐的成本加成定價法與其變形，投資報酬率定價，常常是得到最後價格的方法。

然而，在1970年代有許多事件對定價決策造成衝擊。二位數的通貨膨脹率、物資短缺、成本提高、消費者意識高漲、以及郵資價格管制都使得定價策略變成爲行銷策略中重要的一環。

雖然定價策略極爲重要，即使在最有利的條件下，有效的定價仍非易事。在價格設定之前必須有系統地研究許多內部與外部的變數。舉例而言，競爭者的回應是發展價格策略時的重要考量。僅瞭解競爭者價格較低是不夠的；價格制訂者需要瞭解競爭者進一步降低售價的彈性空間。這樣的工作必須要事先瞭解競爭者的成本結構。然而，在今日的動態環境中，許多無法預料到的經濟變動會讓成本與收益的預測在出爐後不久就喪失功用，因此，定價策略變得越來越困難。

本章提供一些定價策略組合。針對每個策略檢定其內在假設以及相關情境。不同策略的應用會由定價文獻中舉例說明。本章後面的附錄簡單的說明每一項策略的定義、目標、條件、以及預期結果。

定價要素回顧

基本上，價格制訂者需要檢視四種要素才能制定價格：定價目標、成本、競爭、以及需求。這一節簡單回顧這些構成所有定價策略基礎的要素。

定價目標

簡單的說，定價目的可以是利潤導向或是數量導向。利潤導向目標可以用預期淨利率與投資報酬率目標來說明。數量導向的目的在大公司中比較常見。該目標可以用公司想要達成的市場佔有率百分比來表現。另一種方式可以將之設定爲想要達成的銷售成長率。許多公司可能視維持價格穩定爲一種定價目標。尤其在具有景氣循環的產業，穩定的價格可以維繫顧客信心，並使公司在景氣高峰或谷底時都可以穩定的運作。

表15-1潛在定價目標

1.長期利潤最大化。
2.短期利潤最大化。
3.成長。
4.市場穩定。
5.降低顧客價格敏感度。
6.維持價格領導地位。
7.嚇阻入侵者。
8.邊緣公司（marginal firms）迅速撤守。
9.避免政府檢查與管制。
10.維持中間商忠誠度並獲得其銷售支援。
11.避免供應商「進一步」的要求。
12.強化公司及產品印象。
13.被最終顧客視爲是公平的。
14.創造有關產品的樂趣與刺激。
15.競爭對手認爲可靠。
16.協助銷售產品線較弱的商品。
17.降低對手降價的動機。
18.讓產品「存活」。
19.尊重市場以提高事業的身價。
20.增加來客數。

Source: Alfred R. Oxenfeldt, "A Decision-Making Structure for Price Decisions," *Journal of Marketing* (January 1973): 50. Reprinted by permission of the American Marketing Association.

對許多公司而言可能會有如同表15-1除了獲利與數量以外的定價目標。每個公司對不同的目標看法不同，並在面臨定價課題時會決定優先順序。下面是一些定價會碰到的典型問題：

1.銷售滑落。
2.售價較競爭者高或低。
3.對中間商施壓以增加銷售量。
4.產品線價格不均衡。
5.顧客對公司定價的感覺扭曲。

6.與實際狀況無關而頻繁地變動價格。

這些問題顯示公司可能擁有一個以上的定價目標，即使這些目標並不一定清楚的明言。基本上，定價目標直接或間接處理三種領域的問題：利潤（設定夠高的價格，讓公司可以獲得適當的收益以供獲利與再投資）、競爭（價格低到足夠嚇阻競爭者增加產能的意願）、以及市場佔有率（價格較競爭者低以獲取市場佔有率）。

蘋果電腦對麥金塔設定的定價目標如下：

1.大多數大學生可以負擔此產品，並享受其優異的性能。

2.獲取某些認為麥金塔價值高於IBM個人電腦的市場區隔。

3.鼓勵至少90%的蘋果電腦零售商銷售麥金塔電腦，並提供強力的銷售支援。

4.在十八個月之內達成上述目標。

成本

固定與變動成本是價格制定者主要的考量。此外，他有時也需要考慮其他形式的成本，例如，支付成本、邊際成本、機會成本、控管成本、以及替代成本。

研究成本對定價策略的影響可以考量下列三種關係：1.固定成本與變動成本的比率，2.公司可以獲得的規模經濟，3.企業相對於競爭者的成本結構。若企業的固定成本佔總成本的比率較變動成本高，此時增加銷售量會對營收有很大的助益。例如航空業的固定成本佔總成本的60%至70%。一旦投入固定成本，所有增加的訂位都會對營收有很大的幫助。這樣的產業被成為對數量敏感的產業。有一些產業，例如，消費性電子業，其變動成本持續佔總成本極高的比率。這樣的產業對價格十分敏感，因為即使價格小幅度上升也會讓營收迅速增加。

若公司營運所獲得的規模經濟效果十分顯著，該公司可以計畫增加市場佔有率，並在考量長期價格時將未來成本下降的因素納入考量。若營運成本預期會下降，另一種方式是降價以獲取較高的市場佔有率。

若製造商相對其競爭對手而擁有較低的生產成本，它可以把價格維持在競爭水準，並獲得更多的利潤。多餘的收益可以用來積極促銷商品，並增加事業的市場佔有率。然而，若製造商的成本較競爭者高，製造商沒有能力降低售價，因為這個競爭工具可能會出現導致失敗的價格戰。

表15-2成本對定價的影響

成本定價法

成本	產品A	產品B
勞工（L）	$80	$120
原料（M）	160	80
生產（O）	40	80
總成本（L＋M＋O）	280	280
邊際成本（L＋M）	240	200
轉換成本（L＋O）	120	200

產品線定價

	加價（*M'*）	產品*A*	產品*B*
完全成本定價			
P=FC＋（M'）FC	20%	$ 336	$ 336
邊際成本定價			
P=（L＋M）＋M'（L＋M）	40%	336	280
轉換成本定價			
P=（L＋O）＋M'（L＋O）	180%	336	560

不同的成本要素與定價有不同的關係。例如，表15-2顯示如何計算總成本、邊際成本、以及轉換成本的差異以及這些成本對產品定價的影響。表15-3說明設定報酬目標的定價過程。

競爭

表15-4說明制定定價策略所需要的競爭資訊。這些資訊可以參考下列競爭要素：產業的公司數目、產業中不同成員的相對大小、產品差異化成度、以及進入障礙。

在只有一間公司的產業不存在競爭行為。該公司可以在法律的規範下自由設定任何價格。如同Illinois Bell的主管在AT&T分割前對定價的看法：「我們所需要作的只是確定我們的成本，然後我們將之呈交到委員會－Illinois商業委員會，然後他

表15-3設定報酬目標定價

項目	金額
製造產能	200,000
標準數量（80%）	160,000
標準成本	每單位＄100
獲利目標	
投資	＄20,000,000
目標投資報酬率	20%
投資報酬目標	＄4,000,000
每單位獲利標準（＄4,000,000÷160,000）	每單位＄25
價格	每單位＄125

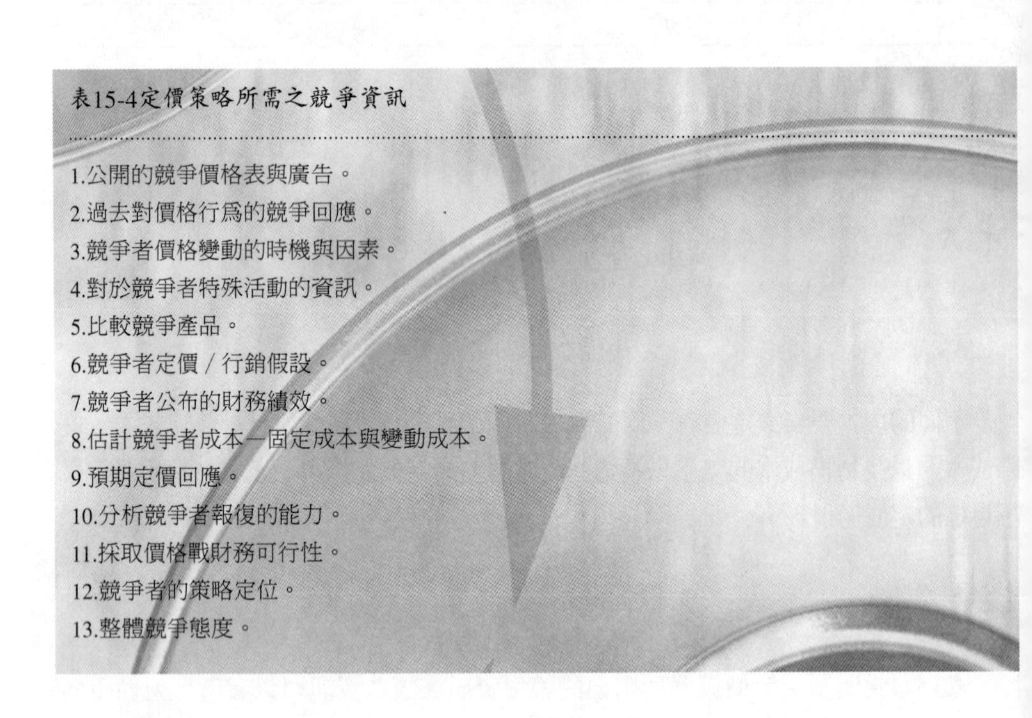

表15-4定價策略所需之競爭資訊

1.公開的競爭價格表與廣告。
2.過去對價格行爲的競爭回應。
3.競爭者價格變動的時機與因素。
4.對於競爭者特殊活動的資訊。
5.比較競爭產品。
6.競爭者定價／行銷假設。
7.競爭者公布的財務績效。
8.估計競爭者成本－固定成本與變動成本。
9.預期定價回應。
10.分析競爭者報復的能力。
11.採取價格戰財務可行性。
12.競爭者的策略定位。
13.整體競爭態度。

們會給予我們一個允許的報酬率。」相反地，在一個包含許多積極公司的產業中的競爭就會變得十分激烈。激烈的競爭限制企業任意定價的能力。在只有少數生產同質性產品企業的產業（例如，鋼鐵業）中，只有產業的領導者可以任意改變價格。其他產業成員傾向跟隨領導廠商制定的價格。

擁有較高市場佔有率的廠商處於一種可改變價格而不須考慮其他競爭者反應的地位。擁有較高市場佔有率的競爭者之成本被認爲是較低的。因此，該公司可以維持較低的價格以嚇阻產業的其他成員增加產能，並進一步在成長市場中得到成本優勢的企圖。

若企業在具有產品差異化機會的產業中營運，即使企業很小且競爭者眾多，它仍然可以對價格具有某種程度的控制力。定價的自由程度在顧客認爲品牌與競爭對手不同時才會產生：無論此差異是實質的或想像的，顧客不會抗拒爲偏好的品牌支付較高的價格。爲了在顧客心中建立品牌差異，企業在促銷中砸下大筆鈔票。然而，產品差異僅能在有限度的範圍內提供價格控制的機會。

在容易進入的產業中，價格設定者在制定價格時只有較少的自由空間；然而，若市場存在進入障礙，產業中的公司可以對價格擁有較大的控制能力。進入障礙可以有下列數種形式：

1.資本投資。
2.科技需求。
3.原料無法取得。
4.現有廠商享有且新進廠商難以達成的經濟規模。
5.現有廠商對自然資源的控制。
6.行銷經驗。

在進入障礙容易克服的產業中，新進入者會採取人稱遠離式定價（keep-away pricing）。該策略通常採取較低的價格。

需求

表15-5包含分析需求所需要的資訊。需求基於許多的考量，價格只是其中的一部分。其他可考量包含：

表15-5定價策略所需的顧客資訊

1.顧客對品的價值分析：效能、效用、利益、品質等等。
2.市場接受度：主要市場可接受的價格水準、包含替代品的影響。
3.市場預期價格以及不同市場的差距。
4.價格穩定性。
5.產品的生命週期曲線與所處的位置。
6.產業季節性與週期性因素。
7.現在以及未來一段期間的經濟狀態。
8.景氣衰退的預期衝擊：在衰退市場中的需求價格改變效果（例如，奢侈品價格少有變化）。
9.顧客關係。
10.通路關係與通路成本。
11.不同通路的加價（公司與中間成本）。
12.廣告與促銷的需求與費用。
13.銷售、替換、服務、交貨、安裝、維修、定貨前後的工程、存貨、損壞、以及毀壞的問題及成本。
14.產品差異化是否必要。
15.現有產業習慣與回應。
16.股東、政府、勞工、雇員、與社區關係。

1.顧客購買力。
2.顧客購買意願。
3.產品在顧客生活習慣中的定位（地位象徵或日常用品）。
4.產品提供顧客的價值。
5.替代品價格。
6.產品潛在市場（未被滿足的需求或飽和的市場）。
7.非價格競爭的情形。
8.一般消費者行爲。
9.市場中的區隔。

這些要素彼此相關且難以準確求出彼此間的關係。

對需求的分析包含預測價格水準與需求的關係，並同時考量其他變數對需求的影響。價格與需求的關係被稱爲需求彈性或價格敏感度。需求彈性（elasticity of demand）指的是在不同價格水準的需求產品量。價格敏感度必須要由兩種不同的層次來思考：產業的價格敏感度與個別公司的價格敏感度。

若價格降低使得需求增加，產業需求就具有彈性。若價格降低對需求的影響極微，需求被認為是缺乏彈性。前述的環境因素對需求彈性有很明顯的影響力。我們可以參考下面幾個例子。在能源危機時，石油的價格上升使得消費者減少汽油消費。相同地，當石油價格滑落時，消費者開始使用更多的汽油。因此，對石油的需求可以說是具有某種程度的彈性。

一種沒有彈性的例子就是食鹽。不論其價格如何波動，人們不會改變其食鹽的消費數量。同樣地，對奢侈品，例如，遊艇，的消費量較缺乏彈性，因為只有少部分的人買得起遊艇。

有時市場具有良好區隔，而可以研究個別區隔的需求彈性。高齡人口對於某些酒精的需求可能較缺乏彈性，而相同的產品對年輕的大眾可能較富有彈性。若產品價格上揚，顧客可能會轉向消費其他產品。因此，替代品的方便程度是另一個需要考量的因素。

當產業的需求十分具有彈性，產業領導者可能會帶頭降價。由於價格降低所造成的損失可以被創造出來的多餘需求所彌補；因此，整體市場銷售量增加。類似的策略在具有規模經濟效應的產業中十分具吸引力。當需求十分不具彈性且不具有類似的替代品時，價格可能會上升，只在短期中價格會上升。然而，長期而言，政府可能會設下一些管制措施，或者替代品可能會出現。

對個別公司的產品需求是來自於整體產業需求。個別公司關心價格變動時可以獲得的市場佔有率。在同質性高的標準化產品中，較低的價格可以讓公司在競爭者不跟隨著情形下增加市場佔有率。同樣地，降低價格亦可協助達成公司目標。然而，在差異化產品的情形中，市場佔有率即使在高價位（某種程度）的情形仍可以有改善。產品可以用不同的實質或感覺方式達到差異化目的。舉例而言，藉由提供適當的保證與售後服務，工具機製造商可以維持較高的價格，同時增加市場佔有率。品牌的尊貴印象與高品質的感覺是其他有助於區隔產品，並創造公司在提高價格而不喪失市場佔有率機會的因素。簡言之，企業最佳機會在於使產品差異化，並將此訊息傳達給顧客。差異化產品提供較多經由提高價格增加營收的機會。

價格敏感度可以用歷史資料、顧客訪談與實驗來衡量。歷史資料可以直接研究或經由量化工具分析，例如，迴歸，以瞭解需求受到價格波動的影響。顧客訪談與其他的市場研究並無差異。實驗可以在實驗室或在實際世界中採行。舉例而言，對研究價格敏感度有興趣的公司可以在很短的一段期間之內，於選定的新市場中以不同的價格推出新的生活雜貨。由此實驗得到的資訊會對產品的需求彈性提供很重要的瞭解。在一項研究中，十七種食品分布於三十間食品店中。研究發現，產品銷售依循需求法則：價格上升10％會讓銷售量降低25％；價格上升5％會讓銷售降低約13％；價格降低5％會讓銷售增加12％；以及價格降低10％會讓銷售增加26％。在另一項研究中，新的除臭劑在不同市場中分別定價63美分與85美分而能有相同的銷售數量。因此價格敏感度不明顯，因此廠商把產品價格訂在85美分。

對定價因素作個結論，當所有人認爲企業用科學的方法定價，這種感覺無法證明，而定價過程常常是任意決定的。雖然不同類型的事業花費很多的時間進行研究以決定產品價格，定價的藝術成分通常多於科學成分。在一些例子中，設定價格指的是直接使用等式：原料與勞工成本＋生產支出與其他費用＋利潤＝價格。而在其他的例子中，此等式包含心理以及其他定價策略根本依賴且較不主觀的因素。表15-6建議一種在工業行銷中整合不同定價要素資訊以制定客觀定價決策的方法。舉例而言，價格敏感度、競爭、供應者關係強度被用來對顧客作排序，允許針對不同顧客採行不同定價策略以有效達成獲利、市場佔有率以及溝通目標。

新產品定價策略

新產品的定價策略應使其達成對市場的預期影響，同時嚇阻潛在的競爭。替新產品定價的兩種基本策略分別是吸脂性定價（skimming pricing）與滲透性定價（penetration pricing）。

吸脂性定價

吸脂性定價是建立高價位並吸收所有市場需求曲線上端顧客的策略。此策略通常伴隨著高昂的促銷費用。吸脂性定價策略被建議用在需求不確定、企業新產品研發耗資極鉅、競爭者可以迅速研發出類似的新產品、或產品十分新穎而需要很久的時間才會達到成熟階段的情形。在這些情況下，吸脂策略有幾點優勢。在需求曲線上端的價格彈性較低。此外，缺乏類似的替代品降低交叉彈性。這些因素以及高度強調促銷可以讓產品強力入侵市場。只有對價格不在意的顧客才會在導入期買入新

表15-6定價指南

公司與顧客關係（槓桿）	價格競爭可能性（知識）	顧客的價格敏感度	
		低	高
強	高	獲利並採高價	維持市場佔有率並表達競爭意願
	低	獲利	
弱	高	採高價	
	低	目標市場佔有率	

Source: Robert A. Garda, "Industrial Pricing: Strategy vs. Tactics." Reprinted by permission of publisher, from *Management Review*, November 1983, copyright 1983. American Management Association, New York. All rights reserved.

產品。稍後可以降低價格進入大眾市場。

若對特定產品的需求曲線的形狀有疑義，且最初價格設定過高，價格可能會下滑。然而，若一開始採行低價位，在稍後提昇價格時會遭遇很大的困難。低價產品提高價格可能會激怒潛在顧客，而預期價格會下降會讓某個價位的需求遭受抑制。對財務不健全的公司而言，吸脂性策略可以迅速提供解脫的機會。此模式必須在高價位時銷售足夠的產品以承擔促銷與發展成本。若價格彈性高於預期，較低的價格會比較有利並可提供解套的機會。

當代具專利權的藥物提供吸脂性定價的範例。在1978年推出的時候，Smithkline Beecham的抗潰瘍藥物Tagamet定價每單位高到十美元。在1990年，價格下降到低於2美元；1994年約60美分。（Tagamet在1995年喪失美國的專利保護，釋放大量便宜的成藥至美國市場）。許多新產品定價採行此策略。VCD錄影機、冷凍食品、即溶咖啡在剛推出時的定價都十分昂貴。然而，現在這些產品的不同樣式由低價到高價應有盡有。目前，對於上市價格須超出成本多少並沒有共識。如同經驗法則顯示，最終價格應至少是生產成本的三至四倍。

決定採取多高的價格須依據兩個因素：1.競爭者入侵的可能性以及2.需求曲線頂端顧客的價格敏感度。若競爭者可能在短期中推出自己的品牌，企業可能適合將價格定得較高一點。另一方面，若競爭者在研發上嚴重落後，且較低的報酬率降低研發速度，此時就可以採取較低的價格。然而，若較高的市場佔有率可以阻止入侵，吸脂性定價在阻絕競爭上可能是不智的。若限制新產品銷售與少部分選定的個人可以得到足夠的銷售量，此時就可以採取非常高的價格。

決定高價維持的期間完全要看競爭者的行動。在缺乏專利保護的情形下，吸脂性定價在競爭者加入時會迅速被迫調降價格。然而，在產品由專利權所保護（例如，藥物）的情形下，生產者在專利權快要到期時會慢慢地調降價格。此策略讓廠商在競爭者入侵之前在大眾市場中建立堅強的根基，因此挫敗競爭者的入侵。

目前爲止對吸脂性定價的討論都在於導入期的高價。特級價格（premium）或保護傘式（umbrella）的定價是另外兩種吸脂性定價的方法。部分商品一直採取特級價格（較高的價格）並建立高品質形象。當大眾市場無法發展且高階需求較合適時，生產者不會冒險爲提供所有的顧客降價而損害產品優質的形象。Estee Lauder化妝品、Olga內衣、Brooks Brothers服飾與Johnston and Murphy鞋都是這類型的商品。

有時候企業會維持高價以提供一些成本較高的競爭者保護傘。保護傘式定價可以對最低售價限制加以規範，例如，牛乳。

杜邦提供一個吸脂性定價的例子。該公司偏好高獲利的特製商品。一開始，產品價格高昂；稍後，在市場建立以及競爭出現時開始降低售價。Polariod亦採行吸脂性定價策略。該公司推出新的昂貴樣式照相機，隨後並推出簡單的低價機種以吸引新顧客。

滲透性定價

滲透性定價是最初以低價進入新市場而獲取更大的佔有率之策略。滲透性定價在高階市場不存在且需求即使在產品推出早期仍相對有彈性的情形下採用。需求彈性高可能是採取滲透性定價最重要的因素。滲透性定價易用來嚇阻競爭者入侵的意圖。當競爭者似乎要入侵市場時，可以用滲透性定價的方法降低其入侵的誘因，這種方法會降低單位獲利。競爭者的成本結構在定價策略扮演著決定性的角色，因爲若相對於現有廠商而擁有成本優勢可以說服其他公司進入市場，不管該市場的單位獲利有多低。

達成規模經濟的一種方法也是透過滲透性定價策略。生產成本的節省本身可能不是設定低價的重要因素，因爲在缺乏價格彈性的情形下，企業難以創造出足夠的銷售量。最後，在採行滲透性定價之前，企業必須確定產品符合大眾市場的品味。舉例而言，雖然對人們而言，要接受人造牛乳不很困難，但是由石化產品製造的早餐穀片可能難以暢銷。

滲透價格需要壓到多低須視情形而定。滲透性定價策略運用許多種不同的定價方式：限價（restrained prices）、降價（elimination prices）、促銷價（promotional prices）、以及嚇阻價格（keep-out prices）。限價是在通貨膨脹時期將價格保持在某個水準。在此情形下，環境變成指引價格水準的指標。減價固定在威脅競爭者生存的一個價位。大型的多產品公司可以把價格降低到一種小型競爭者會被逼出市場的價格。工廠直營的西裝定價可以說明促銷價格，工廠直營據點持續強調低價可獲得與百貨公司類似品質的西裝。嚇阻價格固定在嚇阻競爭者入侵的價位水準，此處的目標在於訂一個能夠讓公司維持原有市場的最高價格。

低價變成滲透性策略中唯一的賣點，但是市場要大到可以支持較低的價格。因此，需求的價格彈性可能是決定價格要降到多低的最重要因素。此觀點很容易就可以說明。相信顧客較願意放棄方便性以獲取較低的價格，1981年一家公司推出濃縮清潔劑稱爲4＋1。不像其他高價位的清潔劑，例如，Windex、Fantastik、與Formula 409，此產品並不是噴霧式。使用前必須要用水稀釋。該企業希望佔有兩億美元市場的10％。但是這個產品銷售不佳。該產品並不如企業所想像的具有價格彈性。雖然顧客對於經濟性似乎十分重視，對於方便性的需求顯然高於節省幾分錢的期望。最後，4＋1退出大多數的市場。

不像杜邦公司，道氏化學公司強調滲透性定價。它集中在低單位獲利的商品與低價格、建立強大的市場地位、並長期維持。德州儀器亦採取滲透性定價。該公司一開始就建立極大的產能。藉由低價，它希望加速滲透市場的速度，並獲取較高的市場佔有率。

滲透性定價反應長期觀點，在這之中犧牲短期的利益以建立可持久的競爭優勢。滲透策略通常導致在相對狹窄的範圍中高於平均的長期報酬。而另一方面，吸脂性定價產品範圍較廣、低於平均的報酬。

既有產品的定價策略

行銷環境的改變可能使企業必須重新檢視既有產品的價格。舉例而言，大型企業宣佈降價將使產業中的其他公司有必要重新檢討售價。在1976年德州儀器宣佈稍後將以大約20美元的價格販售電子錶。這樣的宣佈震撼了整個產業，因爲在15個月之前最低價電子表價格爲125美元。這樣的策略強迫其他公司策略轉變並對於一些廠商產生重大的問題。Fairchild Camera and Instrument Corporation回應是推出20美元的塑膠殼電子錶。國家半導體公司也跟進。然而，American Microsystems決定完全退出手錶市場。

當需求發生變動時可能也需要重新檢視定價策略。例如，在1960年代末期由於迷你裙的風行，褲襪市場似乎將持續繁榮。但是在流行時尚由裙子換到褲子之後，其成長減緩。褲子遮住腳與破洞，使得人們不再購買許多雙的褲襪。褲子的風潮引起對腳踝長度襪子的偏好。雖然褲襪市場變小，兩個新進廠商，Bic Pen Corporation與Playtex Corporation準備推出它們的品牌。它們加入讓三大製造商－Hanes、Burlington與Kayser-Roth－重新檢討自身的價格並防衛市場佔有率。對現有價格的檢討可能會導致三種策略：維持價格、降價、或提高價格。

價格維持

若公司主導的市場區隔不受環境變化的影響，公司可以決定不更動定價策略。在伊朗革命後產生的石油危機並未影響高級車市場，因爲凱迪拉克、賓士、與勞斯萊斯車主並不在意高漲的石油價格。因此，通用汽車不需要重新設計凱迪拉克以減低耗油量，或以降低價格的行動來吸引一般消費者。

價格維持策略在價格變動較可行但幅度難以決定的情形下亦適合。若顧客與競爭者對價格變動的反應無法預測，維持現有價格水準是一個較合適的策略。否則，價格的改變會對產品印象或公司其他產品的銷售帶來難以估計的衝擊。多年前，Magnavox與Sylvania降低彩色電視機的價格，增你智將價格維持在現有水準。因爲產業似乎正處於有利位置，增你智無法瞭解爲何競爭者採取降價的策略。結果，增你智持續維持價格並獲取高額利潤。

政治情況可能是維持價格的其他理由。在1978年至1979年間，卡特總統呼籲對工資與物價進行自發性的控制。許多公司限制價格的變動以與政府合作控制通貨膨脹。

對社會福利的關注可能是另一個維持價格在現有水準的理由。即使短期供給不足，許多企業採取社會責任的觀點並維持現有定價。舉例而言，計程車司機在地下鐵與公車罷工時不會趁機調漲價格。

降價

降價有三種主要的理由。第一，作爲一種防禦策略，降價以因應競爭。舉例而言，在1978年十月，國會通過對航空業解禁的法案。解禁使航空業者幾乎可以完全自由地設定機票價格。因此，在1995年春季，爲因應大陸航空198美元由紐約至洛杉磯來回機票的費率，聯合航空採取相同的匯率。聯合航空當時標準的費率大約是750美元。同樣地，其他業者被迫在不同的路線降低費率以因應此價格。此外，爲在成熟市場中成功競爭，許多公司採取降價行動，採行通稱爲價值定價的策略。舉例而言，麥當勞考量滑落的收益與降低的來客數而在主要競爭對手Taco Bell與Wendy's的壓力下降低價格。

降價的第二種理由是攻勢策略。依循經驗曲線的觀念（參閱第十二章），經驗倍增時成本會以固定的百分比下降。因此，較具經驗的企業之成本比經驗缺乏的企業來得低。較低的成本有助於獲利。因此，作爲一種策略，企業必須要尋求較高的市場佔有率並盡力獲取經驗，以獲得成本及隨之而來的獲利。全國最大的家用工具連鎖店Home Depot成功採行此策略。每日低價的政策使公司可以成長爲擁有118家大部分處於陽光帶，身價28億美元的連鎖店。Home Depot的目的是要在全國各地銷售，並在1996年達到銷售量100億美元目標，同時擁有超過350店面的連鎖。

科技優勢讓企業可以用較低的成本生產高品質的電子工具。許多企業將此優勢轉移成較低的零售價格以獲取競爭槓桿。舉例而言，在1978年，新力公司的鬧鐘收音機，一種沒有備用電力同時面板只顯示現在時間的商品，售價80美元。在1988年新力的鬧鐘收音機定價40美元，並有輔助電力，且能顯示現在時刻與鬧鐘時間。在1995年，同類型的收音機價格低於25美元。

德州儀器採行經驗曲線的概念以降低整合迴路器的生產成本。這樣的成就同時反映在逐漸降低諸如電子計算機之類商品價格的策略上。康柏電腦公司採行類似的策略迅速回到個人電腦市場。即使在科技優勢地位較不顯著的其他事業中，降價策略也可能會成功。想想臨床實驗室Metpath的例子。在1960年代晚期，大約在Metpath草創期間，產業領導者Damon Corporation開始買下全國各地的地區性實驗室；在1970年代初期，產業中的其他大公司—Revlon、Bristol-Myers、Diamond Shamrock、與W.R. Grace—開始做同樣的事情。然而，Metpath採行降價的策略。爲執行此策略，它採行許多種方法以達到經濟規模。瞭解無法僅把個別營運的地區實驗室串聯就可以達成經濟規模，Metpath強調把測試集中化。大型實驗室可創造這樣的經濟規模，同時透過全國網路找尋樣本並送出測試結果。Metpath的策略有了豐碩的成果，它變成臨床測試產業的領導者。激烈的價格競爭，大部分可歸因於Metpath的策略行爲，使一些大型的多角化公司，包含W.R. Grace與Diamond Shamrock退出這個產業。

1990年代初期的衰退使消費者看緊錢包，並提高對價格的敏感度。因此，Sears採行新的定價策略，並幾乎永遠降低所有物品的售價。該公司在兩天之內讓824間分店暫時關閉以重新貼上價格商標，並採行每日低價的策略。其他公司，例如，Wal-Mart、玩具反斗城、與Circuit City亦採行全年低價的策略，避免時常更改定價。消費者喜歡全年低價的措施，因爲頻繁的變動銷售價格讓消費者很難認爲交易公平。同樣地，速食連鎖開始提供高價品的價值套餐。

第三項也是最後一項降價的理由可能是回應顧客需求。若低價是導致市場成長的條件，顧客需求可能會變成行銷策略的指引，其他的行銷組合都根據低價策略來發展。

例如，在1993年Philip Morris用價格作爲積極行銷的策略工具以尋求萬寶路香菸品牌的成長。其每包降價40美分吸引消費者的注意力，降低與低價品牌的差距並逐退競爭者。在不到一年的時間，萬寶路在美國煙草市場的佔有率由20%上升至25%。

在現有產品採行低價策略時必須要考量許多因素。降價對主要競爭者的長期影響是需要評估的一項因素。舉例而言，地區性的披薩連鎖只可以在短期間用降價的方式抵抗必勝客的入侵。必勝客（百事可樂的子公司）最終會在價格競爭上勝過地區性的公司。必勝客可以把價格壓低到地區連鎖難以負擔營運費用的地步。因此，在評估低價策略選擇時必須同時評估競爭優勢。

在高度競爭的情形下，產品若以差異的方式行銷，就可能會採行高價策略一例如，品質極佳。若高級品的價格下滑，對其定位可能會產生嚴重的衝擊。新力的電視機傳統上以特價賣出，因爲公司把它們促銷爲高品質的商品。新力的高價策略獲得回報：新力電視機以傑出品質聞名於世，並在市場中佔有重要的地位。然而，數年後，消費者壓力使新力公司的零售商開始降低價格。這樣的行動並未影響新力整體的形象，但這讓部分零售商開始停止銷售新力的產品，因爲新力變成只是它們所銷售眾多品牌中的一種罷了。換句話說，降價的策略雖然部分是由經銷商所發起，卻使得新力公司的獨特性遭受衝擊。即使其銷售量在短期之內增加，降價便不是長期有利的策略，因爲它與顧客對新力公司獨特品牌觀感的印象相衝突。最終，消費者可能會認爲新力只是另一個品牌，這會對銷售與獲利造成很大的影響。

我們也需要完整檢視產品降價對產品線其他商品的衝擊。

最後，降價產品對財務表現的影響必須在策略執行前要重新回顧。若企業財務上的定位會讓降價削弱其獲利能力，即使降價可能較其他策略有利，企業可能會決定不採取降價策略。舉例而言，產業中等公司降價1%可能會降低該公司營運獲利11%。

價格提昇

採取價格提昇策略的理由有數點。第一，在存在通貨膨脹的經濟體中，價格必須調漲才能維持獲利。在通貨膨脹的日子裡，所有的成本都在上升，爲維持獲利，讓價格提昇也是必要的。價格應提昇多少是視情況而定的策略事務。然而，觀念上，價格應增加以讓調整通貨膨脹後的獲利大致相同。價格提昇亦應考量因價格變動導致的需求轉移對營收的影響。就策略上而言，公司藉由提高價格降低通貨膨脹壓力的決定應基於短期獲利的達成對長期的影響。

必須要提起的是公司並不一定要用提高售價的方法來對抗通貨膨脹的壓力。公司可以採取非價格的策略來降低通貨膨脹的影響。舉例而言，許多速食連鎖增加供應的種類以及座位數量來部分抵銷加價的行動。同樣地，企業可改善產品品質或伴隨的服務而持續提高價格，使之超出通貨膨脹可解釋的範圍。高品質應使價格與獲利提高，因爲畏懼通貨膨脹的顧客會在市場中尋求的價值，而改善的品質與進一步的服務可以提供這樣的價值。

價格亦可以藉由容量減少並維持原價的方式增加。在蕭條時期，容量減少可以在成本上升的情況下穩定價格。在通貨膨脹的時期，容量減少提供維持價格不超出心理障礙的方法。容量減少的策略通常爲包裝物品的公司所採用。舉例而言，寶鹼公司把每包內含的紙尿布由88片減少到80片而維持原來的售價。在這個例子中，容量減少成功的讓價格上升9.1%。同樣地，H. J. Heinz把StarKist Seafood（鮪魚）容量6.5盎司減少八分之三盎司。藉著讓售價維持原狀，公司偷偷的把價格提昇5.8%。

當品牌對服務的區隔具有獨佔力時，價格可能會提昇。換句話說，當產品相對於市場中的競爭者而具有差異化的優勢時，它可以善用其獨特地位提昇價格以增加獲利。這樣差異化優勢可能是實質的，或只存於顧客心中。在壟斷的情形下尋求價格提昇必須要讓顧客可以接受，並仍能維持對品牌的忠誠度。若價格不合理的增加，顧客就會開始以價格決定品牌。

價格提昇可以參考咖啡的例子。我們假設有一群消費著十分熱愛飲用麥斯威爾咖啡。在他們的心目中，麥斯威爾具有某些特色。若麥斯威爾的價格上漲（假設其他品牌價格不變），這些消費者可能會繼續購買，因為該品牌對他們飲用咖啡的行為具有某種程度的獨佔力。然而，愛用者對於價格的忍受有一個限度。因此，若麥斯威爾咖啡價格提高幅度過大，這些顧客可能會改變他們的偏好。

由策略的觀點而言，這個例子說明了在獨佔的情形下，品牌價格可以較高以增加利潤與收益。然而，增加的程度必須要由許多因素決定。個別競爭者的不同產品在面對不同顧客時有不同的最適價格水準。競爭者個別的最適價格很少一致。由於個別競爭者不同的成本結構、產能限制、財務結構、產品組合、顧客組合、物流、文化以及成長，所以它們的選擇方案也大相逕庭。最適價格較低的廠商可以設定一般的定價；其他的廠商可能跟進或退出。然而，競爭者的生存需要其他廠商在失利時退出競爭，直到個別廠商都在「競爭區隔」中競爭，這是一種獨佔的情況，在此區隔中，個別廠商具有獨特的競爭優勢。要素的特殊組合與競爭環境的異質化使不同公司可以和平共存，並探索各自選定的領域（自身具有獨佔力的領域）。

有時，企業可能提高價格以符合產業的情況。在只有少數公司的產業中，可能會有一個公司（通常是最大的公司）變成領導者。若領導者提高價格，產業中的其他成員可能會依循以維持產業均勢。若它們拒絕追隨領導廠商，很可能會遭受領導者的挑戰。通常，沒有公司願意與產業領導者對抗，因為這比較切身相關。

美國汽車業有三大本土公司：通用汽車、福特、與克萊斯勒。依照市場佔有率，通用汽車是產業的領導者。若通用汽車提高價格，產業的其他成員就會跟進。然而，企業價格調漲幅度可能不會與領導者相同。領導者會設立價格調漲的限制，而跟隨者會把價格設定的與領導者極為接近。雖然在這種情形強迫企業提高價格，對於策略而言，在沒有不特別不同的情形下把價格設得比領導者價格略高卻是一種不錯的策略。

提高價格亦可區隔市場。舉例而言，飲料公司針對忙碌主管與專家推出新品牌。該品牌被定位為不須增加熱量就能提供精力與精神。為證實該產品的價值以及與眾不同之處，其定價為現有飲料的兩倍。同樣地，市場亦可用地理區域的方式區隔，並用不同的價格提供不同的區隔。舉例而言，在紐約一條6.4盎司的Crest牙膏在Park Avenue賣3.89美元，在Upper East Side賣3.29美元，在Lower East Side卻賣2.39美元。

惠普公司處於高度競爭的掌中型計算機產業，在該產業中降價是稀鬆平常的事。然而惠普公司提供選定的區隔高價商品。其產品似乎吸引對價格較不敏感但對品質十分挑剔的區隔。該公司產品設計有許多獨特功能，價格遠高於產業平均水準。換句話說，惠普公司不以提昇銷售量爲手段，而用較高的價位專精於狹窄的區隔。例如，在化妝品或汽車業中，大眾品牌價格與針對少數高品質利基市場設計、生產、包裝、銷售以及促銷的品牌價格可能多達十倍。高階市場商品通常由專家製作，例如，賓士或BMW汽車公司可以成功與大型標準化商品製造商競爭。

許多航空公司基於顧客敏感度以區隔市場與目標而成功運用成本結構。商務旅客價格敏感度相對較低，而觀光旅客對於機票價格的感覺十分敏銳。爲增加觀光客來客數同時保有商務旅客的利潤，航空公司基於區隔此二顧客市場的因素發展價格結構。

舉例而言，觀光旅客通常在週末時搭機；商務旅客卻不然。由對飛行定價轉移到對旅程定價，航空公司可以針對包含週六的夜晚之旅程打折。大部分商務顧客無法在旅程不干擾的情況下由此措施獲利。這使得航空公司增加觀光旅客的數量並同時維持對商務旅客的高價位。這樣的定價策略可能讓相同座位的票價差距十倍。因此彈性的定價策略讓企業可以對願意支付高價的顧客收取較高的價格，而不須損失無法負擔高價的顧客。

提高價格基本上十分吸引人。畢竟，價格提昇對獲利的影響大約是提昇同比率銷售量的三至四倍。但是企業必須考慮到這樣的措施對長期獲利、需求彈性、以及競爭回應的影響。雖然較高的價格在短期意味著較高的獲利，價格提昇的長期影響可能是痛苦的。價格提昇可能會引來新競爭者的入侵以及替代品的競爭。因此，在價格提昇策略採行前必須要徹底檢視其長期效果。此外，價格提昇可能會導致決定性地需求轉移。同樣地，若競爭者決定維持原來價格，加價可能對市場佔有率產生負面的影響。因此，企業必須要研究與預測競爭定位。此外，企業應檢視自身在高價時的生存能力。價格提昇可能代表收益的下降但可能會使獲利增加。對這樣的情況可能會發生的問題都必須要加以瞭解。資遣員工或重新分配銷售領域會不會有問題？價格提昇是否需要考慮社會責任？在1979年，卡特總統要求企業自願遵守工資及物價上漲7%。在類似的情況下，公司是否發覺加價10%比較合理並值得採行？最後，價格提昇應同時以行銷組合的其他因素加以強化。雪佛蘭無法賣到凱迪拉克的價格。Kmart標籤的西裝無法與Brooks Brothers的相比。Chanel No.5不能在*TV guide*中刊登廣告。在價格提昇前，必須要瞭解其他市場組合變素是否能支援。

最後，價格提昇的時機和決策本身一樣重要。舉例而言，比競爭者晚宣告價格提昇的簡單動作會給予顧客一種企業較關心顧客的印象。雖然落後的程度也一樣重要。

彈性定價策略

彈性定價策略通常包含兩種選擇：單一價格策略與彈性定價策略。受到環境中許多變化的影響，例如，市場成熟、成長趨緩、全球競爭、與消費者遷移，近年來越來越多的企業採行不同型態的彈性定價策略。彈性定價可能是基於不同地理區域，在不同市場制定不同價格，基於不同送達時間收取不同價格，或是基於顧客需求產品的複雜度設定不同價格。

單一價格策略

單一價格策略代表對所有在相同情形下購買相同數量的顧客設定相同的價格。單一價格策略基本上用於大量配銷與大量銷售的情形。單一價格策略有一些優點與缺點。其中一項優點為管理上的方便性。該策略亦使定價過程較為容易並維持顧客心中的評價，因為沒有任何顧客可以獲得較有利的價格。

單一價格策略的一項缺失為企業通常將價格公開讓有能力降價的競爭者得知。定價完全缺乏彈性可能會削弱產品的市場基礎，且在某些情況下對公司成長與獲利造成極為不利的影響。公司必須要對經濟、社會、科技、政治／法律、以及競爭環境趨勢進行回應。然而，實際上定價策略須定期檢討，以跟上環境變動的腳步。類似的檢討必須包括對公司相對於產業其他公司活動的定位。舉例而言，一般認為折扣商店成功的原因之一就是傳統零售商堅持以往的價格與獲利。

彈性定價策略

彈性定價是指針對相同產品或數量向不同的顧客收取不同的價格。彈性價格策略較常用於工業品市場。彈性價格的一項優點為銷售代表擁有針對競爭情況進行調整的自由，而不需要拒絕訂單。此外，雖然在價格歧視變成話題時企業可能遭遇到法律上的困境，企業可以針對有意願支付高價的顧客收取較高的價格，並對不願意支付高價的顧客收取較低的價格。此外，其他顧客可能因為企業收取較它們競爭者高的價格而失望的離開。而且議價常常會增加銷售的成本，並使部分銷售代表養成降價的習慣。

近來，許多大型美國企業增加新型態的的彈性定價策略。雖然企業在市場環境改變時，通常顯露出某種調整產品售價或利潤的意願，現在，這樣的彈性被認爲是一種高級的藝術。價格彈性的概念可以依照四種不同的方式執行：市場、產品、時機、與科技。

參考市場的價格彈性可以因地理區域或區隔的不同來達成。福特與通用汽車在西海岸的小型車定價低於全國其他地區。不同的區隔對產品可能會有不同的使用方法：因此，許多企業在設定價格時將使用方法納入考量。例如，產業塑膠可能一磅賣30美分；銷售給牙醫師可能每磅就變成25美元。在此，彈性定價策略在兩個區隔中索取不同的價格。

參考產品的價格彈性須考量產品提供給顧客的價值。仔細的研究可能會發現某些產品定價過低，且可以在市場中升級。其他開始出現競爭性定價的產品可能無法再提供多餘的加價空間，否則可能會產生價值與成本無法配合的情形。

由原料至交貨期間產生的所有交易成本必須要加以分析，而且若某些成本在特定情形下並無存在必要，就必須對該產品的定價進行調整。由顧客的觀點而言，這樣的成本最適化十分有用，因爲顧客不需要支付未創造價值的成本。

價格彈性亦可藉由基於價格變動的漲價條款來執行。漲價條款在訂單確認與成品交付之間存在明顯時間差距時適用。若產品易受到科技變動的影響，價格的設定必須能夠在合理期間內補償所有沈沒成本（sunken cost）。

彈性定價策略有兩大特徵：強調獲利或單位利潤，而非僅重視數量，參考現實情況而改變售價的意願。這裡必須要注意一些問題。在許多例子裡，建立市場佔有率對降低成本，及增加利潤而言十分重要。因此，在經驗曲線產生作用之處，公司可能會發現降價有益於維持或增加市場佔有率。然而，若降價僅作爲獲取合約所採行的的反應行爲就不值得。執行此策略必須要讓定價決策由遠離銷售人員的組織高層人士制定較爲恰當。在某些公司，定價主管直接對總經理負責。

此外必須建立每季或每半年檢討定價的系統性方法。最後，爲協助定價決策能檢討不同的定價因素，企業必須要建立適當的資訊系統。

產品線定價策略

現代企業生產與行銷一系列不同品質、設計、大小、樣式的產品。不同產品間的關係可能彼此互補或彼此競爭。產品線中不同產品的關係影響競爭商品間的交叉彈性需求，而包裹購買的商品卻彼此互補。舉例而言，即溶咖啡價格與公司一般咖啡價格之間存在某種關係，因為這些商品可以彼此替代；因此，這是交叉彈性的例子。同樣地，殺蟲劑的價格與肥料有關。換句話說，多產品的公司無法在制定產品價格時不考慮此價格對產品線其他商品所造成的影響。

多產品公司的定價策略應使組織的獲利最大，而非僅考量單一產品的獲利。對於已投入生產的商品而言，定價策略需要將之依照下列的貢獻程度來區分：

1.負擔直接成本並依比率分攤固定成本後，仍可支應其他成本的產品。
2.只能依比率分擔固定成本的產品。
3.支付能力高於邊際成本但無法依比率分攤固定成本的產品。
4.無法支應自身成本的產品。

管理者對這些區別有了瞭解後，可以在一個較佳的地位研究強化產品線績效的方法。這裡列出針對四種類別個別商品的定價決策在於強調產品線中個別產品所面臨的需求與競爭情勢。因此，某些產品（新產品）可能定高價以獲取高額利潤；其他的商品（高度競爭的標準化商品）可能會有赤字。藉著維持邊際商品以「維持機器運轉」並吸收固定成本，管理者可能可以讓產品線所獲得的利潤達到最大。少量沒有貢獻的產品可能必須剔除。

以通用汽車的定價結構為例。為平衡低利潤的低價小車所產生的影響，公司提高大型車的價格。其豪華車種的價格較大型車的價格更高。舉例而言，在1991年凱迪拉克Seville售價超過55,000美元，這是公司最低價車種的四倍。然而，此差距逐漸拉大，因為低獲利的小型車市場成長，公司必須要在豪華車市場中獲取更多的利潤，以達成公司的獲利目標。因此，預期在1990年代末期，通用汽車凱迪拉克的定價將會是80,000美元。

對於加入產品線的新商品而言，策略發展過程必須同時評估其所扮演的角色。下列問題必須加以瞭解：

1.對公司不同價格的競爭產品會造成何種影響？
2.考量公司整體產品後，新產品最佳的價格（範圍）為何？其他商品價格是否需要調整？因此。邊際獲利或損失（在不同價格下，現有商品的銷售與利潤加上新產品的銷售與利潤）為何？
3.需要新產品以超前或趕上競爭？
4.可強調公司形象？若可，這樣的強化是否值得？

若恰當得出產品／市場策略，新產品是否迎合特別區隔的事實就十分明顯了。新產品若能迎合個別區隔，定價決策就較為容易；考量成本、營利目標、行銷目標、經驗以及外部競爭等因素將可決定價格。

若不存在特別符合的產品／市場，新產品的定價策略必須要考量此產品與產品線中其他產品的性質為競爭或互補。對互補產品而言，必須要檢視產業的價格表，此表是個別產業最低價格、最高價格以及一般分佈的主要指標。產品線定價策略中有三個重要變數。市場中的最低價格商品即使並不是最受歡迎的，總仍是印象最深刻，且毫無疑問得到最多關注的產品；市場中最高價格代表製造高品質商品的能力；規劃良好的價格結構（使利潤最適化並讓消費者覺得合理）通常需要仔細的研究，並會被競爭者模仿。然而，產品線可使主要獲利目標變為產品的供應或補充零組件。

若預期產品競爭激烈企業就必須採取下列的市場分析：

1.對產業定價歷史以及產品線特色的瞭解。
2.比較企業與競爭者產品與數量，顯示出受歡迎的差距與領域。
3.公司產品線的銷售量與獲利潛力。
4.內部新的競爭商品銷售量與獲利潛力。
5.若競爭者推出新產品而公司未推出的話，會對公司銷售量與利潤造成的影響。
6.推出時機延誤或提前的可能影響。

有了這些資訊，對於成本加成的計算就可以展開。其後，定價者有三種定價選擇：（1）對產品的總成本加上相同或不同的加價比率，（2）加上可以涵蓋產品線所有固定成本的加價比率，以及（3）加價比率須可達成獲利目標。這三種選擇方案的特徵並不相同。第一種方法隱藏加價的機會。雖然第二種方法的價格最低，卻傾向分攤固定成本而讓產品吸收所有的營運費用，且最具價格吸引力。第三種方法將最高的成本價格的擔子放到產品上，這樣的行動可能並無競爭上之必要性。然而，不論採行何種選擇，最終價格必須同時參考市場與競爭情況之後才能決定。

租賃策略

定價策略主要強調立即購買商品而非租賃。除了房屋以外，租賃比較常用於工業性商品的行銷之中，然而近年來消費性用品的租賃也開始有了成長的趨勢。舉例而言，有些人租用汽車，通常只要每個月支付固定一筆款就可以租一台全新汽車，就像租公寓一樣。同樣地，如同房屋的例子，租約都有最短的期間，例如，兩年。因此，消費者可以每兩年就租用一部新車。因爲新車頭兩年的維修費用不高，消費者可以省掉許多麻煩。

雖然有不同設定租賃價格的方法，出租者通常希望在幾年內回收投資。此後，大部分的租金就都是利潤。出租者可能設定每月的汽車租金，而在一段時間，例如，30個月，後回收汽車的成本。舉例而言，以1994年爲準，豐田Corolla每月租金可能約179美元（其標價爲13,948美元）。依此條件，中間商在約27個月後可回收所有的成本。（這裡必須注意中間商以批發價格而非零售價格購入汽車。）最重要的事情是要設定每月租金，以及租約存續的最短期間長度，以使租車者支付總額低於購買新車分期付款所需支付的款項。事實上，租賃比率必須要比購買低才能說服購買者選擇租賃的方式。

汽車出租改變產業的市場觀點。在1993年售出的汽車與卡車中的四分之一是出租的方式。在2000年，預測有一半的汽車與卡車將會出租。汽車購買習慣改變的理由很容易理解。大約75%的汽車買主需要某種程度的融資以及無法免除的汽車貸款利息，因此，租賃相對較低的每月支付額十分具吸引力。對汽車公司而言能夠掩飾價格的增加並回復品牌忠誠度。它提供公司與顧客建立關係的機會。此外，它吸引年輕車主使用豪華品牌並減少一年中的銷售波動。

租賃對其他產品亦可行。舉例而言，對年輕人、具高度流動性的人（例如，高階主管、空服員）、以及只有在小孩家庭來拜訪時，在短時間需要適當家具的老年人而言，家具出租十分具有吸引力。此外，公寓擁有者可能會出租家具以提供房客完整的單位。

在工業市場中，基本上所有資本財與設備的製造商都使用租賃策略。傳統上，製鞋機、郵資測量、包裝機器、紡織機器、以及其他中型設備都是採用租賃的方式。近來此策略的應用包含：電腦、影印機、汽車與卡車租賃。事實上，幾乎所有種類的資本機器與設備都可採取租賃的方式。由顧客的觀點而言，採行租賃策略有許多種理由。首先，它降低進入產業的資本需求。其次，它讓顧客不受科技落後的影響。第三，租賃價格在報所得稅時可以當作費用沖銷。當然，這樣的優點是否有用，需要看顧客用來購買的資金來源（自有資金或借款）。最後，租賃讓顧客不須囤積可能沒有必要的產品。

由製造商的觀點，租賃策略有許多好處。首先，讓收入穩定，這對於設備的單位成本高之週期性產業十分重要。其次，促進市場成長，因爲較多顧客能負擔租賃，而無法負擔購買費用。第三，租賃的營收通常較銷售高。

包裹式定價策略

包裹，通常稱爲冰山式定價，把多餘的利潤（支援服務）放在價格之中，並超過產品本身的價格。這類型的定價策略較受出租產品企業的歡迎。因此，在採行包裹策略時，租金包含在產品使用期間所涵蓋的支援功能與服務之額外費用。由於單位利潤在產品完成攤銷後迅速提昇，對於出租產品以維持產品運作並改善效能而有較高的售價或再出租價值的公司而言十分有利。包裹策略讓公司可以採行這樣的作法，因爲維修或冰山式費用已經將服務費用加到價格之中。

IBM一度採行包裹式定價，它對於硬體、服務、軟體、以及諮詢收取一個費用。然而，在1969年，美國司法部控告IBM壟斷電腦市場。因此，該公司將其價格拆解並開始分別銷售電腦、軟體、服務以及技術。

在包裹策略中包含的不僅是硬體成本與獲利，其他諸如：技術銷售支援、系統設計與工程、系統軟體及應用、人員訓練、維護費用等亦包含在內。雖然包裹策略因妨礙競爭而遭受批評，我們必須要瞭解交付與維修複雜系統的困難。若製造商不首先開始讓系統維持在營運良好的狀態，顧客必須要向許多的廠商求助後才能使用諸如電腦之類的商品。由顧客觀點來看，至少在科技導向產品的導入期中，包裹策略十分有效。

對一個公司而言，該策略（1）包含所有預期提供服務與維修產品的費用，（2）

提供收益以維持售後服務的人事，（3）提供偶發性資金以因應未預期的事件，以及（4）確保對最終產品適當的保養與維護。包裹策略亦使公司與顧客繼續維持關係。藉此，公司可以獲得顧客需求的第一手資訊，而可能協助顧客使用新一代的產品。包裹策略與科技複雜商品的關係無庸置疑，尤其在科技快速淘汰的市場中更爲明顯。

就其負面影響而言，包裹式策略常常會增加成本，並對價格和利潤造成扭曲。因此，在市場景氣不佳時，包裹策略可能並不妥當。舉例而言，大盤商可能會不採行直接的發票價格，而分別對交付、包裝等活動收費。越來越多的百貨公司對送貨到家、禮品包裝、以及購物袋收取更高的價格。因此，不需要這些服務的人就沒有必要支付這些費用。

價格領導策略

價格領導策略出現在寡佔的情形。產業的成員因爲規模，或控制市場的理由而變成整個產業的領導者。領導公司可以在產業其他成員認可下採行定價行爲。因此，該策略將主要的定價決策責任交由領導廠商執行；其他成員僅止於跟隨領導者。領導者被期望要仔細制定定價決策。錯誤的決策可能會使企業喪失領導者的地位，因爲產業的其他成員將停止追隨領導者的腳步。舉例而言，若將價格提高時，領導廠商只受到私利的驅動，其價格領導者的行爲可能不會被仿效。最後，領導者將被迫放棄其提昇價格的策略。

價格領導策略是一個動態的概念。在成長機會適當的環境中，企業較有意願維持價格的穩定，而不願彼此以價格戰的方式競爭。因此，領導者的概念在這樣的情形下可以運作良好。在汽車業中，通用汽車爲市場佔有率的領導者。其他兩大本土廠商緊緊追隨通用汽車的所有價格調漲的行動。

通常，領導者的市場佔有率最高。領導策略的目的在避免會造成降價而使所有企業收到傷害的價格戰，以及掠奪式競爭。偏離如此形式的企業可能會被領導者以打折或削價的方式加以懲處。價格偏離會迅速受到控制。

成功的價格領導者有下數特徵：

1.在產業的產能中佔有很大的比率。

2.市場佔有率高。

3.對特定產品種類或品級的承諾。

4.新穎、具成本效益的廠房。

5.強而有力的配銷體系，可能包含有力的經銷商。

6.良好的顧客關係，例如，對工業買主的技術支援、針對最終使用者設計的計畫、或在缺貨時對重要顧客特殊的關注。

7.可提供對供給以及需求現況分析之有效率的市場資訊系統。

8.對價格以及產業其他部分的獲利需求之敏感度。

9.瞭解改變價格的適當時機。

10.健全的管理組織以制定價格。

11.有效的產品線財務控管，這對制定健全的價格領導決策十分重要。

12.對法律議題的關注。

在不利的市場環境中，價格領導策略較不可行，因爲企業可能以不同的方式與環境互動。因此，領導者在代表產業進行決策時會猶豫不決，因爲其他企業可能會認爲此決定對它們不利。因此，價格領導／跟隨的模式就會被打破。

爲在不利的情形下生存，即使小公司亦可能會開始採行降價策略。舉例而言，在1988年鋼鐵的定價十分一致，但公司可以自由給予價格折扣。在化工產業中，來自海外的競爭讓價格領導策略無法執行。因此企業規劃許多短期的結盟以創造商機。下列的報導說明玻璃容器產業中價格領導策略的衰落：

> 由於許多小公司開始走在價格的前端，傳統的價格領導模式也在玻璃容器產業中式微。舉例而言，去年Owens-Illinois, Inc—這比其最大的五個競爭對手加起來還大的公司—將報價提高4.5%。由於害怕價格提昇會損害到對剛開始使用玻璃瓶的釀酒業之銷售量，較小的公司開始打破協議並提供高額的折扣。此行為不但否定了O-I的價格提昇策略，亦開始引起對小公司的重視。

對領導者價格變動會產生直接反應的觀念，乃假設所有企業的定位在不同的定價變數中（即成本、競爭與需求）多多少少存在著一致性，且不同的企業擁有同樣的定價目標。然而，這樣的假設可能並未證實。領導策略是一種在產業中執行相似定價反應的人爲方式。就策略上而言，企業與其競爭對手以相同的方式定價是一種錯誤，其定價應高於或低於競爭對手的價格以使本身與對手區隔。

建立市場佔有率的定價策略

近來對行銷策略領域的研究說明了市場佔有率爲策略制定的關鍵變數之一。雖然市場佔有率在其他課題時已有討論，但這一節要檢討市場佔有率對定價策略的影響。

較高的市場佔有率以及經驗會導致較低的成本。因此，新產品的定價應增加經驗與市場佔有率。增加市場佔有率與經驗的組合讓公司擁有成本優勢，此優勢難以被競爭者平庸的績效所克服，競爭者被阻絕於市場之外並學習處於次要的地位。

假設市場價格敏感度高，企業就應儘可能及早開拓市場。達成此目的的一種方式就是降低價格。每種產品早期的單位成本都十分高昂；若價格須涵蓋所有成本，處於導入階段的產品在面臨現有產品競爭時可能不具市場能力。瞭解市場佔有率與經驗對價格的影響後，企業可能採行讓產品活絡的價格。在產品導入初期，企業可能在虧損的狀態下營運。當銷售量開始增加、成本降低、且即使在低價時亦可讓公司賺錢的產品，顯示其未來競爭成本差異可能比現在獲利更重要。當然，這樣的策略定位只有在競爭的狀態下才合理。在缺乏競爭的情況下公司就可以把價格定得越高越好，只有在整體收益會被影響的情形下才考慮調降價格。

最初製造商制定的價格越低，製造商就能夠比競爭者以更快的速度增加銷售量與成本優勢，並使市場發展的更迅速。在某種意義上而言，建立市場佔有率的定價策略是購買時間優勢的策略。然而，最初價格越低，在獲利之前所需的投資就越多。這也代表公司要存活就必須要比競爭者具備更多的投資資源。

然而，有兩項限制使該策略難以執行。首先，執行此策略所需投入的資源比公司可能獲得的還多。其次，價格一旦制定就難以提昇，且必須要維持至成本低於價格之後；因此，價格越低，回收的時間就越久，所需投資越多。當未來報酬折現之後限制就變得更明顯。

由於這些困難讓許多公司最初制定價格時涵蓋所有的成本。此策略尤其在沒有明確的競爭威脅時較常採用。當銷售量增加且成本降低時，利潤開始浮現，而這亦引來新的競爭者入侵市場。當競爭者採取行動時，原創的公司需要就目前獲利與市場佔有率間作個選擇。然而，就策略上而言，新產品依照市場佔有率與成本間的關係所制定的價格應指出產品未來預期的成長。

摘要

定價策略乃企業高階管理事務。然而，沒有其他管理決策比定價更受到直覺的影響。對此有理由可解釋。定價決策主要受到一些因素的影響，例如，定價目標、成本、競爭、以及需求，而這些因素難以明確的說明及分析。舉例而言，對於競爭者在某種情形下會採取的行爲必須要進行假設。對此並沒有方法可以確認；因此，其特徵必須要仰賴直觀的判斷。

本章重新回顧了前述的定價因素，並探討價格決策者可能採行的重要策略。

1.新產品定價策略。
2.既有產品定價策略。
3.產品線定價策略。
4.租賃策略。
5.包裹式定價策略。
6.價格領導策略。
7.建立市場佔有率的定價策略。

針對新產品有兩種主要的定價策略，吸脂性定價與滲透性定價。吸脂性定價是一種高價策略；滲透性定價設定較低的價格以創造銷售量。針對既有產品討論三種定價策略：維持價格、降價以及提昇價格。彈性定價策略提供依照市場與產品制定價格者槓桿能力。產品線定價策略目的在維持公司不同產品間的均衡。租賃策略代表直接銷售商品外的另一種選擇。包裹策略探討將商品與相關服務包裝以定價的模式。價格領導策略爲寡佔產業的特徵，在產業中會出現一家領導廠商制定價格策略，以建立市場佔有率。爲建立市場佔有率的定價強調最初設定低價以獲取銷售量，及市場佔有率的重要性，該策略並可讓公司在未來擁有進一步降價的能力。

問題與討論

1.維持穩定的價格是否爲可行的目標？爲什麼？
2.在獲利與銷售量目標間是否存在衝突？難到並沒有因果關係？試討論之。

3.使用邊際成本而非完全成本定價有什麼好處？使用邊際成本法是否需要考慮負面因素？

4.設定價格策略須對競爭者行爲進行何種假設？

5.「短期價格提昇會讓產能增加並降低市場需求，而使產業的長期獲利能力受損。」試討論之。

6.經由經驗曲線的概念，新產品最初的價格應該要低；事實上，可能必須要低於成本。考慮這個命題後並討論這個命題與吸脂性定價策略的關係。

7.何種因素讓價格領導策略較不受重視？

附錄：定價策略

新產品定價策略

吸脂性定價

定義：在產品推出時設定相對高昂的價格。

目的：

1.在競爭尚未開始前服務產品線頂端對價格較不敏感的顧客。
2.高單位獲利涵蓋所有促銷與研發費用。

條件：

1.針對推出商品、教育顧客以及吸引初期購買者花費高昂的促銷費用。
2.需求線頂端的需求相對較不具有彈性。
3.缺乏直接競爭以及替代品。

預期結果：

1.市場區隔爲價格敏感與價格較不敏感的顧客。
2.高單位獲利可涵蓋所有促銷以及研發成本。
3.公司在競爭者入侵前有降價銷售的機會。

滲透性定價

定義：在新產品推出時設定相對低價。

目的：藉由快速取得市場佔有率以及經濟規模的成本優勢來嚇阻競爭者的入侵。

條件：

1.產品市場必須要大到能夠支持價格優勢。

2.需求必須具有高度彈性以讓公司維持成本優勢。

預期結果：

1.高銷售量與高市場佔有率。
2.單位獲利低。
3.經濟規模導致較競爭者低的單位成本。

既有產品定價策略

維持價格

目標：

1.維持市場地位（市場佔有率、獲利等等）。
2.強化公司形象。

條件：

1.公司服務的市場不易受環境變動影響。
2.對需求或價格變化的結果存在不確定性。
3.公司形象可藉由回應政府或輿論維持價格的要求而提昇。

預期結果：

1.公司市場地位不變。
2.強化企業形象。

降價

目的：

1.面臨競爭所採行的降價防禦行動。
2.意圖擊敗競爭對手的攻擊行為。

3.回應環境變動所產生的顧客需求。

條件：

1.企業應在財務上與競爭上能夠在價格戰出現時存活。
2.須對產品需求具有良好的知識。

預期結果：較低的單位獲利（假設成本維持不變）。較高的市場佔有率，但這必須要看公司相對於競爭者價格的變化與價格彈性。

價格提昇

目的：

1.維持在通貨膨脹期間的獲利。
2.運用產品實質或感覺差異。
3.區隔現有市場。

條件：

1.相對較低的價格敏感度但對諸如品質或配銷的其他因素，具有相對較高的彈性。
2.以行銷組合的其他要素加以強化；舉例而言，若企業決定增加價格並以品質使其產品差異化，在促銷與配銷時就必須強調產品品質。

預期結果：

1.較高的單位獲利。
2.區隔市場（重視價格、重視品質等等）。
3.若差異化成功，可能使銷售單位增加。

彈性定價策略

單一價格策略

定義：對在相同情況下購買相同數量的顧客收取相同的價格。

目的：

1.簡化定價決策。

2.在顧客中獲得良好名聲。

條件：

1.詳細分析企業相對於產業其他成員的地位與成本結構。

2.提供相同價格的成本變動資訊。

3.規模經濟。

4.競爭價格資訊；顧客願意支付的價格。

預期結果：

1.降低管銷費用。

2.固定的單位獲利。

3.顧客間良好的聲譽。

4.穩定的市場。

彈性定價策略

定義：針對不同顧客購買相同產品與數量收取不同的價格。

目的：使短期利潤最大化，並依照競爭情勢以及消費者願意支付的費用來調整價格，以增加來客數。

條件：執行策略相關的資訊。通常此策略有四種不同的執行方式：

1.市場別。

2.產品別。

3.時機。

4.科技。

其他需求包含：

1.顧客對產品的價值分析。
2.重視單位獲利而非僅重視銷售量。
3.競爭者過去對價格行動回應的記錄。

預期結果：

1.增加銷售、產生較高的市場佔有率。
2.增加短期獲利。
3.增加管銷費用。
4.因價格歧視所導致的法律問題。

產品線定價策略

定義：針對個別產品與產品線其他商品的關係定價，不論此關係爲互補或競爭。

目的：產品線獲利最大而不僅針對個別商品。

條件：

1.針對現有產品依照對產品線成本的貢獻定價。
2.對新商品以產品／市場分析確定產品是否有利可圖。價格由成本、獲利目標、經驗、以及外部競爭關係決定。

預期結果：

1.產品線良好、均衡、且一致的價目表。
2.長期獲利較高。
3.產品線整體表現較佳。

租賃策略

定義：資產擁有者（出租者）出租資產給其他個體（承租人）間的協議。承租人每個月支付包含本金與利息的一筆固定數量現金作爲承租費用。

目的：

1.吸引無法立即購買的顧客以促進市場成長。
2.實現長期獲利：一旦生產成本完全攤銷後，租金幾乎全爲獲利。
3.增加現金流入。
4.擁有穩定的營收。
5.預防因科技過時使收益降低。

條件：

1.維持持續生產未來銷售或租賃所需的財務成本。
2.適當計畫出租比率與最短承租期間，以使承租人在租賃期間支付的租金總額低於每月分期付款購買所需支付的費用。
3.具有大額資本需求的顧客可能需要立刻購買或爲了沖銷所得稅費用。
4.因應競爭者產品改善而使出租廠商產品跟不上潮流的能力。

預期結果：

1.市場佔有率因爲增加了原來可能無法購買產品的顧客而上升。
2.數年間穩定的營收。
3.由於折舊攤銷而減少的所得稅費用可使現金流量增加。
4.當顧客執行購買選擇時增加的銷售量。

包裹式定價策略

定義：價格中包含多餘的單位利潤，以在產品使用期間的銷售與維護中包含各種支援功能服務所需之費用。

目的：

1.在出租協議中確保資產適當維修以及處於運轉良好的狀態，以供出售或繼續承租。
2.產生多餘利潤，以涵蓋提供服務與維護商品所產生之未預期成本。
3.產生利潤以支應售後服務的人事。
4.為無法預測的事件設置準備資金。
5.與顧客維持關係。
6.以「免費的」售後支援與服務嚇阻競爭者入侵。

條件：此策略適合科技迅速變動的技術複雜的商品，因為這些商品以系統方式出售且通常需要：

1.多餘的技術支援。
2.針對顧客設計與工程。
3.附屬的設備與應用方法。
4.人員訓練。
5.強力的服務／維修部門能針對顧客疑問提供迅速的回應與解決方法。

預期結果：

1.資產保持在可供出售或出租的狀態。
2.正的現金流量。
3.顧客需求變化的即時資訊。
4.因為顧客覺得它們值回票價，運用整體包裝的銷售概念所增加的銷售量。

價格領導策略

定義：此策略由產業的領導廠商來制定重大的定價行為，產業的其他成員追隨此行為。

目的：獲得產業中定價決策的控制權，以支援領導廠商本身的行銷策略（創造進入障礙、增加單位獲利等等）

條件：

1.寡佔市場。

2.產業中所有公司受相同的價格變數所影響（成本、競爭、需求）。

3.對產業狀況的完整資訊；定價上的失誤意味著控制權的喪失。

預期結果：

1.預防會傷害所有成員的價格戰。

2.穩定的價格。

3.穩定市場的佔有率。

建立市場佔有率的定價策略

定義：針對新產品設定可達到的最低價格。

目的：尋求競爭者無法順利克服的成本優勢。

條件：

1.足夠資源以支持最初的營運損失，這些損失稍後可由規模經濟的效果來彌補。

2.對價格敏感的市場。

3.較大的市場。

4.需求彈性高。

預期結果：

1.建立市場佔有率之初存在損失。

2.創造產業中的進入障礙。

3.最終在產業中獲得價格領導地位。

第16章

通路策略著重的是企業用來讓顧客取得其商品或服務的通路管道，通路管道是由買賣雙方所組出的架構，可縮短製造商與顧客之間的時空距離。

行銷是一種交易過程，就通路而言，交易會有兩個問題。第一，商品必須由廣布各地的不同商品製造商倉庫運抵至一個中心集中地點。第二，從不同來源聚集的商品必須能符合顧客想要的商品組合。這兩個問題可以由分類（將不同來源的商品集中到一個集散地）或組合（將不同地點的商品組合成一個包裝）來解決。但有兩個基本問題需要在本章中得到解答：誰來執行分類及組合的工作—製造商或是中間商？製造商該選擇哪一種中間商將商品帶給顧客？這些問題都是通路策略的核心問題。

本章討論的其他相關主題包括了：通路的範圍（通路可能多廣）、運用多重通路服務不同客層、調整通路以適應環境改變、不同通路間衝突之解決及運用垂直系統來控制通路。每一個策略議題均就不同的結果來討論其相關性，而每一個策略的應用會採用行銷文獻中的案例加以解釋。

通路結構策略

通路結構策略指的是可能用於將商品從製造商運至顧客之通路中間商數目。企業可以直接將商品賣給顧客，或不經任何中間商賣給零售商，這個策略是最短的通路，可視為直接通路策略（direct distribution strategy）。相反地，商品可經由一個或數個中間商銷售，例如，大盤商或代理商，稱為間接通路策略（indirect distribution strategy）。**圖**16-1為消費品及工業品不同的通路結構。

通路結構的抉擇基於幾項因素，廣泛而言，通路結構取決於哪裡的存貨能維持提供足夠的顧客服務、滿足必要的分類過程，而仍可讓通路成員得到滿意的利潤。

另一項決定通路結構策略的因素是中間商的運用。運用中間商的重要性可由學者Alderson所提出的基礎經濟體例子來解釋，在基礎經濟體中，五個製造商生產不同的物品：帽子、鋤頭、刀、籃子或盤子。由於每個製造商需要所有的物品才能生存，如此就必須產生10個交易才能完成。然而，若有市場存在（或中間商），一旦達到平衡點（每個製造商顧客光臨市場一次），只需要5次交易就可滿足每個人的需求。假設n代表製造商顧客的數目，缺乏市場機能的總交易數目（T）為：

$$T = n(n-1)/2$$

圖16-1典型通路架構

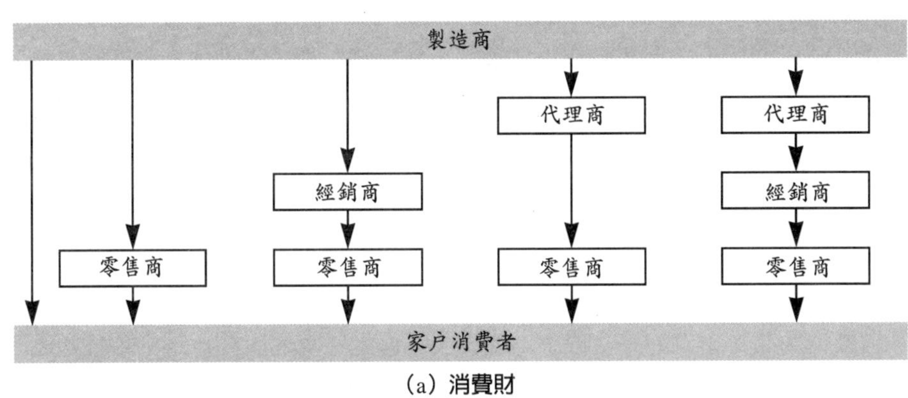

(a) 消費財

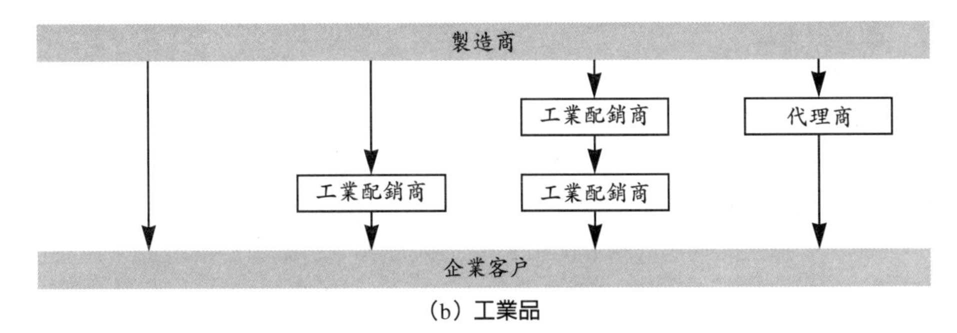

(b) 工業品

而有市場機能的總交易數目（T'）爲：

$$T'=n$$

通路策略若經由中間商所達成之效率可用下列式子來表達：

$$\text{效率}=T/T'=n(n-1)/2\times 1/n=(n-1)/2$$

在這個例子中，有一個中間商所產生的效率爲2，當n增加時，效率亦隨之提高。因此在許多例子中，中間商執行通路工作會比製造商獨自≠B作來得有效率。

延遲—投機理論

通路結構選擇在理論上可由Bucklin的文獻延遲—投機理論來解釋。此架構是以交易產生的風險、不確定性及成本爲基礎，而延遲則是爲了消除因應顧客眞實需求而產生的生產及通路風險，因此延遲應該能使行銷管道更有效率，例如，製造商製造並運送一個確切的產品數量。相反的，投機則是需要承擔由於管道中商品的形式及移動改變所產生的風險，投機可以使製造獲得規模經濟、降低訂單成本及消除機會成本。

圖16-2爲延遲—投機理論（postponement-speculation theory）的架構圖。縱軸代表承擔某種商品每單位的平均成本，橫軸表示傳送訂單的時間。這兩項變數衡量出經由某個通路行銷需產生的成本與時間關係。圖16-2中的三條曲線可視爲：C代表購買者持有存貨的成本，AD'代表由製造商直接供應商品給買方的成本，DB代表運送及維持投機性存貨的成本。

根據Bucklin的理論架構，通路結構可由C、 AD'及DB曲線共同決定：

1.每個可能所需時間中，供應買方的最小成本爲AD'與DB曲線的交點，如圖16-2所示，最快的運送服務只能由間接通路提供（使用一個中間商）。然而在某一特定時間 I'，直接給予消費者服務的成本會與間接運輸的成本線相交，並且低於間接運輸的成本，此兩條曲線所構成的最低成本曲線爲DD'。從通路成本而言，假設運輸時間必須小於 I'，運用投機性存貨來服務買方會比較省錢。假如消費者願意接受比I'長的時間，直接運送的成本反而會比較省錢。

2.相應於每個運送所需時間的通路最低總成本，可由運送至買方的成本DD'與買方持有存貨的成本C加總而得。這條線在圖16-2中爲DD'＋C。當運送時間加長時，剛開始總通路成本會降低，這是因爲買方成本的增加會被通路成本節省的部分抵消。然而慢慢的，通路節省的效益開始遞減，而買方成本上升得更快，因而達到成本最小點，之後通路成本開始上升，通路的結構即由最小點的位置來決定，假如它位於 I'的左邊，商品即可運用投機性存貨來流通（中間者）；相反地，假如買方由於延遲所省下的成本並不如預期，最小點會落在I'的右邊，運送方式可能會直接由製造商交到消費者手中。

一家義大利的服飾製造商，班尼頓是在通路策略中結合延遲和投機方法以達到最佳的服務和最適成本的絕佳範例。投機包括了讓零售商從銷售季節的前幾個月開

圖16-2運用延遲—投機理論決定通路結構

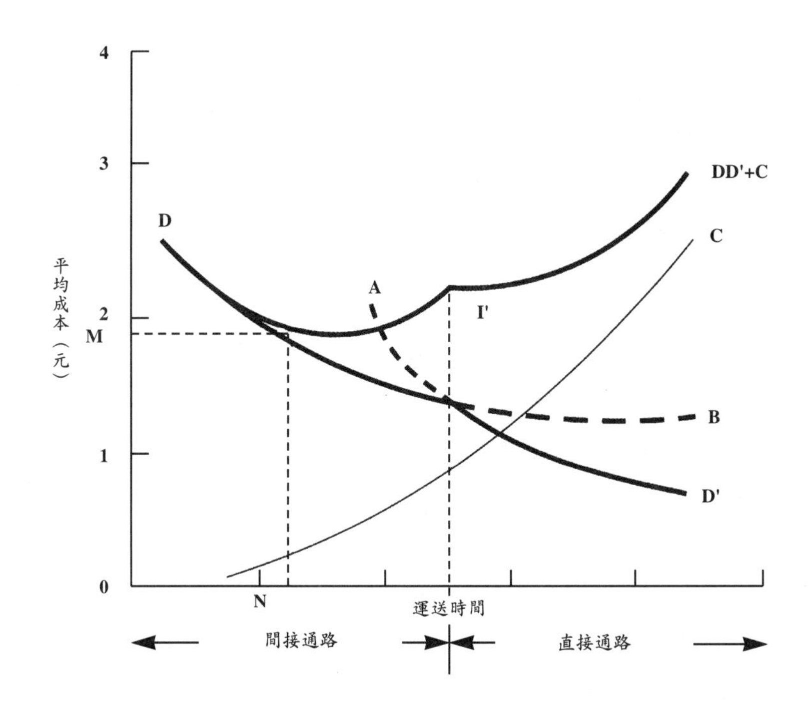

始下單訂下特定數量的貨品，這個方法讓班尼頓擁有低生產成本（並使用承包商）以及優良品質控制（中央倉儲及貨品運送）的好處。訂單延後則增加了在最後一刻才將毛衣染色的額外成本，但投機的好處使得班尼頓能在符合市場需求更有彈性，並降低存貨成本。

決定通路結構的其他考量

延遲—投機理論為通路架構提供經濟解釋。本節將探討在通路結構策略建構時的幾個環境影響因子，包括：科技、社會與道德、政府、地理或文化。

科技進展常是通路結構產生變化的動力，例如，食物批發由於機車、高速公路、冷凍配備車、收銀機、包裝技術及大眾媒體（電視）的發展變得容易多了，近幾年使用家庭電腦終端機的電視購物將使得通路結構更深入。科技進展讓新力公司的低價CD隨身聽佔得美國主導地位，新力發展出功能完整的隨身聽，並經由量販店銷售，如此一來沒有技術背景的銷售櫃員也可以處理顧客問題。

運用科技重整通路商營運的方式，使得採用間接通路的可能性增加。以一家大型通路商Foremost-McKesson爲例，幾年前這家公司所採用的企業經營模式並不被看好，它只經由傳統倉儲、運輸及簡單行銷的流程將製造商的商品轉賣給小零售商以獲取微薄的利潤。事實上，這家公司曾差點把它最大的業務來源—藥物批發業務—出售。然而它的新總經理決定加入複雜技術，以使得公司能較製造商更有效率地運作通路。它重新定位中間商的功能，運用電腦使得運作更有效率，並整理有用的資訊給上游供應者與下游客戶，使得它們將Foremost視爲行銷團隊的一員。由於公司營運電腦化，Foremost進行徹底的改變。以下是Foremost重塑其角色的重要步驟：

1.扮演藥局與保險公司的中介者，接受關於醫療方面的保險給付要求。
2.創造一群龐大的「上架工人」團隊，在零售商店中陳列商品，提供了不只Foremost的商品，並提供了行銷know-how的短暫勞力。
3.在化學製造廠中不但將完成品帶走，亦帶走化學廢料，並經由其自身工廠循環利用這些廢料—此爲其首次進入化學廢料管理領域。
4.設計並供應產品給藥局。
5.研究上游製造商之產品新用途。例如，Foremost幫孟山都食品保存部門在化妝品產業中開發新客戶。

社會圖騰及道德水準也有可能影響通路結構的決定，例如，Mallen指出*Viva*，一本女性雜誌，原本在加拿大的超商及藥局擁有大量銷售量。但當*Viva*爲了回應讀者及對抗*Playgirl*的競爭壓力，它開始加入裸男照片，使得許多超商抵制這本雜誌。由於超商的銷貨量佔了*Viva*總售量的一半，*Viva*只好捨棄這些照片以繼續在這個通路中進行銷售。

通路結構策略也有可能受地方法、州法及聯邦法的影響。例如，登門拜訪銷售特定商品可能被地方法所禁止，而在許多州（例如，加利福尼亞州及俄亥俄州），酒可以在超商販售，但其他州並不允許（例如，康乃狄克州）。

地區大小、人口結構或地形也有可能影響通路結構策略。在都市地區，對大型零售商採直接通路可能很合理，但在郊區，可能必須由經銷商才會有效益。

大型連鎖店興起的同時，獨立的雜貨店可能會有難以生存的現象產生。然而，事實上，獨立雜貨店在1988年佔全美雜貨銷售的46%，營業額超過1480億美元。但是製造商很難單獨與這些雜貨店接觸，只好藉助於經銷商。舉例而言，Watterau是一家在密蘇里州的零售經銷商，每年服務近3,000家零售雜貨店，營業額每年達60億美元，而且它不做連鎖店的生意。但因爲它堅持提供客戶有最低價格兼具廣泛品牌的選擇性，讓每個品牌有更有利可圖的詳細服務計畫，並在成功的個人魅力下，使得客戶忠誠度相當高。公司提供給它的客戶－小型獨立零售雜貨店－五花八門的服務，包括：租賃、店內陳列、融資、訓練和電腦化存貨系統。這些服務降低了客戶的營運成本，並且簡化簿記程序而增加客戶的競爭力，進而幫助Watterau獲取更佳的利潤。這個例子顯示出爲了接觸較小型零售商，特別是遠離都會區的，間接通路策略是最適合的。經銷商提供小型零售商的服務是大型製造商本身無法自行完成的。

最後一點，文化禁忌可能需要迫使某些通路結構進行調整。例如，在瑞典的許多地方，水果蔬菜都是在早上由小攤販在集中市場中販賣，即使瑞典到處都是現代化超商。這種販賣方式持續的原因是讓顧客有機會在購物時進行社交活動。同樣地，美國消費者的生活型態改變及其對滿足生活品質之所得的渴望，讓大型量販店更普遍（例如，山姆俱樂部），這是因爲量販店的價格比傳統店家便宜很多。

通路設計模型

下列是可以用來決定直接／間接通路的通路設計模型，包括了六個基本步驟。

1.條列出可能影響決定直接／間接通路的要素。依照企業在產業的定位及競爭策略仔細評估每個要素。
2.選出對通路設計決定最有影響力的幾個要素，不能放過任何一個具有重大影響力的要素。假設下列四個要素被認爲具有關鍵影響力：市場集中度、顧客服務水準、資產獨特性及營運資本的取得。
3.找出每個要素與直接或間接通路的關連性。例如，市場集中度反應出企業客戶的通路分布與它們的地理區隔，市場愈集中，選擇直接通路可能性愈高，因爲服務市場的成本愈低（成本高＝直接通路；成本低＝間接通路）。顧客服務水準至少由三個因素來決定：運送時間、容量大小及產品取得。顧客要求的服務水準愈高，直接通路的選擇可能性愈低（服務水準愈高＝間接；愈低＝直接）。直接通路只有在環境具高度不確定，且資產獨特性高時才有可能被採用（高＝直接；低＝間接）。最後一點，營運資本的可取得性愈高，製造商愈有能力提供服務，就愈有可能採用直接通路（高＝直接；低＝間接）。注意到任一要素的高水準不一定代表選擇直接通路。

4.用矩陣來決定各個關鍵要素的相互影響。假如只有考慮兩個要素，就用二乘二的四格矩陣即可，三個的話就用三乘三的九格矩陣，四個要素則用四乘四的十六格矩陣，以此類推。假如多於5或6個要素，有些小模型可以用來執行這四個步驟。圖16-3是一個四乘四的矩陣範例。

5.在每個矩陣格中，考慮每個相關因素後，選出最適合的直接通路、間接通路或直接或間接通路的組合策略。組合式通路在企業運作中很常見，特別是工業市場。 有些矩陣格是決定哪一個通路設計最佳而非最容易做。例如，圖16-3第一格中有四個要素認爲間接通路最佳，第16格則認爲間接通路無疑是最佳選擇。在其他格子中，決定直接或間接通路並非易事，因爲要素間會互相干擾。例如，第14格，資產獨特性很低，意謂間接通路最佳，然而其他三個要素則相反，市場集中、顧客要求之服務水準低、資本可取得性很高。合在一起來看，第14格傾向於選擇直接通路。在其他要素互相干擾的格子中，策略必須要在這些要素中做取捨，以決定直接通路、間接通路或是組合式通路是最佳的選擇。

6.根據每種產品或服務，將模型中的對應格子套上應用。每個選出的格子理應被實際採用或企業至少以此爲根據做發展。

這個模型的準確度完全取決於企業體及建立使用此模型的人員運用技巧，假如很小心的執行，這樣一個模型在設計更有效率與效益的通路結構上是無價之寶。

通路範圍策略

製造商應該清楚地找出打算接觸的目標顧客，以架構有效率的通路網絡。目標顧客隱含的意義在於製造商想要達到的通路規模，這裡介紹的幾個策略選擇：排他性通路、選擇性通路及密集性通路。

排他性通路

排他性通路（exclusive distribution）指的是一個特定的零售商僅在某一特定區域享有專屬販售一種產品的權利。例如，Hart、Schaffner及Marx服飾店即由一個區

圖16-3通路矩陣之設計

		資產專屬性			
		低		高	
		資本可得性		資本可得性	
市場集中度	顧客服務水準	低	高	低	高
低	高	第1格 間接	第3格 間接	第2格 間接	第4格 合併
低	低	第5格 間接	第7格 合併	第6格 合併	第8格 直接
高	高	第9格 間接	第11格 合併	第10格 直接	第12格 直接
高	低	第13格 合併	第15格 合併	第14格 直接	第16格 直接

Source: Gary L. Frazier, "Designing Channels of Distribution," *The Channel for Communication* (Seattle, Wash.：Center for Retail Distribution Management,University of Washington, 1987): 3-7.

域中的幾家店來鋪貨。運用排他性通路有幾個好處，它促成下游高度的忠誠度、較高的銷售力量、較高的零售市場控制、較佳的預測及較佳的存貨及製造控管。下游忠誠度的影響力在當製造商有季節性，或其他型式的特別促銷時得以發揮。而排他性的關係讓零售店更願意處理存貨，且比一個廣泛通路更願意承受較高的風險。僅擁有少數幾家零售店對製造商或經銷商而言，有更多機會提供每家店促銷支援，也較容易控管利潤、價格及存貨。同時，店家也較願意提供資料以進行行銷研究與預測。排他性通路在顧客追求的高價品中特別有用，例如，勞力士手錶、Gucci包包、Regal鞋子、Celine領帶及Mark Cross皮夾。

除此之外，排他性通路也有缺點。第一，銷售量可能較少。第二，製造商在一個地區把所有資源都投注在一家店。排他性通路的特色在於高價、高利潤及低銷售量。假使產品本質是價格彈性高者，這些特色的組合意謂比預期表現遜色許多。僅有一家零售商也意謂著，如果銷售量不起色，零售商有可能把商品賣給其他通路商(即零售商成為通路領袖)。

假設一家製造傳統玩具的企業只和JCPenney交易。由於許多原因，它的玩具賣得並不好。這些原因可能是人口出生率的下降、經濟蕭條、電子玩具的盛行、比其他競爭品牌高價、JCPenney的玩具銷售能力差等等。然而，由於JCPenney是一個排他性的通路代表，JCPenney可以把責任歸於製造商的價格，而要求製造商降低價格。如果製造商找不出任何其他理由來解釋其乏善可陳的業績表現，它必須遵從JCPenney的分析。

排他性通路另一個缺點是很容易遭到忽視。在某些狀況下，排他性通路會被人視爲違反反托拉斯法，因爲交易被設限了。排他性合約之法律效力因人而異。只要該排他性合約的簽訂並不會抵制市場競爭和成爲壟斷，即可被接受。法庭用下列條款來規範排他性通路降低競爭的定義：

1.該產品的銷售量是否佔該類型產品總銷售量的絕大比率。
2.排他性的通路關係是否排除了市場中其競爭產品的佔有率。

因此，企業在考慮運用排他性通路策略時應該從這兩條法律著眼來進行決定。

密集性通路

排他性通路的相反就是密集性通路（intensive distribution），密集性通路讓一產品能在每一個可能的零售店中販售，意指產品會出現在某一地區之許多不同且互相競爭的零售機構中陳列。便利品的通路最常使用這個策略，假如產品本質是消費者不會費心找，但是必須隨處可得，對販售者來說的好處就是讓產品在儘可能多的地方出現。Bic Pen公司就是運用這種策略的代表。Bic 在廣泛的零售點中鋪貨，從藥局、角落的雜貨店，到大型超商。總合來說，Bic經由250,000家零售點進行銷售，其中包括了相互競爭或不相互競爭的店家。這種策略的優點在於增加銷售量、增廣顧客認知度並會刺激購買。這些都是便利品所應達到的產品特色。

密集性通路有兩個主要的缺點。第一，密集鋪貨低價低利潤的產品，需要快速的週轉速度。第二，很難針對大量的零售店進行任何控制。短期來說，如果產品銷售量持續成長，不受控制的通路理應不會造成問題。然而就長期而言，它可能會造成許多重大的影響。假設如新力電視機之類的耐久財經由密集性通路進行銷售（即藥局、折扣商店、雜貨店等等），新力的銷售量可能會增加。但這種密集性通路可能會產生如價格折扣、不完善的售後服務及傳統通路中的不合作（例如，百貨公司）等問題。這些問題不只在長期上影響銷售收益，製造商可能會喪失其建立的通路。例如，百貨公司會決定剔除新力中其他品牌的電視機，而且新力品牌形象會受損。換句話說，密集性通路的優點應該仔細地以產品型式的角度，小心評估此種通路策略是否適當。由於上述問題，我們會發現密集性通路只使用在糖果、報紙、雪茄、阿斯匹靈及軟性飲料的銷售上。這些產品的週轉率都很高，而且通路控管並不如電視機那麼具有策略意義。

選擇性通路

在排外與密集通路之間，有一種選擇性通路（selective distribution）。選擇性通路是在某一區域中經由數個，但非全部，零售點來銷售某產品。消耗品—消費者基於吸引人的價格或產品特色而購買的產品—通常用選擇性通路來銷售。基於此，零售商間消耗品的競爭遠大於便利品，零售商自然會希望儘可能降低競爭，因此他們要求製造商在其所在地減少其他鋪貨點。

基於選擇性通路策略下所決定的零售商數目，是製造商有能力選擇願意盡全力滿足製造商全面通路目標的零售商為前提。例如，有些公司選擇能提供顧客足夠的維修與保養服務。在汽車產業中，製造商的選擇前提是具有保證的通路關係，包括了展示場空間、服務設施及存貨水準。

這一點可以用傢俱工廠Pennsylvania House來做解釋。這家公司曾有800家零售商，但目前裁撤至不到500家。這是一個有計畫的裁撤，用以限制公司產品線展示的店家數目，以更有限的店家數目讓工廠具有較強力的通路支援。在這500家通路中，Pennsylvania House的產品有較多的樓層展示空間、較佳的顧客服務、較健全的供應商關係，以及對公司營運來說最重要的，這個策略讓每家零售商的銷售量均成長三倍。

選擇性通路在以較少的零售店家有高銷售量的情況下應用得最好，換句話說，製造商不會增加其他零售店數目來增加其鋪貨量。選擇性通路也可在製造商需要完整產品線的陳列及服務的提供上有效地運用。在這種條件下的通路商似乎需要促銷及技術支援，技術協助不只是與銷售相關，而且也需要在售後的維修保養服務。同樣地，限制零售點的數目能囊括整個市場，製造商也能避免因增加額外的通路而產生不必要的成本。

無庸置疑地，選擇性策略最大的風險在於不能適當地囊括整個市場。發生這種錯誤的後果會比只多出1或2個通路的後果更嚴重。因此，當不確定因子存在時，不如多一點點市場覆蓋率，以免不足而產生風險。

在選擇性通路中，製造商必須要選擇能最貼近其行銷目標及欲塑造之產品形象的通路。這可能是零售市場中的區隔要件，因此找出最適合的零售商可能是切入市場的關鍵因素。百貨公司每家特性都不同，之中也會有價位、年齡及印象的區隔。有些可能不需要辨識這些百貨公司的個別特色，因為其產品並無特別的形象（意即那些沒有建立起自己的區隔市場策略或大眾通路的廠商）。但有些具高度流行時尚或具高度市場區隔的產品，選擇性通路策略中就必須包括鋪貨店家的小心挑選。

如何搭配產品與通路，請參考表16-4。此表將傳統上三個主要的消費品分類（便利品、購物品及特別品）及三個主要的零售店分類（便利商品、購物商店及特別商店）結合搭配以決定出最適的通路模式。這個最初的選擇會結合其他考量因素來找出通路規模的最後決定。

複式通路策略

複式通路策略指運用兩個或兩個以上不同通路來運送物品及服務。該市場必須被區隔以使得每個區隔得到所需要的服務，並使客戶願意為他需要的服務支付，而非為不必要的服務付款。這個區隔通常不能僅以直接銷售，或與一家通路商結盟就可以輕易達成。Robinson-Patman法案中規定運用同一通路銷售物品給同一顧客時，禁止使用價格區隔。然而市場區隔可以直接銷售給某一顧客群，再用另一家通路商銷售給其他客群，這些客群通路需要不同的服務、價格及支援。因此，複式通路策略可用最適的路徑達到不同的區隔。

基本上，複式通路有兩種型態：互補性及競爭性。

互補性通路

互補性通路（complementary channels）為不同通路擁有不同的非競爭產品或非競爭的市場區隔。使用互補性通路的一個重要理由是每個市場區隔需要的服務各異。舉例來說，雅芳已經採用直銷手法長達100年，但在1986年打破傳統，開始在百貨公司販賣某些香水（例如，Deneuve香水，每盎斯165美元），此舉的背後邏輯是為了服務直銷無法達到的顧客群。Samsonite也將其原本只在百貨公司中銷售的行李箱於折扣商店中銷售，並在設計上做了一些變化，如此一來，它可以接觸到中低收入的客層，因為他們可能從來不曾在百貨公司中購買行李箱。同樣的，雜誌於報紙小販鋪貨，成為訂戶的互補性通路之一。郵購亦被大型零售店視為互補性通路，

表16-4依產品及店家類型選擇最適通路策略

分類	消費者行為	最適之通路型式
便利商店／便利品	消費者喜歡在最近的商店購買最容易取得品牌之產品	密集性
便利商店／購物品	消費者從最近的商店選擇他／她的購物	密集性
便利商店／特別品	消費者在最近的店家購買他／她最喜歡的品牌產品	選擇性／排他性
購物商店／便利品	消費者對品牌產品無差異化認知，但會在不同的商店購買，以確保較佳的零售服務或零售價格	密集性
購物商店／購物品	消費者會比較零售控制的因子及有關產品品牌的因子	密集性
購物商店／特別品	消費者對品牌有強烈的偏好，會拜訪好幾家店以確定最佳的服務及價格	選擇性／排他性
專店／便利品	消費者偏好在專門店中購買，但對品牌無差別認知	選擇性／排他性
專店／購物品	消費者偏好在特定店家購買，但不確定想要買的是什麼，且會逐項檢視店內陳列之產品以做最佳決定	選擇性／排他性
專店／特別品	消費者對特定品牌及特定店家有偏好	選擇性／排他性

Source：Louis P. Bucklin,「Retail Strategy and the Classification of Consumer Goods,」Journal of Marketing（January 1963）：50-55; published by the American Marketing Association.

例如，JCPenney。

建立互補性通路最簡單的方法就是私有品牌，它允許切入若不以私有品牌的方式就會失去的市場。可口可樂公司將其Minute Maid冷凍柳橙汁掛在A&P品牌下銷售，假設有顧客認爲私有品牌的品質與製造商品牌的品質無異，而私有品牌會比製造商品牌便宜，顧客就會選擇低價的私有品牌。如此一來，私有品牌策略會擴大該廠商之市場基礎。

還有另一個製造商會選擇此策略的理由。例如，某產業中的一家公司面臨到某一產品的傳統通路已飽和，新進入者必須透過不同通路進行銷售，而新的通路迥異於該製造商其他產品線所使用的通路。舉例來說，Hanes決定爲L'eggs發展新的通路（超商及藥局），因爲傳統通路已經被競爭品牌充塞。R. Dakin發展非傳統的互補性通路來銷售其玩具，大多數的製造商經由玩具店或百貨公司銷售其產品，Dakin將其60％以上的商品經由較被忽略的賣店銷售。例如，機場、醫院禮品店、飯店、遊樂園、文具店及藥局。這個策略讓Dakin避免直接的競爭。近幾年也有許多公司發展新的通路，例如，郵購，產品包括了男士西裝、鞋子、保險、錄音帶、新出版的書及珠寶。

當傳統通路佔有率過高時，企業也可能發展互補性通路來擴展市場。例如，Easco公司，美國第二大五金工具製造者，已和美國最大零售商Sears百貨有好幾年的關係，它供應扳手、插座及其他工具給工人產品線。在1980中期，Sears百貨佔了Easco公司47％的銷售額，62％的稅前盈餘。但是當Sears成長開始緩慢時，Easco面臨到關鍵性的抉擇：當最大的客戶停止成長甚至開始衰退時，你該做什麼？Easco決定減少對Sears的依賴，而增加了500家自有新店面以銷售其五金工具。

爲擴展市場，服飾製造商，包括：Ralph Lauren、Liz Claiborne、Calvin Klein、Anne Klein及Adrienne Vittadini，開始設立專賣店以銷售其完整的服飾及配件。

互補性通路可能因地理因素而成爲必要手段。許多製造商在一些大都會區直接行銷其產品，例如，紐約、芝加哥、底特律及克里夫蘭。由於市場密集而且顧客相似度高，業務員能在一天內完成10筆生意。然而那些在郊區運用直接銷售的公司，可能會設立製造商代表處或其他型式的中介者代爲執行，因爲這個市場集中度不足以設立成本高的專屬業務員。

設立互補性通路的其他原因可能是增進非競爭性商品的通路。例如，許多食品加工廠爲機構型顧客將水果及蔬菜包裝成大瓶裝，這是家庭顧客較少接觸的。因此，這些產品會經由不同通路銷售。寶鹼爲飯店、汽車旅館、醫院、飛機等製造的浴廁用品也是經由不同通路銷售的。許多塗料製造商直接將產品賣給建商，但也會運用通路商或代理商將產品賣給家庭消費者。

運用互補性通路的基本原則是當行銷通路受限於單一通路，而使得其顧客及市場區隔無法接觸到時才使用此策略。因此，互補性通路的增加也許是簡單的成本效益分析結果。假使運用一個新通路能增加營業額而不損害品質或服務，對長期獲利也沒有任何負面影響時，它可能值得這麼做。然而仍必須小心選擇以確保經由複式通路拓展市場不會讓司法部判定公司獨占市場。

競爭性通路

複式通路策略的第二種是競爭性通路（competitive channels），它存在於當同一產品經由兩個不同且競爭的通路銷售。我們可以用一家船公司，Luhrs，來做爲這個通路之範例。Luhrs直接由代理商販賣並運送船隻，核發一家專利權銷售Ulrichsen木製船及光纖木合成船，給另一家專利銷售Luhrs木製船及光纖木合成船。兩個專利權可以發給同一個代理商，但通常是分給兩個代理商。僅持有一個專利的代理商彼此間競爭變成可能且被鼓勵。兩家彼此競爭的代理商會在同一個區隔中滿足相同的消費者需求。

選擇競爭性策略的理由是希望能增加銷售額。假使代理商必須彼此競爭且對抗其他製造商的代理商，這些多付出的努力將會對整體銷售有相當的助益。但這個策略的有效性是值得爭議的，因爲以不同誘因刺激可能會與此種競爭式的通路有同樣效果，例如，給持有某存貨水準的店家特別折扣，甚至可能會更有效，因爲公司會免除一些因爲發展額外通路所產生的成本支出。

有時候企業也會被迫發展競爭性通路以因應環境變化。例如，非處方藥在傳統上是透過藥局銷售的，但當二次世界大戰期間超商開始興起，雜貨店成爲此類商品的另一個通路，購物者希望能在那裡找到便利的藥品。因此藥廠必須與雜貨經銷商及零售雜貨店交涉。在1980年代，Capital Holding（一家位於肯塔基州路易斯安那的人壽保險公司）採用一套創新的行銷手法。舉例來說，1985年它用新穎的通路賣保險，其中以超商最爲著名。由於Capital Holding業績持續成長及亮眼的財務業績表現，許多其他保險公司被迫發展新通路銷售保險產品。

競爭性通路策略最大的爭議點在於，雖然同一製造商的兩個品牌是幾乎相同的，但他們會吸引不同族群的顧客。因此，通用汽車爲其別克、凱迪拉克、雪佛蘭、奧斯摩比及龐帝克汽車分別找不同的代理商，而且這些代理商彼此競爭。更有趣的例子是車廠採用之競爭性複式通路中的租車公司。車廠把車直接賣給租車公司。例如，Hertz從裝配廠中買進新車，再經由其在美國100多家據點將二手車轉賣，與新車競爭，而許多據點會設在新車代理商附近。除了這種競爭，製造商整體上來說會採用複式通路來增加商機。

在採用複式競爭性通路時，企業必須確定不會過度擴張，否則可能削弱擴張的力量，而在競爭到某種程度時成爲一場大災難。McCammon以一家採用複式通路的經銷商陷入困境的狀況做例子：

> 假設一家位於路易斯安那的大型硬體經銷商，Stratton & Terstegge目前經由獨立零售商銷售、支援志願團體訓練計畫，並自己擁有店家。在這種複式通路空間中，它與便利經銷商（Belknap）、即時經銷商（Atias）、特約經銷商（Garcia）、企業連鎖（Wiches）、志願團體（Western Auto）、合作團體（Colter）、非特約公司（Interco）及其他通路競爭。假設它的競爭環境如此複雜，不難想到Stratton & Terstegge的淨獲利績效平平。

而建立複式通路的潛藏危險之一是代理商的不滿情緒，尤其是當競爭性通路成立時特別容易發生。當這種情況發生時，無疑地表示出原本獨有的零售商將會面臨業績的下降。這種策略會導致零售商選擇加入另一家製造商的產品線，如果情況允許的話。例如，大型百貨公司像Lord & Taylor對於Hathaway製衣廠的做法失望，其開始與折扣店進行合作（意指採用競爭性通路），因此Lord & Taylor傾向與另一家製衣廠做生意。

複式通路也會有控制的問題，National Distillers and Chemical公司擁有一家位於紐約的完全獨立通路商，Peel Richards，它堅持維持製造商所訂的零售價格，拒絕做任何價格折扣。自從Macy百貨對National Distillers的產品做折扣銷售後，Peel Richards停止銷售該產品，Macy百貨即爭取National Distillers在紐約的獨立通路商以爲因應。而National Distillers並無任何法定權利來針對Macy百貨或是紐約通路商進行報復，因爲它們都是獨立的企業體。

以上種種問題並不會讓複式通路的的重要性消失：它們只道出了複式通路可能遇到的困境及管理上必須考慮面臨的難題。製造商採用複式通路的失敗，可能會給競爭對手機會專注投入於一個或相反的市場區隔。這對於領導者來說特別嚴重，因爲它可能因爲無法享受到複式通路的經濟效果，反而不自覺地失去進入一個大市場的機會。

通路修正策略

通路修正策略是依據評估報告及關鍵要素的檢討，而改變現存通路。通路應該定時而持續的評估，以使通路做必要的適切修正。修正現存通路在下列條件成立時會更迫切：

1.消費者市場及購買習慣的改變。

2. 對服務、零件及技術支援的新需求興起。

3. 競爭環境的改變。

4. 鋪貨店形式之相對重要性改變。

5. 製造商財務狀況的改變。

6. 現有產品的銷售量改變。

7. 產品（新產品出現）、價格（大降價以求得主導地位）或促銷（特別著重在廣告）等策略的改變。

通路可以下列幾項關鍵要素來評估：通路成本、市場覆蓋率、顧客服務、與市場溝通及通路網絡的控制。偶而，有些次要的要素也可視為評估關鍵，例如通路對新產品推出的支援功效，及與公司促銷活動的合作。為使通路架構能滿足所有關鍵因素，就必須在每個通路層面找到最適選擇，但有時候並不是那麼容易就能達成，因此這裡有些技巧可以做為參考。

通路成本：仔細的通路成本分析是基於銷貨一成本法則，評估數種通路選擇的第一步。它需要在數個主要選項及次要選項下，對所有通路成本做分類。**表**16-5即是基於一般會計原則所列舉的成本分類，每個選項可以向財務長索取相關資訊。

評估問題只有在公司某種通路策略行之有年時才會發生。假設公司本身即有相關資訊，例如，以顧客區隔及產品線來進行通路成本分析。這些資料分析可以分析師找出在每種選項中銷售量的成本變化為何，例如，存貨成本如何隨銷貨量改變、包裝及運送成本與銷售量的關係等等。換句話說，我們的目的在於建立年度銷貨與不同成本型態間的關係。假設目前的通路維持不變，這些關係在建立銷貨目標時，可用來預測未來成本。

為找出不同通路的成本，成本預測應該包括了在不同銷售額預測下，所有相關的成本。成本資訊可以從公開的數據資料或是選擇性的資訊中找到，假設一家公司幾年來均由經銷商銷售商品，而現在公司考慮自己設店販賣。後者公司必須在重要的市場中租用數個辦公室以達成目的。租用或購買辦公室的成本預測可以由房地產仲介商代為完成。同樣的，人員雇用及雇用其他人力支援的成本可以由人事單位代勞。當這些相關資訊收集完成，簡單的成本分析即可用以計算不同通路的吸引力。

假設公司有20,000個潛在顧客，平均必須每兩個星期與他們接觸一次。一名每星期上班五天，每天打10通電話的銷貨員，每兩個星期可以接觸到100名顧客。因

表16-5依功能別列舉之通路成本清單

1.直接銷售

薪資：管理與監督
收銀員
銷售員
佣金
旅行娛樂費
訓練費
保險：房地產、負債、員工
稅賦：個人財產、社會保險、失業保險
退貨
罰金
租金
水電費用
維修
折舊
郵資及辦公室用品

2.廣告與促銷

薪資：管理與監督、辦事員、廣告費
版面：商業週刊、報紙
產品促銷：廣告供應、廣告商佣金、直接郵寄費用
競賽、型錄及價目表清單
合作廣告：通路商、零售店、佈告板

3.產品及包裝設計

薪資：管理及監督
時薪
材料
折舊

4.銷售折扣與折讓

銷售現金折扣
數量折扣
銷售折讓

5.信用延伸

薪資：管理及監督、信用代表、辦事員
壞帳損失
表格與郵資
信用利率服務
法律費用：審核
差旅費
應收帳款之財務成本

6.市場調查

薪資：管理、辦事員
調查：通路商、消費者
產業貿易資料
差旅費

7.倉儲

薪資：管理
時薪：倉儲服務
折舊：傢俱、配件
保險
稅賦
維修
不可販賣之商品
倉庫責任
水電費
設備費

8.存貨

過時產品之降價
持有存貨之財務成本

9.包裝、運送

薪資：管理、僱員
時薪：卡車駕駛、卡車維修人員、包裝員
運送僱員
卡車操作者
卡車修理
折舊：傢俱、零件、卡車
保險
稅賦
水電費
裝車
郵資
運費：工廠到倉庫、倉庫到顧客、工廠到顧客
外部運送服務

10.訂單處理

訂單格式
薪資：管理
時薪：訂單審核僱員、訂單處理僱員、設備操作者
折舊：訂單處理設備

續表16-5

11.顧客服務 **薪資**：管理、顧客服務代表、辦事員 文具費用 **12.應收帳款之印刷及紀錄** 銷售證明 **薪資**：僱員、管理、應收帳款辦事員、銷售證明之設備操作員 **折舊**：銷售證明文件設備	**13.退回商品之處理** 運費 **薪資**：管理、僱員、退回物品處理人員 退回商品之處理：人力 格式證明及相關費用

此公司需要20,000／100＝200名銷貨員。假如每名銷貨員薪水30,000元而雜支費出20,000元，每名銷貨員每年的成本是10,000,000元。進一步假設爲了控制及監督而需要10名銷貨管理者，假設每人每年薪資50,000元，監督成本即爲500,000元。9,500,000元爲其他管理成本，例如，辦公室及倉儲成本。直接通路的總成本爲10,000,000＋500,000＋9,500,000元，即2000萬元。假設經由經銷商銷售的通路成本（即目前通路）爲公司25％的銷貨額，銷貨額爲X元，可以求出一個等式，即0.25X＋2千萬元，再求X值（X＋8千萬元）。假如公司決定繼續採用直接通路，在達成收支平衡的基礎下，它必須維持8千萬元的銷貨量。因此，假使銷貨能高於8千萬元的基準，直接通路值得考慮。

收支平衡分析有一個問題，即通路選擇的有效性並不相同。一般相信通路的選擇對銷貨額的影響就如何廣告策略的選擇一樣。例如一家零售商會接到兩個不同通路的來電：從公司的銷貨員或是從經銷商的銷貨員。然而問題是這些電話的影響力是否相同。解決這個問題最佳方法是算出使每個通路的效果相同所必須做出的改變，爲了完成某一個水準，可以自發而直覺地達成目標或是運用在行銷課本中所介紹數學模型來達成。

市場覆蓋率：預測未來銷貨的重要觀點是市場中最後被切入範圍的大小。以藥廠爲例，顧客被分爲三個群體：（1）藥局，（2）醫師，及（3）醫院。

市場覆蓋率的一個衡量標準爲群體中接觸到或賣出的數量，除以群體中的總客數。另一個衡量方法爲地理區隔的覆蓋程度。但這些方法太平常了，只用總數中曾接觸的顧客比率爲參考數據並不能視爲一個適合的覆蓋率指標，因爲並非所有型態的顧客都是同等重要的。因此，顧客可被再細分，如同下表：

顧客型態	分類	分類標準
藥局	大型、中型、小型	年度週轉率
醫院	大型、中型、小型	床數
醫師	大型、中型、小型	看診病人數

接著每個次群體可被區分其覆蓋率（例如，藥局中大型有90％、中型有75％、小型有50％的覆蓋率）。這些數據可被用來檢視某個通路的有效性。

然而，更進一步的分析需要建立一個滲透模型。此模型的基本假設是平均時段的滲透增加額爲達到目標滲透率差距的比率。一段時間t的涉入增加額爲t＝rp（1－r）t－1，其中p＝目標滲透率，r＝滲透率。這個比率指出累積達成目標滲透率的速度有多快。假設目標滲透率爲80％，r＝0.3，第一年的滲透即爲80×0.3＝24％。次年，增加的滲透爲80×0.3×0.7＝16.8％，因此在第二年底累積的滲透率爲24＋16.8＝40.8％。而每一個次群體的價值p將爲公司部分決定因子之一，r的值會依據該時段欲達成的目標滲透率及醫藥代表人員／銷貨員所做的銷售貢獻，對每個次群體所打的電話通數而定。對於現存通路而言（經由經銷商銷售），r 的值可由過去紀錄來決定。對於另一個新通路（直接通路）而言，r的近似值可由以下兩種方法之一求出：

1.公司經理人應該知道如果要運用新通路，需要多少銷貨員來維持營運。經理人可以估計一名銷貨員每天可達成的電話數，以及他／她可以接觸到在次群體中之平均顧客數目。有了這個資訊，r的值可以下式求出：

$$\frac{\text{在現存通路下能接觸到的次群體顧客數}}{\text{以新通路可接觸到的次群體顧客數}} = \frac{\text{現存通路的r值}}{\text{選擇性通路的r值}}$$

2.第二個方法是在第一年結束後找出（或是預測）滲透率，如果新通路仍然存在，接著用已知的p及t帶進等式，求出r值。

滲透模式可以輕易地預測在計畫時間內（例如，五年）中，每一個次群體的顧客實際覆蓋狀況。行銷策略應該決定出期望的涉入值p及欲達成的時間限制，模型便能預測出那一個通路較可能達成所預定滲透率目標。

顧客服務：顧客服務依每個顧客對每種商品的需求而不同，一般來說，銷售部門有賣場的回應，應該能適切分配，使公司能提供不同顧客區隔不同的服務。假如此方法不可行，樣本調查可以用來找出顧客期待的服務，及目前競爭者所提供的服務。這項資訊可用來發展一套彈性的服務措施，接著依照不同通路對提供這些服務的能力與意願，找出最適合的通路。這可以用直覺的方法達成，而較科學的方法是列出並排出不同型式服務的比重，然後依據不同通路處理這些服務的能力來排名。累積排名可以用來排出通路的服務水準。綜合衡量可用來決定特定顧客區隔中那一個服務最重要。

溝通與控制：控制可定義爲將實際結果導進期望結果的過程。溝通指的是在公司及其顧客間的資訊流通。爲以此兩要素評估不同通路，我們應該先定義出溝通及控制的目標。以溝通來說，希望得到的資訊可能要包括競爭者的活動、競爭者的新產品、競爭者的特別促銷活動、顧客對公司及對競爭者服務的態度、及公司特定產品線成功的原因。接著再以每個通路對提供必要資訊的意願、能力及興趣進行評估。以經銷商來說，溝通必須有合約的依據。但是很少例子顯示遵守法律的廠商能刺激經銷商合作的意願。最後，資訊應該以準確性、及時性和攸關性來做審核。

通路修正

不管是內部或外部的環境變遷，都會促使一家公司修正現存的通路。例如，貿易規範的改變可能讓製造商代表處過時而不適用，同樣地，產品設計的技術改變需要與顧客保持服務聯繫，經銷商可能無法達成這些服務要求，因此迫使公司採用直接通路取代之。

爲了說明這一點，我們以珠寶通路爲例子。幾百年以來，珠寶經由珠寶店來銷售，這些店通常依賴其獨特性、手藝及神祕感，以很少量的銷貨來獲取高額利潤。傳統上大型零售店視珠寶爲高度專業性、低流動率、而且存貨資金龐大的生意。但在最近幾年，這種態度改變了。例如，在1978到1982年間，珠寶店在珠寶市場的佔有率從65％降至50％。另一方面，依持著大量廣告及大幅折扣，大型賣場（例如，JCPenney、Sears、Montgomery Ward、Target等等）開始加快腳步涉足珠寶事業。例如，1983年JCPenney成爲美國第四大的零售珠寶商，僅次於Zale、Gordon珠寶及Best Products等型錄展示連鎖店。這種傳統經營方式的轉變讓珠寶製造商修正其通路架構。

同樣地，當電腦製造商試著以低價機種接觸大眾時，它們需要新的行銷通路。例如，IBM及蘋果電腦開始轉向零售店。在1970年代，大家都會對在架上販賣電腦一笑置之，現在它則是做生意的最佳方式。這種吊人胃口的新銷售方式導致專門販賣電腦及週邊設備的連鎖店興起。

一般說來，市場中的新電腦都經由中間商販賣，這是因爲在導入期，技術及製造的問題大到令管理階層窮於應付。除此之外，在這個階段，公司對於市場的多變性，很難成功地塑造出遠見，或有能力應付。因此，中間商應運而生。它們對市場的瞭解讓它們在建立某家企業產品的需求上佔了重要地位，但只要企業在市場中佔了一席之地，它會發現它失去再深入市場的通路控制權。此時就有必要進行通路修正。

管理的準確性要求企業在決定改變現存通路架構前進行研究。僅僅半調子的衡量數據可能會造成無以計數的問題，進而導致控制鬆懈及不良的溝通。更甚者，被影響的中間商會對公司的計畫及補償失去信心。任何通路的修正應該與整體行銷策略的核心相配合，即修正計畫或其他在行銷組合（例如，產品、價格及促銷）中的成本影響應該都被納入考慮。不同部門的管理者應該被告知改變，而不會像是個意外的驚喜。換句話說，必須小心確保通路修正不會對整體通路系統有任何損傷。

通路控制策略

傳統上通路架構爲較鬆散的製造商、經銷商及零售商組合，它們都試圖滿足自身的需求，而不在乎通路架構中發生了什麼事。在這種架構中，通路控制會失效。成功的通路控制爲，通路中的每個成員會與其他成員積極的協商接觸，並表現出其行銷功能中被定義的角色。

通路控制的重要性

控制在經營成功的系統裡面是一個必要的成分，有很多理由可做說明。擁有控制權會對利潤有正面助益，因爲沒有效率可以及時發現並修正，此點可由志願及合作連鎖、公司連鎖、專利加盟、製造商通路商組織與銷售分支、及辦公室的成功來證明。控制也有助於透過經驗曲線來實現成本效益。例如，中央倉儲組織、資料處理及其他措施提供了規模經濟。經由一套計畫下的整體系統，整體的努力足以達成普遍的營運目標。

通路控制者

通路控制的重心可能放在通路成員中的任何一個：無論是製造商、經銷商或是零售商。不幸的是，並無任何理論指出誰能勝任最佳的通路控制人。例如，一家在費城的零售商，Silo，占有10%的市場，在這裡就是通路的控制人。這家公司並無與任何製造商有特別的關係，但假如一家供應商無法供應，Silo立刻會聯絡該供應商，並指示應該馬上做什麼事以因應。Wal-Mart被視爲是數種產品的通路控制人。而在製造商中，Kraft應該是在超商冷凍食品中的通路控制人。同樣地，寶鹼在洗衣粉及相關產品上是通路控制人。Ethan Allen決定控制其早安美國家具的通路，並建立了有200個銷售點通路的網路。Sherwin-Williams決定取得通路控制權以建立其勢力，因爲傳統通路並不積極，使得該公司建立起自己的2000家零售點。

這些例子說明爲了建立控制權而成爲通路領導者的重要性。市場領導者及公司大小決定其對通路控制的適合度。就策略上而言，一家公司應試著控制其產品的通路，假如它能承諾滿足其領導者的義務，而且這個舉動就長期而言對整體通路系統會有經濟上的助益。

垂直行銷系統

垂直行銷系統可定義爲：

> 事先規劃欲達成營運經濟規模及市場影響度最大化的專業化管理及集權計畫網路。換句話說，垂直行銷系統被合理化，且設計出資本集中的網路來達成技術、管理及促銷的經濟規模，並從生產點經由整合、協調及複製行銷流程到最終使用點。

垂直行銷系統是在美國經濟體中新興的趨勢。它將取代所有傳統行銷通路，事實上，根據估計，消費產品部門之垂直行銷系統大約占了市場中的70－80%。簡言之，垂直行銷系統（有時亦稱爲中央協調系統）興起成爲競爭過程之主要成分，因此成爲通路策略成形前的策略角色。

垂直行銷系統可被分爲三種：公司型、管理型、及契約型。在公司型垂直行銷系統中，生產及運送的連續階段被單獨個體所掌握，這是經由前向及後向整合而達成的。Sherwin-Williams在其公司型垂直行銷系統中擁有並操作其2000家零售店（前向整合）。其他還有像Hart、Schaffner、Marx（有超過275家店）、International Harvester、固特異、及Sohio的例子。不只是製造商，公司型垂直系統也可能由零售商擁有並營運之（後向整合）。Sears百貨正如同其他大型零售店，對供應商的事業進行相當多的財務投資。例如，它持有DeSoto（一家傢俱及家庭用品製造商）三分之一的股權。一家經銷商W. W. Grainger亦擁有垂直行銷系統，這家公司爲電子通路商，在1987年有五億九千萬美元的銷貨額，並擁有七家製造工廠。

其他著名的例子可由酒廠Gallo做代表：

> Gallo兄弟擁有的Fairbanks Trucking公司，為加州最大跨州卡車公司之一。其200輛卡車及500輛拖車不斷地將酒運Modesto，並把原料帶回來，包括了Gallo在Sacramento東部的石灰採礦廠。在酒廠中，Gallo自行製造酒瓶，每天兩百萬瓶，而其Midcal鋁工廠及時在瓶子裝滿酒時生產鋁蓋並蓋上酒瓶。在美國國內1300多家的酒商專注於製造而忽略行銷。相反的，Gallo參與每一項銷售活動中的細節。這家公司在大約12個市場中擁有自己的通路商，假使大部分的州法不禁止這麼做的話，將來可能會有更多。

在管理型垂直行銷系統（administered vertical marketing system）中，通路系統中的主導企業，例如，製造商、經銷商或是零售商，以其市場力量協調物品的流通。例如，該企業可能發揮影響力以達成運送、訂單處理、倉儲、廣告或販賣的經濟規模。可預期的是，新興的大型組織，例如，Wal-Mart、Safeway、JCPenney、通用汽車、Kraft、奇異電器、寶鹼、Lever Brothers、Nabisco，及General Foods成爲通路領導者，引導其通路網絡運作，即使通路不是眞正屬於他們，但仍能達到經濟規模及效率。

在契約型垂直行銷系統（contractual vertical marketing system）中，通路架構中的獨立企業基於契約整合其計畫，以實現其規模經濟及市場影響力。基本上有三種契約型垂直行銷系統：經銷商支援的志願團體（wholesaler-sponsored voluntary groups）、零售商支援的合作團體（retailer-sponsored cooperative groups），及加盟體系（franchise system）。Independent Grocers Alliance是經銷商支援的志願團體代表，在初期爲經銷商時，小型零售店同意組成連鎖以達成經濟規模，並與企業型連鎖店競爭。合作的成員同意以契約型式相結合，以協助實現大筆訂單的經濟規模效益，例如，使用共同名字。除了這些條款，每家店仍然維持獨立運作。而零售商支援的合作團體基本上是一樣的，零售店自行組成合作組織執行經銷商的功能（可能是有限的生產數量），以與企業連鎖競爭，即它們自己當自己的經銷商來服務成員零售店。這種契約型垂直行銷系統最初是用在食品的販售。Associated Grocers Co-op 及Certified Grocers是零售商支援的食品銷售合作團體。Value-Rite是一家藥局合作型式，擁有2298家成員。

加盟系統是一家企業發放許可證，允許其他人在特定地理區域中使用其產品名稱，依特定條款及情況行銷一種產品或服務。1984年，美國有超過2000家加盟店，爲1973年的兩倍。實際上，任何能授與教導他人的生意均能加盟。在1985年，所有加盟企業（製造、經銷及零售）之商品及服務的銷售超過5000億美元。美國有超過三分之一的零售銷貨均是經由加盟店或是企業以加盟型式的連鎖店。

除了傳統加盟事業外（例如，速食業），銀行也開始跟進，如同會計師、交友聯誼會、護膚中心、家教、喪禮服務、簿計、牙醫、護士、鳥食店、禮品包裝、婚禮顧問、餅乾店、爆米花機、美容店、育嬰、及女佣服務的中介者、草地維護及太陽能溫室。商業局預測在2000年加盟將會占全部零售額的一半。有四種不同的加盟系統可做區隔：

1.製造商：零售加盟，如同加盟汽車通路商及加盟服務站。
2.製造商：經銷商加盟，以可口可樂及百事可樂爲例，它們將飲料原汁賣給加盟經銷商後，再由零售商裝瓶並運送。
3.經銷商：零售商加盟有Rexall藥局、Sentry藥局、及電腦世界。
4.服務：零售商加盟型有Avis、Hertz、及國際租車；麥當勞、Chicken Delight、肯德基、及Taco Bell是速食產業的例子；在住宿及食品業則有Howard Johnson's及假日飯店爲例子；Midas及AAMCO是在汽車修理業的例子；至於人力仲介業則有Kelly女孩及人力公司爲代表。

垂直行銷系統能達成原本不能由傳統行銷管道完成的規模經濟。就其策略意涵而言，垂直行銷系統提供了一個建立經驗的機會，讓小公司也能從市場力量中得到好處。如果目前的趨勢是雜亂無章且沒有方向，垂直行銷系統應該可以在1990年代囊括90%的總市場銷售額。萬一它們愈來愈重要，傳統的通路就必須採取新的通路策略來和垂直行銷系統相抗衡，它們可能採行的方法有：

1.發展能強化顧客競爭力的計畫。這個做法牽涉到需要製造商及經銷商支持集中的會計及管理報告服務、訂定合作促銷計畫、及共同簽訂購物中心的租約。
2.進入新市場。例如，建立現金交易的供貨通路點，五金倉庫已經在其傳統產品線中加入玻璃及塑膠製產品，工業通路商也開始發展自己的不堆積貨品的採購計畫及一籃子訂單合約，以使其能有效爭取直接與之購買的顧客。
3.發展管理資訊系統，使營運達到其有效的規模經濟。例如，有些在傳統通路的中間商安裝IBM IMPACT系統，以改善其對存貨的控制。
4.找出通路議價力之來源，促使通路成員願意共同重組市場力量。

雖然垂直整合具有成長的趨勢，有人可能會很天真的相信它是無缺點的整合過程。其實垂直整合有優點也有缺點，根據一項實證研究結果，垂直整合以缺點居多。舉例來說，垂直整合需要大量的資源投入：在1981年中期，杜邦以73億美元購併了Conoco公司，除非該公司得到眞正需要的保障及並達成成本上的節約，否則這個策略投資並不值得。事實上，有些觀察家指責美國的汽車產業應該檢討過度的垂直整合行動，他們說：「在決定向後整合時，由於有明顯的短期報酬期望，管理人時常劃地自限，而捨棄找出未來的創新方向。」

衝突管理策略

當一家獨立公司在建構其通路系統時（製造商、經銷商、零售商），很有可能會發現通路互相起衝突。衝突的根本來源是不同公司所追求的目標分歧不一，如果有一家公司的目標因爲其他通路成員的策略而受質疑時，產生衝突是很自然的結果。因此，通路衝突可被定義爲當一個通路成員知道其他的通路成員進行防止，或阻礙其達成其的行爲時所產生的情況。

通路成員間的異議可能來自於不相容的期望與需求，Weigand及Wasson舉出四個產生衝突的例子：

製造商為了鼓勵零售商對其所屬區域盡最大的力量，承諾給予零售商一個區域的獨家經營權。銷售業績表現得很好，但製造商卻認為那是因為該區域的人口成長，而非零售商業者努力經營的成果，因為零售業者花太多時間在打高爾夫球。

速食加盟業者承諾給予其零售店「專業的促銷支援」，並屬於加盟費用的一部分。其中一家零售商覺得他並沒有得到專業知識，而所得到的好處並不與加盟業者的承諾相符。

另一家加盟業主同意將會計服務及財務分析支援做為其服務的一部分。但加盟者覺得會計師只是「戴著皇冠的簿記人員」，而長達數頁的財務比率分析報表他們完全不懂。

第三家加盟業主堅持其加盟者應該維持最低存貨量，這項商品在該區域中定期地舉辦促銷活動。但當加盟者想要保護其商標名聲時，其對加盟業主的建議中不管是否帶著威脅，兩方的爭議由然而生。

有四種策略方法可解決通路成員的衝突：議價（bargain）、劃清界線（boundary）、互相干涉（interpenetration）、及超組織策略（superorganizational）。在議價策略中，通路中的一個成員願意退讓，與另一方願意接受的期望妥協，來負責協調整個議價過程。例如，製造商同意提供給通路商90天的無息貸款，條件是通路商持有數量爲以往兩倍的存貨，並願意負責倉儲作業。或者是零售商提議可以繼續陳列製造商的電視機，但是製造商必須供應掛在零售商名字下的電視機種（即零售商的私有品牌）。議價策略只有當雙方願意採取讓步，而且雙方優惠程度的底線夠讓兩方同意議價的條件時，才會奏效。

劃清界線策略是經由外交手段來處理衝突，意即運用最熟悉對方關心的問題的員工來負責與對方交涉。例如，製造商會指派一名資深的銷售人員與顧客的採購部門溝通，以找出能解決衝突的一些根本問題。百貨公司的經理人可能因爲製造商決定供應其產品給大型零售商，例如，供貨給JCPenney，而心生不滿。爲瞭解決類似問題，製造商的銷售人員可能在與採購部門交談時，趁機以和緩的方式表示公司決定供應產品給JCPenney，是因爲想要以型錄的銷售幫助百貨公司業績：以長期眼光來看，百貨公司會從JCPenney所建立起的品牌名聲而獲益。除此之外，公司必須授權銷售人員保證其公司不將高階產品線賣給JCPenney，並承諾這些產品將繼續只由主要的百貨公司供應。爲了讓這個策略成功，必須讓外交官完全瞭解此一狀況，並提供給他足夠的籌碼去洽談。

互相干涉策略是經由與對方頻繁的非正式互動而得到適當的回應，以解決衝突。發展干涉的最簡單方法是讓由一方邀請對方加入其貿易組織，例如，幾年前電視通路商覺得電視機製造商不瞭解他們遇到的問題，爲瞭解決這個情況，通路商邀請製造商成爲國家應用及廣播電視通路商協會（NARDA）的成員。到目前爲止，製造商在NARDA組織的會議及年會中扮演了十分積極的角色。

最後，超組織策略是指運用和解、調停、及仲裁來解決紛爭。中立的第三者會被邀請來解決爭議，和解是由第三者以非正式的態度安排衝突兩方會面，並促使其達成協議和解。例如，一家獨立的經銷商會在製造商及其顧客間扮演和解者。而調停是由第三者扮演更主動的角色，如果衝突雙方不能達成協議，他們會願意採納調停者的程序上或實質的建議。

仲裁也可被用來解決通路衝突，仲裁可能是義務性質或自願性的。在義務性的仲裁中，紛爭必須經由法律途徑告知第三者，而對其所做的最後決定，雙方不得有異議。例如，法院常會仲裁起衝突的雙方，幾年前汽車製造商及其通路商對於通路政策有了問題，法院即負責仲裁。而自願性的仲裁是由衝突雙方自行將其紛爭告知第三者，例如，在1955年聯邦貿易委員會負責仲裁電視機製造商、通路商、及經銷商的問題，並訂立了32條產業法條以保護消費者，而減少通路的衝突。衝突的範圍包括了限制銷售、價格僵固、大量傾銷以阻止賣場銷售競爭者的貨品、差別訂價、和特別的折讓、賄賂、回扣、及折扣。

在所有的解決衝突的方法中，仲裁是最快的解決途徑。除此之外，仲裁會能保障隱私，所花的費用也較少。如果由產業專家擔任仲裁者，可以有較公平的結果。因此，就策略的觀點而言，仲裁比其他衝突管理的方法更好用。

摘要

通路策略主要在探討製造商將商品及服務運送給顧客的流程。本章是由製造商的觀點出發，共討論六種主要通路策略：通路結構策略、通路範圍策略、複式通路策略、通路修正策略、通路控制策略、及衝突管理策略。

通路結構策略主要研究商品應該直接由製造商直接運送給顧客，或是間接地由一個或多個中間商經手，這個策略參考Bucklin的延遲－投機理論。通路範圍策略是在解決應該採用排他性、選擇性、或是密集性通路。至於採用一個通路以上的問題是在複式通路策略中討論。通路修正策略是探討評估現有通路，及進行通路的改造，以適應環境的變遷。最後，成員通路間衝突的解決在衝突管理策略中討論。

每個策略的優缺點都在本章中多有著墨，並自行銷文獻中擷取出的範例，做爲每個策略的實際案例。

問題與討論

1.製造商在決定是否直接銷售商品給顧客時，會考慮哪些因素？汽車是否可以直接販賣給顧客？
2.密集性通路是否爲獲取經驗的方法？試討論之。
3.必須注意哪些細節以確保排他性通路不會限制銷售成果？
4.哪些策略因素會使複式通路策略成爲具有多產品企業採取之必要做法？
5.對食品加工業者來說，評估其通路時需考慮哪些要素？
6.哪些環境變遷會改變通路系統？
7.哪些原因可解釋垂直行銷系統的興起？
8.傳統通路可以採取哪些策略來因應垂直行銷系統的威脅？
9.通路關係中有哪些引發衝突的根源？試舉例說明之。
10.最適合用來解決通路衝突的策略是什麼？

附錄：通路策略觀點

通路結構策略

定義：運用中間商將商品從製造商運給顧客。通路可以是直接（從製造商到零售商或是製造商到顧客）或是間接（採用一個或多個中間商，例如，經銷商或代理商，以接觸顧客）的形式。

目標：以最低的成本及時地接觸到最適數量的顧客，並維持一定的控制程度。

條件：以下列因素來比較直接與間接的通路：

1.成本。
2.產品特性。
3.控制程度。
4.其他因素。

成本：

1.通路成本。
2.由於無法取得產品而產生的機會成本。
3.持有存貨及運送成本。

產品特色：

1.週轉率。
2.毛利。
3.服務要求。
4.尋找時間。

控制程度：直接通路的控制程度較大。

其他因素：

1.適應性。
2.技術改變（例如，電腦科技）。
3.社會／文化價值。

預期結果：

1.直接通路：高行銷成本、高通路控制、告知顧客訊息、及強烈印象。
2.間接通路：較低的行銷成本、較少的控制、及減少通路管理的責任。

通路範圍策略

定義：建立通路的規模，即瞄準顧客，可有下列幾種選擇：排他性通路（在一區域中只有一家零售商有專賣權）、密集性通路（在所有通路中均可找到某產品）、及選擇性通路（一區域中並非所有的零售店均販售某產品）。

目標：以最低成本服務該市場，並維持產品形象。

條件：

1.顧客購買習慣。
2.毛利／週轉率。
3.通路商提供服務的能力。
4.通路商持有所有產品線的能力。
5.產品型號。

預期結果：

1.排他性通路：強烈的通路商忠誠度、高度控制、良好的預測能力、製造商支持的銷售促銷、可能降低銷售量、及可能被控以反托拉斯法。
2.選擇性通路：市場的高度競爭、價格折扣、及通路成員施壓欲降低銷售商店數目。
3.密集性通路：低度控制力、較高的銷售量表現、眾多的顧客認知、高週轉率、及價格折扣。

複式通路策略

定義：採用兩個或兩個以上不同的通路來銷售產品及服務。複式通路有兩種型態：互補型（每個通路持有非競爭性商品或市場區隔）及競爭型（兩個不同且競爭的通路銷售相同的產品）。

目標：接觸到任一個市場，以增加銷售機會。互補性通路主要是爲了接觸到可能原本遺漏的市場，而競爭型通路是希望能刺激銷售量。

條件：

1.市場區隔。
2.成本／收益分析。用互補性通路的條件爲：地理區位的考量、市場大小、需要通路來銷售非競爭性的商品、傳統通路已達飽和狀態。用競爭性通路可視爲因應環境改變的回應。

預期結果：

1.提供給不同市場的不同服務、價格、及技術支援。
2.較廣的市場基礎。
3.銷售量增加。
4.可能引起通路商的憤恨不平。
5.控制問題。
6.可能會過度擴張。過度擴張可能造成品質與服務的水準下降，及對長期獲利性來說會有反效果。

通路修正策略

定義：經過評估及關鍵因素的檢討後，對現有通路進行改造。

目標：在環境持續變遷的情況下，維持最適的通路系統。

條件：

1.內在與外在環境變遷的評估：消費者市場及購買習慣的改變、零售市場生命週期的改變、製造商財務結構的改變、及產品生命週期的改變。

2.持續評價現存通路。

3.成本／利益分析。

4.用行銷組合的角度，考慮修正通路可能造成的結果。

5.管理層面對適應此修正計畫的能力。

預期結果：

1.在環境變化下，維持最適的通路系統。

2.短期而言，顧客及通路商會有不滿。

通路控制策略

定義：由通路架構中的一名成員，負責建立通路的控制功能，並提供集中組織的能力，以達成共同的目標。

目標：

1.增加控制。

2.改正無效率性。

3.透過經驗曲線，瞭解成本與效益的關係。

4.獲得規模經濟。

條件：需要承諾及資源的投入，以善盡領導者的義務。大多數時候，通路的控制者是有市場領導者或影響者地位的大型企業。

預期結果（垂直行銷系統）：

1.增加控制。

2.專業化管理。

3.集中計畫。

4.達成營運的經濟效益。

5.使市場影響最大化。

6.增加獲利。

7.減除無效率性。

衝突管理策略

定義：解決通路成員間的衝突。

目標：找到能解決成員衝突的方法，並使他們同意此一做法並執行之。

條件：選擇一種策略來解決衝突。

1.議價：雙方採用有捨有得的態度，而且雙方的底線足以讓他們接受議價的條件。
2.劃清界線：指派一名員工當外交使節、外交使節完全瞭解狀況並握有足夠的資源與權力可以與對方協商、及雙方願意協商。
3.互相干涉：與對方持續進行非正式的交涉，以使對方有彼此的概念，而且願意交涉接觸問題。
4.超組織：由一中立的第三者經由和解、調停、及仲裁等三種方式來解決爭議衝突。

預期結果：

1.消除通路的障礙。
2.結果是雙方互惠的。
3.管理時間及精神的耗費。
4.增加的成本。
5.雙方以退讓方式解決所產生的成本。

第17章

發展促銷議題的策略
促銷支出策略
促銷組合策略
結論

廣告策略
媒體選擇策略
廣告文案策略

人員銷售策略
銷售策略
銷售動機及監督策略

摘要

問題與討論

附錄：促銷策略觀點

促銷策略指的是規劃、執行及控制說服消費者的溝通過程，這些策略可能是廣告、人員銷售、促銷活動或以上任何組合。本章所介紹的第一種策略是討論需要花多少錢在促銷某種特定產品或市場，而廣告、人員銷售及促銷活動的總促銷預算又是另一個策略議題。這兩個議題形成的策略將成為在某種情況下，決定一種促銷活動扮演的角色。

清楚的目標及準確的客群定位對一個有效的促銷計畫來說是相當重要的，換句話說，僅僅用一個廣告或是雇用一些銷售人員來拜訪顧客是不夠的。相反地，一個涵蓋數種促銷方法的全傳播計畫應該是用來確保顧客能對某種產品，或市場區隔有正確的認識，並能與企業本身維持長久的信任關係。而促銷的目標也必須與產品、價格及通路密切地配合。

除了以上所提的策略議題外，本章也會探討廣告及人員銷售策略。廣告策略在檢視媒體及文案等問題，而人員銷售策略則是在探討如何規劃銷售計畫並監督銷售人員。每一種策略都會以文獻中的範例做參考。

發展促銷議題的策略

決定企業必須花多少錢在總促銷上，包括：廣告、人員銷售及促銷活動，並不是那麼容易，我們並沒有規則能找出在某一產品或市場的條件下，要花多少錢來促銷。這是因為有關促銷支出的決策受到相當複雜的因素影響。

促銷支出策略

促銷費用佔了總行銷預算的一部分，因此將資金投注到某一部門，例如，廣告，會影響行銷功能中其他部門的支出水準。例如，企業必須選擇要在廣告增加支出或是要用在設計新的產品包裝，除此之外，促銷支出必須受價格策略的內容規範，高價位產品無疑地會比低價產品提供較多的促銷資金，促銷可用的資金也很難依據準確估計產品銷售狀況而進行配置。與此相關的還有另一個問題，即促銷的累積效果，在這方面的研究多是著重在廣告持續效果的不確定，雖然普遍同意廣告的效果和其他形式的促銷效果一樣，都會延續一段時間，但這些效益的延續期間的長短不確定。累積效果決定於顧客忠誠度、購買頻率、及競爭的努力，每一個因素又受到各自不同的變數影響。

促銷支出預算依產品或市場而有不同，以麥當勞爲例，它在1983年花了185.9百萬美元在電視廣告上，爲其對手漢堡王的兩倍。研究卻指出觀眾眞的記得而且比較喜歡的是漢堡王廣告，而非麥當勞，但是我們並沒有方法可以算出麥當勞花了過多的廣告預算而得到反效果。同樣的，1983年最受歡迎及最著名的廣告是Miller Lite，裡面表達的是人們爭辯並堅持Miller Lite味道比較好，而且瓶子總是裝得滿滿的。這則廣告比起其他所有的啤酒廣告效果好，但有幾家公司花的廣告錢卻比Miller多，因此，即使廣告很成功，我們很難說Miller是否花的錢最恰當。

然而，促銷對許多企業來說是致勝關鍵，以Isordil來說，它是一種硝酸鹽處方藥物，可以預防嚴重的胸痛症狀，由美國家用產品公司Ives實驗室部門所製造，於1959年引進，宣稱此藥佔了每年銷售量200百萬美元市場的50%。Ives號稱Isordil已經過長久測試，並在某些功能上比市面上其他硝酸鹽藥物更有效，儘管食品藥物局還未全面證實製造商所宣稱的功效，某些醫生也還未認可Isordil與其他藥廠相比有何優點，經過Ives長期且積極地促銷，許多醫生在想到硝酸鹽藥品時，只會想到Isordil。Isordil的成功顯示促銷的關鍵重要性：「事實上，在今天高度競爭的市場中，一個藥的生存通常必須依賴公司付出與努力在藥物品質上同樣多的促銷支出。」

促銷會誘使競爭者反擊，但並無法準確地預期競爭者的反擊手法，因此預算更難決定。例如，在1980到1990年代，Anheuser-Busch將每一桶啤酒的促銷成本調高了6塊美金（從1980年的3塊美金到1990年的9塊錢美金）。該公司雖然已經能防止Miller進入它占有的市場，但問題在於持續增加廣告成本是否是最佳策略選擇。

儘管困難重重，業界早已發展出決定促銷支出的最佳策略，有兩種做法：拆解法或是建置法。

拆解法（Breakdown Methods）：有幾種停損法可以有效地運用，以決定出促銷支出額。在百分比銷售方法中，促銷支出是以過去一年，或預測未來銷售額之特定比率來決定，這個比率一開始可能是隨意湊成的，但在執行之後有了歷史資料，即可應用來決定應該分配多少比率的銷售額在促銷支出上。採用此方法之邏輯是認爲促銷的支出必須由銷售額決定，這種方法已有許多企業採用，因爲它簡單採用，容易瞭解，並且允許管理者在經濟狀況衰退時保有調整的彈性。而其缺點在於以銷售狀況來決定促銷成本是種本末倒置的想法。此外，這種方法並未考慮到促銷所產生的累積效果。簡單來說就是這種方法將促銷視爲一項必須由銷售收入來決定的支出，而不考慮競爭者的活動或其活動對銷售收入的影響及之間的關係。

另一種方法是能花多少就花多少的促銷支出，這種方法的主要考量在於可取得的資金或是流動資源多寡，換句話說，即使企業的銷售預測值很高，但是內部資金調度很緊時，促銷支出會持續維持低水準。這個方法基本上有幾個問題，當資金短缺的公司想要花更多錢在促銷以改善銷售狀況時，這個方法反而將促銷支出受限在企業的流動資源上。這個方法也牽涉到風險，當市場狀況不佳而銷售量低迷時，若企業剛好資源豐富，它會花較多不必要的錢在促銷上。然而，這個方法確實突顯了促銷所具有的長期價值，意即廣告有累積效果。同時在完全不確定的情況下，這個方法也算是一個保守的做法。

另外在投資報酬方法上，促銷支出由數年來因投資而得的利益多寡來決定，因此促銷支出的水準決定於與投資的預期報酬相比較。促銷的預期報酬用未來報酬的現值來計算，或是將全部的促銷支出視爲一項投資，因此促銷在零期的效果即爲立即效果。投資報酬法的清楚準確度是無庸置疑的，但在應用上有幾個問題。第一，很難決定不同形式的促銷在同一時間點的個別成果。第二，廣告投資如何預測其恰當的報酬？這些限制讓此方法很難實際運用。

競爭比較法假設促銷支出與市場佔有率直接相關，因此一家公司的促銷支出應該與競爭者欲維持其市場地位支出成比率。假始產業領導者將其2%的銷售收入用在廣告上，產業中的其他成員應該花同樣比率的銷售收入在廣告。回想我們經濟體中的競爭規則，這似乎是個很合理的方法，然而，它也有幾個限制。第一，這個方法需要知道競爭者的促銷狀況，但這個資訊通常很難取得，比如說，市場領導者也許決定將其重點放在降低成本，而非促銷，若遵照領導者的廣告支出比率，而不參考其價格，將會導致誤差。其次，一家公司可能會將每一分促銷的錢發揮更大的效用，例如，明智地選擇媒體、廣告時間、廣告專業、發展完善的銷售監督計畫等等。因此它可以達成別家公司花了兩倍金錢才能得到的結果，因爲促銷只是影響市場表現的其中一個變數，只維持與競爭者某一比率的促銷費用並不足以讓一家公司保有其市場。

建置法（Buildup Methods）：許多公司都設有廣告、銷售及銷售促銷經理，均歸屬於行銷經理。行銷經理有責任依每一個產品線之廣告、人員銷售及銷售促銷分別訂定促銷目標，理想上，目標訂定之準備工作是由與產品發展、定價、通路及促銷相關的經理人組成委員會決定。委員會能整合不同領域的意見，如此一來，促銷支出的決策即由總行銷組合的內容來決定。例如，委員會可能會決定促銷必須讓至少100,000家用戶使用該產品，面對組織型客戶，則必須將價格降低。

實際上，將廣告、人員銷售及銷售促銷分開評估並不是件容易的事，因爲這三個促銷手法常會有重疊地帶。每家公司必須找出自己的促銷組合，一旦每個促銷手法詳細區隔開來，即會正式地訂定目標，並與相關領域之經理人進行溝通。在這些目標的基礎下，每個促銷經理人員會更實際的重新定義自己的目標，而這些修正過的目標會成爲各個部門所遵循的原則。

一旦部門目標確定了，每個領域會訂出詳細的預算，即每個產品需要多少成本才能成計畫目標。等到每個部門準備好自己的預算計畫，行銷經理人也會給每個人一份只列出對整個行銷策略重要的支出預算摘要，而行銷經理的預算基本上是屬於控制功能。

當個別部門對於其所需要的支出做好估計，行銷經理會確認他們的預算配額，同時，行銷經理的估計值能幫助審核部門預算，最後將預算分配給每個部門。不消說每項任務的重心在變，而總預算在最後確定前會經過好幾次的修正。而委員會必須負責對每個部門的最後預算分配決策，並非由行銷經理一個人決定。

建置法促使每個經理人用科學方法分析他們希望促銷扮演的角色，以及對於行銷目標的貢獻，它同時也協助維持對促銷支出的預算，並避免因爲經濟衰退而迫使經理人刪減促銷活動。但是這個方法有時會太過於科學化，有時候有機會賺取更多利潤時，需要增加促銷支出卻無法馬上決定，就會錯失良機。因此以目標設定及任務執行的程度來決定應該花多少錢在促銷上的過程，已經花了不少時間，但卻有可能損失意外的機會。

促銷組合策略

促銷考慮的另一個策略抉擇是如何將資源分配在三種不同的促銷方法上。廣告指的是經由大眾媒體（廣播、電視、平面媒體、戶外活動及郵寄），而非人力的溝通傳播方式，這種溝通被視爲贊助傳播媒體的贊助商。人員銷售指的是與消費者面對面的互動，不像廣告，人員銷售需要雙向溝通，從源頭到目的地然後再回來。其他不與廣告及人員銷售有關的溝通方式皆爲銷售促銷，因此折價券、拍賣及刺激代理商、折扣品、折讓、及賣場文宣皆是銷售促銷的運用方式。

最近興起許多新方法以與顧客進行溝通，包括：電話行銷（電話銷售）及展示中心（特別設計的展示場，讓顧客觀察實物並試用其複雜的工業設備）。本章的討論將只會放在三種傳統的促銷方法，在其他地方，這些方法可能會大量的交互運用，但是混用時須小心，以發揮互補效果達成平衡的促銷功效。接下來的一段是解釋一家化學公司將其廣告、人員銷售及銷售促銷混合，以達成最適的促銷成績：

有一則廣告帶給其客户所屬之產業、員工、及工廠社區一個訊息主題：化學小巨人。這則廣告被刊登在*Adhesive age*、《美國油漆及塗料月刊》、《化學及工程新聞》、《化學行銷報告》、《化學採購》、《化學週刊》、《現代塑膠》、及《塑膠世界》等期刊中。

銷售促銷及人員銷售則由公關活動支援，例如，參觀公司新廠的記者巡禮、發展員工對擴充廠房的認知與瞭解計畫、及在該公司所在地對當地民眾進行簡介。

人員銷售比較積極，且提供一個說明公司持續服務的直接溝通管道。該公司一再保證：「我們不會放棄與我們顧客間之人員接觸」。

發展一個極佳的促銷組合是相當難的，公司有時會經由隨意而無邏輯的程序決定出某產品或市場中的廣告、人員銷售、及銷售促銷之相對重要性。

促銷組合的決策權通常是分散給許多決策者，以達成一致的促銷策略。人員銷售計畫有時會與廣告及銷售促銷的計畫分開來。有時候決策者很少會正確地認知到目標及全部關於促銷執行廣度之完整產品計畫。不管促銷支出是否有增減，銷售及市場佔有率目標通常是一致的。它們雖然是促銷有效度的重點，或是決策者衡量應用之公正基礎，卻因此成爲不實際的指導原則及計畫方向。簡言之，目前發展出來的促銷行政程序是一種因果關係，與其他基本做法一樣，並不足以深入瞭解而預測出，若進行另一種做法會有什麼不一樣的成果出現，但即使找到另一種安排，成效仍然很難比較（表17-1）。

產品因素（Product Factors）：這個因素主要是關於顧客購買、消費與認知產品的方法，對於工業產品而言，特別是技術類產品，人員行銷會比廣告更有效，因爲這些商品通常需要深思熟慮，並在眞正購買之前，與別家產品做比較。銷售人員需要有能力解釋該產品的優點，並對顧客的疑問馬上做答覆。至於像化妝品和加工品

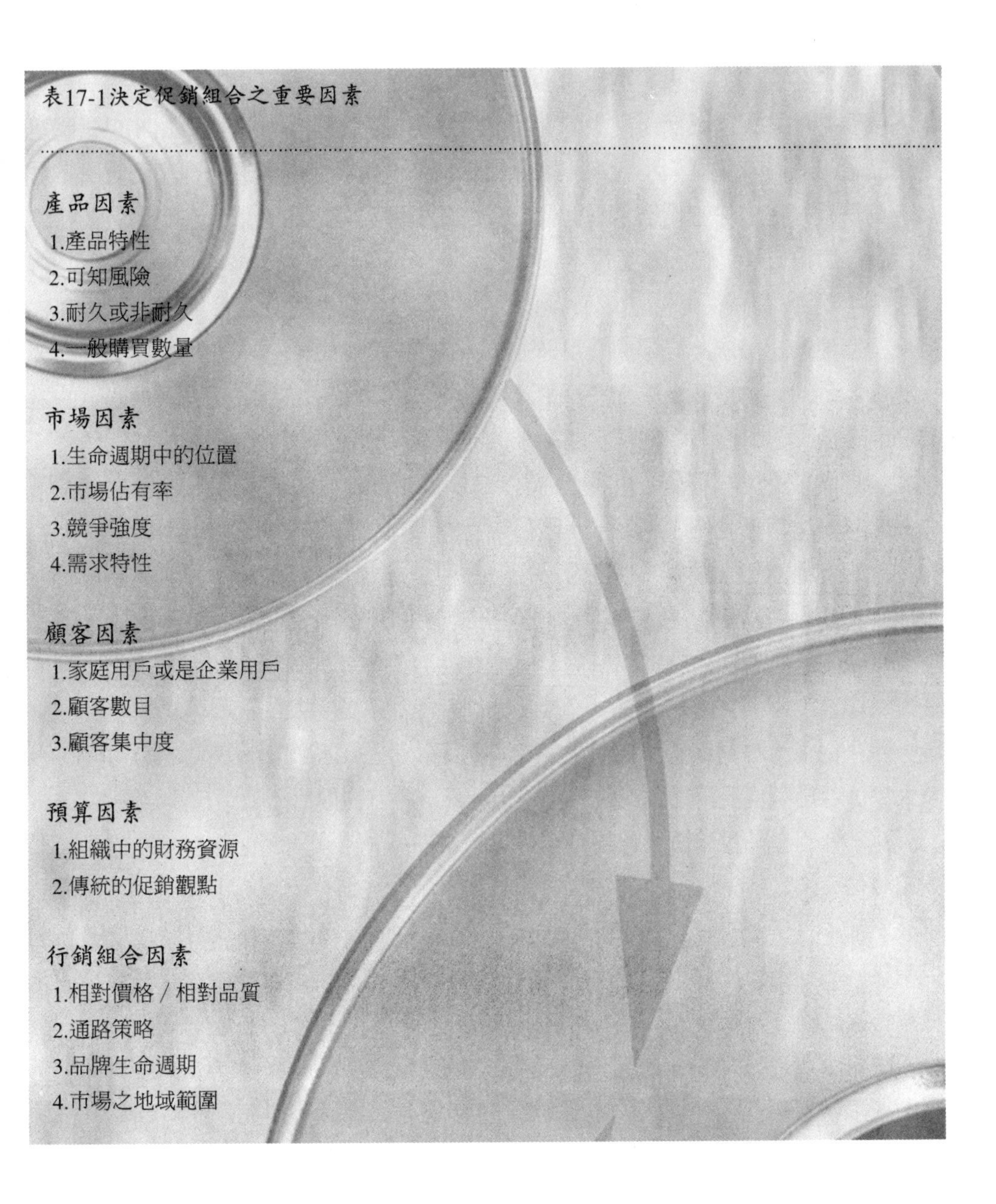

表17-1決定促銷組合之重要因素

產品因素	1.產品特性 2.可知風險 3.耐久或非耐久 4.一般購買數量
市場因素	1.生命週期中的位置 2.市場佔有率 3.競爭強度 4.需求特性
顧客因素	1.家庭用戶或是企業用戶 2.顧客數目 3.顧客集中度
預算因素	1.組織中的財務資源 2.傳統的促銷觀點
行銷組合因素	1.相對價格／相對品質 2.通路策略 3.品牌生命週期 4.市場之地域範圍

等商品，廣告是很重要的影響因素，此外，廣告在為產品差異化及因感性誘因而購買的產品行銷中扮演了相當重要的角色。

購買決定中的認知風險是另一個變數，一般來說，買方對於購買一項商品所認知到的風險愈高，人員銷售的重要性會比廣告更高。當認知風險高時，買方通常希望對該產品有特定的資訊提供，這個需求必須由人員銷售來滿足。通常耐久財的購買頻率比非耐久財低，而且需要很大量的資源投入，這些特色讓人員銷售在耐久財行銷上比廣告影響力更大。然而由於許多耐久財是經由加盟通路商行銷，每一種促銷的影響力應該以通路商能提供促進產品銷售的推力而決定。最後一點，少量購買的產品通常假設其購買頻率較高，需要經常性的決策制定，對於這種產品，廣告會比人員銷售好，由於它們通常是低價品，因此要獲利只能由數量來決定，這個特例顯示廣告的重要性仍然不容忽視。

市場因素（Market Factors）：第一個市場因素是產品在生命週期中的所在位置。創造出最初需求，亦即創造目前並不存在的需求，是在導入期最主要的任務，因此，大量的促銷推廣重點在於介紹新產品給潛在顧客。在導入期消費品購買的主要動力在於大量的廣告，促使通路商加入此產品，並不同的銷售促銷手法（例如，樣品、折價、免費試用品）用誘導顧客來試用該產品。若以工業品來說，在這個階段只要有人員銷售就夠了。在成長階段，有逐漸增加的需求量，表示對競爭者來說有夠大的市場能加入競爭。以消費品來說，促銷主力仍然在廣告，對工業品來說，卻開始要在市場擴張時進行廣告，不過它們仍然需要人員銷售。在成熟階段，競爭變得更激烈，廣告與銷售促銷都需要突顯產品與競爭者的差異化（消費品）特色，並提供顧客誘因購買特定產品，而成熟期的工業品需要密集的人員銷售。在衰退期時，除了促銷活動的次數開始減少外，其他促銷手法剛開始與成熟期的努力變動不會太多，若是價格競爭加劇或是需要開始下降，所有的促銷活動應該都要減少。

對某特定產品群來說，假如市場佔有率很高，廣告和銷售促銷都會被運用。假如市場佔有率低，重心應該放在人員銷售或是廣告。這是因爲高市場佔有率約略指出公司在不只一個區隔中做生意，並且用了多重通路。因此，用人員銷售及廣告來促銷該產品，當市場佔有率低，生意能做的範圍有限，依產品特性選擇廣告或是人員銷售就足夠了。

假如產業中只有少數幾家公司，廣告會變得更重要，因爲：（1）強勢廣告能幫助扼阻其他想進入市場的公司；（2）強勢廣告維持該公司在該產品市場中的理想地位。強勢廣告表現了產品的品質，並有可能進而減少消費者對於新產品的不確定性，在這種方法之下，新的競爭被有效地扼阻，並能加強公司目前的地位。

競爭強度會影響促銷組合，就如同市場佔有率的影響一樣。當競爭激烈時，促銷的三個手法都需要維持產品在市場中的地位，因爲促銷需要用來通知、提醒、及說服顧客購買該產品。相反的，假如競爭活動有限，促銷的主要功能是告知，或是提醒顧客這個產品的存在。因此，廣告或人員銷售是促銷活動中的重心。

理論上，廣告對於有相對需求潛力高的產品較爲適合，因爲長期投資在廣告上，應該能創造新機會，假如效果能有效地累積計算，銷售的每一塊錢所花的支出將會更有效益。假如需求有限而新需求預期不會產生，廣告會是不符經濟效益的。因此未來潛力是決定廣告地位的重要因素之一。

顧客因素（Customer Factors）：用來差異化商機的重要因素之一是產品是針對一般消費者行銷或是針對組織，因爲將產品行銷到這兩個顧客群時，有許多重要的差異，而這些差異對促銷型式有相當重要的影響力。在家庭消費者中，決定特定產品的決策制定者相對容易，因此廣告是很好的方式，同時許多消費品有自己動手做的服務特性讓人員銷售的重要性降低，一般消費者通常不需經過正式的購買程序，不需要像組織型顧客一樣制定購買目標。因此廣告會在接觸家庭消費者時發揮較大的效益。同理，人員銷售在推廣產品給組織型顧客時會較有效。

顧客數目及其地區集中度會影響促銷組合，對小規模的顧客數來說，特別是地區集中的，廣告不會只對像顧客分散且有重要位置的客群重要，有些廣告對消費品來說是很必要的手法，不管市場狀況如何。因此，這段話只提供了一種概念，不應該視爲對或錯的是非題。

預算因素（Budget Factors）：理想上的預算應該基於欲執行的促銷任務而定，然而公司會直覺而傳統地將他們打算花在促銷上的錢訂出一個上限。這種限制會在兩個地方影響促銷型式。第一，財務力量較弱的公司被限制住只能進行某種型式的促銷，例如，電視廣告需要大筆的資源供應。第二，許多公司的廣告預算會與收入成正比，這種配置方法持續地運用，以預期收益決定未來該花多少錢在廣告上，接著這些分配好的錢就會決定出廣告的地位。

行銷組合因素（Marketing Mix Factors）：促銷決策應該由行銷組合中其他領域來決定，價格及產品品質會影響其促銷手法的特性，高價位商品必須告訴消費者產品的實用面及其優越特性。因此如果產品訂的價錢比競爭品還要高，廣告在與顧客溝通及在顧客心目中建立產品優越品質上，會有較高的效果。

促銷組合同時被該產品的通路架構所影響，假如產品是直接銷售，銷售人員應該盡全力促銷該產品；相反的，若是間接銷售，廣告會成爲主力，因爲人員銷售的力量有限。實際上製造商距離最終消費者越遠，廣告就必須用來刺激及維持需求。通路策略的影響可由兩家化妝品公司銷售同樣的產品來做例子，即Revlon及雅芳。Revlon經由不同的中間商來銷售，並做了許多廣告。相反的，雅芳主要在家中直接銷售給使用者，與Revlon比起來花了較少的錢在廣告上。

如同我們適才討論關於產品在其生命週期的位置對於促銷組合的影響，品牌在其生命週期中的位置也影響促銷手法的使用。在導入階段，若想把一個新品牌定位在理想位置中，廣告就相當重要。而當某產品進入成長期，廣告應該與人員銷售結合，而整體促銷活動在規模上也會縮減。當現存品牌進入成熟期時，行銷人員有三個選擇：採取生命延續策略、投資有利可圖的品牌、及／或引進更有利基點的新品牌進入市場。前兩個策略在第13章已討論過，而第三個做法在促銷策略中，新品牌必須像是新產品一樣進行促銷活動。

最後，市場的地理規模大小是另一個考量點。廣告在行銷於全國的產品會比只在區域行銷的產品重要。有研究顯示，當市場有地理上的限制時，短暫的電視廣告仍然比鎖定目標族群進行促銷活動的成本還貴。由於廣告是成本高的行銷做法，因此區域行銷人員應該儘量少用廣告做促銷，可把資源放在其他的促銷方法上，或者用行銷組合中的其他元素代替，例如，區域行銷人員可選擇採用私有品牌策略。

結論

雖然這些因素在確立每個促銷方法不同的角色時很有用，但實際上的運用仍應考量環境的任何改變因素。例如，在1970年代軟性飲料公司常用銷售促銷方法（主要是折價）來吸引顧客。然而在1980年代，軟性飲料的行銷人員改變其促銷組合策略，將重心放在廣告上。這可由五家大型軟性飲料製造商在1984年共花了250百萬美元在廣告上以資證明，比1979年成長了40%。促銷手法起了這麼大的轉變原因之一是可口可樂和百事可樂公司將其可樂爲商品，以折價促銷吸引消費者追求價格較低的店家購買該商品。

除此之外，促銷組合也受想創新的概念所影響。舉例來說，Puritan服飾公司以前只花很少錢在廣告上，在1970年代該公司處於持續虧損狀態。1977年時，該公司引進新產品──貼身牛仔褲，並且採由非傳統的促銷策略。它將凱文克萊的商標貼在它們的牛仔褲上，並以高達35塊美金的價位出售（是沒有貼商標的兩倍價格），再加上強勢的廣告。這種促銷組合爲公司帶來成功的轉機，雖然Puritan之前完全沒有製造銷售牛仔褲的經驗，該公司的產量已經躍昇到在一年內，每個禮拜生產125,000件牛仔褲，讓Puritan公司在價值10億美元的零售市場中佔有25%。雖然促銷創新會因爲競爭者模仿，優勢不會延續太久，但是它的確給創新者一個好的開始。

促銷組合必須考慮以上所列舉之許多變數，但卻很難量化這些變數用在促銷時之影響。因此關於促銷組合的決策，必須主觀的認定其必要性，但這些變數確實提供管理者檢視這些主觀決策的清楚程度及變動程度一張檢查的清單。

最近由Cahners出版社所主導的策略規劃組織的研究中，發現可用下列的決策規則來設定廣告預算，應可爲促銷組合之最後決策推波助瀾。

1.市場佔有率：市場佔有率高的公司應該在廣告上花更多錢以維持佔有率。
2.新產品銷售量：假使公司的新產品銷售佔公司銷售量很高的比率，它就比其他產品更值得公司爲其投資更多廣告。
3.市場成長：在快速成長的市場中競爭的公司應該花比對手更多的錢在廣告上。
4.廠房產量：假如公司有過多閒置產能，它應該花更多錢在廣告上刺激銷售量及生產量。
5.單價（每次交易）：公司產品的單價愈低，花在廣告上的錢應該愈多，因爲品牌轉換的可能性會愈高。
6.產品對顧客的重要程度（與其購買總額比較）：在顧客購買清單中佔的比率愈低，通常需要愈高的廣告支出。
7.產品價格：極高價產品和極低價產品都需要高額廣告支出，因爲價錢在購買者的決定因素中是相當重要的，而且買者必須相信（透過廣告）該產品是值得用這個價錢購買的。
8.產品品質：高品質的產品需要更多廣告，因爲必須說服消費者該產品是獨特的。
9.產品線廣度：若有比對手更廣的產品線，公司必須比對手花更多的錢在廣告。
10.標準化程度：大量製造的標準化產品應該有更高的廣告支出，因爲他們在市場中會更有競爭力。

廣告策略

傳統上，企業在規劃和執行廣告時有五個步驟：發展預算、規劃廣告、廣告文案提出及確認、執行、並控制結果。**表17-2**列出在每個階段中參與者及最終產品。

表17-2廣告計畫步驟

步驟	主要負責人	最終產品
發展行銷計畫及預算	產品經理	預算 支出範圍 利潤預測
計畫廣告	產品經理 廣告經理 廣告商 企業廣告部門	確認目標市場 支出分配 廣告策略及訊息說明
構想發展與確認	廣告商 媒體研究公司 產品經理 廣告經理 高階主管	構想完成 媒體計畫（接觸目標及頻率預測）
執行	廣告商或是媒體 購買公司	實際刊載播放
監看回應	市場研究經理 產品經理 廣告商（研究）	知道、認知、及瞭解追蹤 認知圖 銷售／市場佔有率追蹤

媒體選擇策略

媒體：可定義爲將產品或服務訊息傳遞給目標的管道。有幾個媒體可以做選擇：報紙、雜誌、電視、廣播、戶外看板、流動廣告、及直接郵寄。

廣告媒體的選擇會受到許多因素影響，例如，產品或服務本身、目標市場、通路的廣度及型態、欲溝通的訊息內容、預算、及競爭者的廣告策略等等。除了針對競爭所採取的廣告之外，大多數的資訊可由公司內部自行發展，也有可能需要進行行銷研究計畫，以找出競爭者以往用過的廣告策略及未來的方向。除此之外，媒體的選擇需要考慮到產品或服務的廣告目的。綜上所述，有幾個方法可用來選擇媒體。

廣告目的：爲建立完善的廣告計畫，企業必須確立廣告的目的，如果設定錯誤，可能會對銷售直接造成影響。而銷售是一個多重步驟的過程，廣告可用來將顧客推向下一步驟：從對產品或服務的完全無知、到認知、到瞭解、到信服、然後採取行動。因此，廣告主必須確定他／她想要廣告達成的目標爲何，廣告的目的可用以下任一方法來決定：存貨法、層級法、或態度法。

存貨法（Inventory Approach）：幾位學者研究廣告在存貨上扮演的功能，一則廣告的目的可由企業總行銷面中的存貨來發想，例如，以下的存貨可做運用：

1.增加銷售，經由：

◇鼓勵潛在購買者參觀企業或其通路商。
◇取得銷售人員或通路商的主導權。
◇引進專業人士（例如，醫生、建築師）來推薦該產品。
◇保障新的通路商。
◇經由特別銷售及競賽來誘發立即性購買。

2.建立公司產品或服務的認知，經由：

◇告知潛在顧客該產品的特性。
◇發表新型號。
◇強調該產品的獨到特色。
◇告知顧客哪裡可以買到該產品。
◇宣布價格改變。
◇發表使用中的產品狀況。

存貨法強調可在廣告中宣揚不同的目的，且這些目的除了參考所有的行銷計畫之外，不可能找得出來。因此，這個方法幫助廣告主避免空想，然而這個方法有一個缺點，假設列出了每個在存貨清單中值得訂定的目標時，決策者可能會選出不適合且有衝突的目標。

層級法（Hierarchy Approach）：這個方法中，廣告的目的會由心理層面發展出來。因此廣告的目標可能會是：（1）獲取顧客最初的注意力、認知、持續注意力、然後產生興趣；或是（2）影響顧客的瞭解、感覺、情緒、動機、信仰、傾向、決定、意象、關聯、回憶、及認知。這個方法背後的邏輯在於顧客在眞正購買某產品時，會自某一心理層面移到另一層，因此，廣告的目的是將顧客心理移轉到另一層面，最後讓顧客購買該產品。從階級方法定義出一則廣告的目的看起來很有道理，但卻很難將這個目的與行銷目標結合在一起，而且心理層面的測量比起如市場佔有率這種可見的衡量目標而言，較不容易且較以主觀認定。

態度法（Attitudinal Approach）：在這個方法中，廣告是讓態度改變的工具，而廣告目的被定義爲影響態度的過程，因此廣告被用來完成以下任一目標：

1.引發能強烈地影響那些用來評估產品群品牌的因素之改變動力。
2.增加對產品群來說很重要的特色。
3.增加／減少該產品群重要特色的評價。
4.改變大眾對公司品牌的認知，特別是某些隱藏的產品特色。
5.改變大眾對競爭者品牌的認知，特別是某些隱藏的產品特色。

態度方法可說是層級法的改良版，因爲它將廣告目標與產品／市場目標做連結，不只指出廣告的功能所在，同時定位出它能達成的特定結果。

廣告目的應該由一個對所有產品／市場完全熟悉的人來決定，當撰寫一則適合的廣告文案及選擇正確媒體時，一個好目標的助益就相當的大了。我們必須認知到同一產品的廣告目的可以是不同的，但卻必須互補以最大化廣告的總效益。

產品／市場的廣告目標也可用來找出媒體目標。媒體目標必須能解答下列問題：我們想要接觸到每一個人嗎？我們是否有選擇性的接觸？假如有一個不到10歲小孩的30歲左右家庭主婦是我們眞正的目標，我們應該發展出的媒體目標爲何？我們是全國性的還是區域性的？我們是否需要集中注意力在某一些區域？我們需要的是接觸數目還是頻率，或是兩者都要？有那些創意的考量可控制我們的發想方向？我們需要的是彩色或永久的（雜誌或文宣）、個性的及展示（電視）、以最少的錢做最佳選擇（廣播或戶外看板）、選擇性（直接郵寄）、或是侵入市場的每一角落（報紙）？以下是以上問題的媒體目標範例清單：

1.我們需要全國女性觀眾。
2.我們將她們設定在18到34歲。
3.因爲產品是需要考慮後，才進行購買決定，因此我們需要空間來詳細解釋產品特色。

4.我們需要完整的告知產品優點。

5.我們必須不只一次的接觸這些女性，因此我們需要頻率次數。

6.除了店面展示外，沒有別的方法能展示這個產品。

媒體選擇程序：媒體選擇需要進行兩個決策：（1）要採用哪一種媒體；以及（2）在此範圍內，該選擇哪一個特定媒體？假設我們選擇雜誌為主要媒體，我們應該把廣告放在哪一個特定雜誌中？以下有兩個方法：每接觸到千人之成本比較，及觀眾與媒體特色之配對。

每接觸到千人之成本比較：這個方法曾經是最常被用來選擇媒體的方法，雖然應用不難，但每接觸到千人之成本比較法仍有許多改良空間。只以接觸到的群體數量並不代表了接觸到的品質，例如，一則在*Vogue*雜誌上的女裝服飾廣告會比同樣一則廣告出現在*True Confessions*（法律雜誌）上有影響力，同樣地*Esquire*會比其他針對不特定族群在介紹男裝流行服飾上更為合適。

假使只考慮到廣告商所指的曝光率的話，每接觸千人之成本法會被嚴重誤解，根據媒體的定義，曝光率在刊登在雜誌上的那一瞬間就決定了，但曝光率是否真的那麼高卻不曾被調查過。此方法也不能將編輯所塑造成的形象及同一媒體型態中不同管道的影響力納入考量。

觀眾與媒體特色之配對：另一種媒體選擇的方法是選出目標觀眾，再將其特色與一特定媒體做配對，以下是此法運用上的步驟：

1.建立起顧客的屬性資料，包括：他們是誰、他們在那裡、他們什麼時候會被接觸到、及他們的人口統計特色為何。若建立起媒體目的，對於找出這些資料的助益很大。

2.以觀眾覆蓋程度來研究媒體的屬性，這一步驟的背後意義是研究觀眾使用媒體的習慣（意指：誰是某一媒體的主要觀眾）。

3.進行顧客屬性及媒體屬性的配對工作，某產品之顧客屬性應該會配對到不同媒體的觀眾特色上，在覆蓋程度的限制下，這種比較方法應該可以找出主要的一種媒體。

4.選出來的媒體應該再用產品及成本面來做評估，假設其他情形不變的狀況下，對於一個產品來說，某媒體會比另一個好。例如，在美容產品中，產品展示是有效的行銷方法，因此電視會比選擇廣播更有用。成本是媒體選擇的另一個考量點，成本的資訊可自媒體本身取得，成本應該與廣告所期待獲得的利益取得平衡。

5.最後，總預算應該被分配到不同的媒體和不同的機制上。媒體的最後決定必須最大化媒體目標。舉例來說，如果目標是讓民眾認知到某產品，選擇的媒體就必須是能接觸到廣大觀眾。

基本上，媒體選擇需要兩種資訊：顧客屬性及觀眾特性。廣告主必須建立起其產品或市場的顧客屬性，不同媒體的資訊通常可得自媒體本身，實際上所有的媒體自己都有完整的閱聽大眾的資訊（人口統計資料及圖表）。然而每個媒體都會用最有利於自己的方式呈現這些資料，因此企業有必要參考官方單位提供的不同媒體資訊，仔細篩選媒體所提供的閱聽大眾資料。

評價要件：在投注資金於某一媒體時，必須以評價要件來檢查該媒體的變動性。決策制定者是否已經全面的、漸進的、心中衡量過的、實際的、及樂觀的評估過了？全面性表示在選擇媒體時已考慮到全部構面。而為了讓影響力最大化，擇定的媒體必須有漸進式的效果，即表示它必須有一獨特的方式在運作，我們可以舉Sanka咖啡將其樣品夾在幾百萬封的電視節目表中，由於郵政局的規定，這種樣品不能夾在雜誌中，因為雜誌主要是由訂戶購買的，但是電視節目表實際上是一個主要的上架雜誌。心中衡量過的要件主要指的是不只是看曝光的數字，也必須包括接觸目標群眾的頻率與時機，還有觀眾的品質，即接觸到之電視重度觀眾與輕度觀眾之比例、男女比例、職業婦女及家庭主婦比例等等。實際的意思代表選擇該媒體是真正需要的，而不是情緒化的選擇，例如，由於高階管理人員不喜歡銷售量高的雜誌編輯策略，因此用一家銷售量很低的雜誌取代之。最後，整體的媒體計畫應該是樂觀的，如此一來才能從經驗獲得好處。

廣告文案策略

文案：指的是廣告的內容，在廣告界中，這個詞彙通常包含較廣泛的範圍，包括了：字句、圖片、象徵物、顏色、擺設、及其他廣告中運用的元素。廣告設計是一份創意的工作，其品質大多取決於廣告代理商或公司中設計者的創意能力，然而只有創意並不能製作出好的廣告文案。行銷策略需要將其目的與文案整合在一起（要表現什麼、如何表現、表現給誰看），並且必須將廣告目標、產品、目標顧客、競爭活動、及道德法律的考量包裝在該資訊中。創意人就是從這些要件出發，簡言之，雖然廣告設計可能是廣告細胞中靈光一現的產物，但它仍必須以一個有系統的、有邏輯的、一步一步的將構想呈現出來。

這一點也許可以以一家位在法國南部，從礦泉中生產罐裝水的公司Perrier，做例子。在歐洲，這種產品已經流行了好多年，然而在美國，這種產品只會在食品店出售。在1977年，此公司將產品引進美國，並用大量廣告將產品定位爲軟性飲料，並針對成人市場做推廣。Perrier主要產品的特色爲水質是天然的碳酸泉水，因此針對廣大的成人人口，特別是那些注重減肥及健康的人，把它定位爲地位的象徵及成熟的代表。Perrier面對來自兩方的競爭：傳統軟性飲料市場及潛在的礦泉水製造商。該公司很小心的應對來自軟性飲料的競爭，並以價格區隔出市場（Perrier將價錢訂得比平均軟性飲料價高50%），因此避免了面對面的衝突。至於Perrier面對來自新品牌礦泉水的競爭，它將法國與來自天然碳酸泉水的概念結合後，預計可持續成爲有力的競爭點，這個資訊發展出一則刊登在高度流行的女性雜誌及電視的廣告文案。這些做法所造成的結果相當驚人，不到五年的時間，Perrier成爲美國市場中飲料領導品牌之一。

廣告文案必須能將廣告主的訊息傳遞給顧客，爲確保資訊流通順暢，傳遞過程中訊息完全沒有受扭曲是很重要的，此即傳播理論中所謂的噪音。噪音可由三個來源而來：（1）事實不全（例如，公司不知道其產品的主要特色爲何）、（2）競爭者（例如，競爭者爲因應該公司的策略或定位，改變其行銷組合）、及（3）顧客或觀眾的行爲特徵。若沒有考慮到噪音中的最後一個來源，會與廣告文案的發展無法連結，而從某個人的觀點假設出吸引觀眾的元素是什麼是不夠準確的，因此，最好是經由行銷研究的分類，瞭解觀眾的行爲模式，並讓創意人完全掌握這個訊息。例如，1993年國際研究組織研究26個國家中的青少年，發現有以下幾個針對年輕顧客有效的訴求點：

1.絕對不要說教。雖然嬉皮風和輕率無理的語調常是青少年的用語，但當廣告是以指導他該怎麼做時，會遭遇到被視爲虛假、愚蠢、及屈尊降貴。眞誠絕對會比可愛更有效果，娛樂及吸引注意力的方法已經很難吸引青少年對某產品特性感興趣，事實上，這些廣告會阻止青少年的購買決策。

2.完全、絕對、而不保留的直接。青少年可能在成人面前會表現出自以爲是及過度自信的態度，但大多數不是很有自信，且小心的不被誤導。他們不確定他們是否知道如何避免被利用，他們也不喜歡冒著因爲迷失在某個商業性噱頭中而被視爲愚蠢的風險。而且青少年會比成人更懷疑商業化的產品，因此廣告不只是要被注意到，而且必須被相信。

3.留給青少年因理性價值而下決定的空間。當決定某購買選擇時，成人會傾向因爲所提供的商品或服務的利益點來思考，青少年則會直覺的認定這項產品中眞正的價值，廣告必須清楚的表示出他們對該產品或服務宣稱的價值所在。

4.儘量個人化。衍生自成人世界的行銷，此原則已在青少年族群中有相當的重要性。在自動化時代中，由於人們對全體的沒沒無名而有了許多抱怨，大家開始注重自我的個人性。個人化的出名和辨識的要求在年輕人世界中特別明顯，因爲年輕人急於尋求他們個人的清楚標誌。

從溝通研究中，我們可以找出廣告文案中某些是廣告策略必須告知文案企劃者的屬性。

來源可信度：廣告可能由名人推薦使用某產品，是希望這種代言方式能在廣告中增加可信度，而可信度將會反應在較高的銷售量中。

這一方面的研究顯示最初的誠信來源，例如，由美國小姐宣稱使用某廠牌的髮膠，會比同樣的由較不知名的來源在改變觀衆的想法上，效果來得強，例如，用陌生的家庭主婦。然而在經過一段時間後，觀衆可能會忘了這個來源，而將來源與所傳達的訊息間的連結切斷，有些消費者可能因爲美國小姐的推薦而曾經轉換品牌，但也許又回復其原來的選擇，而那些剛開始並不受家庭主婦所推薦而影響的人可能會開始對她所推薦的品牌感興趣。訊息背後的來源重要性隨時間遞減被稱爲睡眠效果（sleeper effect）。

睡眠效果中有幾個結論，有時候當觀衆覺得該製造商試著推銷什麼時，廣告商會被切斷與廣告間的連結，睡眠效果會有幫助。但是當來源可信度很重要時，廣告應該不斷復出以讓來源再現，增強訊息重點。

爭議平衡：準備文案時，必須決定是只要強調該產品的優點和特點就好，還是應該也將其缺點指出。傳統上，這個爭議是「呈現最好的一面」，換句話說，訊息應該只著重在產品的正面特色。但最近在溝通領域的研究質疑這種不分青紅皀白的只說優點的有效性何在，它發現：

1. 表現兩面觀點會比只給一面的效果好，尤其在那些對反對只表現一面的人來說會更有效。
2. 教育程度高的人會比較喜歡兩面觀點的表現法而受影響；教育程度低的人會被只支持一面觀點的廣告而受影響。
3. 對於那些已被表現出來的觀點說服的人來說，表現出兩面觀點的廣告會比只強調那些曾經說服他們的觀點再呈現的效果差。
4. 已被產品定位說服而教育程度低的人，呈現出兩面觀點的廣告效果比較差。
5. 呈現一則相關的議題會比較容易受注意，而且表現出兩面觀點的會比只將完美一面表現出來的效果差。

這些發現在發展文案時是很重要的參考，如果試著經由哈佛企業文獻中接觸到經理階層的顧客，可能要呈現好的及較不利的產品特質，但是如果是像勞力士手錶和香奈兒五號香水之類的產品，將兩面觀點呈現出來可能會損壞形象。因此，當產品定位確定後，簡簡單單的訊息會比較有用。

訊息重複：同樣的訊息應該被一再重複嗎？根據學習理論，隨著時間並由不同方向再增強會增加學習，據說好的口號不會消失，而且重複是將該訊息持續傳達的最佳途徑。然而有些人覺得，雖然中心主題應該持續，但訊息應該有變化的做呈現。

溝通研究質疑重複的價值，有人發現重複會增加學習到一定程度，而之後學習效果會遞減，然後會變得老套而失去注意力。持續的重複會在早期有好的效果出現，因此廣告商必須追蹤學習曲線，並且在曲線似乎開始平坦時，發展新的產品主題。舉例來說，可口可樂公司固定地改變其訊息以維持觀眾的興趣。

1886—可口可樂
1905—可口可樂復活且永生
1906—全國禁止的飲料
1922—口渴是沒有原因的
1925—一天六百萬
1927—從角落到全世界
1929—讓停止重新開始
1938—口渴的最好朋友

1948—有可樂就有希望

1949—隨著高速公路到任何地方去

1952—你要的就是可樂

1956—讓好東西吃起來更可口

1957—好味道的代表

1958—冰冷清新的可樂

1963—可樂讓每件事變得美好

1970—這是眞的

1971—我願意將可樂帶給全世界

1975—抬起頭來，美國

1976—可樂爲生活增添樂趣

1979—來杯可樂和微笑

1982—可樂就是可樂

1985—我們找到你的口味

1986—抓住波浪

1987—當可口可樂是你生命的一部分你無法抵抗這股感覺

1988—擋不住的感覺

1990—永遠更新，永遠實在

1992—隨時隨地，可樂隨你

1995—永遠的源頭，永遠的可樂

理性與感性訴求：對於理性與感性訴求在廣告中所造成的效果研究並沒有結論，有些研究顯示感性訴求會有相當正面的結果，但是情緒並不能滿足需求，除非廣告能理性的說服消費者該產品的訴求，因此只強調理性或感性似乎是不夠的。廣告商必須在理性與感性訴求間尋得平衡點，例如，寶僑家品的Crest牙膏廣告「Crest由美國牙醫協會所推薦」是理性的訴求，但它對口腔保健的訴求也激起情緒反應。同樣的，Lever兄弟的Close-up牙膏廣告基本上是感性的「把你的錢放在你的嘴邊」，但是它也告知大眾省錢的觀點：「把Close-up當成牙膏和口腔清潔品」。

新加坡航空是一個把感性訴求由服務補強，爲原本沒沒無名的公司創造出市場利基的例子。新加坡是一位於東南亞的國家，只比克里夫蘭大一點。許多航空公司試著賣出他們特別提供的東西做爲訴求點，但成功的並不多。然而新航卻以其機艙服務人員爲訴求點，以溫暖的笑容和豐富的注意力服務乘客。溫和的廣告內容吸引住乘客，並試著找出增加機艙內愉悅氣氛的品質訴求點。新航的大多數廣告都用大幅的、不同乘客的軟性色調圖片來呈現，有一則是說：「新加坡女孩，你看起來那麼好，使得我想要隨著你到任何地方」。當然它的感性訴求必須有絕佳的服務來支持（理性訴求與感性互補）。新航提供經濟艙乘客禮物、免費雞尾酒、及免費的法國紅酒和白蘭地。新航已經比其他大型國際航空公司有高於平均的載客率，簡言之，感性訴求在發展一則有效的廣告時能持續比較久，但必須有理性的基礎來支持它。

比較性廣告：比較性廣告指的是比較該品牌與一個或多個競爭性品牌，並明白指出它們是某產品或服務屬性。比較性廣告在1970年代早期開始普遍，而今天在所有形式的產品及服務都會發現到比較性廣告。雖然有人質疑比較性廣告是否眞的會比單獨廣告效果好，但這方面的少數研究指出有時候比較性廣告會比較有用。

許多公司已成功地運用比較性廣告，其中之一是Helene Curtis 公司，它爲其Suave洗髮精在電視上運用比較性廣告，廣告上說：「我們用少於一半的價錢做他們做的事」。競爭者被指名道姓或其品牌標誌被清楚的呈現，而該訊息中，Suave與高知名度的洗髮精品牌做比較，而消除了大眾對於低價商品都是粗糙的疑慮。這則廣告相當成功，因爲在短短數年內，Suave的銷量超越過寶僑家品的Head&Shoulders及嬌生的嬰兒洗髮精。該公司持續運用同樣的廣告方法一直到今天，比較性廣告成爲一個機會以趕上領導者。

在使用比較性廣告時，公司應該確定其宣稱的優越性必須在法律上站得住腳。今天大多數企業都遇到訴訟問題，尤其當競爭者在廣告或促銷活動中指出他們的產品。例如，MCI試著要阻止AT&T的廣告（針對MCI），因爲AT&T宣稱其長途電話及其他服務比較好而且比較便宜。

人員銷售策略

銷售策略

銷售問題在以前簡單多了，近年來由於企業在銷售策略上有了許多改變，在

1990年代銷售問題的複雜度與1980年代完全不同。例如，今天一個具有高度記率的銷售方式偏好一種密切的、信任的、長期的關係，而不推薦快速銷售。此背後原則是以顧問角色爲顧客服務，而非以到處販賣的商人身分。下面的討論是在銷售策略中所需要的目標及策略議題。

目標：銷售目標應該衍生自整體行銷目標，而且必須與促銷目標適切地連結。例如，行銷目標是提高某產品線現有的市場佔有率從35%到40%，銷售經理也許會在其所經營的不同銷售區域中，規定特定產品的銷售必須增加至某個百分比。

銷售目標通常由銷售量來定義，然而目標必須由（1）毛利目標、（2）最大支出水準、及（3）特定活動的成果，例如，將一部分競爭者的顧客轉成公司顧客。

銷售策略應該將銷售定義成人員銷售的推力（與廣告的拉力比較）。銷售策略取決於消費者的決策過程、不同溝通管道的影響力、及不同選擇的成本。人員銷售的靈活性讓銷售代表能針對個別顧客做銷售，而且人員銷售提供了一個機會來發展人員與顧客間的實質融洽好感，進而發展成長久的關係。最後，人員銷售是確保立即回饋的唯一方法，回饋能讓企業做出及時的修正並避免錯誤。然而人員銷售的好處必須與成本間的關係來做衡量，例如，根據McGraw-Hill出版社的研究部門說，所有型式的人員銷售每通電話成本在1983年成長爲205.40美元，比1984年上升了15.4%，因此強力的人員銷售影響應該以高成本面來考量。

策略議題：有幾個策略議題應該被納入銷售策略的一部分。有一個重點在於，應該放在維持現在客戶上，還是在轉換顧客上，維持和轉換顧客與銷售人員花在他們的時間有關。因此，在銷售人員付出努力之前，他們必須知道在這兩個功能上必須各自分配多少重心。例如，產業的成長地位、公司的強勢與弱勢、競爭者的強勢、及行銷目標會影響此決定，例如，洗衣粉製造商會在試著從Tide（寶僑家品的品牌）搶走顧客時需要做兩次思考。另一方面有些公司獨力挑戰領導者，例如，Bic Pen 公司積極的促銷其可棄式剃刀，以爭取吉利刮鬍刀的顧客。維持或轉換顧客的決定不能單獨的進行，而必須以整體行銷策略來進行思考。

有一個重要的策略觀點是如何讓銷售力更有效率。近幾年的高成本支出（例如，維持一個銷售人員的成本）、技術（例如，用在電子行銷、電子會議、電腦化銷售的價格大幅降低時）、及創新的銷售技巧（例如，影片呈現方式）讓行銷人員轉成電子行銷，以使其銷售力量來源做更有效的運用。例如，Gould公司在加州Oxnard的醫療產品部門運用影片來支援銷售力，推廣其新產品，即可棄式的轉換儀，它可以將血壓轉換成可讀的電子脈動圖。Gould做了兩捲影帶── 一個六分鐘的銷售介紹及一個九分鐘的訓練影片── 共花了二十萬美元。銷售人員也配備了價值75,000美元的錄影機。根據Gould的經理人所說，影片提供了簡潔、清楚的訊息，傳達溝通訊息並增加其銷售人員的專業度。Gould目標爲爭取其競爭者的顧客，並維持其不到一年即在七千五百萬美元市場中45%的市場佔有率的顧客。在九個月後，公司達到了每月25,000台的銷售量，成功的進入以前不能進入的市場。

另一個銷售策略觀點是與在顧客組織中應該與誰接觸的問題。購買決策可被分成四個部分：考慮、接受、選擇、及評估。顧客組織的不同經理人會在任一部分中發揮影響力，銷售策略應該可以讓銷售人員知道應該找顧客組織中的那一個人及何時找。有時候並不是銷售人員的人尋找顧客。在銷售策略中，有時候會有一組人員會拜訪某顧客。例如，Northrop公司，一家飛行器製造商，讓其飛機設計人員及技師── 非銷售人員── 去聯繫潛在顧客。當新加坡表示對Northrop的F-5戰機有興趣時，Northrop派遣一組人員到新加坡，包括了工程師、律師、議價專家、測試飛行員、及維修人員。

一家製造乙烯基乳膠（用來製造乳膠漆的原料）的製造商建立了一個銷售團隊，並讓他們找到顧客組織中的「眞正的決策者」。製造商知道顧客經由其行銷部門購得產品來製造油漆，而非採購部門或研發管理人，因此該製造商讓其人員與顧客的銷售及行銷人員會面，並找出他們眞正的問題是什麼、他們不能賣更多乳膠漆的原因爲何、及該製造商能幫助顧客的角色爲何。在行銷人員接觸過後才是採購部門，因此好的銷售策略需要經過仔細的分析情境，再決定應該接觸顧客組織中的那位重要人士，如果不斷地聯絡採購單位是不夠的。

銷售策略應該決定在執行有效的工作時，所需要的銷售力量大小，這個決定通常是直覺的。剛開始只有幾個銷售人員，當經驗累積後就加入更多，有些公司可能先決定應該雇用多少銷售人員來開始思考，例如，考慮一些因素，如必須拜訪的顧客數量、某一區域中的市場潛力大小等等。但是這些因素都是主觀地認定，因此工作量需要再考慮以下幾個步驟：

1.根據年銷售量將顧客分成不同大小的族群。
2.在每個族群中找出最佳的通話頻率（每年每個客戶的銷售電話通數）。
3.每個族群中的客戶數目用相對的通話頻率相乘，以找出每年在銷售電話上的總工作量。

4.決定每個銷售人員的平均每年通話數。

5.將總年度通話數除以每位銷售人員每年的通話數，以決定所需要的銷售人員數目。

銷售動機及監督策略

爲確保銷售人員盡了全力，必須適當地激勵並監督他們。有人發現銷售人員不努力是因爲管理階層不能做好其分內工作，特別是在動機及監督的功能上。雖然動機及監督在每天的事務上是平凡無奇的，但它們在行銷策略上的意義很重大。這一段的目的是想提供更深一層的動機及監督策略思考點。

動機：銷售人員可能會因財務上或非財務的誘因而有動力，財務動力可由金錢報酬來激發，非財務動力通常與評估計畫有關。

報酬：大多數的人工作是爲了維生，他們工作的動機受到他們得到的酬勞影響。規劃良好的報酬計畫會使人員流動率降低，而且能增加員工的生產力。報酬計畫應該是簡單、易懂、有彈性（依每個人不同而調整）、及效益平衡的。它應該提供誘因並且建立道德感，同時不應該因爲失去控制而懲罰銷售人員，應該協助發展新生意、提供穩定的收入、和達成企業的目標。由於這些要求會互相引起衝突，因此不可能有一個完美無缺的計畫，我們能做的是試著平衡每個因素，設計出對每個銷售人員公平的計畫。

針對銷售人員有不同的報酬方法，例如，薪水計畫、佣金計畫、及綜合計畫。表17-3係列出這些計畫的優缺點。

完全採用薪水法的最大特點在於固定的所得及保障。然而它不能提供任何對有野心的銷售人員足夠的誘因，因此會對生產力造成反效果。大多數公司採用的是合併計畫，意即銷售人員能得到超過一定銷售量後的某百分比爲佣金。設計報酬計畫的第一步應該是設定目標，目標可能是放在獎勵額外的表現、提供保障等等。每家公司可能會偏好爲其員工承擔保障，同時間又能用誘因機制來分別出較好的員工。在設計這樣一個計畫時，公司會先決定出薪資率來決定該雇用哪一種銷售人員，總薪資在以公司的全體薪資政策、環境、及邊際效益評估後，應該訂得接近市場價格。曾經有人研究過企業習慣支付給銷售人員薪資的方式，有一部分的支出是與誘因所得機制有關，而多出來的支出會以銷售佣金、紅利、或兩者的型式來支付。在

表17-3不同銷售報酬選擇之優缺點

薪資計畫

優點

1.確保有規可循的收入
2.發展較高忠誠度
3.容易轉換地區或是配額，廣是分配銷售人員
4.確保非銷售的活動會被執行
5.行政方面較易處理
6.提供相對固定的銷售成本

缺點

1.因爲銷售人員會著重在顧客喜歡的產品上，不能執行平衡的銷售組合
2.提供銷售人員較小的金錢誘因
3.無法說服員工多努力一些
4.較無生產力的銷售人員反而受惠
5.比其他計畫多了直接銷售成本
6.讓新進人員有機會賺得和有經驗的銷售人員一樣多

佣金計畫

優點

1.直接付錢給有績效和有達到成果的人
2.系統容易了解計算
3.銷售人員有較大的誘因
4.單位銷售成本與淨銷售額成比率
5.企業投資於銷售之金額減少

缺點

1.重心在數量，而非利潤
2.無法建立忠誠度
3.銷售員間收入的差異擴大
4.銷售人員被鼓勵忽略非銷售的職責
5.有些銷售人員可能會劃地自限
6.服務會被忽視
7.當縮減地區或將人員或客戶移轉時，會發生問題

續表17-3

8.在經濟狀況好時，佣金會比經濟衰退時高出很多
9.銷售人員會銷售他們自己而非公司，並強調短期而非長期關係
10.領薪高的銷售人員可能會不願意接受管理或監督的職位
11. 當生意不好時，銷售人員的流動率會增加

綜合計畫

優點

1.提供參與者薪資及佣金的好處
2.提供較大的賺錢機會
3.讓銷售人員較多的安全感，因為有持續的收入增加
4.能求得一個銷售支出與銷售收入間的合適比率
5.報酬銷售人員所有的活動付出
6.提供足夠的誘因使得促銷目標能及時達成

缺點

1.複雜不易瞭解
2.當低薪而有高有紅利時，有可能紅利收入佔了總收入的絕大部分；而當銷售量下降時，薪資太低而不足以養活銷售人員
3.行政負擔過重
4.除非為了增加銷售量而減少佣金率，否則會遭新客戶封殺而短收利潤
5.可能會同時間訂定太多目標，使得眞正重要的目標被忽略、遺忘、或是錯過

執行報酬計畫時要特別小心，除了可用之外，此計畫應該簡單易於使銷售人員瞭解。

一旦對於某個人的報酬確定後，就很難再調降。因此管理階層在下最後的薪資協議決定時，應該要考慮對於銷售人員的固定報酬計畫所有的優缺點。

評估：評估是對於銷售人員對公司目標所做的貢獻衡量，任何一種評估都需要標準，然而標準的建立是件困難的事，等別是要求銷售人員執行不同的工作內容時。在純粹銷售的工作中，配額可以是最低的工作表現，銷售人員如果達到這些配額，就可被視為達成工作目標。配額的達成可被分為：銷售人員超過配額達1～15％是平均表現；超過16～30％為表現優良；而超過30％的則可視為頂尖銷售人員。銷售競爭與獎勵，不管是金錢或非金錢的，應該用來讓不同領域的銷售人員認知到

這些標準。

監督：除了選擇、訓練、及報酬銷售人員的努力之外，他們仍然可能會表現得不如預期。監督是爲了確保銷售人員提供了預期中的服務，監督銷售人員的範圍很廣，包括了：分配銷售人員的領域、控制他們的活動、及與該領域的銷售人員溝通。

銷售人員會被分配到不同的地理區域，分配是爲瞭解決兩個問題：（1）確定區域，讓他們容易儘可能瞭解其市場潛力，及（2）分配區域能讓每個銷售人員能夠瞭解自己的潛力。區域可以從分析顧客所在的位置及他們代表的市場潛力來區隔，顧客可被分類爲有高、平均、或低所得潛力，然後銷售可能會被分爲讓區域有多少市場潛力可被實現。因此有高潛力的顧客數多的，並且購買可能性高的區域，可能會比有一大群低潛力的顧客，且購買可能性低的區域還小。

將銷售人員依區域分發應該不難，只要區域已被分隔出來。區域性的偏好和居民對銷售人員的態度，需要把員工放在他們會覺得最快樂的地方。有些地區不能吸引銷售人員，因爲其他地方可能有較大的需求，在大都會區居住會比較昂貴，而且不是永遠那麼舒適。同樣地，人們也會避免住在氣候差的地方。提供額外的報酬給分配到不受歡迎的地方的銷售人員在此時變得必要。

雖然銷售人員在其領域中是他們自己的老闆，但管理人員必須知道他們在做什麼。爲了達到適當程度的控制，必須建立起一個系統來維持與該領域中的員工溝通，例如，指導他們工作，或是當表現失常時提供補救方法。通常會有幾個不同型式的控制機制，某些公司需要銷售人員塡寫一張電話清單，以監視其對每個顧客的拜訪次數。有些會要求銷售人員交出前一個星期的工作報告，銷售人員會被要求完成一些銷售的表格、他們遇到的特殊問題、所蒐集到的市場資訊等等。用良好的報告系統來控制銷售人員應該會對表現有正面的影響。而最近幾年，有愈來愈多的公司開始採用電腦技術來維持其對銷售人員活動的控制。

管理與銷售人員的溝通可用定期的郵件、區域性及全國性的會議、及電話達成。有兩個溝通領域是管理階層需要特別注意，才能維持好的銷售人員的道德：（1）將銷售人員所遇到的問題告知總部，及（2）對銷售人員的抱怨給予細心的回應。銷售經理爲區域的員工及公司之間的橋樑，必須試著將他們的問題及困難讓高階管理人員注意到，高階管理人若不能完全瞭解區域中的運作，就不能完全理解這些問題。因此銷售經理的責任在於讓高階管理人完全瞭解該區域的活動，並確保銷售人員的福利。例如，由於氣候因素，在山區的銷售人員可能不能在冬天時維持其工作的步調，管理人員必須在評估該銷售人員的表現時應該要考慮到這個因素，這是管理人的責任，並協助解決困擾銷售人員的職業或個人問題。

與銷售人員的和睦相處與細心聆聽在認知及解決銷售人員的問題時很有幫助，有時候公司只要願意接受這些解決銷售人員問題的責任，就不需要花更多努力或成本善後。然而最根本的還是要知道銷售人員在想什麼，這是監督者所扮演的角色，銷售經理應該是解決其銷售人員問題的解藥，而讓銷售人員能進一步解決顧客的問題。

摘要

促銷計畫指的是與顧客建立溝通管道，共有三種促銷策略。廣告策略是經由大眾媒體傳遞溝通，人員銷售策略指的是面對面的與顧客互動，其他所有的溝通方法，例如，樣品、展示、折價、競賽等等，被視爲銷售促銷策略。本章中討論了兩個主要的促銷策略：促銷支出策略，指的是必須花多少錢在整體促銷上的問題，和促銷組合策略，指的是三種促銷方法（廣告、人員銷售、及銷售促銷）在推廣某產品時，應該扮演的角色。

我們也討論了兩種廣告策略，第一個是媒體選擇策略，重點在選擇不同的媒體來製作廣告。第二個是廣告文案策略，是討論發展出適合的文案以傳遞正確的訊息。人員銷售策略則討論了兩種策略：銷售策略及銷售動機與監督策略。銷售策略是討論在與顧客互動時該採用的方法（誰與顧客聯絡、要與顧客組織中的誰聯絡、何時及多少次）。銷售動機及監督策略是與銷售人員的管理有關，指的是銷售報酬、非財務動機、區域劃分、區域分配、控制、及溝通等議題。

問題與討論

1.找出在假設的市場區隔中，加工食品的促銷目標。

2.發展一個針對經由大型零售連鎖店行銷的個人電腦之銷售支出策略。

3.產品在生命週期的成長期與在成熟期的促銷支出策略會有不同嗎？試討論之。

4.促銷預算應該如何在廣告、人員銷售、及銷售促銷中做分配？是否有模型可用來找出最適的促銷組合？

5.比較性廣告是否能吸引注意力？試評論之。

6.媒體選擇應該在廣告文案發展之前還是之後做決定？

7.感性訴求或是理性訴求比較有效？感性訴求對所有的消費品是否較有關係？

附錄：促銷策略觀點

促銷支出策略

定義：決定公司應該花多少錢在其整體促銷活動上，包括：廣告、人員銷售、及銷售促銷。

目標：分配足夠的資金給每個促銷活動，讓每個活動能有效運用。

條件：

1.充分的資源支持促銷支出。
2.瞭解產品／服務的銷售回應。
3.估計廣告效果的時效。
4.瞭解不同促銷方法與每個產品／市場的相關狀況。
5.瞭解競爭者對促銷的回應。

預期結果：分配足夠的資金給促銷活動，以完成整體行銷目標。

促銷組合策略

定義：決定一組明智的促銷組合。

目標：將三種促銷型式適當的混合，彼此互補以達成平衡發展的促銷。

條件：

1.產品因素：產品特性、認知風險、耐久與非耐久性、及平均購買數量。
2.市場因素：在生命週期中的位置、市場佔有率、產業集中度、競爭強度、及需求特性。
3.顧客因素：一般用戶或企業用戶、顧客數目、及顧客集中度。
4.預算因素：組織的財務資源，及過去的促銷特性。
5.行銷組合因素：相對價格／相對品質、通路策略、品牌生命週期、及市場的地區範圍。
6.環境因素。

預期結果：三種型式的促銷會以提供最佳的溝通來分配其角色。

媒體選擇策略

定義：選擇一個管道（報紙、雜誌、電視、廣播、戶外廣告、流動廣告、及直接郵寄），傳遞有關該產品 / 服務的訊息給目標群眾。

目標：將顧客從不知道某產品 / 服務、到知道、到瞭解、到相信、最後購買。

條件：

1.將媒體選擇目標與產品 / 服務目標相連結。

2.選擇的媒體應該有特殊的方法推廣。

3.媒體應該不只由頻率、時機、及接觸到的觀眾而衡量，也應該評量觀眾的品質。

4.以現實而非盲目的選擇媒體。

5.媒體計畫應該是樂觀的，使其能從經驗曲線中獲得利益。

6.由顧客屬性及觀眾特性中尋找資訊。

預期結果：將顧客依購買過程中所期望的路徑而移動。

廣告文案策略

定義：設計廣告的內容

目標：將特定產品 / 服務的訊息傳遞給特定目標。

條件：

1.消除噪音，以清楚傳遞訊息。

2.考慮來源可信度、爭議平衡、訊息重複、理性與感性訴求、幽默訴求、在意象型廣告中模特兒的眼神示意、及比較性廣告。

預期結果：欲傳達的訊息正確地傳遞給目標觀眾。

銷售策略

定義：讓顧客經由面對面的接觸進行過程中的購買動作。

目標：達成既定的銷售量及毛利目標，並且滿足特定活動的需求。
條件：

1.銷售策略應該從整體行銷目標中衍伸出來，並且與促銷目標相連結。
2.在每個現存客戶的維持與新客戶的接觸間做決定。
3.決定與顧客組織中的誰接觸。
4.決定銷售人員的最適規模。

預期結果：

1.銷售與利潤目標以最低支出達成。
2.達成整體行銷目標。

銷售動機及監督策略

定義：達成較佳的銷售人員表現。
目標：確保銷售人員的最佳表現。
條件：

1.財務的及非財務的動機。
2.綜合的報酬計畫。
3.評估標準。
4.適當的區域分配、活動控制、及溝通。

預期結果：企業目標以最低成本實現。

第18章 全球市場策略

近年來最重要的發展之一就是全球市場的興起。今日市場不僅提供各式各樣的商品，也把這些商品賣到不同的地方。我們可以發現你的上衣來自台灣、褲子來自墨西哥、而你的鞋子來自義大利。你可能開一部使用法國輪胎、用印度製造的螺絲、由美國公司油漆的日本車。你可以在東京、倫敦、巴黎、以及紐約街頭看到Gucci皮包、新力隨身聽、以及麥當勞的金拱門。Dole牌的罐裝鳳梨之類的泰國商品席捲美國的零售商店與法國農產品的飼料市場。全球數百萬的消費者需要或經由通訊科技體驗他們聽過的所有商品。今日企業在全球競爭以服務這些消費者，不論消費者位於何方。

有許多強大的力量造成市場的全球化。這些包含了

1.國家與國家間越來越相似：由於基礎設施、通路、以及行銷手法越來越相似，越來越多的商品與品牌可以在世界各地取得。因此，類似的購買者需求才能顯示出他們來自不同國家。大型零售連鎖、電視廣告、以及信用卡是少數一度個別國家的例子，而這些現象都迅速的蔓延到世界各地。
2.關稅障礙的下降：第二次世界大戰以來，連續的雙方或多方協議使得關稅大幅度的調降。在此同時，地區性的經濟協議，例如，歐洲聯盟（European Union, EU）強化了貿易關係。
3.科技的策略角色：科技不僅重新塑造產業的面貌，並對市場趨合有顯著的貢獻。舉例而言，電子創新創造出許多更簡單、更輕、運送費用更低的產品。貨運成本因為貨櫃以及大容量商船的使用而大幅降低。通訊與資料傳輸的方便性使連結不同國家的營運變得較為可行。在此同時，科技逐漸讓資訊流向購買者，購買者知道新的高品質商品，因而創造需求。

市場全球化的這些影響力可以用一些例子來瞭解。世界各地的兒童都玩任天堂遊戲，在街上跑跑跳跳的背景音樂是新力隨身聽。錄影機市場同時在日本、歐洲、以及美國起飛，但今日使用量坐大的地方可能是Riyadh與卡拉卡斯。由Dusseldorf到Rio的購物中心都在銷售Gucci的鞋子、Yves St. Laurent的西裝、以及Gloria Vanderbilt的褲子。西門子與ITT電話可以在全球各地找到。賓士190E與豐田Corolla汽車在馬尼拉造成的風潮與加州相同。

全球的渦輪機幾乎都有奇異電器的技術或零組件，而那個國家不需要渦輪機？世界上有多少航空公司可不靠波音公司或空中巴士就可以生存？第三世界的高電壓傳輸設備以及柴油火車頭市場比已開發國家大得多。今日的新產業── 機器人、錄

影帶、纖維、衛星網路、高科技塑膠、人造鑽石——由一開始就走向全球化。

簡言之，這些力量使全球市場趨合、激發企業越過國界尋求事業機會。對美國公司而言，跨國營運眞正的原動力始於第二次世界大戰之後。美國政府爲重新塑造戰火摧毀的經濟，它以馬歇爾計畫提供歐洲國家財務支援。當戰後美國經濟變成全球最大經濟體後，在缺乏競爭的情形下，其經濟援助計畫促使許多公司開始發展全球策略。由那時候開始，許多新的競爭者，不僅來自於歐洲，亦來自於南亞，開始進入此領域服務全球市場。亞洲競爭者發展全球競爭能力以及蛙跳過競爭對手的科技之速度特別的快。

全球市場提供無限機會。然而，這些市場的競爭也十分劇烈。爲了在全球市場成功，企業必須要學習將全球視爲一個大型的單一市場、忽視表面的區域與國家差異，並在此學習營運與競爭。搭配此新現實營運的企業可以由生產、配銷、行銷、以及管理上的規模經濟獲利。將此利益轉移成價格的降低可以將以1970年代與1980年代想法營運的競爭者趕出市場。願意改變其觀點而全球化的企業可以獲得持久的競爭優勢。

確認目標市場

世界銀行一共列出了132個會員國。不同的國家代表因不同經濟、文化、以及政治而產生的不同市場潛力。這樣的對比代表市場決策者無法隨意選取目標顧客，而需要採行可實行的準則以選擇企業產品／服務具有最大成功機會的國家。

主要市場

確認市場最基本的資訊在於人口，因爲人口組成了市場。據估計，世界人口在1993年達到54億人。根據聯合國最新統計結果，這樣的總和可望在2000年時增加到62億，在2025年幾乎到達85憶。目前世界人口每年以大約1.7%的速度成長。這比高峰時期1.9%稍微下降，但每年增加的人口數仍在上升中。這個數字在世紀交接之際可望達到每年約9千萬人的高峰。

各地區人口成長率有很大的不同。歐洲的人口率低至每年0.3%。一些歐洲國家，包括：奧國、丹麥、西德、盧森堡、以及瑞典，經歷了人口減少的情形。北美的人口成長率也降低爲每年1%。

人口成長率較高的地區包括：非洲（3%）、拉丁美洲（2%）以及南亞（1.9%）。世界人口最多的國家，中國，以每年約僅1.2%的速度成長。即使如此，這仍代表中國人口以每年一千二百萬的速度增加。世界人口數目第二多的國家，印度，以每年1.7%的速度成長。印度的人口可望由今日的九億成長至2003年的十億。

開發中人口成長帶來的重大影響爲迅速的都市化。歐洲與北美都會人口以低於1%的速度增加，但在開發中國家以約3.5%的速度上升。今日，二十個最大都會區中有十五個位於開發中國家。在2000年就會變成十七個。在已開發國家只剩下東京、紐約、以及洛杉磯。世界最大的都市爲墨西哥城（兩千七百萬人）以及聖保羅（兩千五百萬人）。

上述資料顯示歐洲與北美的市場並未增加；這兩洲的人口並未使市場規模擴大。當然，這些人口越來越老，因此某些區隔會逐漸增加。舉例而言，歐洲總人口由1990年至2000年僅增加2.8%，但同一時期歐洲超過65歲的人口增加14%。

在發展中國家人口的成長並不一定代表美國企業的市場擴大。世界上成長最迅速的區域，非洲，每人經濟成長率很低，甚至爲負。許多拉丁美洲國家，尤其是墨西哥，受到大量外債的衝擊而迫使它們限制進口，同時運用資源創造外匯以支應債務。在這些例子中，在開發中國家成長的人口變成美國企業的廣大市場之前必須先解決外債的問題。

很明顯地，人口數字本身只提供少量有關市場潛力的資訊，因爲人們必須要擁有所得才能成爲顧客。在表18-1中的人口與每人國民生產毛額數字提供企業對消費能力的估計。消費能力指標可以用整個世界或個別經濟體的絕對或加總數字顯示。消費可以由本地商品或進口貨品來滿足。

我們必須小心詮釋表18-1的資訊，因爲這些資訊並未調整過不同國家的購買力。由此我們得出兩個結論：（1）消費能力端賴總人口與個人所得以及（2）進步國家主導潛在顧客。

雖然人口與所得變數提供我們對一個國家市場機會的簡介，在確認可行市場時亦須思考其他變數。這些變數包含：都市化、消費型態、基礎建設、以及工業化程度。Business International考慮這些變數而辨認出全球市場的十二個主要國家（表18-2）。很有趣的是，在這十二個國家中有三個── 中國、巴西、印度── 爲開發中國家。

雖然這十二個國家被Business International認爲是主要的市場，它們並不完全都

表18-1個別國家的消費能力

國家	人口★	每人國民生產毛額★★	消費能力指標★★★
美國	255.4	23,240	5,935.5
日本	124.5	28,190	3,509.7
德國	80.6	23,030	1,856.2
法國	57.4	22,260	1,277.7
義大利	57.8	20,460	1,182.6
英國	57.8	17,790	1,028.3
加拿大	27.4	20,710	567.5
巴西	153.9	2,770	426.3
荷蘭	15.2	20,480	311.3
澳大利亞	17.5	17,260	302.1
墨西哥	85.0	3,470	295.0
印度	883.6	310	273.9
瑞士	6.9	63,080	249.0
比利時	10.0	20,880	208.8
阿根廷	33.1	6,050	200.3
丹麥	5.2	26,000	135.2
土耳其	58.5	1,980	115.8
南非	39.8	2,670	106.3
泰國	55.8	1,260	70.3
以色列	5.1	13,220	67.4
菲律賓	64.3	770	49.5
紐西蘭	3.4	12,300	41.8
秘魯	22.4	950	21.3
厄瓜多	11.0	1,070	11.8
巴拉圭	4.5	1,380	6.2
宏都拉斯	5.4	580	3.1
烏干達	17.5	170	3.0

★*World Bank Report*, 1994.單位：百萬。

★★*Statistical Abstract of the United States*: 1994（Washington D. C.: U.S. Department of Commerce）。

★★★每人國民生產毛額乘以總人口數（十億）。

表18-2世界上十二大市場的規模、成長、與深度

	市場規模（佔全球市場比率）			市場深度（世界平均水準=1.00）			五年市場成長率（%）
	1982	1987	1992	1982	1987	1992	1992
主要市場							
美國	21.39	19.41	20.27	4.56	4.21	5.41	5.47
日本	9.42	8.07	10.04	3.56	3.17	5.30	21.02
中國	4.70	12.24	9.98	0.19	0.48	0.26	22.73
俄羅斯	13.62	12.86	5.71	2.11	1.99	1.72	-9.29
印度	1.49	2.31	4.91	0.09	0.13	0.13	29.83
德國	4.79	4.21	4.86	3.81	3.56	5.04	9.43
義大利	4.04	3.58	3.69	3.36	3.22	4.46	9.05
法國	3.81	3.34	3.62	3.44	3.15	4.30	15.16
英國	3.23	2.81	3.15	2.78	2.67	3.75	2.47
巴西	2.46	3.00	2.56	0.88	1.01	0.85	-4.65
墨西哥	1.28	1.49	2.47	0.85	0.80	1.44	94.71
加拿大	2.07	1.99	1.96	3.98	3.89	4.66	1.66

Source：*Crossborder Monitor*, August 31, 1994, p. 4.

註解：市場規模顯示各國相對佔全球市場的比率。每個市場的百分比由平均相對應於總人口（加權兩倍）、都會區人口、私人消費支出、鋼鐵需求、發電、以及電話、汽車和電視的數量。市場深度衡量市場的財富或其代表的購買力。將全球市場的深度視爲1，EIU計算個別國家或區域相對於此基礎的深度。此數字得出包含對每人生產以及消費指標的平均。它特別平均每人使用的汽車數目（加權兩倍）、電話、鋼鐵消費、電力生產、私人消費支出（加權兩倍）、以及都會人口的比率（加權兩倍）。市場成長平均一些關鍵經濟市場的累積成長指標：人口、鋼鐵消費、發電、以及汽車、卡車、公車與電視的數量。

是美國企業需要的市場。許多環境因素（政治、法律、文化）會影響國家的市場機會。舉例而言，巴西負債沈重而限制該國的出口潛力；中國的政治控制限制了選擇的自由；印度的法規讓外國公司很難在該國進行商業活動。因此，許多國家可能沒有很大的市場潛力，雖然它們對美國企業而言是十分重要的市場。

表18-3列出美國最主要的25個出口國。表中亦顯示了1993年對每個國家的出口額。必須要注意的事，整體而言，雖然加拿大排名全球第12大市場（參考表18-2），卻是美國最大的單一市場，佔其貿易量的五分之一。

表18-3 1993年美國25大出口市場

	十億美元
1.加拿大	100.2
2.日本	48.0
3.墨西哥	41.6
4.英國	26.4
5.德國	19.0
6.台灣	16.3
7.南韓	14.8
8.法國	13.3
9.荷蘭	12.8
10.新加坡	11.7
11.香港	9.9
12.比利時與盧森堡	9.4
13.中國	8.8
14.澳大利亞	8.3
15.瑞士	6.8
16.沙烏地阿拉伯	6.7
17.義大利	6.5
18.馬來西亞	6.1
19.巴西	6.0
20.委內瑞拉	4.6
21.以色列	4.4
22.西班牙	4.2
23.阿根廷	3.8
24.泰國	3.8
25.菲律賓	3.5

Source：*Business America*, April 19, 1994, p. 10.

新興市場

傳統上，美國企業國際營運活動大部分侷限於已開發國家之中。舉例而言，據估計，1992年底美國直接投資約7760億美元，大約75%投資在已開發國家。然而，新市場開始逐漸對外開放。想想新興工業化國家的例子。在1980年代十年間，南韓、新加坡、台灣、以及香港爲世界上成長最快的經濟體，並提供美國企業新的機會。

近年來，即使開發中國家，至少在經濟較穩定的國家中，開始顯露出市場潛能。許多開發中國家每年達成越來越高的成長數字。雖然個別國家可能無法提供美國企業適當的潛力，整體開發中國家卻可以構成一個很大的市場。在1993年，超過四分之一的美國貿易額來自開發中國家的貢獻。未來，美國與開發中國家的貿易量仍會繼續增加。經濟合作暨發展組織（Organization of Economic Cooperation and Development, OECD）的研究顯示在1970年，OECD國家佔世界人口的20％，創造出70％的貿易量；而佔70％人口的開發中國家僅佔貿易量的11％。然而在2000年，據估計OECD國家人口佔15％，其貿易量將佔63％，而開發中國家人口佔78％，並佔世界貿易量的28％。有趣的是，雖然基於文化、政治以及經濟理由，西歐、加拿大以及日本較先佔據產業中重要地位，提供美國的投資較佳的報酬的卻是開發中國家。

新興市場與美國的關係可以參考環太平洋國家的例子。在過去四分之一個世紀中，食物、燃料、紡織品、照相機、汽車以及錄影機由亞洲的國家流出，並對西方經濟施加很大的壓力。由1962年起，出口使得亞太地區佔世界貿易比重由1970年代低於10％至1990年代超過25％，且亞洲經濟體一個接一個的脫離黑暗時代並進入全球市場。

對美國行銷人員而言，上升的亞太力量既是威脅亦是希望。此威脅爲在本國與外國加劇的銷售與市場佔有率競爭。在1993年一年間，亞太國家提供美國商品進口總額的40％，並佔了美國貿易赤字680億美元，赤字總額的70％。就希望而言，此市場擁有超過二十億的潛在顧客。在過去25年間，亞太區域開始躍入二十世紀，數百萬的亞洲人開始由鄉村遷移到都市，由農業轉移到工業、並由封建進入現代社會。亞太區域有越來越多的人每天由鄉村前往都市採買，對產品與服務的需求——由最基本的家用產品到複雜的技術設備——開始激增。近年來，所得提昇持續增加亞洲新顧客的消費能力，這是市場行銷人員千載難逢的機會。

同時，在此區域進行營運的障礙開始降低。在此區域內英文變成一種商業語言，此區域亦尊重自由市場的經濟。同時，如同麥當勞、General Foods、聯合利華、與可口可樂之類的公司已發現由Penang到台北，製造與行銷良好的產品與服務越來越能被接受。

當現代影響對於傳統亞洲文化造成嚴重的衝擊時，兩種對市場行銷人員具有重要啓示的趨勢開始成形：

1.雖然亞洲國家文化各不相同，環太平洋區域的消費者的欲求與需要越來越一致。當亞洲不斷趨合，複雜的策略及區域和全球的行銷、廣告的規模經濟就越來越重要。
2.許多西方行銷人員錯誤詮釋亞太區域目前的轉變。雖然具有Big Macs、Levi's、Nikes以及其他有名的服飾，亞洲並未西化──它正逐漸現代化。亞洲消費者購買西方產品與服務而非西方價值與文化。

在東方的其他地方，印度與中國是兩個最大的市場，只要它們經濟變得更市場導向，在1990年代剩下的幾年以及之後可以提供美國公司無止盡的機會。越來越多的美國消費品公司開始入侵中國。在1987年十一月，肯德基在中國開設了第一家西式速食店，可口可樂與百事可樂積極的發展通路，Kodak以及其他外國軟片供應商在彩色軟片市場的佔有率達到70%，雀巢咖啡與麥斯威爾咖啡在這兩個產茶的國家中彼此競爭。

許多美國廠商──百事可樂、General Foods、家樂氏──開始進入印度服務新興的中產階級。因此，開發中國家提供美國企業擴展海外事業的新機會：當這些國家財富成長，美國的行銷機會也隨之增加。

我們都可以看到在下個世紀初期拉丁美洲國家亦會變成現代、西方式的市場，並具有改良的運輸系統、對國營事業的信用補貼、以及行銷教育方案。這些變化應產生更有效率的配銷體系、更多本土的行銷支援服務、以及較少妨礙交易的瓶頸。許多指標指出拉丁美洲將對美國公司提供許多新機會。

舉例而言，數年前，Gillette Co.發現只有8%墨西哥男子使用刮鬍膏。在瞭解這個良機後，Gillette1975年在Guadalajaran、墨西哥推出牙膏軟管裝的刮鬍膏，並以Aerosol的半價出售。在一年之後，13%的Guadalajara男士開始使用刮鬍膏。Gillette現在將其新產品Prestobarba（西班牙語，代表快速刮鬍）在墨西哥其他地方、哥倫比亞、以及巴西推出。

在開發程度較低國家的新興市場可以協助許多美國企業對抗前述西方國家人口結構的變化結果。如前所述，在開發程度較高的國家中出生率下滑，而開發中國家的人口逐漸成長。增加的人口掌握美國企業未來成長的潛力。

在柏林圍牆倒塌以及推倒鐵幕後，西方管理者瞭解在東歐這個過去禁區的新機會。藉由許多方法，東歐開放被認爲比西歐任何單一市場的驅力來得大。舉波蘭、匈牙利、以及捷克爲例。此三國的國民生產毛額總和比中國還多。這三個國家亦擁有相對訓練較佳且可靠的勞工，這些勞工的薪資比西歐勞工的四分之一還低。提供它們西方已開發鄰國市場的途徑並注入西方資本，它們可以變成歐洲之虎。當它們的經濟成長時，它們可以發展成許多商品與服務的市場。

東歐的發展對美國公司亦有兩方面的利益。首先，當東歐落後的經濟終於和全球經濟整合並起飛時，新的市場機會將會浮現。其次，美國對西歐的銷售隨著前線往東方推進而增加。如同1980年代市場由雷根經濟學（Reaganomics）與柴契爾主義（Thatcherism）所創造，1990年代以及其後的市場將因爲區分全球的地理政治之意識型態而發生改變。瞄準全球市場並維持競爭力的企業將會成爲贏家。

三角市場

由全球觀點而言，美國、日本以及西歐，通常被稱爲三角國家，此三角構成主要的市場。雖然其他地方的機會與日俱增，在可見的未來這些國家仍將是領導的市場。它們擁有佔世界14%的人口、生產毛額佔世界比率超過70%。這些國家吸納了大量的資本與消費財，且是世界上最進步的消費社會。不僅有許多產品創新在這些國家產生，它們也是意見領袖，並塑造世界上剩餘86%人們的購買與消費行爲。

舉例而言，三角市場（ the triad market）的公司使用全球超過90%的電腦。在數位控制工具機的情形中，幾乎全部的產品都在三角市場中銷售。消費產品亦爲相同的模式。三角市場中消費了92%的消費性電子商品。這些統計數字顯示忽視三角市場的企業將自身置於危險之中。

三角市場的一個有趣的特徵是需求的普遍性。舉例而言，不久之前資本設備的製造商製造的機器反映出強烈的文化差異。西德製機器反應國家的工匠性格；美國設備通常必須使用大量的原料。但是這些區別開始逐漸消失。銷售最佳的工廠機器喪失這種一度可區分商品的「藝術」成分，且不論在外表或是在技術水準上它們的要求日趨一致。今日產品工程的革命帶來不斷提昇的全球績效標準。在生產力改善可以快速在全球中決定生死的年代中，企業無法承擔沈迷於將持續三十年的部分藝術風格之後果。

在此同時，顧客市場亦日益趨合。Ohmae注意到：

> 三角消費型態同時受到文化型態的影響，並影響文化型態，而其根本在於教育

體系之中。當教育體系使得越來越多的人有使用科技的能力，他們彼此的傾向將會越來越相近。因此，產生較高的科技成就的教育亦傾向於消除生活方式的差異。電視機的滲透使得每個人可以擁有電視機以立即分享世界上各式各樣的資訊，並加速此一趨勢。舉例而言，在三角區域中的七億五千萬消費者具有驚人相似的需求與偏好…新世代崇拜相同的神祈——ABBA、Levi's and Arpege…在丹麥、西德、義大利、日本、以及加州的青少年伴隨著蕃茄醬、牛仔褲、以及吉他一起成長。他們的生活型態、渴望、以及欲求十分相似，以至於他們可以被稱為「OECD人」或三角區域人，而非代表他們國家認同的名字。

造成三角地帶消費需求與生活型態的一致性與普遍性有許多原因。首先，三角地帶居民以每人可支配所得做爲代表的購買力爲開發中國家居民的十倍以上。舉例而言，電視機滲透率在三角地帶國家超過94%，而在新興工業化國家爲25%；對於開發中國家而言卻低於10%。其次，它們的科技基礎建設較爲先進。這使得類似傳眞機、電報、以及數位資料傳輸／處理設備產品的使用較爲可行。第三，教育水準在三角國家中高於世界其他地區。第四，在三角國家中每一萬人所擁有的醫生數量（這創造藥品與醫療電器的需求）超過30。第五，在三角國家中較好的基礎建設產生出落後國家無法獲得的機會。舉例而言，良好的道路讓高速輪胎和跑車可以快速滲透。

進入策略

企業進入外國市場可以採取四種不同的模式：（1）出口、（2）合約、（3）合資、以及（4）製造。

出口

不論是經由對詢問較小的回應或系統性的開發外國市場需求，企業可以藉由本地出口製造商品以降低國際化營運所產生的風險。出口需要較少的資本且較容易開始。出口亦是獲得國際經驗的一種良好的方法。大型美國企業主要的海外涉入活動都是出口貿易。

合約

有數種不同的合約形式：

1.專利授權協議：這些協議依照固定費用或權利金的基礎並包含管理訓練。
2.轉鑰營運（turnkey operations）：此類營運基於固定費率或成本加成的安排，並包含廠房建設、人員訓練、並開始生產。
3.共同生產協議（coproduction aggrements）：該協議較常見於社會主義國家，在這些國家中建立廠房且以部分的產品支付。
4.管理合約：目前常見於中東地區，這種合約要求跨國企業提供主要人員以營運外國企業，直到本地人員可以獨立營運爲止。舉例而言，Whittaker Corp of Los Angeles在沙烏地阿拉伯的一些城市中營運一些政府擁有的醫院。
5.授權（licensing）：當開發與對抗外國投資創造出風險與不確定性時，授權在某些合約情況下是較爲可行的選擇。授權包含許多合約協定，在此之中跨國行銷人員需要把無形資產── 例如，專利權、貿易秘訣、知識、商標、以及公司名稱── 給予外國公司使用，以獲取權利金或其他形式的款項。這些資產的轉移通常伴隨著技術服務，以確保適當的使用。然而，授權有一些優點與缺點簡述如下。

授權的優點：

1.授權需要較少的資本，並且是一種可以快速、輕易進入國外市場的方法。
2.在某些國家中，授權是進入市場的唯一方法。
3.授權讓延長處於成熟期產品的壽命。
4.授權對國外營運以及在擁有通貨膨脹、缺乏技術勞工、本地及外國政府限制眾多、和於強勁國際競爭環境中進行的行銷而言，是一種不錯的選擇。
5.授權的權利金可以確保並且較穩定，而投資所得的收益是變動且具相當的風險。
6.本地的公司可以藉由回饋的協議，在產品發展而不需要支付研究費用的情形下獲益。
7.由於劇烈的競爭而使出口不再有利可圖時，授權提供了另一種選擇。
8.授權可以克服較高的運輸成本，運輸成本高昂使得某些針對目標市場出口不具競爭力。

9.授權亦可免除沒收的可能性。

10.在某些國家中，軍事設備製造商或其他與國家利益密切相關的產品（包含通訊設備）可能強迫採行授權的協議。

授權的缺點：

1.爲吸引被授權者，企業必須要擁有對潛在的國外客戶具有吸引力之獨特技術、商標、以及公司名稱或品牌。

2.授權者無法控制被授權廠商的生產與行銷。

3.授權權利金相較於投資而言是微不足道的。因爲本地政府的限制，權利金比率很少超過銷貨總額的5%。

4.除非授權廠商擁有新科技或創新的優勢，被授權廠商可能會喪失更新合約的誘因。

5.若被授權廠商違反疆界的協議，可能會有創造第三地或本地市場的競爭之危險。這樣的情形下告上法庭既昂貴又浪費時間，而且國際法庭個體並不存在。

合資

合資代表一種比出口或合約高風險的選擇，因爲它需要不同程度的直接投資。美國企業與當地公司的合資可能包含風險分攤，以達成共同的目的。一旦企業行動超越出口階段，伴隨而來的合資通常是接下來較常見的進入型態。合資的一個例子就是通用汽車公司與埃及國營的Nasar Car Company的合夥，合資裝配卡車與柴油引擎。另一個合資的例子是日本的松下電器與IBM合資生產小型電腦。合資通常用來運用伙伴在管理、研發、或行銷上較強的功能以補足本身較弱的能力。

合資提供本國與外國企業合作的互惠協定。對個別廠商而言，這樣的合作是一種分攤資本與風險，並運用彼此科技優勢的方法。舉例而言，日本公司較偏好與美國公司合資，因爲這樣的協議可抵抗美國可能發生的貿易障礙。就另一方面而言，美國企業較喜歡進入過去被禁止的市場、運用現有通路、將美國產品創新與日本低成本生產科技連結、以及抑制潛在的強悍競爭者之機會。

General Foods Corporation十年來嘗試要靠自己在日本成功，而發覺其即溶咖啡（麥斯威爾咖啡）的市場佔有率由20%降至14%。然後，在1975年，該公司與食品製造商Ajinomoto建立合資關係，運用Ajinomoto的產品配銷系統以及人員和管理能力。兩年之內，麥斯威爾咖啡在日本即溶咖啡市場的佔有率就恢復了。

然而，合資並不是一個百分之百有利的策略。管理合資的主要問題來自於一種理由：涉入的伙伴不只一個，其中一個伙伴必須要主導事業才能成功。

合資必須要使合夥人能彼此互補，不僅是發掘彼此的優勢與劣勢。若一開始情況不佳，要使合資成功就需要更大的努力。不論在何種情況下，每個合夥人都需要充分準備並付出瞭解顧客、競爭者、以及本身所需的努力。合資是一種資源配置並讓企業進入新地區的方法。這不應視爲一種不需要努力、興趣及／或多餘資源，而能輕易創造現金的手段。

合資是未來的趨勢。財星五百大企業很少不需要合資就能向海外擴張的例子。對於合資廣泛的興趣與下列情形有關：

1.市場機會：美國成熟產業的企業發覺合資是一種進入海外新市場較佳的模式。
2.高漲的經濟國家主義：本國政府通常較能接受或要求合資。
3.原料：擁有諸如石油或可開採的原料的國家通常不允許外國公司以合資以外的方式營運。
4.分攤風險：合資讓企業可以把風險和合夥人分攤，而不需要獨自擔負全部的風險，這對於政治敏感的區域尤其重要。
5.發展出口基礎：在經濟聯盟扮演重要地位的區域，與當地企業合資可逐漸進入整個區域，如與英國企業合資以進入歐洲聯盟。。
6.販賣科技：藉由合資使科技較容易賣給開發中國家。

即使與一個合格的主要外國合夥人合資亦有許多好處：

1.參與所得與成長：較小的合夥人分享營收與成長，即使自身的科技已過時。
2.較低的資金需求：經驗與專利權可以視爲部分的資本投資。
3.有利的條件：由於本地控制，合資可以受到政府較佳的待遇。
4.較容易進入市場並取得市場資訊：本地控制的企業在尋求市場管道以及資訊時，較外國人控制的企業方便。

5.需要較少的管理資源：本地合夥人負責大部分的管理事務。

6.美國所得稅差異：美國較小的合夥人所得直到匯回之前，皆不需要繳交美國的稅。

製造

跨國企業可能用直接投資設立生產與／或裝配的附屬機構方式建立自身的海外市場。由於全球經濟、社會與政治情勢的波動，此形式風險最高。一個直接投資的例子是Chesebrough-Pond's在日本、英國、以及蒙地卡羅的海外生產營運。

全球生產風險較高，這可以Union Carbide在印度的Bhopal所發生的災難來說明：在有史以來最嚴重的工業意外中，有毒的瓦斯滲漏殺死了超過2000人並讓數千人永遠殘廢。這個事件建議跨國企業不應在意外事件風險可能會危及公司生存的情形下在海外生產。事實上，在瞭解Bhopal的意外事件後，許多地主國強化對安全以及環境的法規。舉例而言，全球第四大農業化學品使用國巴西就限制致命的甲基氰酸鹽的使用。

結論

對國際市場營收有興趣的企業必須要評估進入的風險與涉入程度，並選擇最適合公司目標與資源的進入模式。進入風險與承諾可以考慮五個因素：

1.產品特色。

2.市場外部總體環境，尤其是經濟與政治因素，以及潛在顧客的需求與購買模式。

3.企業的競爭地位，尤其是產品生命週期階段，與企業的優勢及劣勢。

4.動態資本預算考量，包含資源成本與可取得性。

5.內部公司接受度，這可能影響公司資訊選擇與公司決策者和目標顧客的心理距離，以及控制與風險承擔的偏好。

這五種因素說明企業在決定進入模式前，必須要針對公司資源重新檢討風險。

藉由同時評估諸如：環境機會、風險指標、競爭風險指標、企業優勢指標、產品配銷指標、相對成本指標、以及企業政策與知覺指標，電腦模擬模型可以用來決定進入的途徑。

全球市場環境

進入模式隱含的風險因素不僅與外國環境本質密切相關，這些環境變數也會影響行銷策略的發展。國際市場擴張決策與指導國內行銷決策的方法十分類似。更明確的說，四種策略變數——產品、價格、配銷與促銷——必須要如同在本國行銷策略一般，有系統地依照國際行銷的概念加以評估。然而，國際行銷較爲不同處在於行銷決策制定的環境，此環境會影響行銷策略的塑造。國際行銷環境主要組成份子包含：文化、政治、法律、商業、以及經濟驅力。這些驅力代表策略制定過程中必要的資訊投入。

文化

文化指的是一代接著一代學到的行爲。此行爲以社會結構、習慣、信仰、習俗、儀式、宗教的方式表現，每一種方式都會影響個人的生活型態，而生活型態又回過頭來塑造市場中的消費模式。因此，在一個國家裡面人民購買什麼、爲什麼購買、何時購買、在何處購買、以及如何購買都會受到文化的影響。文化有五種成分：物質文化、社會機構、人與自然的關係、審美觀、以及語言。這些成分因國家而異。行銷人員必須要瞭解這些細微的不同，如同Dichter所說的：

> 清教徒式文化中認為清潔是與上帝接近的方式。身體與動作必須要儘可能的加以包覆。
>
> 而在拉丁國家中，愚弄一個人的身體與放縱地裝飾及沐浴有相反的意涵。因此，基於清教徒的原則，廣告內容為不經常刷牙就會產生蛀牙且無法找到愛人，而意圖威脅法國男子的處理，就無法產生良好的效果。為迎合一般接受的道德觀點，法國廣告業者改變它們的方法，並採行其他較佳的方式。

同樣地，各國間的語言差異可能會產生問題，因爲字面上的翻譯通常會有其它的意涵。兩個行銷失策的經典範例就是「Body by Fisher」，這直譯成佛蘭德語就會變成「釣魚者的屍體」，以及「Let Hertz Put You in the Drive's Seat」這直譯成西班牙文會變成「Hertz讓你變成私人司機」。即使是包裝與廣告的顏色選擇也可能會影響行銷決策。舉例而言，在美國，白色與純潔同義。然而，在許多亞洲國家，白色與死亡同義，就如同在美國文化黑色為服喪的象徵一般。簡言之，文化可以，也已經對海外行銷策略造成深遠的影響。

政治

政府與事業關係微弱的自由放任年代已經是過去的歷史。今日，即使在本地社會中，政府對企業決策也有廣泛的影響力。事實上我們可以發現，許多外國政府實際上擁有某些事業並營運。一個政府擁有與營運事業的例子就是法國航空公司Air France。

雖然干預程度因國家不同而有差異，開發中國家的發展可能代表一種政府政策的極端範例。因此，為成功地在海外營運，全球行銷人員必須要決定最合適的政治環境，並優先在這些地方發展。Robinson建議對一個海外市場的政治穩定性可由某些關鍵議題來瞭解。對於下數問題的正面回答代表市場可能會對外國廠商造成某些政治麻煩：

1. 產品供應是否受制於重大的政治辯論？（糖、鹽、石油、公共事業、藥品、食品）
2. 其他產業依賴產品的生產？（水泥、能源、工具機、營建機器、鋼鐵）
3. 產品被認為具有社會或經濟上的重要性？（重要藥品、勞動設備、藥物）
4. 產品是農藥的基礎？（農業工具及機器、種植、施肥、種子）
5. 產品影響國防能力？（運輸產業、通訊）
6. 產品需要運用該國重要零組件否則就無法有效生產？（勞工、技術、原料）
7. 競爭存在或最近將會有本土廠商的競爭？（小型、低投資的生產）
8. 產品與大眾傳播媒體有關？（報紙、廣播設備）
9. 產品主要由服務組成？
10. 產品使用或設計受限於某些法律要求？
11. 產品對使用者有潛在的威脅？（爆裂物、藥品）
12. 產品需要注入稀少的外匯資源？

法律

雖然有良好的意圖，在團體營運時可能會產生一些差異。對於全球行銷人員而言，哪些資源可以解決問題及哪些法規可以運用是一個重大的課題。雖然解決如此複雜的問題沒有簡單的答案，行銷人員仍必須預測可能產生爭論的區域，並事先建立解決的方法，同時瞭解那個國家擁有解決爭議的裁量權。下列議題通常會造成行銷上的法律疑難：

1.相關的競爭法規：

◇勾結。
◇對不同買主的歧視。
◇促銷方法。
◇差別定價。
◇排外區域協定。

2.維持零售價格的法規。
3.配銷商或大盤商協議的取消。
4.產品品質法規與控制。
5.包裝法規。
6.保證與售後費用。
7.價格管制與加價或減價的限制。
8.專利權、商標、著作權法規與執行。

行銷人員與法律顧問應一同探究這些領域，並在投入之前與購買者建立不同的情況模擬。

商業習慣

國際行銷人員必須要完全瞭解海外市場的商業慣例與習慣。雖然有一些證據說明與外國企業進行商業往來時，一國的商業傳統可能會經歷變革，但是這樣的轉變是一種長時間的演化。因此，本地習慣必須要加以研究並遵行，以獲取本地顧客、通路中間商、以及其他企業團體的信心與支持。研究一國特有習慣必須要參考下列變數：

企業結構

◇規模
◇所有權
◇不同的企業公眾群體
◇資源與自主水準
　◆高階經理決策
　◆分權決策
　◆委員會決策

管理風格與態度

◇個人背景
◇企業狀態
◇目標與抱負
　◆安全與流動性
　◆個人生涯
　◆社會接受度
　◆成長
　◆權力

競爭型態
事業經營模式

◇接觸層級
◇溝通重點
◇正式程度與速度
◇企業道德規範
◇協商重點

經濟環境

世界上只有少部分的人能夠達到美國以及其他工業化國家的生活水準。不同國家經濟發展的水準可以用許多指標加以詮釋。一種通用的指標就是平均國民生產毛額。

根據Rostow的看法，世界上國家可以分爲下列經濟發展階段：（1）傳統社會、（2）起飛前期、（3）起飛、（4）邁向成熟階段、以及（5）大量消費社會。大部分的非洲、亞洲以及拉丁美洲國家都是開發中國家，生活水準較低，可支配所得也低。不同國家足以購買商品所需的工作量也有很大的差異。舉例而言，若要買一公斤的糖，美國人需要工作的時間略多五分鐘；在希臘購買相同數量的糖所需要工作約53分鐘。在許多非洲與亞洲國家中，購買一公斤的糖需要的工作時間更長。

全球行銷策略

對於發展行銷策略通常有兩個相反的觀點。根據一種學派的看法，行銷是一種本土化的課題。由於國家中的文化及其他的差異，行銷計畫應分別針對不同國家設計。相反的觀點將行銷視爲一種可以在國家之間轉移的知識。它認爲全球市場逐漸同質化，而使跨國企業可以用相同的策略在全球行銷標準化商品及服務，因此可降低成本，並獲取較高的利潤。

本土化策略

支持本土化行銷策略的觀點乃基於國家間的四種差異：（1）購買行爲特徵、（2）社會經濟情勢、（3）行銷基礎建設、以及（4）競爭環境。行銷文獻對於企業爲何通常會在外國市場遭遇困境的檢驗發現，這些企業並未完全瞭解購買行爲特徵的差異。舉例而言，康寶罐裝湯品——大部分由蔬菜與牛肉組成，以大型罐頭包裝——無法抓到喜愛飲用湯品的巴西人口味。事後研究顯示巴西家庭主婦覺得她們若無法自己煮湯就不能滿意自己所扮演的角色。巴西婦女在使用脫水後的其他競爭產品上毫無困難，諸如Knorr與Maggi，這些產品讓她們可以使用湯頭並加入自己的材料與天賦。同樣地，直到其原有的包裝換成有粉末頭的平裝盒前，嬌生公司的嬰兒爽身粉無法在日本順利推展。日本母親擔心在使用時，飄揚的粉末會進入她們小小的家庭中潔白乾淨的廚房。粉末頭讓她們可以小心地使用爽身粉。同樣地，廣告人員在某些國家中會發生使用某些顏色的困擾。舉例而言，紫色在巴西代表死亡，香港在葬禮中使用白色，而黃色在泰國代表猜疑。在埃及中，代表國家綠色不適合用來包裝。

國家間的社會經濟差異（每人所得、教育水準、失業率）亦有利於國際行銷的本土化。舉例而言，由於經濟限制讓部分開發中國家的群眾無法購買一些美國消費者認為是基本物資的商品。舉例而言，為了讓開發中國家的中產階級可以負擔諸如汽車與家電之類的商品，企業可能需要將適當地調整產品，以在不損及功能品質下降低成本。

國家間本地行銷基礎建設性質的差異可能會建議企業針對個別國家採行不同的行銷策略。行銷基礎建設包含用來創造、發展、及服務需求所需的機構與功能，包含：零售商、大盤商、銷售代理、倉儲、貨運、信用、媒體等等。想想有關媒體的例子。許多國家並沒有商業電視台。舉例而言，瑞典缺少這種行銷基礎建設。而在許多國家中，例如，瑞士，電視中的商業節目只限制在很小的範圍內。Suntory（日本的一家酒廠）認為美國對電視廣告的限制是其未大舉進入美國的主要因素。同樣地，國家的天然情況（氣候、地形、以及資源）可能需要本土化的策略。在熱帶地方，例如，中東，諸如汽車與空調系統必須要有附加的功能。電話系統、公路網、郵務等等的差異可能需要行銷上的調整。舉例而言，郵購在美國十分的普遍，但幾乎無法在義大利存活，這導因於郵務系統的差異。

最後，各國競爭環境的差異可能需要企業採行本土化行銷策略。舉例而言，雀巢在日本的即溶咖啡市場佔有率達到60%，但在美國低於30%。雀巢在美國必須要與兩大本土廠商競爭，這就是General Foods的麥斯威爾咖啡、Yuban、以及Brim品牌，還有近來的寶鹼之Folgers與High Point。雀巢在日本市場面對的競爭者較弱。IBM是世界上電腦的領導廠商，1984年於日本收益滑落到第三，落後於富士通與NEC。雀巢與IBM必須要將競爭環境的差異反映在諸如定價、銷售行為、以及廣告之類的行銷選擇上。

標準化策略

與本土化相對，許多學者與執行者認為行銷策略以全球的觀點標準化可以獲得重大的利益。事實上，部分人士建議採行極端的策略：以相同價格在同樣的通路提供相同的產品，並以相同的銷售與促銷計畫在全球支援這些商品。Levitt主張「就商業而言，麥當勞由Champs Elysees到Ginza、可口可樂在Bahrain以及百事可樂在莫斯科、搖滾樂、希臘沙拉、好萊塢電影、Revlon化妝品、新力電視、以及Levi's牛仔褲風行全球。」雖然如Levitt建議的跨國標準化可能十分困難，一般仍然認爲市場越來越全球化，而且眞正的標準化策略在許多情況下可以成功採行。在消費性耐久財中，賓士採取全球一致的方式銷售汽車。在非耐久財中，可口可樂無所不在。在工業產品中，波音噴射機以同樣的行銷觀點在全球銷售。

過去的研究顯示在其他情況相同時，企業通常會選擇標準化。近來對此課題的研究支持在外國市場的行銷策略進行部分或全部標準化。舉例而言，品牌名稱、產品特徵、以及包裝的標準化程度可能極高。跨國企業在低度開發中國家銷售的商品有超過一半是來自於母公司所在的市場。在樣本中，61個子公司銷售的2200種商品中有1200種是在美國或英國中發展出來的。

有利標準化的觀點是成本的節省、發展全球商品、並達成較佳的行銷績效。跨越國界的產品標準化降低諸如：研發、產品設計、與包裝之類的成本重複。此外，標準化亦可實現經濟規模。而且，標準化可以在處理顧客與產品設計上達成一致性。產品風格的一致性── 特色、設計、品牌名稱、包裝── 應建立產品全球一致的共同印象，以協助整體銷售量的增加。舉例而言，熟悉某種品牌的顧客可能會在海外購買同樣的品牌。近年來產品因爲各地旅遊便利以及大眾傳播而在全球曝光，而這更需要由標準化達成的一致性。最後，標準化可能要求在一個國家中成功的產品在其他類似的國家與競爭條件下有良好的表現。

結論

雖然標準化帶來很多好處，太過於強調標準化可能會有反效果。行銷環境因國家而有所不同，因此，最初在美國開始並發展的標準化策略可能無法眞正迎合不同市場的需求。換句話說，標準化策略可能會造成良機的喪失。

Pond's面霜、可口可樂、與Colgate牙膏是消費性商品在全球採行一致的產品與行銷策略而獲致成功的證據。然而，在消費財應用全球一致的方法可能僅限於具有某些特徵的部分商品，在這些商品中具有全球的品牌知名度（通常需要大量的財務支出）、消費者使用時只要求最低的產品知識、且產品廣告只需要較少的資訊內容。很清楚地，可口可樂、Colgate牙膏、麥當勞、Levi's牛仔褲、以及Pond's面霜具有這些特質。因此，雖然全球策略對某些消費財有用，這些代表的是例外情形而非一般通則。一些認爲由於因今日科技進步帶來的全球化，使得消費性產品不再需要針對市場進行修正的觀點並非永遠正確。

想要在外國市場推出新產品的跨國企業必須要考量產品特性、組織能力、以及因應母國與地主國文化差異所需的調適程度。跨國企業亦須分析諸如：市場結構、競爭者策略導向、以及當地政府需求之類的變數。

今日國際市場的競爭較1980年代更爲劇烈，且這樣的情況在1990年代以及將來很可能會持續下去。因此，爲強化競爭優勢，某種程度的調適可讓產品與本地行銷有較好的連結。Ohmae對美國公司未針對日本需求調整產品的建言如下：

> 然而，美國商業人士推出諸如左邊方向盤的大尺寸汽車、以英尺衡量的設備、未因應低電壓的家電、無日本漢字功能的辦公設備以及不具較小尺寸衣物之類的商品。大部分的日本人喜歡香甜的柳橙與酸味的櫻桃，而非相反的味道。這就是為何他們將進口柳橙與蜜柑以及櫻桃與葡萄乾作比較。

企業可以用許多不同的型態以及不同的差異化程度在國際市場中營運。最常見的方式爲義務或任意進行產品調適。義務（obligatory）或最低程度產品微調意味著製造商爲了兩種理由，被迫推出在設計進行少量變化或修正的商品。其一，調適是進入國外市場必須要採行的行動。其二，公司針對包含國外市場的特殊需求的外在環境因素進行調適。簡言之，義務調適與安全法規、商標規定、品質標準、及媒體標準有關。義務調適大部分需要產品物質性的改變。任意（discretionary），或自願的產品調適反應某種程度的自我規範及自主行爲，讓產品針對市場需求以及／或文化偏好作較佳的調整，而建立穩定的海外市場。

瑞士藥廠Ciba-Geigy調適產品以迎合各地情況的努力十分著名。公司調適的計畫基本爲品管圈。這些品管圈包含具有直線包裝、標籤、廣告與製造職責的地區主管。他們負責決定（1）Ciba-Geigy的產品是否適合販賣地區的文化，並能迎合使用者需求，（2）目前產品促銷方式是否可正確的達成目標，以及（3）若正確的使用，產品是否不會對人體健康與安全造成無謂的風險。

行銷在全球事業策略中的地位

國際行銷策略依三種不同的方式對全球企業策略的形成產生影響。第一，行銷活動的全球結構應為何？也就是說，諸如新產品發展廣告、促銷、通路選擇、行銷研究等等的活動要在那裡進行？第二，在不同國家進行的國際行銷活動應如何協調？第三，這些行銷活動要如何與企業的其他活動連結？這些方面將在下面進行討論。

行銷活動的結構

不像企業其他功能領域，行銷活動在每個國家分散，以針對當地環境進行適當的回應。雖然這樣的構造在顧客導向上十分有價值，然而並非所有的行銷活動都必須要在分散的基礎下進行。在許多情況下，若選取的活動因為科技變遷、購買者遷移以及行銷媒體的發展而可以集中執行，競爭優勢就可以用較低的成本或強化差異的方式取得。這些活動包括：促銷資源的生產、銷售人員、支援服務組織、訓練、以及廣告。

廣告、銷售促銷資源、以及使用手冊集中生產可以產生許多優點。規模經濟可以在發展與生產中取得。舉例而言，可以雇用有經驗的導演與製片以較快的速度或較低的成本創造出較佳的廣告。集中印刷可以採行最新科技。另一方面，多出來的運輸成本與國家間的文化差異可能使某些資源的創造（例如，使用手冊）變得不可行。

至少對某些產業而言，銷售人員可以集中在一地。否則可以將高度嫻熟的銷售專家安置在總部或區域辦公室，以提供不同國家銷售支援。銷售人員集中在銷售工作複雜度高，以及產品價格高且購買頻率低的情形下可以發揮最大的功效。

如同銷售人員一般，高度專業的服務專員可以安置於全球或區域總部。他們可以拜訪不同的子公司以提供非例行性的服務。依循相同的方式，服務機構（服務中心、維修中心）可以置於較少的地點，尤其面對複雜的工作。這樣的集中化可以允許高科技設備以及夠格的服務人員之使用，這樣可以用較低的價格達到較佳的服務品質。

行銷人員的訓練可以有效的集中，並產生訓練課程的規模經濟、快速累積學習（因為將具有不同經驗的人員置於相同地點）、並增加執行行銷計畫的全球一致性。

然而，訓練的集中化必須要考量交通時間與成本。

雖然國家間文化差異要求廣告須針對個別國家作調整，有許多種方式可以讓國家接受全球廣告。第一，企業可以選定一個廣告機構處理全球計畫、節省活動發展費用、尋求母公司與子公司較好的協調、並促進全球一致的廣告方式。舉例而言，British Airways在全球委託一家機構Saatchi and Saatchi。第二，許多企業在全球性媒體中進行廣告，例如，經濟學人雜誌、某些貿易雜誌、或國際運動比賽，例如，美國網球公開賽。最後，許多媒體（例如，飛機場的廣告看版、飛機與旅館雜誌）無疑具有國際的廣度。基於這些理由讓廣告集中化就變得較為合理。然而，政府有關廣告的法規、國家特有習慣、語言差異、以及媒體缺乏等理由可能需要將廣告分散到不同的國家之中。

國際行銷協調

分散於不同國家的國際行銷活動應適當協調以獲取競爭優勢。協調可以經由下述方式達成：

1. 在不同國家使用相同的方式進行行銷活動：此類協調代表在各國採取標準化的活動。某些策略，包含：品牌名稱、產品定位、服務標準、保證、以及廣告主題比其他的行銷策略容易協調。在另一方面，配銷、人員銷售、銷售訓練、定價、以及媒體選擇就難以在不同國家中進行協調。
2. 使行銷知識在國家之間移轉：舉例而言，在一個國家中成功的市場進入策略可以移轉並應用到其他國家。同樣地，顧客與市場資訊可以轉移給其餘分公司使用。這樣的資訊與顧客購買型態的轉移、科技的最新趨勢、生活方式的改變、成功推出的新產品或新特色、新的促銷構想、以及競爭者早期的市場訊號有關。
3. 持續在國家間進行行銷計畫：舉例而言，新產品或新行銷活動可以依序在不同國家中推出。用這種方法，子公司發展的計畫可以與其他公司分享共同的優勢，因而會產生成本的節約。為獲得此優點，企業應創造組織機制，由全球的觀點管理產品線，並克服參與國家的經理人員對改變的抗拒。
4. 整合不同國家的不同行銷團體之工作：這類的整合活動最常見的形式為管理重要的跨國顧客關係，通常稱為國際客戶管理（international account management）。國際客戶管理系統通常用於服務性企業。舉例而言，花旗銀行在全球的基礎上管理部分客戶。該公司有客戶專員負責協調全球各地對大企業客戶的服務。

競爭優勢可以來自於國際客戶管理系統。若可避免銷售重複，它們可以造成銷售人員運用上的經濟性。這允許公司用對國際買主單一窗口而將自身與競爭者作區隔。它們亦可授與高階銷售人員在與大客戶關係中具有更大的影響力，而充分運用他們的技能。使用國際客戶管理有些潛在的障礙，包括增加的交通時間、語言障礙、以及企業營運的文化差異。經由單一窗口處理大客戶的問題可以強化顧客對其議價能力的瞭解。

跨國之整合努力可能會在其他方面造成競爭優勢；例如，售後服務。一些國際企業開始瞭解售後服務的取得難易通常與產品本身一樣重要，尤其是當跨國顧客在遙遠的地區營運或顧客在國家間轉移時。

行銷與非行銷活動的連結

國際行銷的全球觀點必須將行銷與上游活動以及企業的支援服務進行連結，而這樣的連結會在許多不同的地方產生優勢。舉例而言，行銷可以由下列方式展開規模經濟以及產品與／或研發的學習：（1）提供發展可在全球銷售產品之設計必要資訊，而支持全球商品的發展；（2）即使過去不同國家的需求較爲不同，現在仍能創造對全球商品更多的需求；（3）辨認、滲透許多國家的區隔以銷售全球商品；以及（4）提供服務與／或本土化的配件以有效調整標準化商品。

發展全球行銷策略：案例探討

有關外國市場進入、拓展、以及轉換決策以及逐漸退出國外市場的決策都需要系統性的分析。此處以發展全球市場策略的例子加以說明。此方法包含三個階段：

1.在沒有偏見之前快速審閱全部的選擇範圍，以選取適當的國家市場。
2.基於企業特殊產品技術針對每個國家或一組國家設計特殊的策略步驟。
3.不受限於傳統觀念或刻板印象，發展、審閱、修改每個國家或一組國家的行銷計畫，並納入企業概念。

步驟一：選擇國家市場

世界上有超過132個國家；在這之中，絕大部分都有進入的良機。許多國家提供由租稅豁免到提供廉價的充裕技術勞動力，以努力吸引外國投資。個別案子不同的吸引力一再吸引廠商加速進入市場。

選擇國家市場的良好基礎必須要基於長期經濟環境的觀點進行不同國家的比較分析。首先，某些國家的政治情況（例如，利比亞）可能不適合進入。這時可求助於評估不同國家企業吸引力之政治指標。最終選擇應基於企業自身的評估與風險偏好。此外，人口太少、每人所得太低或經濟體質不佳的市場必須要剔除。舉例而言，許多國家人口低於兩千萬，且每年平均所得低於2000美元，對許多企業而言，這些國家的需求潛力低而不具吸引力。

通過類似評估的市場接下來應由策略吸引力的觀點加以評估。許多標準可以用來符合公司的需要。基本上，這些標準應集中於下列五種因素（產業／產品特徵可能需要稍作調整）：

1.未來需求及經濟潛力。
2.不同群體或市場區隔的購買力分佈。
3.國家特有的科技產品標準。
4.國家市場的外溢效果（例如，Andes Pact由哥倫比亞提供秘魯低關稅的出口）。
5.關鍵資源的取得（夠格的勞動力、原料來源、供應商）。

因爲其他的標準很少能提供有用的新觀點，所以不用增加太多的標準。管理者應該專注針對這五個標準發展眞正有益亦且可用的方式，而讓選擇過程不會變得沒有必要的昂貴，並讓結果與公司密切相關。舉例而言，主要在建築業銷售的德國樓板材料製造商可能選擇下列標準：

1.經濟潛力：新住宅需求與GNP成長率。
2.財富：每人所得、機構建築與私人住宅市場規模（每人所得、市場規模、以及機構建築比率越高，市場就越有吸引力）。
3.產品標準：例如，類似產品的價格水準、每平方公尺樓板材料價格（價格水準越高，對技術水準較高的生產而言，市場越有吸引力）。

4.外溢效果（Spillover）：應用相同建築標準（由指防火標準）的地區（例如，U.S. National; Electrical Manufacturers' Association標準廣泛的應用在拉丁美洲；英國標準應用在大部分的大英國協國家中）。

5.資源取得：PVS的年產量（公司的重要原料）。

經由這些標準，經濟潛力分析基於兩種因素：住宅需求與經濟基礎（參考圖18-4）。在說明這些標準時，企業可限於衡量（1）可由現有的總體經濟資料來源求得的結果，（2）可以顯示趨勢與目前地位，以及（3）盡量符合公司特徵。

由於該德國廠商採用具有高度複雜性的技術，它可能不需要給予在這些構面只有粗淺發展科技的國家太高評價。當然，在其他產業企業可能會考慮其他因素——每千人的自動提款機數目、擁有電話的家戶百分比、家戶電器的安裝比率等等。

每個標準給予一至五的評分，依照百分比加權後就可以給予每個國家一個衡量吸引力的指標。在這個例子中，結果如下：初步篩選剩下的49個國家中，有16個國家被認為在市場潛力、市場規模、科技水準、法規、與資源取得上具有吸引力而值得進一步關注。

很有趣的是，傳統上德國較偏好的奧國與比利時市場依此評估方法得到較低的評等，因為這兩個國家的潛在需求不足。某些新市場，例如，埃及與巴基斯坦，評分也不高，因為它們經濟基礎不佳。同樣地，即使如義大利、印尼之類的高潛力市場亦因為目標因素而剔除（在印尼的例子，其大部分的產品標準過低）。

步驟二：決定行銷策略

簡單蒐集具吸引力的國家名單後，接下來需要依照個別經濟發展階段分群。區分的標準不是每人所得，而是一般生產的市場滲透程度。舉例而言，樓板材料製造商依照下列因素將國家區分為三類—發展、起飛、與成熟（參考表18-5）：

1.進入市場難易度：對於出口或進口生產的選擇十分重要。

2.當地競爭情勢：對獨立生產、合資與購併的決策十分重要。

3.顧客結構：對銷售與配銷策略十分重要。

4.再進口潛力：對國際產品／市場策略十分重要。

建立發展階段與標準必須要仔細搭配公司狀況，因為是這些變數而非市場吸引

圖18-4評估國家經濟潛力：建築業地板材料供應商個案

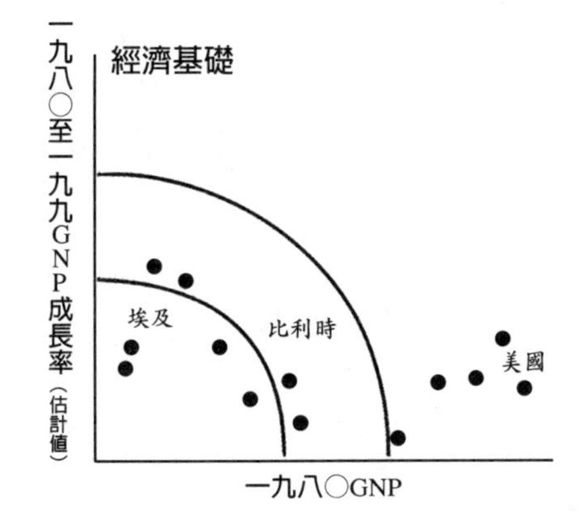

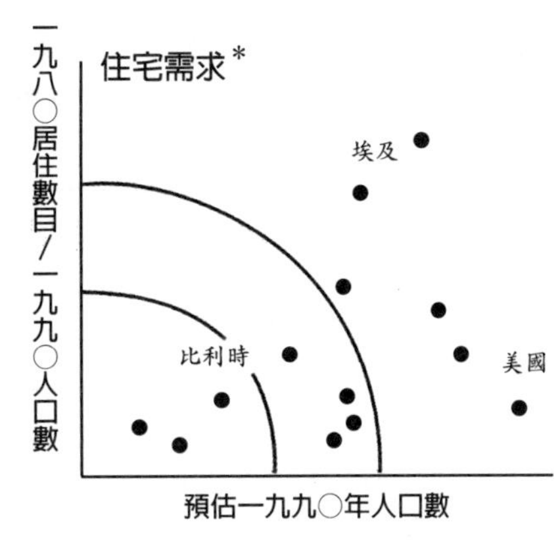

*假設一九九〇年目標＝每個居所2.5人

（更新與新增加的需求）

經濟基礎

住宅需求	弱	中	強
高	埃及 巴基斯坦	南韓 奈及利亞	美國 日本
中	南斯拉夫	英國	德國 法國
低	丹麥	比利時	瑞典

範例：瑞典—只有更新部門存在需求

巴基斯坦—經濟太弱而無法滿足需求

圖18-5依照發展階段區分國家

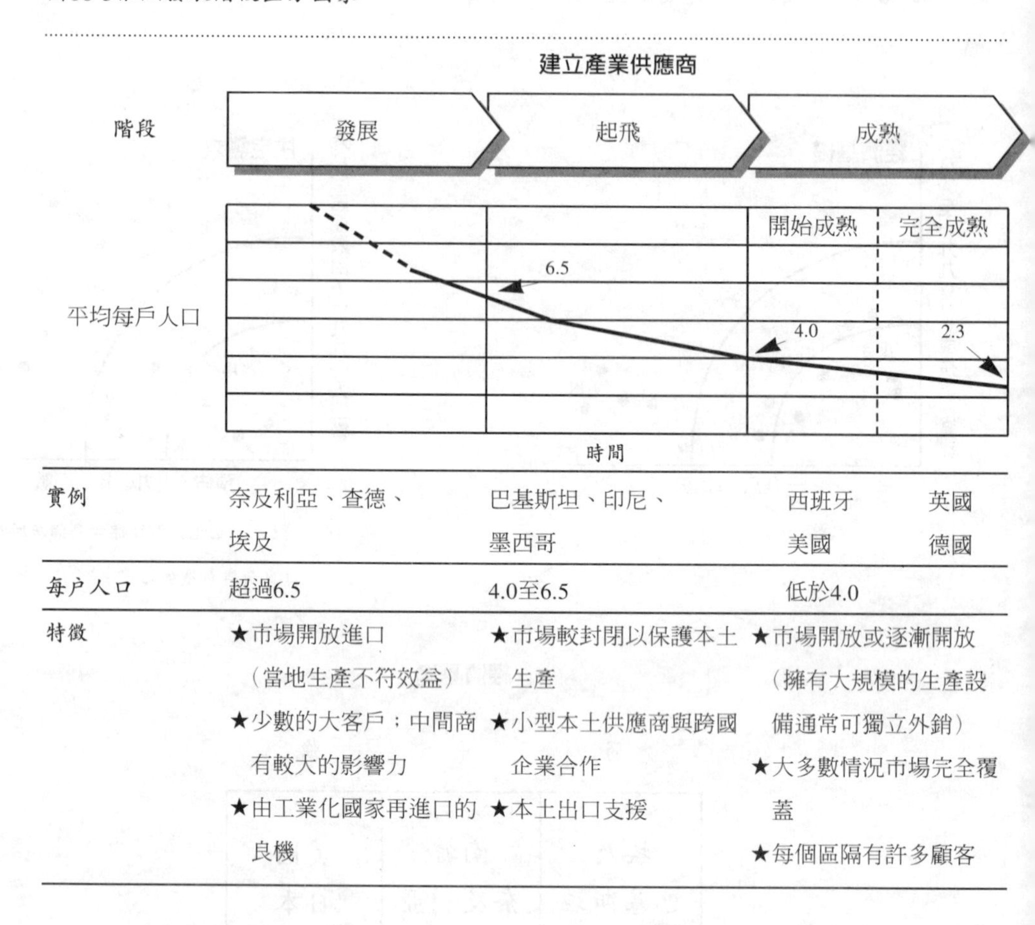

	發展	起飛	成熟（開始成熟）	成熟（完全成熟）
實例	奈及利亞、查德、埃及	巴基斯坦、印尼、墨西哥	西班牙 美國	英國 德國
每戶人口	超過6.5	4.0至6.5	低於4.0	
特徵	★市場開放進口（當地生產不符效益） ★少數的大客戶；中間商有較大的影響力 ★由工業化國家再進口的良機	★市場較封閉以保護本土生產 ★小型本土供應商與跨國企業合作 ★本土出口支援	★市場開放或逐漸開放（擁有大規模的生產設備通常可獨立外銷） ★大多數情況市場完全覆蓋 ★每個區隔有許多顧客	

力的因素決定將公司進入個別國家之市場企圖的成敗。

在這樣的情形下，針對每個國家或不同組國家列出簡短的檢核表後，經營階層應參考投資、風險、產品、以及定價策略來制定一般的行銷策略；也就是說，須準備能在不同發展階段的國家中應用的統合策略架構。這個步驟可以讓公司對於個別國家的經濟發展階段所需的行銷策略有所瞭解（參考表18-6）。

企業通常傾向將「海外」視爲單一市場或是僅對個別海外市場作些微的區辨。另一個常犯的錯誤是假設適合高度發展的消費經濟的產品或服務概念亦適用於所有的海外市場。但這個假設通常是錯的：不同的市場需要不同的方法。

這樣的策略方法通常會產生不良的建議，並產生不合適的資源配置。少量配銷商就能提供良好服務的低度發展市場中，在某些情況下企業可能會建立注定永遠無

表18-6發展標準化策略

階段	發展	起飛	成熟
基本策略	市場測試 尋求有利可圖的個別計畫與／或進口活動	建立基礎 配置資源以建立市場領導地位	擴張營運活動 選擇性配置資源已發展市場利基
策略要素			
投資	最小化 （配銷與服務）	增加產能 （較長期的回收）	選擇性擴充研發、生產與配銷（較短期的回收）
風險	避免	接受	限制
知識轉移（研發）	相關計畫的知識文件	在下列方面採行本土知識 ★產品科技 ★生產工程	知識轉移於特殊產品線 獲得當地知識以鞏固自身基礎
市場佔有率目標	專注於主要計畫；可能在有利的事業經由當地支援而建立地位	廣泛的基礎，同時具有 ★新產品 ★新通路 ★新用途	擴張／防禦
成本領導目標	最低限度 （尤指降低保證風險）	規模經濟；降低固定成本	合理化；資源最適化
產品	標準科技；簡單商品	目標較廣；「創新者」的角色	在選定區域擁有完整的產品線；產品具有高科技與高品質
價格	高	價格領導（在兩種極端）	回復穩定的市場價格水準
配銷	使用選定的當地配銷 （獨有的經銷權）	商使用大量的小型配銷商（強力配銷）	使用公司的銷售人員（選擇性配銷）
促銷	選擇性廣告 ★尊貴印象的產品 ★針對決策執行者	積極運用選定的行銷資源	選定產品作廣告

法獲利的生產設施。在處於起飛階段的市場中，企業可能錯過建立必要的當地廠房之機會，而將出口降低歸咎於競爭者。在將進入成熟階段的市場中，企業通常尋求設立本地技術標準的機會，此時企業已經具有適當的標準與知識，或試圖依照母公司的方式營運、用太少的銷售人員行銷太多產品線。產品線一再提供對本地需求而

圖18-7資源配置架構之範例

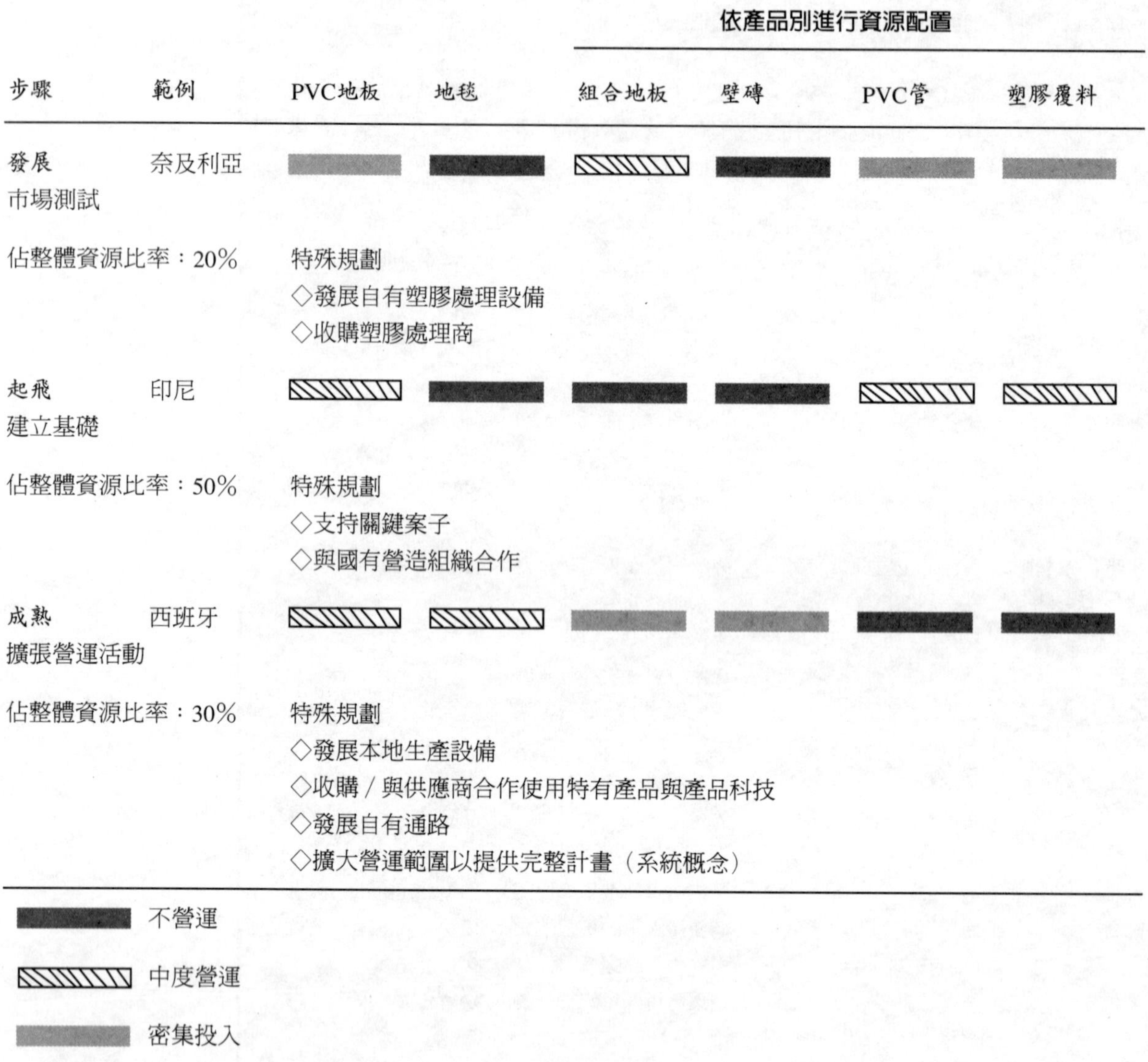

步驟	範例	PVC地板	地毯	組合地板	壁磚	PVC管	塑膠覆料
		依產品別進行資源配置					
發展 市場測試	奈及利亞	密集投入	不營運	中度營運	不營運	密集投入	密集投入
佔整體資源比率：20%		特殊規劃 ◇發展自有塑膠處理設備 ◇收購塑膠處理商					
起飛 建立基礎	印尼	中度營運	不營運	不營運	不營運	中度營運	中度營運
佔整體資源比率：50%		特殊規劃 ◇支持關鍵案子 ◇與國有營造組織合作					
成熟 擴張營運活動	西班牙	中度營運	中度營運	密集投入	密集投入	不營運	不營運
佔整體資源比率：30%		特殊規劃 ◇發展本地生產設備 ◇收購／與供應商合作使用特有產品與產品科技 ◇發展自有通路 ◇擴大營運範圍以提供完整計畫（系統概念）					

不營運

中度營運

密集投入

言過於便宜，或品質過高的商品。很明顯地，對抗這些錯誤的最佳保障來自於針對個別國家選取合適的策略。

步驟三：發展行銷計畫

在發展詳細的行銷計畫時，首先必須要決定那個產品線適合本地市場，並進行適當地資源配置。在步驟一針對潛在國際事業、全球銷售、以及預估的利潤目標概略地分析，有助於產品線的配置。然後，資源配置的架構就可以概略比較投資配額、管理需要以及技術性勞工需求的數字得出。此架構以公司針對每組國家特有的標準行銷策略加以補充。

圖18-7說明資源配置的流程。不同的產品線分配到不同的國家群體中，且針對每個國家採行不同的策略步驟——例如，大規模商品支援、建立當地生產設施、與當地製造商合作。

資源配置決策價格的詳細程度需要視下列要素而定：企業歷史與哲學、企業策略目標、產品線範圍及式樣、服務的國家數目。依照此決策架構施行，個別產品部門應依照規模、成長與競爭情勢來分析自身的市場；評估其獲利前景、機會、以及風險；並依照市場佔有率、利潤狀態、以及當地的風險來確定目前的策略地位。然後，每個產品部門針對個別國家市場發展特有的行銷方案。高階主管的角色在於協調不同部門的行銷策略發展，並持續監控策略決策架構。

前述的三個階段方法有多項好處：

1.使管理者可以以最低的規劃需求設定策略架構，在此架構中可以對市場決策排定清楚的優先順序，因此讓部門更容易有效制定產品線策略，而不受一些常見的問題所困擾。

2.部門經理可以在較早的階段預知關於管理、勞動、資本資源重新配置的需求，且高階主管瞭解應對配置不恰當的資源進行哪些調整。

3.企業未來的風險結構可以參考不同國家的資源投入及投資類型而求得。

4.常常有過剩的「異常」（通常是投機的）產品／市場情況會大幅降低。只過濾出眞正的機會；例外不再是常態。

5.在低工資國家生產、購買最低價格的資源、並將商品銷售到出價最高的地方之炫麗但難以施行的理論概念被實際一個國家接著一個國家的評估所取代。

6.組織、人員配置、以及海外營運與公司規劃與控制系統的整合議題，只有在公司海外涉入的基本策略已準備妥當後才會發生。

簡言之，三步驟的方法讓管理者可以把資源與注意力集中於可處理之眞正具吸引力的國家，而非在全球市場中分散注意力。

摘要

企業國際化變成今日生活的一部分。各個企業開始發覺在其他地方制定的策略會對企業產生深入的影響。雖然許多企業長期以來涉及外國事業的營運，海外事業眞正開始擴張始於第二次世界大戰之後。事業全球化乃由於以下因素（1）國與國之間越來越類似（例如，基礎設備與配銷通路）；（2）關稅障礙降低；以及（3）科技發展而發展出緊密、容易運送的商品。

傳統上，主要美國企業海外活動集中於已開發國家。近年來，開發中國家提供美國企業更多的機會，尤其在政治較穩定的國家。雖然個別開發中國家可能無法提供美國企業足夠的市場，開發中國家整體可以構成一個重要的市場。開發中國家的新興市場可以協助許多美國企業抵抗西方國家市場成熟的衝擊。

想要進入國際市場的企業可以選擇不同的進入模式── 出口、合約、合資、或製造。每一種進入模式提供不同的機會，亦存在不同程度的風險。全球行銷與本地行銷的差異化環繞著環境驅力的本質，而影響策略的制定。國際行銷人員必須對於海外市場營運的環境影響力十分敏感。國際行銷環境的主要組成因素包含：文化、政治、法律、商業、以及經濟驅力。每種驅力代表決策制定過程的資訊投入要素。

全球行銷人員需要回答一種問題，相同的產品、價格、配銷與促銷方法是否適用於國外市場。換句話說，必須要決定兩種行銷策略中那一種較爲合適：本土化或標準化。在一方面，採行標準化策略有很多潛在的優點。全球行銷人員必須要檢討所有的標準，以決定各國間不同行銷觀點的差異程度。

國際行銷在全球事業策略上有三種重要的角色。這三種角色就是行銷活動的結構（在那裡執行不同的行銷活動）、協調（不同國家的行銷活動國際行銷應加以協調）、並將國際行銷活動與企業的其他功能作連結。

本章最後以設計全球市場策略的架構作爲結論。此架構包含三個步驟：（1）選擇國家市場、（2）決定行銷策略、以及（3）發展行銷計畫。

問題與討論

1.哪些驅力造成市場的全球化？

2.文化如何影響國際行銷決策？試舉例解釋之。

3.為何企業對平均所得較低的開發中國家發生興趣？

4.進入國際市場有哪些不同的模式？每個模式的優點與缺點各為何？

5.國際行銷策略標準化的優點為何？

6.在何種情況下，行銷必須要針對當地情況作調適？

7.行銷在全球企業策略中扮演怎樣的角色？

行銷策略

商管叢書

著　　者☞Subhash C. Jain
譯　　者☞李茂興
出 版 者☞揚智文化事業股份有限公司
發 行 人☞葉忠賢
責任編輯☞賴筱彌
登 記 證☞局版北市業字第 1117 號
地　　址☞台北市新生南路三段 88 號 5 樓之 6
電　　話☞886-2-23660309　23660313
傳　　真☞886-2-23660310
郵政劃撥☞14534976
印　　刷☞鼎易印刷事業股份有限公司
法律顧問☞北辰著作權事務所　蕭雄淋律師
初版一刷☞2000 年 12 月
定　　價☞新台幣 650 元
I S B N☞957-818-210-4
E-mail☞tn605547@ms6.tisnet.net.tw
網　　址☞http://www.ycrc.com.tw

國家圖書館出版品預行編目資料

行銷策略／ Subhash C. Jain 著；李茂興譯．--初版. —台北市： 揚智文化 ，2000[民 89]
面 ； 公分.—（商管叢書）
譯自：Marketing Planning & Strategy
ISBN 957-818-210-4(精裝)

1.市場學

496 89014818